福建省社会科学研究基地
FuJian Social Science Research Base

《民国时期龙岩县扶植自耕农档案史料》编委会

民国时期龙岩县扶植自耕农档案史料

新罗区档案馆
龙岩学院中央苏区研究院　编
厦门大学历史系

厦门大学出版社
XIAMEN UNIVERSITY PRESS
国家一级出版社
全国百佳图书出版单位

图书在版编目(CIP)数据

民国时期龙岩县扶植自耕农档案史料/新罗区档案馆,龙岩学院中央苏区研究院,厦门大学历史系编.—厦门:厦门大学出版社,2020.12
ISBN 978-7-5615-8017-2

Ⅰ.①民… Ⅱ.①新… ②龙… ③厦… Ⅲ.①农业史—史料—龙岩—民国
Ⅳ.①S-092

中国版本图书馆 CIP 数据核字(2020)第 240667 号

出 版 人 郑文礼
责任编辑 韩轲轲

出版发行 厦门大学出版社
社　　址 厦门市软件园二期望海路 39 号
邮政编码 361008
总　　机 0592-2181111　0592-2181406(传真)
营销中心 0592-2184458　0592-2181365
网　　址 http://www.xmupress.com
邮　　箱 xmup@xmupress.com
印　　刷 厦门兴立通印刷设计有限公司

开本 787 mm×1 092 mm　1/16
印张 44.75
插页 2
字数 1000 千字
版次 2020 年 12 月第 1 版
印次 2020 年 12 月第 1 次印刷
定价 180.00 元

本书如有印装质量问题请直接寄承印厂调换

厦门大学出版社
微信二维码

厦门大学出版社
微博二维码

序

中国革命的根本问题是农民问题,而农民问题的核心是土地问题。只有帮助贫苦农民解决土地问题,才能调动起最广泛的革命力量,夺取中国革命的胜利。

为了维护农民的利益,最大限度地满足农民对土地的需求,中国共产党领导农民在根据地内进行了较为彻底的土地制度改革。在土地革命运动中,以毛泽东为代表的中国共产党人,通过不断总结井冈山、赣南,特别是闽西的土地革命斗争实践经验,逐渐确立并完善了党的土地革命政纲;并在很短的时间内,就在长汀、连城、上杭、龙岩、永定纵横三百多里的地区内,解决了50多个区600多个乡的土地问题,约有80多万贫苦农民得到了土地。闽西党组织和人民群众勇于探索、敢于斗争,展现了大无畏的革命精神和百折不挠的奋斗精神,创造了对于中国土地革命有着重要意义的经验,做出了突出的历史贡献。

土地革命造成的深远影响,除了直接引发后来闽西农民的保田斗争并最终取得局部胜利以外,更深刻地影响着后来各种政治力量在闽西土地问题上的角逐,并由此产生不同土地制度的演进和土地关系的改良。直至抗战中期,在闽西地区存在着龙岩、永定等原苏区土地成果、傅柏翠的古蛟"耕者有其田"、茶境的"计口授佃"、白砂的土地乡公有等多种地权处置模式。同时,十九路军的"计口授田"也对闽西地权改革产生过一定的影响。由此,造成闽西以土地问题为中心的"纠纷无穷",业佃矛盾重重。

正是因为上述因素困扰,特别是不满龙岩"迄今全县四分之三土地,尚存留生授死归不纳地租"的现状,福建地方当局决定利用国民政府要求各省推行《土地政策战时实施纲要》,实施"扶植自耕农"政策这一时机,将龙岩作为"扶植自耕农"的试验和示范地区。1943年1月《龙岩县扶植自耕农计划》得到省政府批准后开始实施。中共闽西党组织领导人魏金水等清醒地指出"'将有纠纷的土地,由政府依法实施征收,转售予需要土地的农民,其所需资金向中国农民银行贷款。以领地人分期缴付之价陆续偿还原业主'。这实际上否认了土地所有权,承认地主的土地业权,强迫农民交出土地,而后再向反动政府'买田'。这是地地道道的复辟倒算"。中共闽西特委、龙岩县委研究分析形势,做了部署,开展针锋相对的斗争,成效显著。1947年以后,随着国民党很快败退台湾,国民党当局吹棒一时的龙岩县"扶植自耕农"成果也恍若过眼云烟。

历史是最好的教科书。习近平总书记强调，要把学习贯彻党的创新理论同学习党史、新中国史、改革开放史、社会主义发展史结合起来。龙岩县“扶植自耕农”的原始档案主要保存在新罗区档案馆。许多卷宗反映了当时“扶植自耕农”运动实态的第一手史料。内容涉及条例规章、人员调动、经费收支、公文移交、登记文书、地权证照、簿册收据等，清晰记录了“扶植自耕农”运动的各个环节。龙岩学院中央苏区研究院和厦门大学历史系受新罗区档案馆的委托，组织人员按照原卷次序选取、扫描、整理、编目了这批原始档案，并予以出版。相信该书的出版，不仅将为有关专家学者重新研究、评估龙岩县“扶植自耕农”运动提供较为全面的第一手资料，也必将促进全区人民以史鉴今、继往开来，汇聚起全方位推动高质量发展超越的强大合力，加快打造全市“首善之区”的步伐。

是为序。

中共新罗区委书记　陈金龙

目 录

卷宗 1-3-267

卷宗 1-3-268

卷宗 1-3-309

卷宗 1-3-310

卷宗 1-5-544

卷宗 1-5-1147

卷宗 1-5-1149

卷宗 1-5-1150

卷宗 1-5-1319

卷宗 1-3-267

最速件

龍岩地權調整辦事處

地政科

擬

省主席

無線電

福州省主席劉 鈞鑒：本府為適應此後業務推行需要，經商定自三月份起先行移撥一二期辦理扶農成果，同時於本府設置地政科員、地籍員各一，專責辦理。是項經費遵照核定，移於地方總預算，載在經常門臨時部份一款二項，自地政費項下開支。除增設人員經費另案預算核外，合電先核示。職馬兆[illegible]印

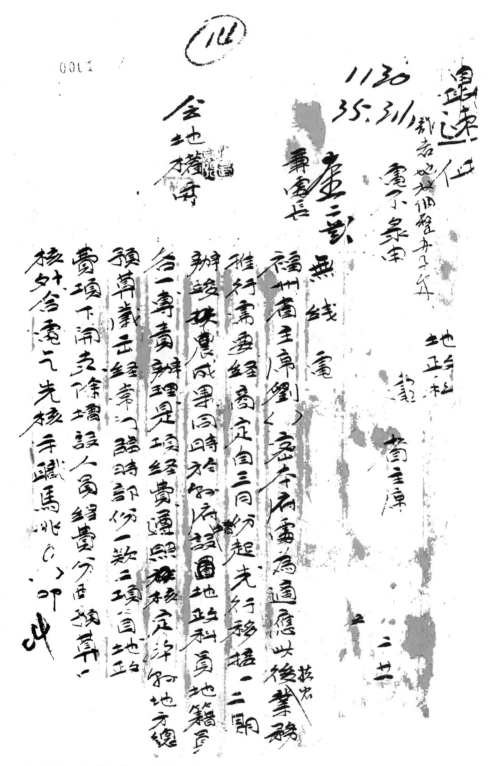

龙岩县地权调整办事处为扶植自耕农，增设地政科员、地籍员各一名专责办理，经费列入地方总预算开支致福建省政府电文（1946 年 3 月）

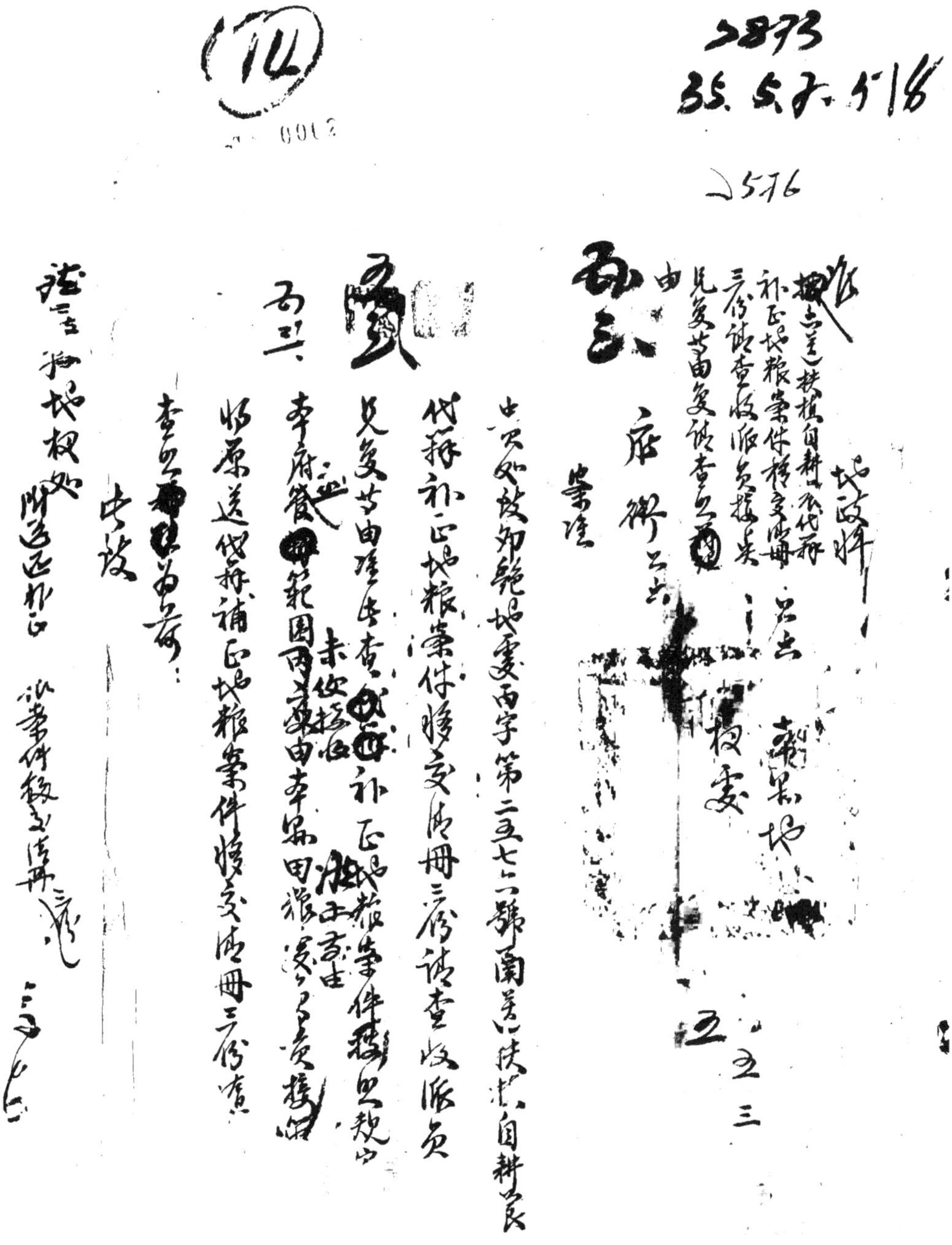

龙岩县政府准函送扶植自耕农代办补正地粮案件移交清册三份请查收派员接点见覆等由复请查照(1946 年 5 月)

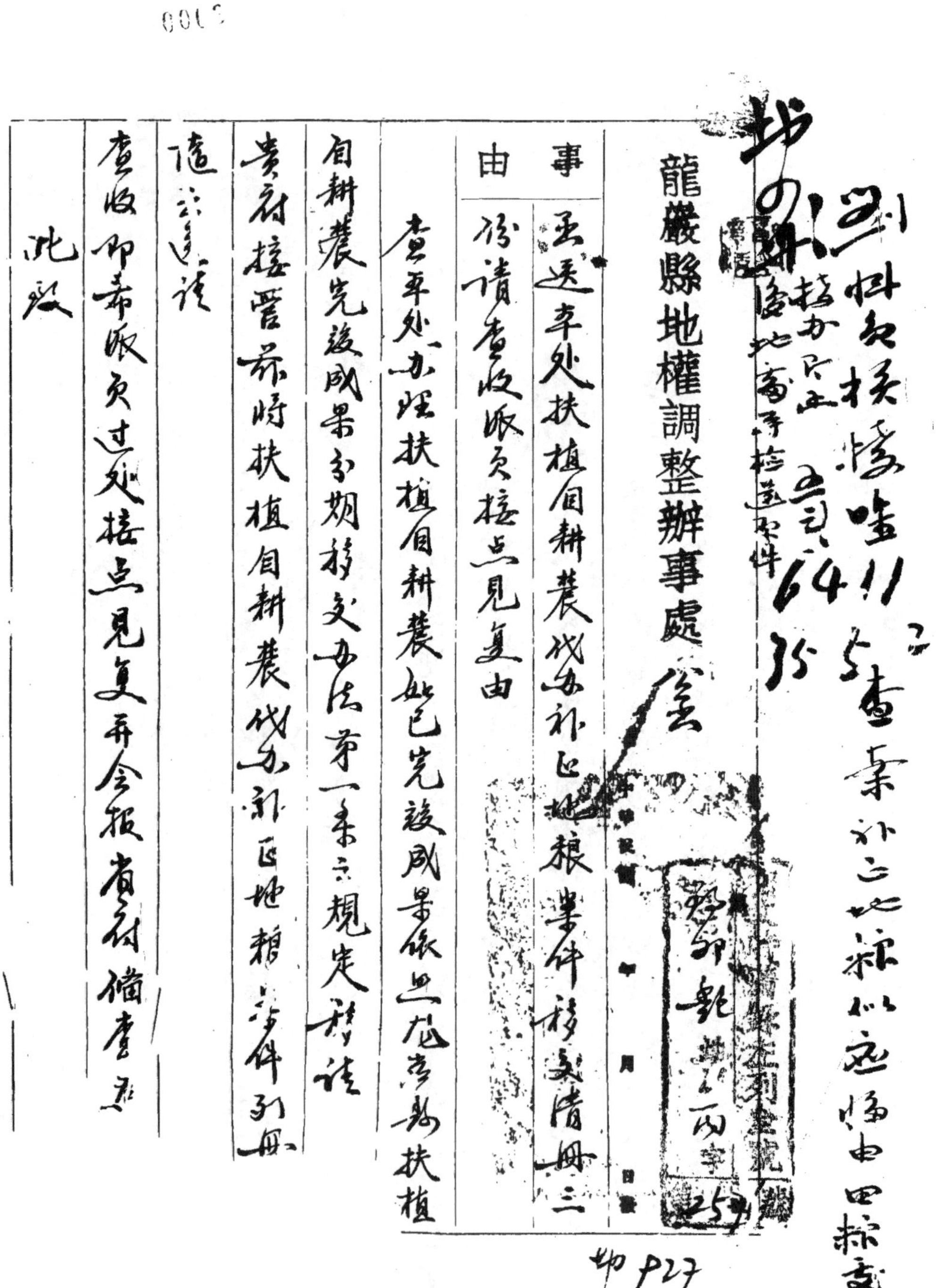
龍巖縣地權調整辦事處公函

事由：函送本处扶植自耕農代办补正地粮案件移交清册三份请查收派员接点见复由

查本处办理扶植自耕農业已完竣成果依照龙岩县扶植自耕農完竣成果分期移交办法第一条之规定移请贵府接管。兹将扶植自耕農代办补正地粮案件列册随函送请查收，即希派员过处接点见复并令报省府备查为荷。

此致

龙岩县地权调整办事处函送扶植自耕农代办补正地粮案件移交清册三份请查收派员接点见覆请查照由(1946 年 5 月)

龍巖縣政府

附送代辦補正地粮案件移交冊三份

董處長

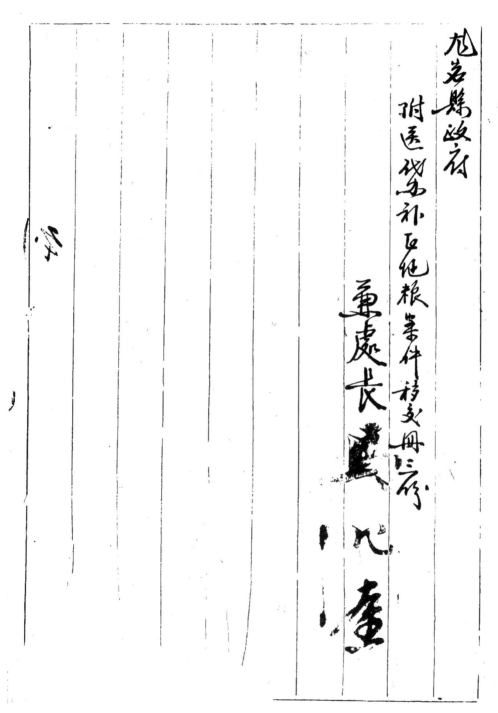

龙岩县地权调整办事处函送扶植自耕农代办补正地粮案件移交清册三份请查收派员接点见覆请查照由(1946 年 5 月)

(14)

附工1045 / 2534

龙岩地权调整办事处

呈送本府地政科接办扶植自耕农业务经费分配预算书一份请鉴核示遵由

地政科 呈

县府

会衔呈

查本处办理扶植自耕农业务截至卅五年三月底止计办理完竣者有白土等十一乡镇一所,有承办事业甚多,而经常维护管理工作业务,前以本府地政科人力有限,暂由地权处兼办,因完竣成果日渐加多,未完自耕农之创设又需加紧进行,势难再兼顾。照龙岩县地权调整办事处组织规程第九条地权业务完竣应即移交本政府地政科接管之规

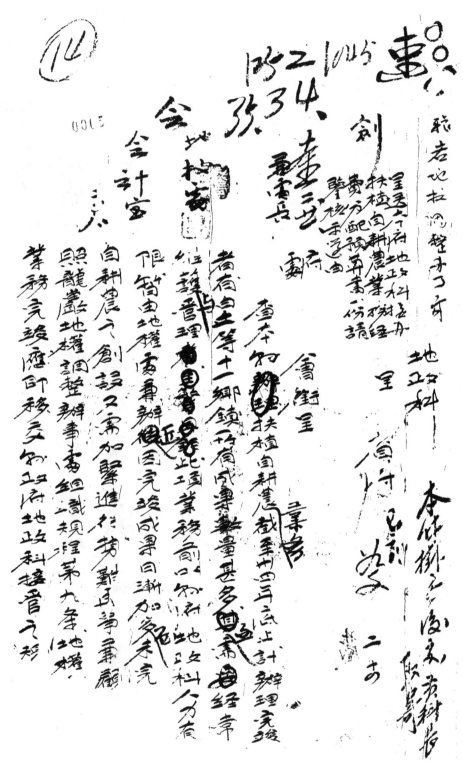

龙岩县地权调整办事处呈送地政科接办扶植自耕农业务经费分配预算书一份请鉴核示遵由(1946 年 3 月)

簽

具龍巖縣扶植自耕農成果分期移交辦法一種在案,擬值此年度結束,該年各鄉鎮農民到期應繳承領地價本息,原應於年終全部清繳,以往地權處因人力不足,未能派員下鄉普遍催收,均由合作社自動收繳,至今已繳價農民成績較佳鄉鎮僅及十分之五,成績較差鄉鎮尚不及十分之一,似此情形,影響扶植自耕農政策之推行及農行貸款之償還至深且鉅,如不早日補救,則後患堪虞,管理職掌劃分,以便加緊地價本息之催收,使能收回,養成農民良好習慣,擬……各一人,所需經費……本縣地方總預算歲出臨時門第二款第一項第二目……

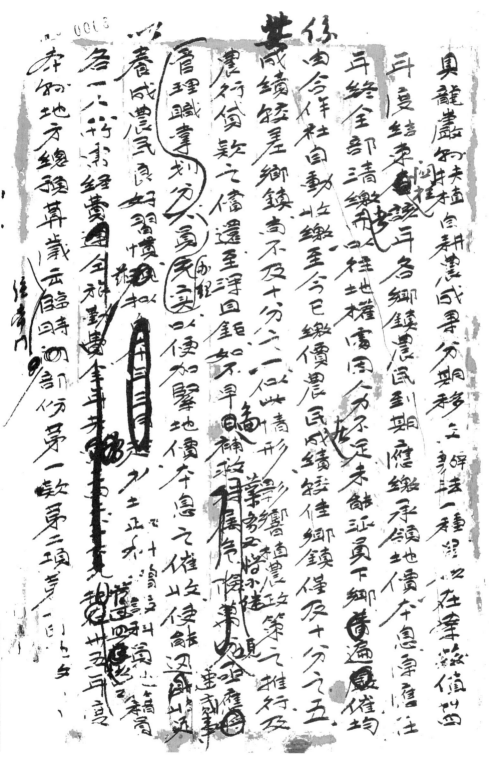

龙岩县地权调整办事处呈送地政科接办扶植自耕农业务经费分配预算书一份请鉴核示遵由(1946 年 3 月)

0017

經費項下開支并先將地權處已完竣之白土蘇园西墩曹蓮大同合併廿六鄉鎮成果移由本府地政科接管㊞餘再陸續移接除此項移接情形另案報核外合先檢全前項分配預算書一份隨文呈請

鑒核示遵

謹呈

福建省政府主席劉

附呈本府地政科接办扶植自耕農業務經費分配預算書一份

指派地政人員

縣長兼守長馬〇〇

龙岩县地权调整办事处呈送地政科接办扶植自耕农业务经费分配预算书一份请鉴核示遵由（1946 年 3 月）

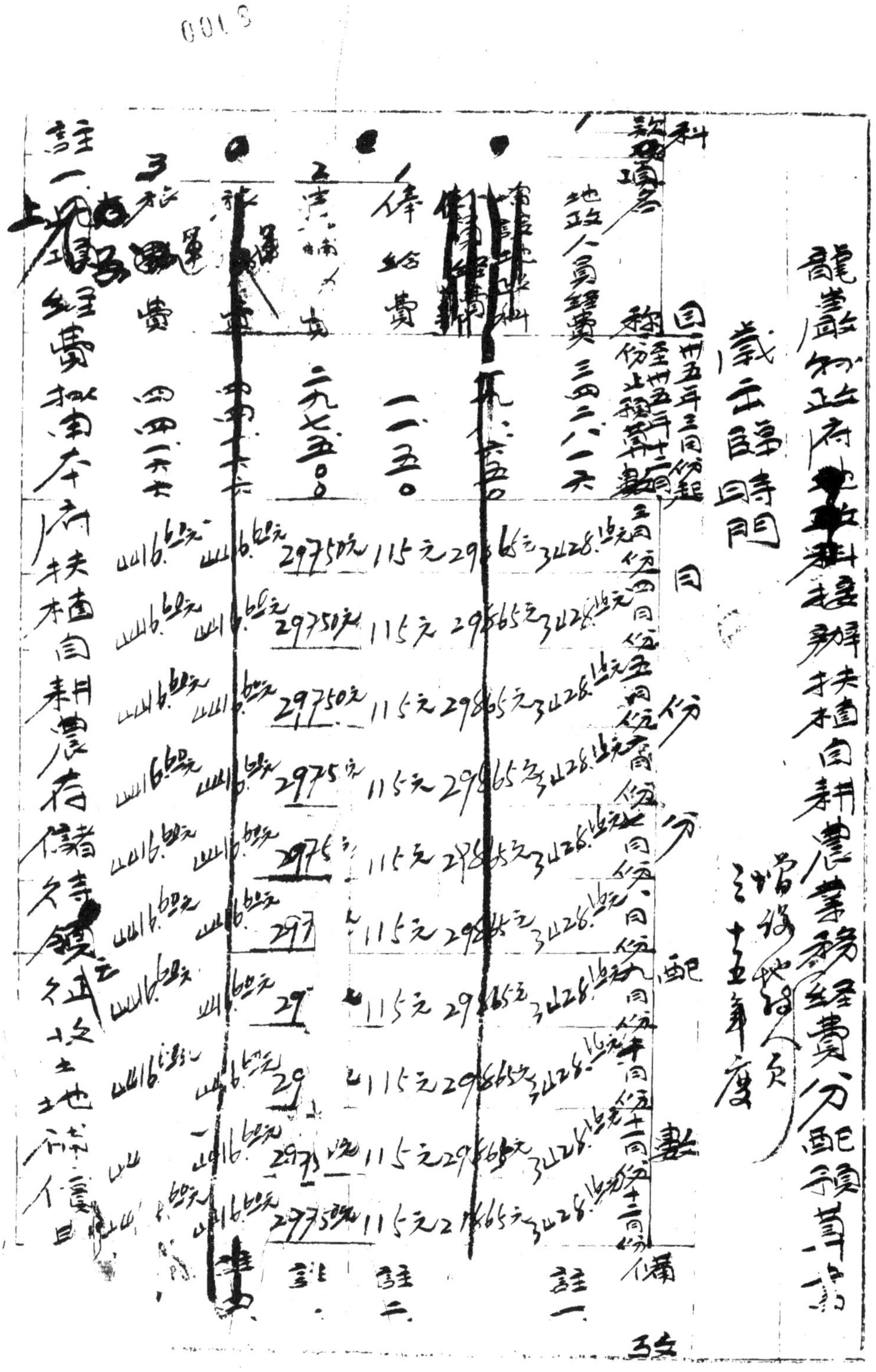

龙岩县地政科接办扶植自耕农业务经费分配预算书岁出临时门(1946 年 5—12 月)

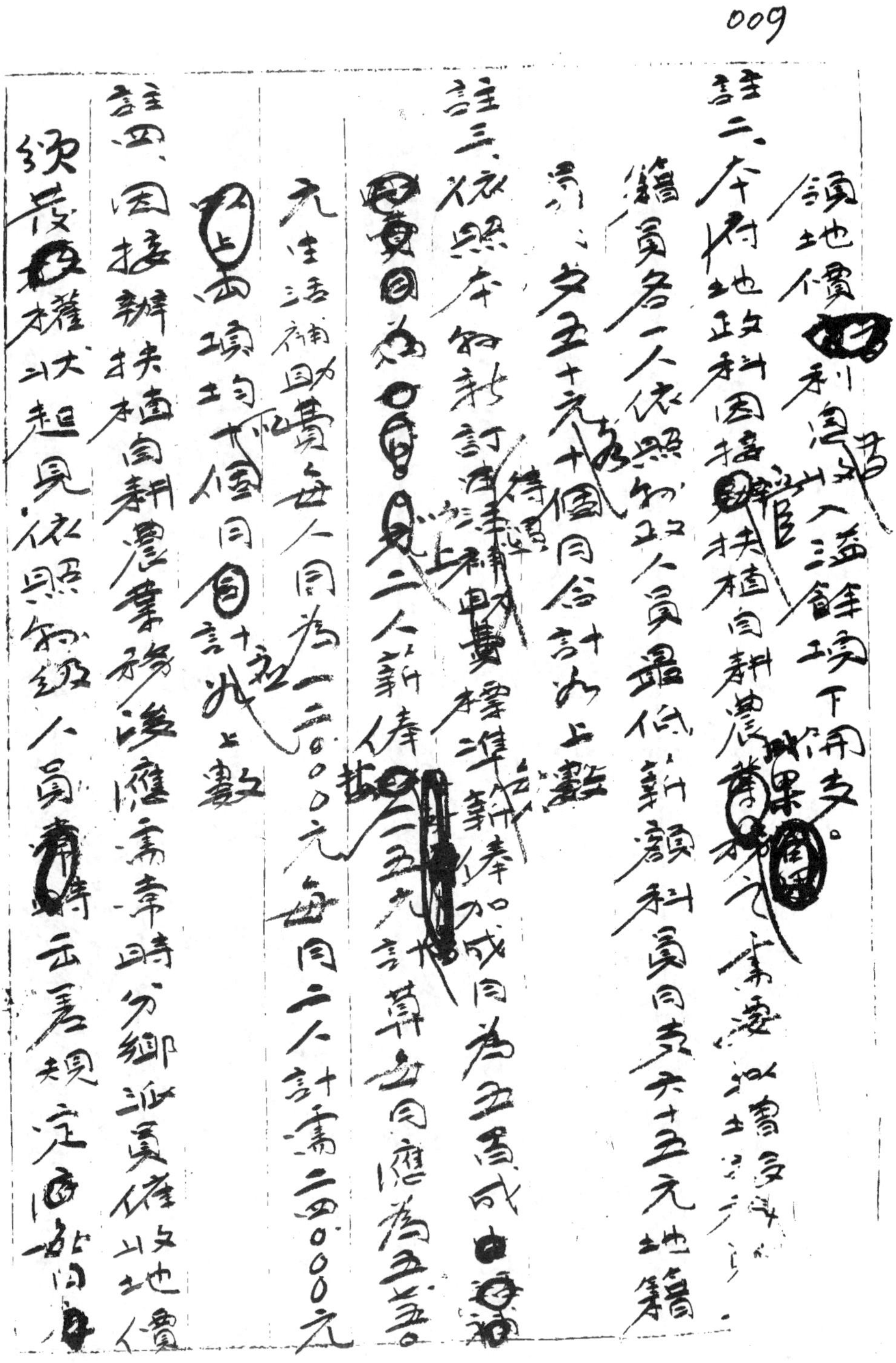

龙岩县地政科接办扶植自耕农业务经费分配预算书岁出临时门(1946 年 5—12 月)

照標準一六〇元三分之二即一〇六元計算每月二員合計上數約共

二十天十個月計算應需四二四〇〇元……一七六六元

左右

……再加冊搬運費至

……不……以本預算內派別人員之……費用

……

因……有本府地政工作人員旅費不在此內開支

特此陳明

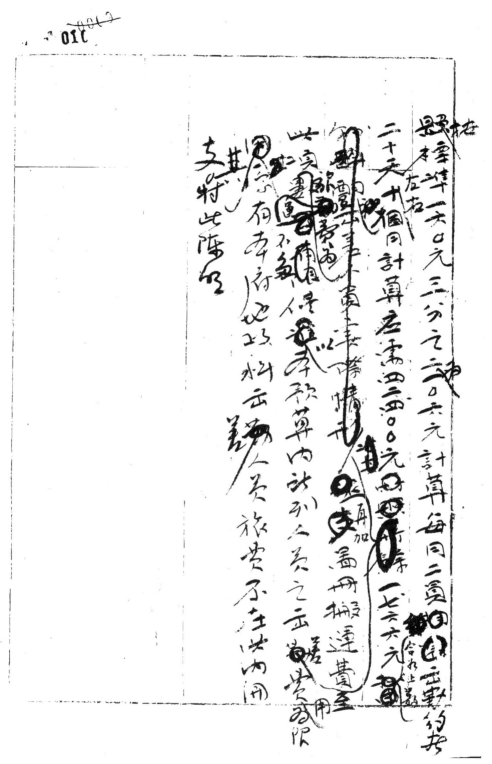

龙岩县地政科接办扶植自耕农业务经费分配预算书岁出临时门(1946 年 5—12 月)

011

0010

龍巖縣政府便用牋

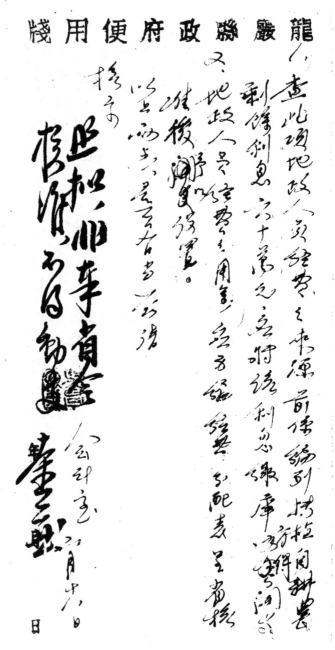

（會計室）查此項地政人員經費之來源，前係編列扶植自耕農剩餘利息六十萬元，應將該利息繳庫方得開支。又，地政人員經費未用完，應另編經費分配表呈省核准後方得設置。以上兩點是否有當，簽請核示。

會計室 二月十八日

会计室查地政人员经费来源编列扶植自耕农剩余利息60万元将利息缴库方得开支预算呈核后予以设置请核示（1946年2月18日）

012

0011 0010

簽呈　卅五年六月廿四日

查本縣辦理扶植自耕農截至卅四年底止計辦理完竣者有白土紫岡西墩曹蓮大同合作銅江龍门大池小池平鉄等十一鄉(鎮)所有成果數量甚多其需要經常維護管理者如各自耕農户所欠承領地價本息之推收扶植自耕農征收土地依法存儲待領補償費之繼續核發各自耕農户土地使用及移轉之管理等數端　範內容之繁非前土地編查或地籍整理所可比擬前項業務現雖暂由地權處兼办惟地權處人力經費均極有限現正集中全力推進未完各鄉鎮自耕農之創設對於前項經常管理工作深感難以兼顧依照龍岩縣地權調整辦事處組織規程第

龙岩县地权调整办事处拟具扶植自耕农成果分期移交签呈(1946 年 6 月 24 日)

013

九條規定地權處所辦業務完竣應即移交縣府地政科接管遵使扶植自耕農成果能永久正確並便利地政科之接管計經依照前項規定擬具龍岩縣扶植自耕農成果分期移交辦法一種呈省核示現值年度開始以上辦理完竣區域十一鄉鎮自耕農户所欠承領地價即應着手催收故各項成果之移接已不容再緩兹視業務完竣成度自本年二月一日起先將第一二期白土紫閩西墩曹遠及萬大同萬合作等六鄉鎮成果移由地政科接管其餘各鄉視實際情形再行陸續移接本年度本縣歲出地方總預算臨時門部份已列有地政人員經費三十餘萬元則地政科接受此項業務人力經費將不致感受困難而地權處則

龙岩县地权调整办事处拟具扶植自耕农成果分期移交签呈(1946年6月24日)

014

~~0012~~

可減輕一部負担而縮短全縣業務之結束時間是否有當

理合簽請

察核！

謹呈

縣長兼處長馬

原呈具签辦理，附地政科將來支配時之經費，如另指用人費，擬將核轉注示，仍由會計室核明簽注。

地權處副處長唐劍臣

地政科科長黃以鏘

謹簽

龙岩县地权调整办事处拟具扶植自耕农成果分期移交签呈(1946 年 6 月 24 日)

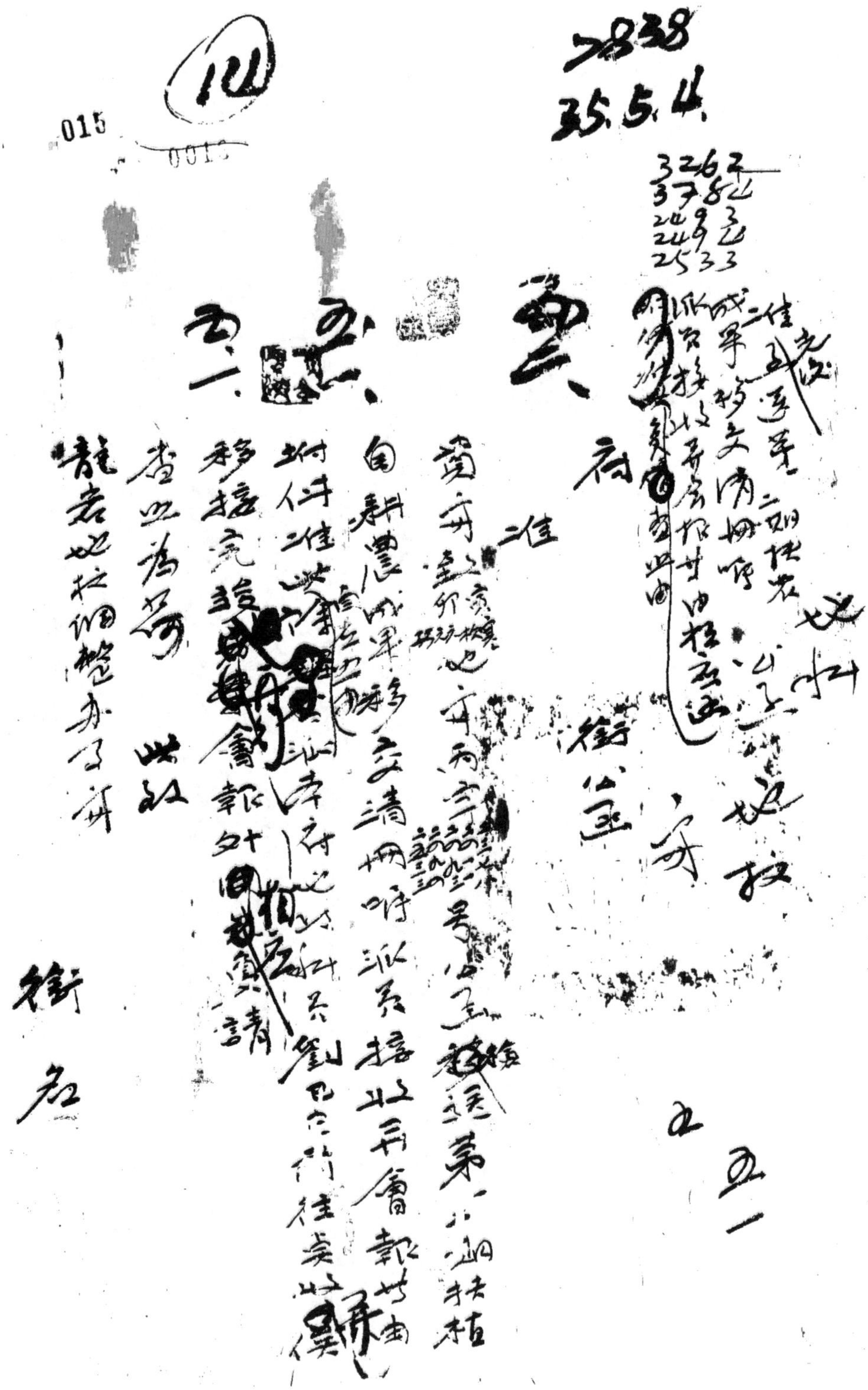

龙岩县政府准先复函送第一、二期扶植自耕农成果移交清册嘱派员接收并会报等由(1946 年 5 月)

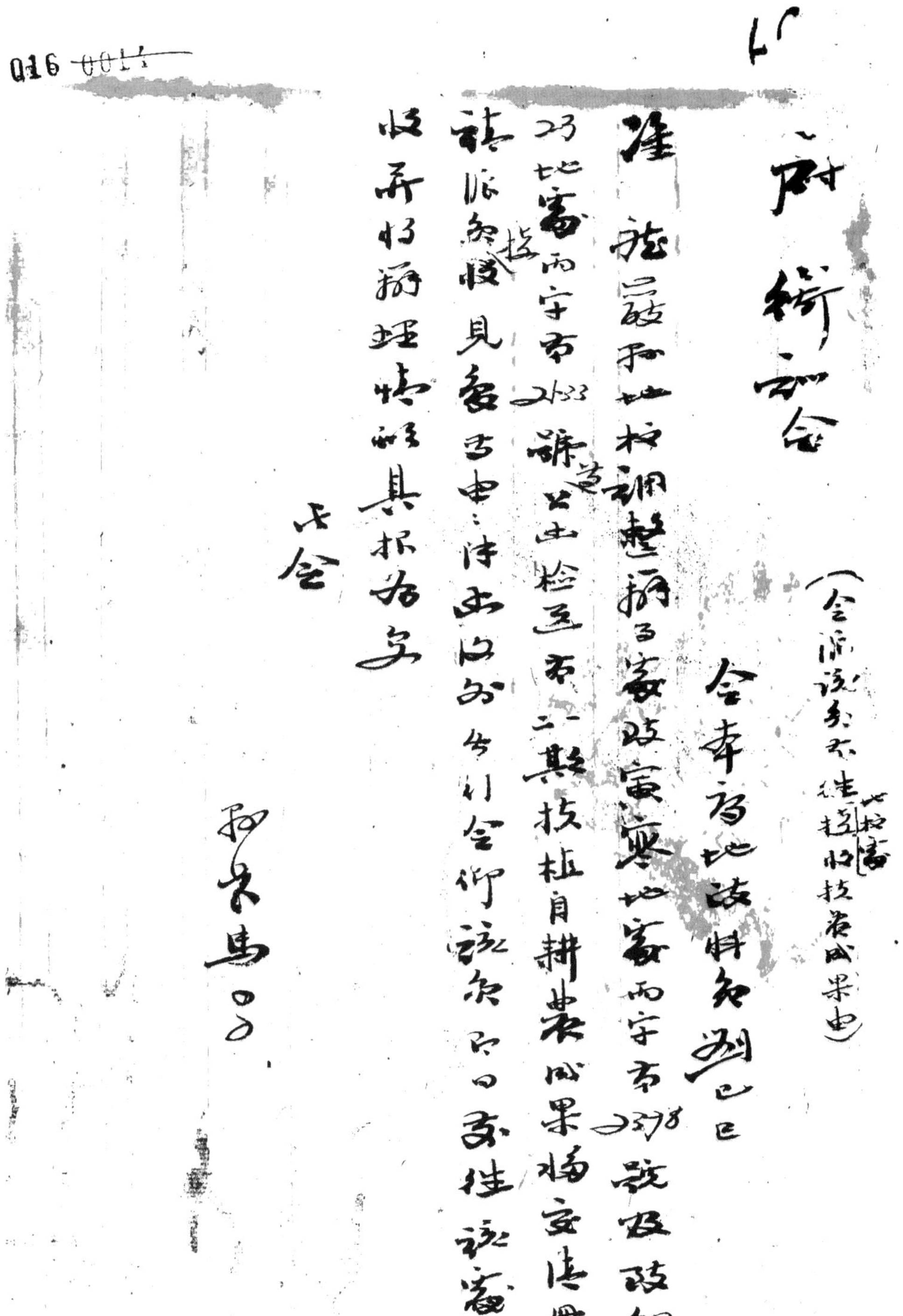

龙岩县政府准先复函送第一、二期扶植自耕农成果移交清册嘱派员接收并会报等由(1946 年 5 月)

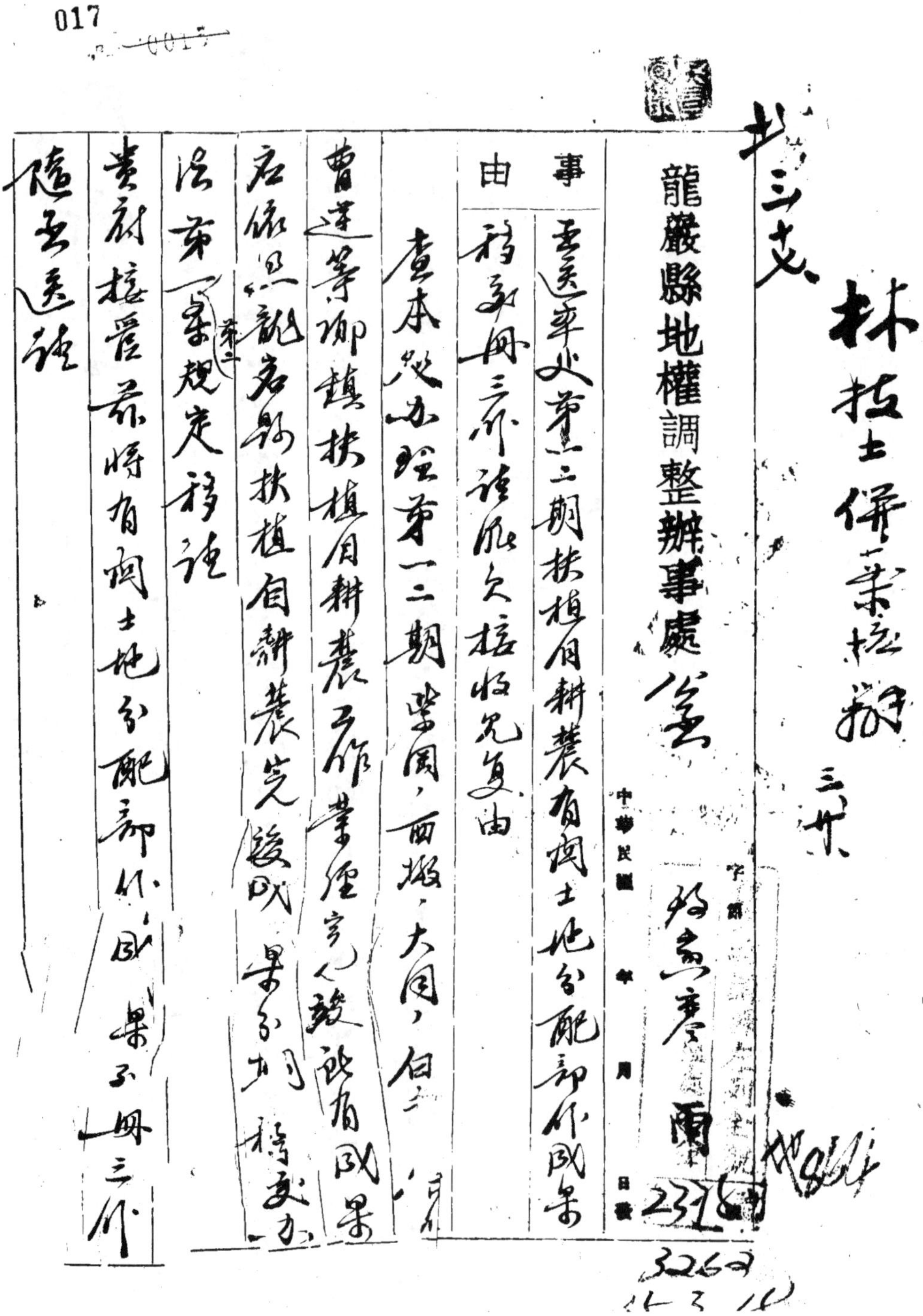
龍巖縣地權調整辦事處箋

事由：函送第一二期扶植自耕農有關土地分配部份成果移交冊三份請派員點收見復由

查本處辦理第一二期東肖、西陂、大同、白土、曹溪等鄉鎮扶植自耕農工作業經完竣，該有成果，應依照龍巖縣扶植自耕農完竣後成果分期移交辦法第一條規定移請貴府接管，茲將有關土地分配部份成果冊三份隨函送請

龙岩县地权调整办事处函送第一、二期扶植自耕农有关土地分配部分成果移交册三份请派员点收见覆由(1946年5月)

018

查照即希派員點收見復并會報省府核備為荷

此致

龍岩縣政府

附成果移交清冊三份

兼處長 [illegible]

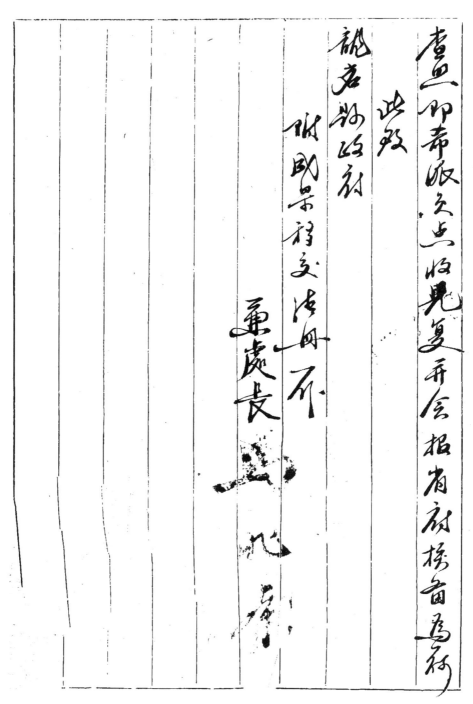

龙岩县地权调整办事处函送第一、二期扶植自耕农有关土地分配部分成果移交册三份请派员点收见覆由(1946 年 5 月)

龍巖縣地權調整辦事處箋

事由：函送本处扶植自耕农完成区域土地移转登记案件移交清册请查收派员接点见复由

查本处办理扶植自耕农业已完竣，成果依照龙岩县扶植自耕农完竣成果分期移交办法第一条之规定移请贵府接管，兹将扶植自耕农完成区域土地移转登记案件列册三本随函送请查收，即希派员过处接点见复，并令报 贵府备查

龙岩县地权调整办事处函送扶植自耕农完成区域土地移转登记案件移交清册请查收派员接点见覆由(1946年3月)

此致

龍岩縣政府

附移交清冊三本

兼處長[illegible]

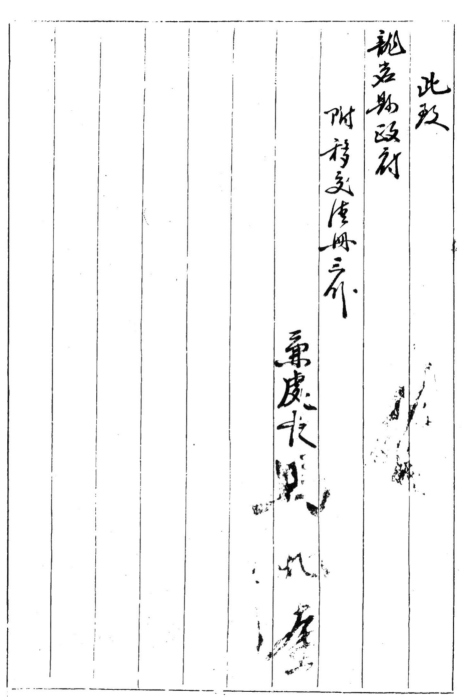

龙岩县地权调整办事处函送扶植自耕农完成区域土地移转登记案件移交清册请查收派员接点见覆由(1946 年 3 月)

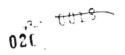

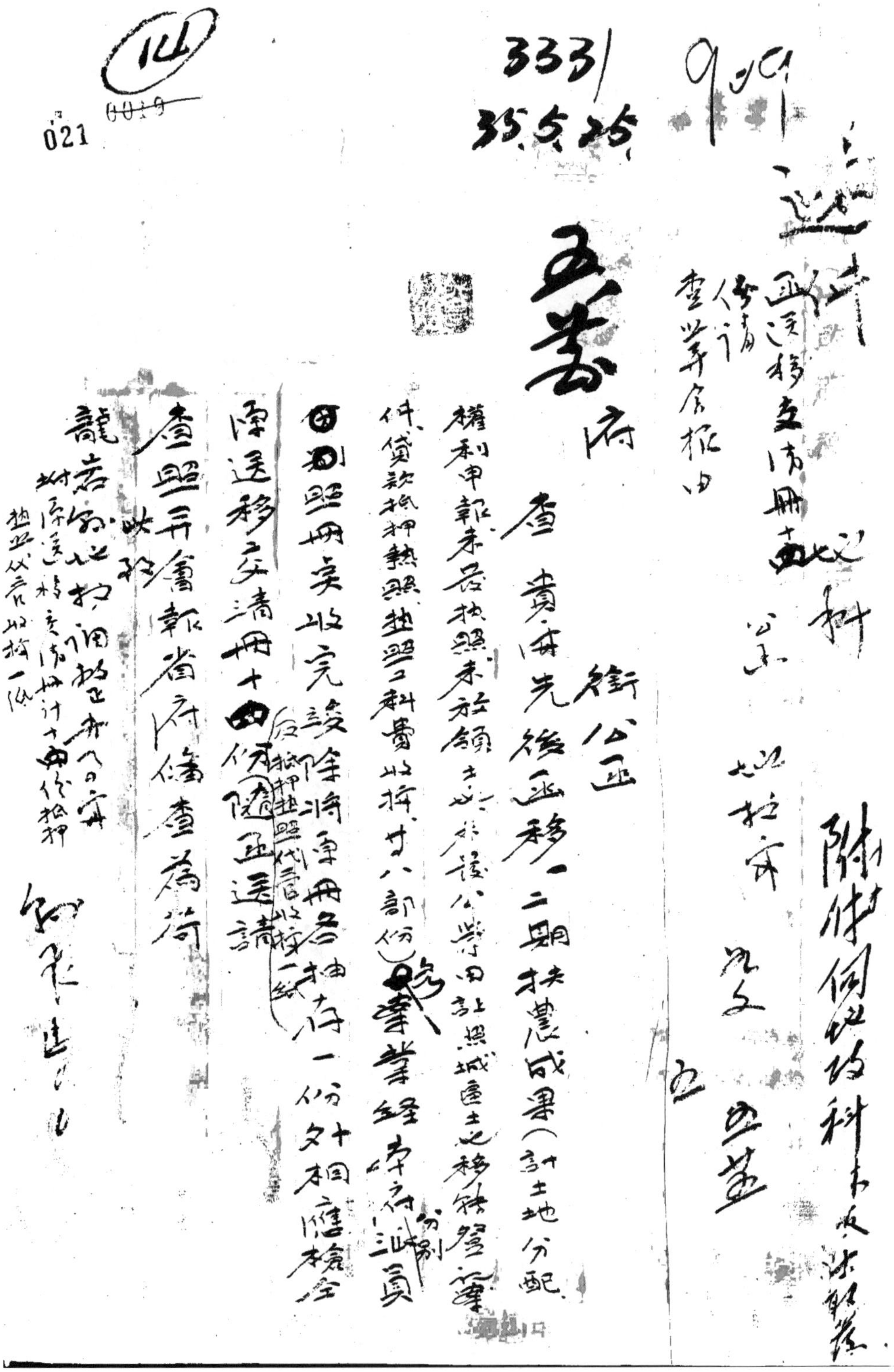
3331
35.5.25
021
五台府
函送移交清册十四份请查照等会报由
查 贵府先后函移一二期扶农成果（计土地分配权利申报、未发执照、未发领土地证书、公□田计照城区土地之移转登记件、贷款抵押执照、执照工料费收据廿八部份）暨业经本府分别汇齐查照册类收完竣，除将原册各抽存一份外，相应检同原送移交清册十四份随函送请
查照并汇报省府备查为荷
此致
龙岩县地政处
附原送移交清册计十四份、抵押执照代官收据一纸
县长

龙岩县政府函送移交清册十四份请查照等会报由（1946年5月）

022 ~~0020~~

簽呈 于卅五年五月四日 本府

案奉

鈞縣政府支府地字第(2838)號訓令以准龍岩縣地權調整辦事處文如該處寅寒地字第(2379)號及該處卯巧地字第(2533)號共二函檢送第一二期扶植自耕農成果移交本府并請派員接收見復等由除呈復外合行令派該員即日前往該處接收并將辦理情形具報為因奉此茲已經前往龍岩地權處接點清楚理合報請

察核！

謹呈

科長黄 轉呈

縣長馬

職 劉己巳 謹簽

擬予核備特此地權處查照許令知

可 存查の、

五、四

刘己巳奉派即日前往龙岩县地权调整办事处接收并将办理情形接点清楚签呈(1946年5月4日)

~~0021~~

023

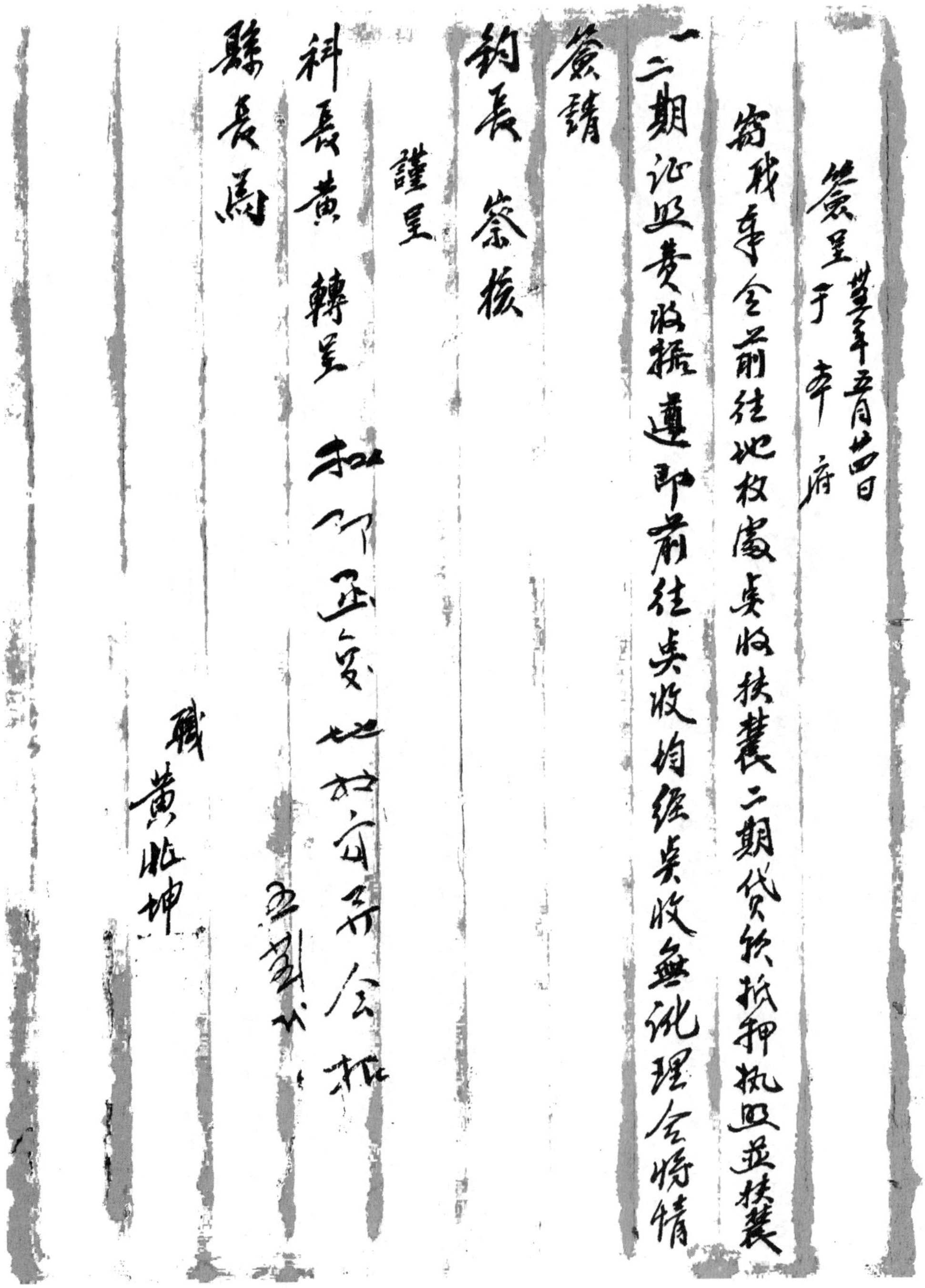

簽呈 三十五年五月四日于本府

竊職奉令前往地權處点收扶農二期貸款抵押執照並扶農一、二期証照費收据，遵即前往点收，均经点收無訛，理合將情簽請

鈞長察核

謹呈

科長黃 轉呈

縣長爲

職黃兆坤

擬即函復地政所存公[illegible]

五、四

黄兆坤奉令前往龙岩县地权调整办事处点收扶植自耕农第二期贷款抵押执照并扶植自耕农一、二期证照收据点收无讹签呈(1946 年 5 月 4 日)

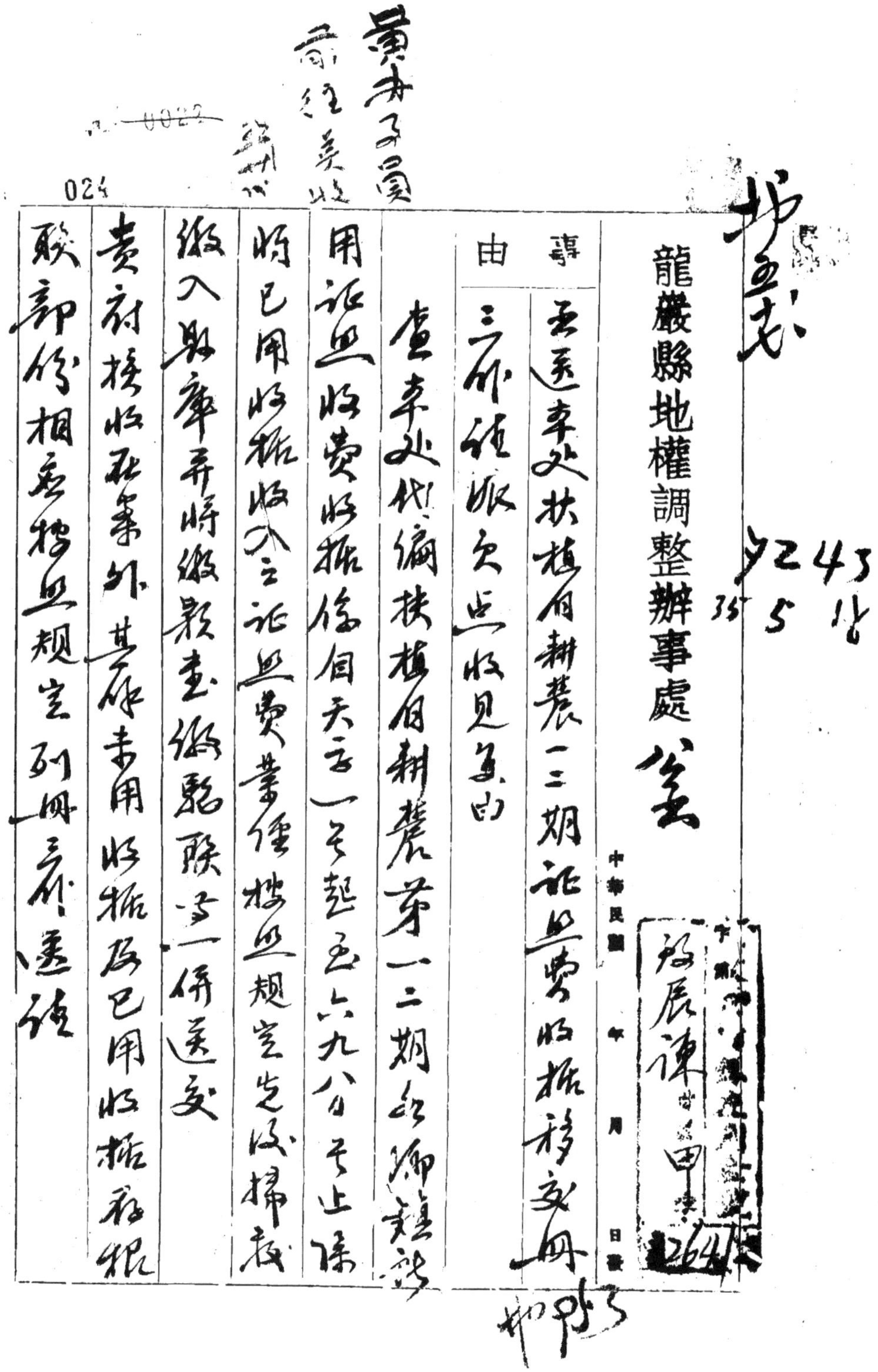
024

龍巖縣地權調整辦事處 箋

事由：函送本處扶植自耕農一二期證照費收據移交冊三份請派員點收見覆由

查本處代編扶植自耕農第一二期各鄉鎮證用證照收費收據係自天字一號起至六九八〇號止除將已用收據收入之證照費業經按照規定造成報表繳入縣庫並將繳款書繳照聯等一併送交貴府核收存案外其存未用收據及已用收據存根聯部份相應按照規定列冊三份送請

龙岩县地权调整办事处函送扶植自耕农一、二期证照费收据移交清册三份请派员点收见覆由(1946 年 5 月)

~~0022~~

025

查照即希派员接收见复，并希会报省府核备为荷。

此致

龙岩县政府

附移交册三份

兼处长 马[illegible]

龙岩县地权调整办事处函送扶植自耕农一、二期证照费收据移交清册三份请派员点收见覆由(1946年5月)

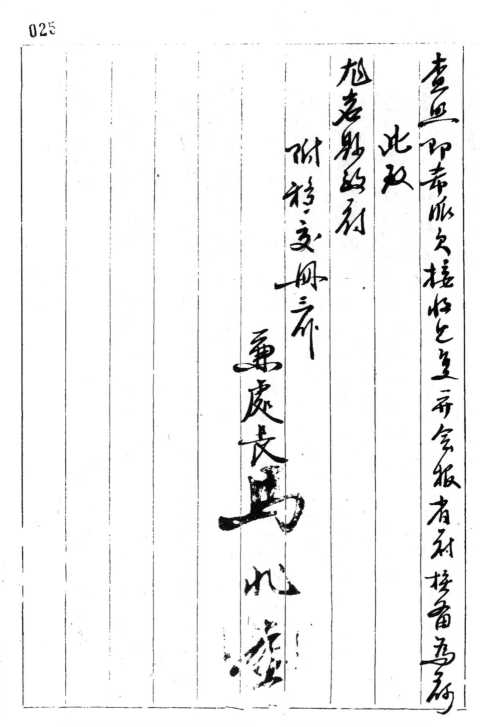

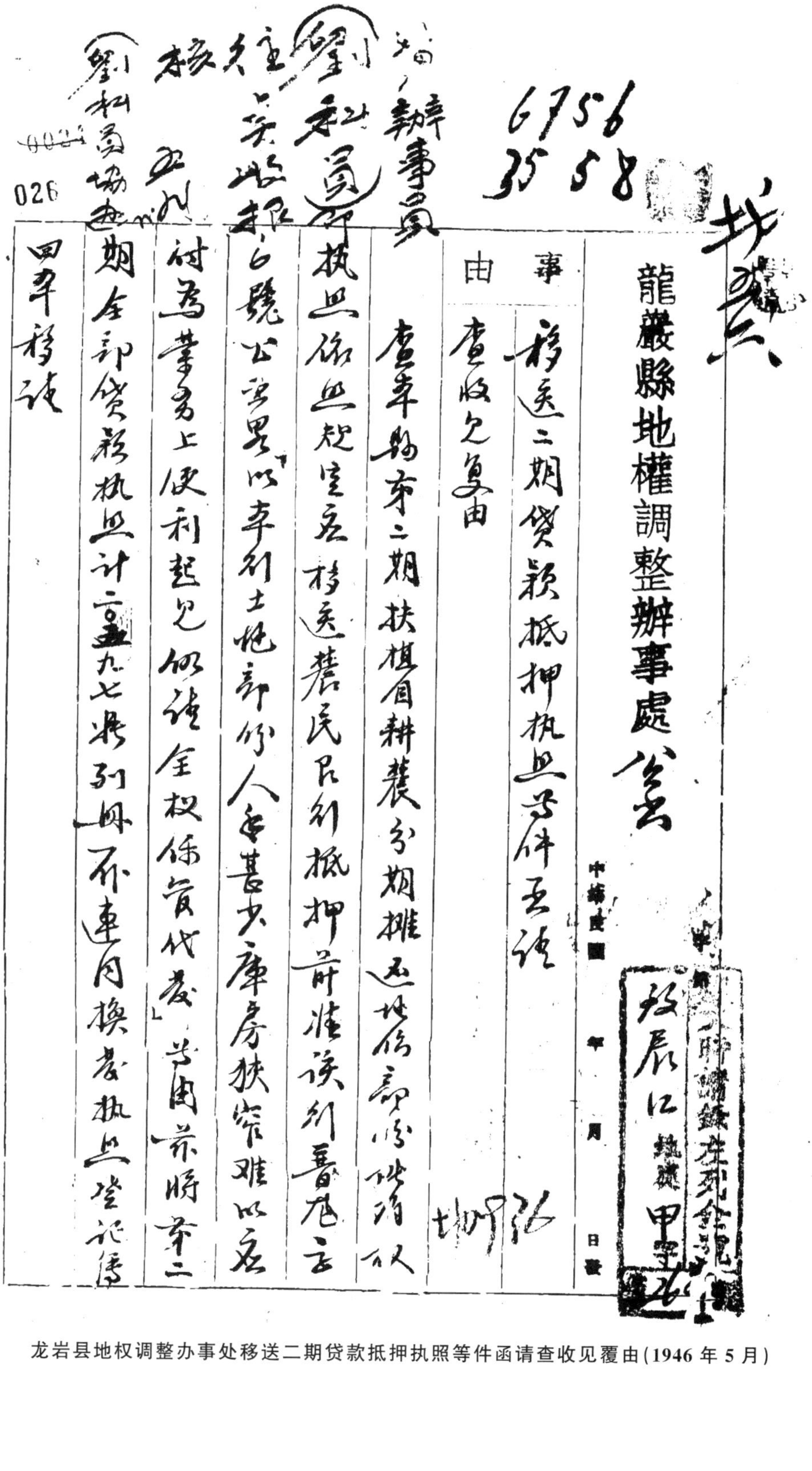

龍巖縣地權調整辦事處公函

事由：移送二期貸款抵押執照等件函請查收見復由

查本縣第二期扶植自耕農分期攤還地價部份地價以執照依照規定移送農民銀行抵押前准該行暑龍云……號公函略以本行土地部份人手甚少庫房狹窄難以容納為業務上便利起見仍請全權保管代發等因茲將第二期全部貸款執照計二萬九七〇張列冊并連同換發執照登記簿冊移請

龍岩县地权调整办事处移送二期贷款抵押执照等件函请查收见覆由(1946 年 5 月)

~~0025~~

027

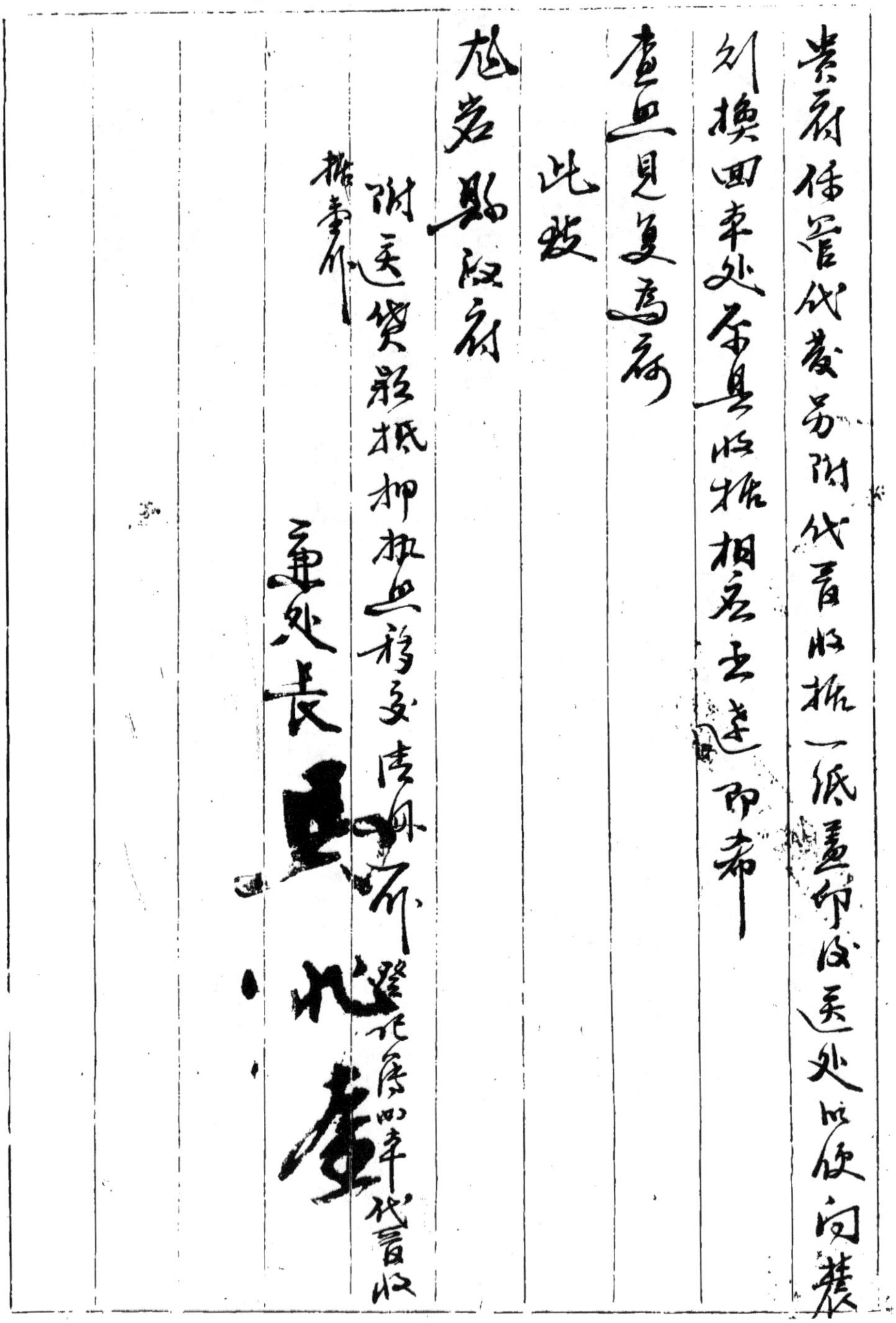

贵府係管代發另附代管收据一纸盖印後送处以便向農
行换回本处本县收据相应函送即希
查照見復為荷
此致
龙岩县政府
附送貸款抵押执照移交清册
据壹件
兼处長 [illegible]
登记户四本代管收

龙岩县地权调整办事处移送二期贷款抵押执照等件函请查收见覆由(1946年5月)

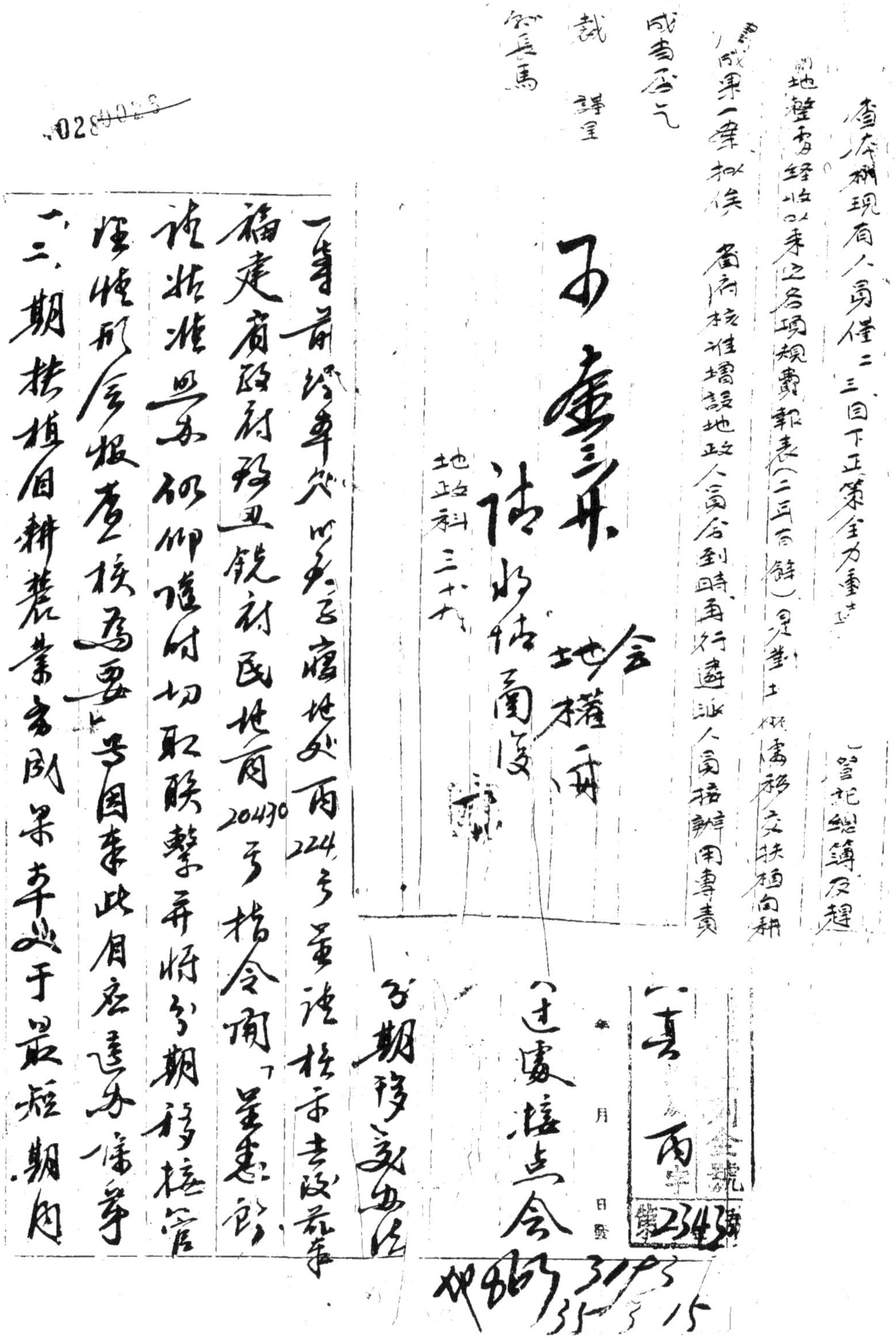

查本所現有人員僅二、三[illegible]
地整[illegible]各項規費報表(三百餘)[illegible]
成果一案擬俟 省府核准增設地政人員令到時再行遴派人員接辦用專責
成書為乞
鑒核
謹呈
縣長馬

下屬 請收轉圖復
地政科 三十六
地權 會 冊
送處接點會
予期移交辦法

一、案前經[illegible]地處丙224號呈請核示接收[illegible]
福建省政府財政廳[illegible]財民地丙20430號指令開「呈悉[illegible]
[illegible]聯繫并將[illegible]期移接管
理情形會報查核為要」等因奉此[illegible]
二、期扶植自耕農業者[illegible]本年必於最短期內

龙岩县地权调整办事处函送移交办法一份请查收派员过处接点会报由(1946 年 3 月)

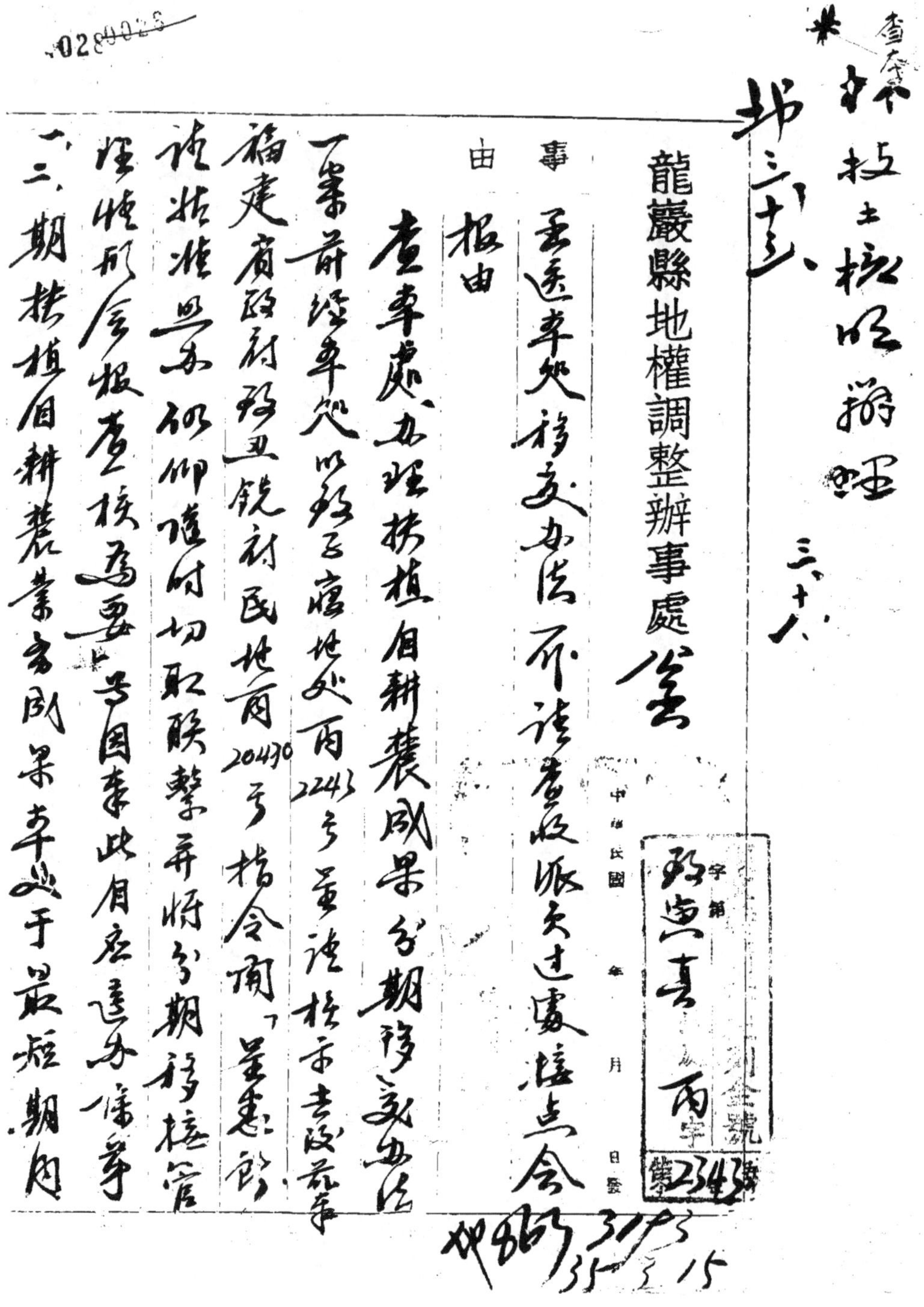

龍巖縣地權調整辦事處公函

事由：函送本处移交办法一份请查收派员过处接点会报由

查本处办理扶植自耕农成果分期移交办法一案前经本处以岩字地处丙2243号呈请核示去后兹奉福建省政府卅五丑铣府民地丙20430号指令开「呈悉。该办法准照所拟办理，仰即遵照切取联系并将分期移交经管经过情形会报查核为要」等因奉此自应遵办除……

一、二期扶植自耕农业务成果本处于最短期内

中华民国　年　月　日发

岩丙字第2343号

龙岩县地权调整办事处函送移交办法一份请查收派员过处接点会报由（1946年3月）

即可移交

貴府接收外相應檢同該項分期移交辦法份隨函

送請

查照并希派員預為準備為荷

此致

龍巖縣政府

附分期移交辦法份

處長

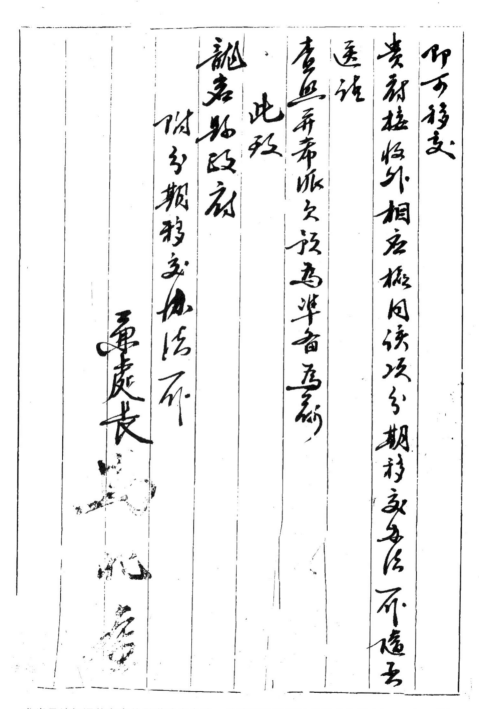

龙岩县地权调整办事处函送移交办法一份请查收派员过处接点会报由(1946 年 3 月)

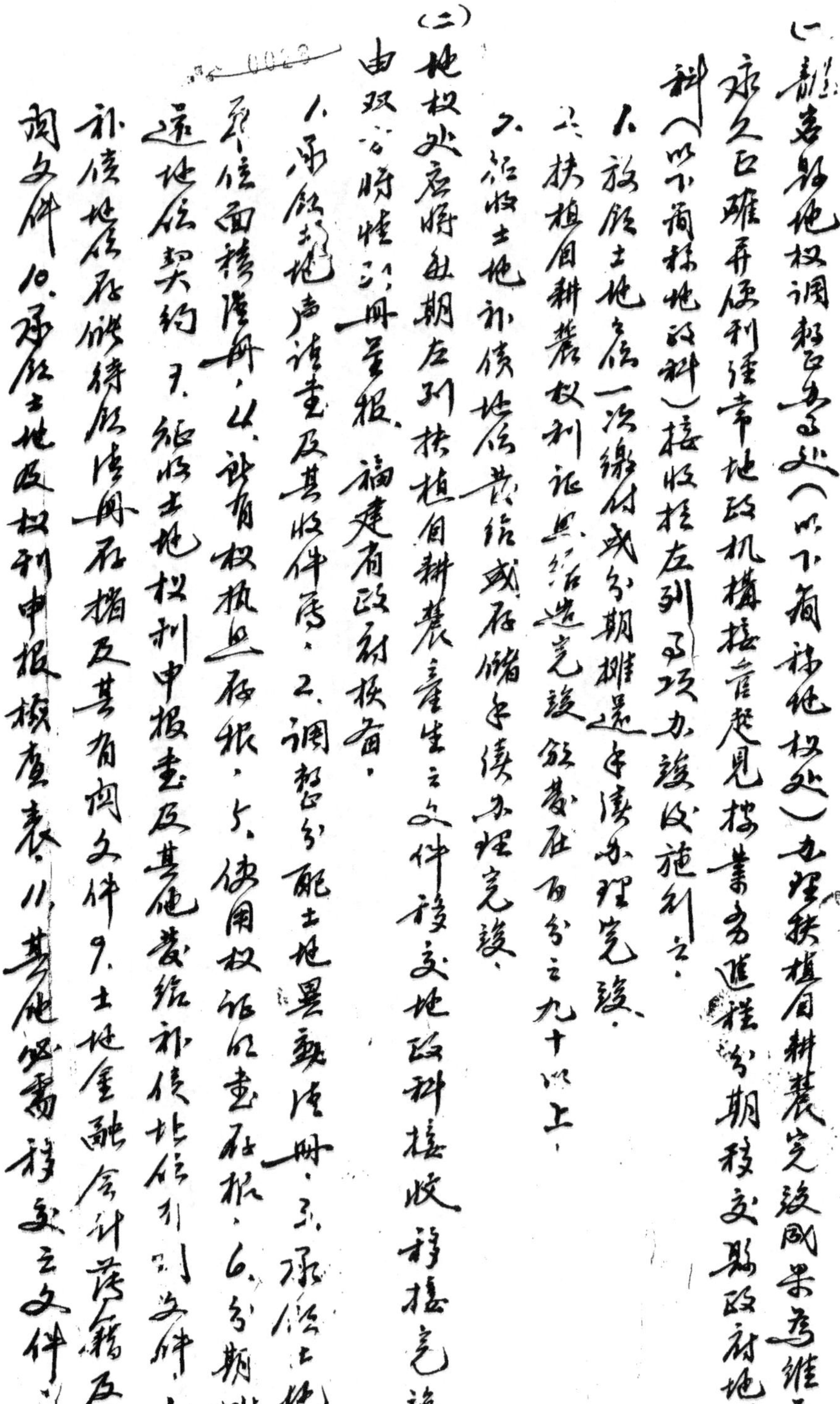

龍岩縣扶植自耕農成果分期移交辦法

一、龍岩縣地權調整事務處（以下簡稱地權處）辦理扶植自耕農完竣成果為維護永久已確并便利經常地政機構接管起見按業務進程分期移交縣政府地政科（以下簡稱地政科）接收按左列各項辦理施行之。

1、放領土地應俟一次繳付或分期攤還本息辦理完竣。

2、扶植自耕農權利証與給照完竣能數在百分之九十以上。

3、征收土地補償地價發給或存儲本息辦理完竣。

（二）地權處應將如期左列扶植自耕農產生之文件移交地政科接收移接完竣由雙方分時檢同造冊呈報福建省政府核備。

1、承領地申請書及其收件簿。2、調整分配土地異動清冊。3、承領土地原值面積清冊。4、所有權執照存根。5、使用權証明書存根。6、分期攤還地價契約。7、征收土地權利申報書及其他發給補償地價有關文件。8、補償地價存儲待領清冊存檔及其有關文件。9、土地金融會計簿籍及有關文件。10、承領土地所有權利申報核查表。11、其他必需移交之文件。

龙岩县扶植自耕农成果分期移交办法（1946 年 3 月）

030

（三）地政科接收扶植自耕农成果及办理左列事项：

1、扶植自耕农各项文件之保管事项。

2、放领土地转移及使用之管理事项。

3、分期缴还地价之催收事项。

4、征收土地存储待领补偿地价之核发事项。

5、农民向扶植自耕农贷款本息之核还事项。

6、剩余未放领土地之分配事项。

7、有关金融会计手续之登记事项（在会计人员未设置之前，暂仍注记

拟交第一课代办）

龙岩县扶植自耕农成果分期移交办法(1946 年 3 月)

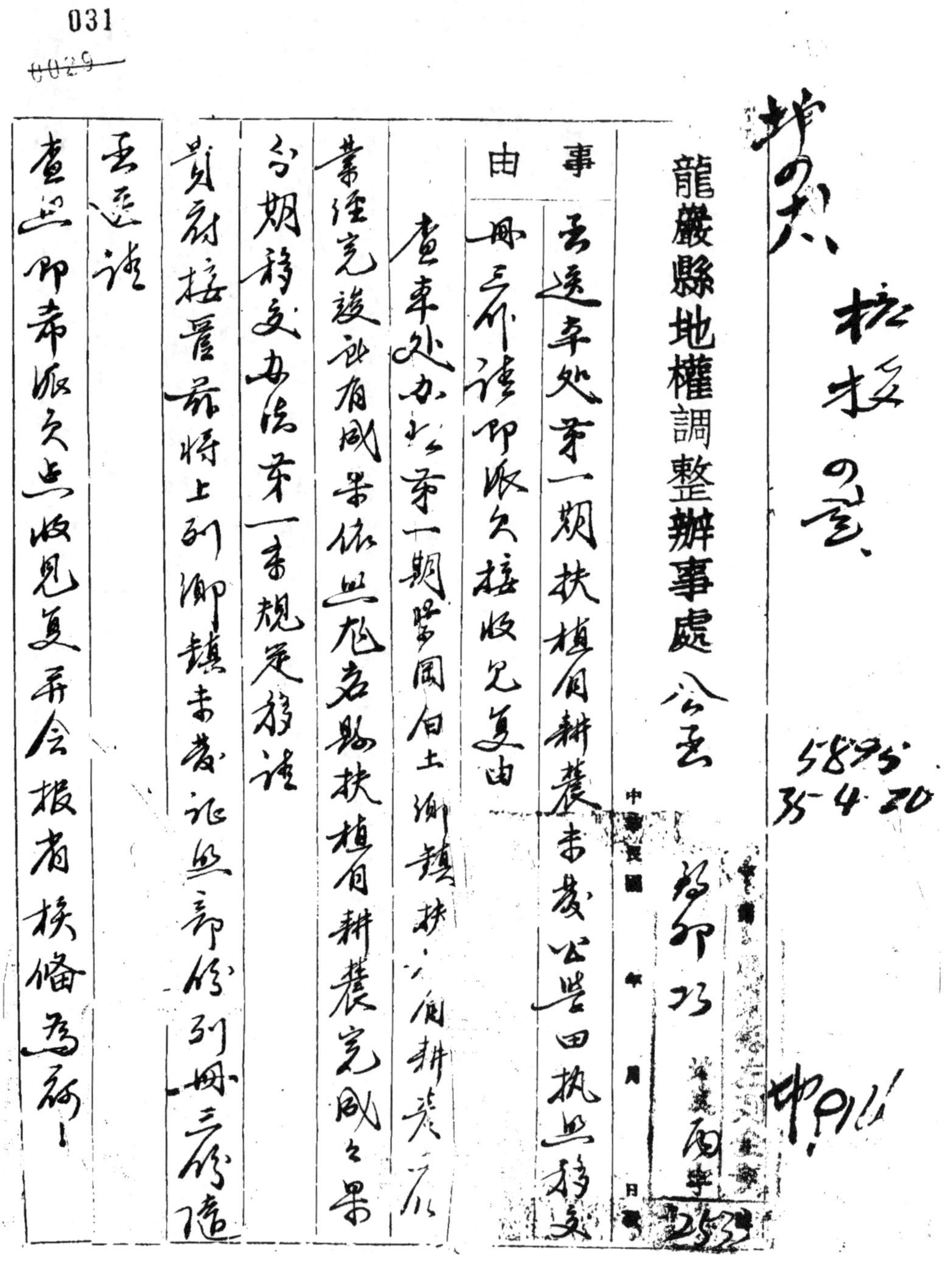
031

龍巖縣地權調整辦事處公函

事由：函送本处第一期扶植自耕农未发公尝田执照移交册三份请即派员接收见复由

查本处办理第一期[illegible]白土乡镇扶植自耕农业经完竣，所有成果依照龙岩县扶植自耕农完成之果分期移交办法第一条规定移请贵府接管。兹将上列乡镇未发证照部份列册三份随函送请查照，即希派员点收见复，并会报省核备为荷！

5895
35.4.20

龙岩县地权调整办事处函送第一期扶植自耕农未发公尝田执照移交册三份请即派员接收见复由(1946 年 4 月)

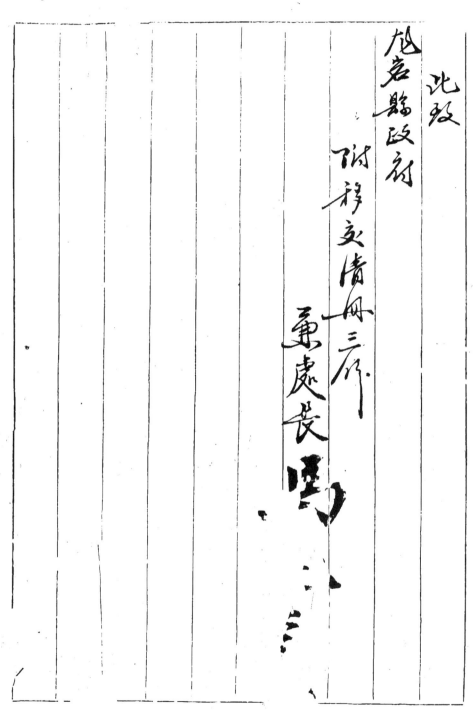

此致
龙岩县政府
附移交清册三份
兼处长 [illegible]

龙岩县地权调整办事处函送第一期扶植自耕农未发公尝田执照移交册三份请即派员接收见覆由(1946年4月)

033

~~0031~~ ~~0032~~

龍巖縣地權調整辦事處 公函

事由：函送本處第一二期扶農未發証照部份成果移交冊三份請派員接收見復由

查本處辦理第一二期西陂曹溪等

扶農工作業經完竣所有成果依照龍岩縣扶植自耕農實施

辦法第十期移交辦法第七條規定移交

貴府接管茲將上列鄉鎮扶農戶未發証照部份列冊三份隨文

送請

查照即希派員点收見復并令報省府核備爲荷！

龙岩县地权调整办事处函送第一、二期扶植自耕农未发证照部分成果移交册三份请派员接收见覆由(1946 年 4 月)

034

~~0035~~

此致

龙岩县政府

附移交册三份及逾期未发证照并省令处理办法份

兼处长

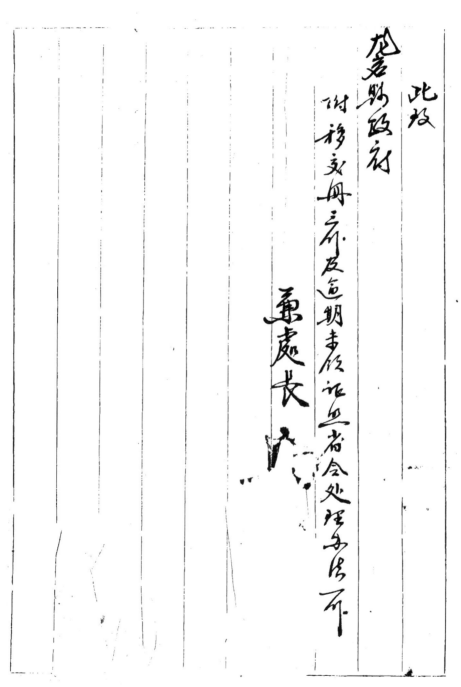

龙岩县地权调整办事处函送第一、二期扶植自耕农未发证照部分成果移交册三份
请派员接收见覆由(1946 年 4 月)

035　0023

福建省政府指令

卅五卯皓府民地丙09017号

令龙岩县政府地权处

据申请地处甲1871号呈一件为拟具扶植自耕农逾期领取证照处罚办法乞示遵由

呈悉。扶植自耕农逾期领取证照准予收取保管费，兹定其办法如下：（1）承领土地人应于通知之日起二个月内缴款具领。（2）逾期未满一个月者，按应收证照费收取保管费百分之五。（3）逾期一个月以上者，按应收证照费收之保管费百分之十。逾期二个月以上者，除有不可抗力经呈准外，取销其承领土地之权。又此项保管费应缴入扶植证照工料费科目解库，仰遵照并将开始征收保管费日期报查为要。此令。

主席　刘建绪

福建省政府拟具扶植自耕农逾期领取证照处罚办法指令(1946年4月)

龍巖縣地權調整辦事處 公函

事由：函送本处一二期扶植自耕农不征收放领土地部份成果移交册三份请派员接收见复由

查本处办理六区一二期坐阔西溪曹溪白土六区六乡扶植自耕农业务业已完竣所有成果依照龙岩县扶植自耕农完竣成果分期移交办法第一条规定移请贵府接管兹将上列各乡镇未放领土地部份成果列册三份随函送请查照即希派员点收见复并分报省府核备为荷！

龙岩县地权调整办事处函送一、二期扶植自耕农不征收放领土地部分成果移交册三份请派员接收见覆由(1946年4月)

~~0033~~
037

此致

龙岩县政府

附送成果移交清册三份

兼處長 [illegible]

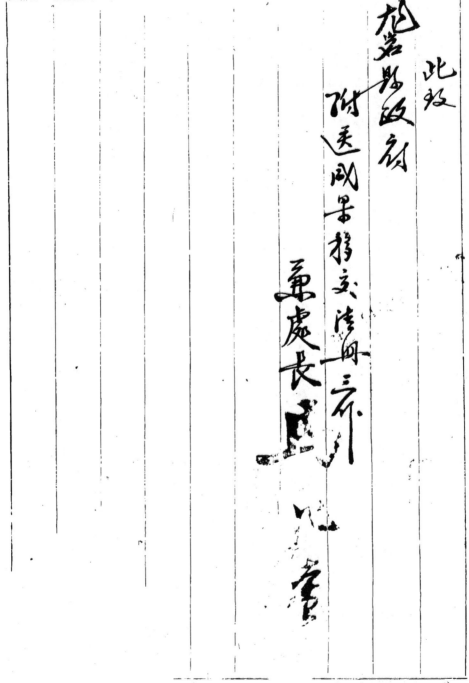

龙岩县地权调整办事处函送一、二期扶植自耕农不征收放领土地部分成果移交册三份
请派员接收见覆由(1946 年 4 月)

龍巖縣政府
龍巖縣地權調整辦事處
辦理第一期扶植自耕農業務成果（土地分配部份）移交清冊

派劉科員點收（一面填查）

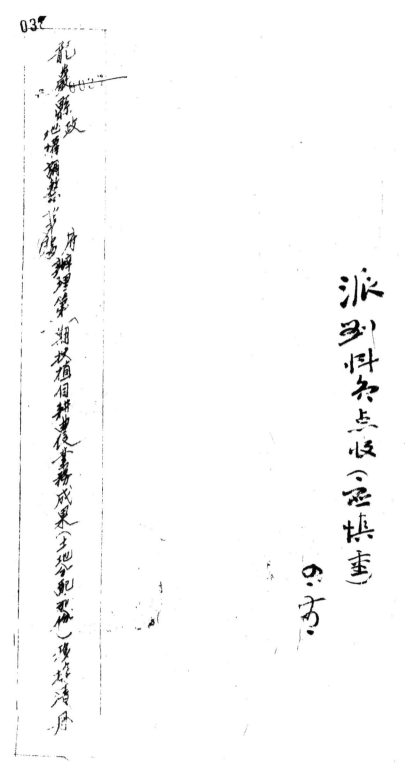

龙岩县政府、龙岩县地权调整办事处办理扶植自耕农业务成果
（土地分配部分）移交清册（1946 年 3 月）

039

~~0029~~

銷

龍巖縣政府
龍巖縣地權調整辦事處 辦理扶植自耕農業務成果(土地分配部份)移接清冊

期別	成果名稱	單位	數量	備考
第一期	土地承領申請書	本	四拾捌	起訖號碼見附表一
	土地異動清冊	本	捌	
	承領土地收件登記簿	本	玖	
	單位面積清冊	本	叁	
	承領土地核查表	本	柒	東、中、東、漢、西、龍、溪
	權利申報與原地號對照表	本	貳	
	~~承領土地索引表~~	本	壹	另在專案移交
	扶植自耕農申請書	本	壹	業崗(?)自土字第一號起至第二六四四號止

第壹頁

龙岩县政府、龙岩县地权调整办事处办理扶植自耕农业务成果（土地分配部分）移交清册（1946 年 3 月）

041

期別成果名稱	單位	數量	備
銷 第十一期土地分配證明書（附聯圖）	本	壹	同扶地種字第二號起至第三之號止（第二冊合訂一本）
龍字執照存根	張	1—90	
安字執照存根	張	1—44	
復字執照存根	張	1—126	
聖字執照存根	張	1—80	
紫字執照存根	張	1—80	
黃字執照存根	張	1—119	
漢字執照存根	張	1—66	
紫固字證明書存根	張	25	自紫固字第1號起至第25號止

龙岩县政府、龙岩县地权调整办事处办理扶植自耕农业务成果（土地分配部分）移交清册（1946 年 3 月）

~~0029~~

041

銷　　　　銷

承換之業田字使用權證明書	張	24	自龍業田字第96號起至第119號止（另案繳稿）
自耕使用權證明書存根	張	118	自自字第1號起至第118號止
第二期土地承領申請書	本	細拾伍	細記號碼見附表二
土地異動清冊	本	捌	豐字第一頁起至第[illegible]頁止共四本 [illegible]字自第一頁起至第三三頁止共玖本 合[illegible]第一頁起至第[illegible]頁止[illegible]本
承領土地收件登記簿	本	拾	
單位面積清冊	本	伍	
承領土地權利申報檢查表	本	壹拾	豐、天、同、學、外、石、秀、西、大月、合作、
土地號碼與地號對照表	本	壹	
承領土地登記索引表	本	壹	另案繳稿
合作農場收支清冊	本	壹	

第貳頁

龙岩县政府、龙岩县地权调整办事处办理扶植自耕农业务成果

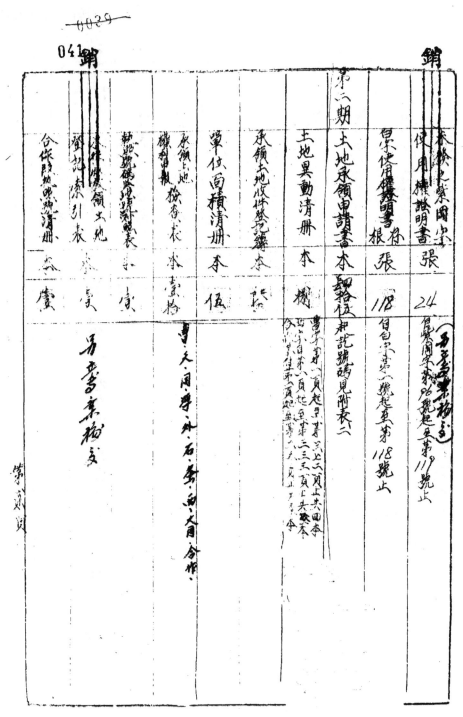

（土地分配部分）移交清册（1946年3月）

042

期別成果名稱	單位	數量	備攷
第六期大同段扶植自耕農號清册	本	壹	共訂本合作段地號一號碼清冊內（大同合作合訂一本）
〃合作段地價冊	張	貳	訂于合作段銷號清冊內
〃外字號冊書根	存張	50	
錯誤更正登記表	本	壹	
外字執照存根	張	1418	自外字第1號起至外字第1418號止
西字執照存根	張	1804	自西字第1號起至西字第1804號止
條字執照存根	張	4621	自條字第1號起至條字第4621號止
石字執照存根	張	3303	自石字第1號起至石字第3303號止

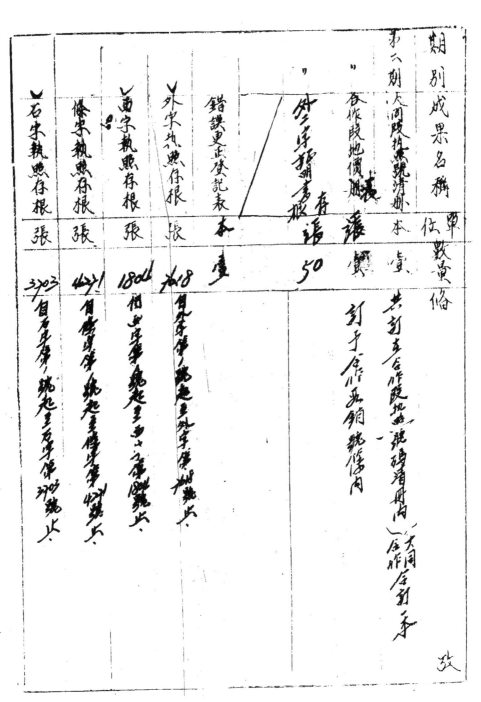

龙岩县政府、龙岩县地权调整办事处办理扶植自耕农业务成果
（土地分配部分）移交清册（1946年3月）

043

~~0040~~

書宋執照存根	張	6777	自書宋第1號起至第6777號止
天宋執照存根	張	1364	自天宋第1號起至天宋第1364號止
浮宋執照存根	張	6223	自浮宋第1號起至第6223號止
同宋執照存根	張	3776	自同宋第1號起至第3776號止
合作段執照存根	張	61	自合作宋第1號起至合作宋第61號止
大同段執照存根	張	8	自大同宋第1號起至大同宋第8號止
合作宋證明書存根	張	174	(起訖號數)見附表三
大同宋證明書存根	張	684	〃
書達宋證明書存根	張	1927	〃
西墩宋證明書存根	張	2827	〃

第叁頁

龙岩县政府、龙岩县地权调整办事处办理扶植自耕农业务成果

（土地分配部分）移交清册（1946年3月）

044

~~0044~~

第一期土地承領申請書號碼起訖表（附表一）

字別	號碼起訖	備攷
沛國	1-87	
坎洋	1-145	
[illegible]洋	1-132	
西洋	1-138	
社貝	1-105	
下洋	1-96	
肖坑	1-102	
連墅	1-162	
紫陽	1-64	
側流	1-68	
[illegible]民	1-36	
東湧	1-45	
上洋	1-77	
志興	1-77	
後田	1-252	
邦口	1-13[illegible]	
平洋	1-177	
南民	1-123	
[illegible]民	1-[illegible]	
榮陽	1-133	內[illegible]缺
世興	1-78	
東堀	1-137	
羅吳	1-142	
聚源	1-127	
北洋	1-21	
南中	1-28	
[illegible]	1-2	
東貝	1-39	
田心	1-71	內缺至[illegible]號係缺號
孟頭	1-[illegible]	
[illegible]	1-3[illegible]	
赤鳥	1-1[illegible]	

第　頁

第一期土地承领申请书号码起讫表(1946 年 3 月)

045

保别	起讫號碼	备考
田洋	1-161	✓
黄邦	1-158	✓
寨李	1-86	✓
連甲	1-194	✓
雷隔	1-214	✓
桂園	1-110	✓
溪埧	1-197	✓
溪墘	1-159	✓
泉井	1-172	✓
復興	1-18	✓
菜園	1-106	✓
龍一	1-6	
湖邦	1-187	✓
櫻村	1-283	✓
曲潭	1-154	✓
曹一	1-205	

第一期土地承领申请书号码起迄表(1946年3月)

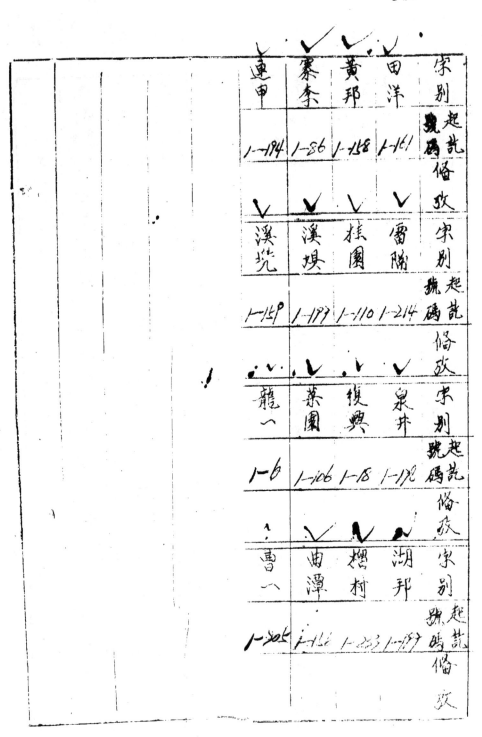

046

~~0042~~

77

第二期土地承領申請書號碼起訖表（附件二）

保别	起訖號碼	備攷
黄坑	1-[illegible]	
新洋	1-226	
斷橋	1-46	
條園	1-262 又 [illegible]-283	
公玉	1-144	
豊川	1-176	
㭪坑	1-222	
下寨	[illegible]	
内洋	~~1-246~~ 1-251	
石橋	1-226	
蕩坂	1-[illegible]	
苗橋	1-131	
落洋	1-229	
禹瀨	1-200	
深塘	1-94	
石奄	[illegible]	
外洋	1-166	
排頭	[illegible]	
松墩	1-[illegible]	
采嶺	1-146	
天坑	1-229	
曹塘	1-201	
石孟	1-190	
西中	[illegible]	
尚洋	1-[illegible]	
中洋	[illegible]	
采墩	1-[illegible]	
平陵	1-220	
月山	1-221	
豐江	1-201	
西源	1-189	
水塘	[illegible]	

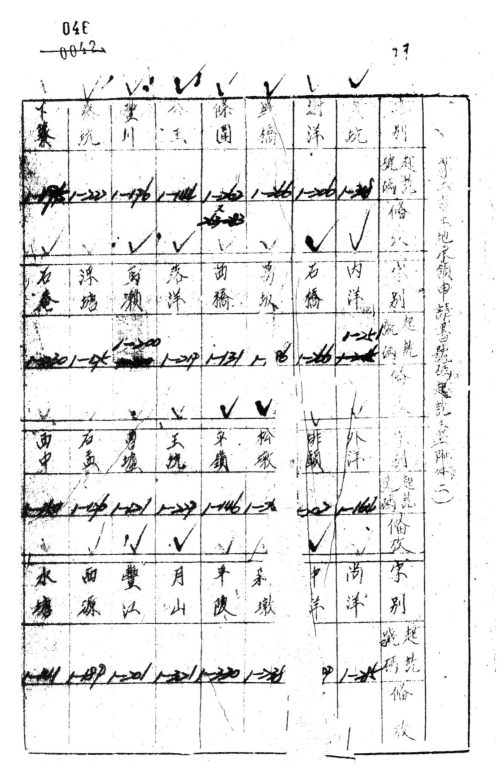

第二期土地承领申请书号码起讫表(1946 年 3 月)

047

宗别	起讫號碼	備攷
東山	1-10	
陽樓	1-162	
白云	1-25	
合作	1-313	
雷邦	1-137	
溪南	1-15	✓
平西	1-38	✓
龍	1-6	
[illegible]門	1-16	
登高	1-25	✓
銅[illegible]	1-6	✓
新[illegible]	1-167	✓
大同	1-167	✓
龍[illegible]	1-26	✓

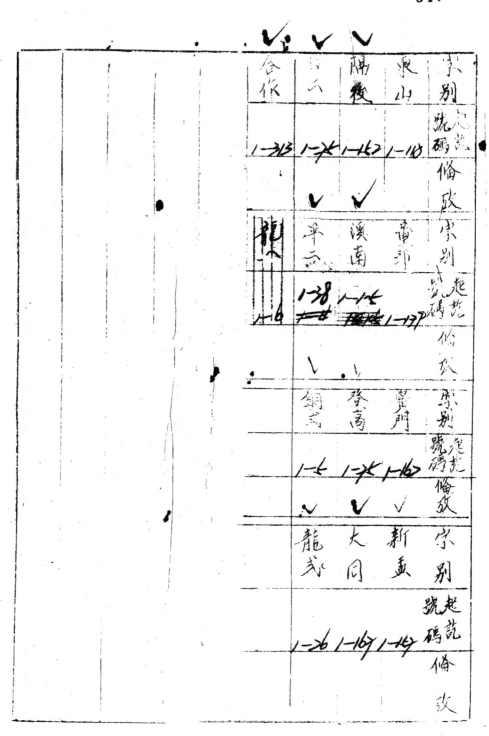

第二期土地承领申请书号码起迄表(1946 年 3 月)

西墩，大同，合作，曹莲土地使用权证书號碼起讫表（附表三）

証明書字别	起讫號碼	保别	缺號	証明書字别	起讫號碼	保别	缺號
曹莲	1—172	马塘	173—200	大同	門筏?	1—100	101—105
〃	201—342	王圳?	343—345	〃	106—176	崇門?	177—200
〃	346—470	董邦?		〃	201—333	新亭?	334—335
〃	471—555	东山	556—560	〃	336—421	崇南?	422—440
〃	561—730	蔡坑?		〃	441—496	登高?	497—500
〃	731—880	湾坊?		〃	501—621	大同	
〃	881—1037	月山	1038—1040				
〃	1041—1121	西中	1122—1125				
〃	1126—1216	西滘?	1217—1220				
〃	1221—1292	曹圩?	1293—1300				
〃	1301—1400	大族?					
〃	1401—1499	水圻?		合作	1—48	唐谷?	[illegible]
〃	1500—1505	〃		〃	50—75	建國?	
〃	1506—1621	龍川	1622—1625	〃	76—86	厚德?	
〃	1626—1741	龍江	1742—1750	〃	87—95	水門	
〃	1751—1882	石壶?	1883—1885	〃	96—119	五彩	
〃	1886—1999	石壶?		〃	120	鹿谷?	
〃	2000—2043	董邦?		〃	121—136	三民	
〃	2044	蔡坑?		〃	137—172	龍門	
〃	2045—2046	董邦?		〃	173—185	五杖?	
〃	2047—2049	〃		〃	186	鹿谷?	
				〃	187	龍門	
				〃	188	五彩	
				〃	189—195	鹿谷?	

西墩、大同、合作、曹莲土地使用权证书号码起迄表(1946 年 3 月)

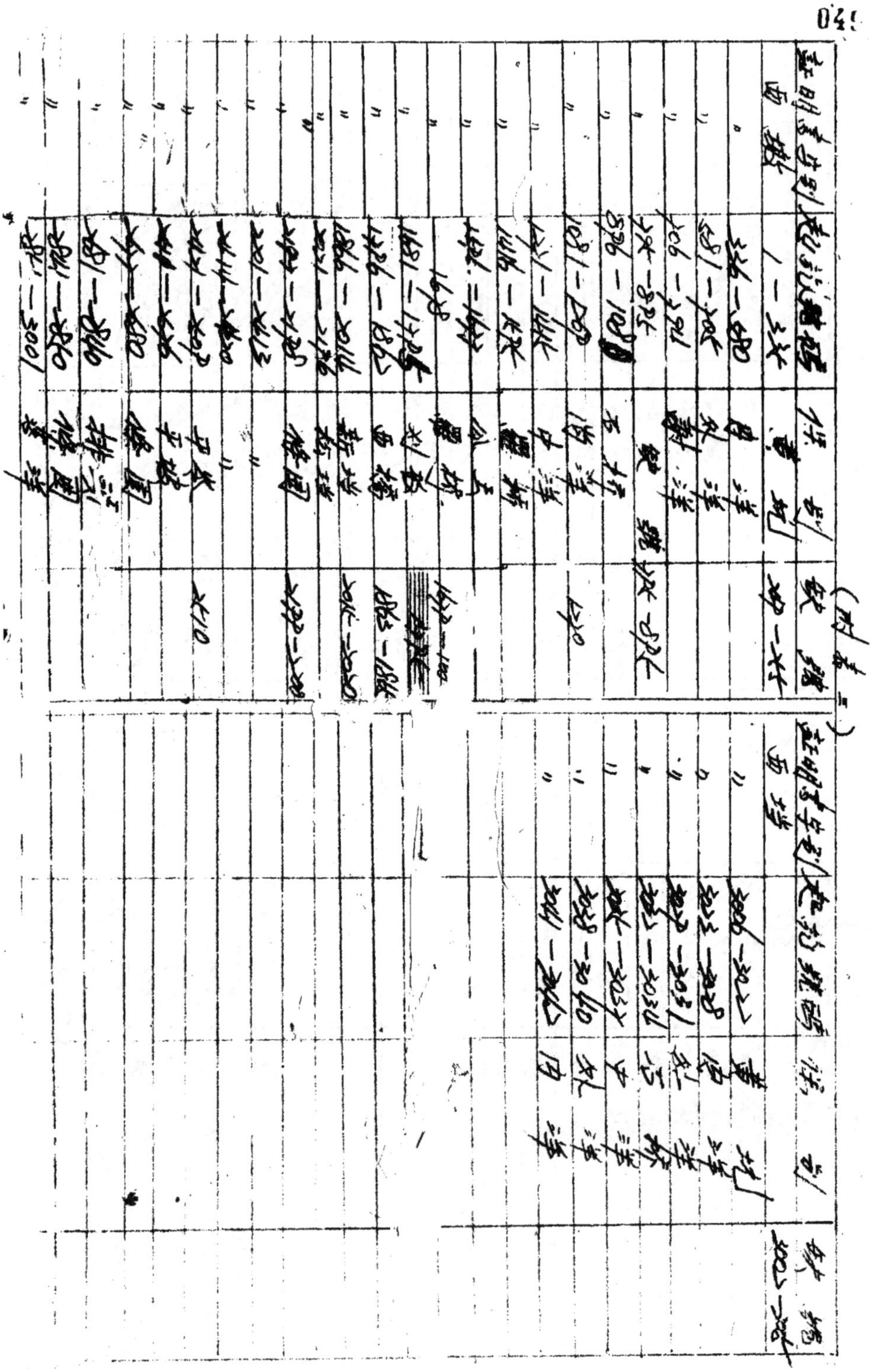

(附表三)

证明书字别	起讫號码	保别	缺號	证明书字别	起讫號码	保别	缺號
西墩	1—335	黄坑	249—255	西墩			3002—3005
〃	336—480	月洋		〃	3006—3022	黄坑	
〃	481—705	外洋		〃	3023—3028	内洋	
〃	706—774	谢洋		〃	3029—3031	外洋	
〃	775—875	缺號	775—875	〃	3032—3034	石桥	
〃	876—1080	石桥		〃	3035—3037	中洋	
〃	1081—1209	尚洋	1210	〃	3038—3040	外洋	
〃	1211—1445	中洋		〃	3041—3042	内洋	
〃	1446—1575	罗桥					
〃	1576—1677	公王					
〃	1678	罗桥	1679—1680				
〃	1681—1725	刘教					
〃	1726—1862	西墙	1863—1865				
〃	1866—2014	新增	2015—2020				
〃	2021—2176	松增					
〃	2177—2195	修园	2196—2200				
〃	2201—2613	〃					
〃	2614—2620	〃					
〃	2621—2709	平峰	2710				
〃	2711—2676	平坑					
〃	2677—2680	修园					
〃	2681—2840	排上					
〃	2841—2860	修园					
〃	2861—3001	若洋					

西墩、大同、合作、曹莲土地使用权证书号码起迄表(1946 年 3 月)

051

移交者：龍岩縣地權調整辦事處處長 馬兆奎
副處長 若劍臣
第二課長 吳志昌
第三課長 張元生
點交者：龍岩縣地權調整辦事處事務員 翁若生
接收者：龍岩縣政府縣長 馬兆奎
地政科長 黃以鏘
點收者：龍岩縣政府地政科員

中華民國三十五年三月 日

清册移交者、点交者、接收者、点收者名单(1946 年 3 月)

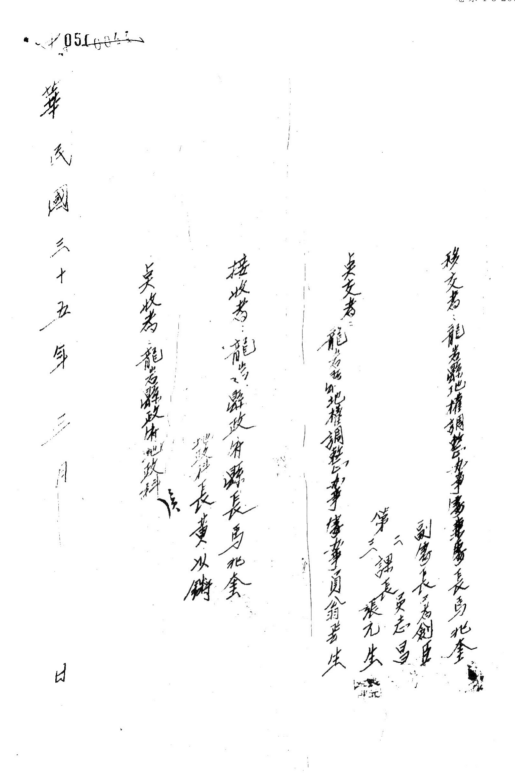

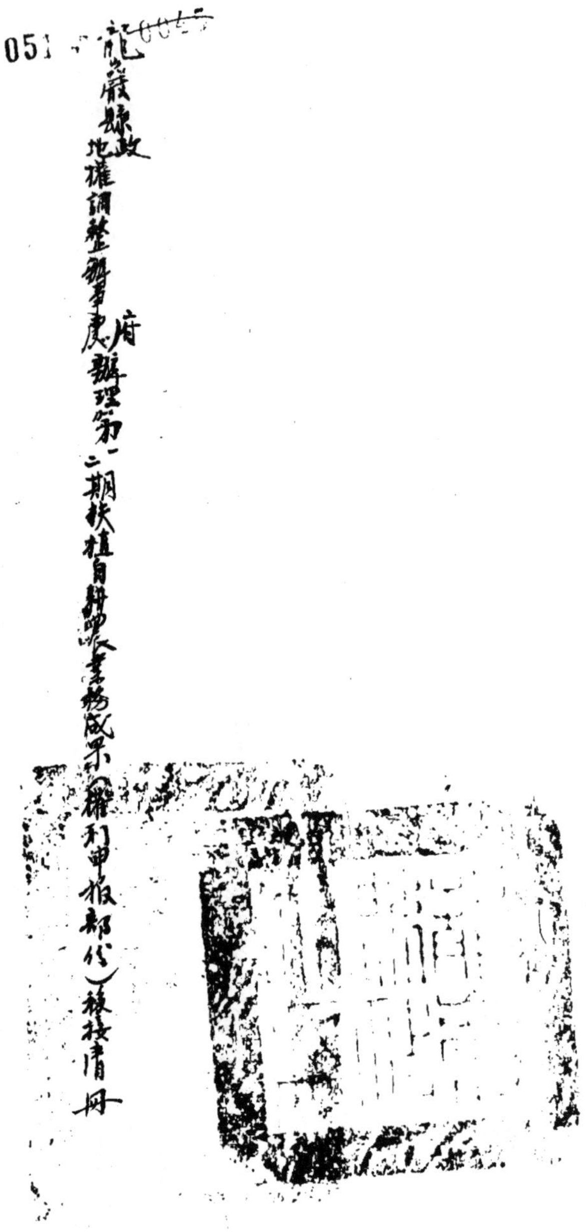
051

龍巖縣政府
地權調整辦事處辦理第一二期扶植自耕農業務成果(權利申報部份)移交清冊

龙岩县政府、龙岩县地权调整办事处办理第一、二期扶植自耕农业务成果
(权利申报部分)移交清册(1946 年 4 月)

移交者：龍岩縣地權調整辦事處處長 馬兆奎
副處長 屠劍臣
第三課長 張元生
第三課員 王雲鶴

監交者：

接收者：龍岩縣政府縣長 馬以奎
地政科長 黃以鏘

監收者：
地政科科員 劉乙巳

052

中華民國三十五年四月 日

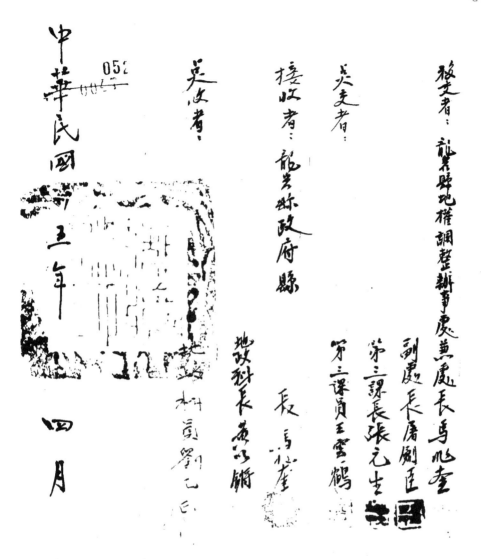

龙岩县政府、龙岩县地权调整办事处办理第一、二期扶植自耕农业务成果（权利申报部分）移交清册（1946 年 4 月）

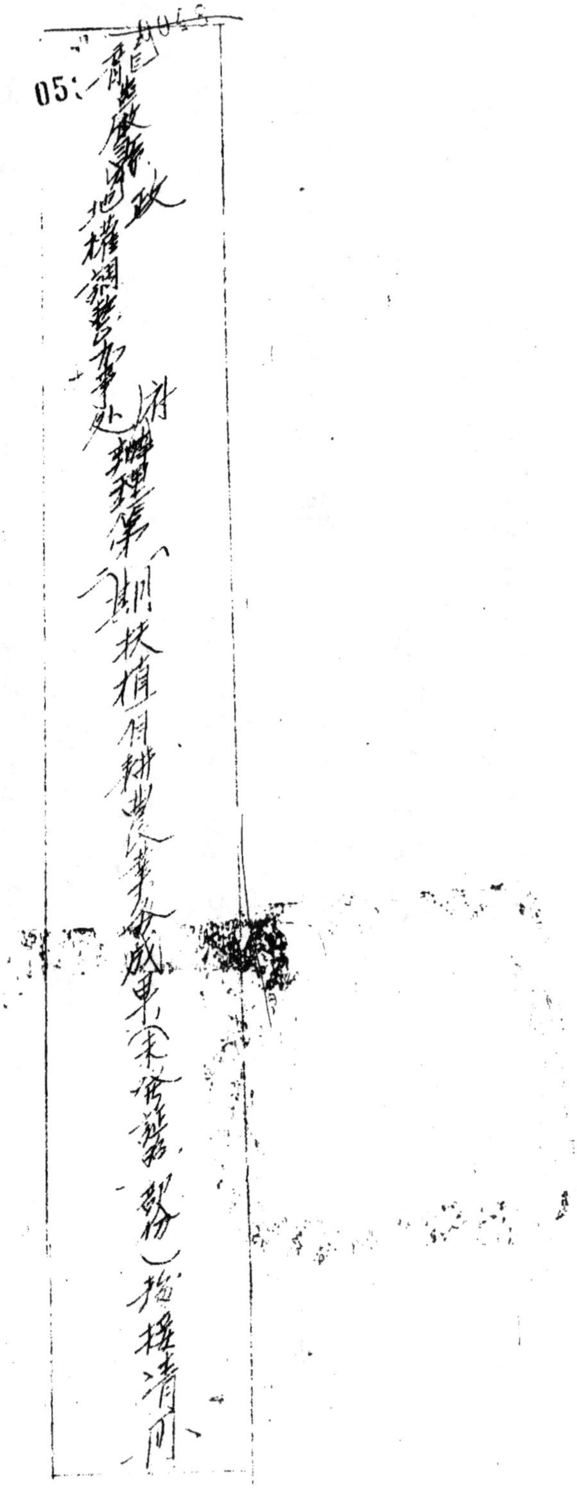

龙岩县政府、龙岩县地权调整办事处办理第一、二期扶植自耕农业务成果（未发证照部分）移接清册（1946 年 4 月）

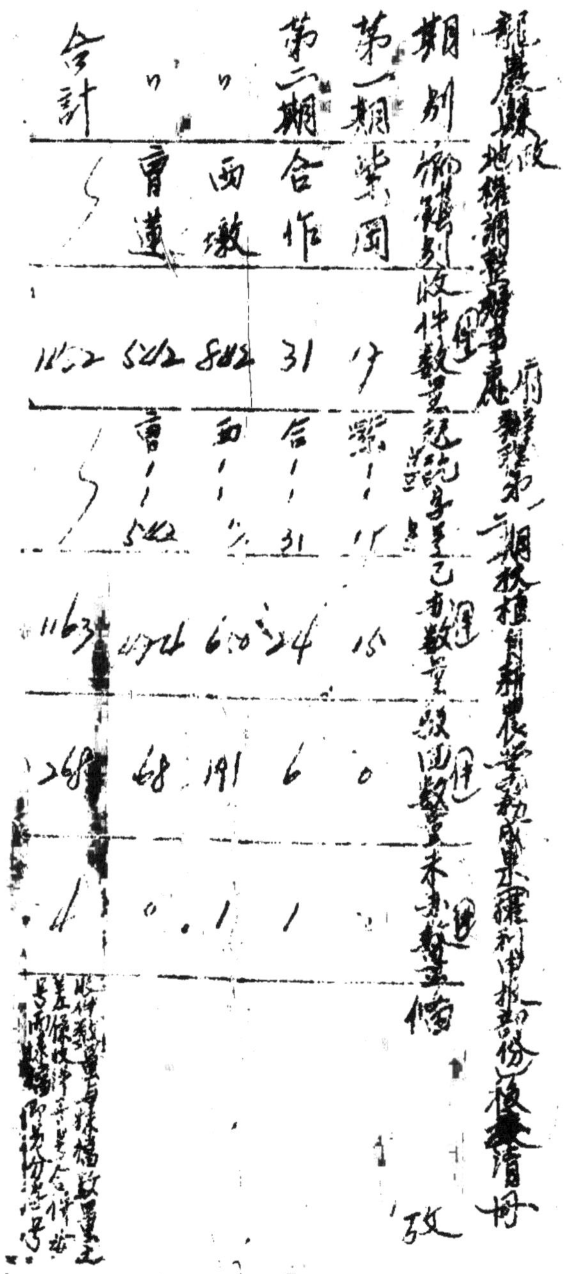

龙岩县政府、龙岩县地权调整办事处办理第一、二期扶植自耕农业务成果（权利申报部分）移交清册（1946 年 4 月）

054

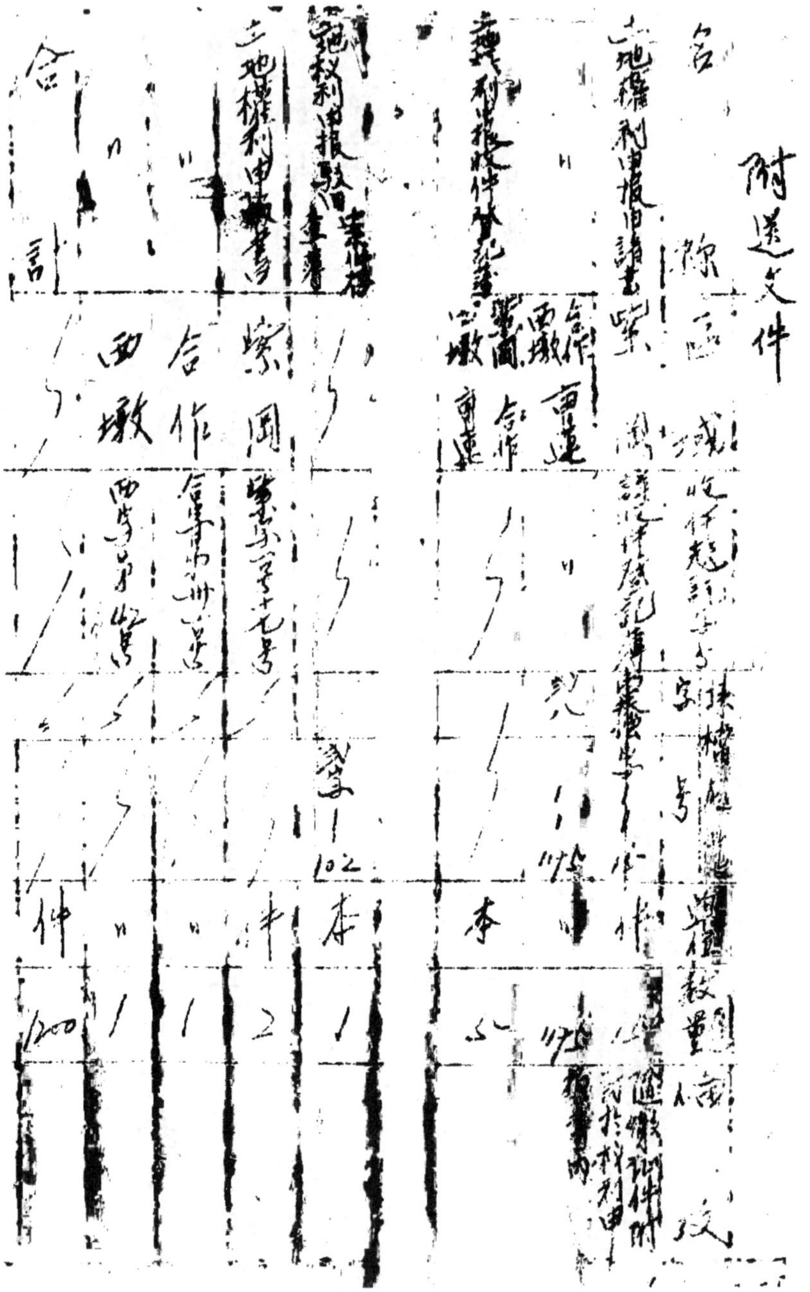

龙岩县政府、龙岩县地权调整办事处办理第一、二期扶植自耕农业务成果（权利申报部分）移交清册（1946年4月）

0049

055

龍巖縣政府、龍巖縣地權調整辦事處辦理第一、二期扶植自耕農業務成果（未發證照部份）移接清冊

期別	成果名稱	單位	數量	備考
第一期	未發外人承領證明書	張	三六	列外二字第[illegible]號
第二期	未發承領字土地使用權證明書	張	[illegible]	列承字第[illegible]號
〃	未發書退還字土地使用權證明書	張	拾[illegible]	列書退還字第[illegible]號
〃	未發合作農場土地使用權證明書	張	弍	列合作農場第[illegible]號
〃	合作鎮未發土地所有權狀	張	拾[illegible]	[illegible]
〃	大同鄉未發土地所有權狀	張	[illegible]	[illegible]
〃				
合計		張	[illegible]	領發證照時均將[illegible]存根撿去，由[illegible]人及县镇公所负责任。

龙岩县政府、龙岩县地权调整办事处办理第一、二期扶植自耕农业务成果（未发证照部分）移接清册（1946年4月）

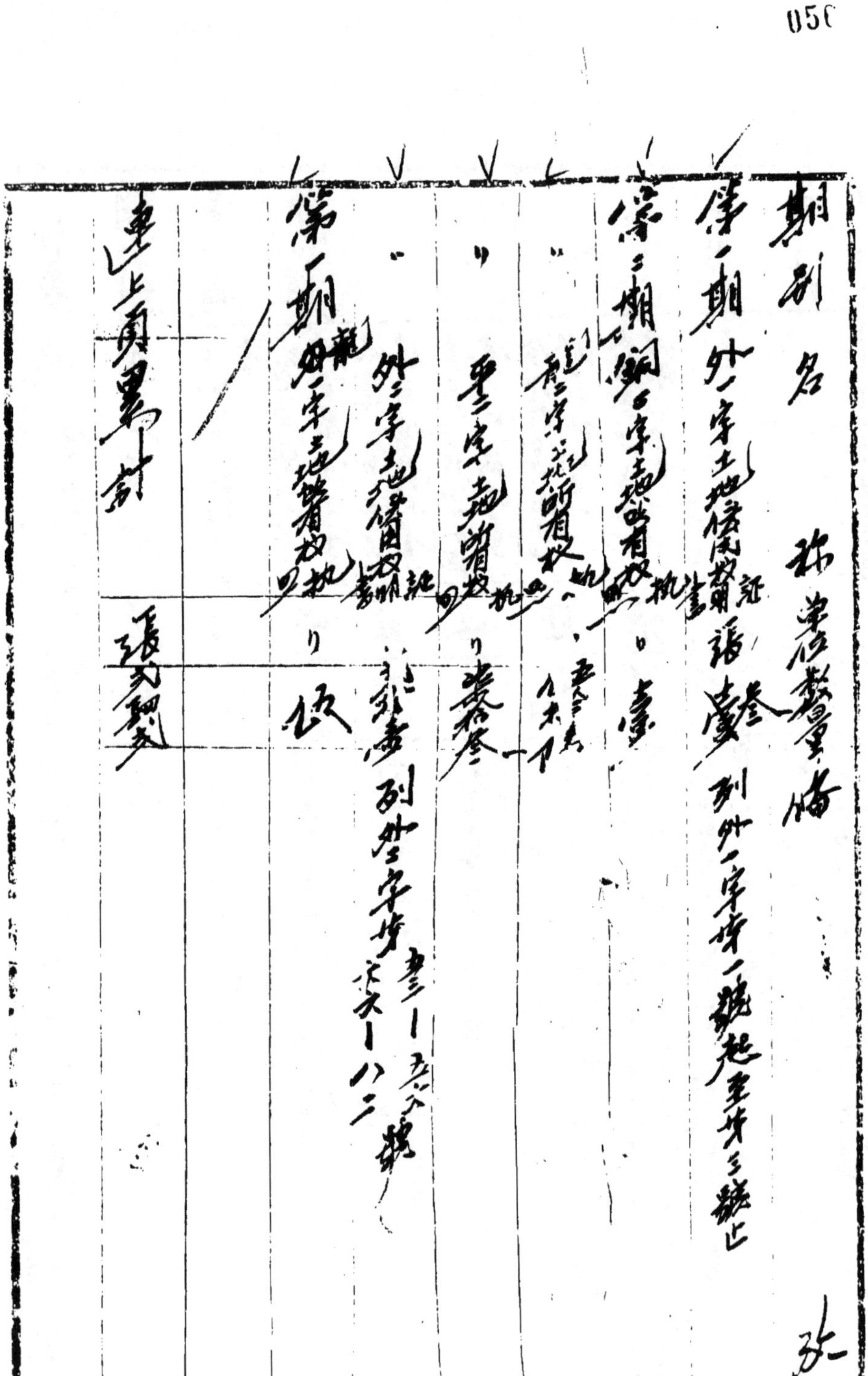

期别	名称	单位	数量	备考
第一期	外一字土地使用证书存根	张	壹叁	列外一字第一号起至第十三号止
第二期	外一字土地所有权执照存根	〃	壹	
〃	[illegible]二字土地所有权执照存根	〃	[illegible]	
〃	里二字土地所有权执照存根	〃	[illegible]	
〃	外二字土地所有权证书存根	〃	[illegible]	列外二字第[illegible]号
第一期	外一字土地所有权执照存根	〃	[illegible]	
连上页累计		张	[illegible]	

龙岩县政府、龙岩县地权调整办事处办理第一、二期扶植自耕农业务成果(未发证照部分)移接清册(1946年4月)

中華民國三十五年三月　日

移交者：龍岩縣地權調整辦事處處長馬杞參
副處長唐劍臣
第二課課長吳志昌
三　張元生
點交者：龍岩縣地權調整辦事處辦事員翁飛生

接收者：龍岩縣政府縣長馬杞參
〃　地政科科長黃以鍔
點收者：龍岩縣政府地政科科員劉

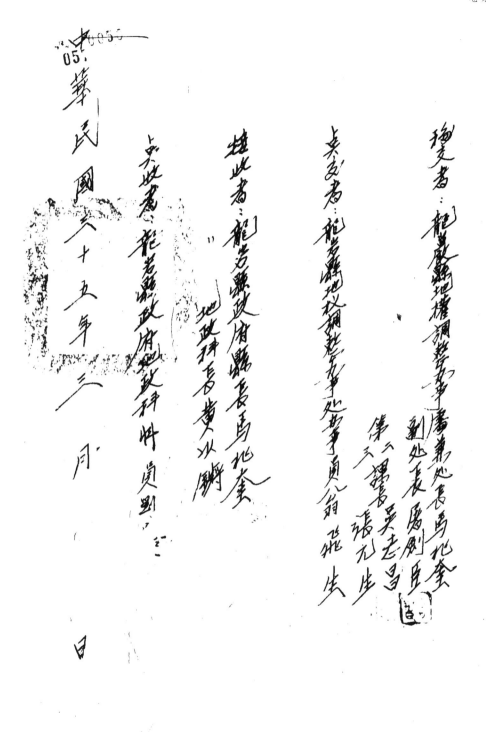

龙岩县政府、龙岩县地权调整办事处办理第一、二期扶植自耕农业务成果（未发证照部分）移接清册（1946 年 4 月）

058
龍巖縣政府
地權調整辦事處
辦理第一、二期扶植自耕農業務成果(未領放土地部份)移接清冊

龙岩县政府、龙岩县地权调整办事处办理第一、二期扶植自耕农业务成果（未领放土地部分）移接清册（1946 年 4 月）

龍岩縣政府、龍岩縣地權調整辦事處辦理第一、二期扶植自耕農成果(未領放土地部分)移接清冊

期別	成果名稱	單位	數量	備攷
第一期	未經放領土地清冊	本	壹	
第二期	〃	〃	壹	

註：本列土地除奉准保留三山灣田外，應請繼續選擇農户隨時補行放領以盡地用。

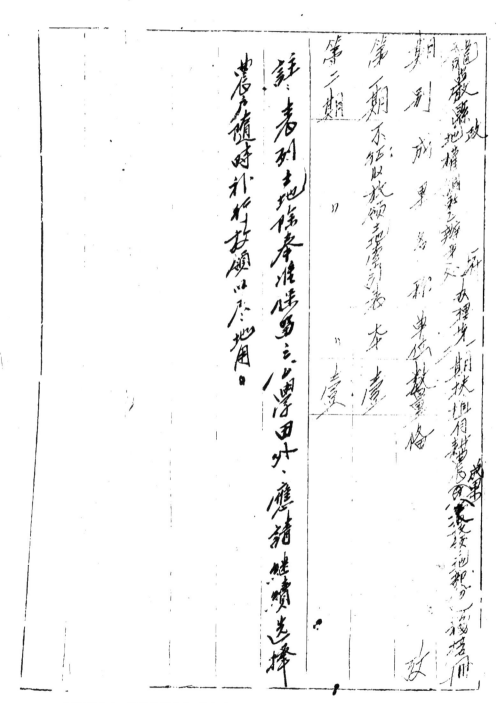

龙岩县政府、龙岩县地权调整办事处办理第一、二期扶植自耕农业务成果
(未领放土地部分)移接清册(1946 年 4 月)

移交者：龍岩縣地權調整辦事處兼處長 馬兆奎
副處長 詹劍匡
第一課長 吳志昌
第二課長 張元生
辦事員 翁飛生

監交者：〃 〃

接收者：龍岩縣政府縣長 馬兆奎
監證人 〃 〃 地政科長 黃以麟

中華民國三十五年

龙岩县政府、龙岩县地权调整办事处办理第一、二期扶植自耕农业务成果（未领放土地部分）移接清册（1946 年 4 月）

龙岩县政府、龙岩县地权调整办事处办理第一期白土乡、紫岗乡扶植自耕农业务成果（未发公尝田证照部分）移接清册（1946年3月）

062

~~1105~~

龍巖縣政府
龍巖縣地權調整辦事處辦理第一期白土、紫崗鄉扶植自耕農（業務成果）（未發公嘗田證照部份）移接冊

鄉鎮別	成果名稱	單位	數量	備考
紫崗	土地所有權狀	張	[illegible]	各條數量詳見附表（共1165張）
白土	〃	〃	1165	〃
紫崗	土地使用權證明書	〃	24	自紫崗字第六九六號起至一二九號止

龙岩县政府、龙岩县地权调整办事处办理第一期白土乡、紫岗乡扶植自耕农业务成果（未发公尝田证照部分）移接清册（1946 年 3 月）

063

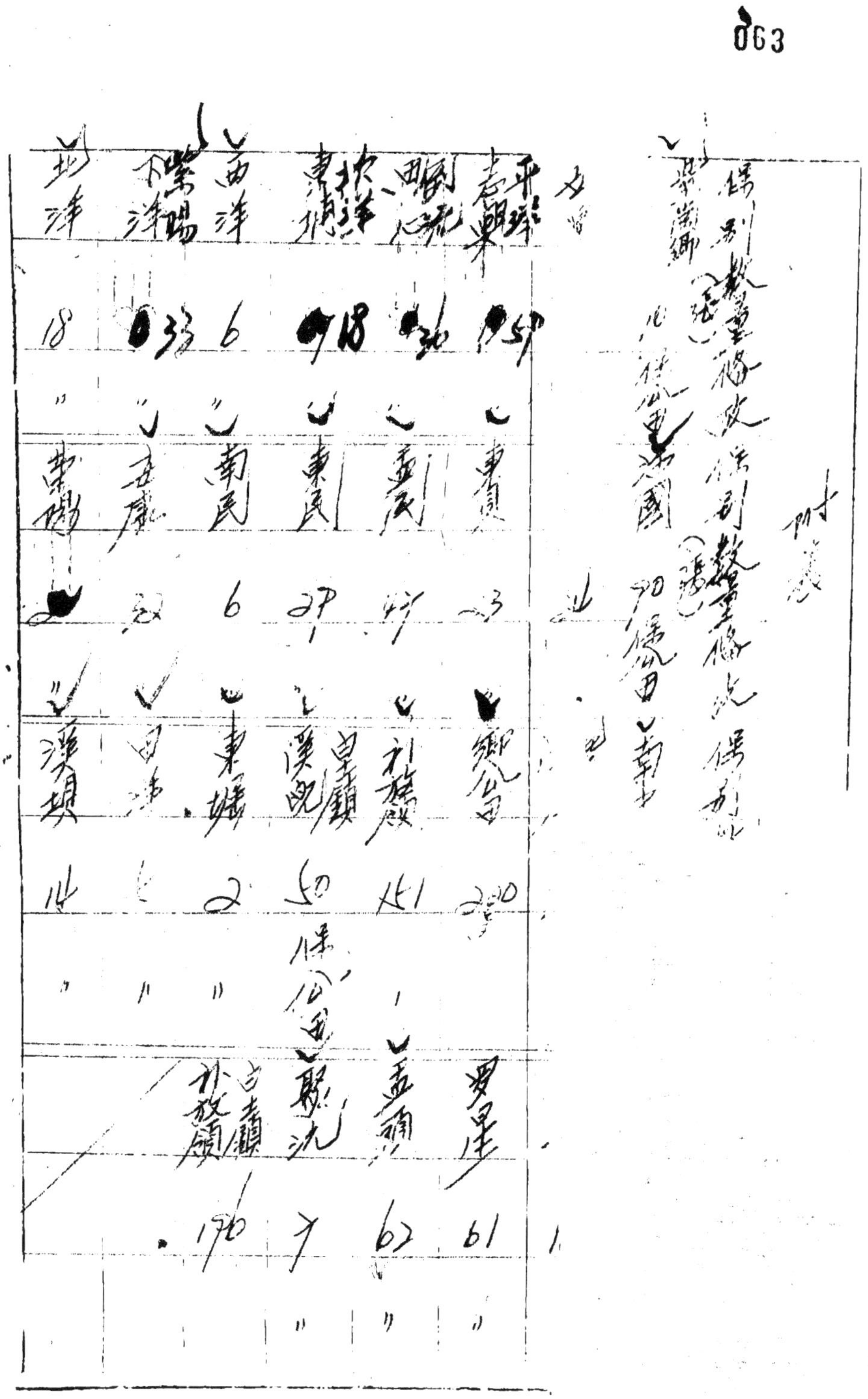

附表

18 33 6 18 26 1957

33 47 27 6 22

290 461 50 2 14

61 62 7 170

龙岩县政府、龙岩县地权调整办事处办理第一期白土乡、紫岗乡扶植自耕农业务成果（未发公尝田证照部分）移接清册（1946 年 3 月）

064

~~0056~~

移交者：龍巖縣地權調整辦事處處長馬北金

副處長房劍臣

第二課長吳志多

第三課長張凡

辦事員翁龍琳

監交者：

接收者：龍巖縣政府縣長馬北金

地政科科長黃以樹

地政科

中華民國三十五年三月　日

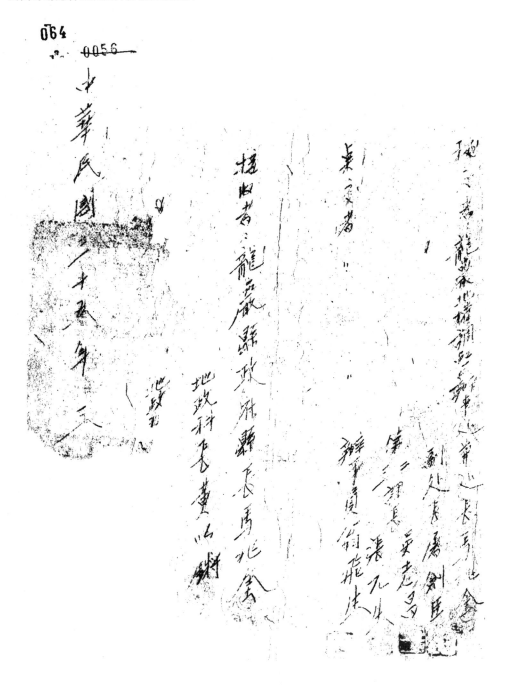

龙岩县政府、龙岩县地权调整办事处办理第一期白土乡、紫岗乡扶植自耕农业务成果（未发公尝田证照部分）移接清册（1946年3月）

065

龍岩縣政府
地權調整辦事處辦理第一二期扶植自耕農區域土地

龙岩县政府、龙岩县地权调整办事处办理第一、二期扶植自耕农区域土地
移转登记案件移接清册(1946 年 3 月)

~~0033~~

066

龍岩縣政府
龍岩縣地权调整辦事處辦理第一二期扶植自耕農区域土地移转登记案件移接清冊

名称	單位數量	備考
龍岩扶植自耕農实成区域土地移转[illegible]件清	本 壹	共计叁頁计收件弍拾壹號
龍岩扶植自耕農实成区域土地移转登记請求書	本 壹	請求書計弍拾壹張
合計	本 弍	

致

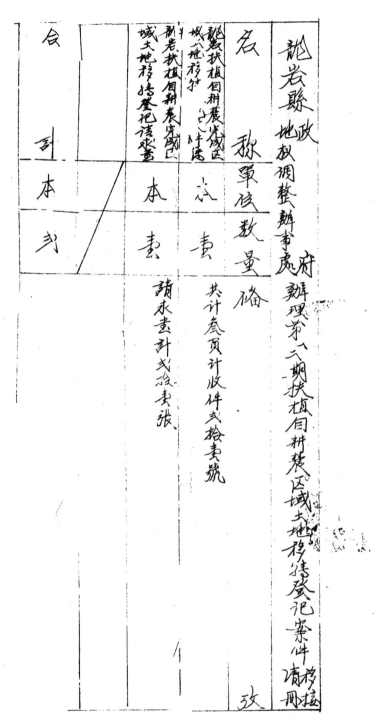

龙岩县政府、龙岩县地权调整办事处办理第一、二期扶植自耕农区域土地移转登记案件移接清册（1946 年 3 月）

067

~~0059~~

移交人：龍岩地权调整辦事處　兼處長　馬兆奎
副處長　屠劍臣
經办人　芦華方

接收人：龍岩縣政府縣長　馬兆奎
地政科々長　黃以鏘

監收人　劉巳巳

中華民國三十五年三月

龙岩县政府、龙岩县地权调整办事处办理第一、二期扶植自耕农区域土地移转登记案件移接清册(1946 年 3 月)

068

~~0069~~

龍巖縣政府
地權調整辦事處
辦理第弍期扶植自耕農貸款抵押執照移接清冊

龙岩县政府、龙岩县地权调整办事处办理第二期扶植自耕农贷款抵押执照移接清册(1946年5月)

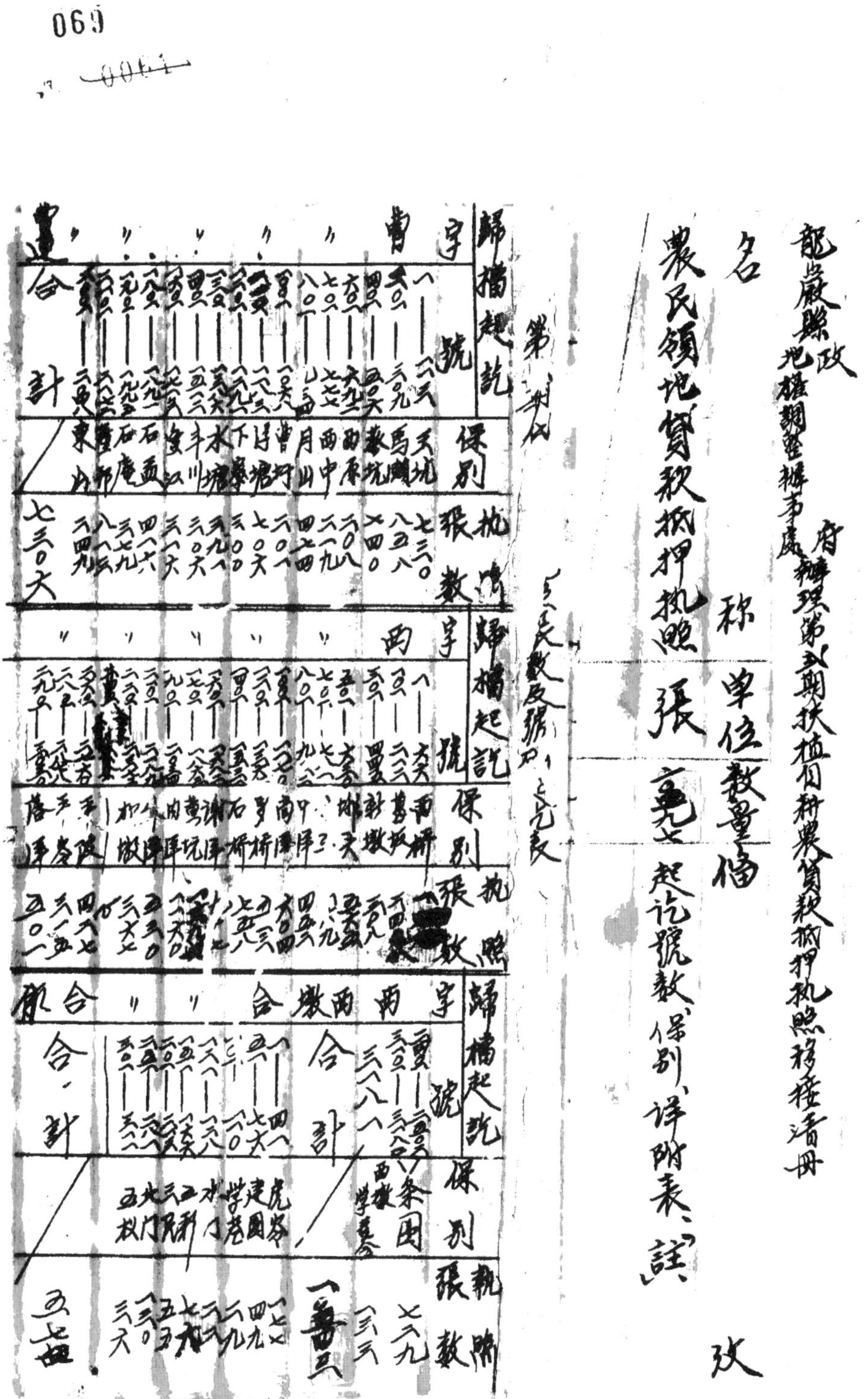

龙岩县政府、龙岩县地权调整办事处办理第二期扶植自耕农贷款
抵押执照移接清册(1946 年 5 月)

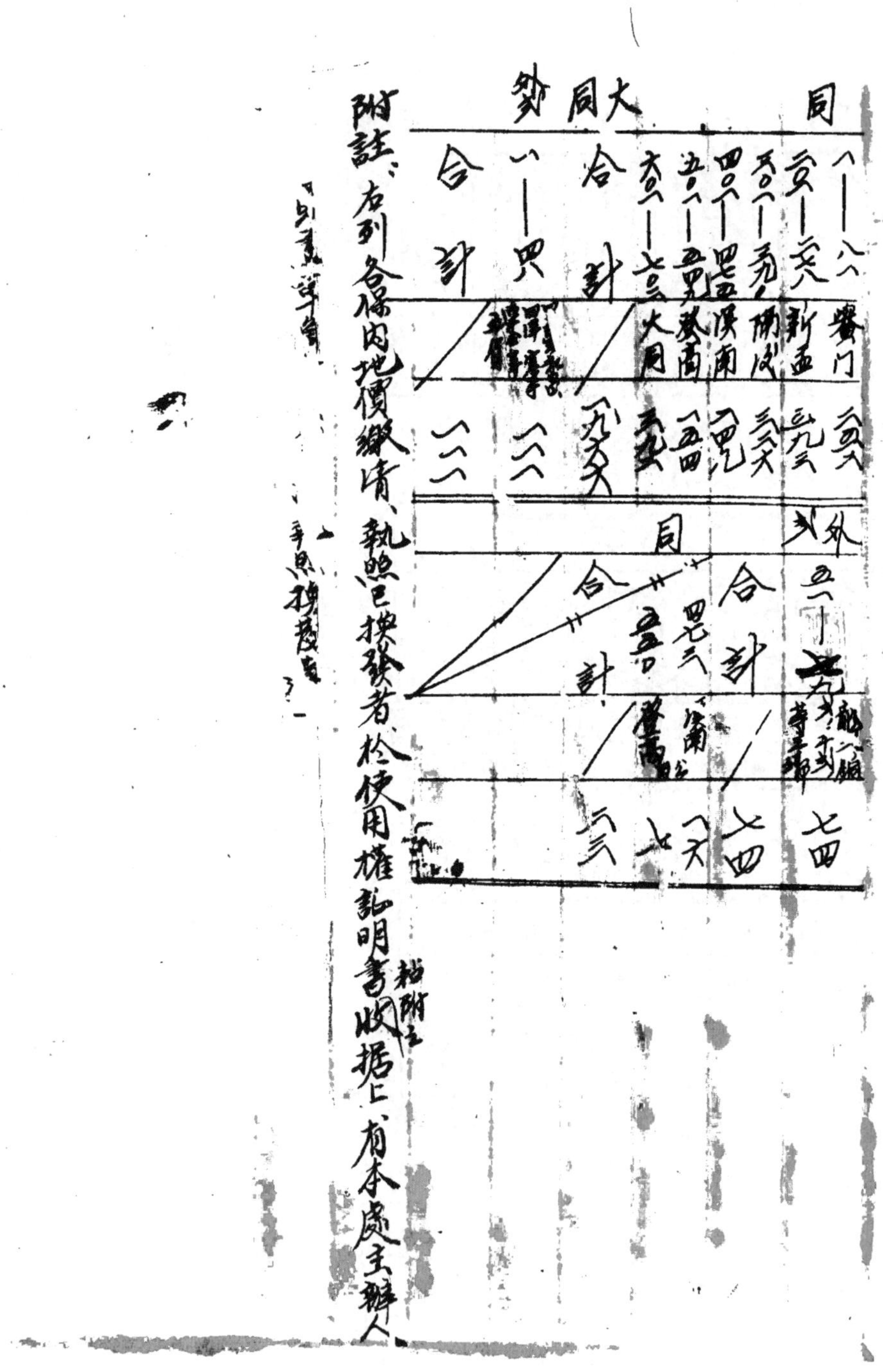
附註：右列各保内地價繳清、執照已換發者，於使用權證明書收据上，有本處主辦人

龙岩县政府、龙岩县地权调整办事处办理第二期扶植自耕农贷款

抵押执照移接清册(1946 年 5 月)

071
0062

移交者、龍岩縣地權調整辦事處處長 馬兆奎

〃 〃 副處長 詹劍日

〃 〃 第二課長 張學文

點交者、〃 〃 辦事員 連欣九

接收者、龍岩縣政府 縣長 [illegible]

〃 〃 地政科長 黃以鏘

監收者、〃 〃 地政科 黃兆坤

中華民國 三十五年 五月 日

龙岩县政府、龙岩县地权调整办事处办理第二期扶植自耕农贷款抵押执照移接清册(1946 年 5 月)

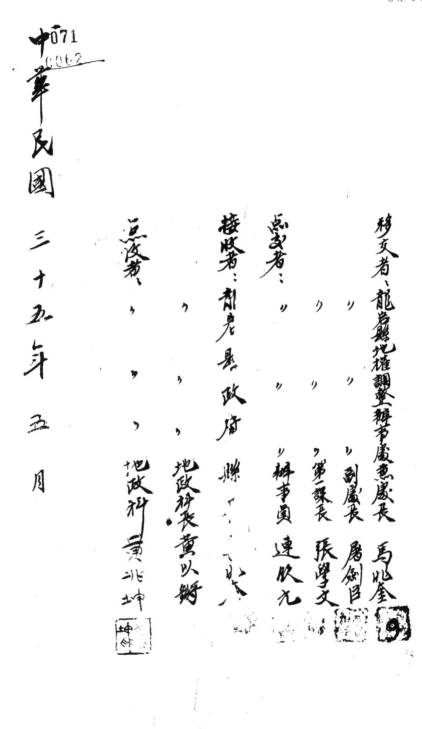

072
龙岩县地权调整办事处代编扶植自耕农第一二期证照工料费收据（存根联）移接清册

龙岩县地权调整办事处代编扶植自耕农第一、二期证照工料费收据
(存根联)移接清册(1946年6月)

073

~~0004~~

龍岩縣地權調整辦事處代編扶植自耕農第一、二期證照工料費收據（存根聯）移接冊

起訖號碼	張數	已用張數	未用張數	應收入金額（元）	備考
第0001/6980號	六九八〇	六六三八	三四八	〈八八八八八、08	未用（空白）張數起訖號碼詳見附表
合計	六九八〇	六六三八	三四八	〈八八八八八〇8	

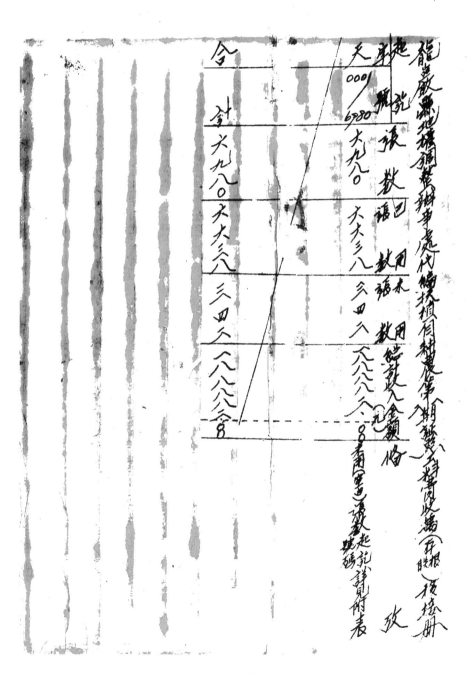

龙岩县地权调整办事处代编扶植自耕农第一、二期证照工料费收据（存根联）移接清册（1946 年 6 月）

074

（附表）

龙岩县地权调整办事处代编扶植自耕农第一、二期证照工料费收据（存根联）移接清册（1946年6月）

075 ~~0065~~

移交者：龍巖縣地權調整辦事處處長馬北鑫

〃 副處長詹劍民

點交者：〃 第八組長林律文

〃 辦事員翁世英

接收者：龍巖縣政府縣長馬北鑫

〃 科長黃以鏘

點收者：〃 辦事員黃兆坤（黃兆坤印）

中華民國三十五年六月 日

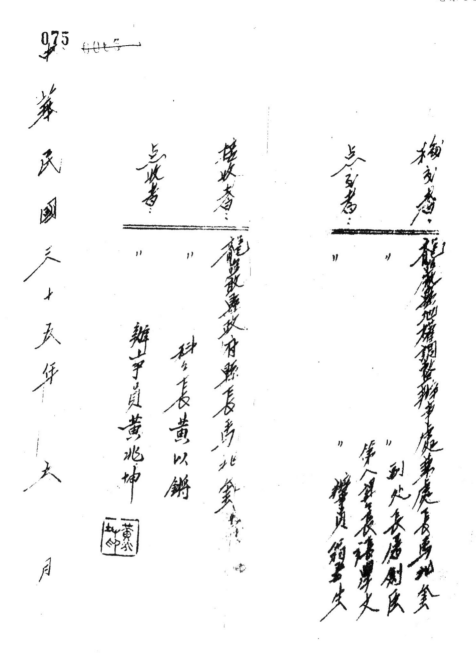

龙岩县地权调整办事处代编扶植自耕农第一、二期证照工料费收据（存根联）移接清册（1946 年 6 月）

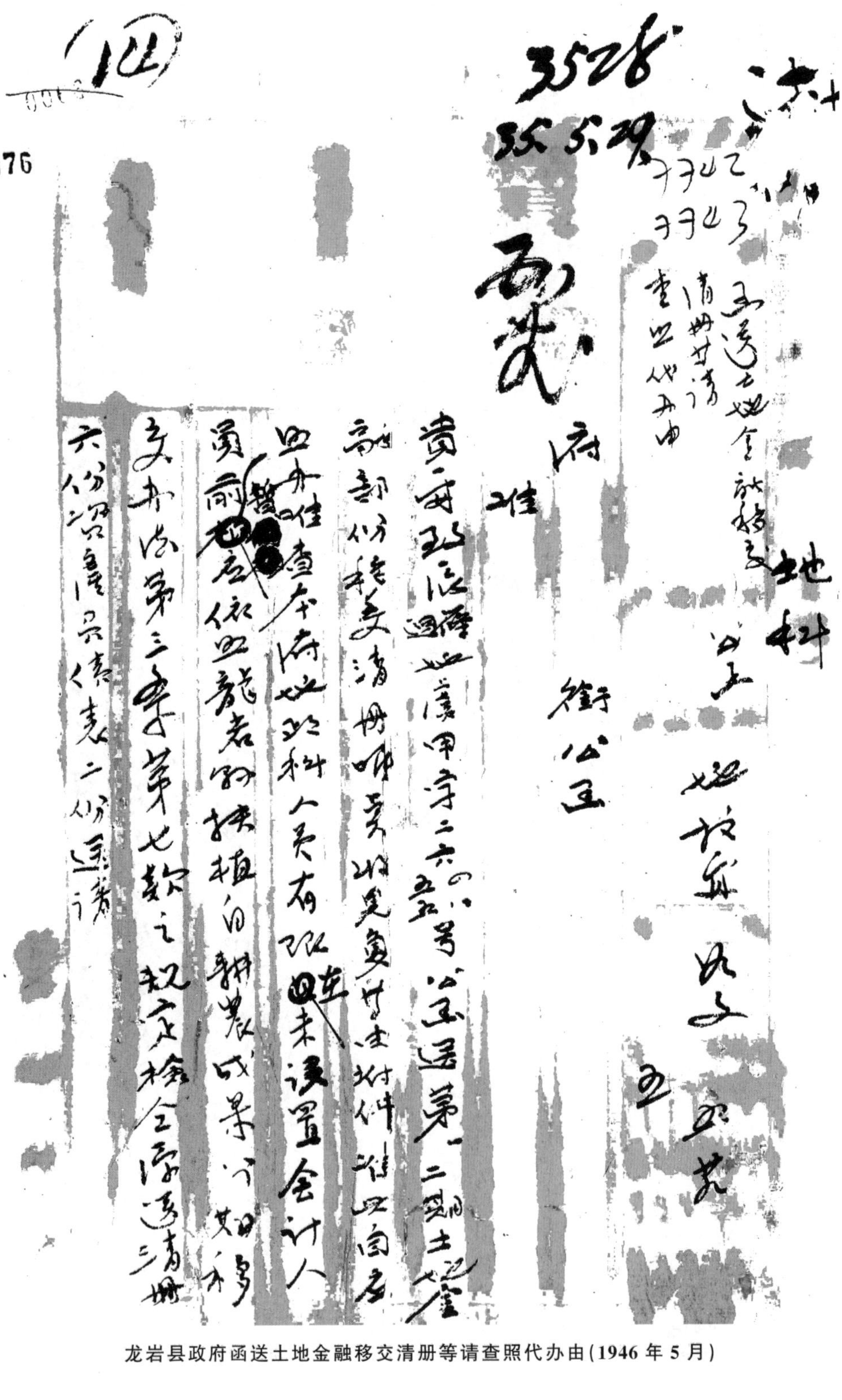

龙岩县政府函送土地金融移交清册等请查照代办由(1946 年 5 月)

龙岩县政府函送土地金融移交清册等请查照代办由(1946年5月)

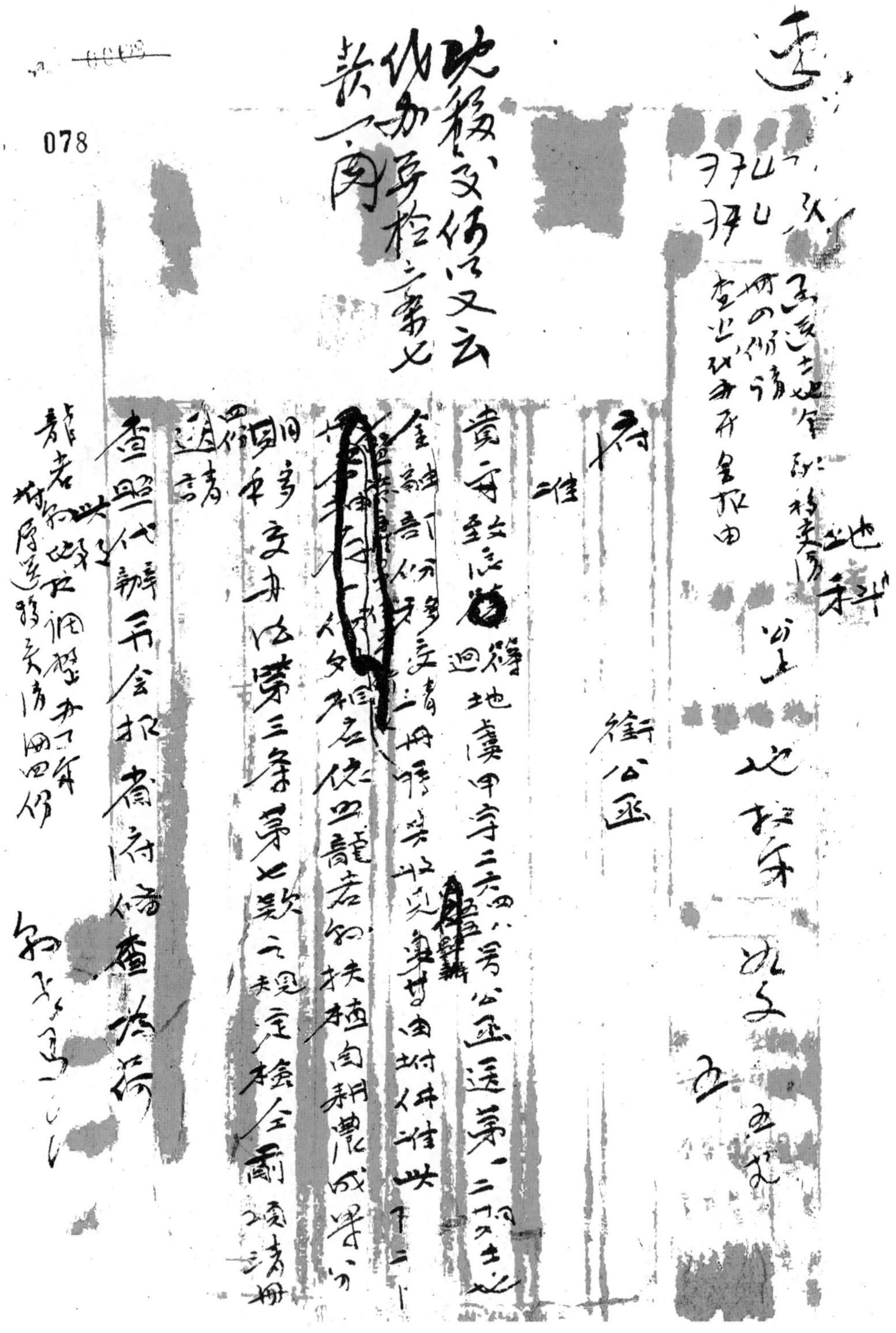

龙岩县政府函送土地金融移交清册等请查照代办由(1946 年 5 月)

079

龍巖縣地權調整辦事處公函

事由：函送本處第一期扶植自耕農土地金融移交清冊三份請派員點收見覆由

查本處辦理第一期城關白土等二鄉鎮扶植自耕農工作業經完竣，所有成果依照龍岩縣扶植自耕農完成成果分期移交辦法第條規定移請

貴府接管，爰將上列鄉鎮土地金融部份列冊叁份遣專員齎

呈，隨函送請

查照即希派員點收見覆，并會同呈報

省府核備為荷。

中華民國　年　月　日發

地字
37,43
35 5 28

卯768

龙岩县地权调整办事处函送第一期扶植自耕农金融移交清册三份请派员点收见覆由(1946 年 5 月)

~~0070~~

080

出發

龍岩縣政府

附土地金融部份移交册資產負債表一份

兼處長 馬兆奎

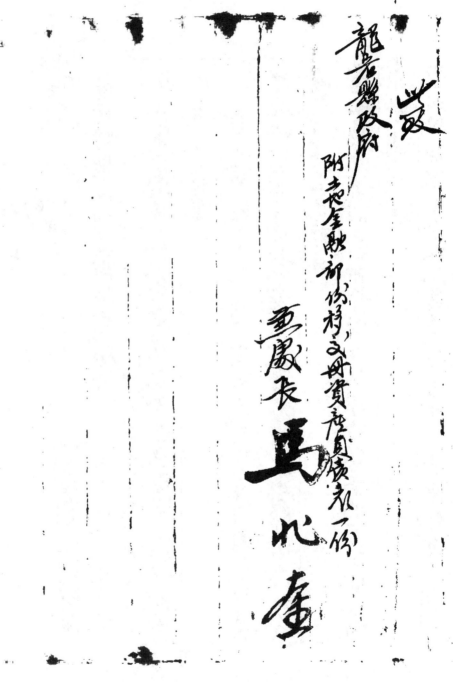

龙岩县地权调整办事处函送第一期扶植自耕农金融移交清册三份请派员点收见覆由(1946 年 5 月)

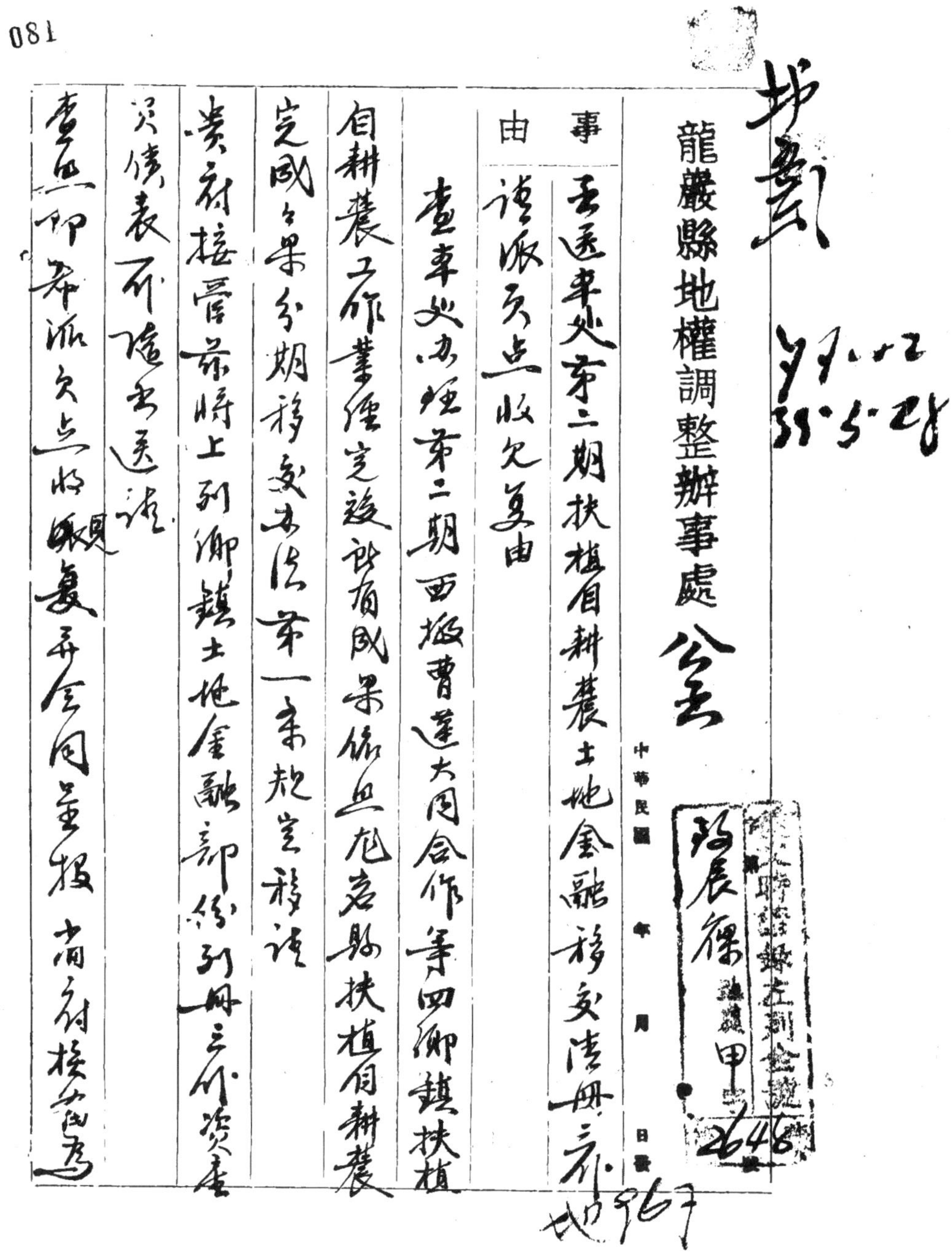

180

龍巖縣地權調整辦事處公函

事由：函送本处第二期扶植自耕農土地金融移交清冊三份請派員点收见复由

查本处办理第二期西坡曹溪大同合作等四鄉鎮扶植自耕農工作業經完竣所有成果依照龍岩縣扶植自耕農完成之果分期移交办法第一条規定移请貴行接管茲將上列鄉鎮土地金融部份列冊三份資產負債表[illegible]隨函送請查照即希派员点收赐复并令同呈报[illegible]

中華民國　年　月　日

[illegible]

龙岩县地权调整办事处函送第二期扶植自耕农金融移交清册三份请派员点收见覆由(1946 年 5 月)

082

荷！

此致

龙岩县政府

附土地金融部份移交清册一册三份资产负债表份

兼处长马兆麐

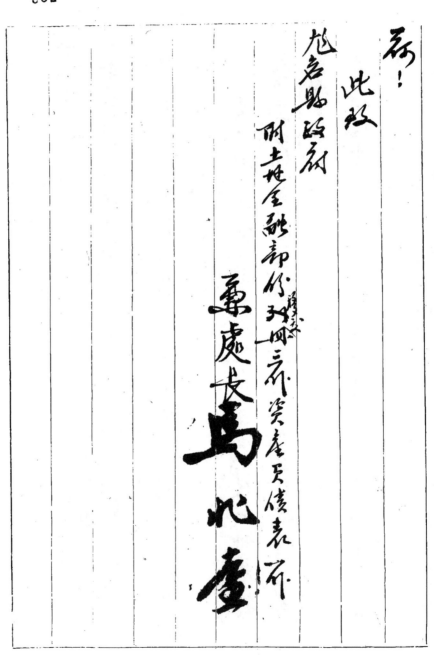

龙岩县地权调整办事处函送第二期扶植自耕农金融移交清册三份
请派员点收见覆由(1946 年 5 月)

0083

083

簽

呈 卅五年五月卅日
於 本府

查本科暫緩接辦扶農土地金融一案，前經簽准在卷，嗣地權處主管方面一再來函，結果認為此項業務仍由該處派員代辦，惟辦理
鈞長交卸手續，應以縣府名義主辦，本科為顧全大局計，勿勉從所囑，經敘稿送判時，復奉
鈞長批示「暫不接收，仍請地權處代辦」等因，既遵照意旨函復去後，茲又據該處主管方面聲稱，經奉
鈞座面准接收，去玉職聆訊之下，彷徨無所適從，竊思
鈞長卸篆為期在即，究應將原函收回（但已發出，收回改辦，似時不及）由府函辦移接，抑仍維原案暫由地權處辦理（手續較簡），交卸後再行洽接，如何之處，仍乞

地政科签呈(1946年5月30日)

084

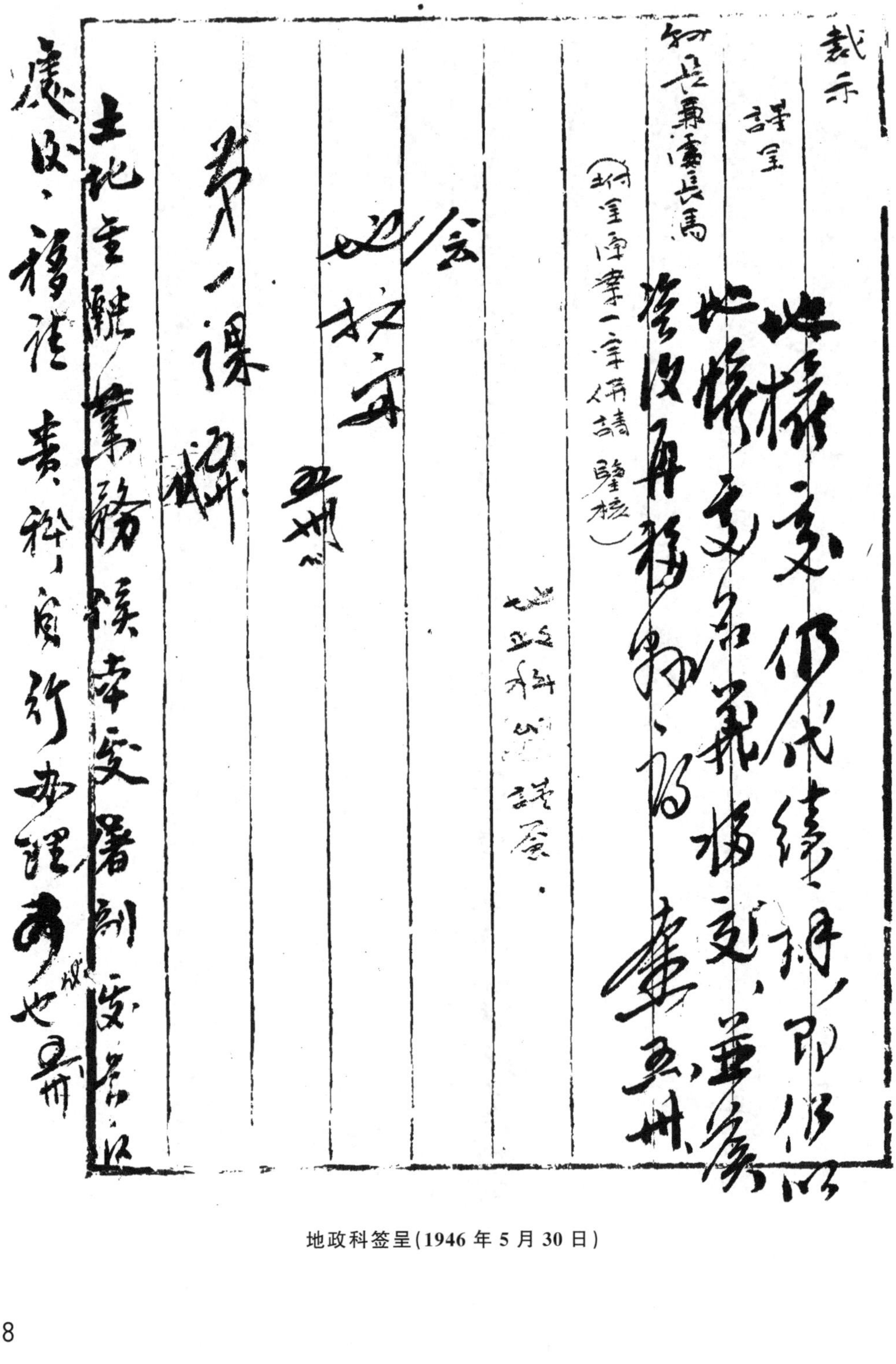

地政科签呈(1946 年 5 月 30 日)

085

龍巖縣地權調整辦事處 公函

事由：函送本處扶植自耕農規章一份請查收參考由

查本處扶植自耕農第一二期業務經已完竣，即將按照本縣之政策分期移交並依規定移請
貴府接管相應檢同扶植自耕農各種規章一份隨函送請
查收參考為荷！此致
龍岩縣政府

兼處長

中華民國 年 月

3014
35 3 16

龙岩县地权调整办事处函送扶植自耕农规章一份请查收参考由(1946 年 3 月)

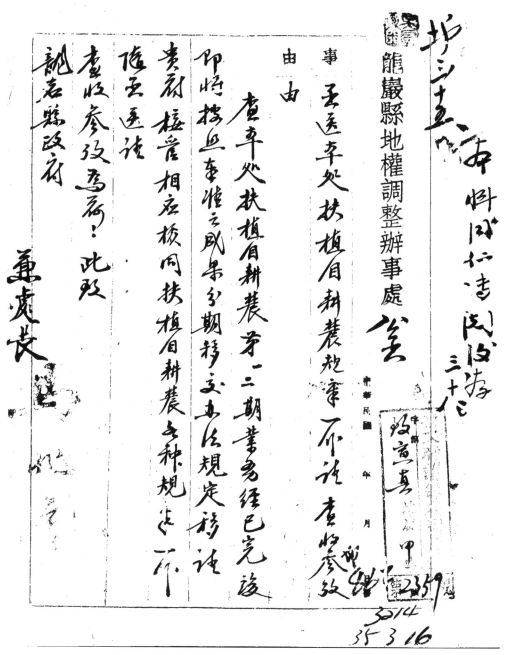

福建省扶植自耕农暂行办法

卅二年一月十六日福建省政府委员会第六八二次会议议决通过

一、福建省政府为扶植自耕农，实现耕者有其田之政策起见，特订定本办法。

二、实施扶植自耕农之县份，其非所有人自耕之农地及私有荒地与荒地，均得由政府依法征收，分配于自耕农使用。

三、实行扶植自耕农之县份，政府得择选当地县实行区段征收，作为创设自耕农之示范区域。

前项征收土地之属于自耕农者，于分配土地时，原自耕农户有优先承领权。

四、依照前条征收之土地，由政府按当地人口及土地分布情形，分别规定各户耕地之[illegible]，并依[illegible]承领耕地[illegible]，[illegible]于重划或改良后发领。

前项分配土地[illegible]人民属自有自耕能力者有优先承领权。

五、农民[illegible]不得[illegible]领土地：

1、违背三民主义者

2、无耕作能力者

3、受[illegible]

六、土地[illegible]人应依政府规定一次或分期缴纳承领地价。

前项地价以[illegible]，如实施重划或改良时，得酌加重划或改良费用。

福建省政府扶植自耕农暂行办法(1943 年 1 月 16 日)

086

七、地主出賣土地時，原佃農有優先承買權。

八、佃農佃耕之土地，如繼續至十年以上，而地主為不在地主時，得申請政府征收其土地，發給該佃農，其地價以申報地價或依法定地價給付。

九、[illegible]之耕地，如不繼續自用，遇必要時，非[illegible]原耕者不得承買，並[illegible]須之規定時，主管地政機關得逕行辦理地權移轉登記或依法征收之。

十、農民依本辦法[illegible]之土地，不得為債務之擔保，非經[illegible]不得轉租或轉賣。

其繼承[illegible]轉[illegible]政府有[illegible]優先[illegible]買之權。

十一、農民依本辦法[illegible]之土地，以子孫繼承為限，不得分割為數[illegible]，如[illegible]或無力繼續耕種者應收歸之，另重行放領，其使用不良或不事使用者，當得由政府給價收回之。

十二、依本辦法[illegible]放領之耕地，其地價以不超過原價為準，但承領人於承領後對土地所施之特別改良費用，[illegible]仍予相當之補償。

十三、農民依本辦法[illegible]之土地，其地價未繳清前，由政府發給使用證明書，俟地價繳清時，依法頒[illegible]證。

十四、政府為[illegible]以征收或購買土地之補償金額，以及重劃改良等費用，得依中國[illegible]放款規則之規定，逕向中國農民銀行訂約借款。

前項[illegible]土地，其補償地價[illegible]放領地價之收回，均由中國農民銀行代行之。

十五、本辦法實施[illegible]以命令定之。

十六、本辦法自[illegible]報行政院備案。

福建省政府扶植自耕农暂行办法(1943 年 1 月 16 日)

福建省龍巖縣自耕農承領土地規則

卅二年三月廿八日福建省政府核准

第一條，龍巖縣政府為扶植自耕農起見，特訂定本規則，凡合於自耕農申請承領耕地之土地，除法令另有規定外，悉依本規則辦理。

第二條，凡本縣有耕作能力之農民，而無本省扶植自耕農暫行辦法第五條規定情形之一者，得在其規定之面積內，均得申請承領土地。

前項每戶所承領土地之標準面積，由本縣縣地政機關依據實際情形擬定呈奉核准後，公布施行。

第三條，同一土地有兩人以上申請承領時，應依照本省扶植自耕農暫行辦法第三條第四條之規定，定其先後。

第四條，農民申請承領土地時，應向本縣地政機關提出左列文件，經審查合格，核與規定相符者，方准承領：

一、申請書（格式另定）；

二、最近三年之田賦收據；

三、保證書（格式另定）。

前項保證書，須由鄉鎮保長或殷實店舖兩家以上負責保證方生效力。

第五條，申請書內應記載左列事項：

一、申請承領土地之所在地、地號、面積、等則；

二、申請人姓名、年齡、籍貫、住址及最近三年之職業；

三、申請日期及附繳之文件名稱件數；

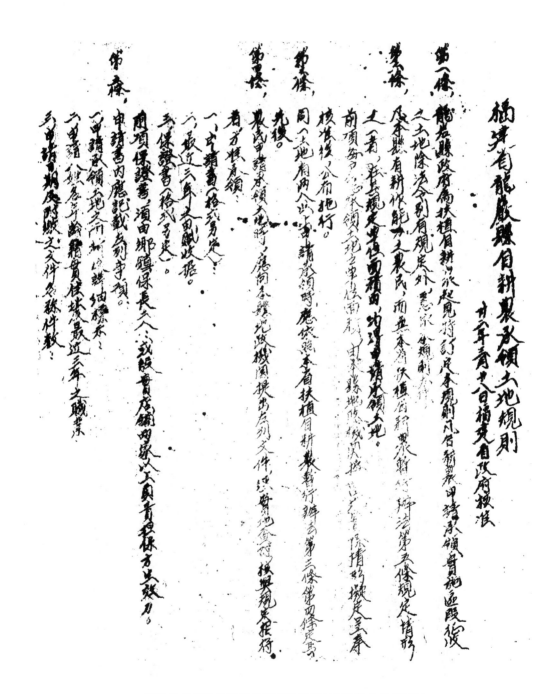

福建省龙岩县自耕农承领土地规则(1943年3月28日)

087

四、承領人之耕作能力及使用方法；
五、使用權取得日期與原因價格及使用年數；
六、其他應記載事項。

第五條、申請承領土地，經核准後，承領人應即繳納地價，或會同保證人向本縣地政機關訂立分期繳付地價契約，其次數應由承領人自擇，呈由本縣地政機關核定之。

前項分期繳付地價，不得超過十年，每期以六個月或一年為原則，並於每年收穫季節後一個月內為之。

第六條、照式承領土地之地價，按照徵收地價酌加重劃改良費用，由本縣地政機關核定公布之。

第七條、凡分期繳付地價，其應付息利，依照中國農民銀行發放自耕農貸款規則之規定計算。

第八條、承領土地如係原有佃農戶，其應繳地價得與其應收之補償地價互相抵銷。

第九條、依法承領土地，於繳清地價或訂立分期繳付地價契約後，按照規定發給所有權狀或使用權證明書，其使用權證明書准於地價繳清時換領所有權執照。

前項所有權執照及使用權證明書，每張各應繳工料費國幣一元五角，如有錯誤或遺失時，得申請換發執照。

第十條、承領土地分期繳付之地價，每期應將本息全數繳清，如有延欠，應自逾期之日起將本息總額按月利增加二厘計息。

第十一條、承領人如不按期繳付地價繼續滿六個月以上者，本縣地政機關得將其承領之土地收回，發還已付地價，倘有損失時，承領人及保證人應負賠償責任。

第十二條、承領土地之使用，在地價未繳清前，均應遵照本省扶植自耕農暫行辦法第十條第十一條之規定，並不得將其土地出租。

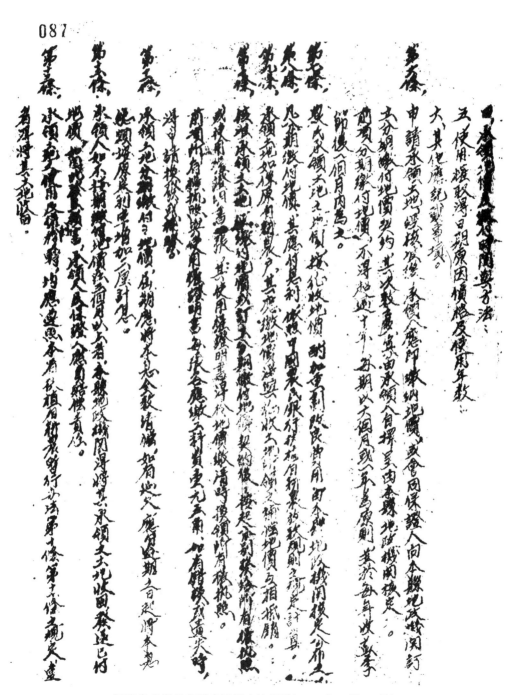

福建省龙岩县自耕农承领土地规则(1943 年 3 月 28 日)

089

第十四條，承領土地之自耕農户須呈繳於領土地時所在同等之耕地價額，以不影響其生活為限。

第十五條，凡以詐欺造假證件及其他不正當方法承領土地者，除收回其承領權及已繳原地價外，並依法予以懲處，如因此而致損害，應由承領人及保證人負責。

第十六條，本規定自呈奉　省政府核准後施行，如有未盡事宜，得隨時呈請修正之。

龍岩縣扶植自耕農徵收土地權利申報辦法

民國卅二年六月十五日　福建省政府核准

第一條：龍岩縣政府（以下簡稱本府）為確定扶植自耕農徵收土地之權利起見，特訂定本辦法。

第二條：凡在徵收範圍內之土地，其所有權人及其他項權利人，均應填具土地權利申報書（表式一）、具保證書（權利申報書及保證書格式另定之）連同左列文件向本府地權調整辦事處辦理權利申報：

一、契據

二、租簿

三、其他足資證明權利之文件

前項土地權利由代理人申報者應附具授權書狀。

第三條：土地權利申報期限由本府視實際情形訂定公布，逾期未為申報者，如屬私有權由本府以無主土地公告，公告後一年仍無人聲請者，即視為公有土地；如屬他項權利，依照土地法第三十二條第三十三條之規定辦理。

第四條：土地權利申報經本府審核無誤，即予公告，公告滿一個月無異議或有異議經司法判決確定者，即予登記。

第五條：土地權利如有偽造證件蒙報者，一經發覺，除依法從嚴懲辦外，並追回所領之補償地價。

第六條：本辦法自呈奉　省政府核准後施行。

福建省龙岩县自耕农承领土地规则(1943年3月28日)

088

龍巖縣扶植自耕農徵收土地補償地價辦法

中華民國卅二年六月十五日　福建省政府核准

第一條　龍巖縣政府（以下簡稱本府）為扶植自耕農徵收土地之地價之補償除法令別有規定外悉依本辦法之規定辦理。

第二條　徵收土地應補償之地價按照評定地價發給之。

第三條　補償地價以現金及土地債券搭配發給之成份視本府與中國農民銀行借入款情形決定之並由本府呈報省政府備案。

第四條　補償地價應於土地徵收公告期滿後十五日內發給由權利人會同保證人具領如同一土地應受補償人有多人以上時須連名具領。

第五條　補償地價有土地法第三百七十九條規定情形者地政機關得將補償費存儲待領逾期不領者其請求權之消滅依[illegible]

第六條　應受補償地價人如為承領其土地之自耕農其應得補償地價[illegible]地價互相抵銷但土地經政府加以改良或重劃者承領人對負支付政府所定之改良或重劃費用。

第七條　本辦法自呈奉省政府核准後施行修正時同。

福建省龙岩县扶植自耕农征收土地补偿地价办法(1943年6月15日)

0029

090

龍巖縣政府、龍巖縣地權調整辦事處扶植自耕農承領土地實施辦法

（一）放領準備

第一條 征收業經核准之土地，於依法公告確定發給補償地價後，即行公告

第二條 放領土地起訖期限由龍巖縣政府、龍巖縣地權調整辦事處（以下簡稱本縣府處）會銜佈告週知。

第三條 分配之先，由地權調整辦事處鄉鎮分處（以下簡稱分處）調查員協同當地鄉鎮公所戶籍員及保長攜帶地籍冊、戶口冊及土地所有權人清冊，挨戶逐戶核對地籍、戶籍，並複查各戶耕作能力強弱、家庭負擔輕重等情形，如有不符，應即令依照規定辦理申請更正手續。

第四條 由鄉鎮扶植自耕農協進會委員會同鄉鎮保長及縣處人員評定各等土地承領等級，並擬訂其面積折合標準畝係數，以為放領之標準。

前項土地承領等級以按照原有土地編查所評等則為原則，如原評等則不當，相差懸殊時，得就地複評以作承領土地之根據，其更正地籍冊之辦法，仍按規定手續另案辦理（附表）

龙岩县政府、龙岩县地权调整办事处扶植自耕农承领土地实施办法

龍岩縣　　鄉鎮承領土地等級及標準面積折合係數查定表

地目	承領等級	編查等則	查定每畝收穫量	[illegible]	每畝折合標準畝	折合標準畝數	備考
田甲		一上					
田乙		一中					
田丙		一下					
田丁		二上					
田戊 旱地甲		二中					
旱地乙		二下					
旱地丙		三下					

第十五條　根照各地承領等級及折合標準畝係數，統計各保及全鄉鎮耕地標準畝之總面積。（增表）

龍岩縣　　鄉鎮　各保承領等級之標準畝面積統計表

承領等級	原畝面積	標準畝面積	備考

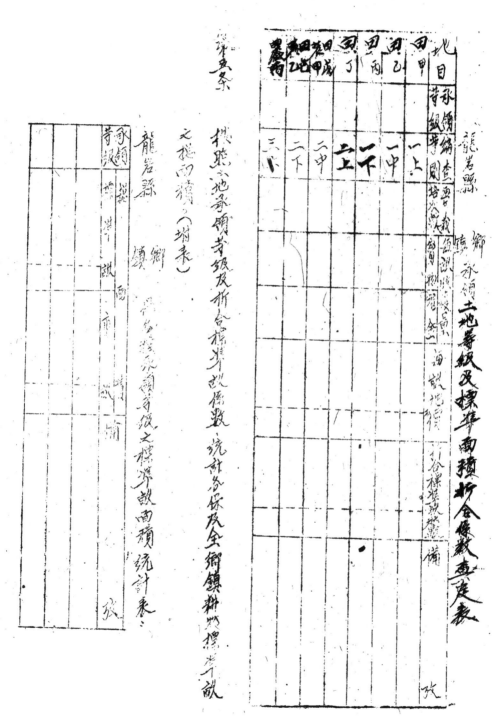

龍岩县政府、龙岩县地权调整办事处扶植自耕农承领土地实施办法

0080

092

第六条

以一乡为单位（如实际情形需要，亦得以一保为单位）将全部耕地标准亩数总面积除提出五保留为公地及百分之二至百分之五为准备耕地以备作公有由农场、集体农场及调剂耕地之用外，其余按现有人口数计算，每人应有耕地之单位面积，继依填入下表之（附表）

龙岩县　　乡　　镇　　每人平均耕地单位面积标准表之

保别	耕地面积（标准亩）	保留公地（百分之　）	准备耕地（百分之　）	分配耕地面积（标准亩）	人口数	每人应领面积（标准亩）	备考
合计							

龙岩县政府、龙岩县地权调整办事处扶植自耕农承领土地实施办法

093

第七条 按照[illegible]……[illegible]

户造具清册[illegible]

龍巖縣　　鄉鎮　　保各户領地畝位面積清冊

承領土地人姓名	住址 村	住址 甲	現有人口 户口數	應領面積 標準畝 田	應領面積 標準畝 地	應領面積 標準畝 合計	應領面積 市畝 田	應領面積 市畝 地	應領面積 市畝 合計	備考
合計										

第八条 承領土地等級[illegible]面積折合標準[illegible]由人承領耕地單位面積標準

表，各户[illegible]地單位面積清冊，由[illegible]及各鄉鎮公所及扶植自耕農協進会

定期召開鄉民代表保民大会，[illegible]討論通過会公決，並將会議結果分別按規

定格式繕造表冊兩份，[illegible]送縣府轉[illegible]省府核示。

第九条 每户承領之土地單位面積，自呈[illegible]

[illegible]本辦法由縣府會銜公佈施行[illegible]

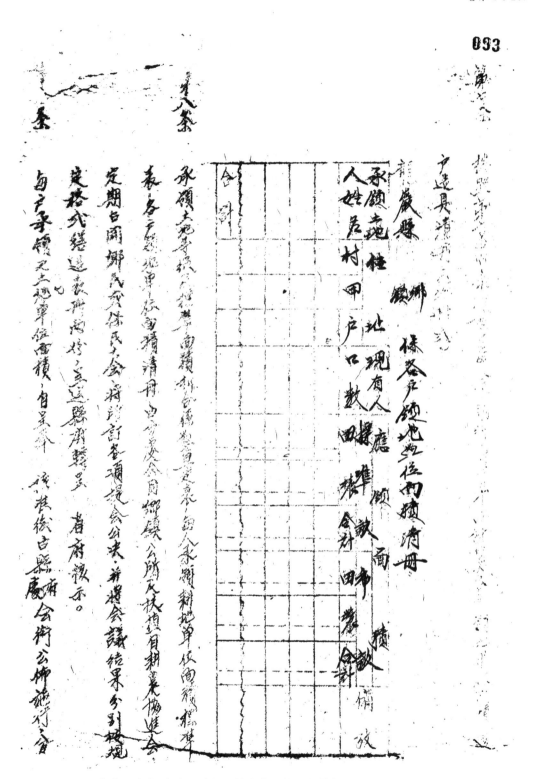

龙岩县政府、龙岩县地权调整办事处扶植自耕农承领土地实施办法

094

辦事處會同保長保民代表三人至五人將各户現使用土地分别調整後提出保民大會通過後，造具異動清冊一份呈縣備查（附冊式）

前項保民代表由保民大會推選之

龍巖縣　鄉鎮　保扶植自耕農各户土地異動清冊

姓名	住址 鄰甲户	增加或減少	宗地段號目別	地號	面積（市畝）	移入或移出 姓名	住址 鄰甲户	備攷

第十条　（二）農民申請

當承領土地之農民，应依本辦法第九条規定之土地在限期內提出左列文件，向縣扶植地權辦事處申請承領：

一、承領土地聲請書

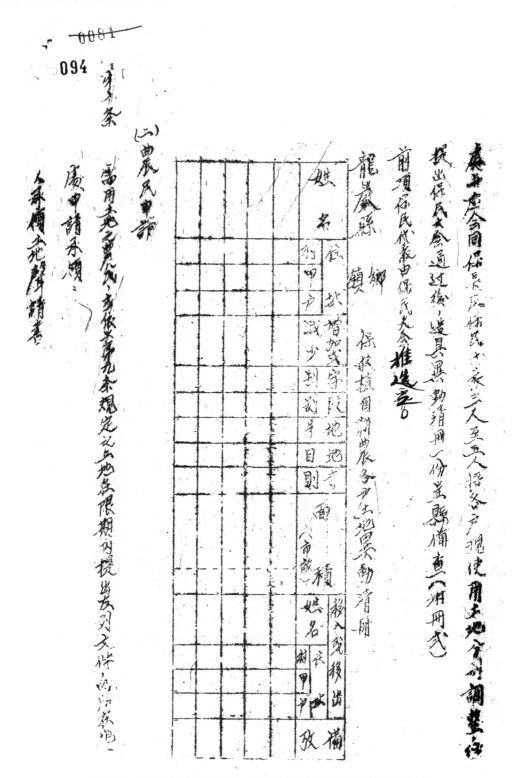

龙岩县政府、龙岩县地权调整办事处扶植自耕农承领土地实施办法

093

又,最近二年之田賦收据。

3,保証書

第十五条 申請承領之土地,其地價依照地價評議委員會辦評定報核核定之等級標準地價,為二年半內縣府發給補償地價之價格相同。

前項各户之承領地價,應與其應領之補償地價相互對抵,差額找補。

第十六条 承領地價,或其承領地價與補償地價對抵後之餘額,不能一次繳付者,得以分期繳納,其次數由承領人定之,但最長不得超過十年。

第十七条 分期繳付地價者,應責令承領人訂立分期攤還地價契約,約載承領地價總額,攤還次數,每次繳付本金數額等。

前項攤還地價契約,承領人應商同所轄鄉鎮(區)保長及殷實商鋪兩家,或地鄰兩人以上連環具章保證方為有效。

第十八条 攤還地價每年一次,每次於每年十一月(秋收後)內為之。

三、分處收件

096

第五条　本處接收農民申請承領土地案件時須注意下列各項是否填載完全，並附證件各欄繳。

1、申請承領土地之面積及詳細標示。

2、申請人姓名、年齡、籍貫、住址及最近六年之職業。

3、申請日期及附繳文件名稱件數。

4、承領地價及繳付時間與方法。

5、使用權取得日期、原因及使用年數。

6、保證事項及保證人之姓名、住址、職業、年齡、籍貫、並蓋章。

7、應附繳之最近三年之田賦收據、保證書、及分期繳付地價契約、

第六条　上列各項如有缺漏或未符合規定手續者，均應責令申請人補齊，方予受理。

第七条　申請案件手續完備者，應予受理，提起計議使用權證明書或所有權狀以憑核實。

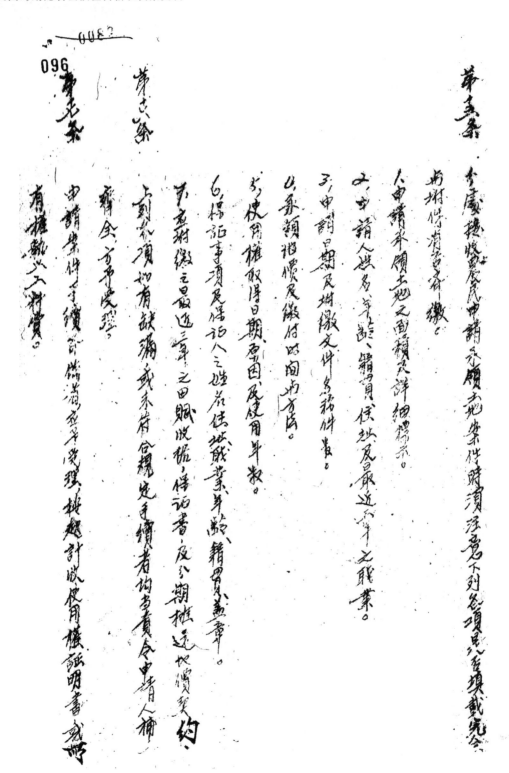

龙岩县政府、龙岩县地权调整办事处扶植自耕农承领土地实施办法

097

第十九条　撥收業佃及肥料費，由放領機關給收件收費收據，收據分三聯，内應載明耕地種類、名稱、件數、肥料費金額、申請人姓名等，第一聯收據繳交申請人收執，以為將來領取証書憑証，第二聯繳驗，並送縣政府核驗，第三聯存根留分處存查。

第二十条　收件畢，收件員即將所收案件按照收件先後順次編列字號，而日分別登入收件登記簿，並於申請書內填入收件日期，加蓋私章，以明責任。

第廿一条　收件登記簿一式複繕兩份，一份留分處備查，一份送縣處憑核。

第廿二条　所收各戶証件，必須套入個別封套內，並於套面註明收件字號，以便對稽，以免紊亂。

第廿三条　收件員應將所收案件於三日內送交分處主任審查。

四、初步審查

第廿四条　審查時間，[illegible]

龙岩县政府、龙岩县地权调整办事处扶植自耕农承领土地实施办法

0083

098

1、核与承领土地业佃面积清册及异动清册内所载是否相符。

2、与户册核对承领人是否佃农。

3、土地标示地价等是否相符。

4、申请书内容是否按填载清楚。

5、附缴证件有否完全。

6、分期缴交地价有无订立契约。

7、详对保证人住址辨明，以杜假造情弊。

8、其他手续是否符合规定。

第廿四条　右列各项如有遗漏模糊，承办人应即退回申请人或驳回其补正。

第廿五条　保证人对分期缴纳地价之保证人，应在申请书及契约前往会签，并负担保证责任，如承领人逾期不缴地价，由保证人负赔偿之责，应于契约内会同保证人印章并由会同保证人填明住址职业姓名以明责任。暨分给保证人印章，由承领户存执证明，第一期地价付讫。

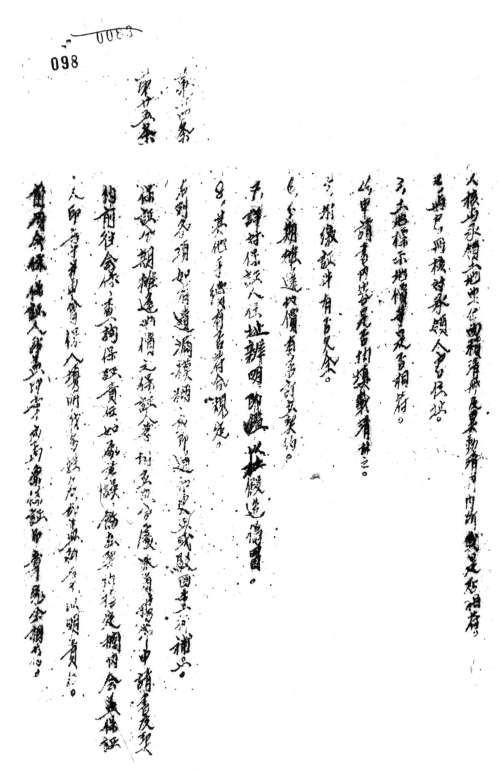

龙岩县政府、龙岩县地权调整办事处扶植自耕农承领土地实施办法

第廿六条　當事人雙方會保完畢，當事人（指承領人）在鎮公所（表示接受）接起鎮公所證明收件字號，將出具承領書及未行申請者，分處填發收到申請書證件，並將收件人資料送達地權收件登記，並於六份單收件清冊及收據繳款憑證送達縣處核辦。

五、縣處審查

第廿八条　縣處接到分處送來之案件及有關資料，其辦理手續如下：

一、申請書及證件之人工編號，於設收并在分處所用之收件登記簿內蓋印，次予收號。

二、核收案件由第一課辦理核發手續。

三、有關資料及收據存根由第二課收據繳款及第三課核收審核。

第廿九条　證書交第一課繕同初審查。

第卅条　申請承領者經核准後，由承領者自繳地價，遂起於鎮公算內辦理，并呈送

兼副處長核閱。

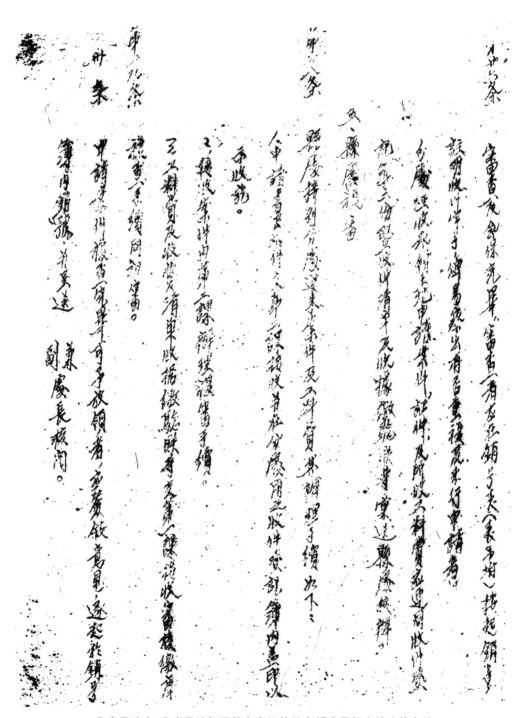

龙岩县政府、龙岩县地权调整办事处扶植自耕农承领土地实施办法

100

六、……號

第卅條 連核准承領土地，其價值照繳納地價時，即每畝照計算其每期攤還本息數目，填入契約內。

第卅一條 契約書須加下列各：

一、地價總額＝每期攤還本金＋攤還次數 六、每期利率×兩期＝利息

二、本期應還本金＋本期利息＝本期應還本息 四、本期應還本金－本期應還本息＝下期未還本金

前項本息於每期次繳清時，核發承領人收據，如有不清者即核更書

第卅二條 承領人得申請提前分期攤還契約，並發所有權狀、使用權證明書及契約攤還

繳清地價者，發給所有權狀；照期攤還者，發給使用權證明書

及分期還款契約，其使用權證明書…發領所有

權狀。

第卅三條 承領使用權證明書…縣府…使用人…

證明書…填入…冊。

龙岩县政府、龙岩县地权调整办事处扶植自耕农承领土地实施办法

101

第廿六条　将个别[illegible]，并[illegible]，由承领户[illegible]。

七、颁发证照

第廿七条　各调整区[illegible]完毕，经核对后，即填印证照，由县府发由分处根据[illegible]收据[illegible]承领户领发证照时，将其原领证照同时缴入，[illegible]登记簿，并无发给人私章[illegible]注销。

[illegible]登记簿内注销。

第廿八条　分处应将调整登记证照情形，按月呈报县府备查。

八、附则

第廿九条　县府得于承领中请省分期摊还地价契约、证照各项表册等均依规[illegible]，[illegible]府核订，永保存，而[illegible]久以备查考。

第卅条　本办法自呈奉　[illegible]核准施行，如有未尽事宜，得随时呈请修正之。

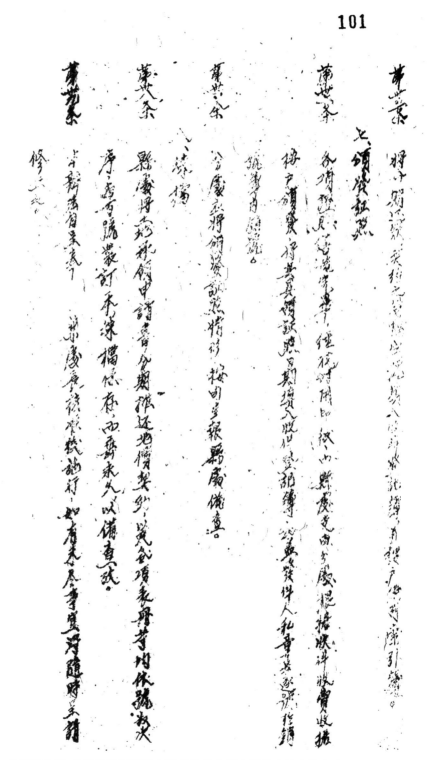

龙岩县政府、龙岩县地权调整办事处扶植自耕农承领土地实施办法

102

龍岩縣政府地權調整辦事處扶植自耕農征收土地實施辦法

（公告）

第一條　龍岩縣政府地權調整辦事處（以下簡稱縣府地权处）為確定扶植自耕農征收土地之實施，又作有所依據起見，特訂本細則。

第二條　本縣政府地權處辦理扶植自耕農征收土地除法令另有規定外，悉依本細則辦理。

第三條　奉准征收之土地，依土地法第二百六十條、第二百八十一條及同法施行法第八十三條之規定，分別於本府及各鄉鎮公所門首、暨征收土地各保之顯著地方，標貼公告，並在本縣發刊之閩西日報登載廣告三十日。

第四條　凡經公告征收之土地，由縣府會同地權處按龍岩縣扶植自耕農征收土地權利申報辦法第八條規定，訂定權利申報期限，布告週知，並呈報省政府備案。

（估價）

第五條　凡奉准征收之土地其補償地價，依照土地法查定標準地價實施辦法及本縣扶植自耕農討論委員會及本縣鄉鎮地價評估委員會組織規程之規定，組織各鄉鎮地價評估委員會評定之。

龙岩县政府、龙岩县地权调整办事处扶植自耕农征收土地实施办法

第六條　補償地價之評估程序分為：
(1)調查　(2)計算　(3)評估　(4)公告

第七條　補償地價評估前，應由縣府地權處人員會同地價評估委員會委員調查之。

第八條　地價調查應調查事項如左：
(1)各地目等級土地之最近三年市價；
(2)各地目等級之現繳租額情形。

第九條　地價調查完竣後，應按最近三年市價或業主收益之還原價格各選擇平均計算，估計各地目等級土地之標準地價。

第十條　標準地價計算完竣後，應即提付各該鄉鎮地價評估委員會評定，並呈報縣府複核。

第十一條　標準地價評定經複核後，由縣府繪製地價區圖（或以表格代替）公佈，並呈報省政府備案。

第十二條　標準地價公佈後，權利人如有異議，得自公佈之日起十五日內，以同一地價區土地所有權人半數以上之連署，向縣府提起異議。

104

第十三條　異議經縣府複查決定後，原異議人不服時，得於決定送達後一週內要求依公斷（依土地法第二四九条規定辦理）其需費用由官民雙方分担，公斷之[illegible]為最終決定。

第十四條　標準地價經公佈或通知逾期而不生異議，或有異議，經複評或公斷決定[illegible]即為補償地價之根據。

第十五條　估定之補償地價，土地所有權人，如經縣府核定之土地承購人同意，得在百（分之）十範圍內，會同請求增減。

（申報）

第十六條　在本程征收範圍之土地所有權人及他項權利人，應依照縣府扶植自耕農征收土地權利申報辦法規定辦理申報手續，其應申報之權利種類：

(1)所有權　(2)典權　(3)抵押權　(4)其他法定之權利。

第十七條　權利人辦理權利申報，應填具申報書，其記載之事項如左：

(1)土地標示：按土地編查之字號段號地號地目等則，編查面積，大名依次填[illegible]

龙岩县政府、龙岩县地权调整办事处扶植自耕农征收土地实施办法

105

(2) 權利種類：即所有權、典權、抵押權或其他法定權利名稱。

(3) 權利來源：填明權利來源情形，如受買某人產業，受典某人產業，或祖遺產業等。

(4) 其他權利設定情形：即所有權以外設定有他項權利者，應詳細填明其權利價值及範圍。

(5) 地價：按估定之補償地價填列，如需扣減，應得縣府核定之土地承領人意，並須在百分之二十範圍以內。

(6) 租額：填原有及現有之最近習慣收租數量。

(7) 土地現使用人：填姓名及詳細保甲（照戶籍冊）並由使用人（佃戶）蓋章。

(8) 權利人：填姓名及住址（應與戶籍冊相符）

(9) 代理人：填姓名及住址（應與戶籍冊相符）

(10) 保證人及保證責任：保證人應由二家以上之舖保或殷實農民，並經聯鄉鎮長及保長證明。

龙岩县政府、龙岩县地权调整办事处扶植自耕农征收土地实施办法

第十八條　申報權利人，應會同他項權利人，填具買賣契約（或典當契約）附繳呈核，以供核計補償地價、分配補償之根據。

第十九條　權利申報，應附繳契據、租簿、或其他可資證明產權文件，如均無法呈具，有三家以上舖保或鄰佑、甲長、保長保證，並由鄉鎮保長負責證明屬實之證明書。

第二十條　權利人如承認前編查所載面積，得據以補建有土地編查憑證，依各縣補正糧規則聲請複丈。

第廿一條（收件）　權利人呈繳申請書，收件員應將填載內容詳細查閱，應繳附件不得遺漏，其使用人之姓名，及須另外籍相符，如錯誤遺漏，應令補正後始受理。

第廿二條　申報書經查無誤後，按收件先後順序編列字號，並在收件簿內分別註明，同時將收件字號日期、權利人姓名、住址、權利種類、收件收據字號填入收件登記簿內（格式附後）一式謄寫二份，由收件員核發，記明等度聲新

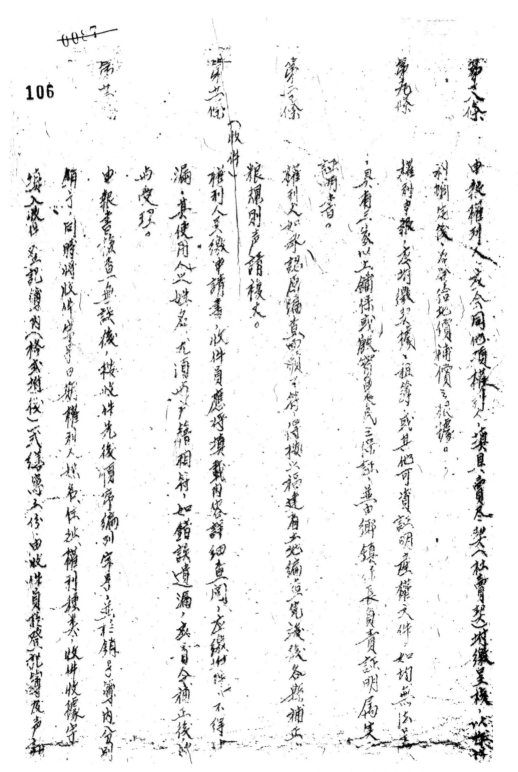

龙岩县政府、龙岩县地权调整办事处扶植自耕农征收土地实施办法

107

第廿六條

第廿七條

查盖章负责合

（初審）

收件核發權利申報書件完竣後，應依據收件收據並將附件及收件收

存根，順序編號，於該段按區保存備查內。

收件完竣，應將申報書連同附件送交審查員辦理下列初審手續：

(1)核對土地權利申報書所載地目、等則、面積、土名，應依次由地籍冊分

別核對，如有不符，應即責令權利申報人自行更正。

(2)審查權利內容：申報書內所載權利應與所繳證件內容詳細核

對，如有不符或證據不足，應即飭更正或補述。其有幾證據，若申報權

係屬典權、抵押權或他項權利，應取得所有權人之承諾。

(3)核對戶口姓名：權利申報人、現土地使用權人、土地權利關係人，及保證

人姓名、住址，均應分別校對戶籍冊，務須絕對相符合。

(4)核算地價：申報書所填地價，應根據面積參照估定標準地價，逐

龙岩县政府、龙岩县地权调整办事处扶植自耕农征收土地实施办法

108

第五条

加以核算，如有增减，应在百分之二十限度以内，并须取得佃户之书面

(5)审核价契：出立之价契，所载内容是否与规定相符。

(6)会保：照申报书及价契所填保证人，然后依址赴地会保，会保时注意保证人能否负所保证之责，如会保确无问题后，再由保证人依照第五条规定（指印章应与保证时之印章相同）会保人同时于申请书价契上盖章负责。

(7)检查销号：系依照申报书所列区别号数，于销号簿逐一检查，以销号，并注意其收件号是否相符。

权利申报案件，经初审手续后，当查阅后于申报书签注意见。

（复审）

初审无误案件，经委员会主任复核后，于收件登记簿加盖复审戳，

申报书案件核准后，应逐一登记簿后，送呈县地权处。

（公告）

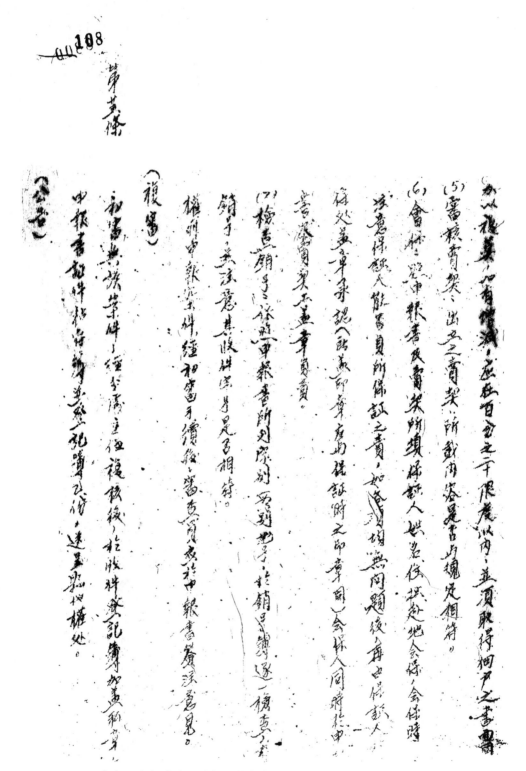

龙岩县政府、龙岩县地权调整办事处扶植自耕农征收土地实施办法

109

第廿六條 縣地權処收到權利申報案件後，應交第一課複查，如[illegible]逕[illegible]複審，並於申報[illegible]簽註複審意見。

第廿七條 複審無誤案件由地權處第二課會縣府地政科簽[illegible]後，呈送地權處正副處長核閱，并將會契順序編列號檔案號。

第廿八條 權利申報案件於複審核定後，即繕造土地權利公告冊（格式另附）分貼於各中鄉土地所在地之公所處門首揭示一個月。期滿無異議或有異議，經調解及判决後即為確定。

第廿九條 土地權利經實施公告後，應將公告字號、會契號列檔案號填入收件簿民户請書以備查考。

第三十條 （發價）土地權利經審查公告期滿確定後，照權利人所填會契之補償地價和額，及[illegible]領款期限，繕寫四聯付款通知書（通知書另附）。前項領款期限由縣政府與農民銀行，按實際情形商訂之。

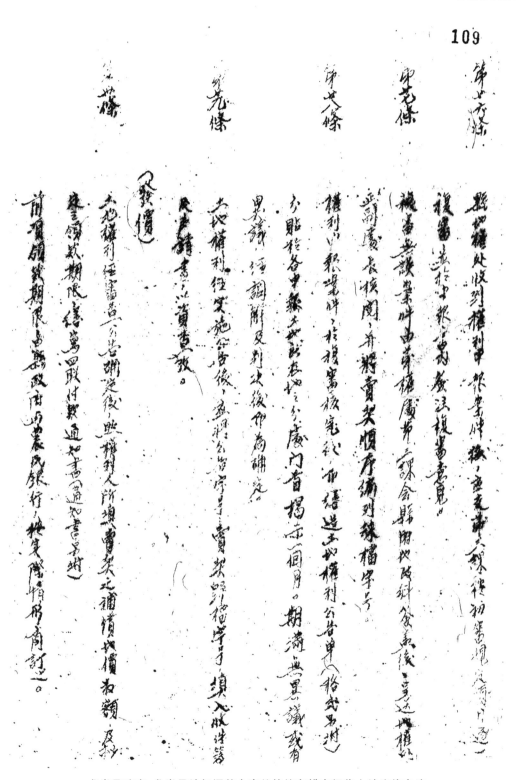

龙岩县政府、龙岩县地权调整办事处扶植自耕农征收土地实施办法

110

~~6300~~

第卅一條　四聯付款通知書繕就後，逐聯所載補償地價數額，應由第一股承辦人審查填校對，並於一、二兩聯加蓋地權處承辦員、審查員、第一股長、主任（或副主任）、縣政府縣長、財政科長、地政科長、會計室主任等私章，及縣府印信，同時將通知書字號填入權利申報書內。

第卅二條　前項通知書內所載私章，應將其印鑑送交農民銀行以憑核對付款。

四聯付款通知書繕校完竣後，應即繕造補償地價清冊（式四份，格式另訂），以三份連同買契送交農民銀行，一份存留地權處備查。

第卅三條　四聯付款通知書，分別通知領付補償地價，其手續如下：

(1)通知書第一、二聯裁下，逐交原申報之處，轉交權利人取回收件收據，繳回地權處貼入證件粘存簿內。

(2)通知書第三聯在付款列冊以前，先送交農民銀行以憑核對付款。

(3)通知書第四聯，存地權處備查。

第卅四條　權利人持到第一、二聯付款通知書，應於第二聯內（收據）加蓋證明人及權利人

龙岩县政府、龙岩县地权调整办事处扶植自耕农征收土地实施办法

111

私章（或公章）與契所蓋私章相符，於規定限期內，持向出農民銀行領取償地價。

第卅五條 由農民銀行於撥付承領人補償地價後，應將收據蓋章，同時將村款清單連同領款收據（即村款通知書存根）送交縣政府。

第卅六條 縣政府收到村款清冊及領款收據後，應辦理下列手續：

(1)領款收據由地權處審核無誤後，按收據號碼逐予粘於單據粘存簿內，並將收據字號填入收件登記簿。

(2)由地權處送縣政府會計室逕行登賬。

第卅七條（登記）地權處於補償地價手續完畢後，立將權利申報書彙集，送縣地政事務所辦理徵收過戶，並將補償地價數額，逐一填於業佃登記冊。

第卅八條（歸檔）權利申報書、領款收據粘存簿及證件粘存簿，均以號碼次序，分面裝訂成冊，標號保存，以備查考。

第卅九條 本細則呈准縣長兼處處長核准後施行，如有未盡事宜，得隨時呈請修正之。

龙岩县政府、龙岩县地权调整办事处扶植自耕农征收土地实施办法

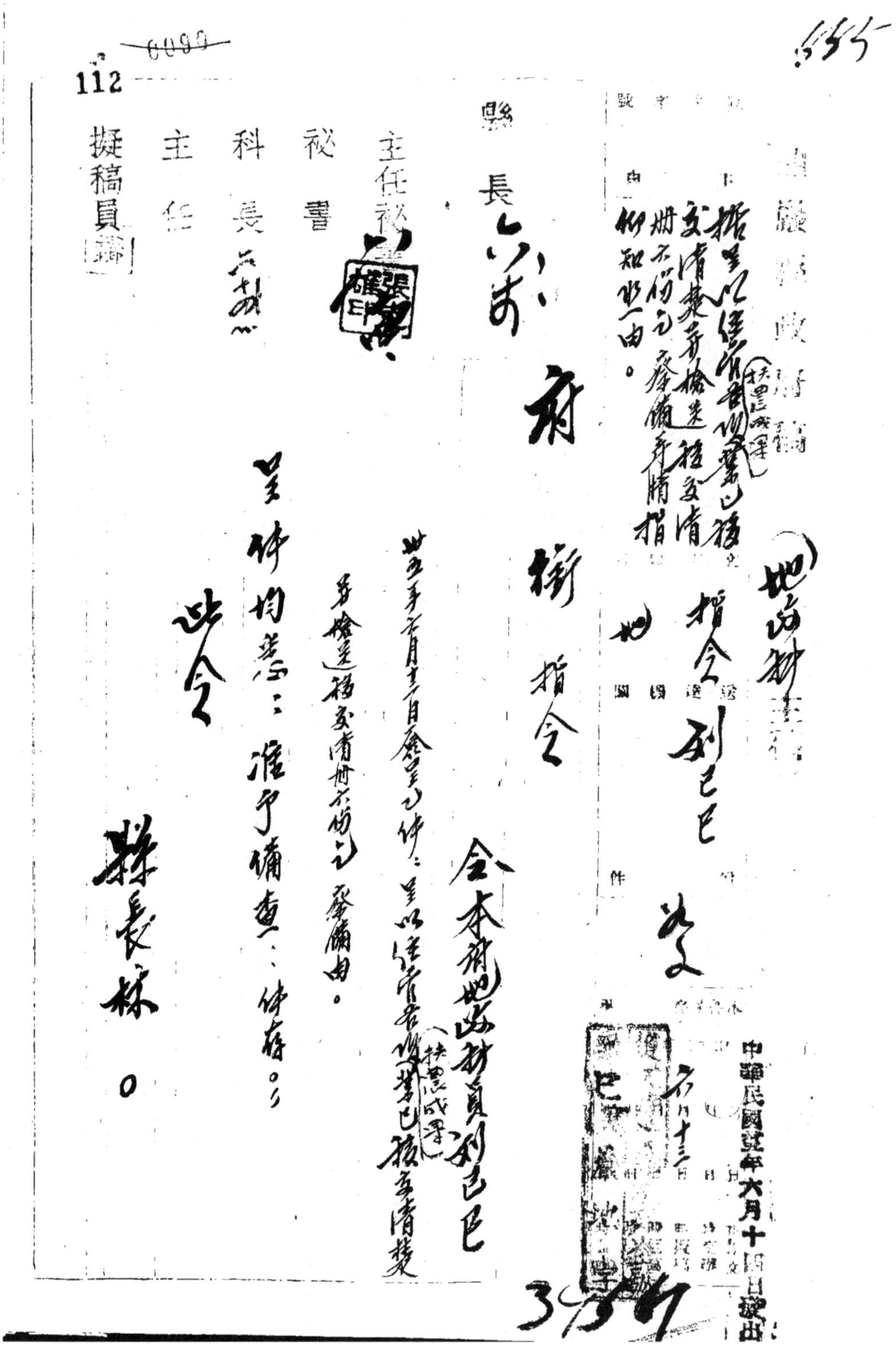

龙岩县政府指令地政科经管各项扶植自耕农成果业已移交清楚并检送移交清册(1946 年 6 月 14 日)

[illegible]

113

签呈 于本府 卅五年六月十二日

案奉

钧府放已真农人字第3802号指令以卅五年六月　日签呈悉所请辞职应予照准遗缺经派徐宗泗接充仰将经管手续分别列册移交具报等因附件奉此遵已将经管各项移交清楚并会同自办理第一二期扶植自耕农业务成果（土地分配部份、未发证照部份、未放领土地部份、权利申报部份、未发公学田证照部份暨区域土地移转登记案件）移交造册六份随文送请

鉴备并乞示遵

谨呈

刘已巳、徐宗泗悉签呈(1946 年 6 月 12 日)

114

科長黃轉呈
縣長林
附呈本所二張抄共五千八百二十八張已放部份、未發証照部份、
未放領土地部份二十三張、抓部份六、未發另字田証照部份及
區域土地移轉登記案件(件)移交清冊計五本
職 劉己巳
徐宗泗

准予備查
六、十三

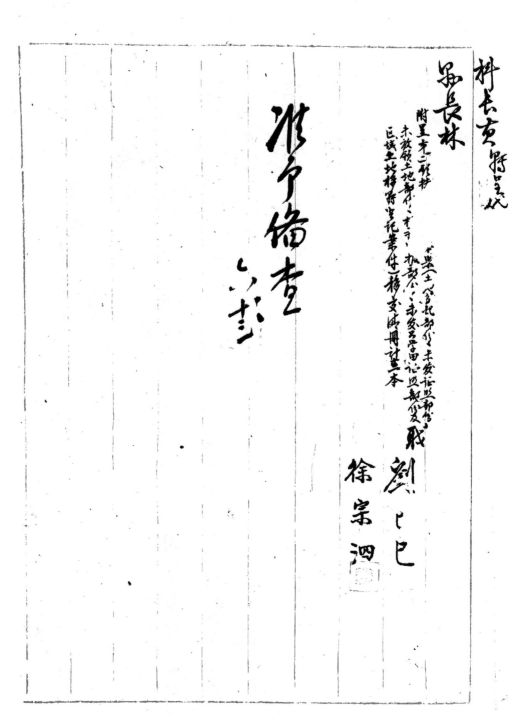

刘己巳、徐宗泗悉签呈(1946 年 6 月 12 日)

115 龍岩縣政府地政科辦理第一、二期扶植自耕農業務成果(土地分配部份)移交清册

0002

地政科办理第一、二期扶植自耕农业务成果(土地分配部分)移交清册

116

龍岩縣政府地政科辦理第一二期扶植自耕農業務成果(土地分配部份)移交清冊

期別	成果名稱	單位	數量	備考
第一期	土地承領申請書	本	肆拾捌	起訖號碼見附表一
	土地異動清冊	本	捌	紫字自第一頁至第三七六頁止共四本 白字自第一頁至第三八四頁止共四本
	承領土地收件登記簿	本	伍	
	單位面積清冊	本	叁	
	承領土地權利申報檢查表	本	柒	黃、中、雲、溪、安、龍、發、
	執照號碼與地號對照表	本	弍	
	換發執照申請書	本	壹	紫岡 白土 字自第一號起至第四四六號止
	龍字執照存根	張	1-5968号	

地政科办理第一、二期扶植自耕农业务成果(土地分配部分)移交清册

	安字执照存根	張	1-5645号	
	俊字执照存根	〃	1-6316	
	聖字执照存根	〃	1-[illegible]	
	崇字执照存根	〃	1-5670	
	黄字执照存根	〃	1-6593	
	漢字执照存根	〃	1-6354	
	崇冈字證明書存根	〃	95	自崇冈字第1號起至第95號止
	白字使用权證明書存根	張	118	自白字第1號起至第118號止
第二期	土地承領申請書	本	貳佰拾伍	起訖號碼見附表二
	土地異動請冊	本	捌	黄字第一頁起至第三七六頁止共四本 西字自第一頁起至第三三頁止共三本 合作字自第一頁起至第二五頁止共一本

地政科办理第一、二期扶植自耕农业务成果(土地分配部分)移交清册

118

承領土地收件登記簿	本	陸	
單位面積清冊	本	伍	
承領土地權利申報檢查表	本	壹拾	曹、大、同、滸、外、石、条、大同、合作、西、
執照號碼與地號對照表	本	壹	
合作段執照號碼清冊	本	壹	
大同段執照號碼清冊	本	壹	共訂在合作段執照號碼清冊內（大同、合作合訂本）
合作段地價冊	張	壹	訂于合作段鋪號冊內（即[illegible][illegible]冊內）
外二宗証明書存根	〃	50	
錯誤更正登記表	本	壹	
外字執照存根	張	7618	自外字第一號起至外字第7618號止

地政科办理第一、二期扶植自耕农业务成果(土地分配部分)移交清册

西字执照存根	張	1804	自西字第一號起至西字第1804號止
條字执照存根	張	4271	自條字第一號起至條字第4271號止
石字执照存根	張	3703	自石字第一號起至石字第3703號止
曹字执照存根	張	5799	自曹字第一號起至第5799號止、
天字执照存根	張	1364	自天字第一號起至天字第1364號
浮字执照存根	〃	5203	自浮字第一號起至第5203號止
同字执照存根	〃	3926	自同字第一號起至第3926號止
合作段执照存根	〃	61	自合作字第一號起至合作字第61號止
大同段执照存根	〃	8	(起訖號碼)自大同字第一號起至大同字第8號止。見附表五
合作字證明書存根	〃	194	(起訖號碼)見附表三

地政科办理第一、二期扶植自耕农业务成果(土地分配部分)移交清册

120 ~~0065~~

大同字證明書存根	張	587	(起訖號碼見附表三)
曹蓮字證明書存根	〃	1979	〃
西墩字證明書存根	〃	2827	〃

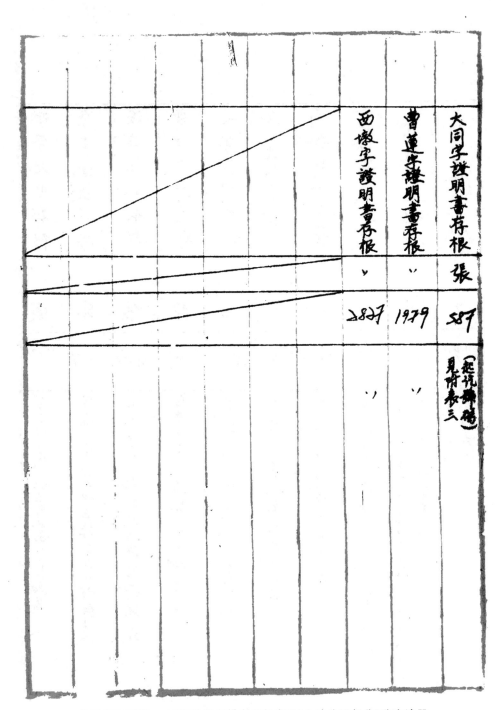

地政科办理第一、二期扶植自耕农业务成果(土地分配部分)移交清册

卷宗 1-3-268

~~0030~~
001

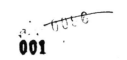

第一期土地承領申請書號碼起訖表（附表一）

字別	起訖號碼	備考
沛國	1—89	
坎洋	1—105	
南洋	1—132	
西洋	1—138	
進貝	1—105	
下洋	1—96	
肖坑	1—102	
運堅	1—160	
紫陽	1—61	
倒流	1—58	
孟民	1—136	
東埔	1—157	
上洋	1—79	
赤興	1—97	
後田	1—252	
邾口	1—156	
平洋	1—177	
南民	1—123	
東民	1—141	
榮陽	1—133	内132號、131號缺
世安	1—78	
東堀	1—137	
羅星	1—142	
聚源	1—139	
北洋	1—201	
南中	1—108	
安康	1—227	
東貝	1—79	
田心	1—97	内85至95号係缺号
孟头	1—159	
龍聚	1—220	
永昌	1—159	

第一期土地承领申请书号码起迄表

字别	起訖號碼	備攷
田洋	1-161	
黄邦	1-158	
寨李	1-86	
連甲	1-194	
雷隔	1-214	
桂園	1-110	
溪堪	1-197	
溪墘	1-159	
泉井	1-178	
復興	1-18	
菜園	1-106	
龍一	1-6	
湖邦	1-199	
梅村	1-233	
曲潭	1-156	
曹一	1-205	

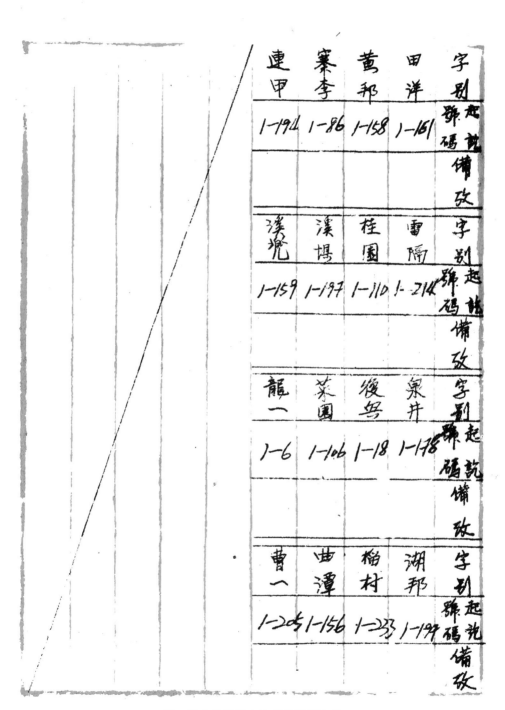

第一期土地承领申请书号码起迄表

003

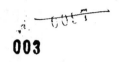

第二期土地承領申請書號碼起訖表（附件二）

字別	號碼起訖	備攷
黄坑	1-358	
謝洋	1-206	
羅桥	1-266	
像園	1-262 又 263-283	
公王	1-144	
豐川	1-196	
荼坑	1-222	
下蔡	1-195	
内洋	1-251	
石桥	1-266	
葛坂	1-186	
西桥	1-131	
落洋	1-219	
馬瀨	1-200	
浮塘	1-175	
石菴	1-230	
外洋	1-164	
排頭	1-202	
松墩	1-268	
平嶺	1-146	
王坑	1-229	
曹圩	1-121	
石盂	1-176	
西中	1-150	
尚洋	1-285	
中洋	1-199	
新墩	1-238	
平陂	1-330	
月山	1-321	
豐江	1-201	
西源	1-189	
水塘	1-141	

第二期土地承领申请书号码起迄表

004

字別	號碼起訖	備攷
東山	1-118	
偏後	1-152	
白二	1-75	
合作	1-313	

字別	號碼起訖	備攷
黃邦	1-179	
溪南	1-105	
平二	1-38	

字別	號碼起訖	備攷
豐門	1-162	
登高	1-75	
銅弍	1-5	

字別	號碼起訖	備攷
新益	1-154	
大同	1-167	
龍弍	1-26	

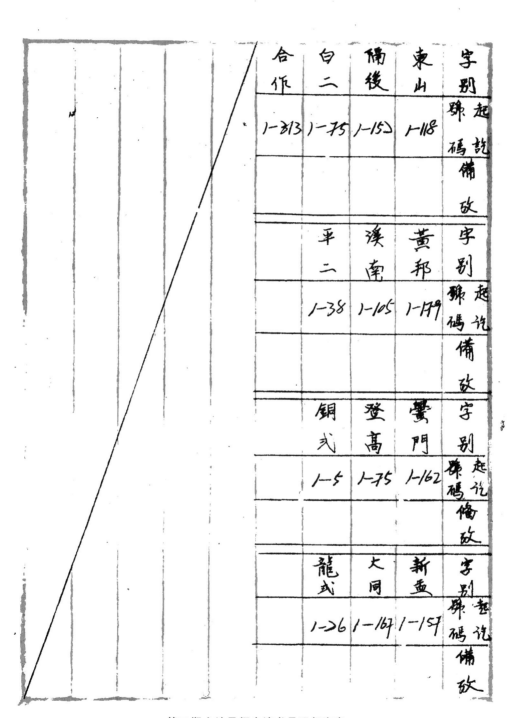

第二期土地承领申请书号码起迄表

005

中華民國三十五年六月

移交者劉已巳

接收者

龙岩县政府地政科办理第一、二期扶植自耕农业务成果(未发证照部分)

移接清册(1946 年 6 月)

006

~~0019~~

龍岩縣政府地政科辦理第一二期扶植自耕農業務成果（未發証照部份）移交清

龙岩县政府地政科办理第一、二期扶植自耕农业务成果(未发证照部分)
移接清册(1946年6月)

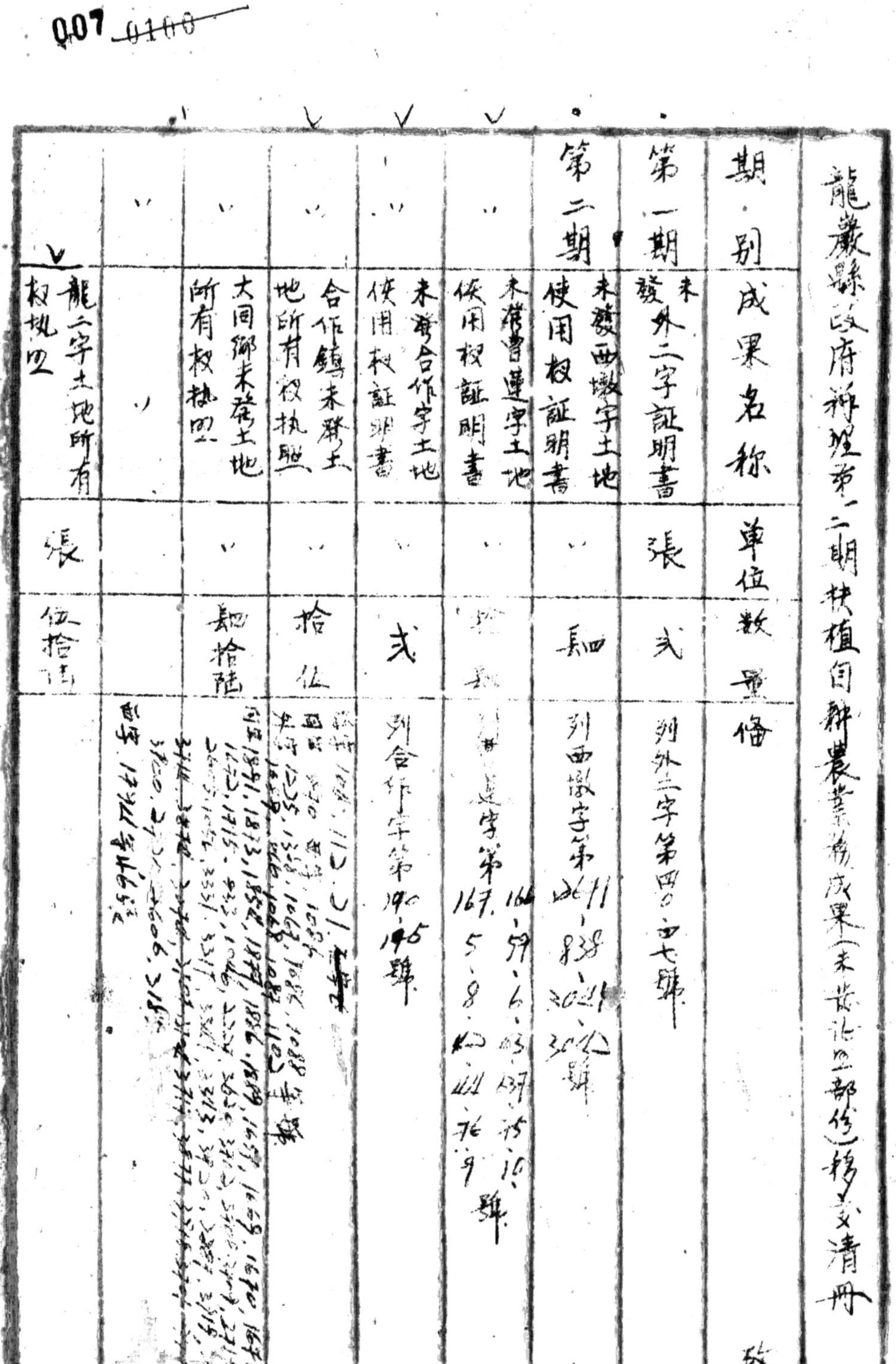

002 ~~0100~~

龍巖縣政府辦理第一二期扶植自耕農業務成果（未發証照部份）移交清冊

期別	成果名称	單位	數量	備攷
第一期	未發外二字証明書	張	弍	列外二字第四〇、四七號
第二期	未發西墩字土地使用权証明書	〃	肆	列西墩字第[illegible]11、838、3021、30[illegible]號
〃	未發曹蓮字土地使用权証明書	〃	[illegible]	列曹蓮字第167、166、5、59、8、6、[illegible]、[illegible]、[illegible]、[illegible]、76、[illegible]、9、10號
〃	未發合作字土地使用权証明書	〃	弍	列合作字第190、195號
〃	合作鎮未辦土地所有权执照	〃	拾伍	[illegible]
〃	大同鄉未發土地所有权执照	〃	肆拾陆	[illegible] 1891、1873、1858、1877、1886、1889、1657、1659、1670、1671 [illegible]
〃	龍二字土地所有权执照	張	伍拾[illegible]	[illegible] 1797號 [illegible]

龙岩县政府地政科办理第一、二期扶植自耕农业务成果(未发证照部分)移接清册(1946年6月)

008

期别	名称	单位	数量	备注
	銅二字土地所有权执照	張	壹	
	平二字土地所有权执照	〃	柒拾叁	
	外二字土地使用权证明书	〃	贰拾壹	列外二字第五三—五六、六三—八二號
第一期	外一字土地使用权证明書	〃	叁	列外一字第一號—[illegible]第三號止
〃	龍一字土地所有权执照	〃	伍	
合計		張	贰佰贰	

龙岩县政府地政科办理第一、二期扶植自耕农业务成果(未发证照部分)移接清册(1946 年 6 月)

009 ~~0101~~

中華民國卅五年六月

移交者刘[illegible]
接收者[illegible]

龙岩县政府地政科办理第一、二期扶植自耕农业务成果(未发证照部分)
移接清册(1946年6月)

卷宗 1-3-268

010

龍岩縣政府地政科辦理第一期扶植自耕農業務成果（未發公嘗田證照部份）移交清冊

龙岩县政府地政科办理第一期扶植自耕农业务成果（未发公尝田证照部分）
移接清册（1946 年 6 月）

011

龍岩縣政府地政科辦理第一期扶植自耕農業務成果(未發公償田證照部份)移接清冊

鄉鎮別	成果名称	單位	數量	備攷
紫崗	土地所有权状	張	1168	各保數量詳見附表(共1168張)
白土	〃	〃	415	〃
紫岡	土地使用权证明書	〃	211	自紫岡字第九六號起到一一九號止

附註：左列執照應俟地價繳清後，再行送印核發。

龙岩县政府地政科办理第一期扶植自耕农业务成果(未发公尝田证照部分)移接清册(1946年6月)

附表

保別	紫岡鄉上洋	安興	平洋	倒流	坎洋	西洋	紫洋	北洋
數量(張)	14	11	59	36	18	6	33	18
備攷	保公田	〃	〃	〃	〃	〃	〃	〃

保別	沛國	進貝	東貝	孟民	東民	南民	安康	
數量(張)	90	24	23	47	29	6	32	
備攷	保公田	〃	〃	〃	〃	〃	〃	

保別	南中	紫岡學董會	紫岡鄉公田	紫岡朴衣廠	白土鎮溪兜	東壩	田洋	溪墳
數量(張)	42	333	200	151	50	2	5	11
備攷	保公田	〃	〃	〃	保公田	〃	〃	〃

保別	連甲	雷陣	羅星	孟头	黎源	白土鎮補衣廠		
數量(張)	2	16	61	60	7	196		
備攷	保公田	〃	〃	〃	〃	〃		

龙岩县政府地政科办理第一期扶植自耕农业务成果(未发公尝田证照部分)移接清册(1946 年 6 月)

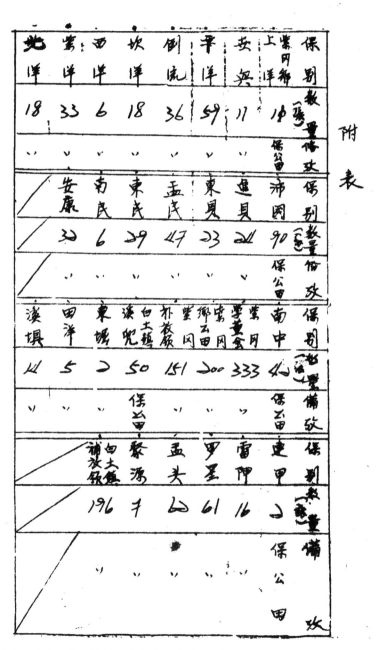

013 ~~0104~~

中華民國三十五年六月　日

移交者劉□
接收者□（印）

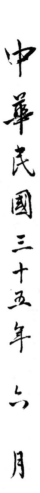

龙岩县政府地政科办理第一期扶植自耕农业务成果(未发公尝田证照部分)移接清册(1946年6月)

0115

014 龍岩縣政府地政科办理第一二期扶植自耕農区域土地移轉登記案件移交清冊

龙岩县政府地政科办理第一、二期扶植自耕农区域土地移转登记案件移交清册(1946 年 6 月)

龍岩縣政府地政科辦理第一二期扶植自耕農區域土地移轉登記案件移接清冊

名稱	單位	數量	備攷
龍岩扶植自耕農完成區域土地移轉登記收件簿	本	壹	共計叁頁計收件共壹筆
龍岩扶植自耕農完成區域土地移轉登記請求書	本	壹	請求書共計貳拾壹張
合計	本	貳	

龙岩县政府地政科办理第一、二期扶植自耕农区域土地移转登记案件移交清册(1946 年 6 月)

0101

016

中華民國卅五年六月　日

移交者劉巳

接收者

龙岩县政府地政科办理第一、二期扶植自耕农区域土地移转登记案件移交清册(1946年6月)

龍岩縣政府地政科辦理第一二期扶植自耕農業務成果（未發放領土地部份）移交清冊

龙岩县政府地政科办理第一、二期扶植自耕农业务成果(未发放领土地部分)
移交清册(1946年6月)

龍岩縣政府地政科辦理第一二期扶植自耕農成果（未放領土地部份）移交清冊

期別	成果名稱	單位	數量	備攷
第一期	不征收放領土地索引表	本	壹	
第二期	〃	〃	壹	

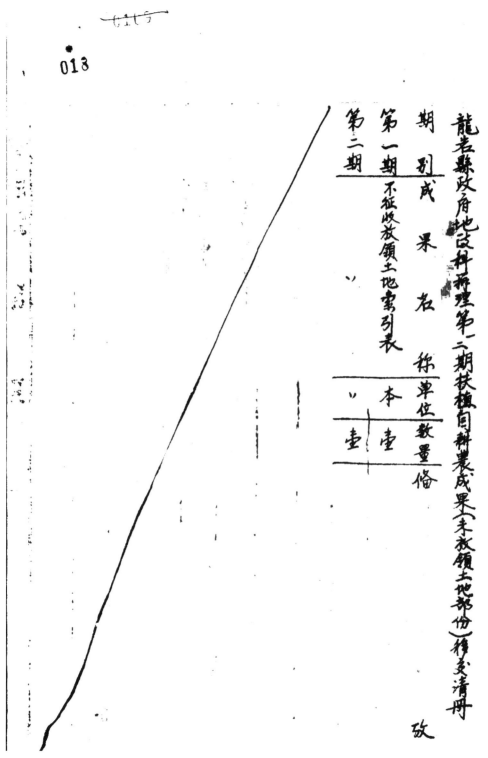

龙岩县政府地政科办理第一、二期扶植自耕农业务成果（未发放领土地部分）移交清册（1946 年 6 月）

中華民國三十五年六月　　日

移交者
接收者

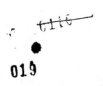

龙岩县政府地政科办理第一、二期扶植自耕农业务成果(未发放领土地部分)移交清册(1946年6月)

龍岩縣政府地政科办理第一二期扶植自耕農業務成果（权利申报部份）移交清册

020

~~0111~~

龙岩县政府地政科办理第一、二期扶植自耕农业务成果(权利申报部分)

移交清册(1946 年 6 月)

龍巖縣政府地政科办理第二期扶植自耕農業务成果(權利申报部份)移交清册

期別	鄉鎮別	收件數量(件)	起訖字號	已办數量(件)	駁回數	未办數量
第一期	紫岡	17	紫(1)—(17)	15	0	2
第二期	合作	31	合(1)—(21)	24	6	1
〃	西墩	842	西(1)—(842)	650	191	1
〃	曹蓮	542	曹(1)—(542)	474	68	0
合計		1432		1163	265	4

收件數量与駁回數量
之差係被件子号合併
如[illegible]兩縣[illegible]即子号合併等是

啟

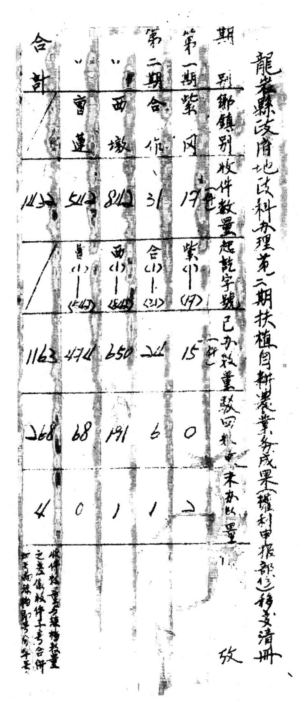

龙岩县政府地政科办理第一、二期扶植自耕农业务成果(权利申报部分)移交清册(1946年6月)

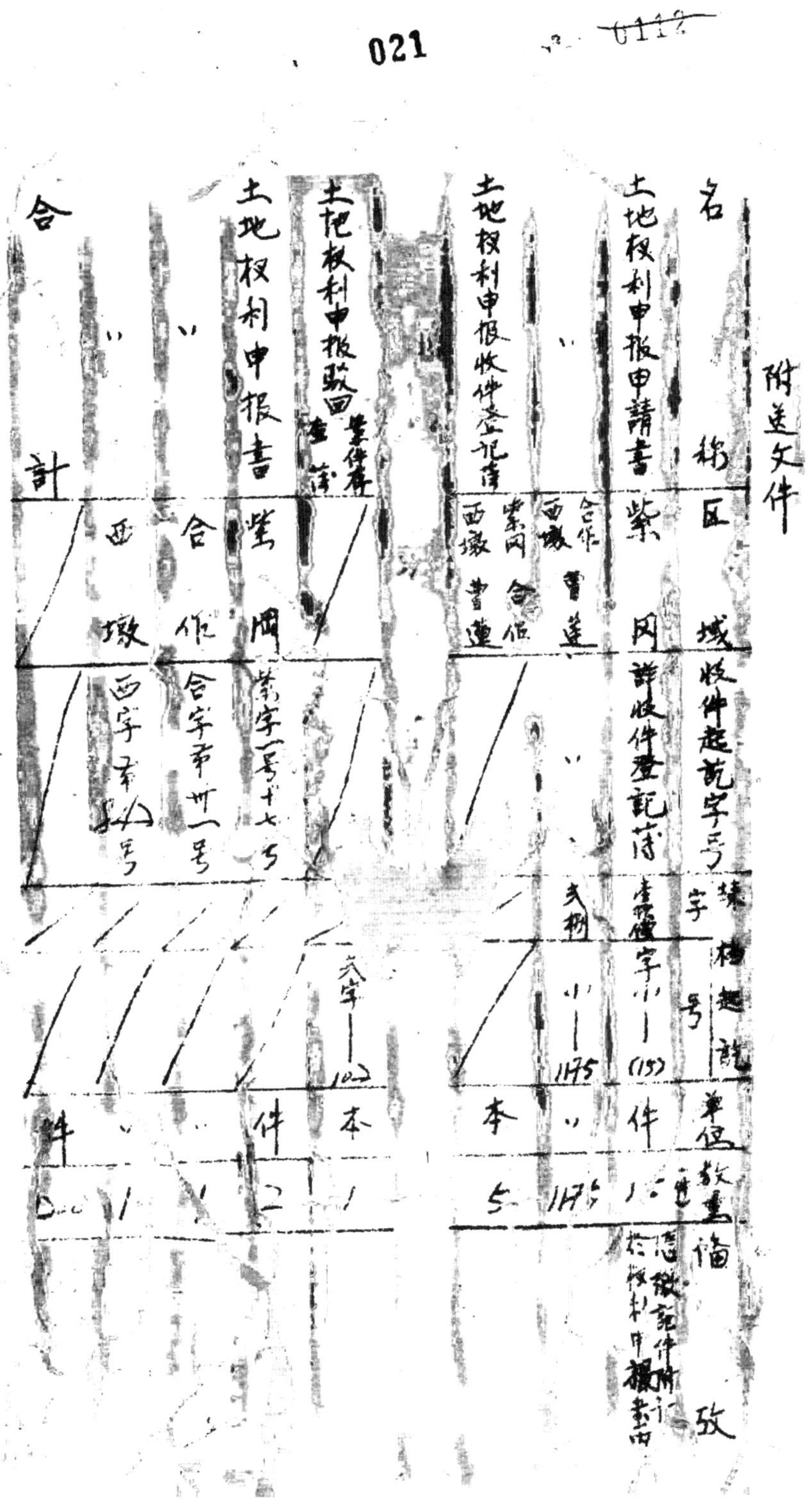

021 0112

附送文件

名稱	區域	收件起訖字號	字號起訖	單位	數量	備攷
土地权利申請書	紫冈	許收件登記簿	紫字小一（15）	件	[illegible]	隨徵案件附於权利申報書内
〃	西墩 曹蓮 合作	〃	式小一1175	〃	1175	
土地权利申报收件登記簿	紫冈 合作 西墩 曹蓮	/	/	本	5	
土地权利申报駁回案件存查簿	/	/	大字一102	本	1	
土地权利申报書	紫冈	紫字一号十七号	/	件	2	
〃	合作	合字第卅一号	/	〃	1	
〃	西墩	西字第[illegible]号	/	〃	1	
合計	/	/	/	件	[illegible]	

龙岩县政府地政科办理第一、二期扶植自耕农业务成果（权利申报部分）移交清册（1946 年 6 月）

0117

022

中華民國三十五年六月日

移交者劉已
接收者

龙岩县政府地政科办理第一、二期扶植自耕农业务成果(权利申报部分)
移交清册(1946年6月)

023

5546

地政科

准函送一二期扶農成果派員接收見復等由相應函復查照辦理由

公函

地權處

准

貴處致寅寒地處丙字第2378號及致卯元地處丙字第2494號等先後函送一二期扶植自耕農成果移交清冊囑派員接收見復等由附件准此自應照辦唯地政科人員有限無法接收業務

前以會呈請於府地政科添設科員三人地籍員

四七 曾去後嗣奉省府卯五六府民地丙15767號指令以縣政府限於員額所請礙難照准等

因需要准於卅五年度起

會計室

會財政科

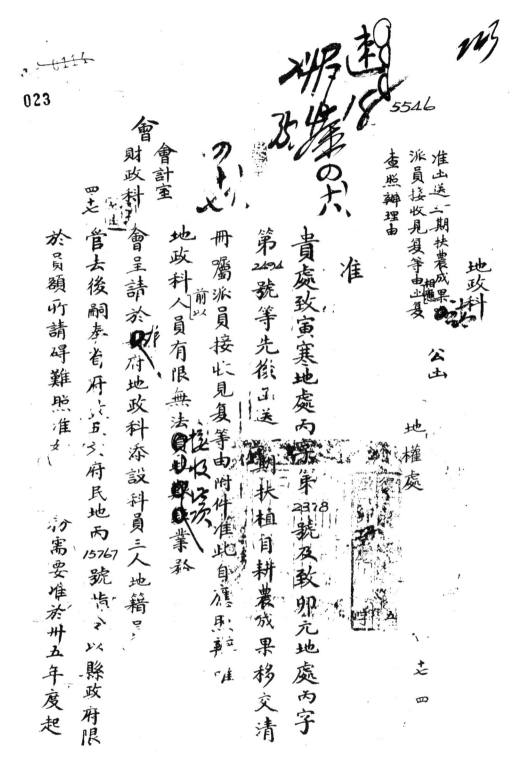

地政科准函送第一、二期扶植自耕农成果请派员接收见复等相应查照办理(1946 年 4 月)

在地權處增設額外課員一人辦事員六人專責催收承領地價本息核發待
領補償費及自耕農之管理維護等工作所需經費在存儲待領征收土
地補償費存款利息及承領地價溢餘利息項下開即補編歲出入
追加預算呈核等因本府勢已無法增員唯遵奉省令以據地政局督導
朱曾騏前派該縣視察扶植自耕農業務返省時所具意見認為地權處已竣之
一二三期扶農成果欲使保持永久不棄并使利此後縣府管理與維護起
見似應即行移交縣府地政科接管俾地權處得以專責繼續推行卅五年
創辦各業務等情核屬可行飭令遵照辦理當經
於五年度增設地政人員經管一項編具地政科接管扶農
貴處先後呈電核示在案迄未奉復現
貴處迭函催

地政科准函送第一、二期扶植自耕农成果请派员接收见复等
相应查照办理(1946 年 4 月)

025

本府均以碍於地政科人力不敷未克照辦為謀迅速解決計拟於前案未奉准前暂由　貴處增設一員調在本府地政科佐理扶植自耕農成果接管事宜一俟本府追加地科改增員預算核准當將該員薪餉照預算撥還否則再請　貴處設法開支准函前由相應復請查照辦理并盼見复為荷

此致

龍岩縣地權調整辦事處

銜名

地政科准函送第一、二期扶植自耕农成果请派员接收见复等相应查照办理(1946 年 4 月)

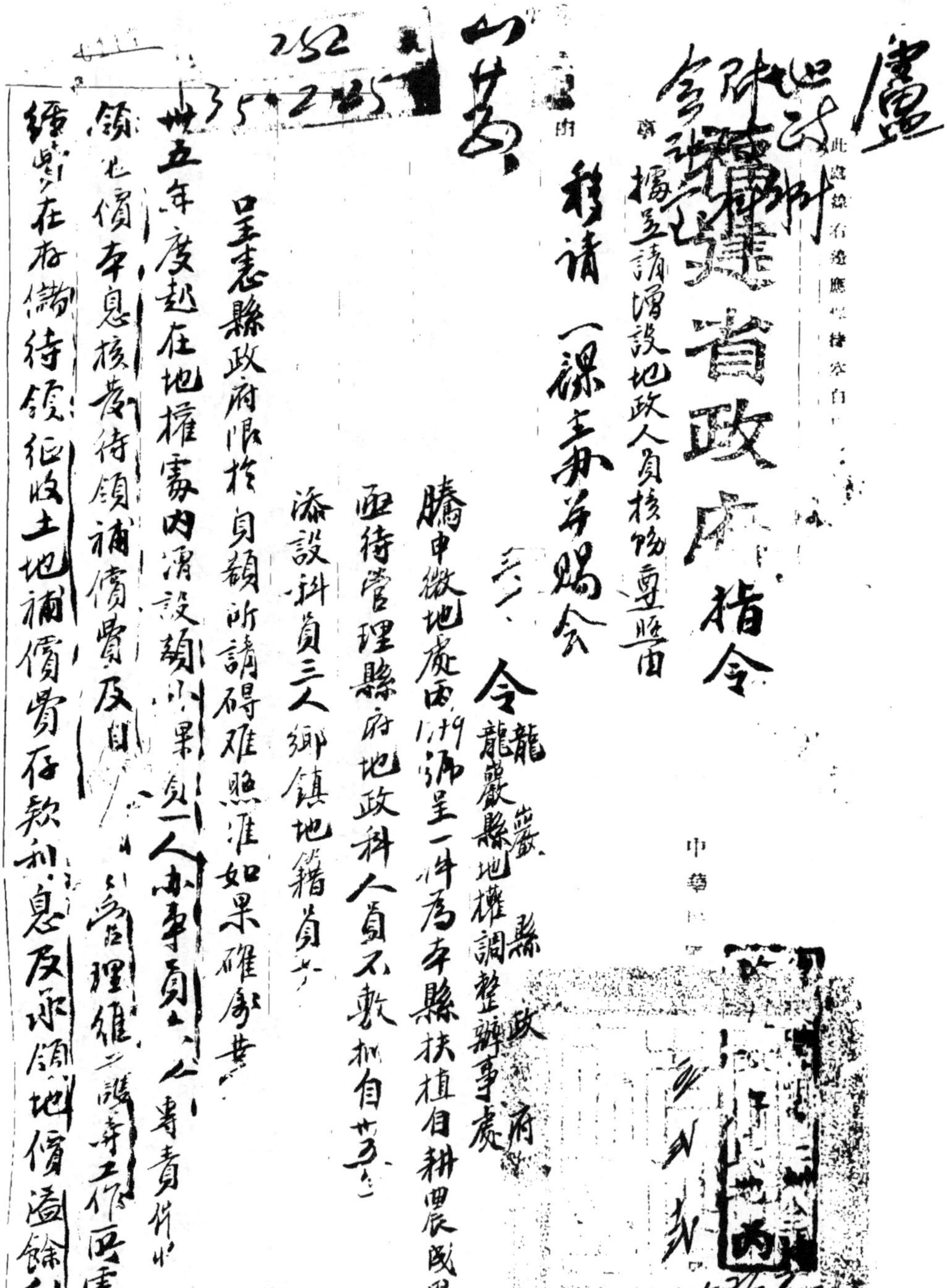

福建省政府指令

事由：據呈請增設地政人員核飭遵照由

令龍巖縣政府

龍巖縣地權調整辦事處

據申微地處西1149號呈一件為本縣扶植自耕農成果亟待管理縣府地政科人員不敷擬自卅五年添設科員三人鄉鎮地籍員廿

呈悉縣政府限於員額所請礙難照准如果確屬需要卅五年度起在地權處內增設類似課員一人辦事員二人專責代收領地價本息核發待領補償費及自處理維護等工作所需經費在存儲待領征收土地補償費存款利息及承領地價溢餘利

福建省政府指令增设地政人员(1946 年 2 月)

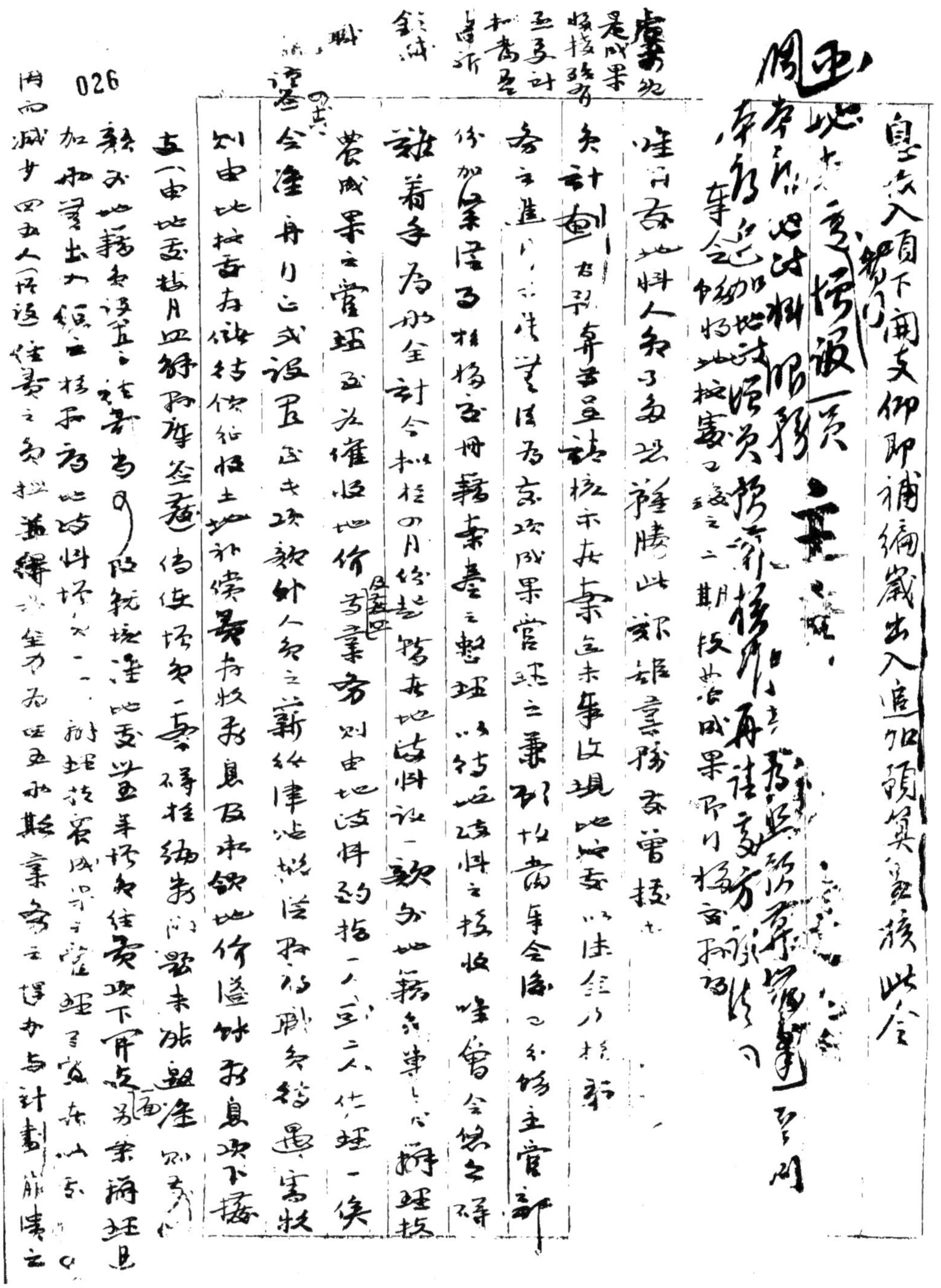

福建省政府指令增设地政人员(1946 年 2 月)

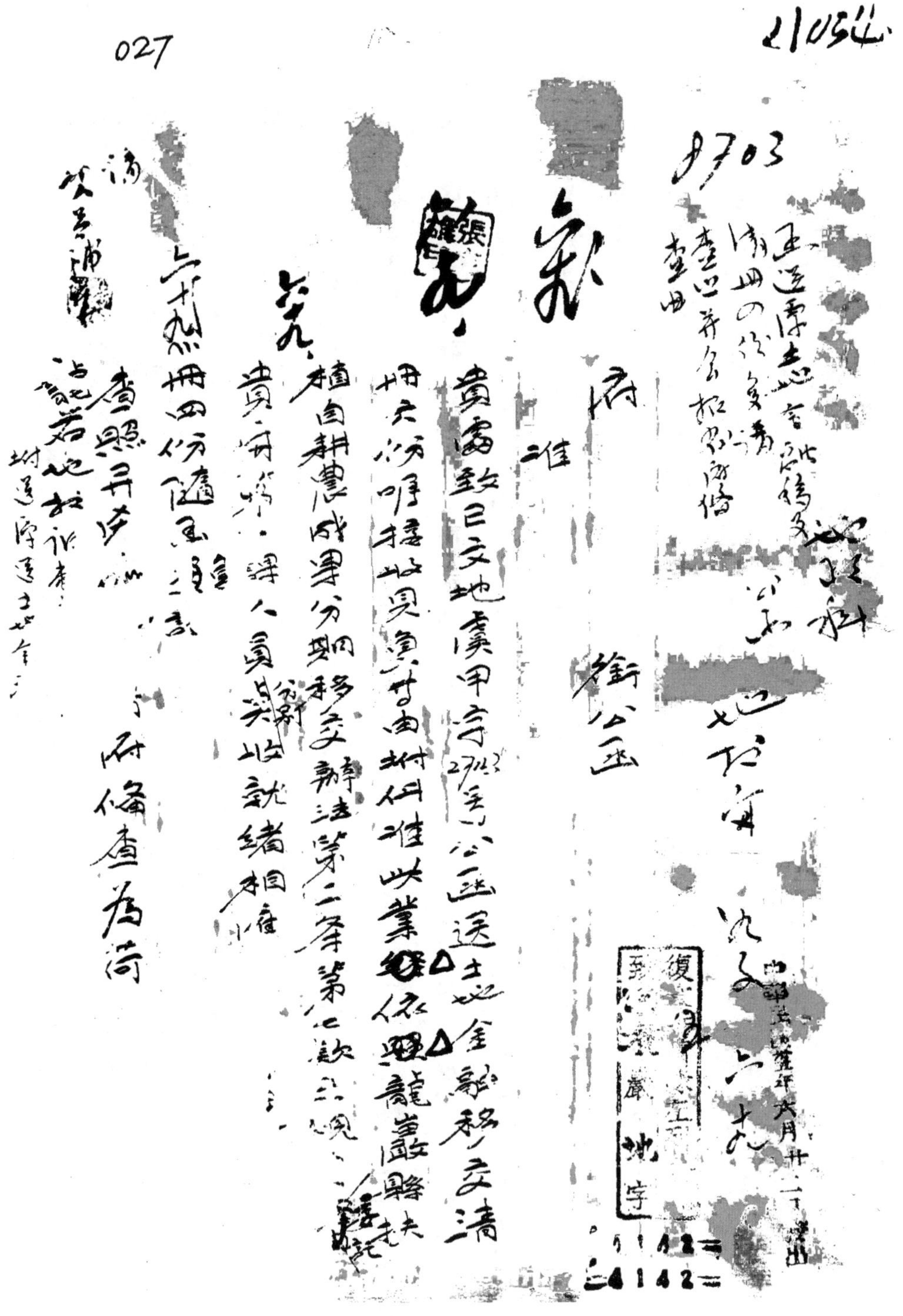
027

21054

8703

函送原土地金融移交清册四份复请查照并会报省府备查

龙岩县政府代电

府

准

衔公函

案准

贵处致巳文地广甲字2743号公函送土地金融移交清册六份嘱接收见复并由县府准此业经依照龙岩县扶植自耕农所得分期移交办法第二条第七款之规定

贵府派员接收就绪相应检还清册四份随函送请

查照并会报

省府备查为荷

龙岩县政府地政科长

龙岩县扶植自耕农所得分期移交办法

龙岩县政府函送原土地金融移交清册四份复请查照并会报省政府备查

027-

仰即將一二期資產負債平衡表及土地金
融部份移交清冊分別呈收報核
李課員
袁課長
連辦事員

[illegible]

六 十六

六 十六

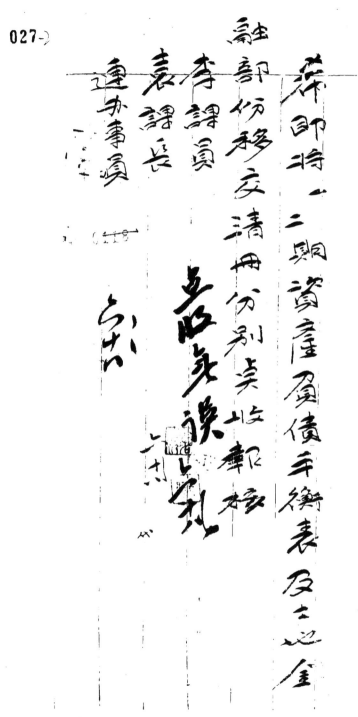

指令移交第一、二期资产负债平衡表及土地金融部分

0128

028

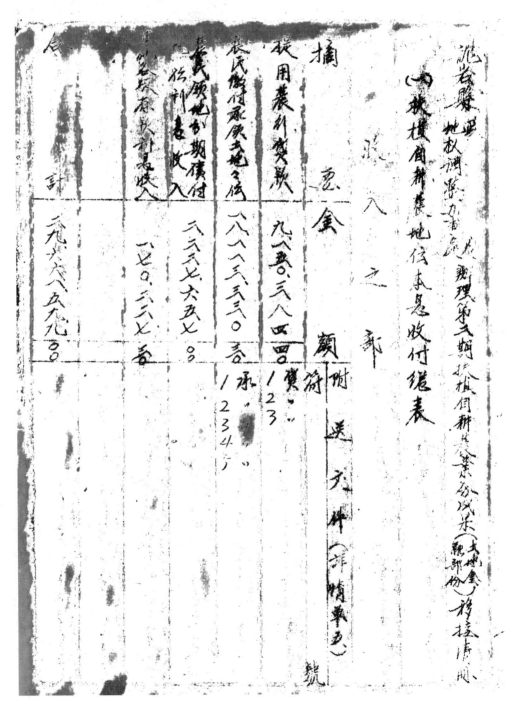

龙岩县地权调整办事处办理第二期扶植自耕农业务成果(土地金融部分)移接清册

(四)扶植自耕农地价本息收付总表

收入之部

摘要	金额	附送文件(详情单号)
提用农行贷款	九八五〇、三八四四	贷1 2 3
农民缴付承领土地价	八八八八三三三〇五〇	承1 2 3 4 5
农民领地分期偿付地价利息收入	二二二七、六五七〇〇	
放款存款计息收入	一七〇、二六七五	
合计	二九、六六八五六九〇〇	

龙岩县地权调整办事处办理第二期扶植自耕农业务成果

(土地金融部分)移接清册(1946年6月)

029

摘要	金額	附件
付還農引貸款本金	二二六七、〇二八〇	貸〃〃〃 4567
付還農引貸款利息	四六五、九〇〇	貸〃〃〃 4567
支給徵收土地補償地價	七、七五六六九六	徵〃〃〃 1234
繳庫剩餘利息	五九〇、〇〇〇	
合計	八二〇七九、六八六	

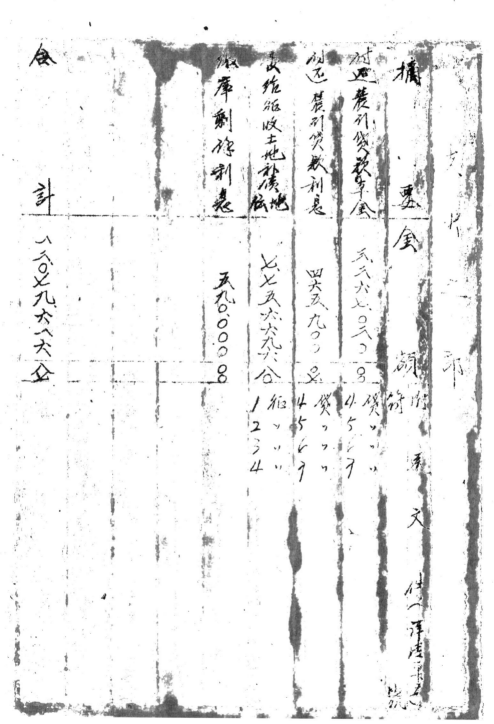

龙岩县地权调整办事处办理第二期扶植自耕农业务成果（土地金融部分）移接清册（1946 年 6 月）

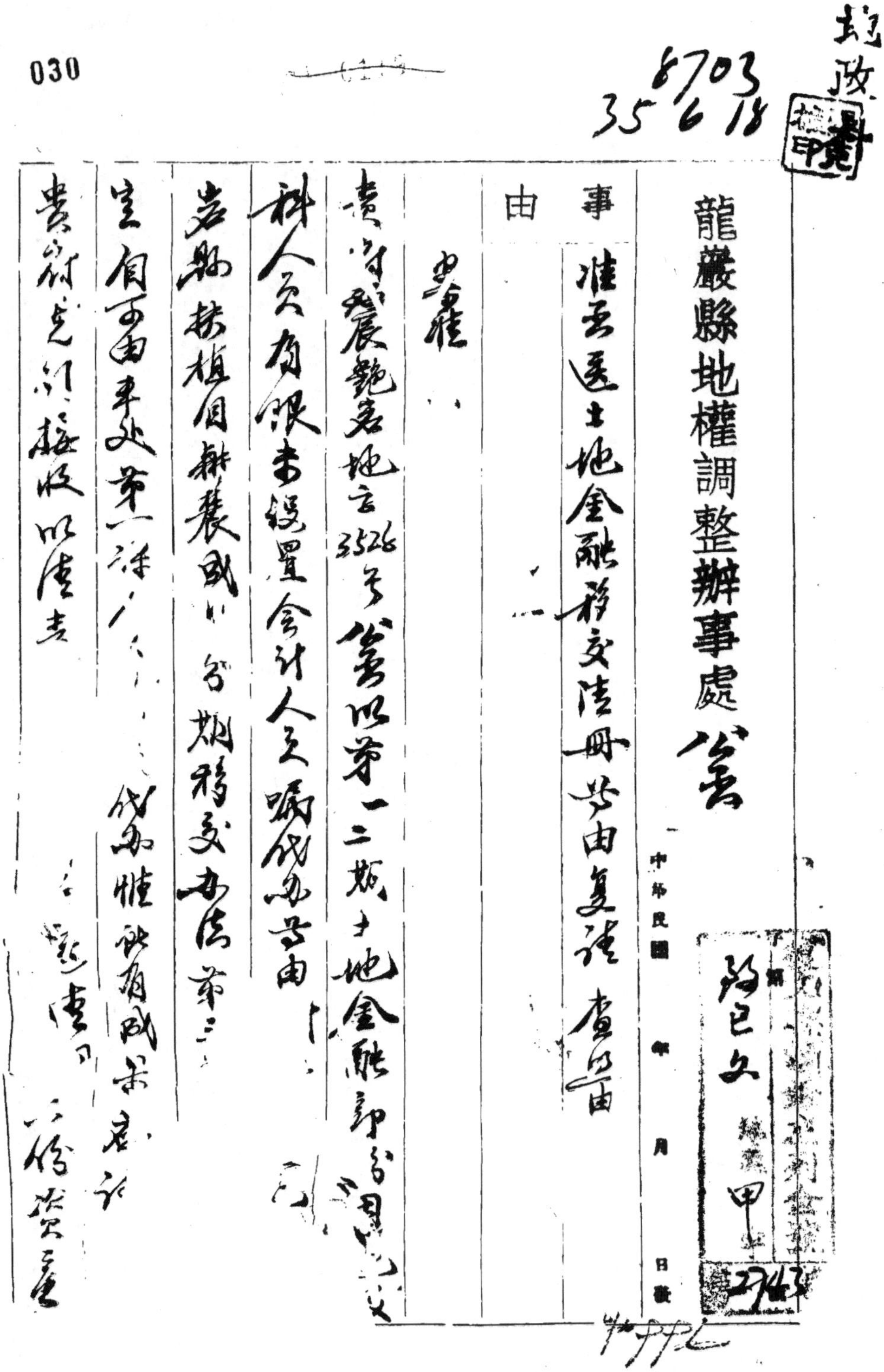

030

8703
35 6 18

龍巖縣地權調整辦事處公函

事由：准函送土地金融移交清册等由复请查照由

逕启者：

贵府龙岩地字3526号公函以第一二期土地金融部分[illegible]科人员有限未设置会计人员嘱代办等由[illegible]岩县扶植自耕农成[illegible]分期移交办法第三[illegible]条自可由本处第一[illegible]代办惟[illegible]成[illegible]贵府先行接收以便[illegible]

此致[illegible]

中華民國　年　月　日

龙岩县地权调整办事处准函送土地金融清册(1946年6月)

031

貸借平衡表貳份函達
查照希點收見復並分令呈報 省財核備為荷
此致
龍岩縣政府
附證券清冊六份資產負債平衡表貳份
兼處長 林烈

龍岩县地权调整办事处准函送土地金融清册(1946 年 6 月)

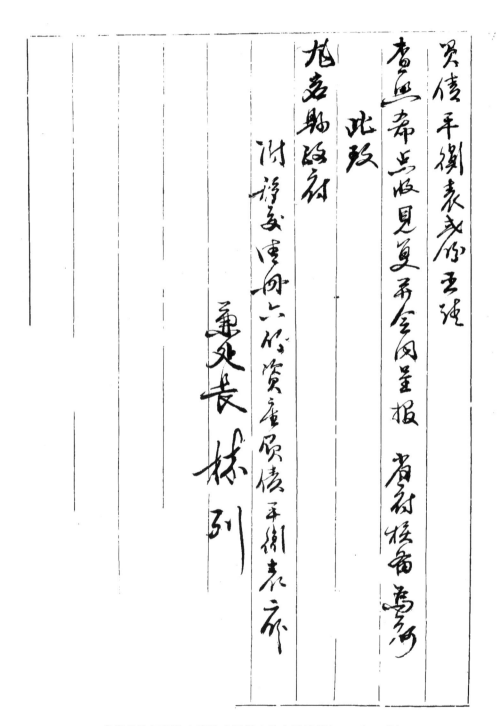

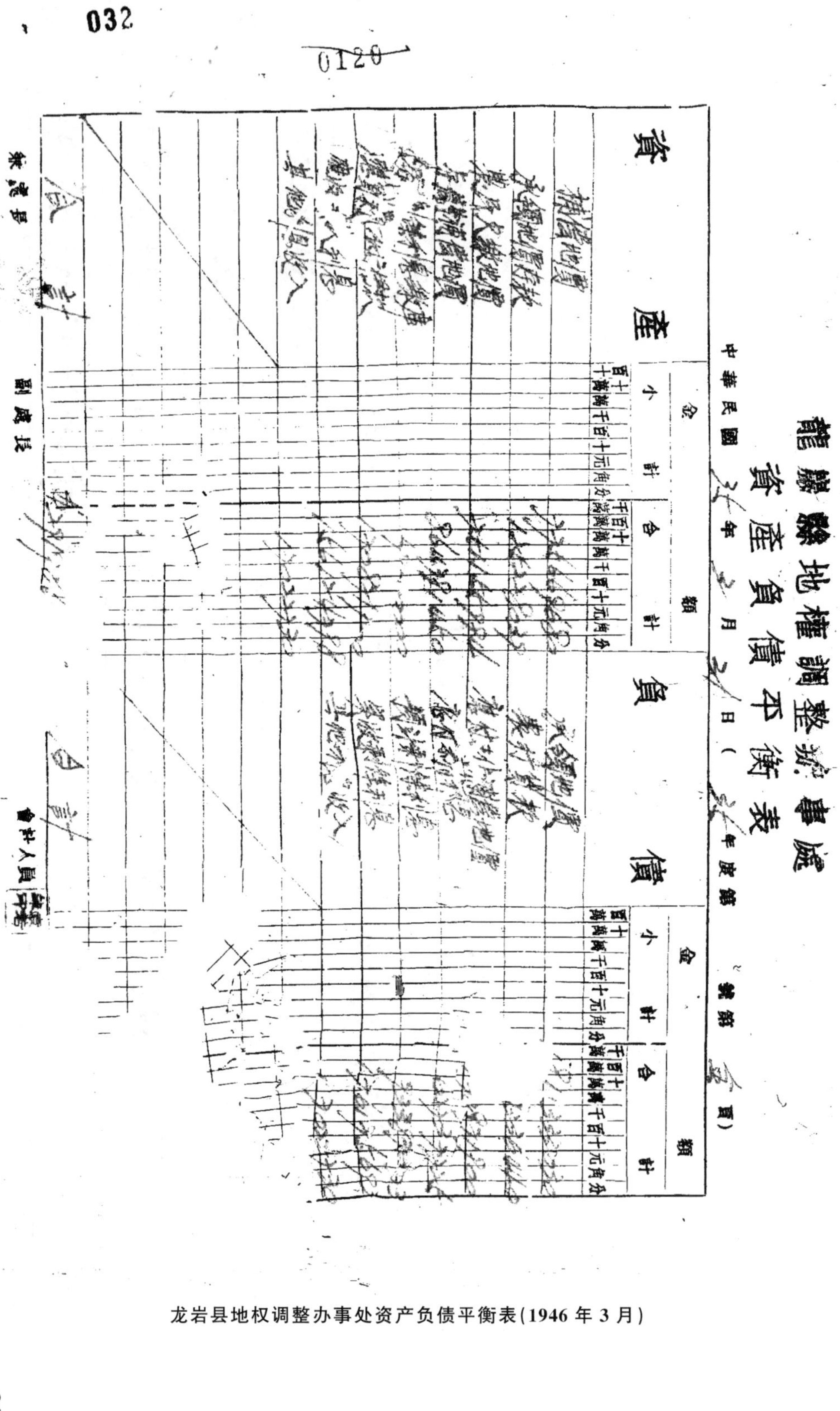

龙岩县地权调整办事处资产负债平衡表(1946 年 3 月)

033

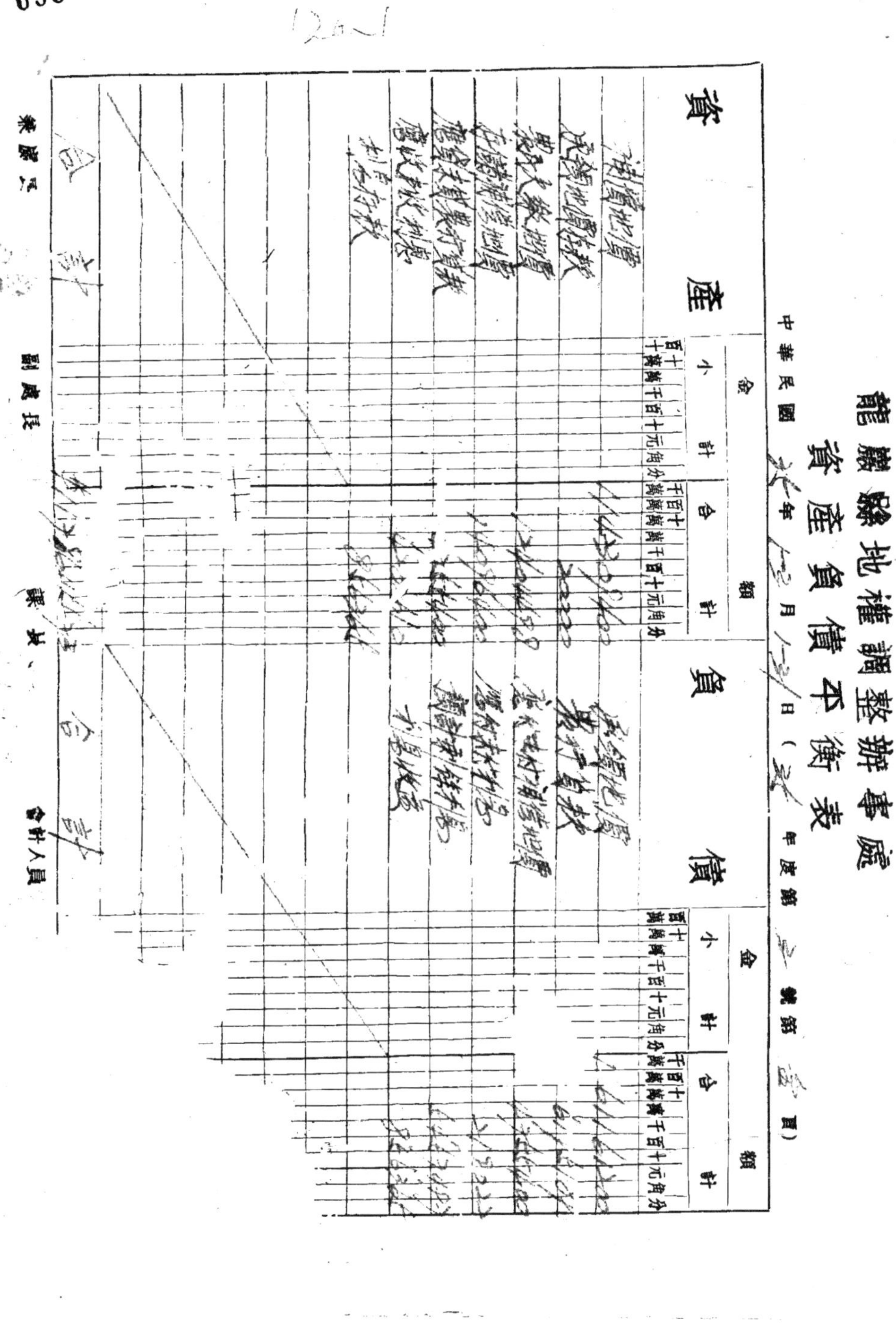
龍巖縣地權調整辦事處
資產負債平衡表
中華民國　年　月　日（　年度第　號第　頁）

資產	金額 小計	金額 合計	負債	金額 小計	金額 合計

處長　副處長　課長　會計人員

龙岩县地权调整办事处资产负债平衡表(1946 年 1—3 月)

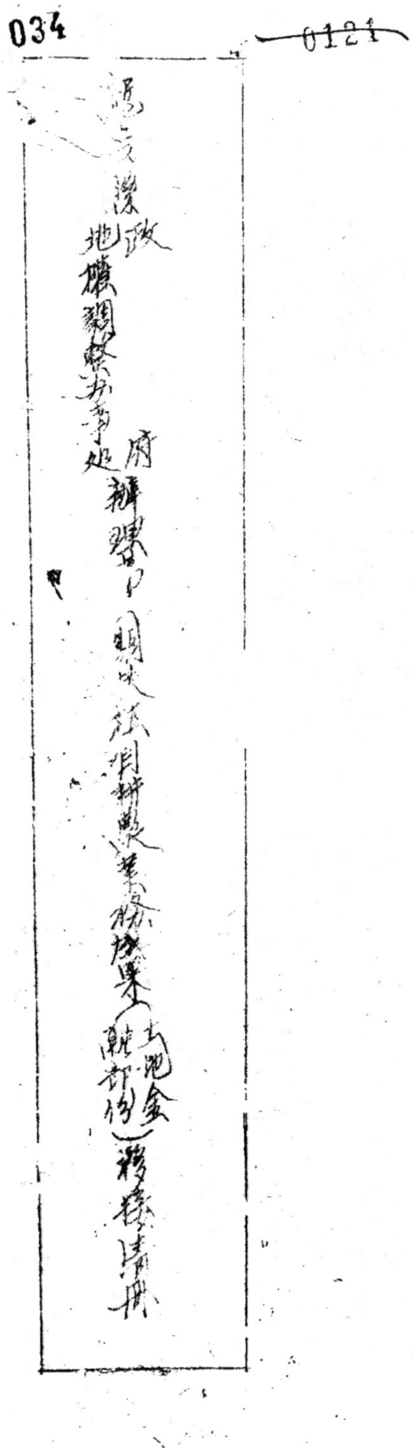
034

~~0121~~

龙岩县政府
龙岩县地权调整办事处 办理第一期扶植自耕农业务成果（土地金融部份）移接清册

龙岩县政府、龙岩县地权调整办事处办理第一期扶植自耕农业务成果（土地金融部分）移接清册（1946 年 5 月）

035

0122

龍巖縣政府
龍巖縣地權調整辦事處 辦理第一期扶植自耕農業務成果（土地金融部份）移接清冊

（一）扶植自耕農地價本息收付報表

收入之部

摘要	金額（元）	附送文件（詳清冊二）	號
提用農行貸款	一四六五、三六〇〇	貸1、〃2、〃3	
農民繳付承領土地〻價	一六八六一三〇〇	承1、〃2、〃3、〃4、〃5	
農民領地分期繳付地價利息收入	四七六五四九八		
其他各項存款利息收入	八五六三六五		
合計	一八一四三五六毛		

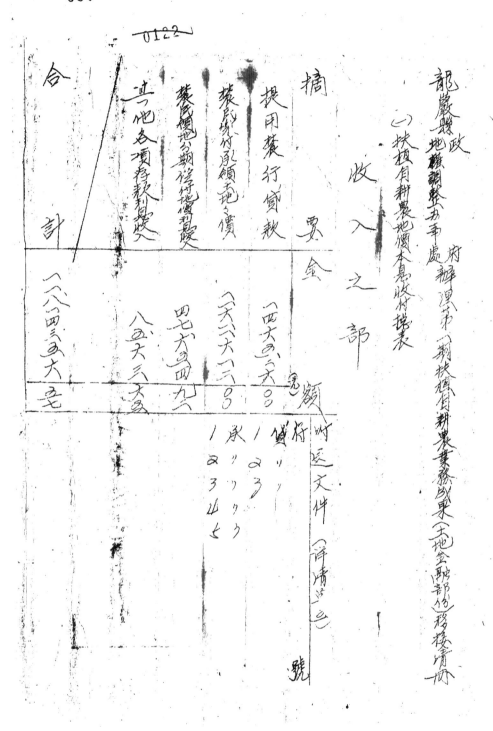

龙岩县政府、龙岩县地权调整办事处办理第一期扶植自耕农业务成果（土地金融部分）移接清册（1946年5月）

036

支出之部

摘要	金额	已领	附送文件（详清单四）	號
付还农行贷款本金	八四三六四八八		贷〃〃〃	3 5 6 7
付还农行贷款利息	三六九八五八三		贷〃〃	4 5 6 7
发给征收土地补偿地价	一四二三〇九四〇〇		征〃〃〃〃	1 2 3 4 11
合计	八八五四〇五八三九四			

龙岩县政府、龙岩县地权调整办事处办理第一期扶植自耕农业务成果

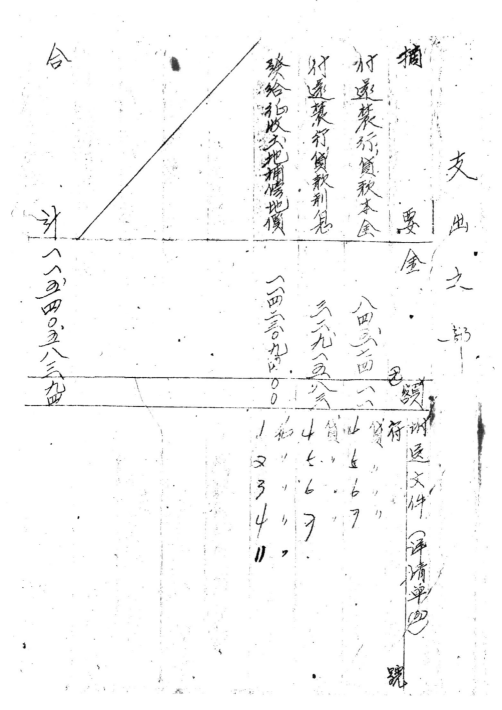

（土地金融部分）移接清册（1946 年 5 月）

037

~~0123~~

結存之部

摘要	金額	附屬文件（詳清單回）號
承領地價本息存款	二〇〇〇〇〇〇	5 紙4
存儲待領補償地價	四九六四〇〇二	6 4
其他利息存款	八三六三六六	7 4
應收未到期承領地價	二四〇四四九八	8 4
		9 4
合計	二七三七七八六三	10

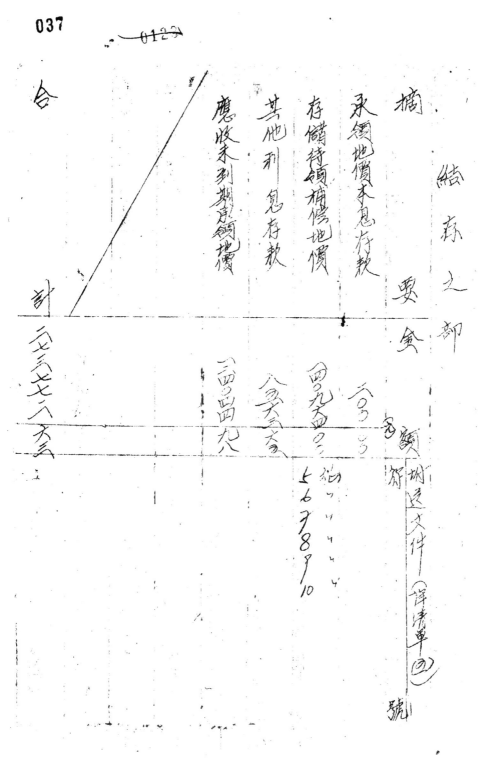

龙岩县政府、龙岩县地权调整办事处办理第一期扶植自耕农业务成果（土地金融部分）移接清册（1946 年 5 月）

038

（六）放领大地地價農民買（？）繳付收入清單

摘要	金額	備考
已收放領大地々價	一〇六八〇六八六元	
合計（應收放領大地々價）	一〇六八〇六八六〇〇	

政

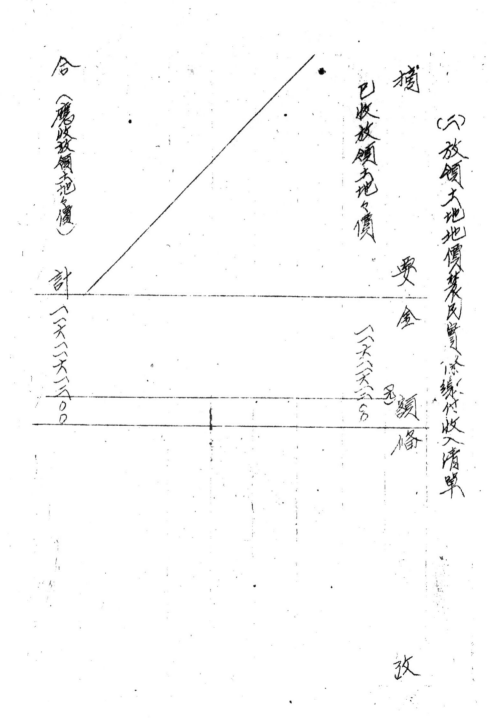

龙岩县政府、龙岩县地权调整办事处办理第一期扶植自耕农业务成果
（土地金融部分）移接清册（1946 年 5 月）

039

0121

(三)征收土地補償地價存付清單

摘要	金額	備攷
已付補償地價	一四三〇九四〇〇	(已)
存儲待領補償地價	四〇九六四〇〇	
應付未付補償地價	四七五四四〇〇	
合計(應付補償地價)	一一六八六八二〇〇	

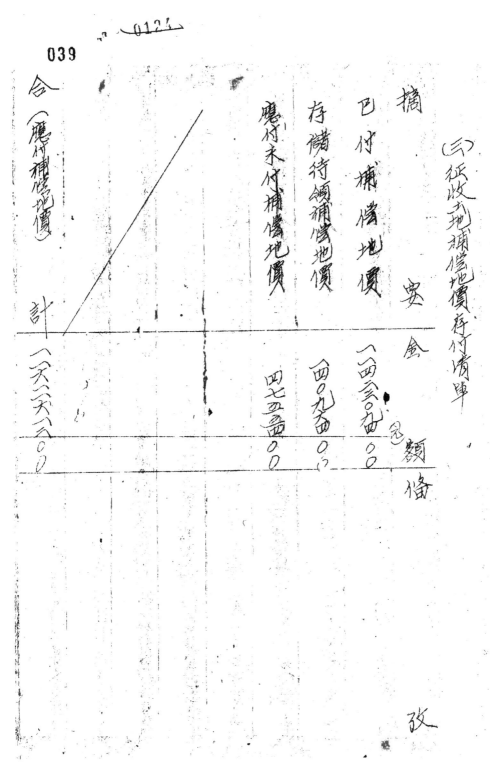

龙岩县政府、龙岩县地权调整办事处办理第一期扶植自耕农业务成果（土地金融部分）移接清册（1946年5月）

040

（四）征收土地存储待领补偿地价明细表

摘要	存储现金	存储债券	存储合计	提存现金	提存债券	提存合计	结存现金	结存债券	结存合计
紫冈乡补偿地价	三六八八二	三〇五〇〇	六七三八二	二七六八	二八〇〇	五五六八	二四〇五〇	二七〇〇	二六七五〇
白土镇补偿地价	四九九四	二九三〇	七九二四	〇	〇	〇	四九九四	二九三〇	七九二四
合计	八六七三六	五九八〇	一四六五六	二七六八	二八〇〇	五五六八	八三九六四	六七〇〇	一四〇九六四

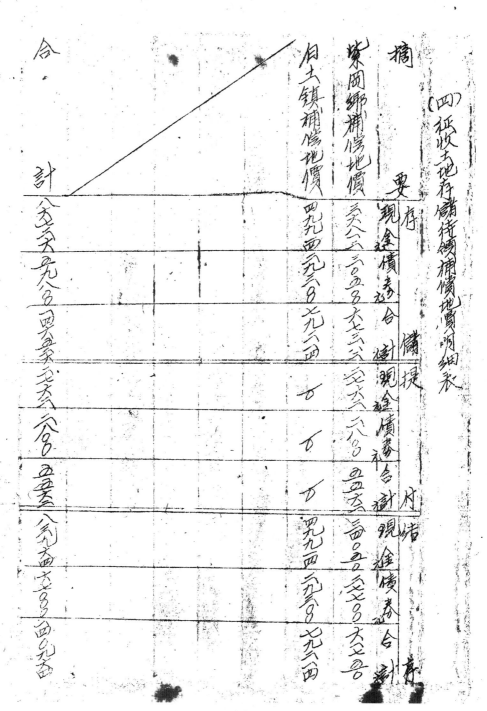

龙岩县政府、龙岩县地权调整办事处办理第一期扶植自耕农业务成果（土地金融部分）移接清册（1946年5月）

~~0125~~

041

(五)附送文件清單

符號		名稱	單位	數量	起訖號字	備考
承	1	農民領地分期還款請求單	本	弍		
〃	2	農民領地分期還款契約	本	叁		上列契約均已抵押農行 可詳担保品收據粘存簿
〃	3	農民領地貸款抵押執照	張	[illegible]		上列執照均已抵押農行 可詳担保品收據粘存簿
〃	4	承領地價本息收入通知單	本	壹		全部存根已號卷內移交
貸	1	扶植自耕農放款合約	本	壹		存龍巖農行金庫
〃	2	担保品收據粘存簿	本	壹	担壹(一—三)	
〃	3	收款收據粘存簿	本	壹	還壹(一—三十)	
〃	4	中國農民銀行付放收付地價通知單				係在第一期扶植自耕農土地金融移交冊內。
补	1	發給補償地價請求單	本	壹	壹(一—八)	
〃	2	發給補償地價通知單存根	本	壹	償扶壹(一—十五)	

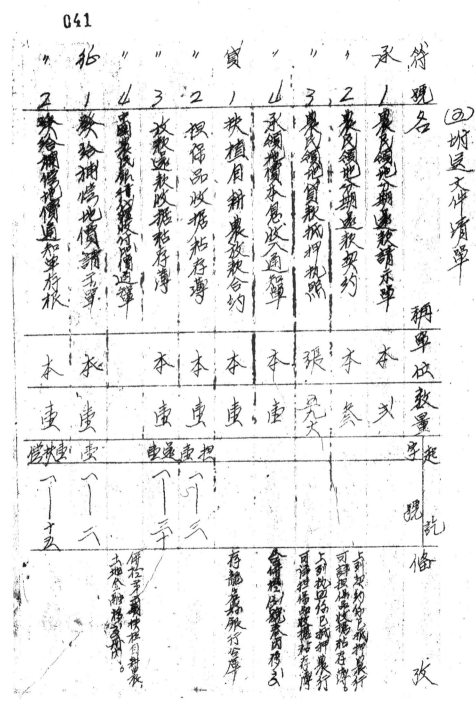

龙岩县政府、龙岩县地权调整办事处办理第一期扶植自耕农业务成果（土地金融部分）移接清册（1946年5月）

042

〃 3	發給補償地價收據粘存簿	本	壹		未動用
〃 4	發給補償地價付款統計表	本	壹		
〃 5	發給補償地價存儲待領清冊 請予單	本	貳		
〃 6	存儲待領補償地價領款通知單存根	本	貳	[illegible]（1—[illegible]）	
〃 7	出地債券保管單粘存簿	本	壹	債壹（1—六）	
〃 8	存儲待領地價現金存款單存根 粘存簿	本	壹	送壹（1—九）	內八號缺
〃 9	存儲地價存款支票簿	本	貳		FP [illegible]—FP [illegible] 內已用八張 未用十七張 FP 20986—FP [illegible] 內已用八張 未用十四張
〃 10	提付債券憑單存根	本	壹	欄壹（1—八）	
〃 11	承領土地權利申報合併申請書				已移交[illegible]地政內另字第[illegible]號函移交
	轉帳傳票	本	壹	壹	自[illegible]年[illegible]月份起至[illegible]月底止
	資產負債平衡表	張	叁		自[illegible]年[illegible]月起至[illegible]年三月底止。 〃
	結帳帳項核定憑單	本	貳	續	〃

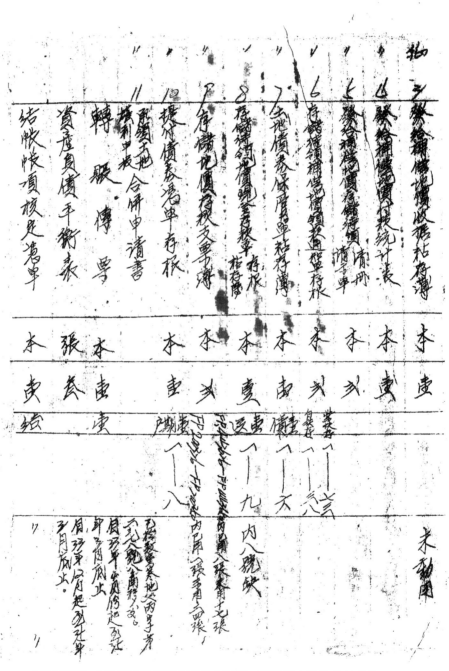

龙岩县政府、龙岩县地权调整办事处办理第一期扶植自耕农业务成果

(土地金融部分)移接清册(1946 年 5 月)

043

~~0123~~

移交者：專處長匡[illegible]
副處長屠劍邑
第一課長張學文
點交者：第一課課員袁若萍
辦事員連欽元
接收者：縣長林[illegible]
地政科長黃以鏘
點收者：代表人員李大旺
袁若萍
連欽元

中華民國三十五年五月　日

龙岩县政府、龙岩县地权调整办事处办理第一期扶植自耕农业务成果
（土地金融部分）移接清册（1946 年 5 月）

04 ~~0127~~

龙岩县政府地权调整办事处办理第二期扶植自耕农业务成果（土地金融部份）移接清册

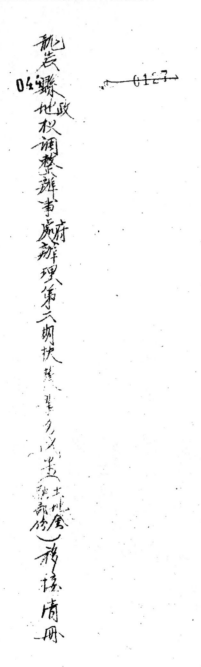

龙岩县政府、龙岩县地权调整办事处办理第二期扶植自耕农业务成果(土地金融部分)移接清册(1946年5月)

0129

045

摘要 结存之部 号

摘要	金额	附送文件(详清单内)
承领地价本息款存	一二五六二八〇元	
存储待发补偿地价	八六四七九一四五元	征5、6、7、8、9、10号
其他利息存款	一七〇二三七元	
应收未到期承领地价	七五一一五九九元	
合计	一七五八一九八一元	

龙岩县政府、龙岩县地权调整办事处办理第二期扶植自耕农业务成果(土地金融部分)移接清册(1946年5月)

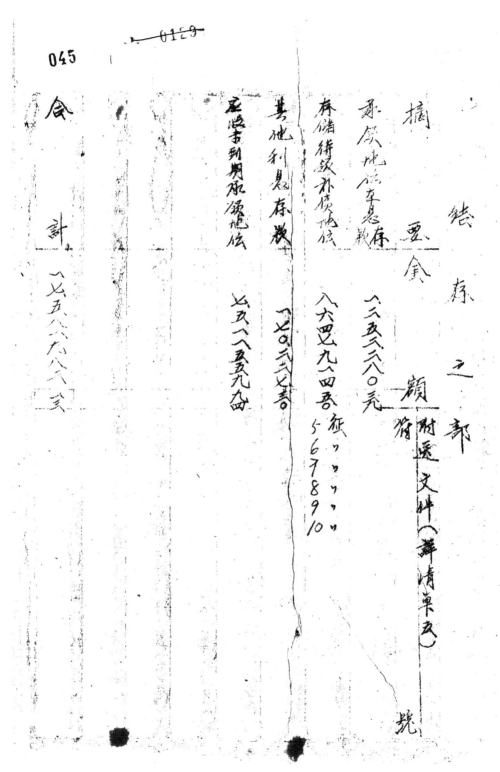

046

（六）放领土地农民实际缴付地价收入清单

摘要	金额	备考
已收放领土地之价	一〇、六〇八、七七〇元	
未收放领土地之价	七、五二二、五五九元	
合（应收放领土地之价）计	一八、一一三、三三〇元	

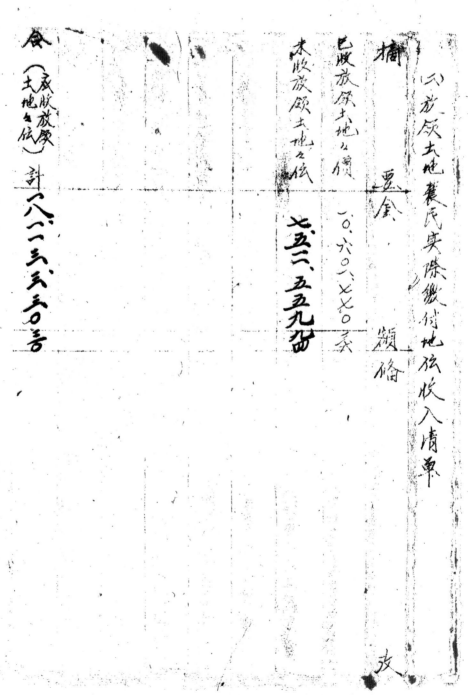

龙岩县政府、龙岩县地权调整办事处办理第二期扶植自耕农业务
成果（土地金融部分）移接清册（1946年5月）

047

(三)征收大地补偿地价存付清单

摘要	金额	備
已付补偿地价	七七五六六九六〇	
存储待发补偿地价	八、六四七九八四、二〇	
应付未付补偿地价	一七〇八七一九8	
合(应付补偿地价)计	一八〇一一三三三〇二〇	

政

龙岩县政府、龙岩县地权调整办事处办理第二期扶植自耕农业务成果(土地金融部分)移接清册(1946年5月)

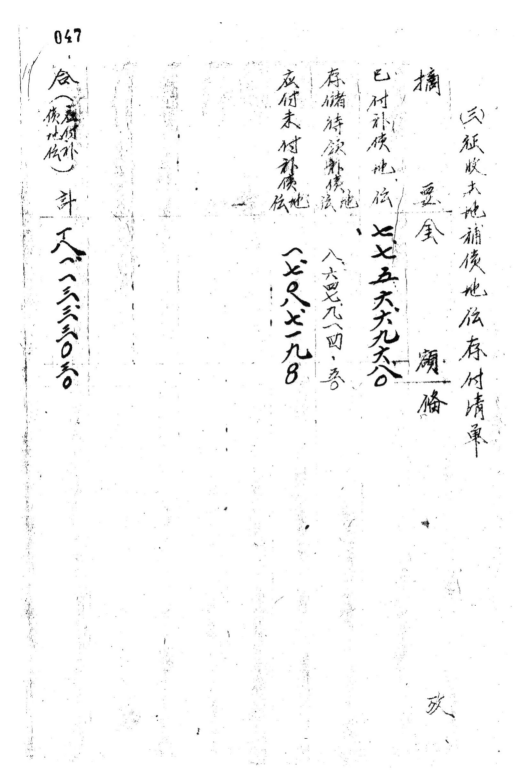

048

(四)征收土地原价待领补偿地价明细表

摘要	现金	债券	合计	备考
西陂乡补偿地价	一八七七六五五六〇〇	二八九九五八〇〇〇〇	四七七七二三五六〇〇	
曹溪乡〃〃	一〇七八七八七九五〇	一七〇〇〇〇〇〇〇〇	二七七八七八七九五〇	
合溪镇〃〃	二〇六〇九〇〇	四二七〇〇〇〇	六三三〇九〇〇	
大同乡〃〃	四一六三二〇〇〇	六〇八八〇〇〇〇	一〇二五一二〇〇〇	
合计	三八九〇六八四五〇	五三五八八〇〇〇〇	八[illegible]	

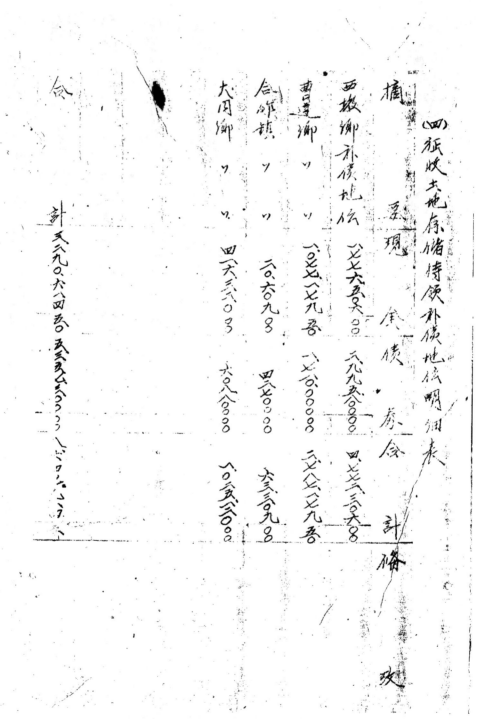

龙岩县政府、龙岩县地权调整办事处办理第二期扶植自耕农业务成果(土地金融部分)移接清册(1946年5月)

0131

049

（五）附送文件清單

符號	名稱	單位	數量	起訖字號	備攷
承1	農民領地分期還款清表單	本	伍		
〃2	〃 〃 〃 契約	〃	四十五	詳附表	計國[illegible]五二五五九·九四九元整
〃3	農民領地貸款抵押執照	張	百[illegible]		上列執照係抵押農貸可詳根 係押收據根存根
〃4	承領地價本息收入通知單	本	叁		
〃5	更正地價貸款登記表	〃	壹	銷1-1-21	
貸1	扶植自耕農貸款合約	〃	壹		存龍巖縣銀行分行
〃2	抵押品收據根存根	〃	壹	貳 抵1-1-4	
〃3	放款還款收據根存根	〃	壹	貳 還1-1-12	

龙岩县政府、龙岩县地权调整办事处办理第二期扶植自耕农业务成果（土地金融部分）移接清册（1946 年 5 月）

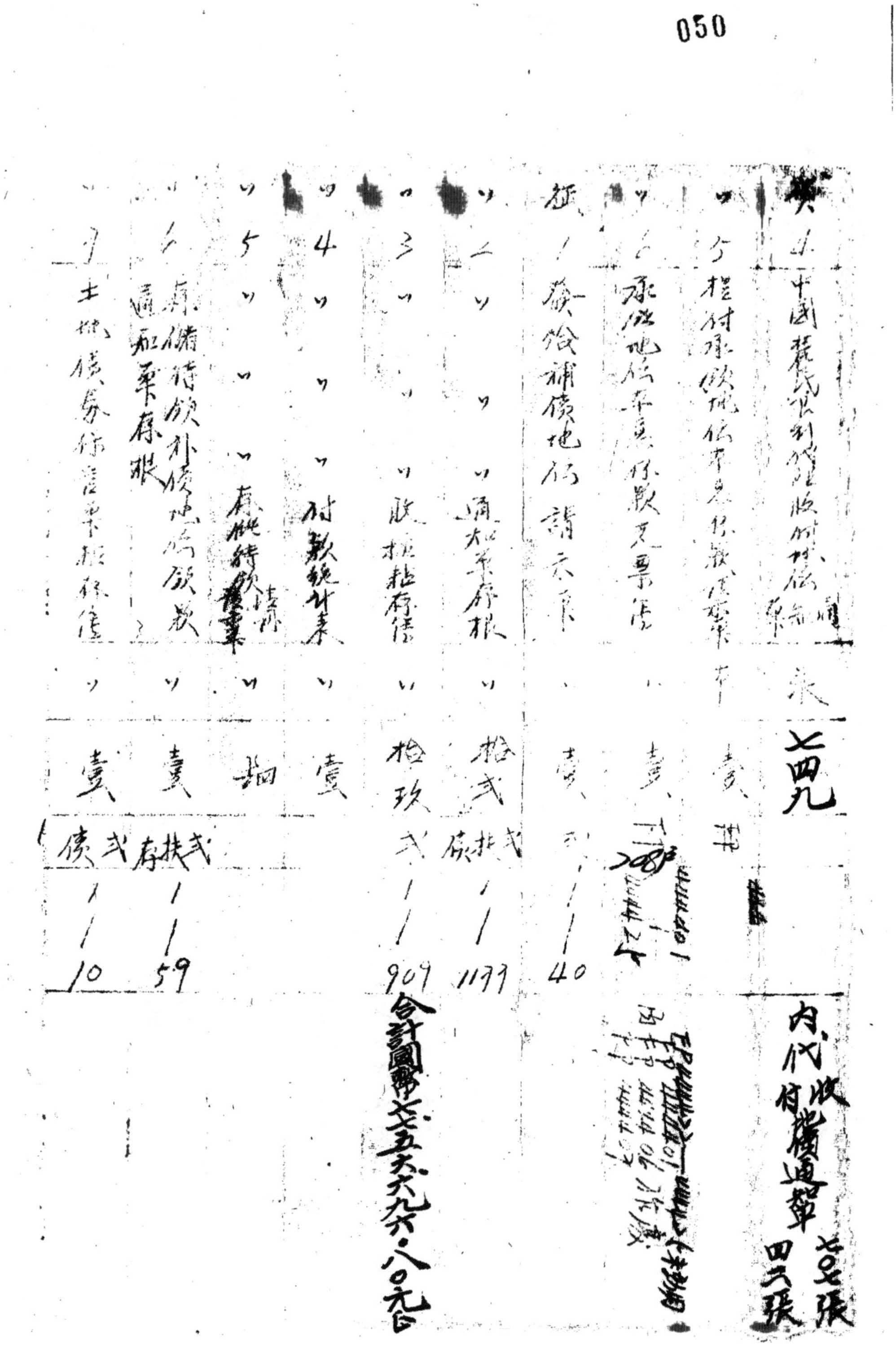

龙岩县政府、龙岩县地权调整办事处办理第二期扶植自耕农业务成果(土地金融部分)移接清册(1946 年 5 月)

0132

051

贰、8	存供待领地价现金存款单存根指存簿	本	壹	叁　贰	1/1/13	
9	存供待领存款支票簿	〃	贰			未动用
10	承领土地权利申报合并申请书					已移教员县地政所内字第一二三六八號公函移交。
	转账传票	本	17			自33年9月份起至35年5月止
	资产负债平衡表	〃	1			〃
	结帐之款核定凭单	〃	1			〃

龙岩县政府、龙岩县地权调整办事处办理第二期扶植自耕农业务成果(土地金融部分)移接清册(1946年5月)

0133

052

第二期農民分期攤還地價契約起訖字號表（附表）

字別	起訖號碼	備考
西橋	1/66	
葛坂	101/212	
新墩	301/[illegible]	
排頭	501/630	
公天	701/781	
中洋	801/932	
尚洋	1001/1190	
羅橋	1201/1369	
石橋	1401/1531	
謝洋	1601/1682	
北門	251/281	
五横	301/311	
鳌門	1/81	

字別	起訖號碼	備考
黄坑	1701/1863	
成洋	1901/2034	
外洋	2101/2189	
杉墩	2201/2272	
條圍	2401/2622、3101/3181	
平陂	2601/2760	
平嶺	2801/2878	
落洋	2901/3030	
天坑	1/113	
馬瀬	[illegible]01/[illegible]	
新西	201/278	
陽[illegible]	301/380	
溪南	401/475	

字別	起訖號碼	備考
蔡坑	401/506	
西源	601/692	
西中	701/777	
同山	801/934	
曹壚	1001/1068	
浮塘	1101/1183	
下寮	1201/1281	
水塘	1301/1386	
豐川	1401/1512	
豐江	1601/1713	
登高	501/560	
大同	601/702	
白石	1/[illegible]	

字別	起訖號碼	備考
石西	1801/1891	
石壓	1801/1895	
東山	2001/2048	
莒邦	2101/2202	
虎嶺	1/41	
建國	51/76	
學巷	101/110	
水門	121/128	
五彩	151/166	
三民	201/213	
銅鉢	51/54	
龍壯	[illegible]/63	
平[illegible]	64/77	

龙岩县政府、龙岩县地权调整办事处办理第二期扶植自耕农业务

成果(土地金融部分)移接清册(1946 年 5 月)

053

~~0134~~

中華民國卅五年五月　日

移交者：專處長　馬[illegible]
副處長　[illegible]
點交者：第一課長　張紫文
辦事員　[illegible]
接收者：縣長　林[illegible]
地政科長　[illegible]
點收者：代辦人員　[illegible]

龙岩县政府、龙岩县地权调整办事处办理第二期扶植自耕农业务成果(土地金融部分)移接清册(1946 年 5 月)

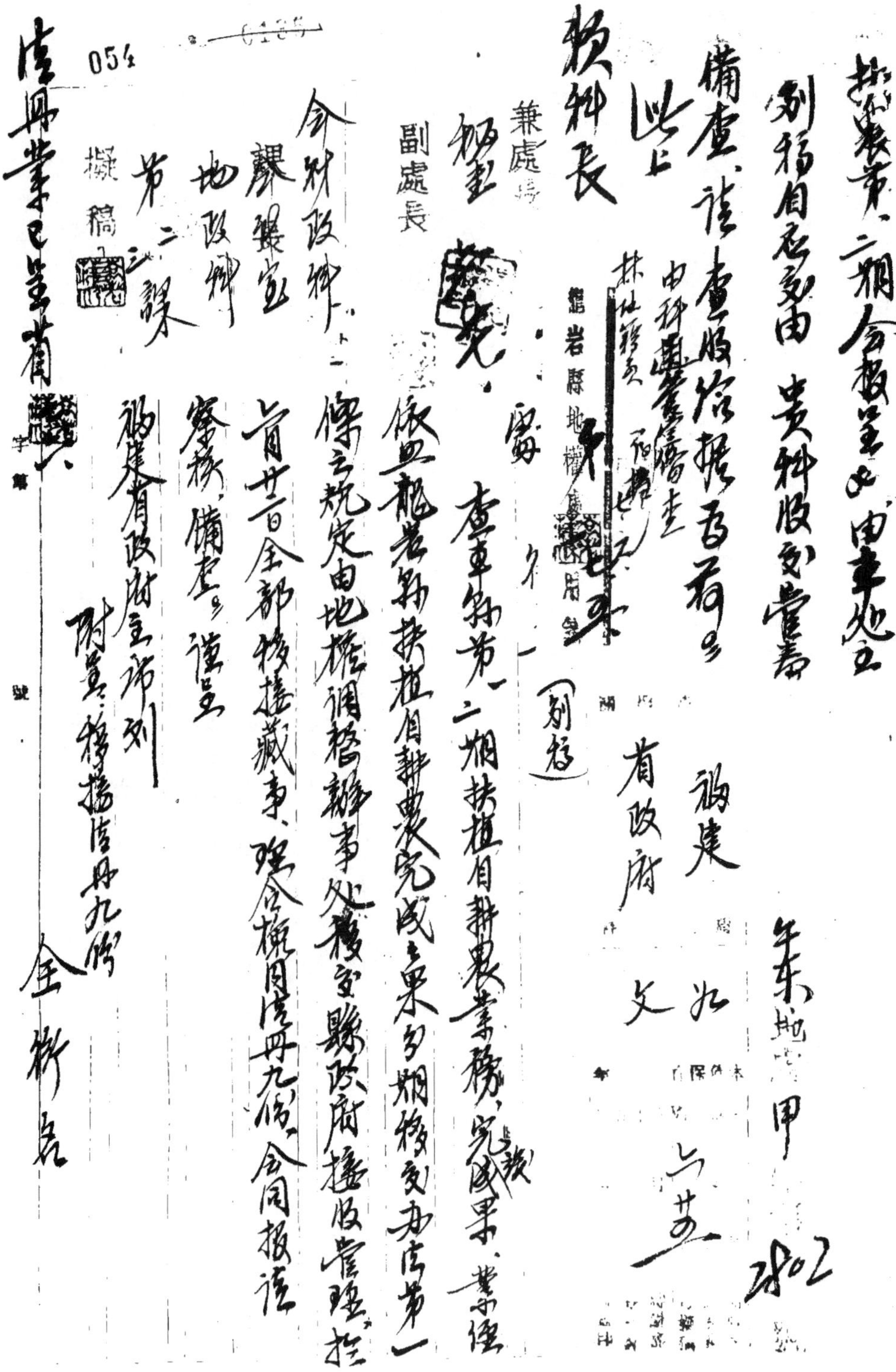

福建省政府 文

龍巖縣地權調整辦事處代電

查本縣第一、二期扶植自耕農業務，完成業經
依照龍巖縣扶植自耕農完成之果分期移交辦法第一
條之規定由地權調整辦事處移交縣政府接收管理，[illegible]
旨廿日全部移接藏事，理合檢同清冊九份，會同報請
察核，備查。謹呈
福建省政府主席劉
附呈：移接清冊九份
全銜名

兼處長
副處長
地政科
課長
第二課
擬稿
清冊業已呈省

龙岩县地权调整办事处会报第一、二期扶植自耕农移接情形请核备(1946 年 6 月)

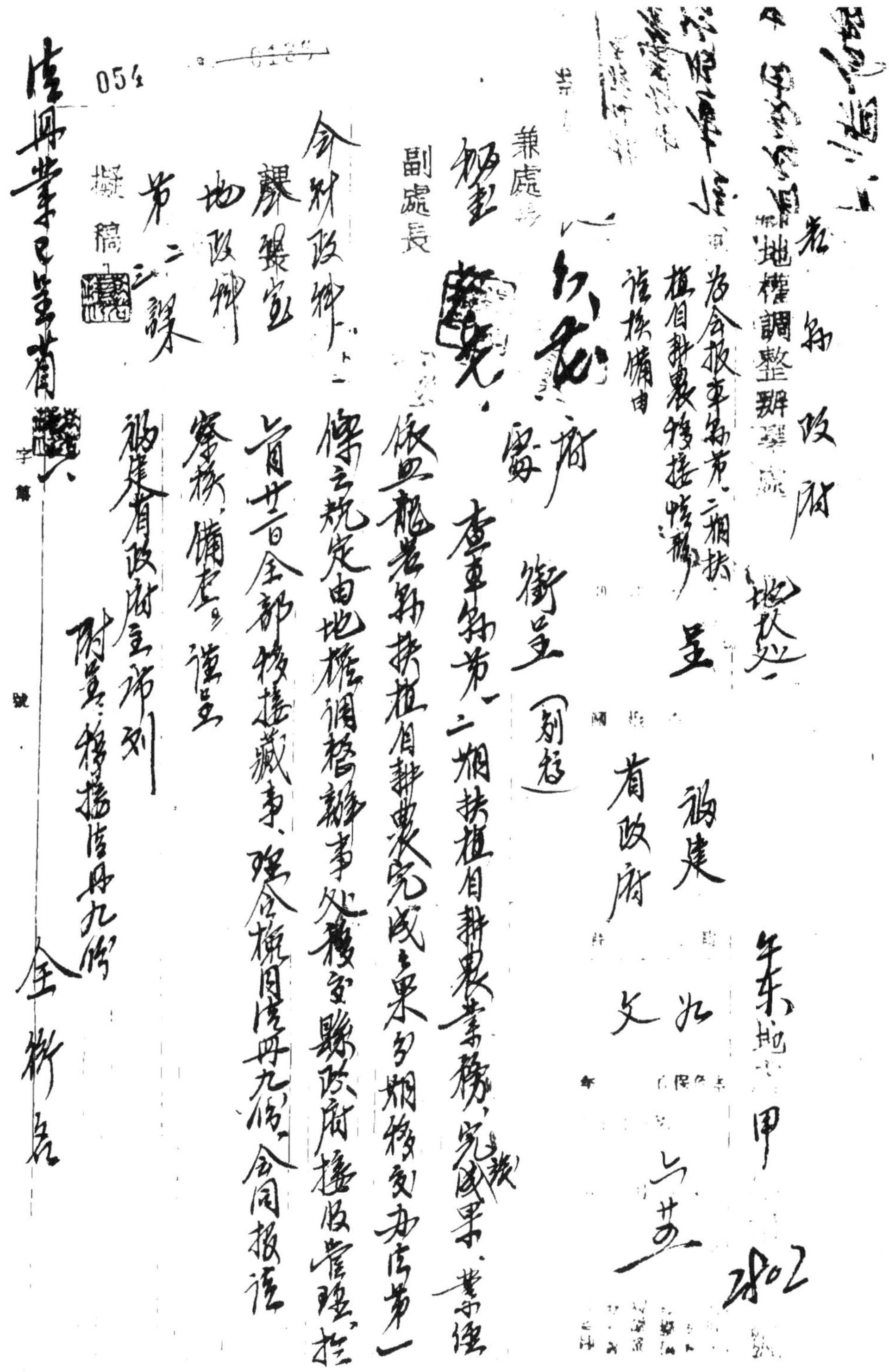

龍岩縣地權調整辦事處 呈

為會報本縣第一、二期扶植自耕農移接情形請核備由

福建省政府

查本縣第一、二期扶植自耕農業務，業經完成，依照龍岩縣扶植自耕農完成結果分期移交辦法第一條之規定由地權調整辦事處移交縣政府接管，於〔月〕廿日全部移接竣事，理合檢同清冊九份，會同報請

鑒核，備查。謹呈

福建省政府主席劉

附呈：移接清冊九份

全銜 名

龙岩县地权调整办事处会报第一、二期扶植自耕农移接情形请核备(1946 年 6 月)

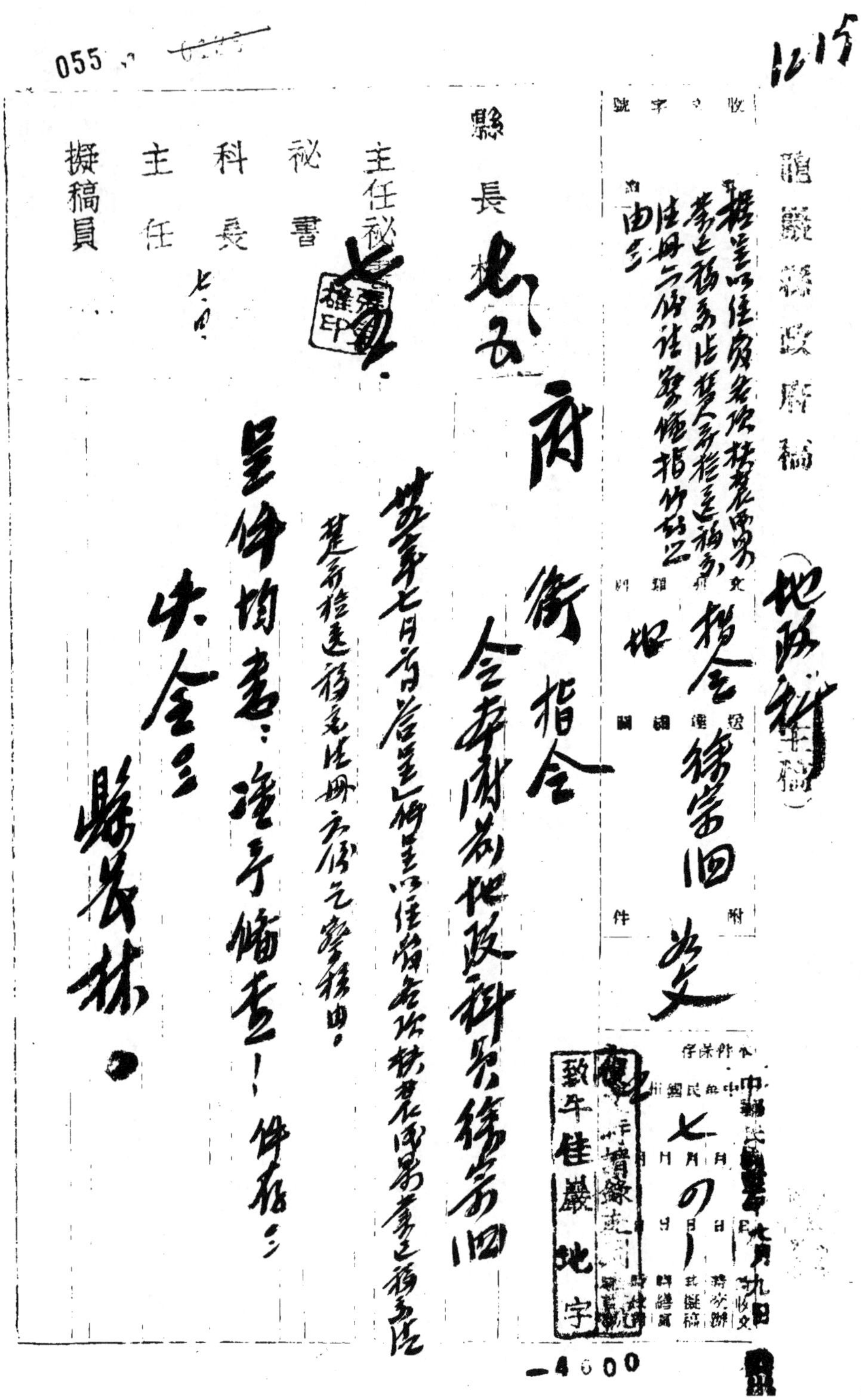
龍巖縣政府稿（地政科）

事由：據呈以經管各項扶植自耕農成果業已移交清楚并檢送移交清冊六份請察備指令知照由

指令 徐崇回

縣長 林

主任秘書

府 衔 指令

令本府前地政科員徐崇回

卅五年七月六日簽呈一件呈以經管各項扶植自耕農成果業已移交清楚并檢送移交清冊六份乞察核由

呈件均悉。准予備查！件存。

此令。

縣長 林 ○

中華民國卅五年七月九日收文

致午佳巖地字

龙岩县政府地政科据呈以经管各项扶植自耕农成果业已移交清楚

并检送移交清册六份请察备(1946 年 7 月)

056

簽　呈　卅五七二于本所

案奉

鈞所教已業字4363號訓令以該員另有任用應予免職仰即以籌因奉此遵即將經營各項業務成果移交新任接收清楚理合檢同辦理本六期秋植自耕農業務成果（土地分配部份未發、補正部份未發、餘土部份權利申報部份未發、公學田記正部份暨區域土地移轉登記案件）移交清冊六份隨文送請

察核存查示遵！

謹呈

徐宗泗、林华签呈(1946年7月2日)

057

林技士会同由林科员崇分别点收清楚保管备用

科长 核转

县长 林 钧鉴 转科长查核指示 拟办 七、二

附呈第二期扶植自耕农业务成果土地登记部份表册、调照部份未发给土地部份、权利申报部份未发公学田调照部份区域土地移转登记案件移交清册各一份

职 徐宗泗

林 华

查徐科员经管扶农（一二期）成果经由林科员照册点收无讹谨注

七、三

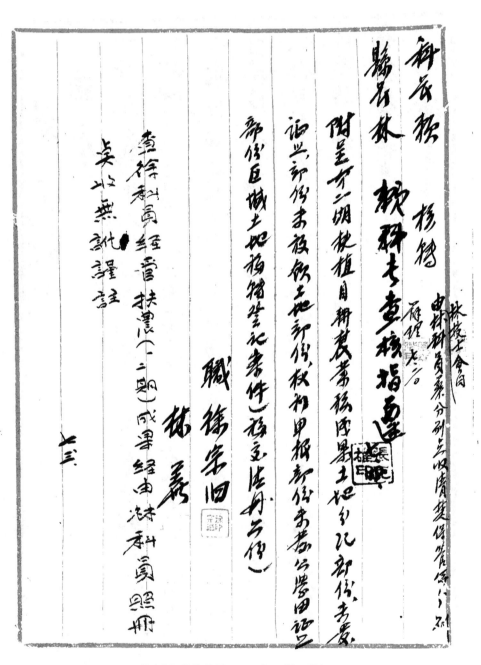

徐宗泗、林华签呈（1946年7月2日）

058

龍岩縣政府地政科辦理第一二期扶植自耕農業務成果(土地分配部份)移交清冊

林科員蔡占成具報

七、二、六

龙岩县政府地政科办理第一、二期扶植自耕农业务成果(土地分配部分)移接清册(1946 年 6 月)

053 ~~(112)~~

龍岩縣政府地政科办理第一、二期扶植自耕農業務成果（土地分配部份）移交清冊

期別	成果名稱	件數	備考
第一期	土地承領申請書	肆本	肆拾捌起訖號碼同附表
	土地異動清冊	本 捌	第一本自第一頁至第二七六頁止共四本；自第一頁至第二八四頁止共四本
	承領土地收件登記簿	肆	
	半佃農清冊	〃 叁	
	承領土地權利總檢查表	本 肆	黃、中、東、大、西、龍、溪
	執照號碼與地號對照表	〃 貳	〃
	繳納地價申請書	〃 壹	第內字第一號起至第二六七七號止 以上
	龍岩縣地價存根	張	1-5958

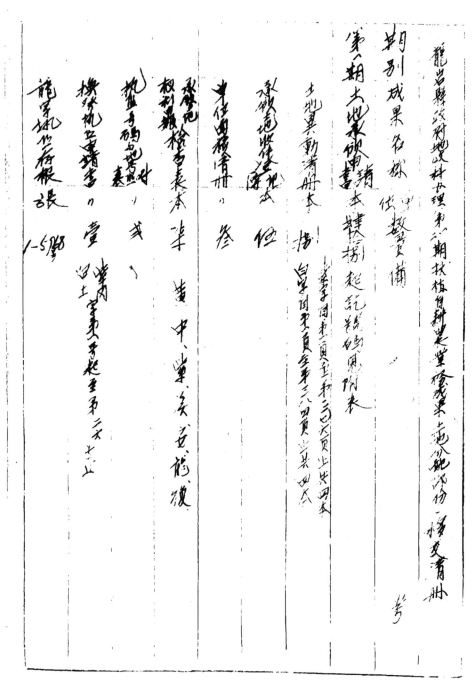

龙岩县政府地政科办理第一、二期扶植自耕农业务成果(土地分配部分)移接清册(1946 年 6 月)

060

安字执照存根 張 1-615号

稷字执照存根 〃 1-316

壁字执照存根 〃 1-450

紫字执照存根 〃 1-[illegible]

萧字执照存根 〃 1-593

[illegible]字执照存根 〃 1-6254

[illegible]字说明书存根 〃 95 自[illegible]字第一号起至95号止

[illegible]字说明书存根 〃 118 自[illegible]字第一号起至118号止

第二期土地承领申请书 本 第拾四 起讫编码见附表二

土地异动清册 〃 捌 曹字第一页起至第二七二页止共四本 西字自第一页起至三三三页止共三本 合计各[illegible]第一页起至二四页止共一本

龙岩县政府地政科办理第一、二期扶植自耕农业务成果(土地分配部分)移接清册(1946年6月)

~~0146~~

061

承徵土地收件登記簿	本	陸	
單位面積清册	本	伍	
承徵土地權利申報檢查表	本	壹拾	曹、天同、漢外、石泉、大同合作、西
執照號碼地番對照表	本	壹	
合作農執照號清册	本	壹	
大同農執照號清册	本	壹	共訂在合作農執照號碼清册内（大同合作合訂一本）
合作農地價册	張	壹	訂於合作農銷號簿内
外字證明書存根	〃	50	
錯誤更正登記表	本	壹	
外字執照存根	張	7618	係外字第一號起至外字第7618號止

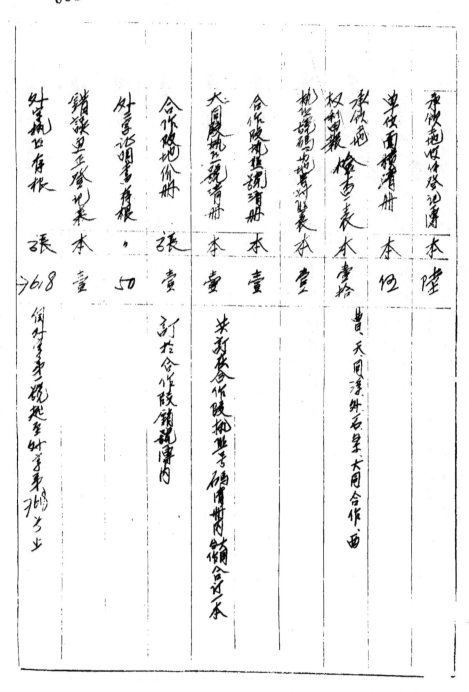

龙岩县政府地政科办理第一、二期扶植自耕农业务成果（土地分配部分）移接清册（1946年6月）

062

由字执照存根	张	1804	自由字第1号起至由字第1804号止
错误未发执照	张本		
~~外字执照存根~~ 僕字执照存根	张	~~768~~ 4271	自僕字第1号起至僕字第4271号止
石字执照存根	张	3703	自石字第1号起至石字第3703号止
贵字执照存根	张	5799	自贵字第1号起至第5799号止
大字执照存根	张	1364	自大字第1号起至大字第1364号止
洋字执照存根	〃	5223	自洋字第1号起至第5223号止
同字执照存根	〃	3726	自同字第1号起至第3726号止
合作段执照存根	〃	61	自合作字第1号起至合作字第61号止
大同段执照存根	〃	8	自大同字第1号起至大同字第8号止
合作字证明书存根	〃	194	起讫号码见附表三

龙岩县政府地政科办理第一、二期扶植自耕农业务成果(土地分配部分)移接清册(1946年6月)

~~0141~~

063

大同鄉說明書存根	三張 (冊)	✓
曹溪鄉說明書存根	1冊	✓
西陂鄉說明存根	1冊	✓

龙岩县政府地政科办理第一、二期扶植自耕农业务成果(土地分配部分)
移接清册(1946 年 6 月)

064

第一期土地登記申請書號碼起訖表（附表一）

字別	起訖號碼	備考	字別	起訖號碼	備考	字別	起訖號碼	備考	字別	起訖號碼	備考
澶	1-81		棠岡	1-60		平陣	1-173		北陣	1-201	
榕	1-105		倒流	1-58		南氏	1-125		南中	1-108	
南洋	1-132		西?	1-136		東氏	1-171		安康	1-224	
西陣	1-138		東埔	1-157		東陽	1-133	內缺號	東興	1-79	
遺	1-105		上洋	1-79		莒	1-78		田心	1-93	內85至95號缺號
下洋	1-96		考興	1-97		東塘	1-137		西坑	1-149	
曹坑	1-102		後田	1-252		羅星	1-140		龍泉	1-220	
連墅	1-160		郭口	1-156		梁厝	1-139		永昌	1-149	

龙岩县政府地政科办理第一、二期扶植自耕农业务成果(土地分配部分)移接清册(1946 年 6 月)

065

字别	起讫号码	备考
田洋	1-161	
黄邦	1-158	
紫李	1-86	
連甲	1-194	

字别	起讫号码	备考
雷陽	1-214	
桂園	1-110	
溪棋	1-197	
溪邊	1-159	

字别	起讫号码	备考
泉井	1-178	
後吳	1-18	
菜園	1-106	
龍一	1-6	

字别	起讫号码	备考
湖邦	1-17	
稻村	1-283	
曲潭	1-156	
曹一	1-205	

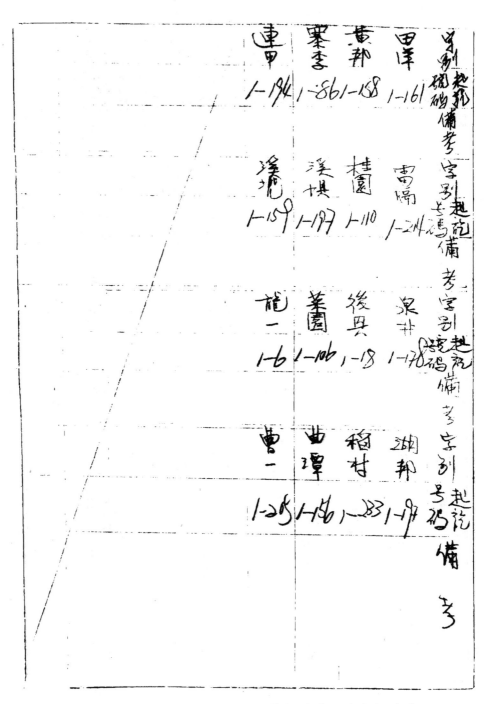

龙岩县政府地政科办理第一、二期扶植自耕农业务成果(土地分配部分)

移接清册(1946年6月)

066

第二期土地承领申请书号码起讫表（附件二）

字别	起讫号码	备考
黄坑	1-258	
谢洋	1-206	
罗桥	1-266	
條園	1-262 又 263-285	
公尖	1-144	
丰川	1-176	
磜坑	1-222	
下蔡	1-195	

字别	起讫号码	备考
内洋	1-251	
罗桥	1-266	
萬板	1-186	
田桥	1-131	
雷洋	1-218	
马濑	1-200	
磜塘	1-155	
岑蓬	1-230	

字别	起讫号码	备考
竹洋	1-144	
排头	1-202	
松墩	1-268	
平嵌	1-146	
王坑	1-222	
曹坪	1-12	
红岙	1-176	
田中	1-150	

字别	起讫号码	备考
尚洋	1-285	
上洋	1-199	
新墩	1-238	
平陂	1-330	
月山	1-321	
丰江	1-201	
黄潭	1-289	
水塘	1-101	

龙岩县政府地政科办理第一、二期扶植自耕农业务成果（土地分配部分）移接清册（1946年6月）

067

東山 1-118	陽筱 1-152	白二 1-75
黄邦 1-111	溪南 1-105	平二 1-38
黌门 1-162	登高 1-75	銅弍 1-5
新孟 1-157	大同 1-147	龍弍 1-26

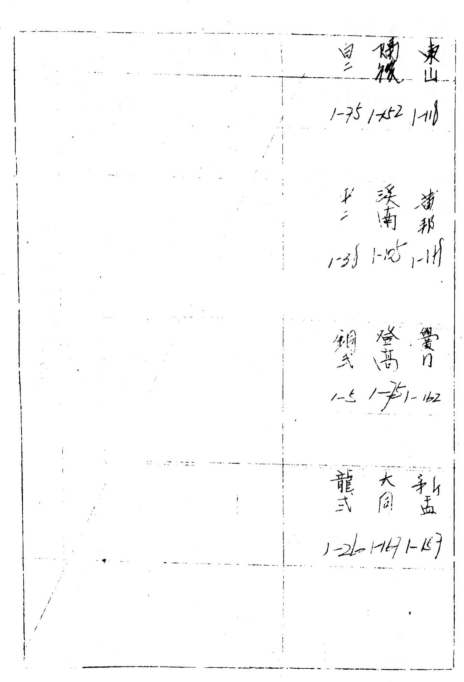

龙岩县政府地政科办理第一、二期扶植自耕农业务成果(土地分配部分)移接清册(1946年6月)

068

中華民國卅五年六月廿九日

移交人

监临人

龙岩县政府地政科办理第一、二期扶植自耕农业务成果(土地分配部分)移接清册(1946 年 6 月)

069

龍岩縣政府地政科辦理第一二期扶植自耕農業務成果（未發証照部分）移交清冊

林科員上汉具報
七.二〇

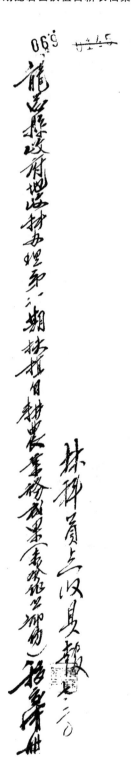

龙岩县政府地政科办理第一、二期扶植自耕农业务成果（未发证照部分）移交清册（1946年6月）

070 0145

龍岩縣政府地政科辦理第一、二期扶植自耕農業務成果未發證照部份移交清冊

期別	成果名稱	數量	備考
第一期	未發外業調查表	張 貳	列外業字第四〇、四一號
第二期	未發出徵收土地使用權證明書	〃 肆	列出徵字第2671、838、3041、3046號
〃	未發出負墾土地使用權證明書	〃 拾肆	列負墾字第167、166、6、5、9、8、6、43、44、137、76、75、9、10號
〃	未發合作農場土地使用權證明書	〃 貳	列合作字第190、195號
〃	合作農場土地所有權狀	〃 拾伍	[illegible]1067、1086、1088、[illegible]號
〃	大同自耕農土地所有權狀	〃 肆拾陸	[illegible]1059、1066、1068、1087、1163、1854、1855、1857、1886、1889、1657、1669、1670、1671、1672、[illegible]
〃	自耕農土地所有權狀	張 伍拾陸	[illegible]
〃	自耕農土地所有權狀	張 貳	

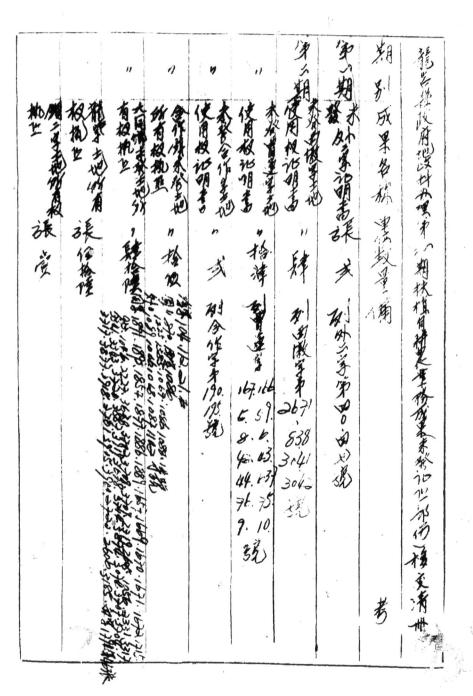

龙岩县政府地政科办理第一、二期扶植自耕农业务成果(未发证照部分)移交清册(1946 年 6 月)

071

第二等土地所有權狀 張 弍拾叁

第二等土地使用權證明書 〃 弍拾壹 附二等第四三一—五六號 六一—八二號

第一期 第一等土地使用權證明書 〃 叁 附第一等第一號起至第三號止

〃 第一等土地所有權狀 〃 伍

合計 張 弍拾弍

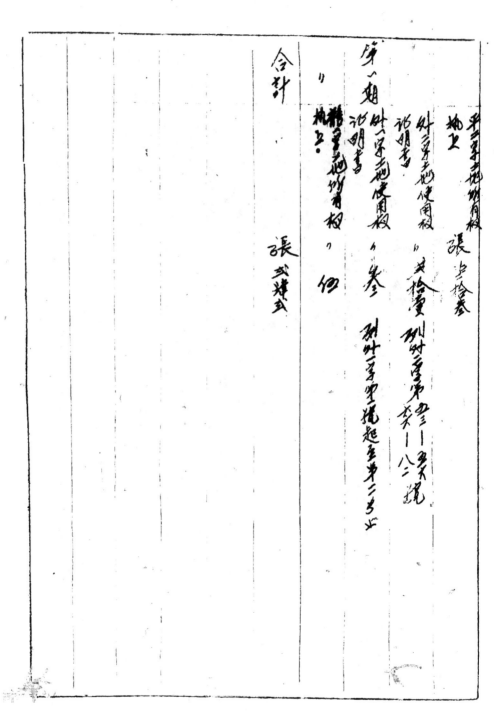

龙岩县政府地政科办理第一、二期扶植自耕农业务成果(未发证照部分)移交清册(1946年6月)

中華民國卅五年六月廿九日

移交人
監交人

龙岩县政府地政科办理第一、二期扶植自耕农业务成果(未发证照部分)
移交清册(1946 年 6 月)

073

龍岩縣政府地政科办理第一二期扶植自耕農業務成果(未發公尝田證照部份)移交清册

龙岩县政府地政科办理第一、二期扶植自耕农业务成果(未发公尝田证照部分)移交清册(1946年6月)

074

龍岩縣政府地政科辦理第一二期扶植自耕農業務成果(未發公嘗田證照部分)移交清冊

鄉鎮別	成果名稱	單位	數量	備考
紫岡	土地所有權狀	張	1168	各保數量詳見附表
白土	〃	〃	415	〃
紫岡	土地使用權證明書	〃	311	係紫岡第九二號起至一一九號止

附注：各期扶植應繳地價繳清後再行送請核發。

龍岩縣政府地政科辦理第一、二期扶植自耕農業務成果（未發公嘗田證照部分）移交清冊（1946 年 6 月）

075

附表

保别	数量(张)	备考	保别	数量(张)	备考	保别	数量(张)	备考	保别	数量(张)	备考
紫冈乡上洋	11	保留	沛国	90	保留	厍中	60	保公田	连甲	二	保公田
世兴	11	〃	进贤	24	〃	紫冈紫金谷	333	〃	雷甲	16	〃
平洋	59	〃	东贤	25	〃	紫冈乡公田	200	〃	罗星	21	〃
侧流	36	〃	丞民	47	〃	紫冈桐被领	151	〃	盂头	60	〃
坎洋	18	〃	东民	29	〃	白土镇洪坊	50	〃	[illegible]溪	7	〃
西洋	6	〃	南民	6	〃	东坑	2	〃	白土镇桐被领	196	〃
紫泽	33	〃	安康	53	〃	田洋	1	〃			
北洋	18	〃				共计	111				

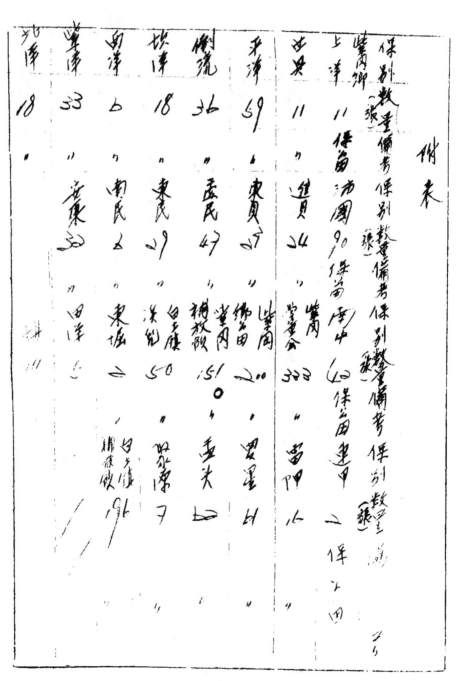

龙岩县政府地政科办理第一、二期扶植自耕农业务成果(未发公尝田证照部分)移交清册(1946年6月)

~~0156~~

076

中華民國卅五年 六月 廿九日

移交人

点收人

龙岩县政府地政科办理第一、二期扶植自耕农业务成果(未发公尝田证照部分)移交清册(1946 年 6 月)

077

0151

龍岩縣政府地政科辦理第一二期扶植自耕農業務成果(權利申報部份)移交清冊

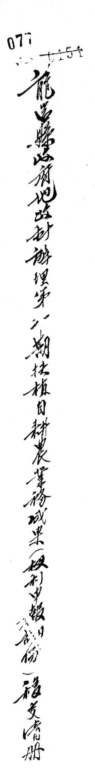

龙岩县政府地政科办理第一、二期扶植自耕农业务成果(权利申报部分)移交清册(1946 年 6 月)

078

龍岩縣政府地政科办理第一、二期扶植自耕農業務成果（權利申報部份）移交清冊

期別	鄉鎮別	收件數量（件）	起訖號	已办數量（件）	駁回數量	未办數量	備考
第一期	紫[illegible]	17	紫(1)—(17)	16	0	1	
第二期	合作	31	合(1)—(31)	24	6	1	
〃	西陂	842	西(1)—(842)	650	191	1	
〃	曹溪	542	曹(1)—(542)	474	68	0	
合計		1432		1163	268	[illegible]	

附送文件

名稱	區域	收件起訖字號	歸檔起訖號	單位數量	
土地權利申報申請書	紫閣、[illegible]	扶字(1)—(15)件		15（件）	隨徵收件附於權利申報書
收件登記簿				壹冊	

龙岩县政府地政科办理第一、二期扶植自耕农业务成果（权利申报部分）移交清册（1946年6月）

079

	田坑 曹莲 合作 新收件登记簿 式例	(1) 1—1175	件	1175
土地权利申报收件登记簿	紫冈 合作 西坑 曹莲	/	本	5
土地权利申报收件簿(抽出保存)中华保存		戌字1—102	本	1
土地权利申报书	紫冈	紫字一号至 号	件	2
〃	合作	合字第廿号	〃	1
〃	西坑	西字第八号	〃	1
合计			件	1200

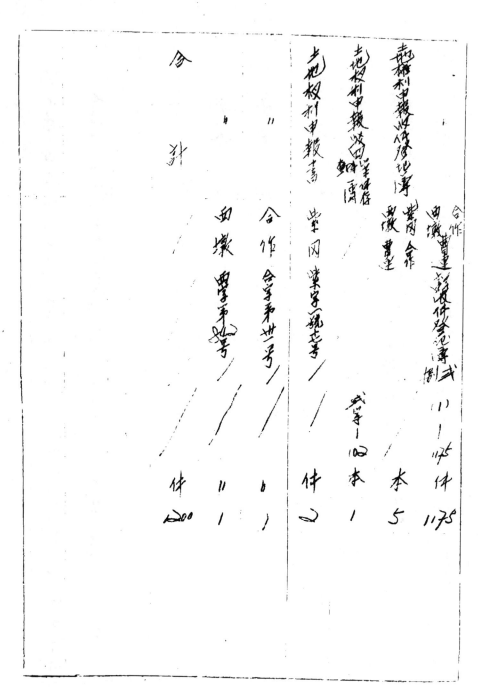

龙岩县政府地政科办理第一、二期扶植自耕农业务成果(权利申报部分)移交清册(1946年6月)

080

中華民國卅五年六月廿九日

移交人
接收人

龙岩县政府地政科办理第一、二期扶植自耕农业务成果(权利申报部分)
移交清册(1946年6月)

081 龍岩縣政府地政科辦理第一、二期扶植自耕農成果（未發放領土地部份）移交清冊

龙岩县政府地政科办理第一、二期扶植自耕农业务成果（未发放领土地部分）移交清册（1946 年 6 月）

082

龍岩縣政府地政科辦理第一、二期扶植自耕農成果(未發放領土地部份)移交清冊

期別	成果名稱	單位	數量	備考
第一期	未發放領土地農戶別表	本	壹	
第二期	〃	〃	〃	

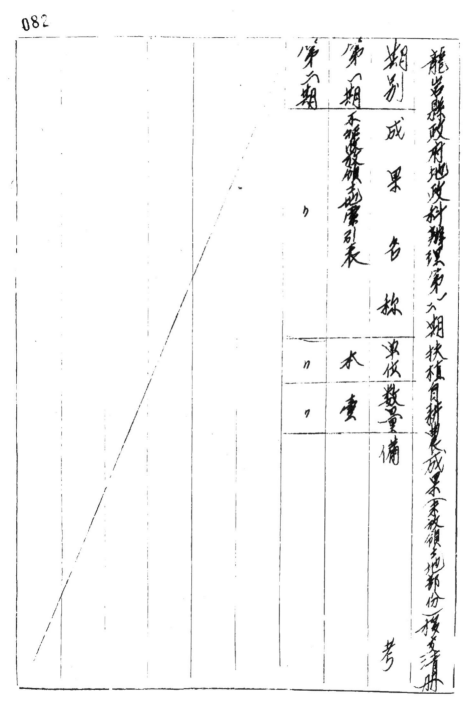

龙岩县政府地政科办理第一、二期扶植自耕农业务成果(未发放领土地部分)移交清册(1946 年 6 月)

083

中華民國卅五年六月廿九日

移交人

接收人

龙岩县政府地政科办理第一、二期扶植自耕农业务成果(未发放领土地部分)
移交清册(1946年6月)

卷宗 1-3-268

龍岩縣政府地政科辦理第一二期扶植自耕農區域土地移轉登記案件移接清冊

龙岩县政府地政科办理第一、二期扶植自耕农区域土地移转登记案件移接清册(1946年6月)

0158

085

龍岩縣政府地政科辦理第一、二期扶植自耕農區域土地移轉登記案件移接清冊

名稱	單位	數量	備考
龍岩縣扶植自耕農區域土地移轉登記收件簿	本	壹	共計登記收件貳壹號
龍岩縣扶植自耕農區域土地移轉登記請求書	本	壹	請求書計貳拾壹張
合計	本	貳	

龙岩县政府地政科办理第一、二期扶植自耕农区域土地移转登记案件移接清册(1946 年 6 月)

380

~~[illegible]~~

中華民國卅五年六月廿九日

移交人

監收人

龙岩县政府地政科办理第一、二期扶植自耕农区域土地移转登记
案件移接清册(1946 年 6 月)

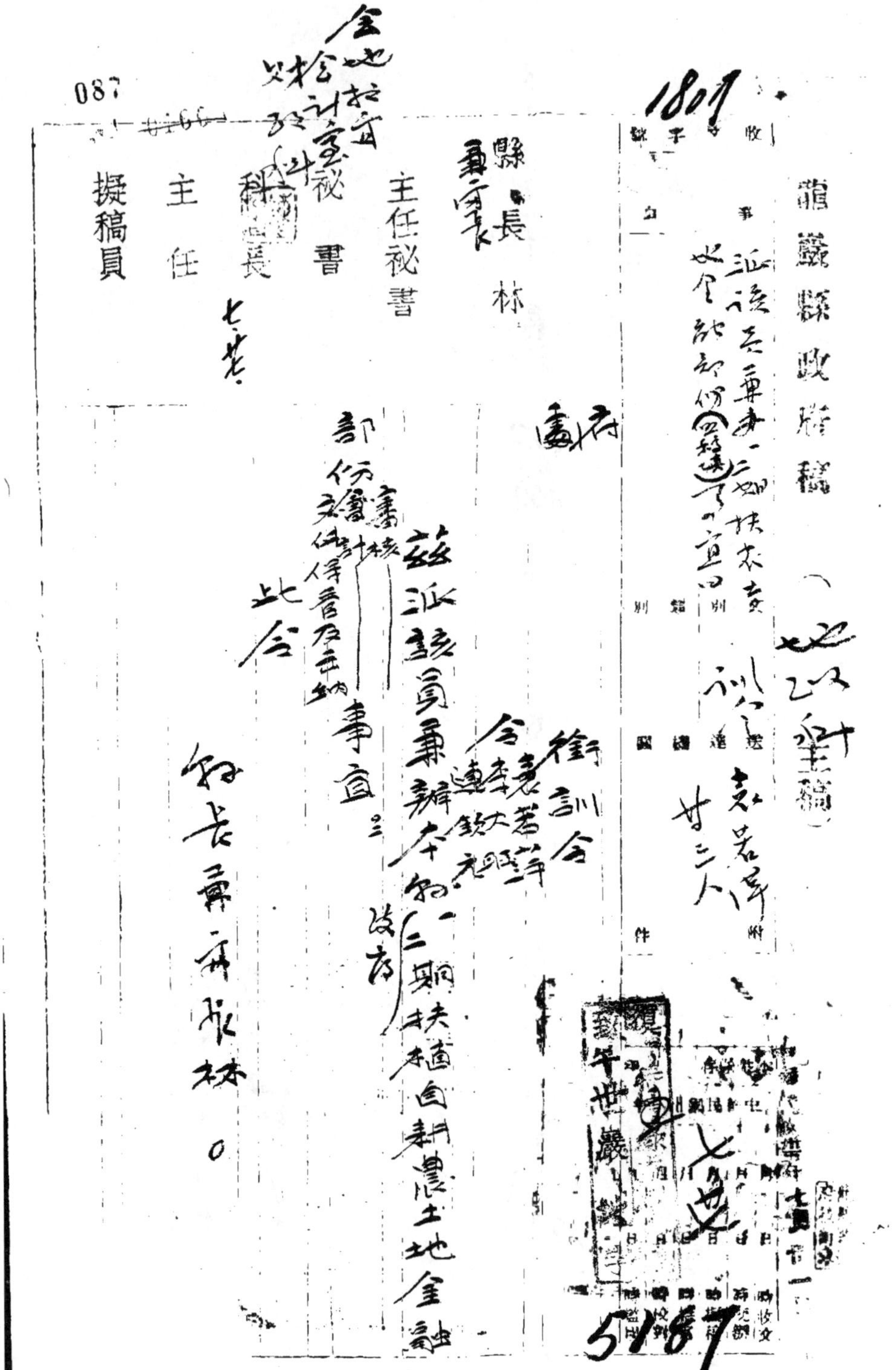

龙岩县政府派袁若萍兼办一、二期扶植自耕农业务(土地金融部分)

事宜(1946年7月)

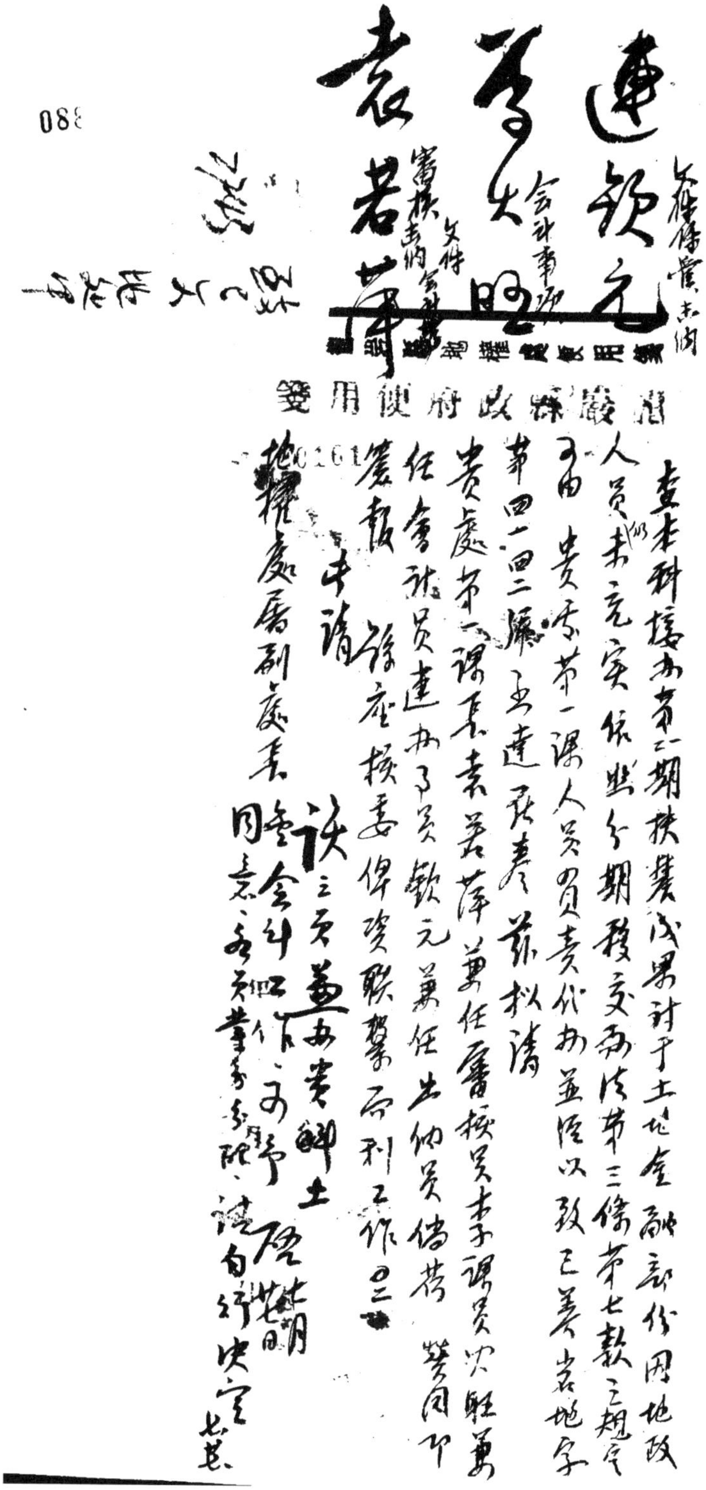

龙岩县政府派袁若萍兼办一、二期扶植自耕农业务（土地金融部分）事宜（1946 年 7 月）

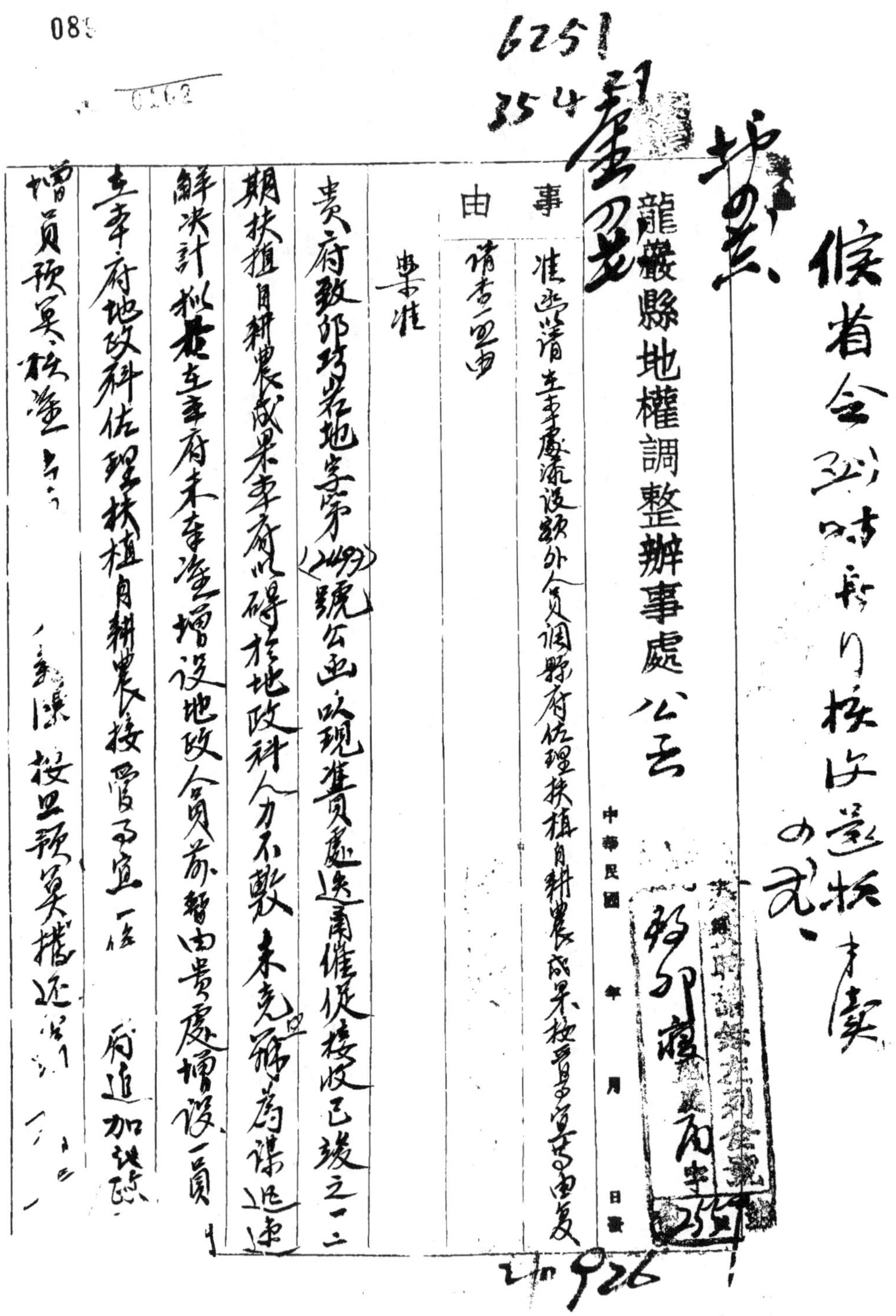

候省令到時飭行核收並收才案

龍巖縣地權調整辦事處公函

事由：准函以請添設額外人員調縣府佐理扶植自耕農成果接管事宜函復請查照由

案准

貴府致卯巧岩地字第（2493）號公函以現准貴處函催促接收已竣之一二期扶植自耕農成果本府以礙於地政科人力不敷未克籌謀迅速解決計擬請在本府未奉准增設地政人員前暫由貴處增設一員至本府地政科佐理扶植自耕農接管事宜一俟增員預算核准者

等由准此按照預算據送府追加

中華民國　年　月　日

龍岩县地权调整办事处准函以请添设额外人员调县府佐理扶植自耕农成果接管事宜（1946 年 4 月）

設法開支相應函復查照辦理并盼見復等由，准此，查存儲待領
征收土地補償費存款利息及承領地價溢餘利息收入及額外人員
經費本年度均已查准列入縣地方歲出預算，惟是該額外人員
究應在地政科增設，抑在地權處增設，省府意見尚未有一致，現
本處既已有准設額外人員之令可為根據，當自五月份起加
設辦事員一人，調地政科服務，如此將來省府決定在地政科增員，
則該需經費應由縣府負担；如決定在本處增設，則由本處就
額外人員內開支，准函前由，相應函復
查照為荷。
此致

龙岩县地权调整办事处准函以请添设额外人员调县府佐理扶植自耕农成果接管事宜(1946年4月)

091

七之七五

龍岩縣政府

兼處長

龙岩县地权调整办事处准函以请添设额外人员调县府佐理扶植自耕农成果接管事宜(1946 年 4 月)

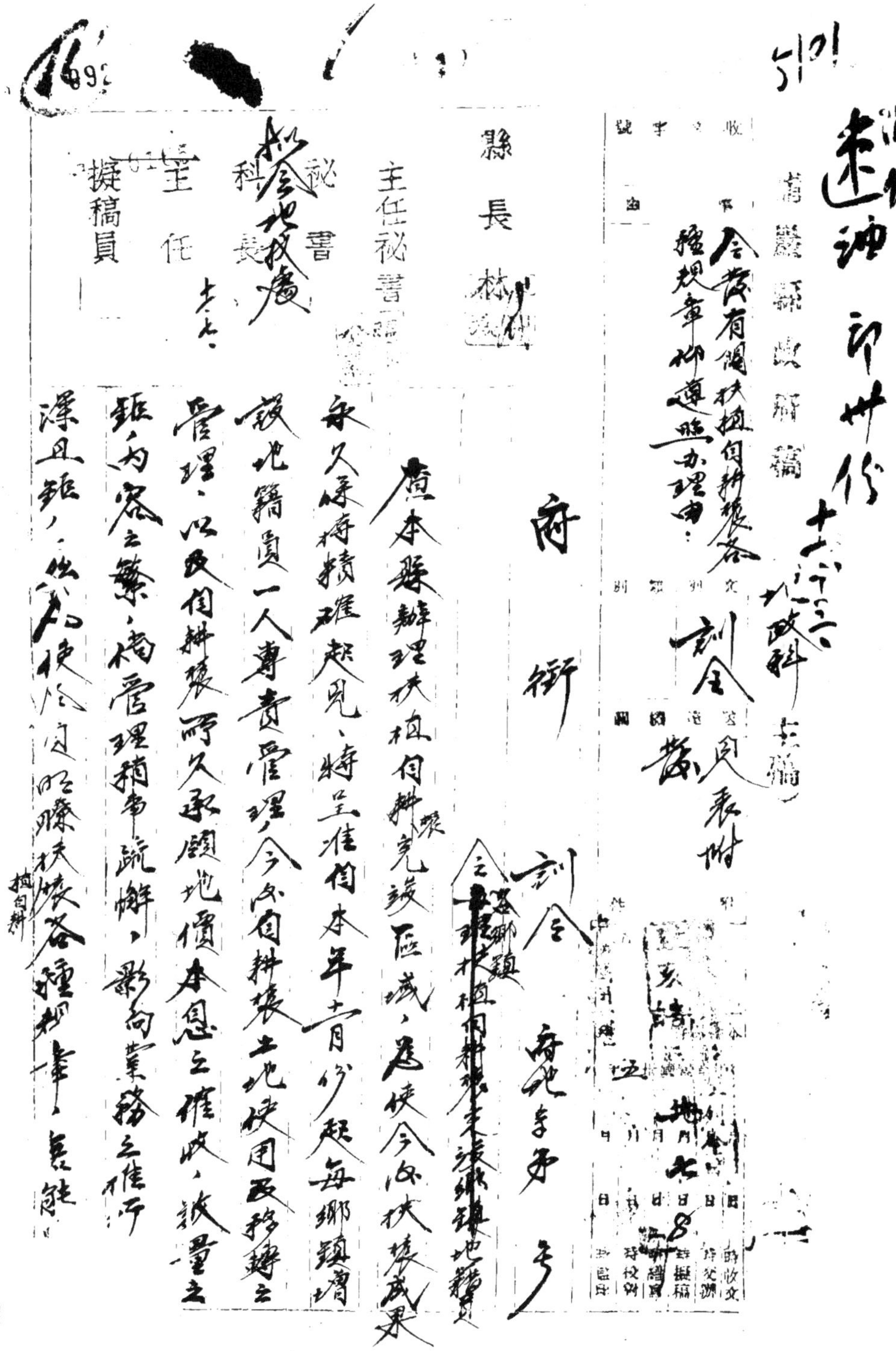

龙岩县政府令发有关扶植自耕农各种规章仰遵照办理

093

0260

處理起見，合行抄發有關扶植自耕農各種規章，除分令外，合行令仰遵照辦理！（並參考研討）

此令

縣長林○

抄

附發：(1)福建省扶植自耕農暫行辦理一種。(2)福建省龍岩縣自耕農承領土地規則一種、
(3)龍巖縣扶植自耕農征收土地補償地價辦法一種。(4)龍巖縣政府地政處扶植自耕農承領土地實施辦法一種
(5)龍岩縣政府地政處扶植自耕農征收土地實施辦法一種。
(6)龍巖縣一二三期扶植自耕農承領土地單位面積表一種
(7)承領戶欠繳地價本息通知單格式一份
(8)扶植自耕農徵收地價分期付款計算表
(9)土地信用合作社代收農民繳納扶植自耕農土地地價本息辦法

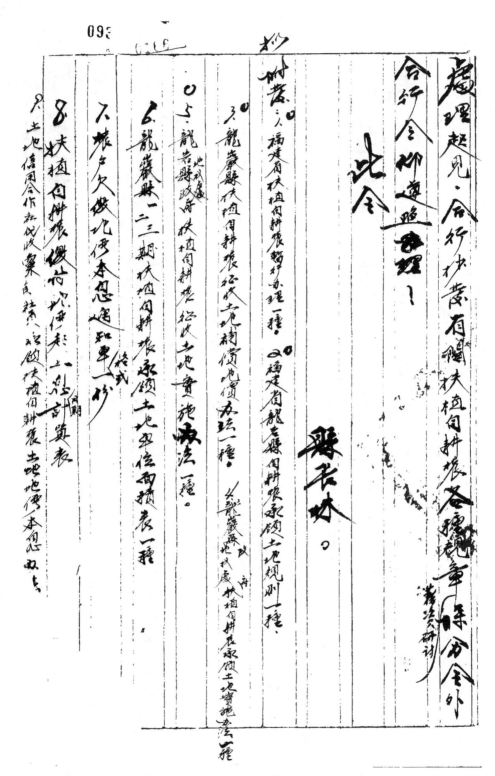

龙岩县政府令发有关扶植自耕农各种规章仰遵照办理

094 0267

地籍員

鄉鎮別	姓名	備考
龍門鎮	陳洪德	
雁石鎮	謝建枝	
西陂鄉	許周贊	
小池鄉	陳頡	
適中鎮	陳有方	
紫閩鄉	傅水源	
銅鉢鄉	吳特廷	
遠和鄉	傅培	
新羅鎮	翁笑魂	

地籍員

鄉鎮別	姓名	備考
白土鎮	張炳金	
白沙鎮	郭流波	
白山鄉	宋文華	
大池鄉	黄根德	
曹溪鄉		該鄉地籍員尚未核委合行填發
萬安鄉		仝
橋新鄉		仝
溪口鎮		仝
慶和鄉		仝

龙岩县政府令发有关扶植自耕农各种规章仰遵照办理

龍岩縣各級專營土地信用合作社（或各級合作社土地信用部）代收彙解社員承領扶植自耕農土地地價本息辦法

卅六年一月十二日福建省政府府民地丙字[illegible]號指令修正

一、龍岩縣政府（以下簡稱縣府）為便利自耕農承領土地分期償付地價本息起見，經商同中國農民銀行龍岩辦事處（以下簡稱農行）特訂定本辦法。

二、凡承領土地之自耕農民，其每年應償付之承領地價本息，得按照參加土地信用合作社或各級合作社土地信用部（以下簡稱合作社）章程規定，委託各該合作社代為一切繳款手續。

三、委託合作社代為繳付承領地價本息之農民，應事先向合作社聲請登記，由社彙報縣府備查，並於每次繳付之日將應繳地價本息連同分期攤還地價收據繳交農行。

四、合作社代辦繳付承領地價本息手續，其必需支出之費用得依照該社章程向委託代辦社員酌收手續費，其收取數額以不超過每次應攤還地價總額百分之三為限，其手續費收入除開支以外，如有剩餘，應照該社章程內盈餘分配規定處理之。

五、承領土地自耕農每年應償付之承領地價本息及其時間由縣府於約定還款期限前半個月通知合作社，合作社應即轉知社員如期償付。

龙岩县各级专营土地信用合作社（或各级合作社土地信用部）代收汇解社员承领扶植自耕农土地地价本息办法（1947年1月12日）

123

六、合作社應於每次繳付地價本息之日照縣府通知單所列數額向各社員一次收清，如社員未按規定時間有提前或逾期繳付地價本息者，其利息按縣府及農行規定辦法增減之。

前項提前繳付地價本息之社員應知會合作社轉由農行繳付。

七、合作社代收社員應付之地價本息，及分期攤還地價，批過應即給收據，其收據格式另定。

八、合作社代收之地價本息，應隨時繳解農行，其社址距城十里以內者，每次不得逾三天，十里以外者，每次不得逾十天，至各月月終，應提出全數繳清，如有壓欠不繳清事，一經查明得視其情節輕重分別懲處。

九、合作社將款解繳農行後，由農行分別在各承領地農民之分期攤還地價批過中填明收款日期本息額數（指提前或逾期繳付地價本息而言）并加蓋戳記，即時發還合作社轉交社員收執。

十、委託合作社代辦繳付承領地價之社員，如逾期未將本息繳清者，合作社應負責催收，并得將各該社員姓名列單呈報縣府核辦。

十一、在合作社代辦社員繳付承領地價本息期間，縣府及農行得隨時派員協同代收

龙岩县各级专营土地信用合作社(或各级合作社土地信用部)代收汇解社员承领扶植自耕农土地地价本息办法(1947年1月12日)

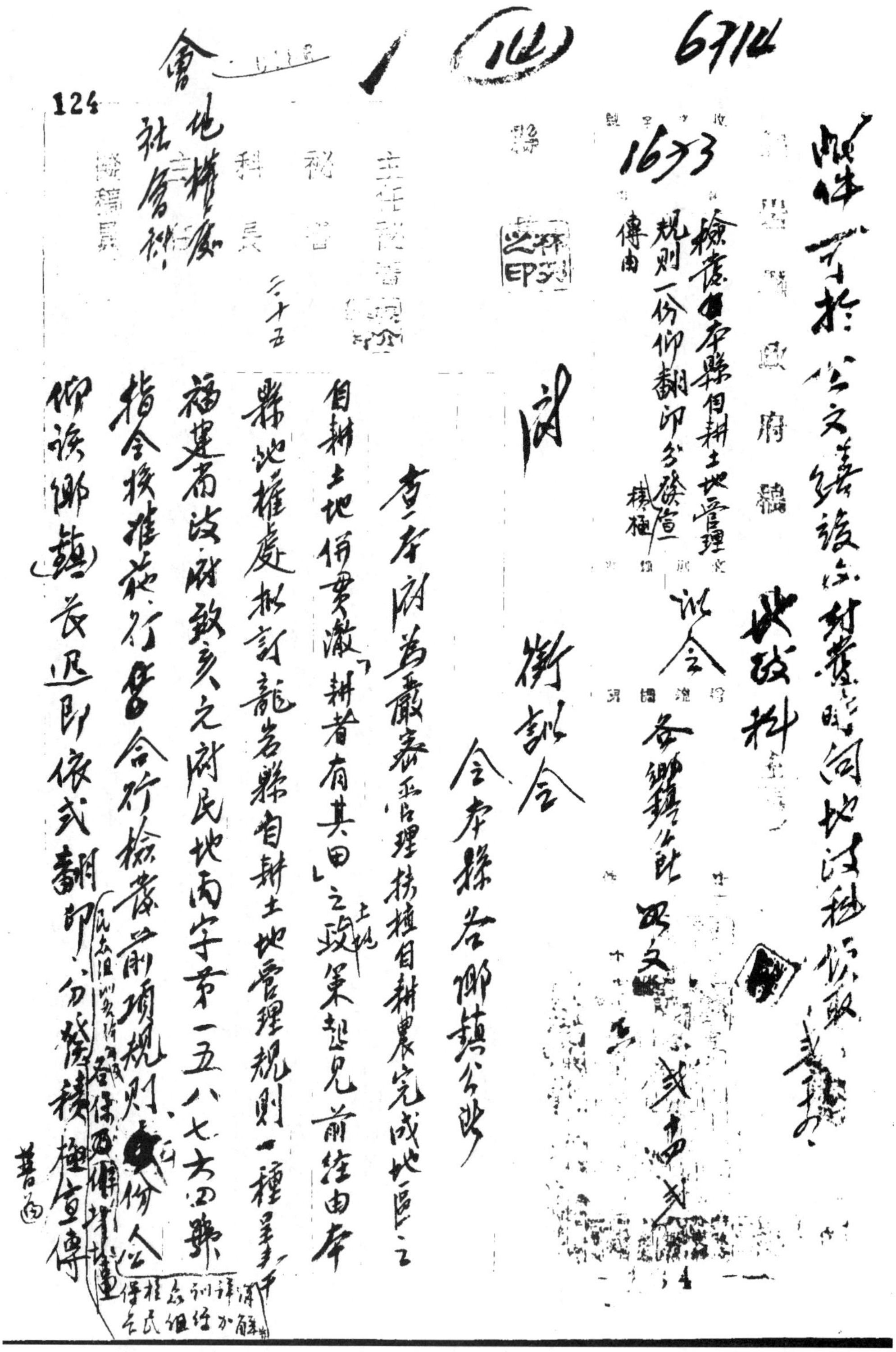

龍岩縣政府稿

事由：檢發本縣自耕土地管理規則一份仰翻印分發宣傳

訓令 各鄉鎮公所

令本縣各鄉鎮公所

查本府為嚴密辦理扶植自耕農完成地區之自耕土地併貫徹「耕者有其田」之政策起見，前經由本縣地權處擬訂龍岩縣自耕土地管理規則一種呈奉福建省政府致戌之府民地丙字第一五八七六四號指令核准施行，合行檢發前項規則一份，令仰該鄉（鎮）長迅即依式翻印分發積極宣傳。

檢发自耕农土地管理规则一份仰翻印分发积极宣传(1947 年 2 月 14 日)

125

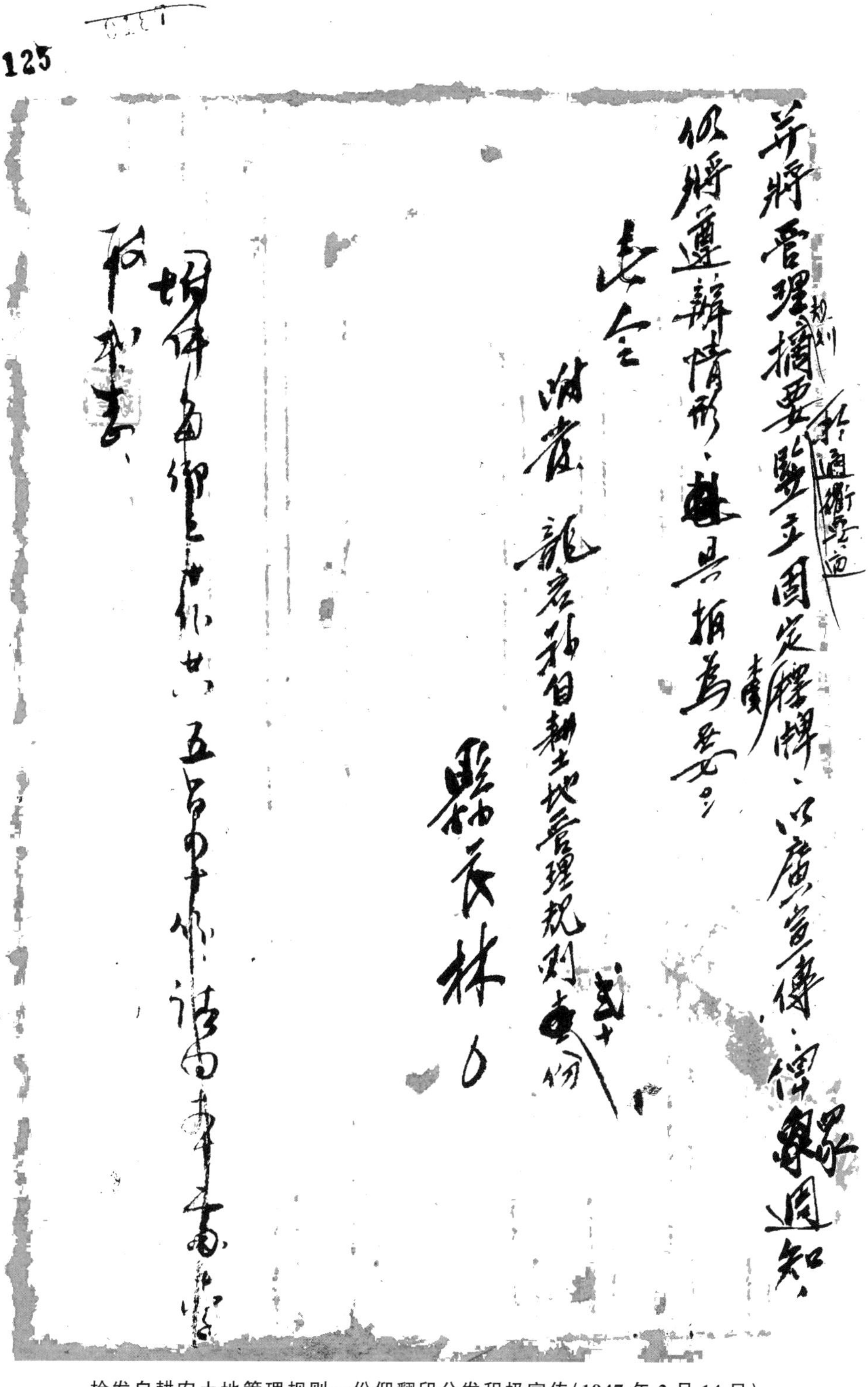
并将管理摘要（规则）暨（于适当街道）主固定标牌，以广宣传，俾众周知，
仰将遵办情形，具报为要。
此令
附发：龙岩县自耕土地管理规则壹份
县长 林白

检发自耕农土地管理规则一份仰翻印分发积极宣传(1947 年 2 月 14 日)

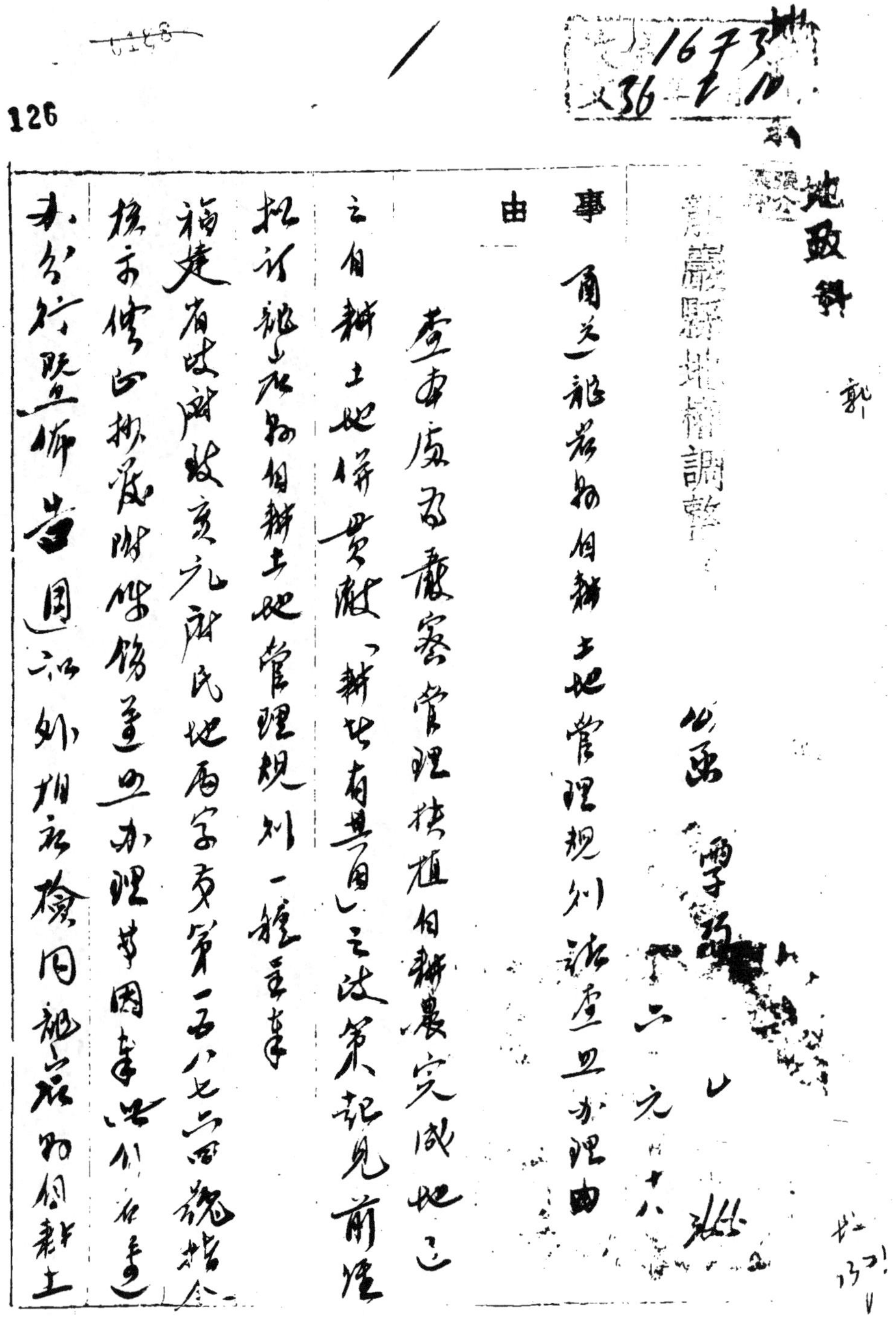
126

龍巖縣地權調整辦事處公函 地政科

卅六年一月十八日

事由：函送龍岩縣自耕土地管理規則請查照辦理由

查本處為嚴密管理扶植自耕農完成地區之自耕土地俾貫徹「耕者有其田」之政策起見前經擬訂龍巖縣自耕土地管理規則一種呈奉
福建省政府亥元財民地有字第一五八七六號指令核示修正並附件飭遵照辦理等因奉此除分行暨佈告周知外相應檢同龍巖縣自耕土

龙岩县地权调整办事处函送龙岩县自耕农管理规则请查照办理(1947 年 1 月)

127

郭

管理規則乙份隨函送請
查照辦理見復爲荷！
此致
龍岩縣政府

兼處長 林 〔印〕

一、通飭各鄉鎮公所將管理指要以牌宣傳
二、將管理規則分發各保公佈張貼
附處存
三、存後

一·十七

龙岩县地权调整办事处函送龙岩县自耕农管理规则请查照办理(1947年1月)

90

128

龍岩縣自耕土地管理規則

福建省政府致亥元府民地丙字
一五八七六四號指令核准

第一條 龍巖縣政府為管理扶植自耕農地區自耕土地起見特訂定本規則

第二條 自耕土地之使用移轉及設定負担應受下列之限制

（一）自耕土地除向中國農民銀行或縣政府指定之銀行借款得為底押外不得為其他債務上之典押其設定負担並應向縣政府申請登記

（二）自耕土地非經呈准不得轉租或轉賣其經核准轉賣之土地縣政府有優先購買權或介紹缺乏土地農民優先承買之權

（三）自耕土地轉賣後之餘額不得少於核定單位面積之最低畝數並以不影響其生活為限

（四）自耕土地非經呈准不得分割並以一子繼承為原則

（五）自耕土地轉賣除變更用途外非購地自耕之農民不得承買

（六）自耕土地如需變更用途應先呈經縣政府核准

第三條 自耕土地有左列情形之一縣政府得給價收回重行放領

（一）違反前條各款之規定者

（二）使用不良或不加使用者

（三）無人繼承或繼承人非自耕農民或另續耕者

第四條 依前條規定收回領地時其地價以不超過原價為準但承領人於承領後對自耕土地所施之特別改良費用應按其未失効能部份之價值予以相當之補償

第五條 專營或兼營土地信用業務之合作社得調查社員土地使用及需要情形將缺乏土地農民之姓名住所及數額呈報縣政府登記遇有土地出賣時由縣介紹優先承買

龙岩县自耕农土地管理规则

第六條　凡違反本規則之自耕土地任何農民均得向縣政府檢舉或密報經查實由縣將地給價收回在重行放領時檢舉或密報人有優先承領之權

前項優先承領人以原耕地不及單位面積爲限

第七條　凡因買賣繼承贈與交換或其他產權移轉之自耕土地應於立約前由雙方當事人會同填具申請書連同所有權狀或管業執照呈請縣政府核准換發所有權狀或執照後始得移轉自耕土地不在地籍整理範圍者應向推收機關辦理推戶過戶手續

第八條　移轉土地申請書應記載左列事項

（一）新[illegible]證人之[illegible]名年齡性別籍貫住址

（二）移轉土地之字別段[illegible]地號面積地價等則及執照字號

（三）土地移轉之原因

（四）所參加土地信用合作社理監事對土地移轉之意見

（五）新舊業主原使用土地總面積及其生產量

（六）土地移轉後之用途及對原有農民生活上之影響

（七）移轉土地時應行保證事項

（八）其他

第九條　核准出租之耕地地租在已規定地價區域不得超過地價百分之八並得以農作物代繳在未經規定地價區域不得超過正產物收獲總額千分之三百七十五原約定地租不及上項標準者仍依其約定出租人並不得預收地租及收取押租

第十條　自耕土地之經營應依照政府農業政策並接受技術指導

第十一條　農民爲經營自耕土地需要生產資金時得向金融機關申請貸款

第十二條　自耕土地如有面積狹小畸零之地段不合經濟使用者得呈請縣政府依法實施土地重劃調整之

第十三條　本規則呈奉福建省政府核准後公布施行並由省政府轉報中央地政機關備案

龙岩县自耕农土地管理规则

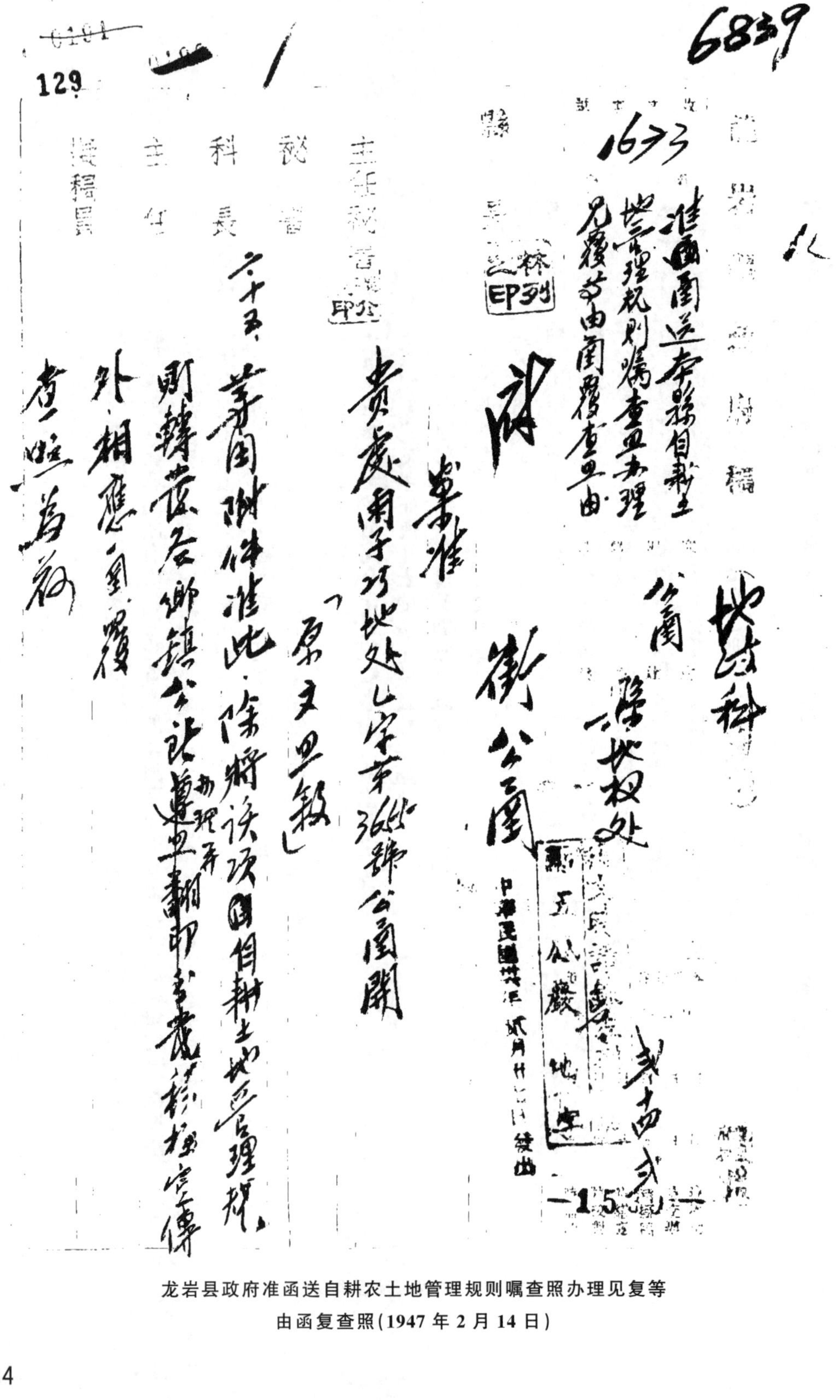
6839

129

地政科

准函送本县自耕农土地管理规则嘱查照办理见复等由函复查照由

案准
贵处开字第……号公函开
「原文照叙」
等由附件准此，除将该项自耕农土地管理规则转饬各乡镇公所遵照办理并翻印……外，相应函复
查照为荷

龙岩县政府准函送自耕农土地管理规则嘱查照办理见复等
由函复查照(1947 年 2 月 14 日)

130

此致

龍岩縣地權調整辦事處

縣長 林

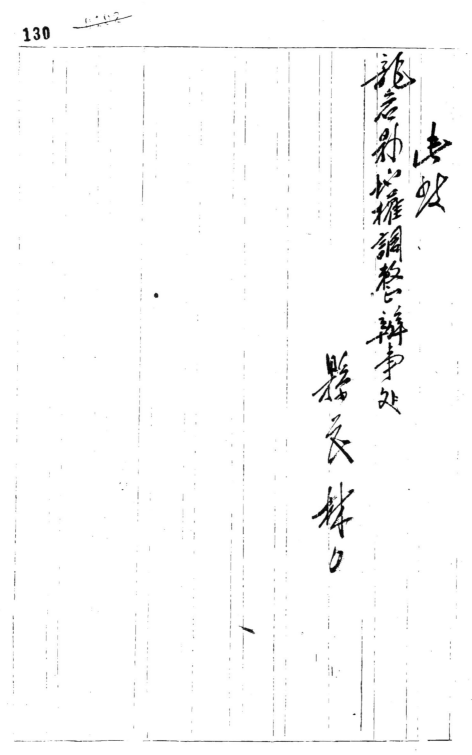

龙岩县政府准函送自耕农土地管理规则嘱查照办理见复等由函复查照(1947年2月14日)

龍岩縣地權調整辦事處公函　（卅六）岩地字第346號

中華民國卅六年二月廿六日

事由：函送龍岩縣自耕土地管理規則請查照辦理由

查本處為厲行管理扶植自耕農完成地區之自耕土地，俾貫徹「耕者有其田」之政策起見，前經擬訂龍岩縣自耕土地管理規則呈奉

福建省政府（卅五）府民地丙字第一五八七六四號指令核示修正後發附件，飭遵照辦理等因，奉此，自應遵辦，除分行暨佈告週知外，相應檢同龍岩縣自耕土地管理規則壹份，隨

文函請

查照辦理見覆為荷

此致

龍岩縣政府

兼處長林　列

131

地權處原函粘存縣府卷文內，五年岩地字第1348號內

附件

三・廿六

龍岩县地权调整办事处函送龙岩县自耕农管理规则请查照办理(1947年2月26日)

132

349
567

養巖縣龍門鎮公所呈

丙寅人字第一三三號

中華民國卅六年三月十日發

事由：呈為檢發自耕土地管理規則請核備由。

鈞府丙丑養巖地字第（1349）號訓令開：「檢發本縣自耕農土地管理規則仰翻印分發宣講」等因奉此，自應遵辦，除翻印分發各保暨牌張貼外，理合將情報請

鈞長察核備查。

存查

擬存查

龙门镇公所呈为检发自耕农土地管理规则请核查备(1947 年 3 月 10 日)

133

縣長林　謹呈

龍門鎮鎮長羅劍虹

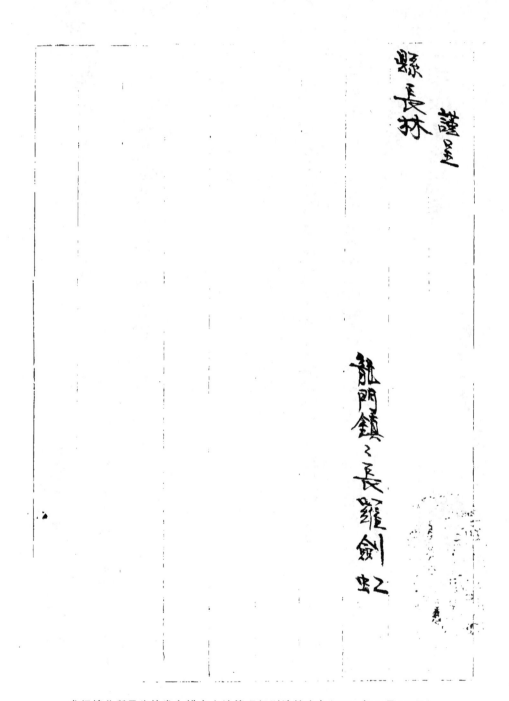

龙门镇公所呈为检发自耕农土地管理规则请核查备(1947 年 3 月 10 日)

卷宗 1-3-309

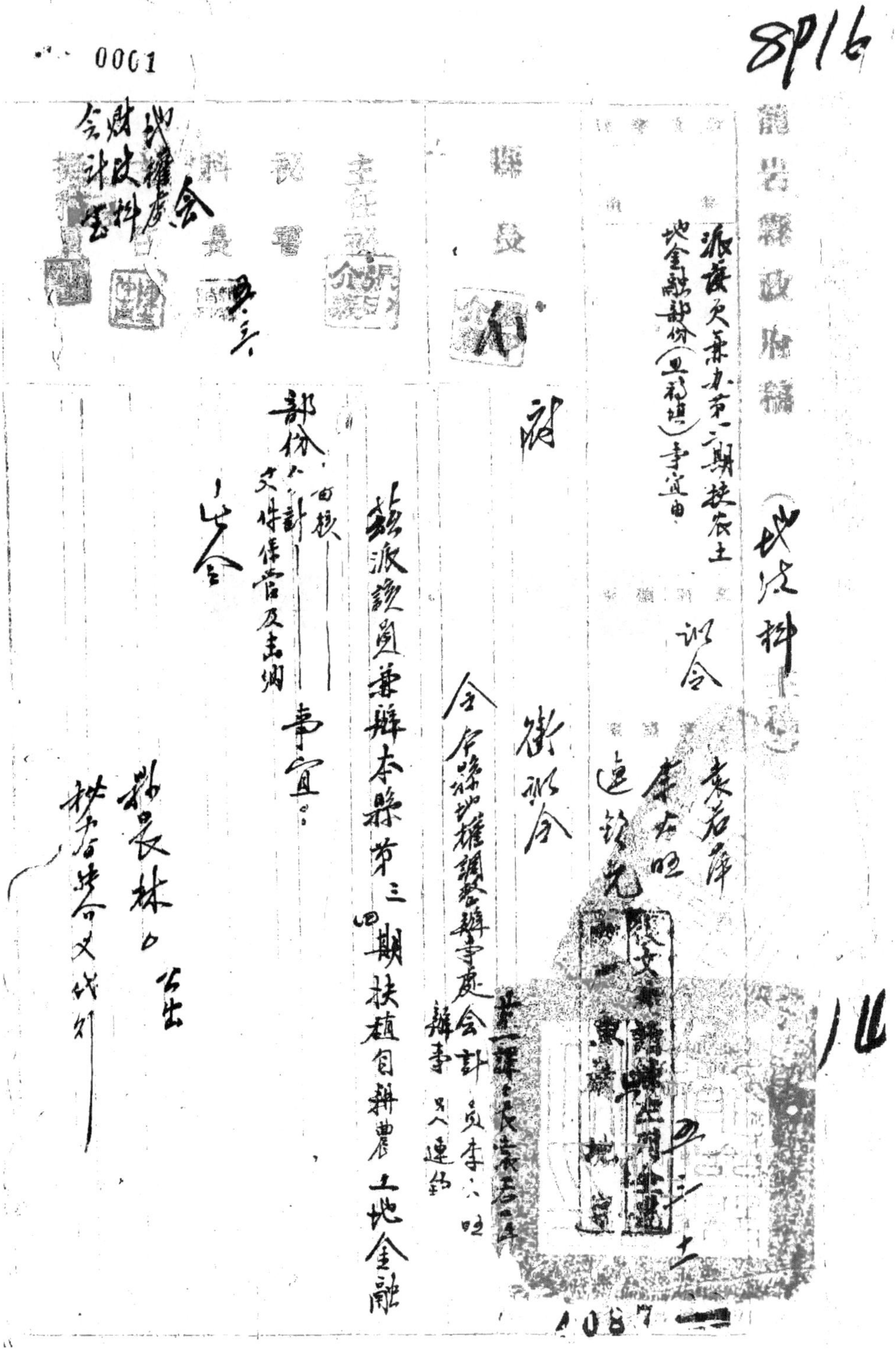

龙岩县政府地政科派袁若萍、李火旺、连钦元兼办第一、二期扶植自耕农(土地金融部分)事宜(1947 年 5 月)

簽呈　於　本科　三十六年五月二日

查本縣扶植自耕農工作，業已推進第五期，所有第一期至第四期扶農成果、依照分期移交辦法之規定，應全部移由地政科接管，繼續接辦未了業務。第一、二期成果業已於去年五月間，經已移接完竣，並經報　府核備在案。第三期成果，自前本府正在移接中，惟根據該項辦法第三條第八款所記載：地政科於接收扶耕農成果應繼續辦理土地金融會計手續之登記事項（在會計人員未設置之前，仍由地權處第一課代辦）之規定。惟地政科限於經費及員額，目前尚未設置有會計人員，上項扶農成果有關之土地金融部份，擬仍暫由地權處第一課接收，繼續代管，並擬以地權處第一課課々長袁若鋒負責代辦土地金融審核之事項，會計李火旺負責代辦會計手續及登帳事項，辦事員連致九負責代辦土地金融文件保管及出納等

龙岩县地政科签呈（1947年5月2日）

003

事項，俾地政科於接收扶農成果後，於未設置土會計人員以前，亦有扶農土地金融業務，不致中輟，以利地政推行，是否有當，理合簽請

核示

謹呈

會屠副處長

縣長林

職地政科科長賴森階謹簽

如擬

張印

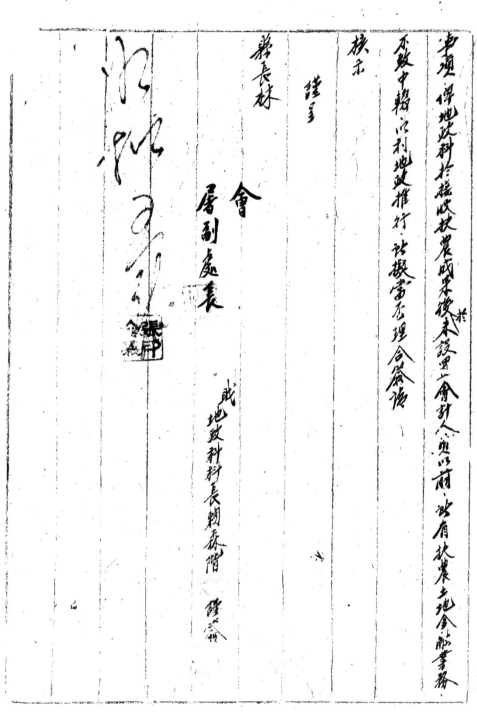

龙岩县地政科签呈(1947年5月2日)

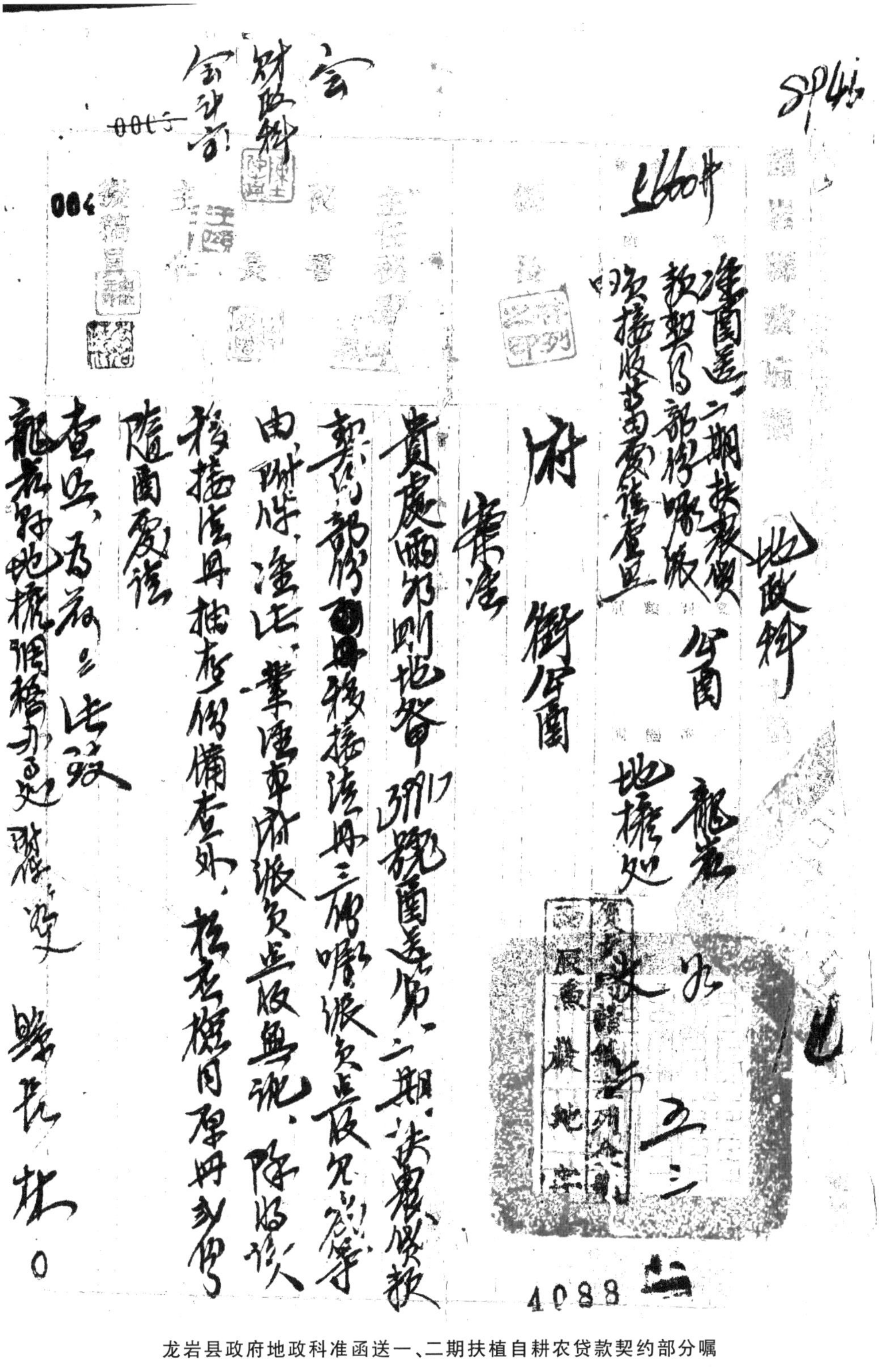

地政科
准函送一、二期扶农贷款契约部份嘱派员接收希查照由

龙岩县政府地政科 公函 地权处 字第 号 五月 二 日

案准
贵处函地字第5917号函送第一、二期扶农贷款契约部份嘱派员接收等由，附件准此。兹派本府派员前往接收无讹。除将该项移接清单抽存备查外，相应检同原单函复，即希
查照为荷。此致
龙岩县地权调整办事处
县长 林○

龙岩县政府地政科准函送一、二期扶植自耕农贷款契约部分嘱派员接收等(1947 年 5 月)

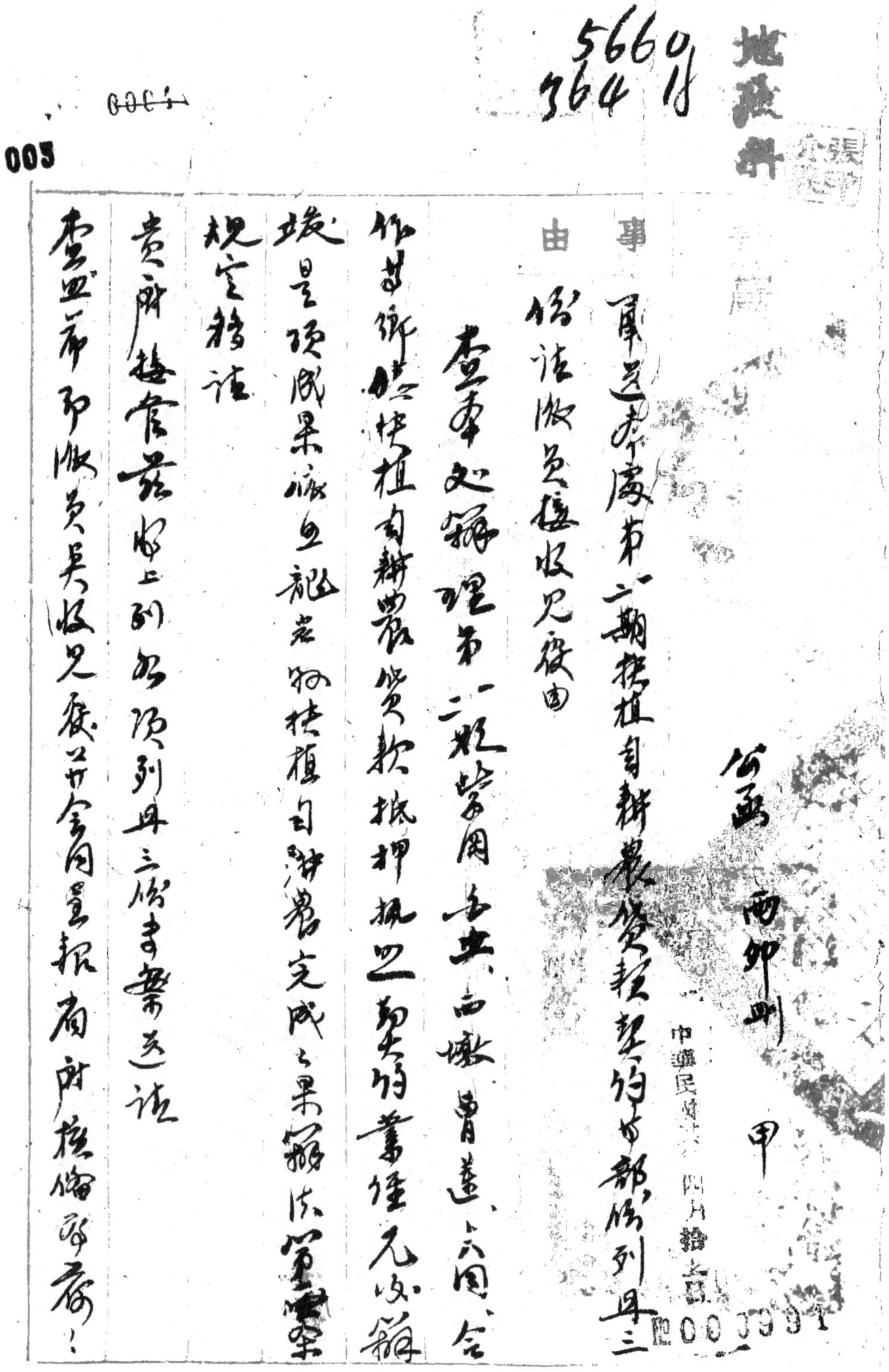
5660
364

003

地政科

事由
函送本處第一二期扶植自耕農貸款契約等部份列册三份請派員接收見復由

公函 酉卯刪 甲

查本處辦理第一二期紫岡、東肖、西墩、曹溪、大同、合作等鄉扶植自耕農貸款抵押執照契約等件除已次第辦竣呈報成果並龍岩扶植自耕農完成之果辦法第五案規定移請
貴府接管茲將上列契約項列冊三份隨案函送請
查照希即派員具收見覆以符合同呈報省府核備爲荷！

龙岩县政府地权调整办事处函送第一、二期扶植自耕农贷款契约等部分列册三份请派员接收(1947年4月)

~~0065~~

006

收

龍岩地政所

附送貸款抵押放出貸款契約各三份

孟海長 挂

列

龙岩县政府地权调整办事处函送第一、二期扶植自耕农贷款契约等部分列册三份请派员接收(1947 年 4 月)

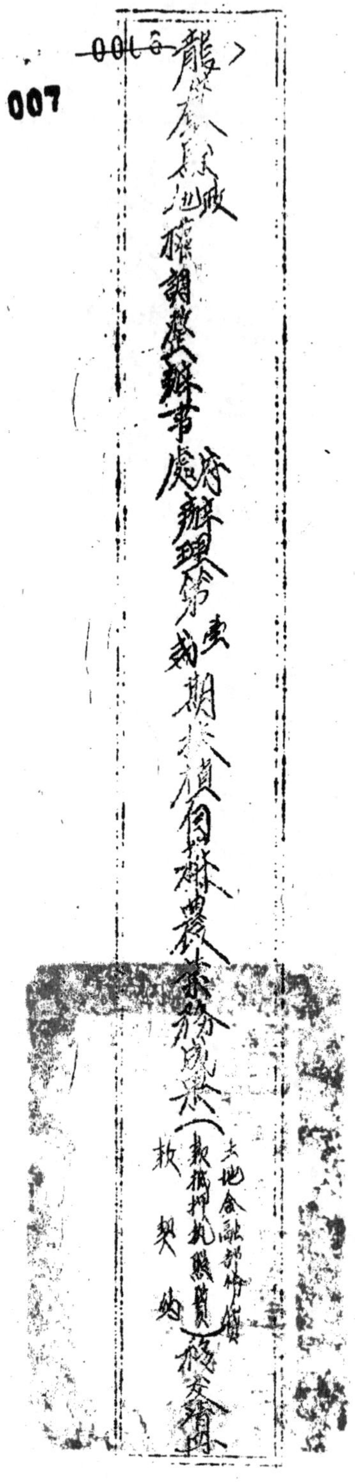

龍巖縣政府
龍巖縣地權調整辦事處辦理第一二期扶植自耕農業務成果（土地金融部份 貸款抵押執照 貸款契約）移交清冊

龙岩县政府、龙岩县地权调整办事处办理第一、二期扶植自耕农业务成果(土地金融部分、贷款抵押执照、贷款契约)移交清册(1947 年 5 月)

~~0007~~

008

龍巖縣政府地權調整辦事處辦理第一、二期扶植自耕農業務成果（土地金融部分、貸款抵押執照、貸款契約）移交清冊

期別	鄉鎮別	名稱	單位	數量	起訖字號	備考
第一期	閩	承領土地分期繳還契約	張	五紫	101/103	
〃	〃	〃	〃	式外壹	1/12	土地契約係抵押書有關 / 貸款保證依據
〃	〃	承領土地貸款抵押執照	〃	捌	1/12	土地執照

龙岩县政府、龙岩县地权调整办事处办理第一、二期扶植自耕农业务成果（土地金融部分、贷款抵押执照、贷款契约）移交清册（1947 年 5 月）

移交者：龍岩縣地權調整辦事處處長林烈

副處長詹劍民

第一組長袁若舜

會計員李大旺

監交者：龍岩縣地權調整辦事處辦事員連欽元

接收者：龍岩縣政府縣長林烈

地政科長賴森階

監收者：龍岩縣政府代办人員李大旺

袁若舜

連欽元

中華民國三十六年伍月三日

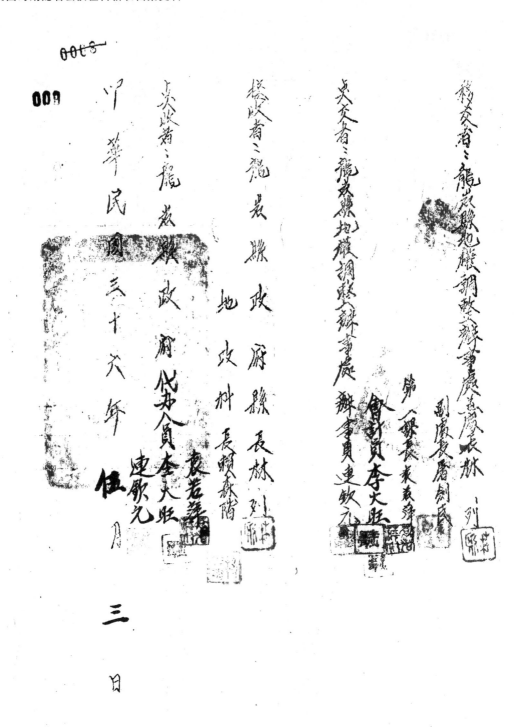

龙岩县政府、龙岩县地权调整办事处办理第一、二期扶植自耕农业务成果（土地金融部分、贷款抵押执照、贷款契约）移交清册（**1947** 年 **5** 月）

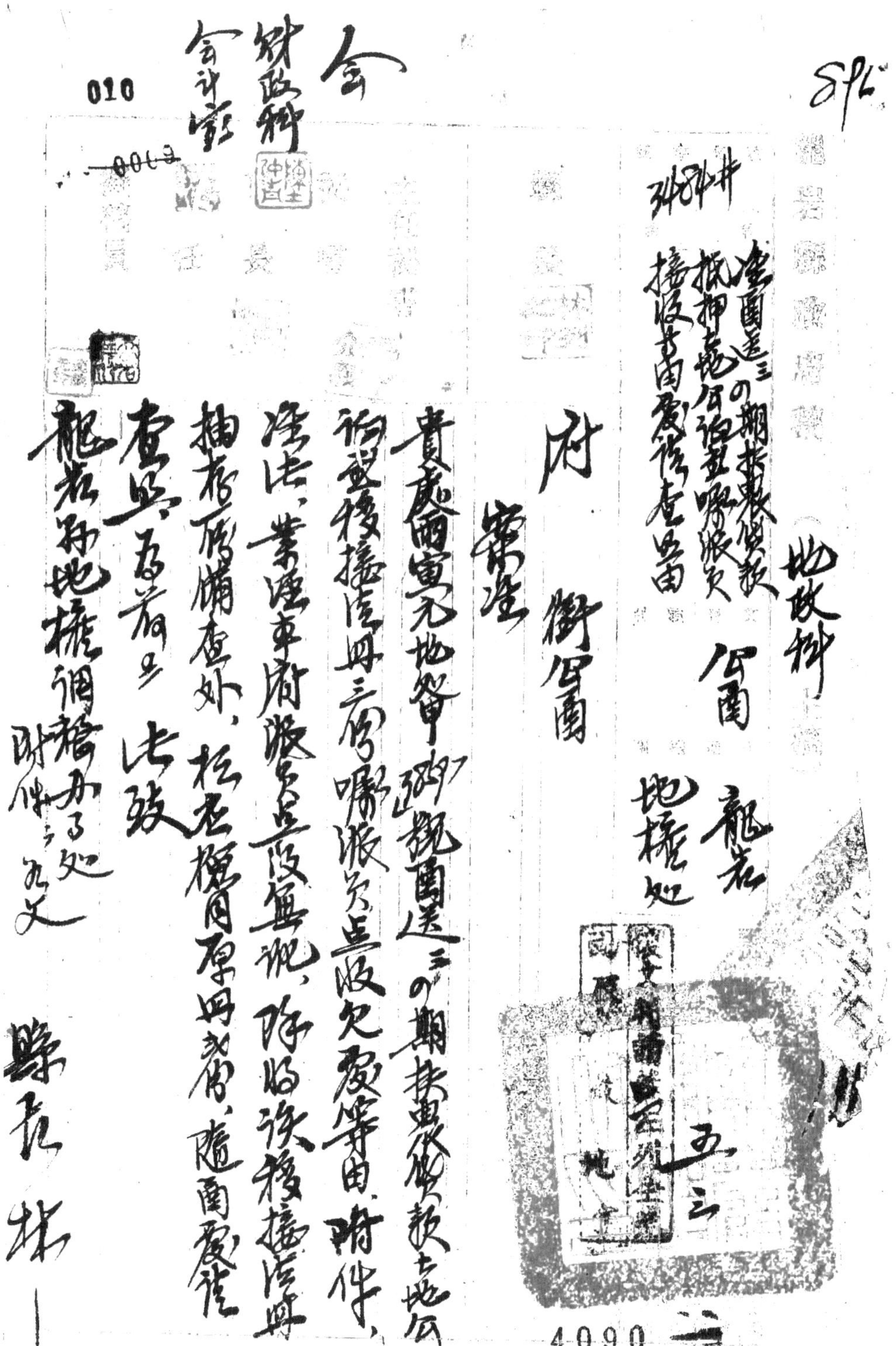

地政科
准函送三、四期扶农贷款抵押地公证书嘱派员接收由
龙岩地权处 公函
府 衔公函
案准
贵处函寅元地第3097号函送三、四期扶农贷款土地公证书嘱派员点收见复等由，附件，
准此，业经本府派员点收无讹，除将该项接收证书抽存，以备查外，检同原函附件，随函发还
查照为荷，此致
龙岩县地权调查办事处
县长 林

龙岩县政府地政科准函送第三、四期扶植自耕农贷款抵押土地公证书嘱派员接收等(1947年5月)

地權處第一課擬稿

公函

事由：函送本處第三、四期扶植自耕農貸款抵押土地公證書部分成果移交冊三份請派員接收見復由。

查本處辦理第三、四期銅鉢、小池、內山、雁石、龍門、大池、東肖、適中等鄉鎮扶植自耕農工作業已完竣，所有成果依照龍巖縣扶植自耕農完竣成果分期移交辦法第一條規定，繕請貴府接管。茲將上列各鄉鎮扶農貸款抵押土地公證書部分成果列冊三份送請查照，派員來處點收並希見復為荷！

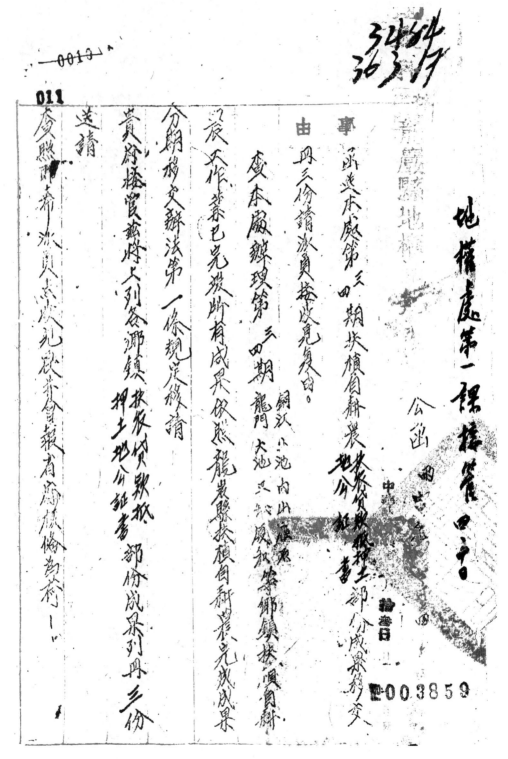

龙岩县政府地权调整办事处函送第三、四期扶植自耕农贷款抵押土地公证书部分成果移交册三份请派员接收（1947 年 3 月）

~~0011~~

012

此致

龍巖縣政府

附：成果移交冊三份

兼處長林　列

龍岩县政府地权调整办事处函送第三、四期扶植自耕农贷款抵押
土地公证书部分成果移交册三份请派员接收(1947 年 3 月)

0012
013
龍岩縣政府、龍岩縣地權調整辦事處辦理第三、四期扶植自耕農業務成果（公證書）移交清冊

龙岩县政府、龙岩县地权调整办事处办理第三、四期扶植自耕农业务成果(公证书)移交清册

014

龍岩縣政府、地權調整辦事處辦理第三、四期扶植自耕農業務成果公證書移交清冊

期別	文件名稱	單位	數量	備考
三、四	公證書	件	八	司法處[illegible]第[illegible]號[illegible]係呈奉公證書

龙岩县政府、龙岩县地权调整办事处办理第三、四期扶植自耕农业务成果(公证书)移交清册

0011

015

移交者：龍岩縣地權調整辦事處處長林 列

副處長歷劍民

第一課長袁若萍

受交者：龍岩縣地權調整辦事處 袁若萍

接收者：龍岩縣政府縣長林列

地政科長蘇[illegible]階

監收者：龍岩縣政府代办人員袁若萍

中華民國三十六年五月三日

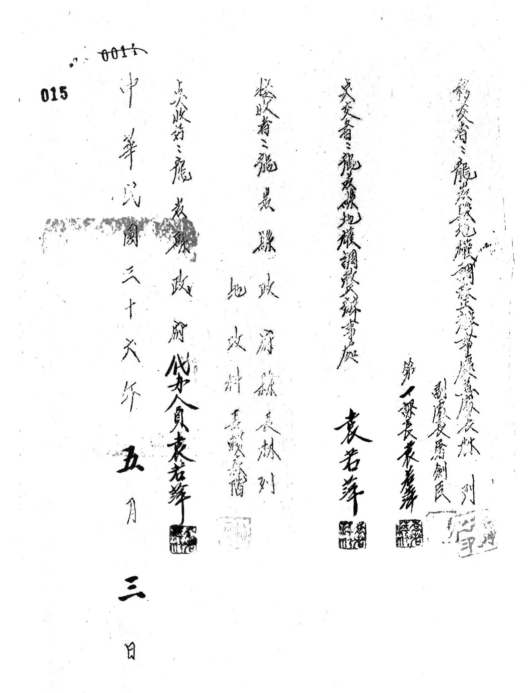

龙岩县政府、龙岩县地权调整办事处办理第三、四期扶植自耕农业务成果(公证书)移交清册

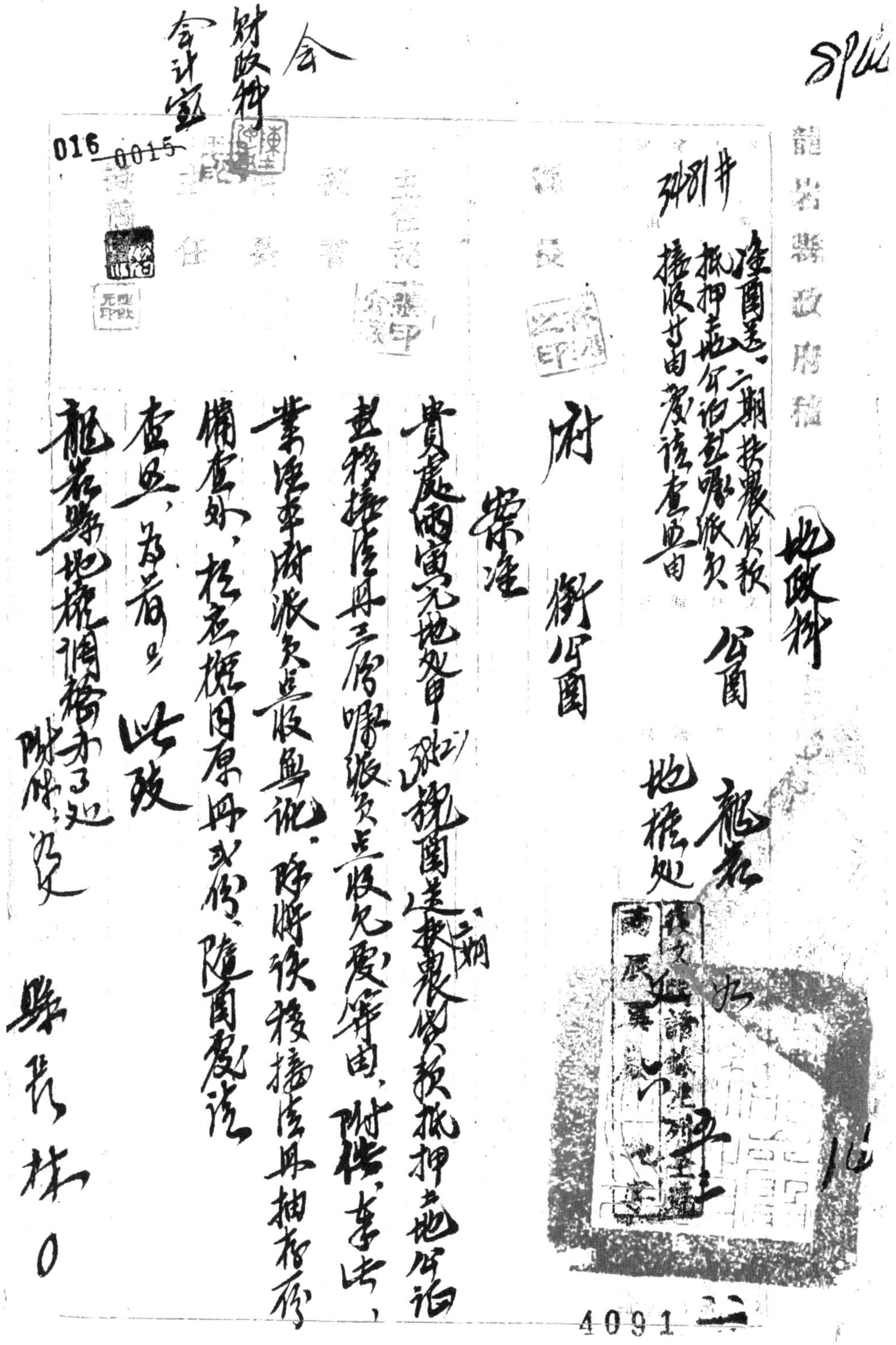

龙岩县政府地政科准函送第一、二期扶植自耕农贷款抵押土地公证书嘱派员接收(1947 年 5 月)

017 0013

龍巖縣地權調整辦事處公函

地權處第一課接管

事由：函送本處第一、二期扶植自耕農扶農貸款抵押公證書部份成果移交冊三份請派員接收見復由。

查本處辦理第一、二期[illegible]、大同、合作[illegible]等鄉鎮扶植自耕農工作業已完竣，所有成果依照龍巖縣扶植自耕農完成成果分期移交辦法第八條規定，擬請貴府接管，茲將上列各鄉鎮扶農貸款抵押土地公證書部份成果移交冊三份送請查照，即希派員點收見復，並會報省府核備為荷！

中華民國卅六年叁月[illegible]日

003852

龙岩县政府地权调整办事处函送第一、二期扶植自耕农贷款抵押土地公证书部分成果移交册三份请接收(1947 年 3 月)

~~0017~~

018

此致

龍巖縣政府

附：成果移交冊三份

兼處長 林　列

龙岩县政府地权调整办事处函送第一、二期扶植自耕农贷款抵押土地公证书部分成果移交册三份请接收（1947 年 3 月）

0013

019

龍岩縣政府、地權調整辦事處辦理第一、二期扶植自耕農業務成果（公證書）移交清冊

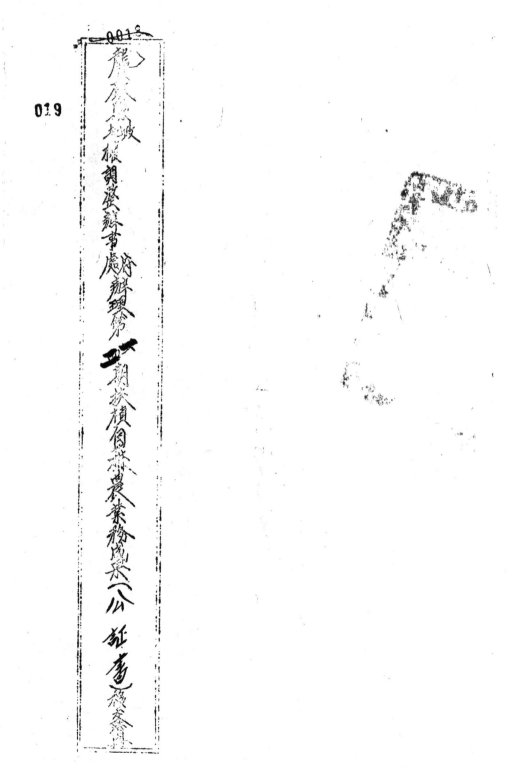

龙岩县政府、龙岩县地权调整办事处办理第一、二期扶植自耕农业务成果(公证书)
移交清册(1947年5月)

~~0019~~

020

龍巖縣政府
地權調整辦事處辦理一、二期扶植自耕農業務成果公證書移交清冊

期別	文件名稱	件數	數量	備攷
一	公證書	件	一	司法處[illegible]月拾日巖字第一號公證書
二	公證書	件	一	司法處叁拾陸年五月拾肆日巖字第二號公證書

龙岩县政府、龙岩县地权调整办事处办理第一、二期扶植自耕农业务成果(公证书)移交清册(1947 年 5 月)

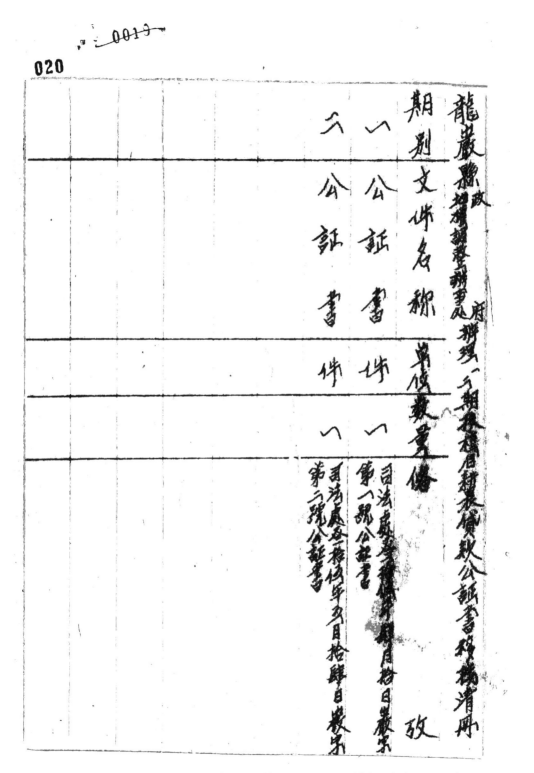

021 0020

移交者：龍岩縣地權調整辦事處兼處長林 列

副處長曆劍民

第一課長袁若舜

點交者：龍岩縣地權調整辦事處 袁若舜

接收者：龍岩縣政府縣長林 列

地政科長賴森階

點收者：龍岩縣政府代辦人員袁若舜

中華民國三十六年五月三日

龙岩县政府、龙岩县地权调整办事处办理第一、二期扶植自耕农业务成果(公证书)移交清册(1947年5月)

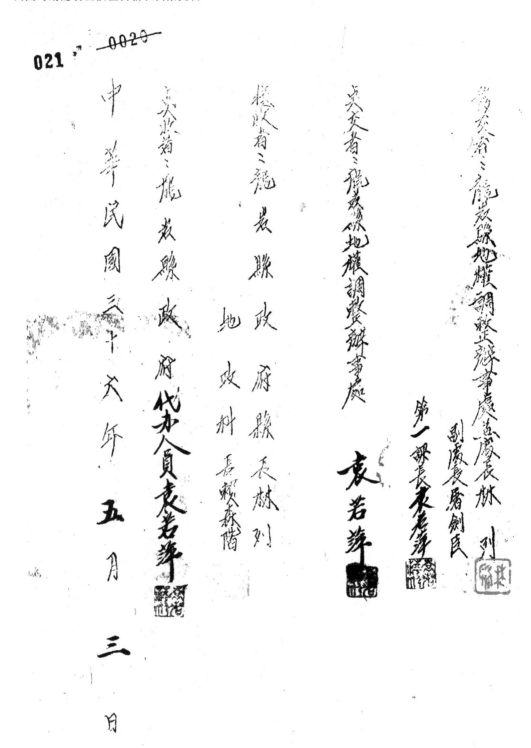

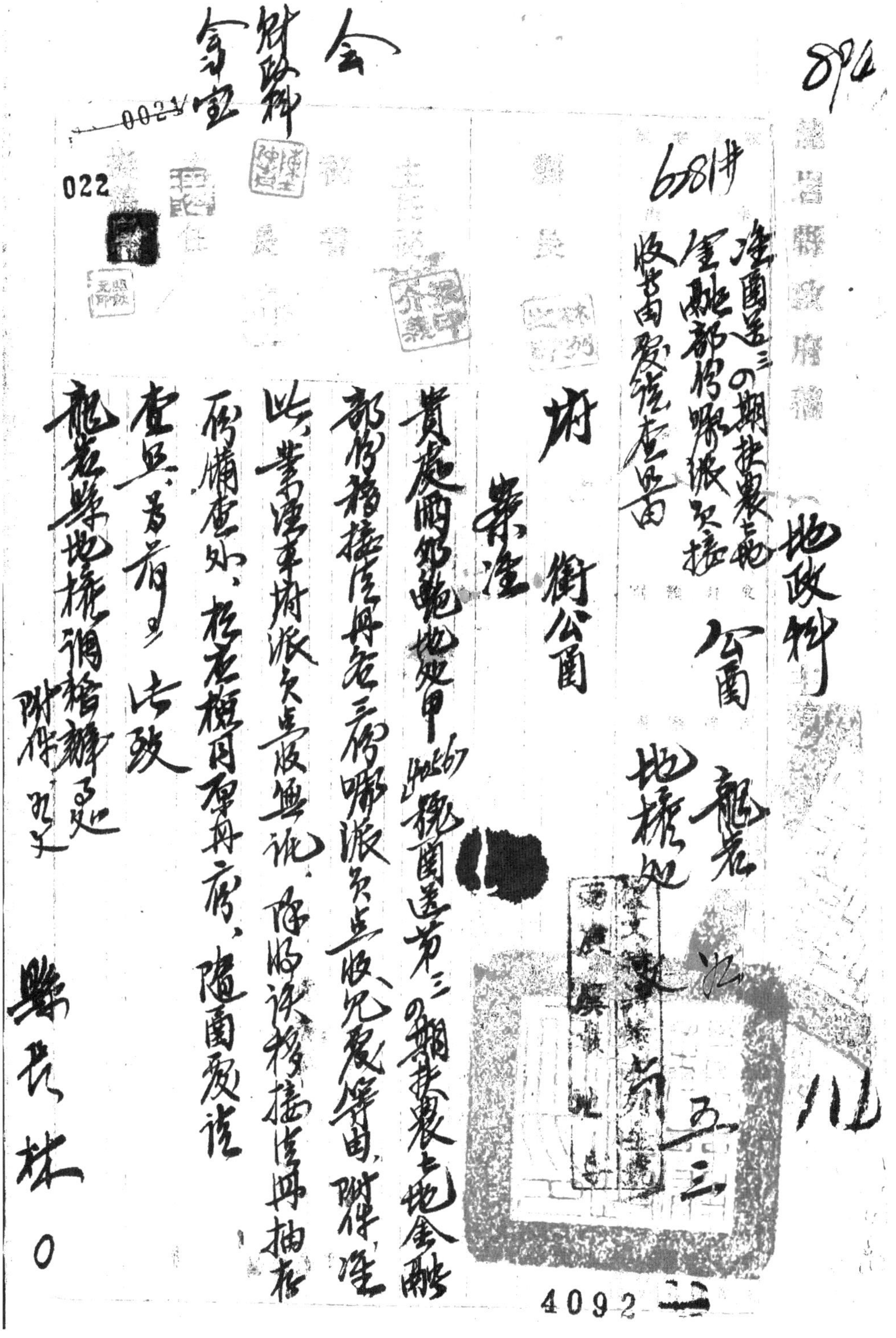
地政科 公函
龍岩 地籍處
准函送三、四期扶農土地金融部份囑派員接收由
收受由發復查照
府 衛公函
案准
貴處卅六年 地甲字第[illegible]號函送第三、四期扶農土地金融部份囑派員點收，等由；附件，准此。業經本府派員點收無訛，除將該移接底冊抽存備查外，相應檢同原冊，隨函發還，
查照為荷！
此致
龍岩縣地籍調查辦事處
附件 冊?
縣長 林O
4092

龙岩县政府地政科准函送第三、四期扶植自耕农土地金融部分嘱派员接收等(1947 年 5 月)

023

0022

地政科

6281
36 4 30

龍巖縣地權調整辦事處公函　外甲字第4066號

事由：函送本處第三四期扶植自耕農土地金融移交清冊三份請派員接收見覆由

查本處辦理第三四期龍門大池小池、[illegible]錢段內山厦和雁石銅江等八鄉鎮扶植自耕農工作業經完竣所有成果依照龍巖縣扶植自耕農完成成果辦法第一條規定移請

貴府接管茲將上列鄉鎮土地金融部份列冊各三份資產負債平衡表各三份隨函送請

查照希即派員接收見覆并會同呈報

省府核備為荷

龙岩县地权调整办事处函送第三、四期扶植自耕农土地金融移交清册三份请派员接收（1947年4月）

此致

龍巖縣政府

附送：土地金融部份各三份　資產負債平衡表各三份

處長林列

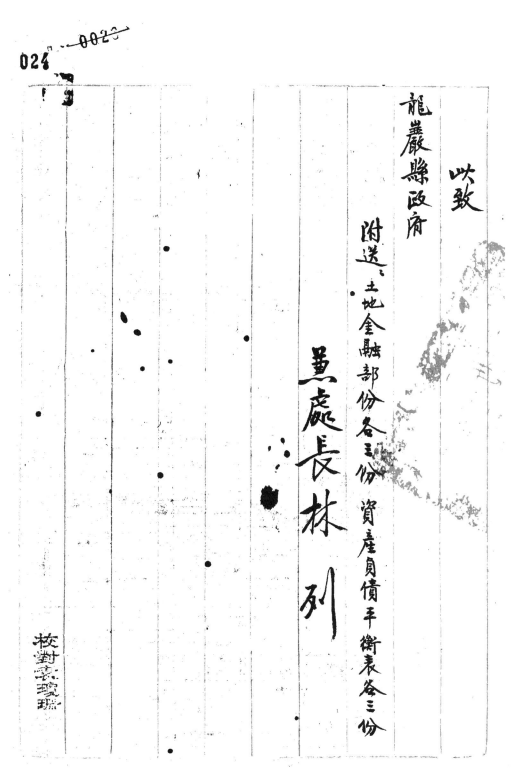

龙岩县地权调整办事处函送第三、四期扶植自耕农土地金融移交清册三份请派员接收(1947 年 4 月)

龍巖縣政府
龍巖縣地權調整辦事處辦理第三期扶植自耕農業務成果（土地金融部份）移交清冊

龙岩县政府、龙岩县地权调整办事处办理第三期扶植自耕农业务成果（土地金融部分）移交清册（1947 年 5 月）

~~0025~~

026

龍巖縣政府
地权调整办事处 辦理第三期扶植自耕農業務成果（土地金融部份）移接清冊

（一）扶植自耕農地價貸款繳付總表（截至卅年三月卅日止）

收入之部

摘要	金額	附註
提用農貸款	一〇、六八四、四六六·三六	1、貸 2、貸 3、貸 5、貸 6、貸
農民繳付承領土地地價	六〇、三五五、三七三·一〇	1、承 2、承 3、承 4、承 5、承
農民領地分期償付地價利息收入	六七八、四六六·四八	
其他各項存款利息收入	一一七、五四七·二三	
合計	七一、八三五、八四五·四[illegible]	

附送文件（詳清單）

號

龙岩县政府、龙岩县地权调整办事处办理第三期扶植自耕农业务成果（土地金融部分）移交清册（1947年5月）

027

支出之部

摘要	金額	號數 附送文件（詳清册五）
付還農行貸款本金	二八六三〇六三四四	4、貸 5、貸 1、貸
付還農行貸款利息	八六九三七六六	4、貸 5、貸 1、貸
發給徵收土地補償地價	五七四三五一一九〇	1、徵 2、徵 3、徵 10、徵
繳庫剩餘利息	七	
合計	六八四五一一八九〇	

龙岩县政府、龙岩县地权调整办事处办理第三期扶植自耕农业务成果（土地金融部分）移交清册（1947年5月）

0026

028

摘要	金额	号
结存之部		
承领地价本息存款	六二六四八六四六	承
存储待领补偿地价	一百六八〇七〇〇〇	征5、征6、征7、征8、征9、征10
其他利息存款	一〇七五四七五一	
附送文件（详清单五）		
合计	一六四四〇七三三七	

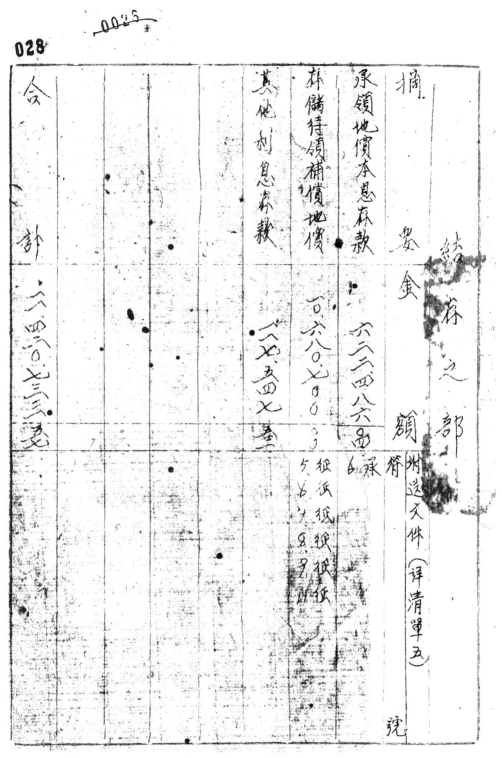

龙岩县政府、龙岩县地权调整办事处办理第三期扶植自耕农业务成果（土地金融部分）移交清册（1947年5月）

029

(二)放領土地農民實際繳付地價收入清單

摘要	金額	備考
已收放領土地地價	[illegible]	
未收放領土地地價	[illegible]	
合(應收放領土地地價)計	[illegible]	

張

龙岩县政府、龙岩县地权调整办事处办理第三期扶植自耕农业务成果
(土地金融部分)移交清册(1947年5月)

0027

030

（三）征收土地補償地價存付清單

摘要	金額	備攷
已付補償地價	五七、四五、一八八、九〇	
存儲待領補償地價	一〇、六〇、七〇〇〇〇	
應付未付補償地價	二一一、八二一〇〇	
合（應付補償地價）計	六八、三七七、三一九〇	

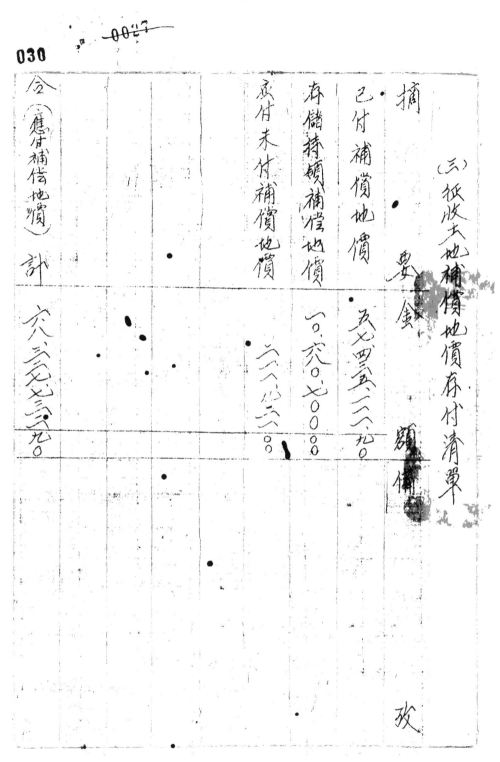

龙岩县政府、龙岩县地权调整办事处办理第三期扶植自耕农业务成果（土地金融部分）移交清册（1947 年 5 月）

031

（四）征收土地存储待领补偿地价明细表

摘要	现金	债券	合计	备考
铜汉乡补偿地价	一八三六一五二八五〇	二六〇六〇〇〇〇	三一四四八一五二五〇	
龙门镇补偿地价	一四四三一〇八五〇	二二四四三〇〇〇〇	三六八七四〇八五〇	
大池乡补偿地价	三五〇〇五八五〇	六九九〇〇〇〇	一〇四九〇五八五〇	
小池乡补偿地价	九六二九八六五〇	一七八二〇〇〇〇	一一四一一八六五〇	
合计	三九五三[illegible]〇〇	六九五三〇〇〇	一〇[illegible]八九〇〇〇〇	

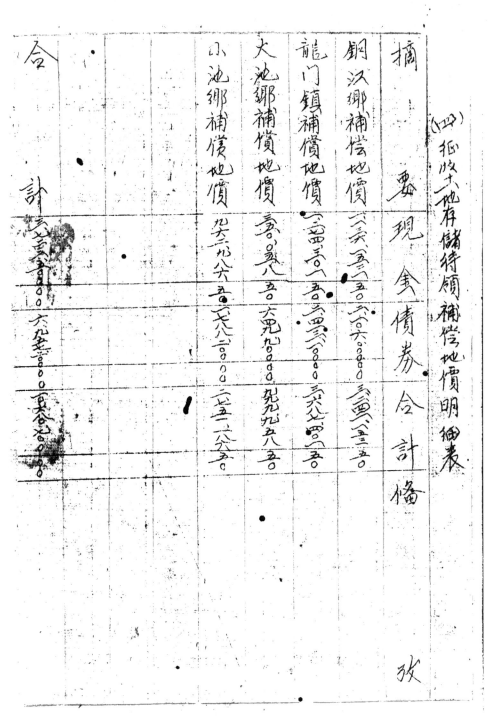

龙岩县政府、龙岩县地权调整办事处办理第三期扶植自耕农业务成果（土地金融部分）移交清册（1947年5月）

032

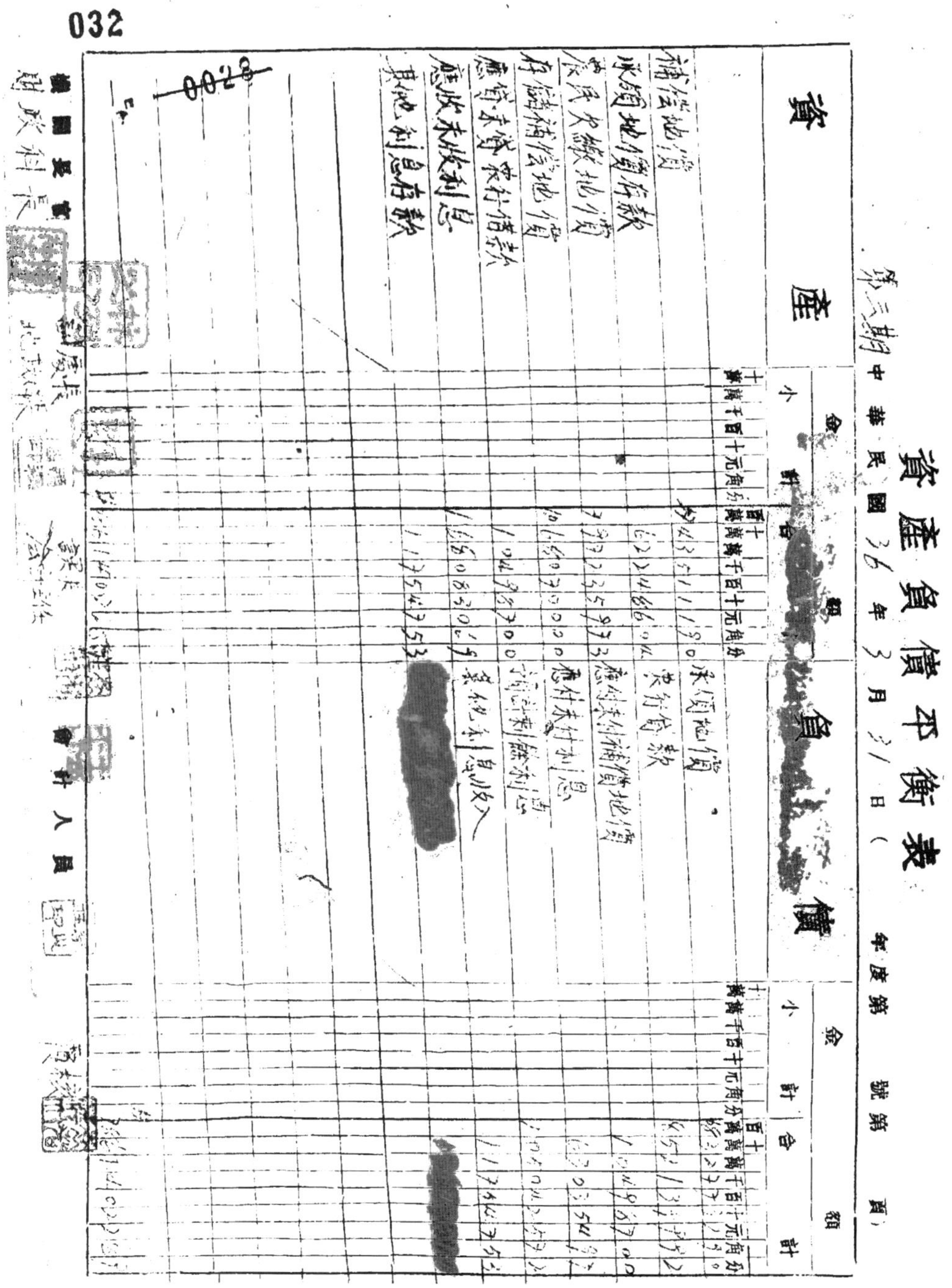

資產負債平衡表

第三期 中華民國 36 年 3 月 31 日（ 年度第 號第 頁）

資產	金額 小計	金額 合計	負債	金額 小計	金額 合計
補償地價		943511190	承領地價		852377290
承領地價存款		62248604	農行貸款		852113752
農民欠繳地價		777235973	應付未付補償地價		104987000
存儲補償地價		1065070000	應付未付利息		6230549
應貸未貸農行借款		104937000	預計剩餘利息		10402579
應收未收利息		168083029	其他利息收入		11754753
其他利息存款		11754753	[redacted]		[redacted]
		[illegible]			[illegible]

機關長官 財政科長 副處長 地政科 課長 會計主任 會計人員 覆核

龙岩县政府、龙岩县地权调整办事处办理第三期扶植自耕农业务成果

（土地金融部分）移交清册（1947 年 5 月）

0029

033

（五）附送文件單

符號	名稱	單位	數量	起號	訖號	備攷
承1	農民領地分期還款請示單	本	儀	/	/	小池、大池、龍门、銅坑、外三、
承2	農民領地分期還款契約	本	伍拾弍	詳附表		
承3	農民領地貸款抵押執照	張		/	/	已另列冊移交可詳担保品粘存簿
承4	農民欠繳地價本息通知單	本	肆	/	/	
承5	農民銀行代收承領地價本息清單	本	叁	行對1	213	
承6	承領地價本息存款支票簿	本	壹（2417）	FP3793471	FP3793500	（已：FP3793426-FP3793482）（領用FP3793483-FP3793500）
貸1	扶植自耕農放款合約	本	壹	/	/	存龍岩縣銀行公庫，附收据八紙
貸2	扶植自耕農文件移送單	件	壹	/	/	/

龙岩县政府、龙岩县地权调整办事处办理第三期扶植自耕农业务成果（土地金融部分）移交清册（1947年5月）

034

编号	名称	单位	数量	备注	档号
貨三	抵押品收據粘存簿	本	壹	三根	1-2
貨四	放款還款收據粘存簿	本	壹	叁	1-3
貨五	中國農民銀行代理收付地價通知單	張	拾弍	另行	1-12
貨六	扶植自耕農償付地價本息暨還款請示單	本	壹	/	
貨七	土地金融印鑑粘存簿	本	壹	/	
徵1	發給補償地價請示單	束	壹	/	
徵2	發給補償地價通知單存根	束	弍	叁扶償 丁三元	
徵3	發給補償地價收據粘存簿	束	壹	叁存 丁六八 現款發償部份收據	
徵4	發給補償地價收據粘存簿	件	4825	計丙寅元地處丙業佃自行買賣抵銷地價收據已第元八五九號文案冊件 第元八五九號文案一併移交	
徵5	發給補償地價存儲待償請示單清冊	本	[illegible]		

龙岩县政府、龙岩县地权调整办事处办理第三期扶植自耕农业务成果（土地金融部分）移交清册（1947 年 5 月）

035 0030

祇6	存儲待領補償地價領款通知單根存	束	壹	存扶叁	丁五	
祇7	土地債券保管單粘存簿	束	壹	償叁	丁七	
祇8	存儲待領地價現金存款單存根粘存簿	束	壹	存送叁	丁六	
祇9	存儲地價存款支票簿	束	四拾[illegible] 280	FP	101726 / 101625	內FP101726# FP101751# 共[illegible] FP101804 已支用其他未動用
祇10	承領土地權利申報合併申請書	束	（印原[illegible]地價收據[illegible]地抵銷）			已檢兩宗無地處丙字第六八五五號公函列冊移交
祇11	扶農存儲補償地價請示單	本	四			
	現金及分錄日記賬	束	貳			
	總分類帳	束	貳			
	分戶帳					合併第一二期一束
	轉帳傳票	束	拾伍	叁	丁三九	

龙岩县政府、龙岩县地权调整办事处办理第三期扶植自耕农业务成果（土地金融部分）移交清册（1947年5月）

資產負債平衡表 本 表 叁 (一一三)

結帳帳項核定憑單 張 表 叁 (一一六)

第三期農民分期繳還地價契約起訖字號表(附表)

鄉鎮別	保別	起訖字號
龍门	湖内	龍 701—1031
〃	五村	龍 1901—1945
〃	蔴排	龍 2151—2270
〃	易進	龍 251—1222
〃	龍沙	龍 451—632
〃	一德	龍 1951—2135
龍门	龍川	龍 1051—1220
〃	石泉	龍 1251—1440
〃	石埠	龍 2301—2403
〃	龍阜	龍 2451—2505
〃	延壠	龍 651—856
〃	龍坑	龍 1201—1852
龍门	塘山	龍 1451—1660
〃	埔圳	龍 1—206
銅汶	山头	銅 1—20
〃	林垅	銅 51—55
〃	興田	銅 101—106
〃	[illegible]	銅 151—175
銅汶	村北	銅 201—244
〃	村東	銅 251—349
〃	村美	銅 401—459
〃	赤坑	銅 501—563
〃	東昇	銅 601—694
〃	中山	銅 751—832

龙岩县政府、龙岩县地权调整办事处办理第三期扶植自耕农业务成果(土地金融部分)移交清册(1947 年 5 月)

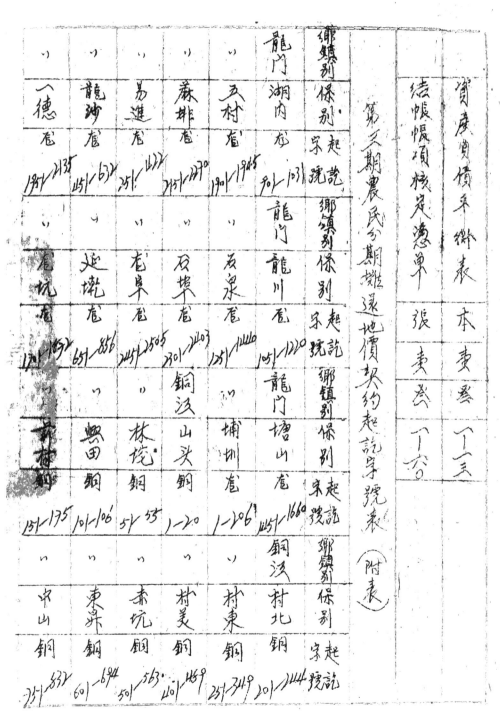

037 0031

铜汶	南岱	铜	1001-1111	小池	兴贤	小	901-1011	大池	南埔	大	551-721
〃	北采	铜	1151-1255	〃	东?	小	1151-1242	〃	黄坊	大	751-850
〃	建导	铜	1301-1467	〃	贝斋	小	1251-1345	〃	大竹	大	901-930
〃	山塘	铜	1501-1623	〃	南光	小	1551-1512	〃	凤斜	大	1001-1114
小池	儒炉	小	1-63	〃	南星	小	1531-1685	〃	岭尾	大	1151-1210
〃	黄坡	小	101-150 1801-1882	〃	山美	小	1701-1781	〃	大雅	大	1251-1334
〃	源磜	小	151-262	大池	北溪	大	1-138	〃	秀东	大	1351-[illegible]
〃	横溪	小	301-469	〃	大权	大	151-218	西墩	承领三期	外三	1-15 18-19
〃	赖邦	小	501-612	〃	金枫	大	251-344	平铁	承领第三期	外三	16-17
〃	添溪	小	651-882	〃	黄山	大	401-498				

龙岩县政府、龙岩县地权调整办事处办理第三期扶植自耕农业务成果（土地金融部分）移交清册(1947年5月)

038

龙岩县政府、龙岩县地权调整办事处办理第三期扶植自耕农业务成果（土地金融部分）移交清册（1947 年 5 月）

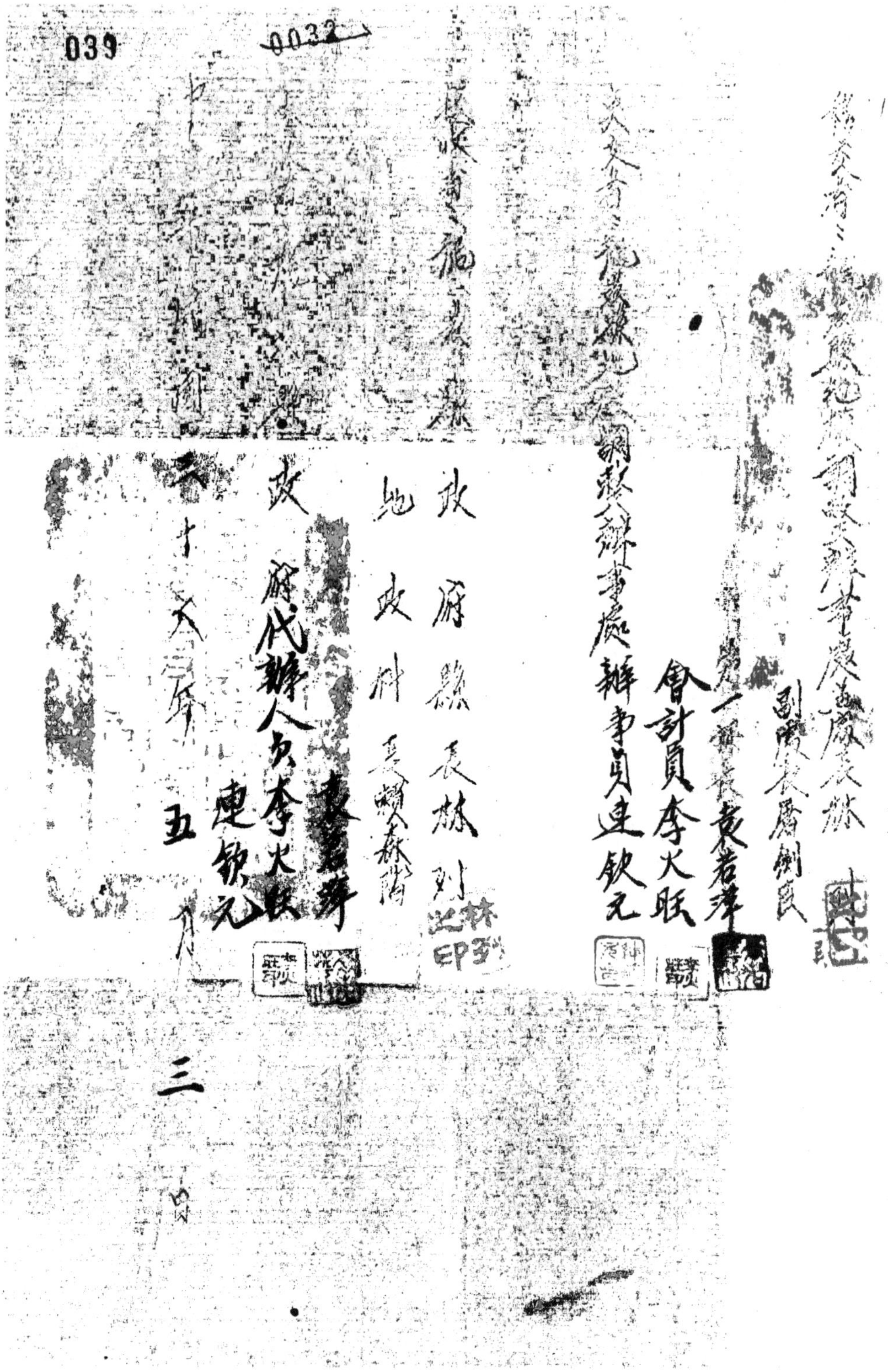

龙岩县政府、龙岩县地权调整办事处办理第三期扶植自耕农业务成果
（土地金融部分）移交清册（1947年5月）

040
0032
龍岩縣政府、龍岩縣地權調整辦事處辦理第四期扶植自耕農業務成果（土地金融部分）移交清冊

龙岩县政府、龙岩县地权调整办事处办理第四期扶植自耕农业务成果
（土地金融部分）移交清册（1947 年 5 月）

041

0034

龍巖縣政府
地權調整辦事處辦理第四期扶植自耕農業務成果（土地金融部份）移接清冊

（一）扶植自耕農地價本息收付總表（截至卅六年三月卅一日止）

收入之部

摘要	金額	備考
提用農行貸款	〈六、六六五、八〇六.〇〇	貸1、貸2、貸3、貸5、貸7、
農民繳付承領土地地價	三〇、七〇〇、〇二三.三〇	承1、承2、承3、承4、承5、
農民領地分期償付地價利息收入	〈七、〇五五.三四	
其他各項存款利息收入	五二、〇九四.七六	
合計	四七、四四四、九七九.三六	

附送文件（詳清單五）

龍巖縣政府、龙岩县地权调整办事处办理第四期扶植自耕农业务成果（土地金融部分）移交清册（1947 年 5 月）

042

支出之部

摘要	金额	附送文件（详清单五）號
付還農行貸款本金	0	4、5、6、貸貸貸
付還農行貸款利息	0	4、5、6、貸貸貸
貸給（抵收土地）農行貸補償地價	三〇、五二九、六九二 八〇	1、2、3、10、抵抵抵抵
繳庫剩餘利息	0	
合計	三〇、五二九、六九二 八〇	

龙岩县政府、龙岩县地权调整办事处办理第四期扶植自耕农业务成果（土地金融部分）移交清册（1947 年 5 月）

043 0035

結存之部

摘要	金額	附送文件（詳清單五）號	備
承領地價本息存款	九七,三八五.八四	承6,	
存儲待領補償地價	六,六六五,八六六.〇〇	征5,征6,征7,征8,征9,征10,征11	
其他利息存款	五六,〇九四.七八		
合計	六,九一五,三八六.五六		

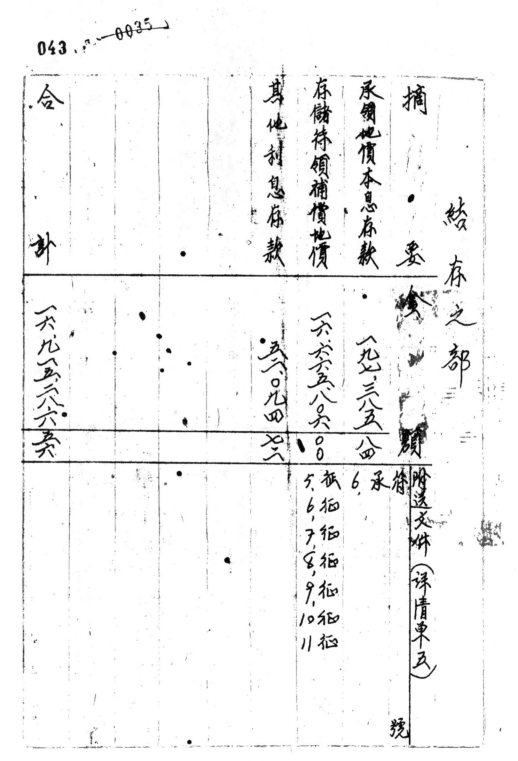

龙岩县政府、龙岩县地权调整办事处办理第四期扶植自耕农业务成果（土地金融部分）移交清册（1947年5月）

044

（六）放領大地農民實際繳付地價收入清單

摘要	金額	備考
已收放領大地地價	〤〧、〇〇〢〣 〣〇	
未收放領大地地價	〥〇〢〧、〢〡〤 〣〨	
合（實收放領大地地價）計	〨〤〢〧、〢〣〥 〦〨	

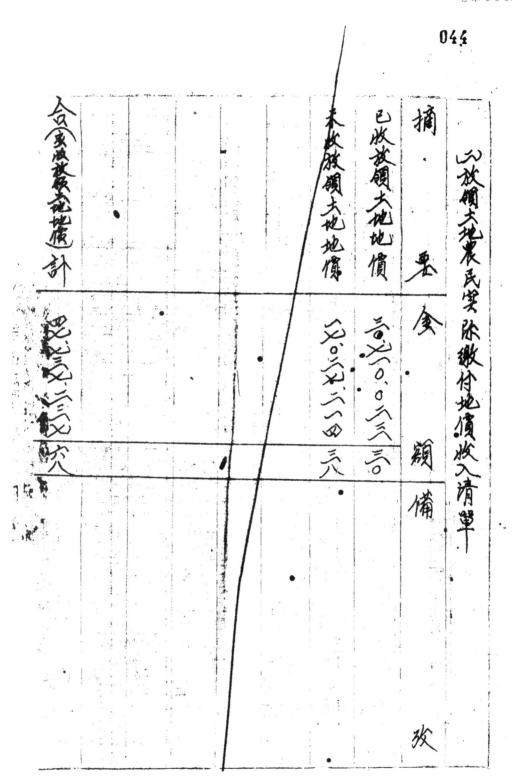

龙岩县政府、龙岩县地权调整办事处办理第四期扶植自耕农业务成果（土地金融部分）移交清册（1947 年 5 月）

045

~~0036~~

（三）征收土地補償地價存付清單

摘要	金額		備攷
已付補償地價	三〇、五二九、六九二	八〇	
存儲待領補償地價	一六、六五八、八〇六	〇〇	
應付未付補償地價	五四八、七三八	八八	
合計	四七、七三七、二三七	六八	

龙岩县政府、龙岩县地权调整办事处办理第四期扶植自耕农业务成果

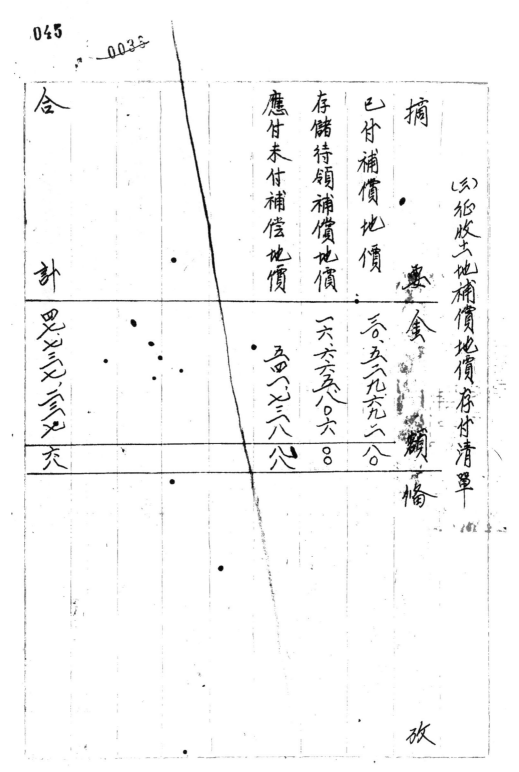

（土地金融部分）移交清册（1947年5月）

046

(四)征收土地存儲待領補償地價明細表

摘要	現金		債券		合計		備攷
平鉄鄉補償地價	一二〇、八〇〇	五〇	一、一二七、三〇〇	〇〇	一、二四八、一〇〇	五〇	
內山鄉補償地價	六五二、七二三	〇〇	一、一三五、二〇〇	〇〇	一、七八七、九二三	〇〇	
廈和鄉補償地價	一、一二六、九八六	三五	一、二六〇、三〇〇	〇〇	二、三八七、二八六	三五	
雁石鎮補償地價	三、六四八、三三六	一五	六、六四四、二〇〇	〇〇	一〇、二九二、五三六	一五	
合計	五、五四八、八四六	〇〇	一〇、一六七、〇〇〇	〇〇	一五、七一五、八四六	〇〇	

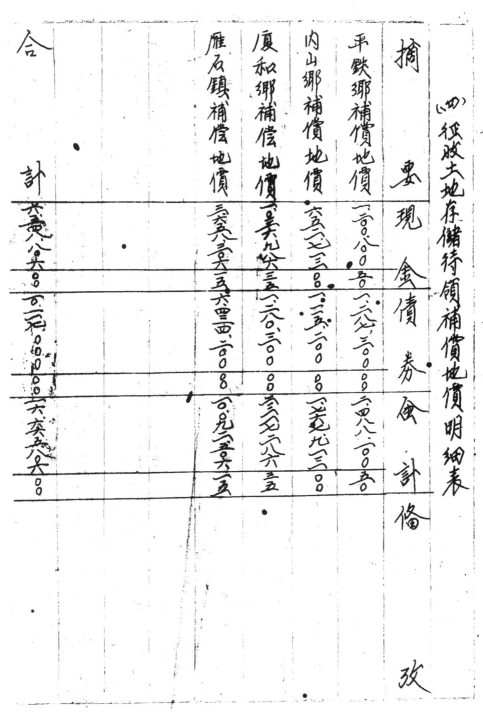

龙岩县政府、龙岩县地权调整办事处办理第四期扶植自耕农业务成果（土地金融部分）移交清册（1947 年 5 月）

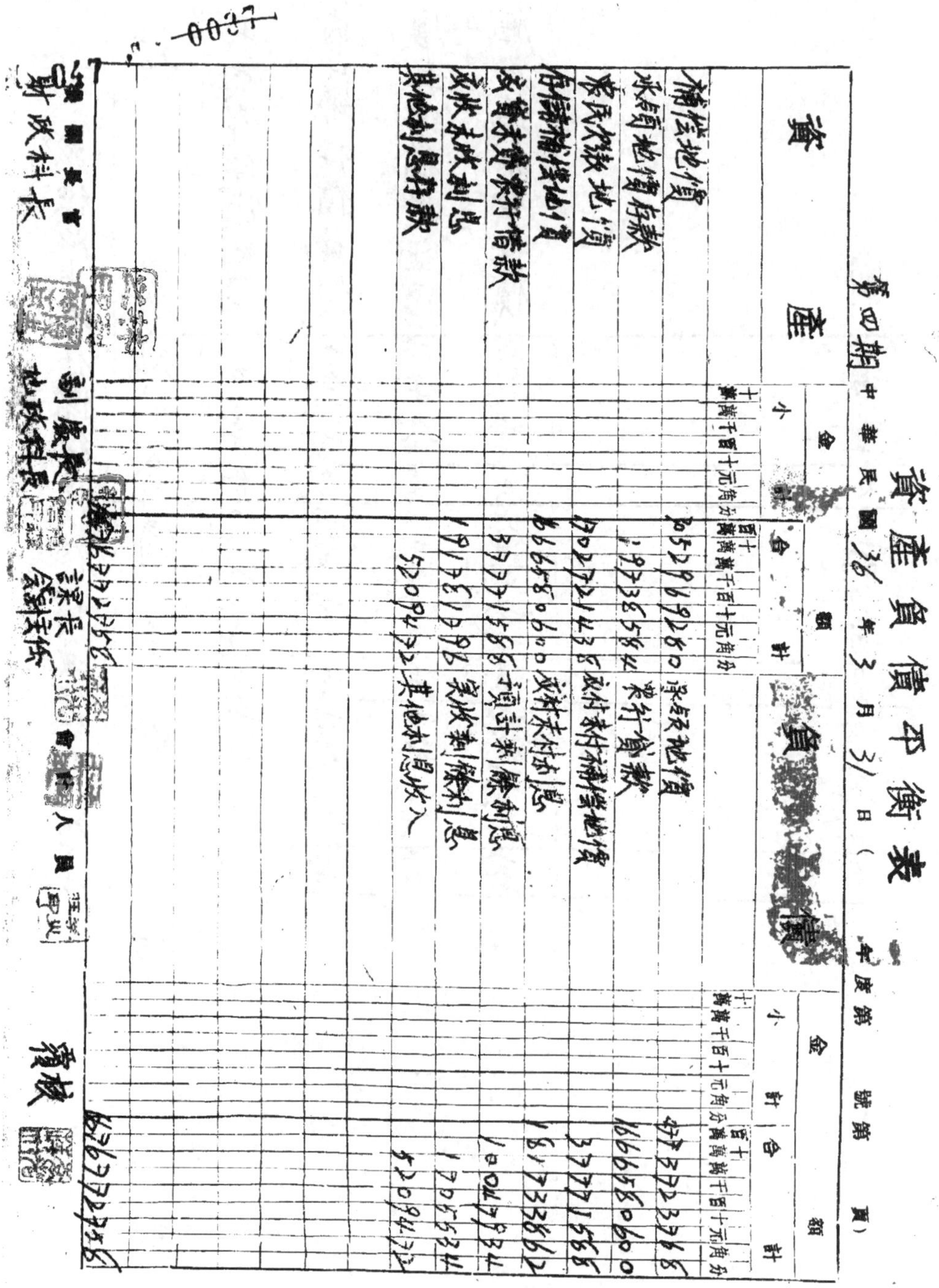

資產負債平衡表

第四期 中華民國36年3月31日（ 年度第 號第 頁）

資產	金額 小計	金額 合計	負債	金額 小計	金額 合計
補償地價		2052969280	承領地價		477372368
承領地價存款		197385584	農行貸款		1666580600
農民欠繳地價		902721438	應付未付補償地價		37771588
存儲補償地價		1666580600	應付未付利息		181733862
應貸未貸農行借款		37771588	預計剩餘利息		100477934
應收未收利息		191781798	實收剩餘利息		1705534
其他利息存款		5209472	其他利息收入		5209472
		[illegible]6772756			[illegible]6772756

機關長官 財政科長 副處長 地政科長 課長 翁[illegible] 會計人員 覆核

龙岩县政府、龙岩县地权调整办事处办理第四期扶植自耕农业务成果

（土地金融部分）移交清册（1947年5月）

048 ~~0033~~

(五)附送文件清單

符號	名稱	單位	數量	起訖號碼	備攷
承1	農民領地分期還款請示單	本	五		平鉄、厦和、雁石、内山、外四
承2	農民領地分期還款契約	本	四拾壹	詳附表	
承3	農民領地貸款抵押執照	張			已另列冊移交 可詳抵保品粘存簿
承4	農民欠繳地價本息通知單	本	四		
承5	農民銀行代收承領地價本息清單	本	壹	行对1-13	
承6	承領地價本息存款支票簿	本	壹(303戶)	FP403676-FP403700	未動用
貸1	扶植自耕農放款合約	本			存龍岩縣銀行公庫 三期合併一本
貸2	扶植自耕農文件移送簿	本			併第三期裝訂

龙岩县政府、龙岩县地权调整办事处办理第四期扶植自耕农业务成果（土地金融部分）移交清册(1947年5月)

049

貸3	擔保品收據粘存簿	本	壹	四捆	1—2	
貸4	放款還款收據粘存簿	本	〃	〃	〃	
貸5	中國農民銀行代理收付地價通知單	張	四	四行	1—4	
貸6	提付承領地價本息存款請示單	本	壹	/	/	空白
貸7	土地金融印鑑粘存簿	本	/	/	/	併第三期裝訂
抵1	發給補償地價請示單	本	壹	/	/	
抵2	發給補償地價通知單存根	本	壹	償扶物	1—10	
抵3	發給補償地價收據粘存簿	本	壹	/	/	空白
抵4	發給補償地價收據粘存簿	冊	4345	詳兩寅元地處酉六五七號支案附件		業佃自行買賣抵銷地價收據已每三八五七号支案一併移交
抵5	發給補償地價存備待領清冊請示單	本	四	/	/	

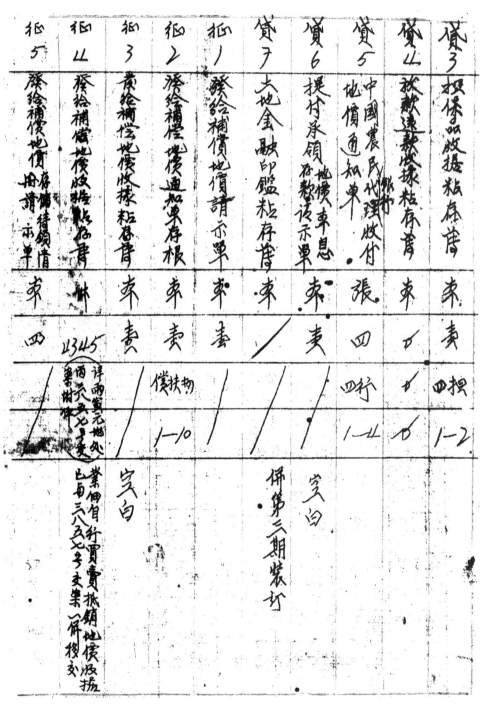

龙岩县政府、龙岩县地权调整办事处办理第四期扶植自耕农业务成果（土地金融部分）移交清册（1947 年 5 月）

050 0039

编号	征6	征7	征8	征9	征10	征11				
	存储待领补偿地价领款通知单存根	土地债券保管单粘存簿	存储待领地价现金存款单存根粘存簿	存储地价存款支票簿	承领土地合保申请书权利申报	提发存储补偿地价清示单	现金及分录日记帐	总分类帐	分户帐	转帐传票
	束	束	束	束	束	本	本	束		束
	壹	壹	壹	四	(原自耕地抵销地价收据)	四	贰	贰		四
	存扶四	四债	四送存	FP						四
	1-14	1-14	1-16	101626 101975						1-29
				内FP101626 FP101627 FP101636 [illegible]已另用其他表用	已於丙寅元地处丙字第一二八五贰号公函列册移交				合併第一、二期計八束	

龙岩县政府、龙岩县地权调整办事处办理第四期扶植自耕农业务成果(土地金融部分)移交清册(1947年5月)

051

資產負債平衡表	第	壹	四	丁二
結帳帳項核定憑單	張	貳	四	丁二

第四期農民分期攤還地價契約起訖字號表（附表）

鄉鎮別	保別	起訖字號
平鐵	下洋	平 1-331
〃	林邦	平 51-[illegible]
〃	中岩	平 602-709
〃	上洋	平 801-1055
〃	溪當	晉 1101-1334
〃	平林	平 1351-1431
平鐵	才興	平 1501-1625
〃	社棠	平 1651-1722
〃	東關	平 1751-1959
雁石	禮澤	雁 1-138
〃	垣辰	雁 151-290
〃	[illegible]頭	雁 301-411
雁石	智仁	雁 451-623
〃	霞仁	雁 651-748
〃	雁街	雁 801-817
〃	岩溪	雁 851-974
〃	溪山	雁 1051-1187
〃	黄新	雁 1201-1407
雁石	中美	雁 1451-1652
〃	東華	雁 1701-1835
〃	新資	雁 1851-1997
〃	永興	雁 2051-2196
廈和	雲村	廈 1-149
〃	東洋	廈 151-252

龙岩县政府、龙岩县地权调整办事处办理第四期扶植自耕农业务成果（土地金融部分）移交清册（1947 年 5 月）

052 ~~0043~~

厦和	陳康	厦	301-431
〃	南山	厦	501-632
〃	北楼	厦	651-686
〃	西仪	厦	851-1011
〃	上前	厦	1051-1293
〃	黄田	厦	1301-1431
内山	莱山	内	1-68
〃	增坪	内	81-172
〃	玉田	内	201-312
〃	北山	内	351-498
厦和内山	劉汝	内	551-634
〃	前园	内	651-752
〃	谢岭	内	801-895
〃	佳山	内	951-1048
〃	陳山	内	1101-1165
〃	龍山	内	1201-1358
合作承領第四期		外西	1-7
西敷承領第四期		外西	8-11
曹莲承領第四期		外西	12-14
東和合作承領第四期		外西	15-43

龙岩县政府、龙岩县地权调整办事处办理第四期扶植自耕农业务成果

（土地金融部分）移交清册（1947年5月）

0041

053

移交者：龍岩縣地權調整辦事處處長林　列
副處長詹劍民
第一課課長袁若萍
會計員李火賑
監交者：龍岩縣地權調整辦事處辦事員連欽元
接收者：龍岩縣政府縣長林　列
地政科長賴森階
監收者：龍岩縣政府代辦人員李火賑
袁若萍
連欽元

中華民國三十六年五月三日

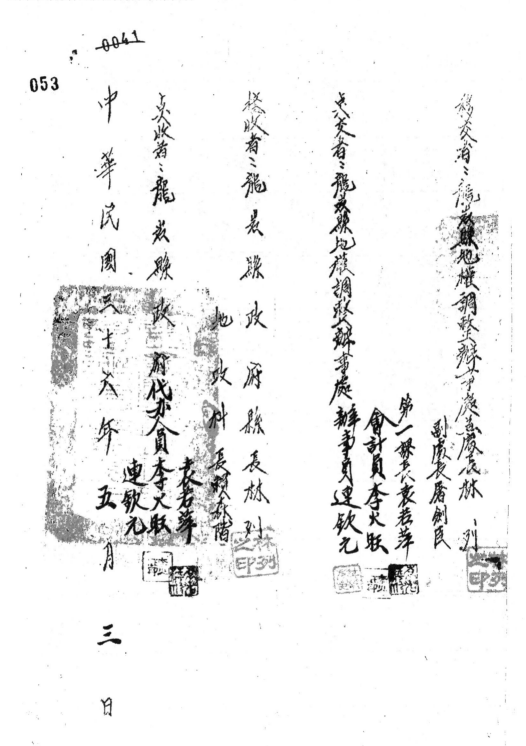

龙岩县政府、龙岩县地权调整办事处办理第四期扶植自耕农业务成果
(土地金融部分)移交清册(1947年5月)

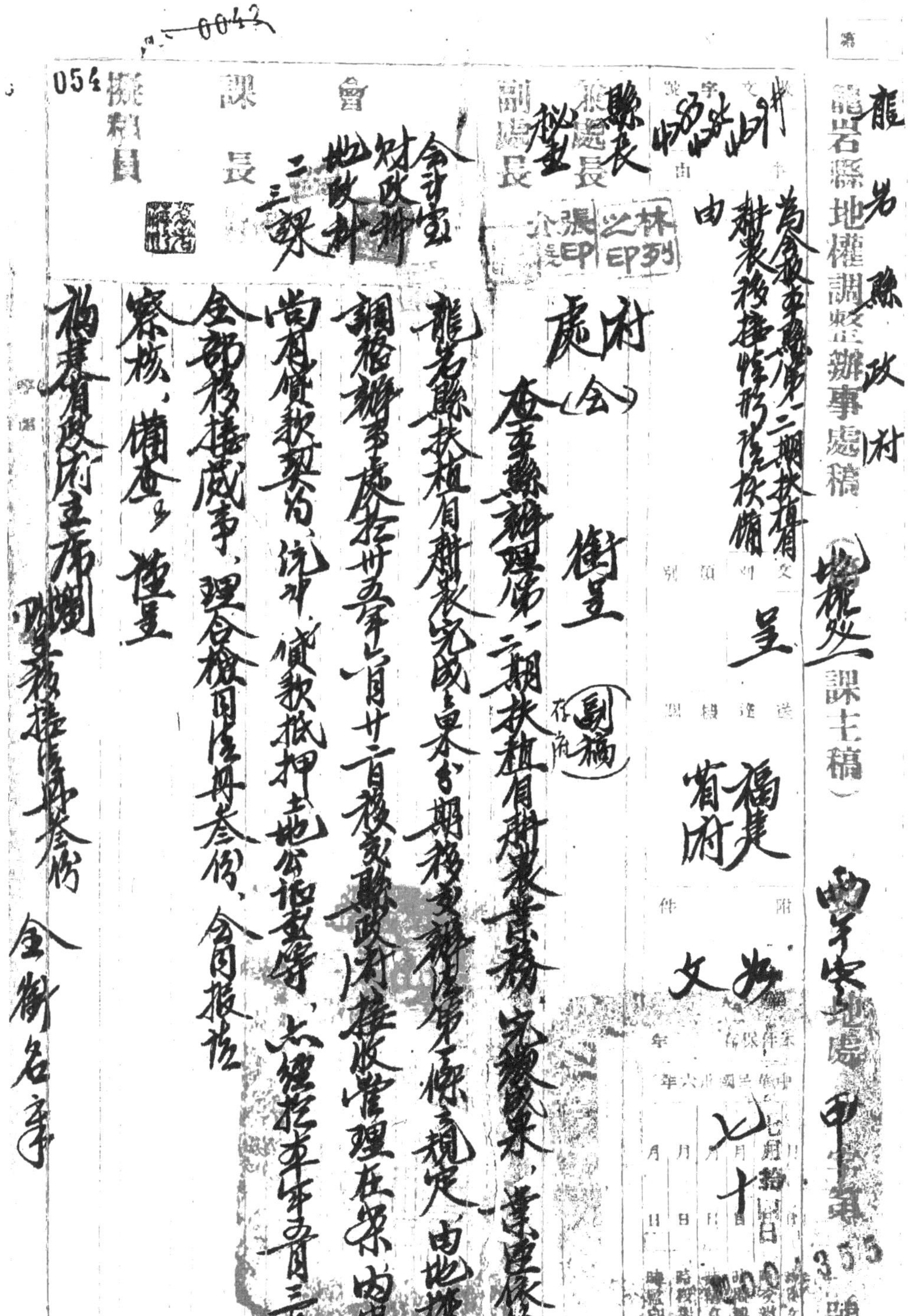
龍岩縣政府

龍岩縣地權調整辦事處稿（地政課七稿）

卅六年龍地處申字第353號

事由：為會報本縣第一二期扶植自耕農移接情形請核備由

文別：呈

送達機關：福建省府

附件：如文

七月十日

縣長 林之列印

秘書

會計室 財政科 地政科 二課 三課

福建省政府（公）鈞鑒：查本縣辦理第一、二期扶植自耕農業務，業已依龍岩縣扶植自耕農完成未了期移交辦法第十條之規定，由地權調整辦事處於卅五年六月廿二日移交縣政府接收管理在案。其中尚有債款契約、統計、債款抵押土地公証書等，亦經於本年五月三日全部移接完事，理合檢同清冊叁份，會同報請察核、備查。謹呈

福建省政府主席劉

附移接清冊叁份

全銜名章

龙岩县政府地政科会报第一、二期扶植自耕农移接情形请核备（1947年7月）

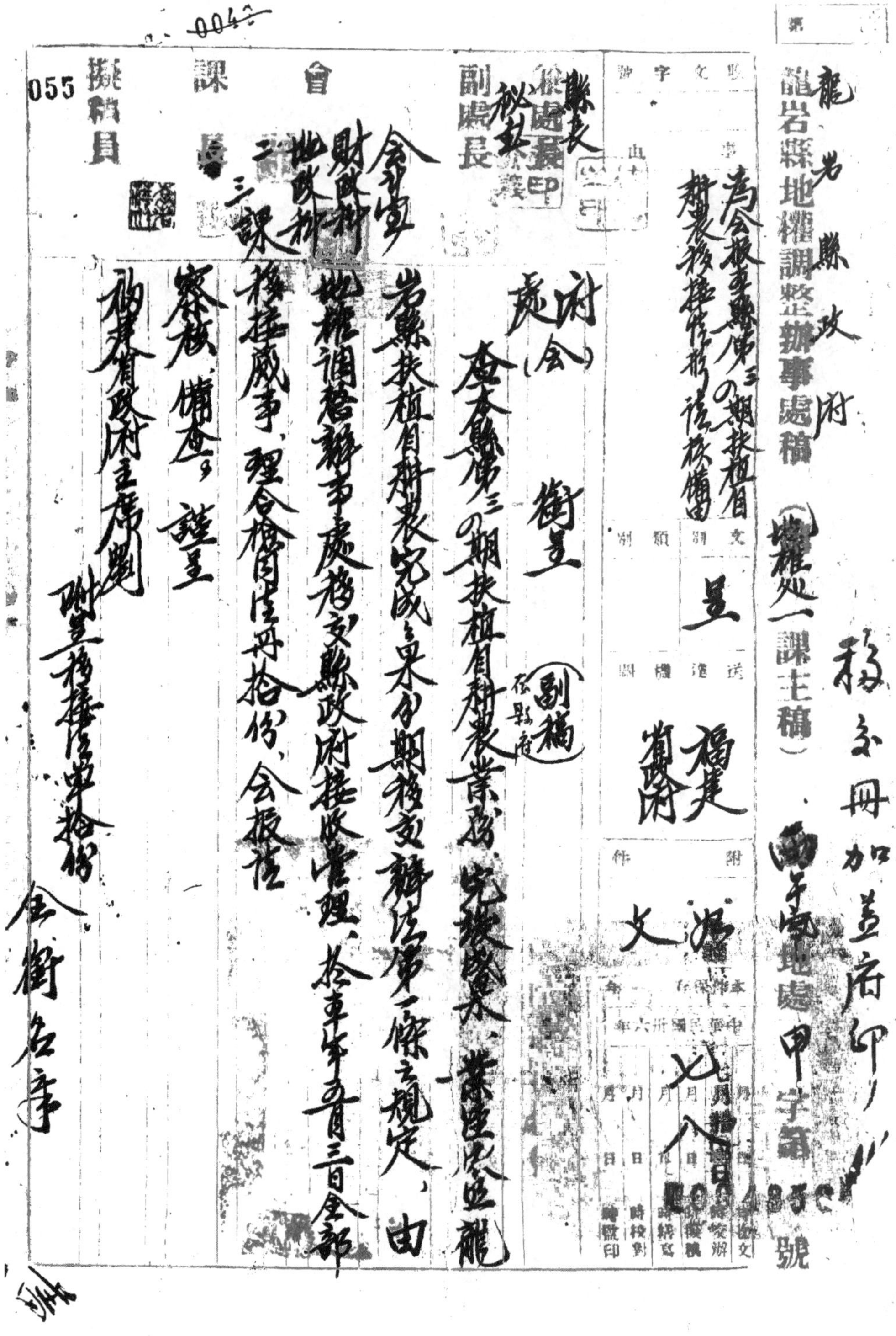
龍岩縣政府
龍岩縣地權調整辦事處稿（地權处一課主稿）
移文冊加蓋府印
府字地處甲字第　號
事由：為會報本縣第三、四期扶植自耕農移接情形請核備由
文別：呈
送達機關：福建省政府
附件：文冊
中華民國卅六年七月八日
縣長
副處長
會計室
財政科
地政科
二、三課
（副稿 存縣府）
附（会）處　銜呈
查本縣第三、四期扶植自耕農業務，已先後辦竣，業經呈奉龍岩縣扶植自耕農完成之果分期移交辦法第一條之規定，由地權調整辦事處移交縣政府接收管理，於本年五月三日全部移接完竣。理合檢同清冊拾份，会報請察核，備查。謹呈
福建省政府主席劉
附呈移接清冊拾份
全銜名章

龙岩县政府地政科会报第三、四期扶植自耕农移接情形请核备(1947 年 7 月)

龙岩县政府稿（地政科主稿）

准函送三、四期扶植自耕农未发证照部分清册嘱派员接收等由，复请查照由。

府衔公函　地权处

案准

贵处闲寅元地处甲字第（181）号函送三、四期扶植自耕农未发证照部分清册三份，嘱派员接收等由，附件准此。业经本府派员照收无讹，除抽出清册一份备查外，相应检同原清册二份随文覆请

查照为荷！

此致

县长　林列之印

主任秘书　张介祺

秘书

科长

主任

拟稿员

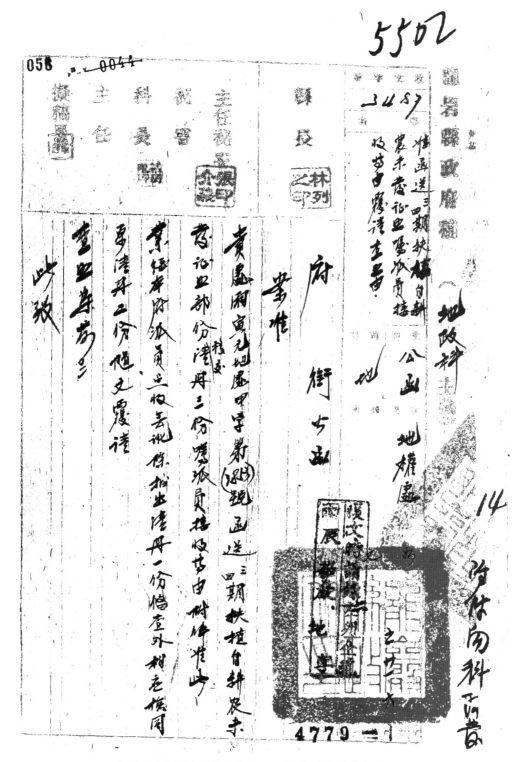

龙岩县政府地政科准函送第三、四期扶植自耕农未发证照嘱派员接收等（1947 年 5 月）

057 0045

地權處

(附清冊二份)在地政科

縣長林○

龙岩县政府地政科准函送第三、四期扶植自耕农未发证照嘱派员接收等(1947 年 5 月)

60

0048

060

龍巖縣政府稿

縣長 林劳之印

主任秘書

秘書

科長

主任

擬稿員

字號 3482

事由：准函送代编扶植自耕农第三、四期未发证部分成果移交册三份请派员接收见复等由函复查照

文别：公函

機關：县地权处

签发

衔公函

案准

贵处开寅元地处甲字第3880号公函略以"函送本处代编扶植自耕农第三、四期未发证部分成果移交清册三份请派员接收见复"并附清册三份等由附件准此，业经本府财政科派员接收完竣，相应检同原移交清册壹份随函送

请

查收备案为荷

七 一 六

6155

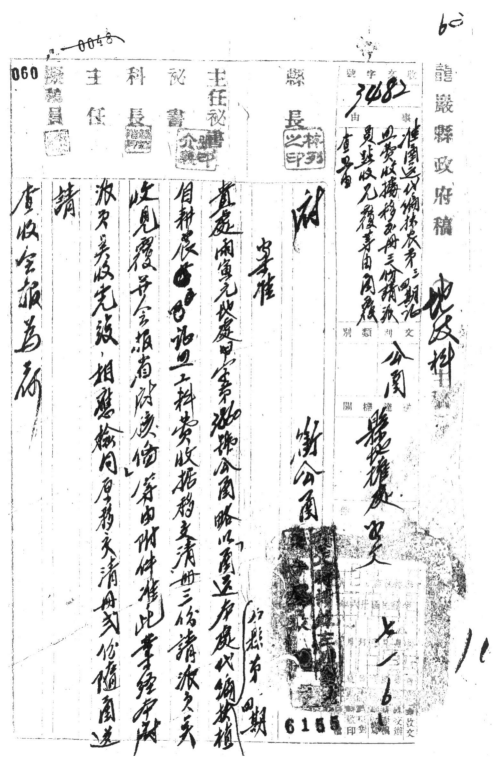

龙岩县政府地权调整办事处函送第三、四期扶植自耕农未发证部分成果移交册三份请派员接收（1947 年 3 月）

0043

061

此致

龍岩縣地權調整辦事處

附函送移交清冊三份

縣長林〇

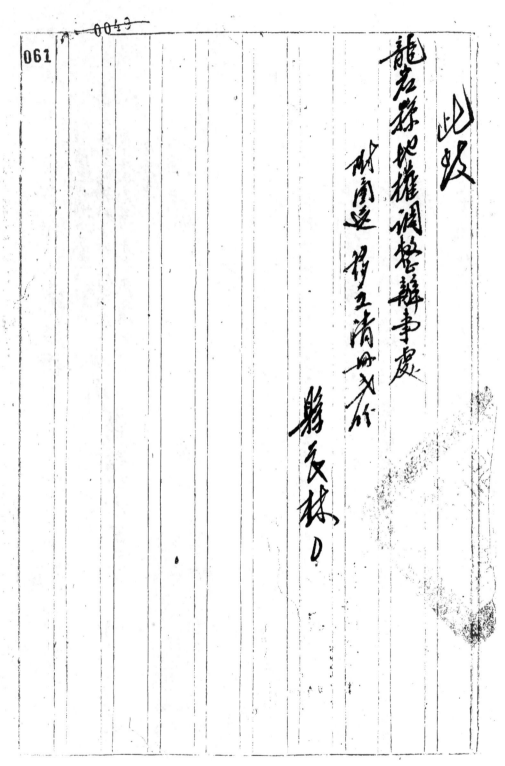

龙岩县政府地权调整办事处函送第三、四期扶植自耕农未发证部分成果移交册三份请派员接收(1947 年 3 月)

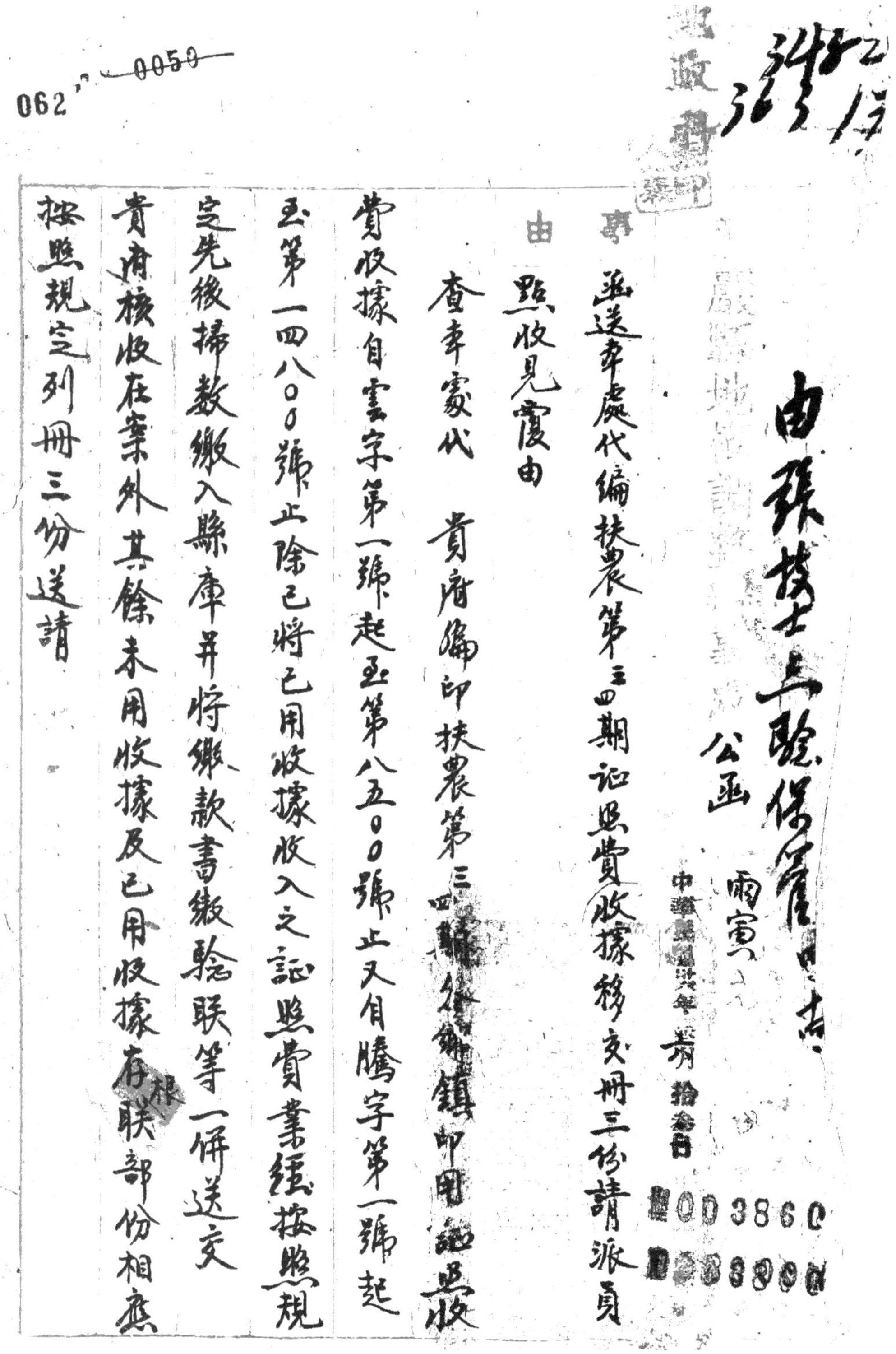
062 0050

由張技士上驗保管[illegible]

公函 雨寅

中華民國卅六年七月拾叁日

003860

事由 函送本處代編扶農第三四期証照費收據移交冊三份請派員點收見覆由

查本處代 貴府編印扶農第三四期各鄉鎮印用証照收費收據自雲字第一號起至第八五〇〇號止又自騰字第一號起至第一四八〇〇號止除已將已用收據收入之証照費業經按照規定先後掃數繳入縣庫并將繳款書繳驗聯等一併送交 貴府核收在案外其餘未用收據及已用收據存根联部份相應按照規定列冊三份送請

龙岩县政府地政科准函送代编扶植自耕农第三、四期证照费收据移交册三份请派员点收等(1947 年 7 月)

0051

063

查照即希派员接收见复，并会报省府核备为荷！

此致

龍巖縣政府

附移交册三份

兼處長 林 列

龙岩县政府地政科准函送代编扶植自耕农第三、四期证照费收据移交册三份请派员点收等(1947年7月)

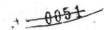

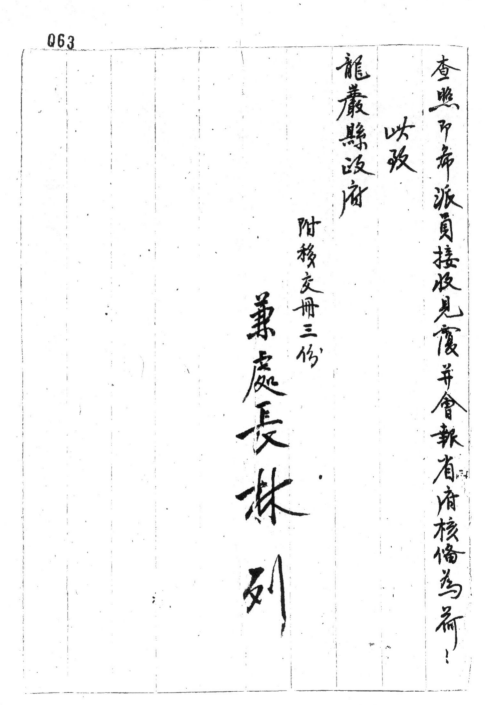

~~0052~~

龍巖縣政府、龍巖縣地權調整辦事處辦理第三、四期扶植自耕農業務成果（代編證照費收據存根聯部份）移交清冊

存卷

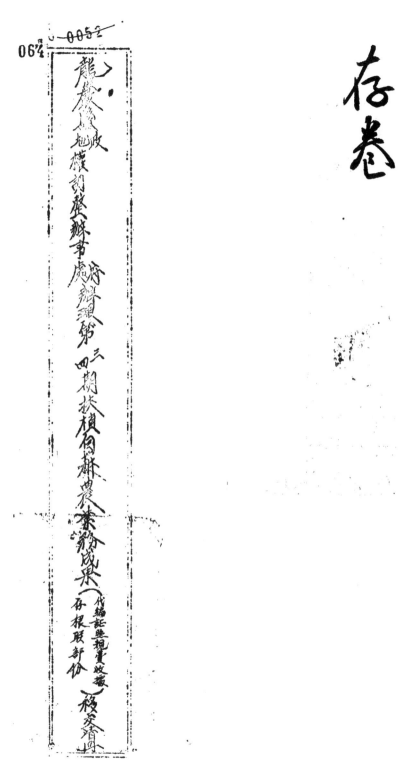

龙岩县政府、龙岩县地权调整办事处办理第三、四期扶植自耕农业务成果（代编写证照费收据存根联部分）移交清册（1947年3月）

065 ~~0053~~

龍岩縣地權調整辦事處代編扶植自耕農第三四期證照工料費收據(存根聯部份)移交清冊

起訖字號	起訖號碼	張數	已用張數	未用張數	總計收入證照費金額(元)	備攷
騰字	0001-14800	一四八〇〇	一四六九六	一〇四	五三八六八〇五.〇〇	本期(案卷)起訖號碼見附表
云字	0001-8500	八五〇〇	八五〇〇	〇	五二二二五七.〇〇	
合計		二三三〇〇	二三一九六	一〇四	五九〇九〇六二.〇〇	

附送文件

名稱	字號	起訖編號碼	單位	數量	備攷
證費收據編印簿(副本)	天	0001-6980	本	壹	上列收據編印簿正本係留存地權處
〃	雲	0001-8500	〃	壹	〃 第一、二兩卷(証照費編印卷)

龙岩县政府、龙岩县地权调整办事处办理第三、四期扶植自耕农业务成果（代编写证照费收据存根联部分）移交清册（1947 年 3 月）

066

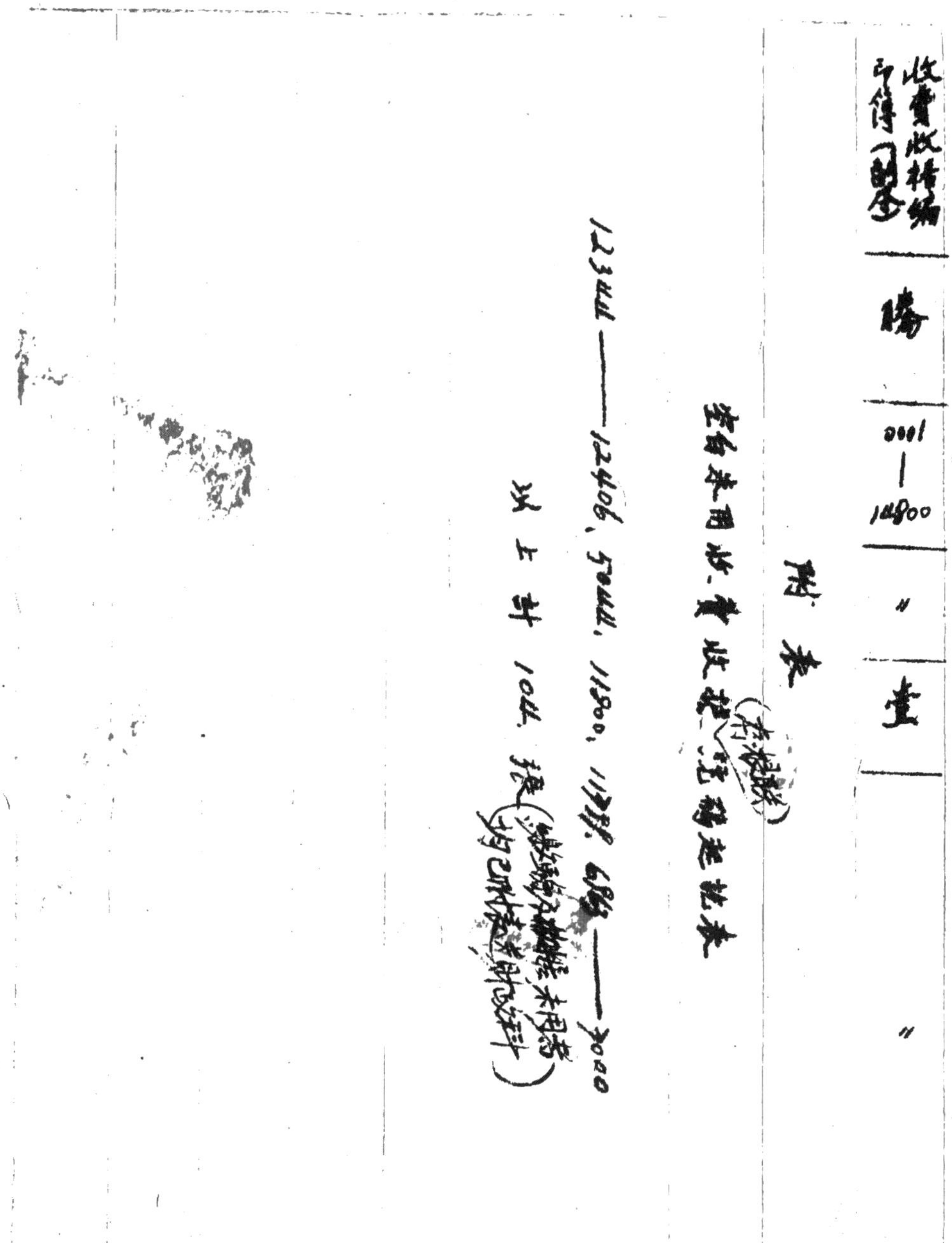

龙岩县政府、龙岩县地权调整办事处办理第三、四期扶植自耕农业务成果
(代编写证照费收据存根联部分)移交清册(1947 年 3 月)

067 ~~0051~~

移交者：龍岩縣地權調整辦事處兼處長林　列

副處長屠劍良

第一課長袁君華

移交者：龍岩縣地權調整辦事處課員翁兆生

接收者：龍岩縣政府縣長林　列

地政科長賴森階

監收者：龍岩縣政府地政技士張謙振

中華民國三十六年三月　日

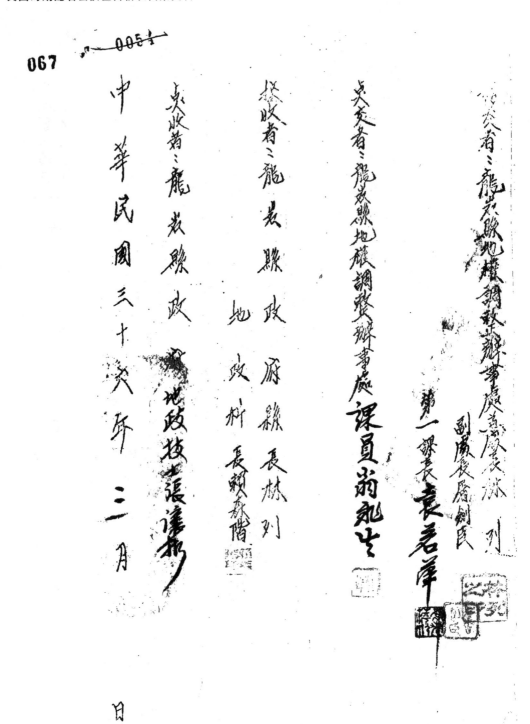

龙岩县政府、龙岩县地权调整办事处办理第三、四期扶植自耕农业务成果（代编写证照费收据存根联部分）移交清册（1947 年 3 月）

068

~~0053~~

龍巖縣地權調整辦事處扶農證照工料費收據送印簿（副本）

編印日期 年月日	名稱		依整理單號 起訖	原核編人姓名	經手人
33 11 30	龍巖縣政府扶農（領去收據[illegible]）	本 30	壹 0001—3000		
34 1 13	〃	〃 40	3001—7000		〃
〃 4 17	〃	〃 10	7001—8000		〃
〃 〃 24	〃	〃 〃	8001—8100		〃

代 第卅卷

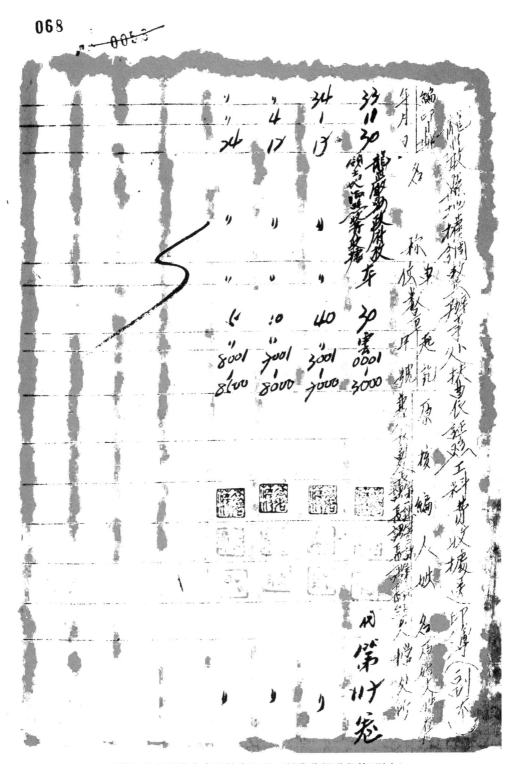

龙岩县地权调整办事处扶农证照工料费收据送印簿(副本)

690

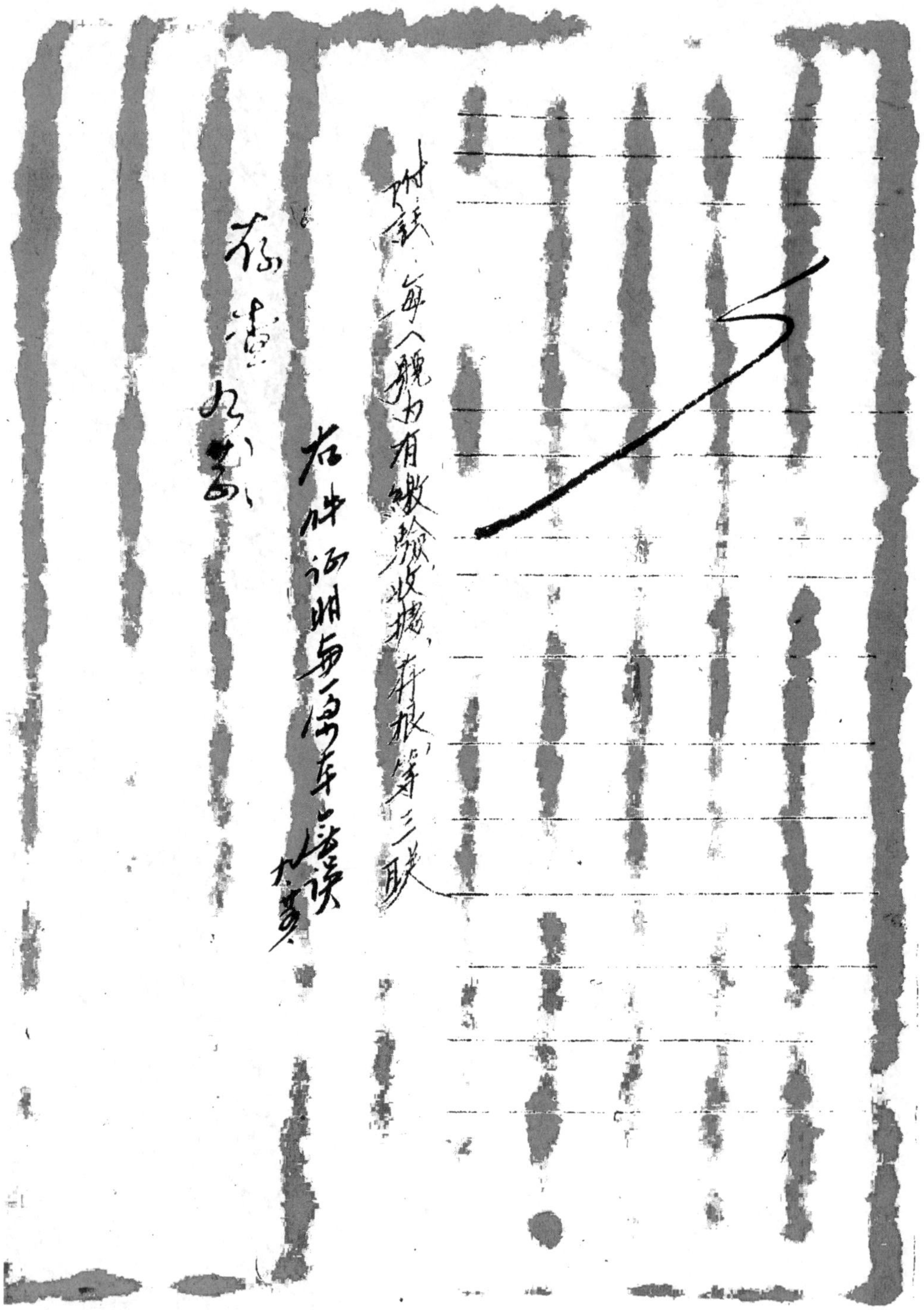
附註、每八號均有繳驗收據、存根等三聯

右件證明無偽係本處[illegible] 林英

存查 如數

龙岩县地权调整办事处扶农证照工料费收据送印簿(副本)

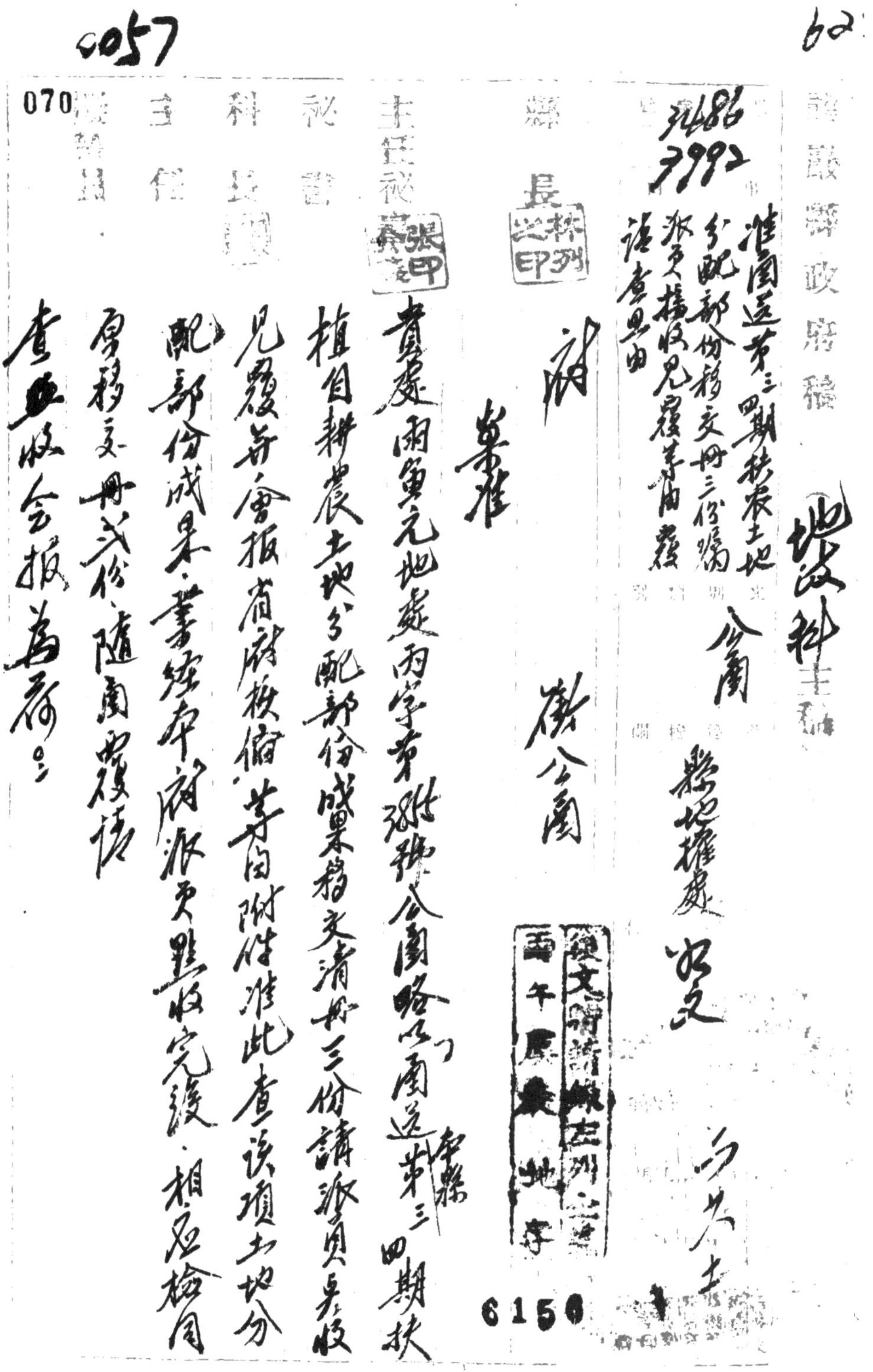

龙岩县政府地政科准函送第三、四期扶植自耕农土地分配部分移交册三份嘱派员接收等(1947 年 6 月)

071

0053

此致

龍岩縣地權調整辦事處

附冊送 移交清冊三份

縣長林

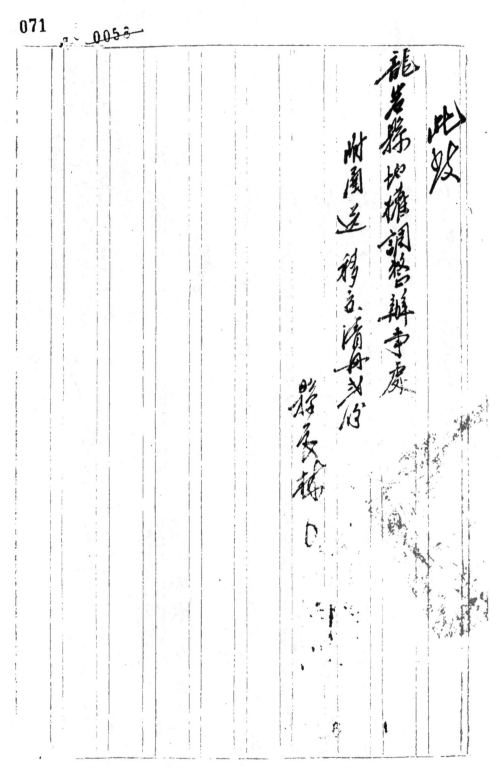

龙岩县政府地政科准函送第三、四期扶植自耕农土地分配部分移交册三份嘱派员接收等(1947年6月)

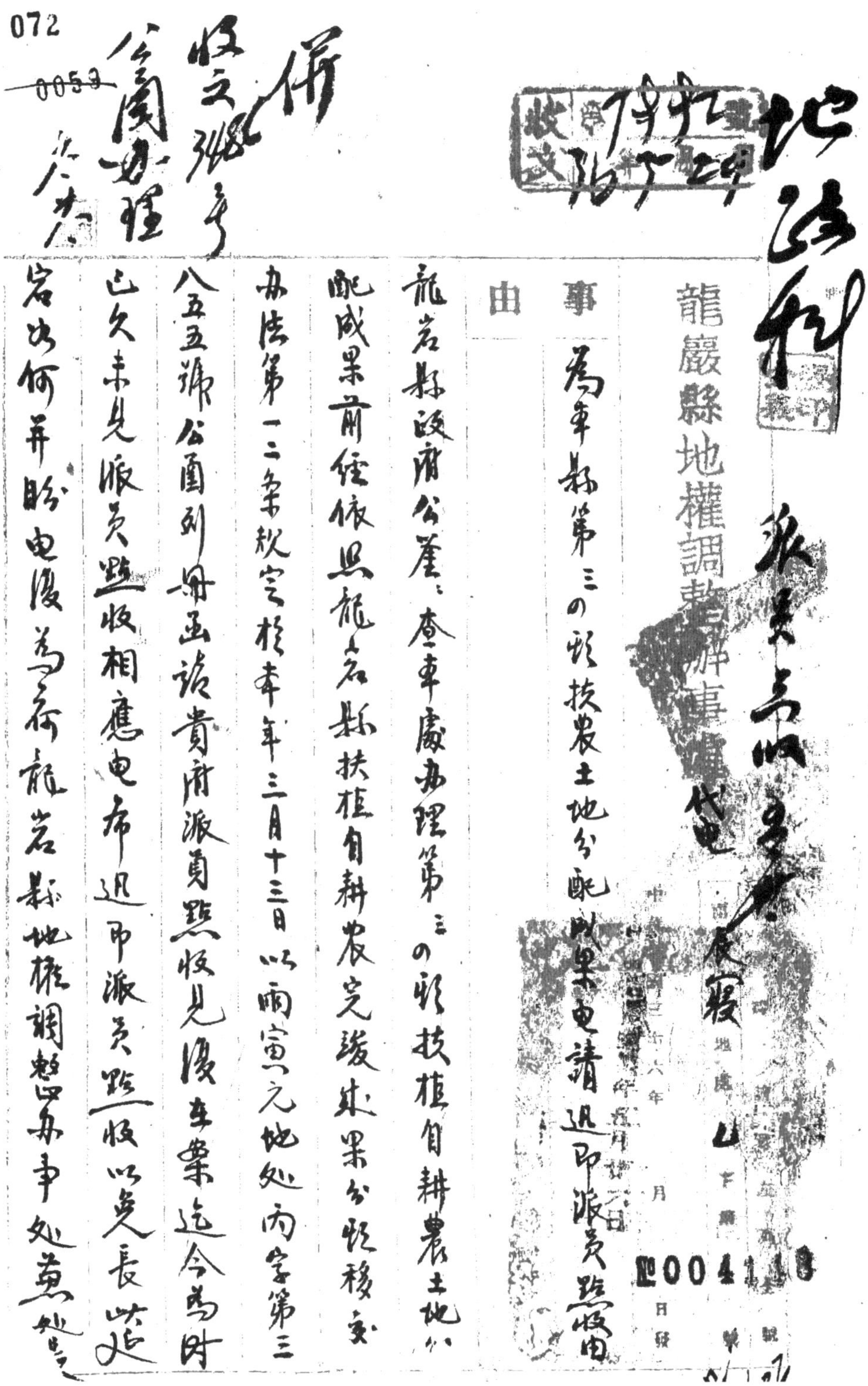
龍巖縣地權調整辦事處代電

事由：為本縣第三四期扶農土地分配成果電請迅即派員點收由

龍岩縣政府公鑒：查本處辦理第三四期扶植自耕農土地分配成果前經依照龍岩縣扶植自耕農完竣結果分類移交辦法第十二條規定於本年三月十三日以兩寅元地處丙字第三八五五號公函列冊函請貴府派員點收見復在案迄今為時已久未見派員點收相應電希迅即派員點收以免長此延宕為荷並盼電復為荷 龍岩縣地權調整辦事處兼處長

龙岩县政府地权调整办事处为第三、四期扶植自耕农土地分配成果电请迅即派员点收(1947 年 5 月)

0060

073

林刻寝地处山

龙岩县政府地权调整办事处为第三、四期扶植自耕农土地分配
成果电请迅即派员点收(1947 年 5 月)

074 0061

事由　函送本處第三、四期扶植自耕農土地分配部份成果移交册三份請派員接收見復由。

案查本處辦理第三、四期銅砵、小池、[illegible]、雁石、大池、平鉄、[illegible]等鄉鎮扶植自耕農工作業已先後辦竣，所有成果依照龍岩縣扶植自耕農先後成果分期移交辦法第一二條規定，擬請
貴府將下列各鄉鎮土地分配部份成果列册三份
送請
查照即希派員點收見復，並希[illegible]有關機構為荷！

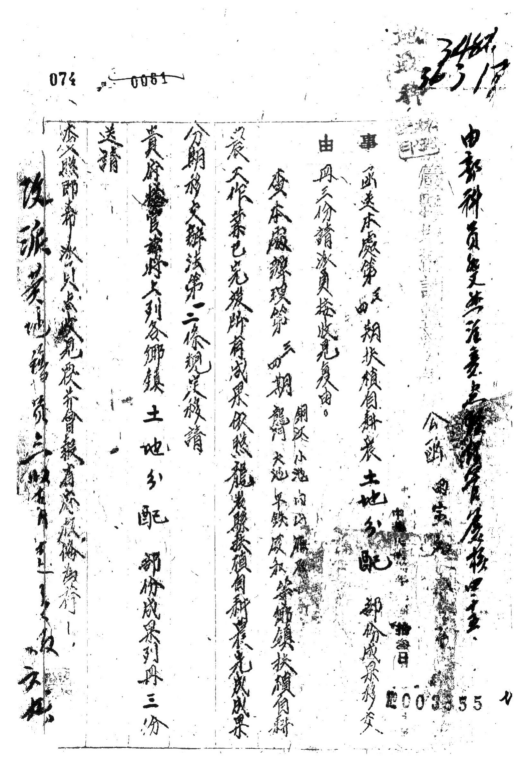

龙岩县地权调整办事处函送第三、四期扶植自耕农土地分配部分成果移交册三册请派员接收(1947年3月)

075

0062

此致

龍巖縣政府

附成果移交冊 三份

兼處長林　列

龙岩县地权调整办事处函送第三、四期扶植自耕农土地分配部分成果移交册三册请派员接收(1947年3月)

076

0063

龍巖縣政府 龍巖縣地政權調整辦事處辦理第三四期扶植自耕農業務成果(土地分配部份)移交

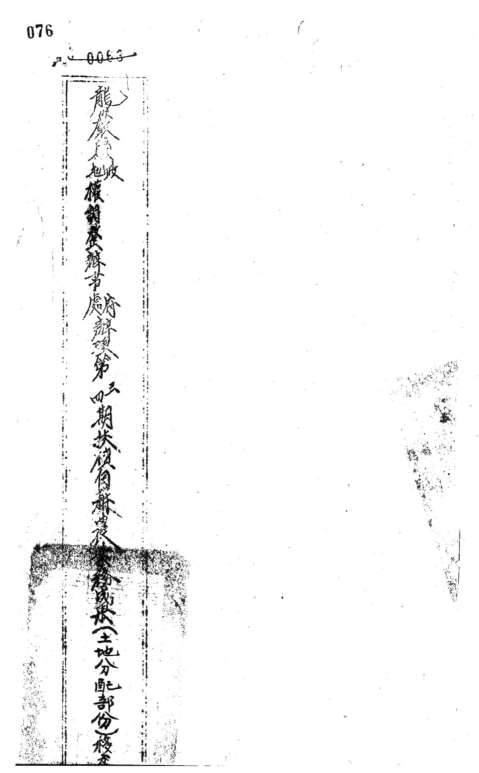

龙岩县政府、龙岩县地权调整办事处办理第三、四期扶植自耕农业务成果(土地分配部分)移交清册(1947 年 5 月)

077

~~0001~~

用

龍岩縣政府地权調整办事處办理第三四期扶植自耕農業務成果(土地分配部份)移交清冊

期别	成果名稱	單位	數量	備考
第三期	土地承領申請書	本	[illegible]	起訖號碼見附表一
〃	土地異動清册	本	8	銅江自第一頁起至一八六頁止計貳本 龍门自第一頁起至三八六頁止計三本 小池自第一頁起至二四〇頁止計二本 大池自第一頁起至一五二頁止計一本
〃	承領土地收件登記簿	本	5	銅江自第一頁起至第一三四頁止計壹本 龍门自第一頁起至一五三頁止計貳本 小池第一頁起至第一九四頁止計壹本 大池自第一頁起至一三六頁止計壹本
〃	單位面積清冊	本	7	銅江自第一頁起至第一二一頁止計貳本 龍门自第一頁起至一六五頁止計貳本 小池自第一頁起至第一三六頁止計貳本 大池自第一頁起至九三頁止計壹本
〃	承領土地權利申報檢查表	本	11	銅、聯、龍、複、上、湖、小、大，共八字
〃	執照證明書號碼對照表	本	1	
〃	銅字執照存根	張	5693	
〃	聯字執照存根	張	5232	

龙岩县政府、龙岩县地权调整办事处办理第三、四期扶植自耕农业务成果（土地分配部分）移交清册（1947年5月）

〃	龍宗執照存根	張	3632	
〃	複宗執照存根	張	3401	
〃	上宗執照存根	張	6178	
〃	湖宗執照存根	張	6331	
〃	小宗執照存根	張	2070	
〃	大宗執照存根	張	14576	
〃	銅溪宗證明書存根	張	1238	（至一二七八号
〃	雁门宗證明書存根	張	2957	（至二九五七号
〃	小池宗證明書存根	張	2674	（至二六七四号
〃	大池宗證明書存根	張	1319	（至一七一九号

龙岩县政府、龙岩县地权调整办事处办理第三、四期扶植自耕农业务成果（土地分配部分）移交清册（1947年5月）

079 0063

用

〃	外三字證據書存根	張	20	一五二〇号
第四期	土地承領申請書	本	45	起訖號碼詳見附表三
〃	土地異動清冊	本	11	平鉄自第一頁起至一八四頁止計壹本内山自第一頁起至一〇一頁止計壹本厦和自第一頁起至一三八頁止計壹本雁石自第一頁起至第一七四頁止計壹本
〃	承領土地條件登記簿	本	11	平鉄自第一頁起至二一八頁止計壹本内山自第一頁起至[illegible]頁止計壹本厦和自第一頁起至一〇九頁止計壹本雁石自第一頁起至一七〇頁止計壹本
〃	單位面積清冊	本	11	平鉄自第一頁起至一三九頁止計壹本内山自第一頁起至九八頁止計壹本厦和自第一頁起至八五頁止計壹本雁石自第一頁起至一六一頁止計壹本
〃	承領土地根據申報檢查表	本	15	平、鉄、龍、内、白、厦、三、蘇、河、北、吉、[illegible]字及平等地[illegible]一区
〃	地段號碼對照表	本	1	
〃	予字執照存根	張	5010	

龙岩县政府、龙岩县地权调整办事处办理第三、四期扶植自耕农业务成果（土地分配部分）移交清册(1947 年 5 月)

080

〃	鉄字执照存根	張	11080
〃	嶺字执照存根	張	11081
〃	内字執照存根	張	5420
〃	巨字執照存根	張	2399
〃	厦字执照存根	張	4059
〃	三字执照存根	張	6488
〃	蘇字执照存根	張	2028
〃	北字执照存根	張	6952
〃	河字执照存根	張	3125
〃	吉字执照存根	張	2293

龙岩县政府、龙岩县地权调整办事处办理第三、四期扶植自耕农业务成果

(土地分配部分)移交清册(1947年5月)

~~0063~~

081

平鐵字徵收書存根	張	3283	一五三二八三号
内山字徵收書存根	張	1386	一五一三八六号
厦和字徵收書存根	張	1806	一五一八〇六號
雁石字徵收書存根	張	2202	一五二二〇二號
外四字徵收書存根	張	49	一五四九號
平苓西執照號碼清冊	本	1	

龙岩县政府、龙岩县地权调整办事处办理第三、四期扶植自耕农业务成果（土地分配部分）移交清册（1947年5月）

082 0067

第三期土地承領申請書號碼起訖表（附表一）

字别	號碼起訖	備考
山头	1-147	
村北	1-99	
東昇	1-194	
建寧	1-270	
龍泮	1-261	缺77
石泉	1-349	缺104
益德	1-391	
聯邦	1-255	

字别	號碼起訖	備考
林坑	1-64	
村東	1-200	
中山	1-136	64 109号缺
山塘	1-224	146号缺
延壽	1-333	缺7 203
坪	1-12	缺7
麻		
排	1-	
卓然	1-339	

字别	號碼起訖	備考
山田	1-143	
村美	1-195	98号缺
南安	1-205	
埔圳	1-382	缺323 328 344 368 144 163 166 167
湖内	1-275	缺110
坑	1-325	
华	1-90	
沐	1-438	

字别	號碼起訖	備考
前村	1-152	
赤坑	1-117	
北平	1-230	缺14
易進	1-266	缺18
龍川	1-362	缺18
五村	1-115	
石阜	1-160	缺33
黄坡	1-379	缺53 54 210 229

龙岩县政府、龙岩县地权调整办事处办理第三、四期扶植自耕农业务成果（土地分配部分）移交清册（1947年5月）

083

黄坊	南埔	凤斜	源石	山美
1-231	1-381	1-242	1-339	1-171
金枫	秀东	分		
1-235	1-328		屯畲	俯芦
233 缺 235 115 116 124 127	缺 129 327		210	1-193
岭尾	大龙	沃	贡	王
1-149	1-60	1-295	1-299	1-349
	缺 23		261 缺 100 116 242 244	缺 278
	盂山	大和	璜溪	南光
	1-239	1-204	1-480	1-345
	缺 26 47 87	缺 192	缺 433	

龙岩县政府、龙岩县地权调整办事处办理第三、四期扶植自耕农业务成果（土地分配部分）移交清册（1947年5月）

084 0063

第四期扶植自耕農承領申請書號碼起訖表（附表三）

字别	號數起訖	備攷
社學	1-216	缺 1 22 25 27 117 128 130 131 132 133 135 136 137 152 173 180 181 186 208 209
上洋	1-388	缺 276 335
材兴	1-456 1-[illegible]	缺 23 231
玉固	1-324 1-256	缺 321 322 323
北山	1-361 1-[illegible]	缺 3
上前	1-157 1-349	缺 30 106 160
汾村	1-333	
中美	1-320	缺 [illegible]
中兴	1-331	缺 [illegible]
下洋	1-816	缺 619 353
龍山	1-197	缺 20
增坪	1-169	缺 66 67 161 163
会元	1-205	缺 23 31 160 181
東園	1-310	缺 213
平林	1-218	缺 211 215
陳山	1-120 1-288	
謝領	1-263 1-201	缺 234
刘[illegible]	1-72 1-209	
[illegible]	1-113 1-172	缺 230 239
[illegible]	1-222	
[illegible]	1-344	缺 86 202
溪當	1-486	
林邦	1-697	缺 280
徐山	1-327	缺 110 119
菓山	1-166	缺 165
陳康	1-210	缺 107
東洋	1-124	
新貿	1-257	缺 107 215
永兴	1-239	缺 239

龙岩县政府、龙岩县地权调整办事处办理第三、四期扶植自耕农业务成果（土地分配部分）移交清册（1947 年 5 月）

085

龙岩县政府、龙岩县地权调整办事处办理第三、四期扶植自耕农业务成果
(土地分配部分)移交清册(1947年5月)

086 ~~0069~~

移交者：龍岩縣地權調整辦事處處長林 列

副處長詹劍民

第三課長盧舉方

點交者：龍岩縣地權調整辦事處課員郭斐然

接收者：龍岩縣政府縣長林列

地政科長鄭[illegible]階

點收者：龍岩縣政府地籍員黄[illegible]

中華民國　　月　　日

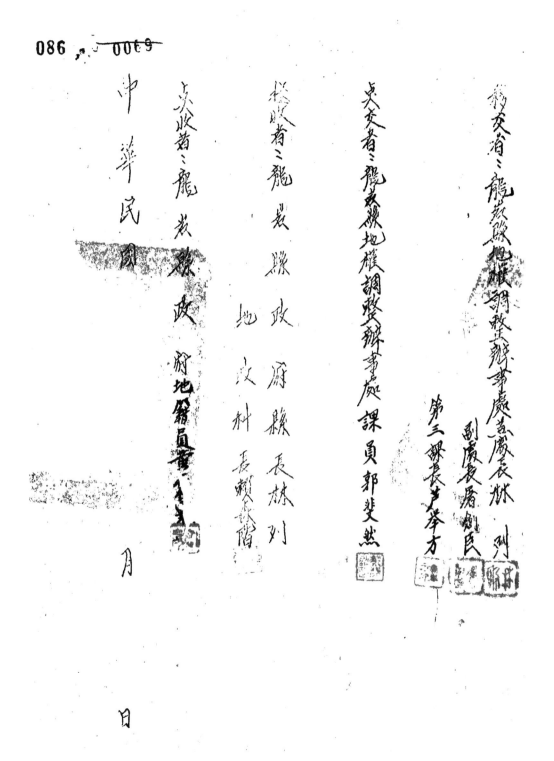

龙岩县政府、龙岩县地权调整办事处办理第三、四期扶植自耕农业务成果（土地分配部分）移交清册（1947 年 5 月）

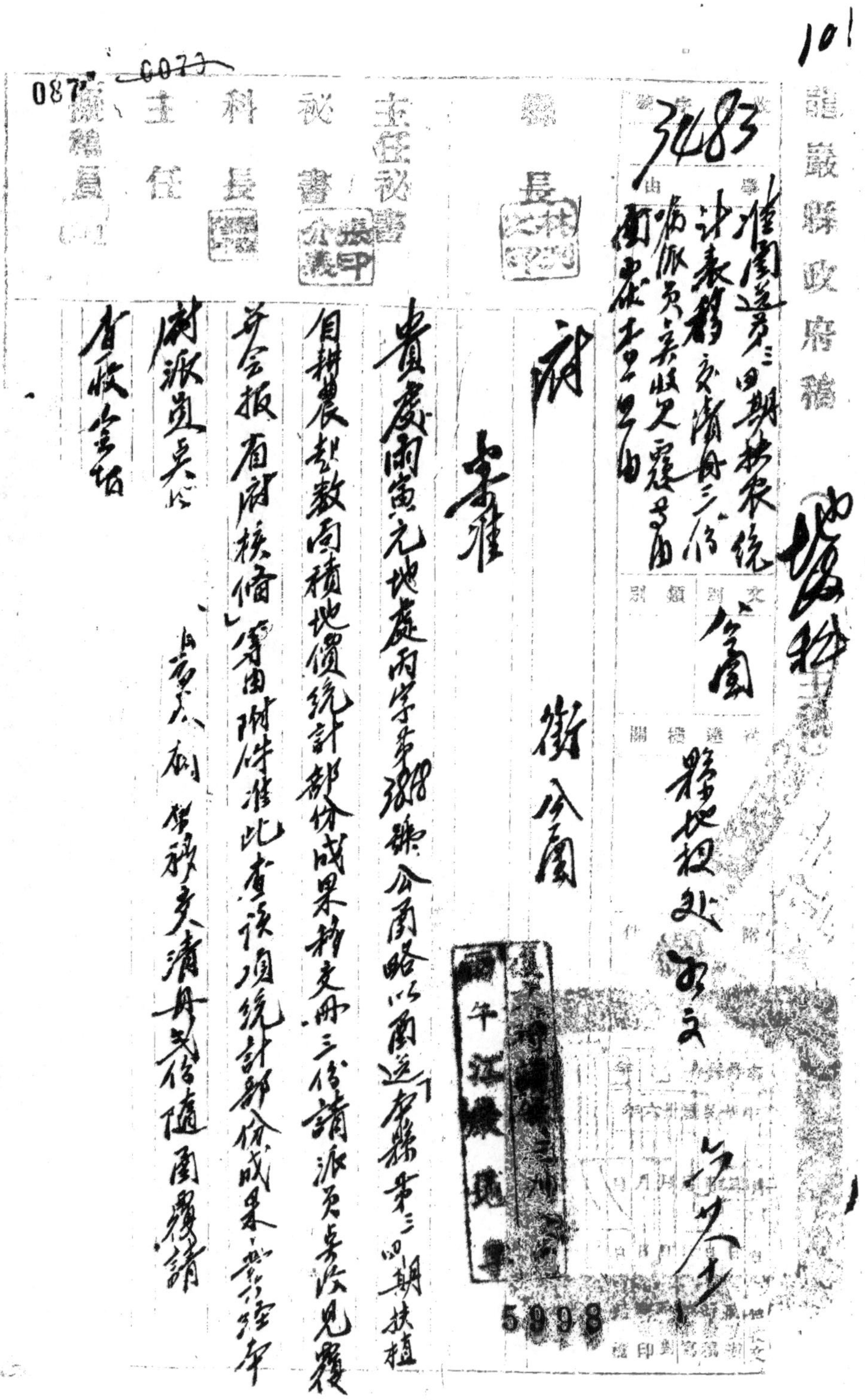
龍巖縣政府稿

地政科

事由：准函送第三四期扶植自耕農統計表移交清冊三份嘱派員點收見覆由

縣長　主任秘書　秘書　科長　主任　擬稿員

衔　公函

縣地政處

貴處丙寅元地處丙字第388號公函略以函送本縣第三四期扶植自耕農起數面積地價統計部份成果移交冊三份請派員點收見覆並分報省府核備等由附件准此查該項統計部份成果

5998

龙岩县政府地政科准函送第三、四期扶植自耕农(起数、面积、地价统计表部分成果)移交册三份嘱派员点收(1947 年 6 月)

龍巖縣地權調整辦事處

附函送 移交冊三份

縣長林力

龙岩县政府地政科准函送第三、四期扶植自耕农(起数、面积、地价统计表部分成果)移交册三份嘱派员点收(1947 年 6 月)

089—0072

3485
36.3.14

龍巖縣地權調整辦事處公函　岩字第　號

中華民國卅六年叁月拾叁日

由郭科員照來，注意點收，保管，歸檔。

事由：函送本處第三、四期扶植自耕農起數、面積、地價統計表部份成果移交冊三份，請派員接收見復由。

查本處辦理第三、四期銅坑、小池、內山、雁坵、龍門、大池、平鉄、厦叔等鄉鎮扶植自耕農工作業已完竣，所有成果依照龍巖縣扶植自耕農完成成果分期移交辦法第一條規定，擬請貴府接管，茲將□□鄉鎮起數、面積、地價統計表、部份成果移交冊二份送請查照，即希派員點收見覆，并希轉報省府核備為荷！

E003858

龙岩县地权调整办事处函送第三、四期扶植自耕农（起数、面积、地价统计表）部分成果移交册三份请派员接收（1947年3月）

~~0073~~

090

此致

龍巖縣政府

附成果移交冊三份

總處長 林 列

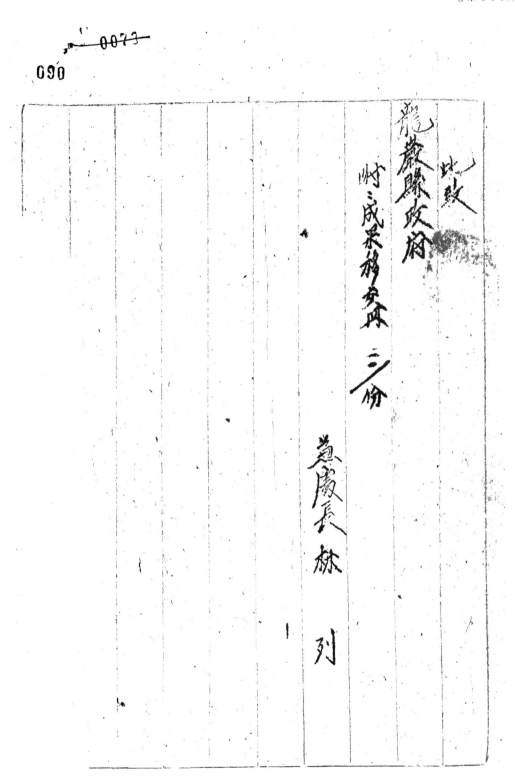

龙岩县地权调整办事处函送第三、四期扶植自耕农(起数、面积、地价统计表)部分成果移交册三份请派员接收(1947 年 3 月)

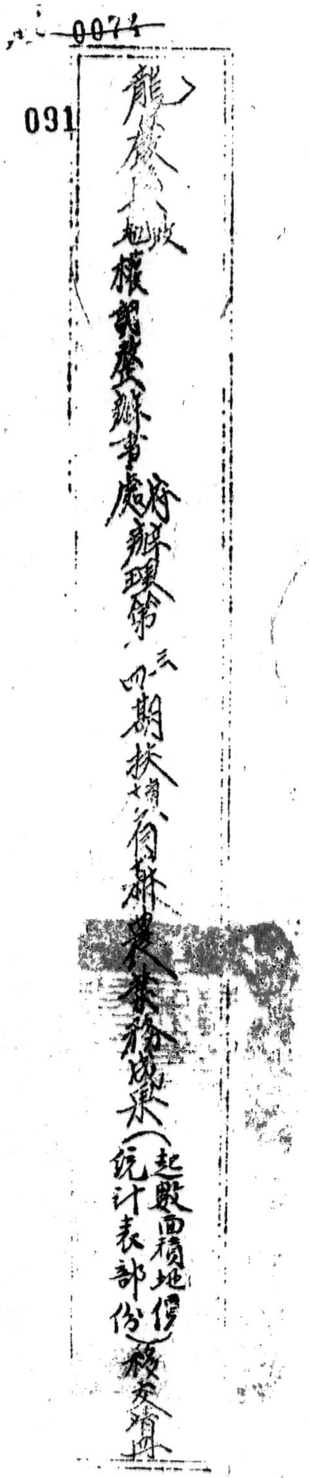
0074
091
龍巖縣政府、地權調整辦事處辦理第三、四期扶植自耕農業務成果(起數面積地價)統計表部份移交清冊

龙岩县政府、龙岩县地权调整办事处办理第三、四期扶植自耕农业务成果
(起数、面积、地价统计表部分)移交清册(1947年3月)

~~0075~~

092

龍岩縣政府/龍岩縣地權調整辦事處辦理三、四期扶植自耕農業務成果(起數面積地價統計表部份)移接清冊

期別	鄉鎮別	名稱	單位	數量	張	備攷
第三期	龍門鎮	扶植自耕農業戶承領土地起數面積地價統計表	本	壹	14	
〃	外鄉三字	〃	本	壹	3	
〃	外鄉四字	〃	本	壹	2	
〃	銅江鄉	〃	本	壹	8	
〃	大池鄉	〃	本	壹	22	
〃	小池鄉	〃	本	壹	27	
第四期	西山鄉	〃	本	壹	22	
〃	雁石鎮	〃	本	壹	24	

龙岩县政府、龙岩县地权调整办事处办理第三、四期扶植自耕农业务成果(起数、面积、地价统计表部分)移交清册(1947 年 3 月)

093

合計								〃	〃
								厦和乡	平铁乡
								〃	〃
拾本								本	本
								〃	〃
153								15	16

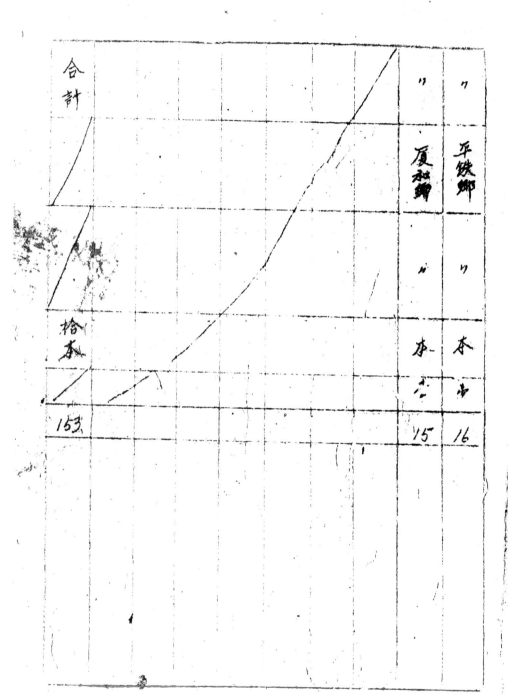

龙岩县政府、龙岩县地权调整办事处办理第三、四期扶植自耕农业务成果（起数、面积、地价统计表部分）移交清册（1947 年 3 月）

~~0073~~

094

移交者：龍岩縣地權調整辦事處兼處長 林 烈

副處長 廖劍良

第二課長 盧舉方

第三課員 王雲鶴

監交者：龍岩縣地權調整辦事處

接收者：龍岩縣政府縣長 林 烈

地政科長 賴[illegible]

監收者：龍岩縣政府地政科員 郭[illegible]

中華民國三十六年 三 月 日

龙岩县政府、龙岩县地权调整办事处办理第三、四期扶植自耕农业务成果（起数、面积、地价统计表部分）移交清册（1947年3月）

095

龍巖縣政府稿（地政科主稿）

縣長　主任秘書　秘書　科長　主任　擬稿員

事由：准函送第一二期扶植自耕農統計部份移交清冊三份請派員先發覆由函覆查照由

文別：公函

受文者：縣扶植農

3489

府　銜公函

案准

貴處酉寅元地處內字第7346號公函略以函送本縣第一二期扶植自耕農戶數面積地價統計表部份移交冊三份請派員先發覆等由附件准此，查該項統計部份成果業經本府派員先後完竣相應檢同該項移交清冊三份隨函覆請

查照為荷

5999

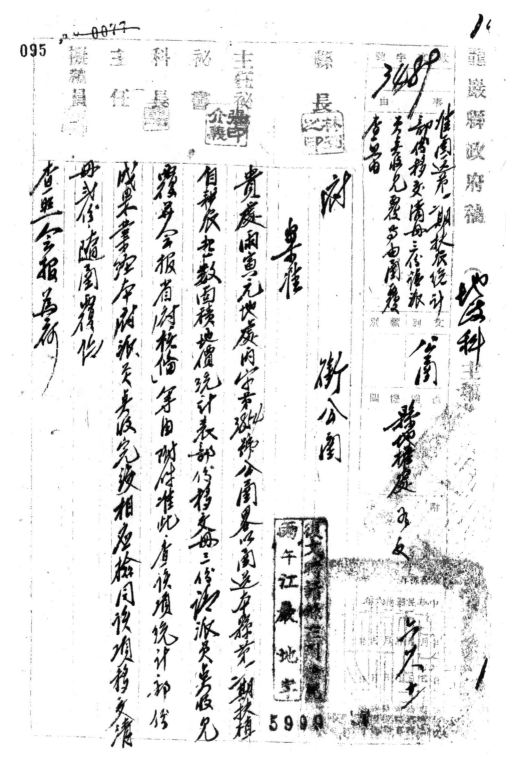

龙岩县政府地政科准函送第一、二期扶植自耕农统计部分移交清册三份（1947年6月）

0013

096

專致

龍岩縣地權調整辦事處

附函送稿交清册叁份

縣長林

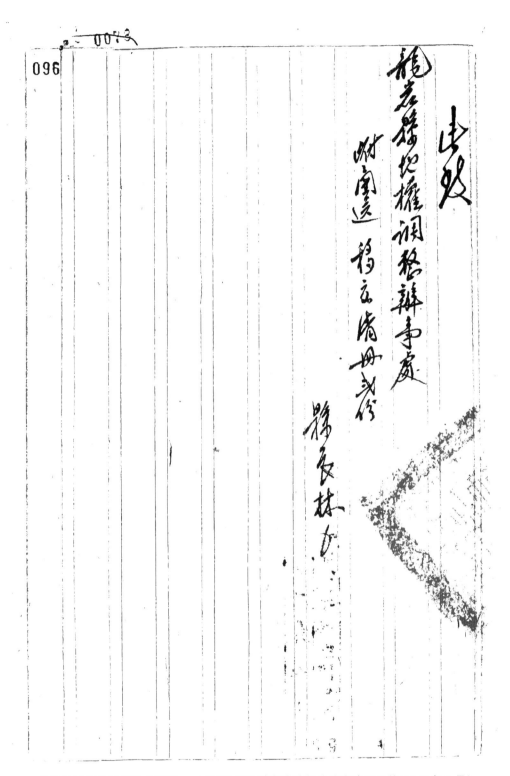

龙岩县政府地政科准函送第一、二期扶植自耕农统计部分移交清册三份(1947 年 6 月)

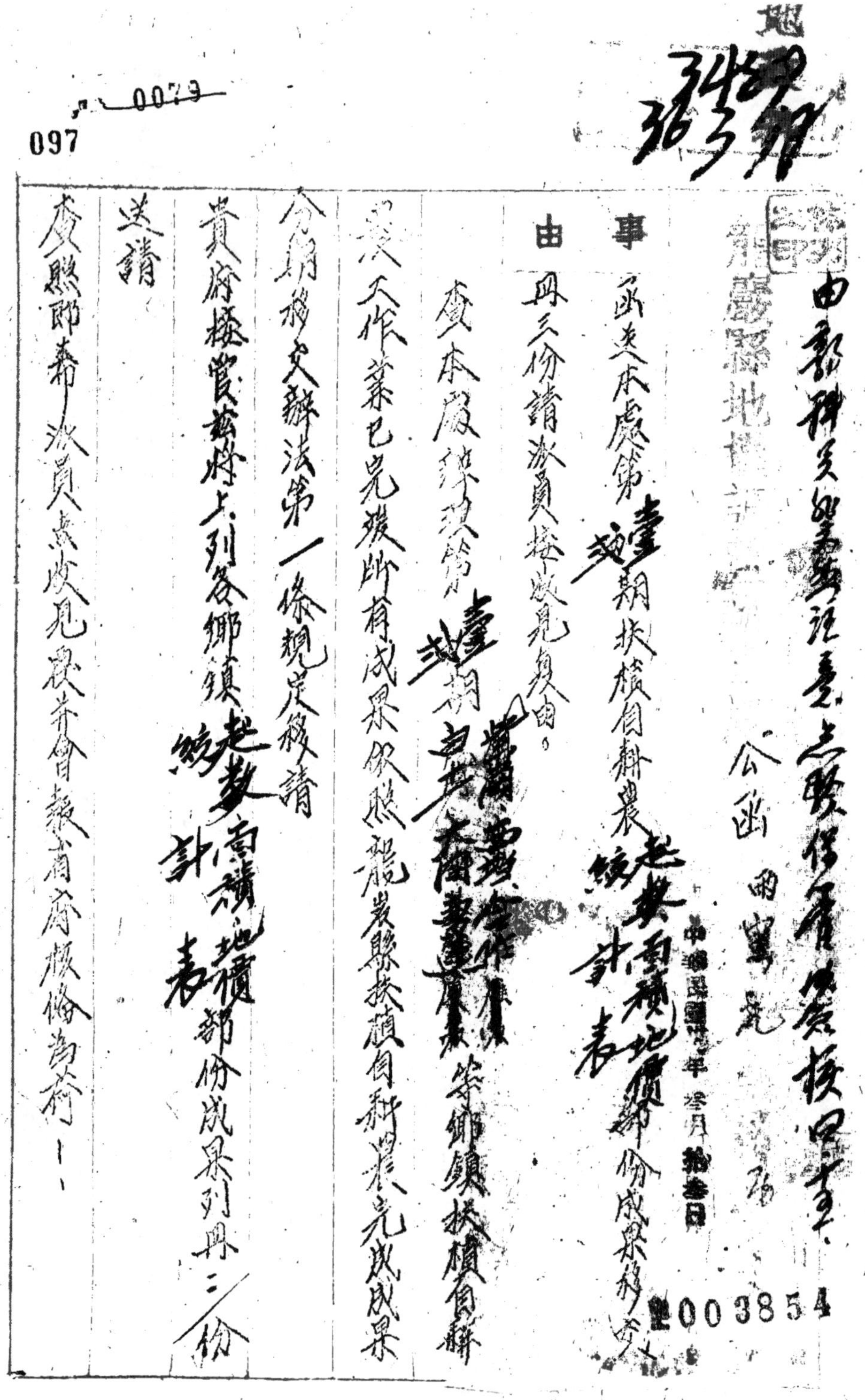

0079

097

龍岩縣地權調整辦事處公函　田字第　號

中華民國卅六年叁月　日

事由：函送本處第壹、貳期扶植自耕農起數、面積、地價統計表部份成果移交清冊三份請派員接收見復由。

查本處辦理第壹、貳期曹溪、雁石、……等鄉鎮扶植自耕農工作業已先後竣事，所有成果依照龍岩縣扶植自耕農完成成果分期移交辦法第一條規定移請貴府接管，茲將上列各鄉鎮起數、面積、地價統計表部份成果列冊三份送請查照，即希派員來處接收見復，並希轉報省府核備為荷！

003854

龙岩县地权调整办事处函送第一、二期扶植自耕农(起数、面积、地价统计表)部分成果移交清册三份请派员接收(1947年3月)

~~0089~~
098

此致
龍巖縣政府
附成果移交冊三份
處長林　　列

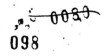

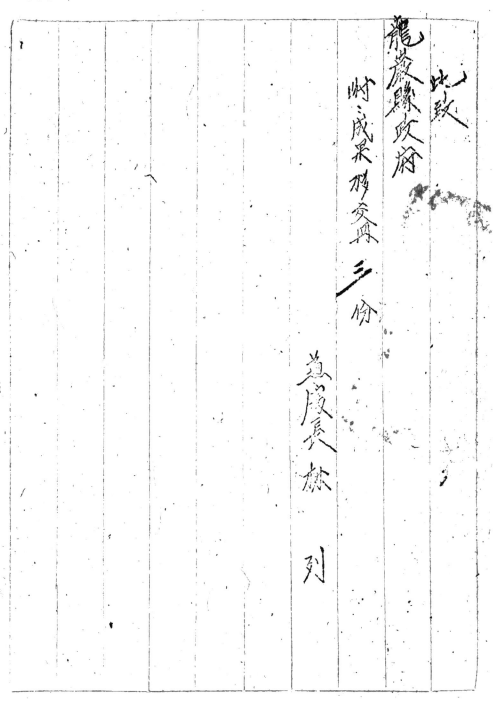

龙岩县地权调整办事处函送第一、二期扶植自耕农(起数、面积、地价统计表)
部分成果移交清册三份请派员接收(1947 年 3 月)

0081

099

龍巖縣政府地權調整辦事處辦理第叁肆期扶植自耕農業務成果（起數面積地價統計表部份）移交清冊

龙岩县政府、龙岩县地权调整办事处办理第三、四期扶植自耕农业务成果
（起数、面积、地价统计表部分）移交清册（1947年3月）

100 " ~~0032~~

龍岩縣政府地權調整辦事處辦理第一二三四期扶植自耕農業務成果起數面積地價統計表部份移接清冊

期別	鄉鎮別	名稱	單位	數量	張	備
第一期	曹一字	扶植自耕農業務成果起數面積承領地價統計表	本	壹	2	
〃	白土鎮	〃	本	壹	18	
〃	紫嶺鄉	〃	本	壹	16	
〃	龍一字	〃	本	壹	1	
第二期	大同鄉	〃	本	壹	7	
〃	西陂鄉	〃	本	壹	18	
〃	曹溪鄉	〃	本	壹	16	
〃	合作鎮	〃	本	壹	5	

攷

龙岩县政府、龙岩县地权调整办事处办理第三、四期扶植自耕农业务成果（起数、面积、地价统计表部分）移交清册（1947 年 3 月）

101

〃		合計
外鄉專		
〃		
本		九本
壹		
乙		91

龙岩县政府、龙岩县地权调整办事处办理第三、四期扶植自耕农业务成果

(起数、面积、地价统计表部分)移交清册(1947 年 3 月)

0083

102

移交者：龍岩縣地權調整辦事處處長林烈

副處長詹劍民

第二課長盧擎方

移交者：龍岩縣地權調整辦事處第三課員王雲鶴

接收者：龍岩縣政府縣長林烈

地政科長賴森階

接收者：龍岩縣政府地政科員鄭燮熙

中華民國三十六年三月 日

龙岩县政府、龙岩县地权调整办事处办理第三、四期扶植自耕农业务成果（起数、面积、地价统计表部分）移交清册（1947 年 3 月）

103

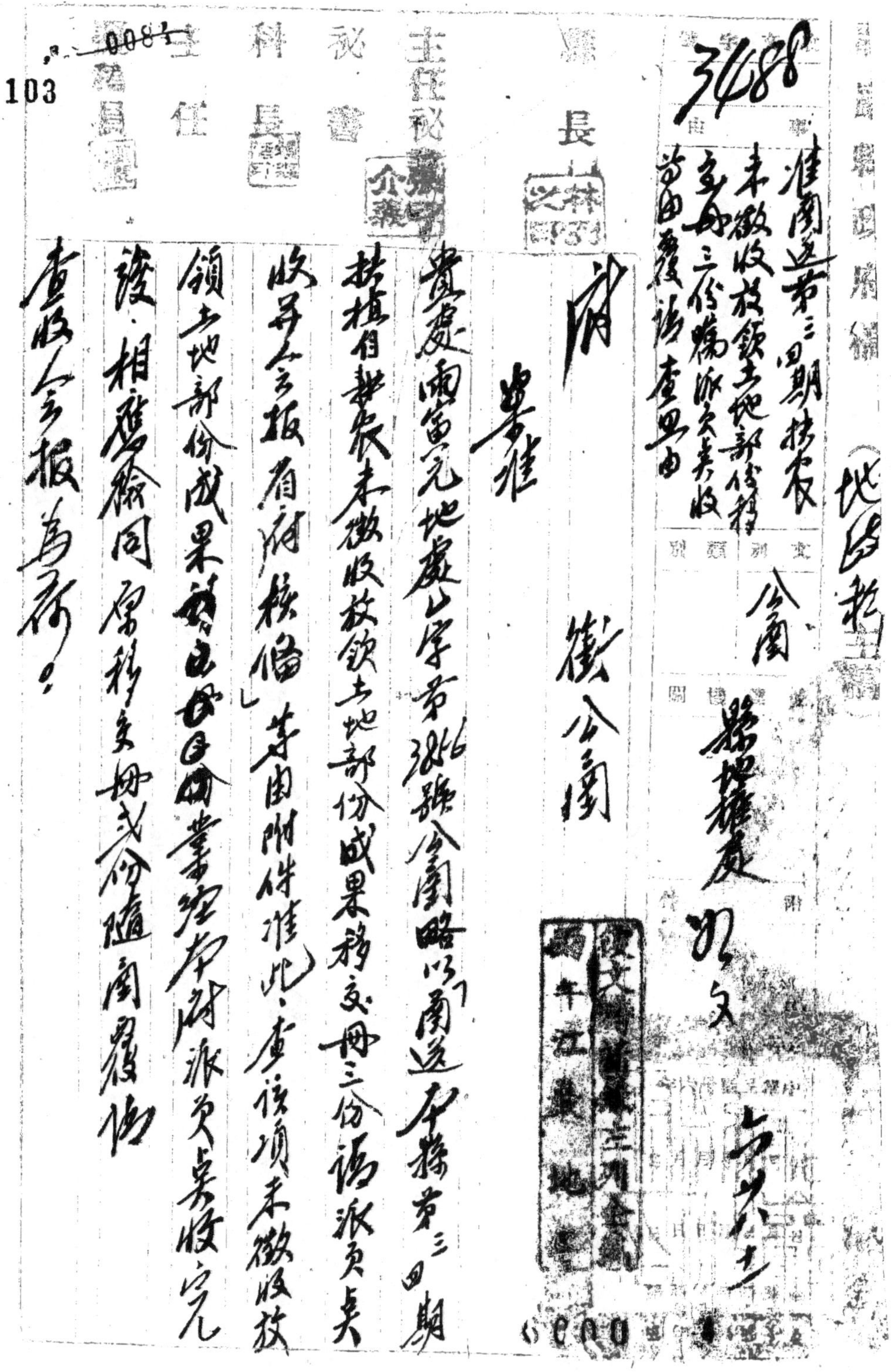

承办员　主任　科长　秘书　主任秘书　县长

3688

案由：准函送第三四期扶农未征收放领土地部份移交册三份嘱派员点收函复查照由

地政科

公函

县长林

发文 六月十一

函

衢公函

案准

贵处两宙元地处山字第286号公函略以"函送本县第三四期扶植自耕农未征收放领土地部份成果移交册三份，请派员点收，并希查照核备"等由附件准此。查该项未征收放领土地部份成果[illegible]业经本府派员点收完竣。相应检同原移交册贰份随函复请

查收为荷。

龙岩县政府地政科准函送第三、四期扶植自耕农未征收放领土地部分移交册三份嘱派员点收(1947年6月)

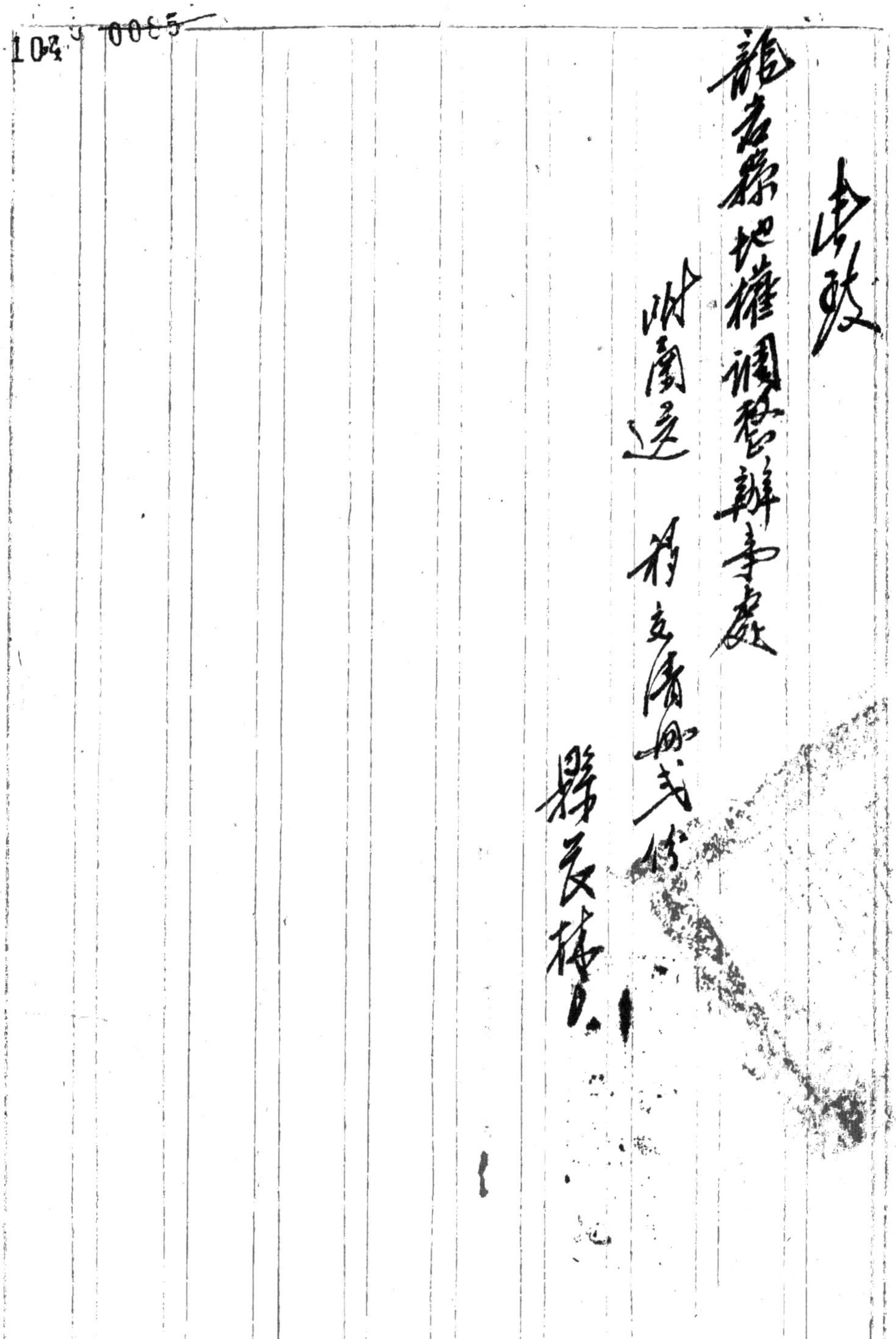

龙岩县政府地政科准函送第三、四期扶植自耕农未征收放领土地部分移交册三份嘱派员点收(1947 年 6 月)

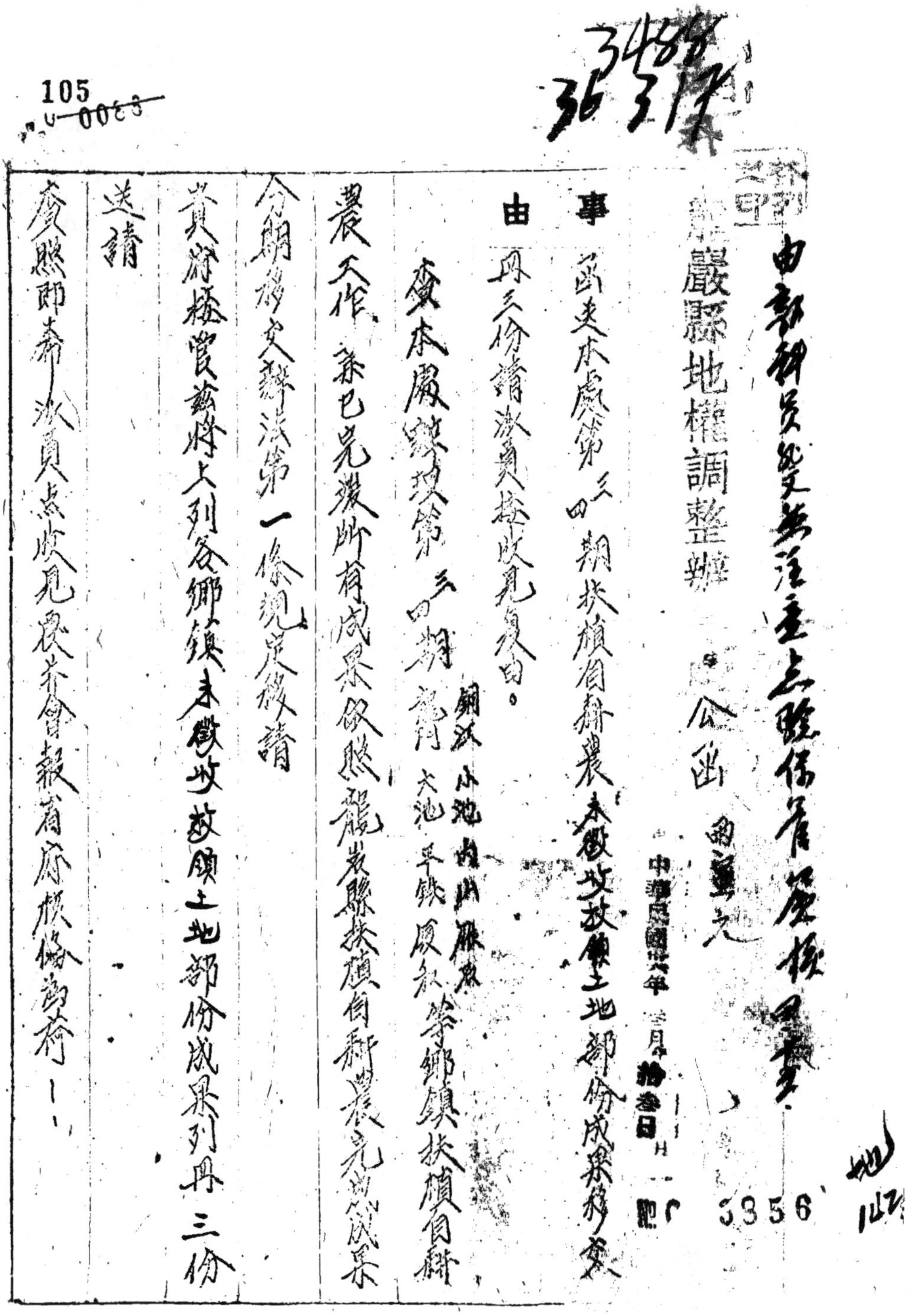
龍巖縣地權調整辦事處公函 函 字第 號

中華民國卅六年三月拾叁日

事由：函送本處第三四期扶植自耕農未徵收放領土地部份成果移交清册三份請派員接收見復由。

查本處辦理第三四期鋼江、小池、内山、雁石、大池、平鉄、厦老等鄉鎮扶植自耕農工作，業已完竣，所有成果依照龍岩縣扶植自耕農完成成果移交辦法第一條規定，應請

貴府接管，兹將上列各鄉鎮未徵收放領土地部份成果列册三份

送請

查照，即希派員點收見復，并會報省府核備為荷！

龙岩县地权调整办事处函送第三、四期扶植自耕农未征收放领土地部分成果移交清册三份请派员接收(1947年3月)

106

0087

此致

龍巖縣政府

附成果移交冊三份

處長 林 列

龙岩县地权调整办事处函送第三、四期扶植自耕农未征收放领土地部分成果移交清册三份请派员接收(1947 年 3 月)

107

0083

龍巖縣政府、龍巖縣地權調整辦事處辦理第三、四期扶植自耕農業務成果（未徵收放領土地部份）移交清冊

龙岩县政府、龙岩县地权调整办事处办理第三、四期扶植自耕农业务成果（未征收放领土地部分）移交清册（1947 年 3 月）

108

~~0300~~

龍巖縣政府地權調整辦事處辦理第三四期扶植自耕農業務成果(未放領土地部份)移交清冊

期別	成果名称	单位	数量	備
第三期	銅缽鄉未徵收放領土地清冊	本	壹	
第三期	龍門鎮未徵收放領土地清冊	本	壹	
第三期	大池鄉未徵收放領土地清冊	本	壹	
第三期	小池鄉未徵收放領土地清冊	本	壹	
第四期	平鐵鄉未徵收放領土地清冊	本	壹	
第四期	內山鄉未徵收放領土地清冊	本	壹	
第四期	厦和鄉未徵收放領土地清冊	本	壹	
第四期	雁石鎮未徵收放領土地清冊	本	壹	

龙岩县政府、龙岩县地权调整办事处办理第三、四期扶植自耕农业务成果（未征收放领土地部分）移交清册（1947年3月）

109

第三期	補圳字第163號補放領土地承領申請書 補圳字第1號補正地權複放申請書	張	弍
第四期	中美字第320號補放領土地承領申請書 中美字第320號補繳地價契約	張	弍
合計		本	冊
		張	肆

註：表列土地除奉准保留之公學田外，應請繼續選擇農戶隨時補行放領以尽地用。

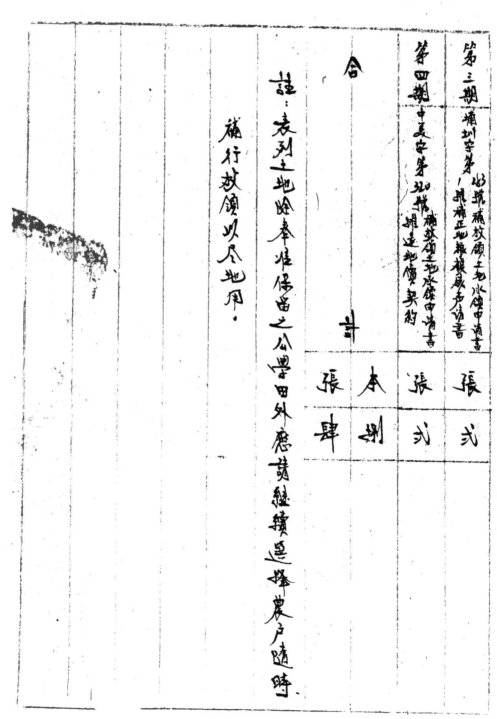

龙岩县政府、龙岩县地权调整办事处办理第三、四期扶植自耕农业务成果（未征收放领土地部分）移交清册（1947年3月）

~~0093~~
110

移交者：龍岩縣地權調整辦事處處長林列
副處長詹劍民
第二課長吳志昌

監交者：龍岩縣地權調整辦事處調查員盧懷謝

接收者：龍岩縣政府縣長林列
地政科長賴森階

點收者：龍岩縣政府地政科科員郭斐然

中華民國三十六年　月　日

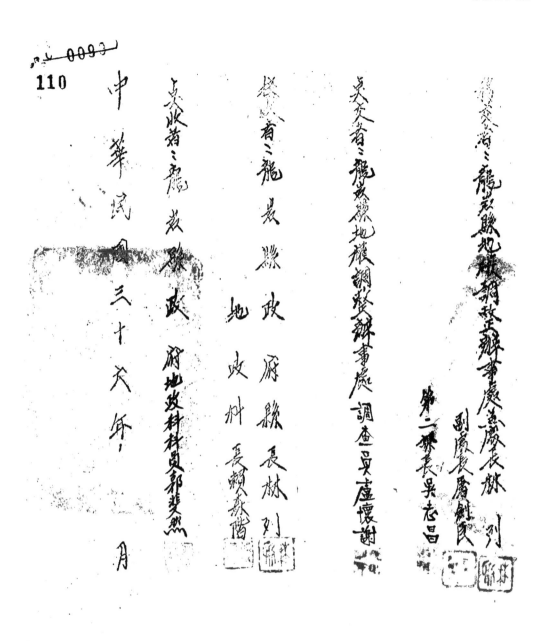

龙岩县政府、龙岩县地权调整办事处办理第三、四期扶植自耕农业务成果
（未征收放领土地部分）移交清册（1947 年 3 月）

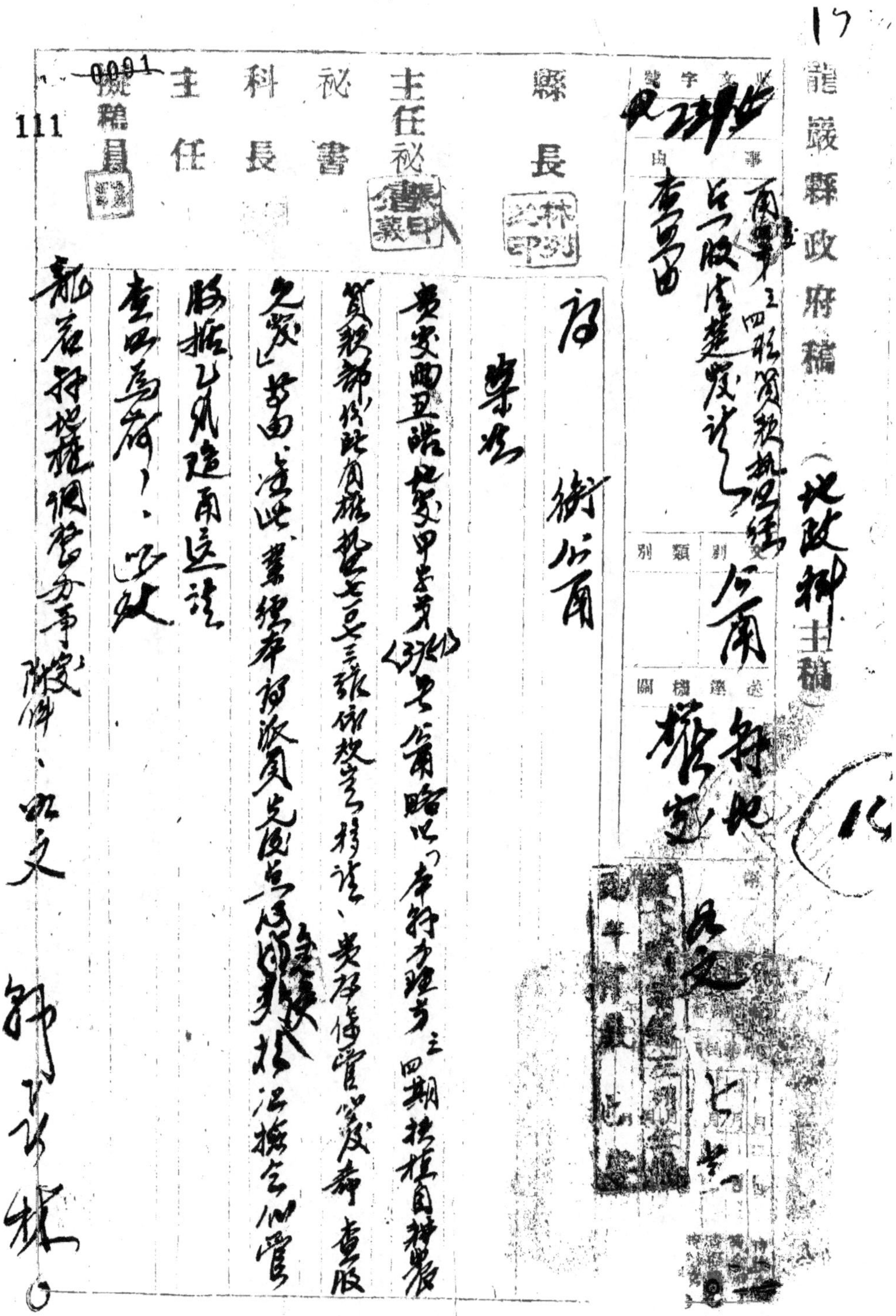

龙岩县政府地政科函复第三、四期贷款执照经点收清楚复请查照(1947 年 7 月)

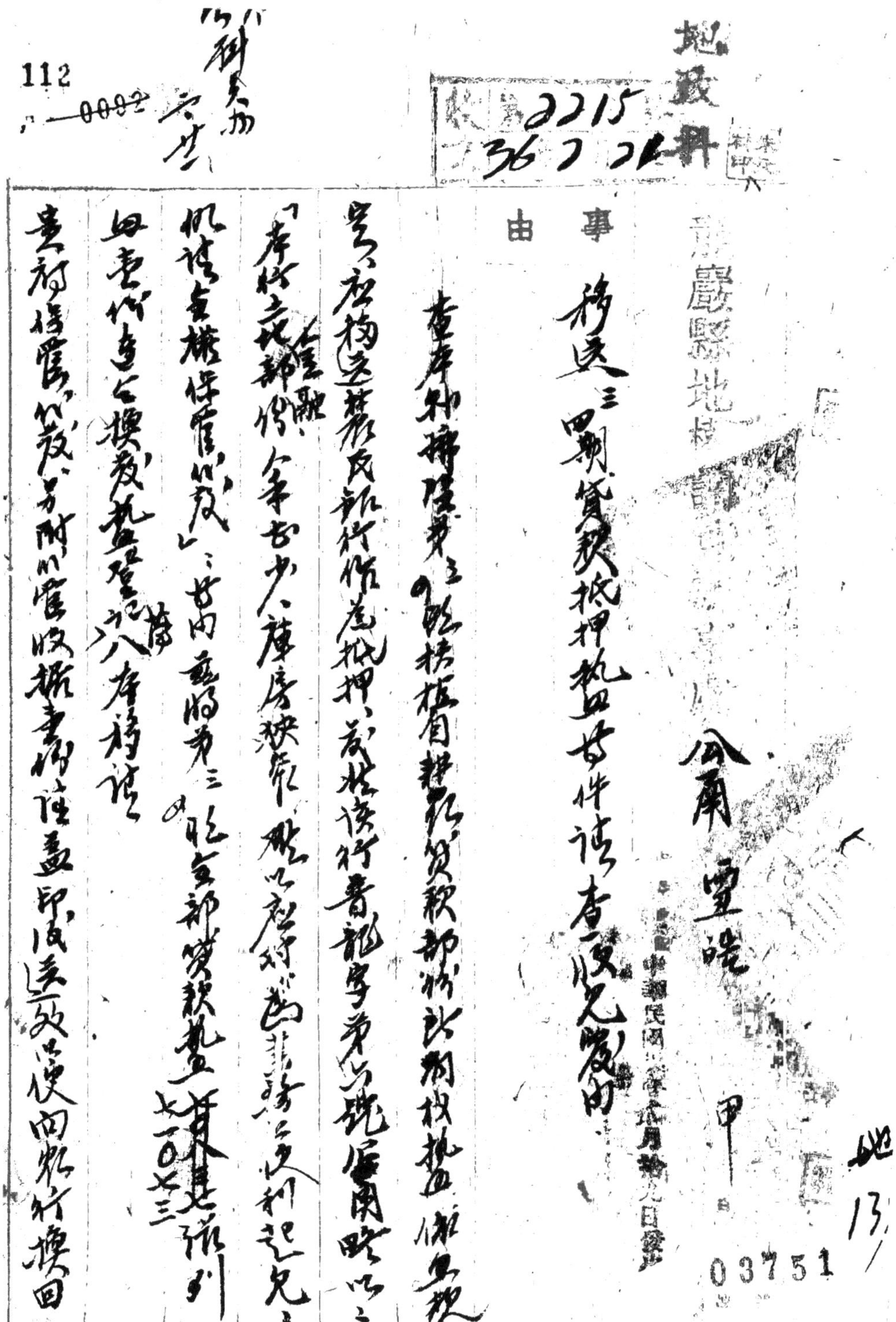

龙岩县地权调整办事处移送第三、四期贷款抵押执照等件请查收(1947 年 2 月)

113

~~0093~~

本處陸續收回抵押執照隨文送附件

查收辦理見覆為荷。此致

龍岩縣政府

附送：貸款抵押執照壹百貳拾捌件、撥款收據壹件、執照清冊壹份；

貸款抵押執照八十四張、收據八件

處長 林列

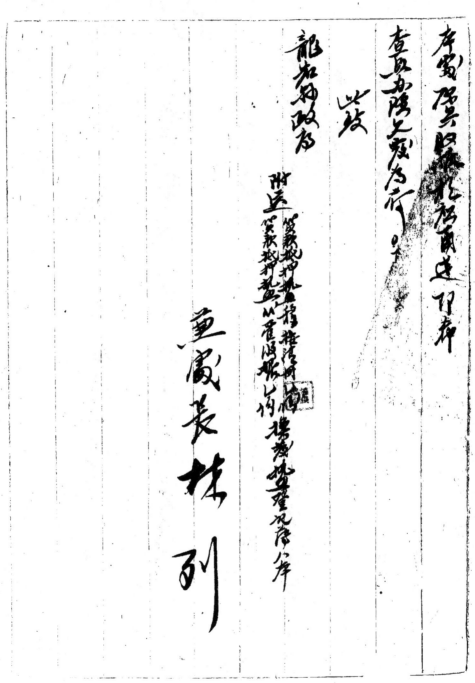

龙岩县地权调整办事处移送第三、四期贷款抵押执照等件请查收(1947 年 2 月)

360

收文字號 164402

事由：為奉移第一期至第四期扶農成果運令移歸貴處接收統一管理函請查照見覆由

文別：公函

送達機關：縣地政處

114

案准

福建省政府酉圍有府地丙字第一三六七一二號訓令開：

「原文照叙」

等因奉此，自應遵辦，除 貴處經費已列入三十七年度概

預算內，不敷部份，應候經預算核定後再行辦理追加外

該有本府接辦之第一期至第四期扶農成果，自應遵令即日

撥數移歸

衛公函

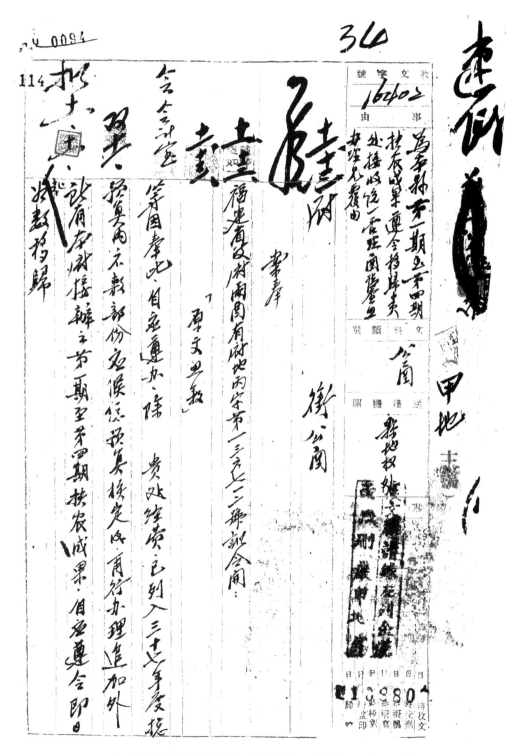

第一至第四期扶植自耕农成果接收统一管理(1947 年 11 月)

115

貴處既接收統一管理，奉令前因，相應函請

查照辦理見覆為荷。

此致

龍岩縣[redacted]地權調整辦事處

一三

縣長 陳 鼎 ○

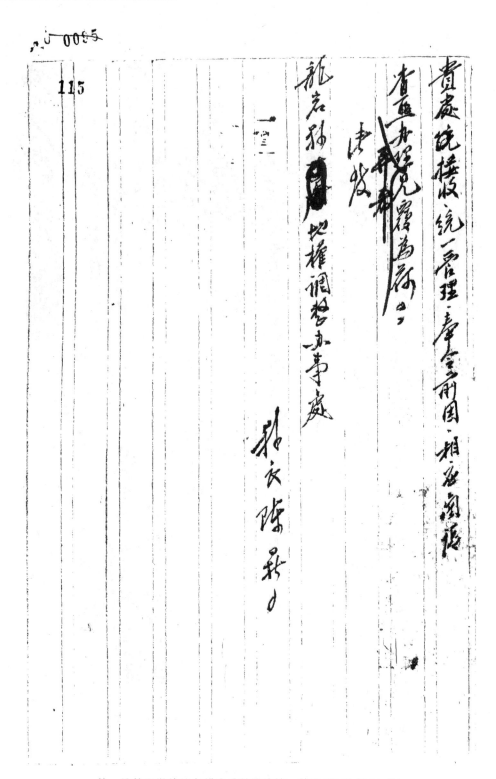

第一至第四期扶植自耕农成果接收统一管理(1947 年 11 月)

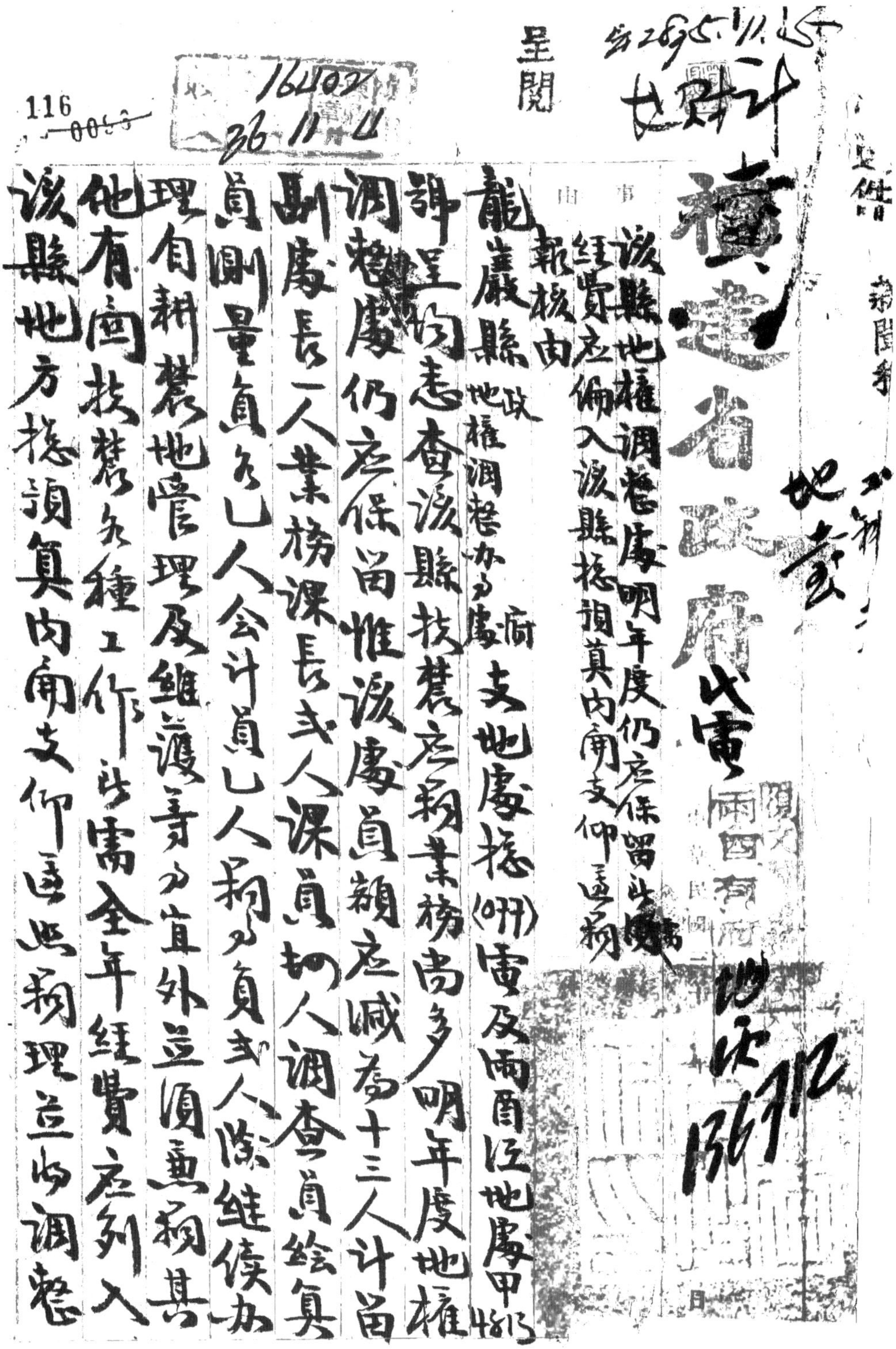

116

呈閱

16402
36 11 4

福建省政府代電

事由：該縣地權調整處明年度仍應保留，所需經費應編入該縣總預算內開支，仰遵照辦理報核由

龍巖縣政府、地權調整辦事處：支地處總〈卅〉電及兩留江地處甲4813呈均悉。查該縣扶農應辦業務尚多，明年度地權調整處仍應保留，惟該處員額應減為十三人，計留副處長一人，業務課長弍人，課員四人，調查員繪算員測量員各乙人，会計員乙人，辦事員弍人，除維續辦理自耕農地管理及維護等事宜外，並須兼辦其他有關扶農各種工作，所需全年經費應列入該縣地方總預算內開支，仰遵照辦理並將調整

福建省政府指令龙岩县地权调整办事处仍应保留，所需经费应编入县总预算内开支（1947 年 11 月）

117

員額報核。又現由該縣地政科接辦之一至四期扶農成果應即移還該處統一管理，併仰遵照。省政府地丙

該處經費已列入三十七年度概預算內不敷部份俟概預算核定後再行辦理追加，仰會
地權處
地政科
人事室理具
辦理
載

函地權處準備十二月一日接收一至四期扶農成果

十一.五

郭

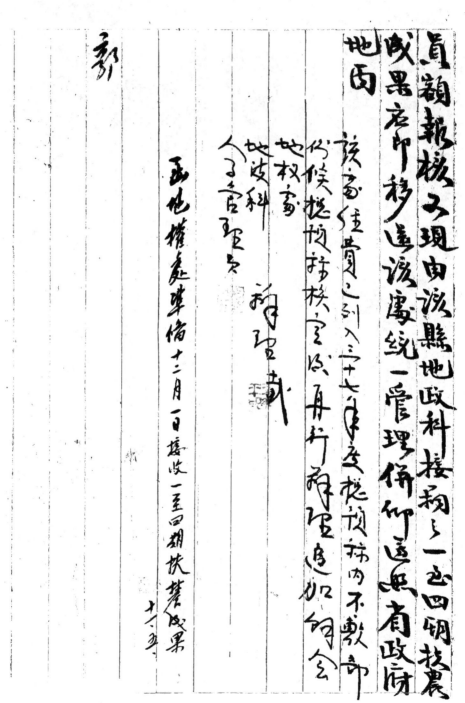

福建省政府指令龙岩县地权调整办事处仍应保留，所需经费应编入县总预算内开支(1947 年 11 月)

卷宗 1-3-310

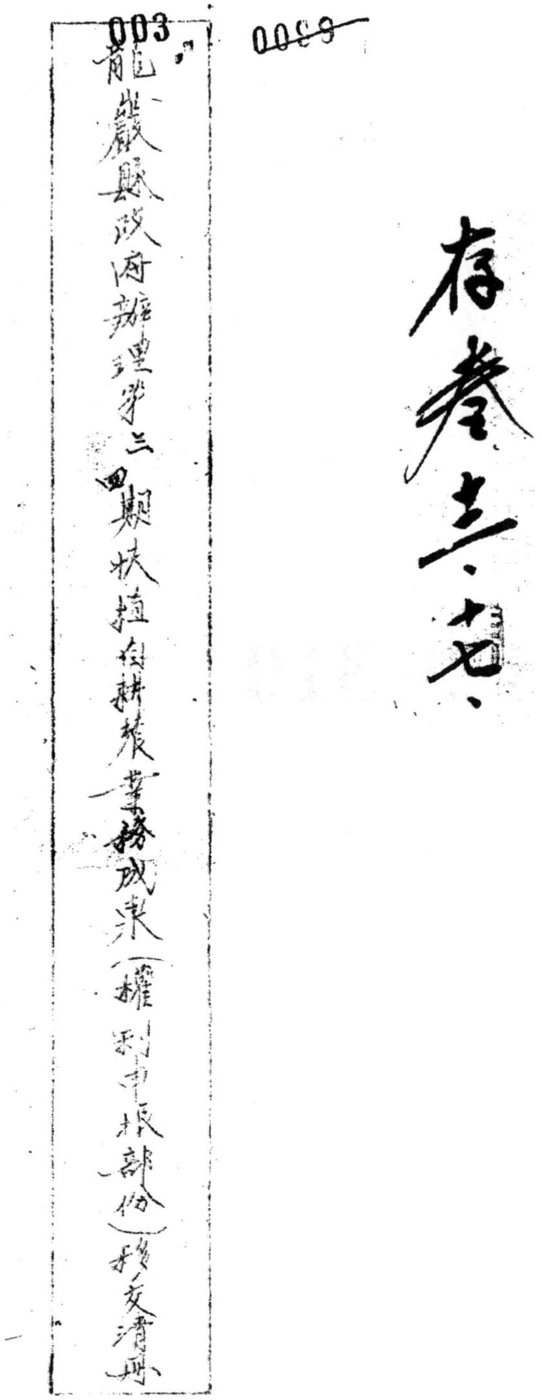

龙岩县政府、龙岩县地权调整办事处办理第三、四期扶植自耕农业务成果（权利申报部分）移交清册（1947年12月）

004 ~~0100~~

龍巖縣政府地權調整辦事處第三四期扶植自耕農業務成果（權利申報部份）移交清冊

期別	鄉鎮別	收件件數量	起訖字號（字）	起訖字號（號）	已辦件數量	駁回件數量	備考
第三期	龍門鎮	2010	龍	一—二〇一三	1930	80	內648、854、211號缺
〃	銅江鄉	661	銅	一—六六二	572	89	內387號缺
〃	大池鄉	1025	大	一—一〇二三	1007	18	內869號缺，另有448-2、500-2、575-2子號三件
〃	小池鄉	1502	小	一—一五二六	1456	46	內338、480、482、483、484-495、499-503、1317、1451等號，子號二件
第四期	平鐵鄉	1374	平	一—一三七三	1341	33	內948-2子號八件
〃	廣和鄉	1386	廣	一—一四〇〇	1316	70	內29、88、104、111、115、126、249、259、350、391、428、472、525、880等號缺。
〃	內山鄉	1001	內	一—一〇二一	969	32	內3-10、449、746-749等號缺，另有98-2、185-2、738-2子號三件
〃	雁石鄉	812	雁	一—一八二一	798	14	內有299-2子號八件

龙岩县政府、龙岩县地权调整办事处办理第三、四期扶植自耕农业务成果（权利申报部分）移交清册（1947 年 12 月）

005

合計	8	9771	8	╱	1389	382

附送文件

名稱	區域	字號（書據起訖）	單位	數量	備考
土地權利申報申請書	龍門鎮、銅江鄉、大池鄉、小池鄉	叁一—一三七	件	137	
〃	平鐵鄉、廈和鄉、內山鄉、雁石鎮	西一—一六	件	16	
土地權利申報書	龍門鎮	自龍一—一九〇三	件	1903	另與領補償費收據合併裝訂
〃	銅江鄉	自銅一—四七五	件	475	〃
〃	大池鄉	自大一—一〇〇七	件	1007	〃
〃	小池鄉	自小一—一四四三	件	1443	〃
〃	平鐵鄉	自平一—一三三一	件	1331	〃

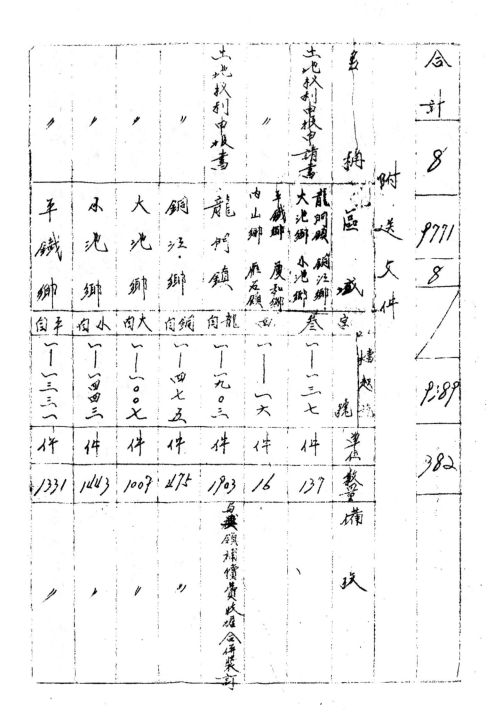

龙岩县政府、龙岩县地权调整办事处办理第三、四期扶植自耕农业务成果（权利申报部分）移交清册（1947年12月）

0101 006

〃	廣和鄉	自廣一一一三一四	件	1314	
〃	內山鄉	自內一一九六七	件	967	
〃	雁石鎮	自雁一一七九九	件	798	內自月[illegible]燒燬
土地權利申報收件簿	龍門 銅鉢 大池 小池 卓礦 廣和 內山 雁石		本	8	
土地權利申報獻田案件存查簿	內處地	一一五六	本	2	
合計			件	[illegible]	

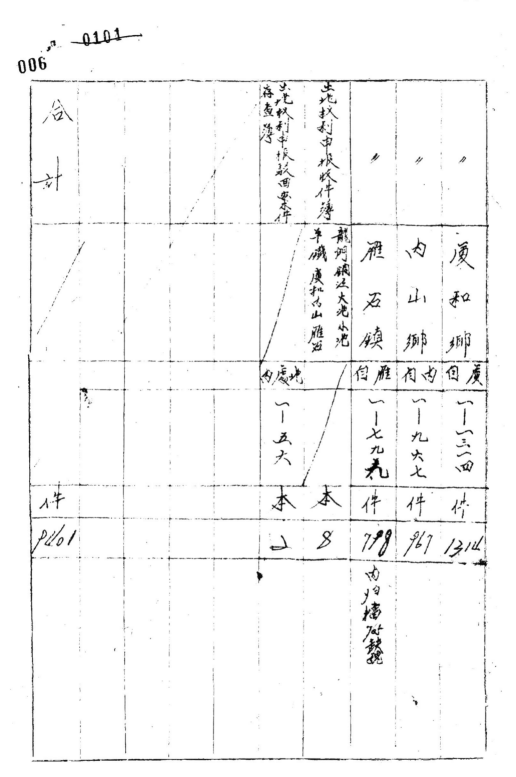

龙岩县政府、龙岩县地权调整办事处办理第三、四期扶植自耕农业务成果（权利申报部分）移交清册（1947年12月）

007　~~0162~~

移交者：龍岩縣政府縣長　陳鼎元

　　　　第一科科長　陳雄濤

　　　　指導員兼地政股長　賴林階

監交者：第一科科員　張尚素

接收者：龍岩縣地政處處長　陳鼎元

　　　　副處長　唐劍陵

　　　　課長

監收者：龍岩縣地政處　　員

中華民國卅六年十二月　　日

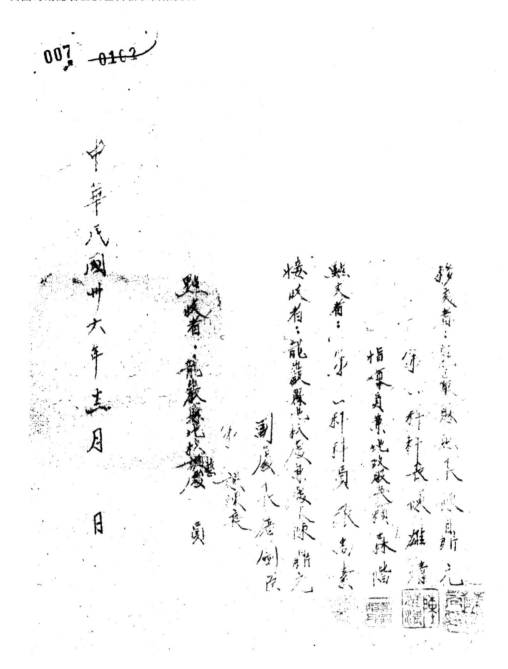

龙岩县政府、龙岩县地权调整办事处办理第三、四期扶植自耕农业务成果（权利申报部分）移交清册（1947年12月）

008

0103

龍巖縣政府地權調整辦事處辦理第一二期扶植自耕農證照工料費收據(存根聯)移交清冊

存卷 壹套

龙岩县政府、龙岩县地权调整办事处办理第一、二期扶植自耕农证照工料费收据(存根联)移交清册(1947 年 12 月)

009

龍巖縣政府
龍巖縣地權調整辦事處扶植自耕農第一、二期證照工料費收據（存根聯）移交清冊

起訖號字	張數	已用張數	未用張數	總計收入金額	備考
八0001—6980	六九八〇	六六三八	三四二	一八八八二.〇元	未用（空白）張數起訖號碼詳附表。
合計	六九八〇	六六三八	三四二	一八八八二.〇〇	

7181—7160，7176—5010，5011—5040，5412—5460，

5474—5480，5520—5700，5784—5786，6484—6410。

（以上共計342張）

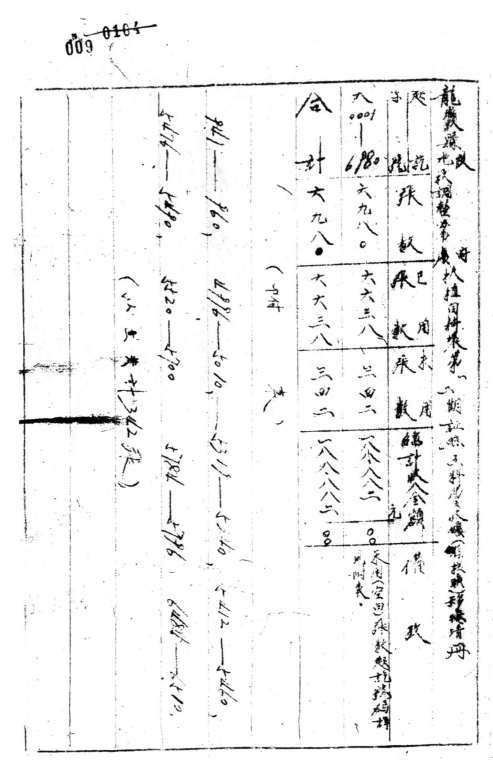

龙岩县政府、龙岩县地权调整办事处办理第一、二期扶植自耕农证照工料费收据（存根联）移交清册（1947 年 12 月）

移交者：龍巖縣政府縣長陳鼎元
第一科科長陳雄清
指導員兼地政股長賴林階
點交者：龍巖縣政府第一科科員張尚素
接收者：龍巖縣地權調整處兼處長陳鼎元
副處長屠劍嵐
第　課長
點收人：龍巖縣地權調整辦事處　員

中華民國卅六年十二月　日

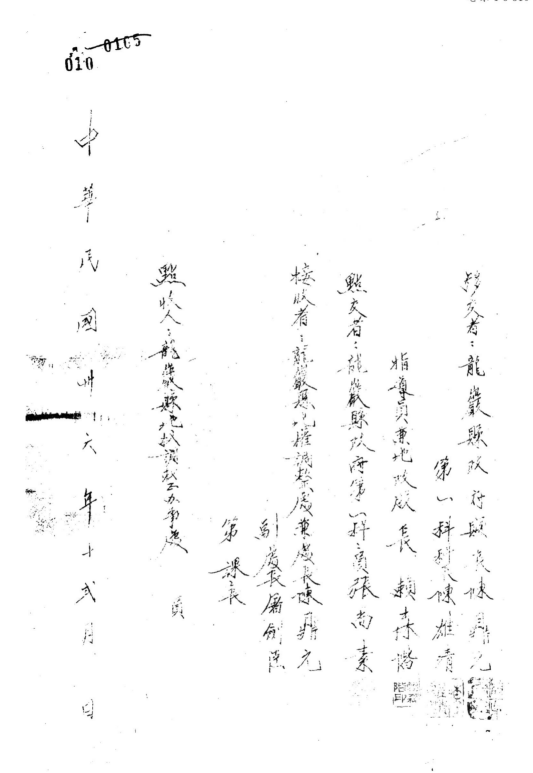

龙岩县政府、龙岩县地权调整办事处办理第一、二期扶植自耕农证照工料费收据（存根联）移交清册（1947年12月）

011

0113

龙岩县政府地权调整办事处第一二三四期扶植自耕农业务成果（转移部分）移交清册

存本共一本

龙岩县政府、龙岩县地权调整办事处办理第一、二、三、四期扶植自耕农业务成果(转移部分)移交清册(1947年12月)

~~0167~~

012

龍巖縣政府 龍巖縣地權調整辦事處 辦理第一、二、三、四期扶植自耕農區域土地移轉案件移交清冊

名稱	收件數量	宗號起訖	已辦件數	駁回件數	未辦件數	備考
龍巖縣扶植自耕農完成區域土地移轉登記請求書	207	扶移1至207	194	4	9	

附關文件

名稱	單位	數量	備考
龍巖縣扶植自耕農完成區域土地移轉登記收件簿	本	壹	共計12頁、收件貳佰零柒件。

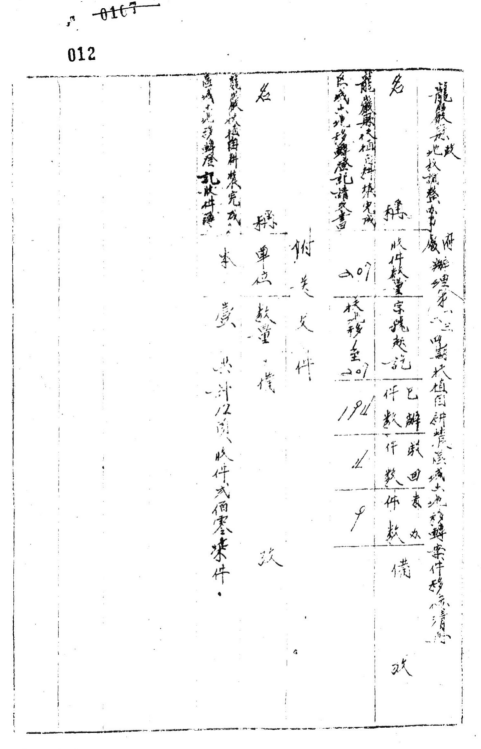

龙岩县政府、龙岩县地权调整办事处办理第一、二、三、四期扶植自耕农业务成果(转移部分)移交清册(1947 年 12 月)

013

~~0103~~

移交者：龍巖縣縣長陳鼎元

第一科科長陳雄清

指導員兼股長賴森階

點交者：科員張尚衷

接收者：龍巖縣地权调整办事處兼處長陳鼎元

副處長潘劍匡

第課課長吳志昌

監收者：課員

中華民國卅六年十二月日

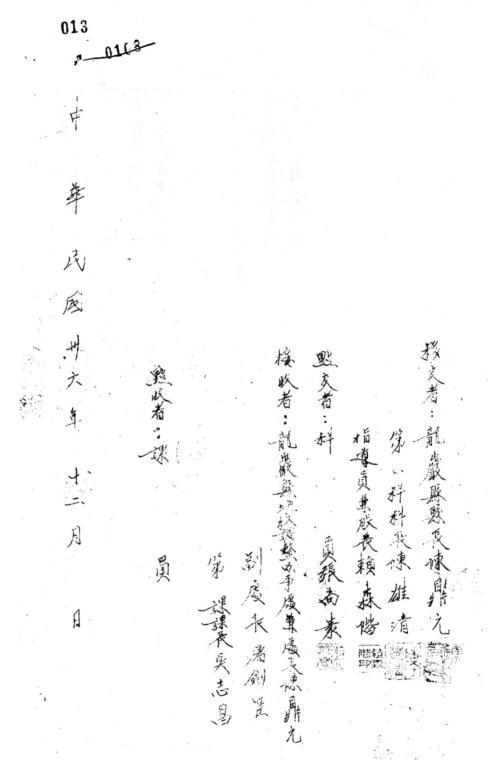

龙岩县政府、龙岩县地权调整办事处办理第一、二、三、四期扶植自耕农业务成果（转移部分）移交清册（1947年12月）

014 0169

龍巖縣政府
地權調整辦事處 辦理第二期扶植自耕農抵押執照移交清册

存參 吉 [stamp]

龙岩县政府、龙岩县地权调整办事处办理第二期扶植自耕农抵押执照移交清册(1947年12月)

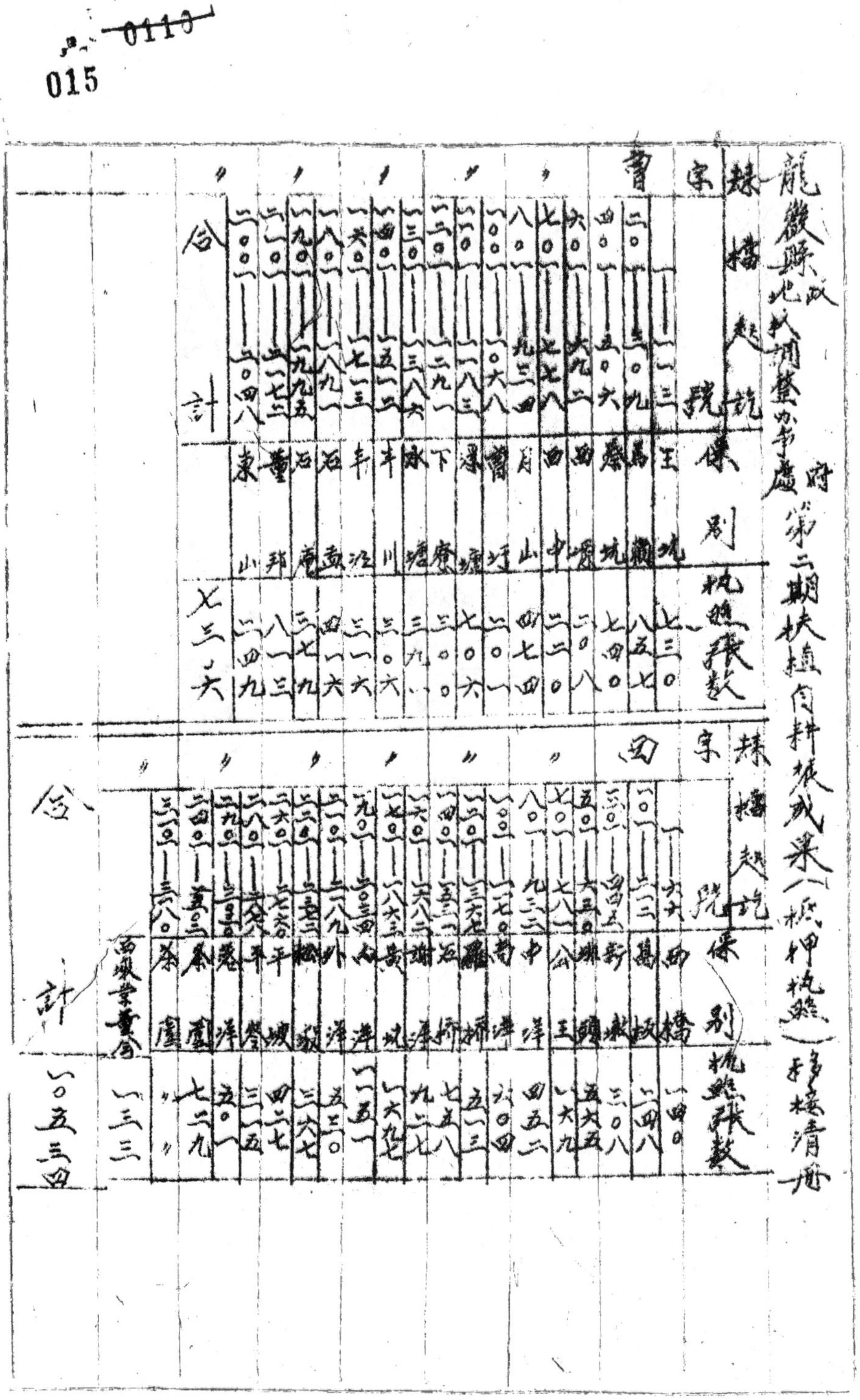

015

龍巖縣政府、地權調整辦事處第二期扶植自耕農放款(抵押執照)移交清冊

字	號起訖號數	保別	執照張數
曹	一—一三	王坑	七三〇
〃	二〇一—三〇九	馬嶺	八五七
〃	四〇一—五〇六	蔡坑	七四〇
〃	六〇一—六九二	西[illegible]	二〇八
〃	七〇一—七七八	西中	二二〇
〃	八〇一—九三四	月山	四七四
〃	一〇〇一—一〇六八	曹坪	二〇一
〃	一一〇一—一一八三	溪塘	七〇六
〃	一二〇一—一二九一	下寮	三〇〇
〃	一三〇一—一三八六	永塘	三九[illegible]
〃	一四〇一—一五一二	半川	三〇六
〃	一六〇一—一七一三	半江	三一六
〃	一八〇一—一八九一	石[illegible]	四一六
〃	一九〇一—一九九五	石庵	三七九
〃	二〇〇一—二一七二	臺邦	八一三
〃	二〇〇一—二〇四八	東山	二四九
合計			七三一六

字	號起訖號數	保別	執照張數
西	一—六九	西橋	一四〇
〃	一〇一—一二三	馬坂	一四八
〃	三〇一—四四五	新城	三〇八
〃	五〇一—六五〇	[illegible]頭	五六五
〃	七〇一—七八一	公王	一六九
〃	八〇一—九三二	中洋	四五二
〃	一〇〇一—一一七〇	[illegible]洋	六〇四
〃	一二〇一—一三七七	羅橋	五一三
〃	一四〇一—一五三一	石橋	七五八
〃	一六〇一—一六八二	湖洋	九二七
〃	一七〇一—一八七三	[illegible]城	一六九七
〃	一九〇一—二〇四四	公洋	一一五一
〃	二〇〇一—二一八九	外洋	五二〇
〃	二三〇一—二三三三	松坂	三六七
〃	二六〇一—二七〇四	平坡	四二七
〃	二八〇一—二八六〇	平營	三一五
〃	二九〇一—三三三五	卷洋	五〇一
〃	二四〇一—二五三二	茶園	七二九
〃	三一〇一—三二八〇	茶園	〃
		西坡業會	一三三
合計			一〇五三四

龙岩县政府、龙岩县地权调整办事处办理第二期扶植自耕农抵押执照移交清册(1947 年 12 月)

016

業權起訖

字	號	保別	執照張數
合	一—四一	虎嶺	一七七
〃	五一—七六	建國	二六
〃	一〇一—一二〇	業巷	二九
〃	一三一—一六八	水門	三二
〃	一五一—一六六	五彩	七六
〃	二〇一—二六三	三民	五五
〃	二五一—二八一	北門	一三〇
〃	三〇一—三一五	孟權	五六
合計			五九四
閩	一—八三	書門	二五六
〃	二〇一—二七八	新款	五九三
〃	三〇一—三九〇	鴻殺	三二六
〃	四〇一—四七五	璞庵	二四九
〃	五〇一—五四九	登高	一五四
〃	六〇一—七〇二	大周	二九二
	四七三	溪南(公田)	一六
	五五〇	登高(公田)	七

耕權起訖

字	號	保別	執照張數
外二	一—一四八	溪邊、永豐、白洋、麗溪、建登等五保	一二一
〃	五一—九六	龍山、二十二[illegible]等	九七
合計			二〇八

龙岩县政府、龙岩县地权调整办事处办理第二期扶植自耕农抵押执照移交清册(1947年12月)

~~0111~~
017

移交者：龍巖縣政府縣長林鼎元

第一科科長陳雄清

指導員兼地政股股長賴森修

點交者：龍巖縣政府第一科科員張吉素

接收者：龍巖縣地權調整辦事處處長陳鼎元

副處長屠劍良

第　課課長

點收人：龍巖縣地權調整辦事處

員

中華民國卅六年十弍月　日

龙岩县政府、龙岩县地权调整办事处办理第二期扶植自耕农抵押执照移交清册(1947年12月)

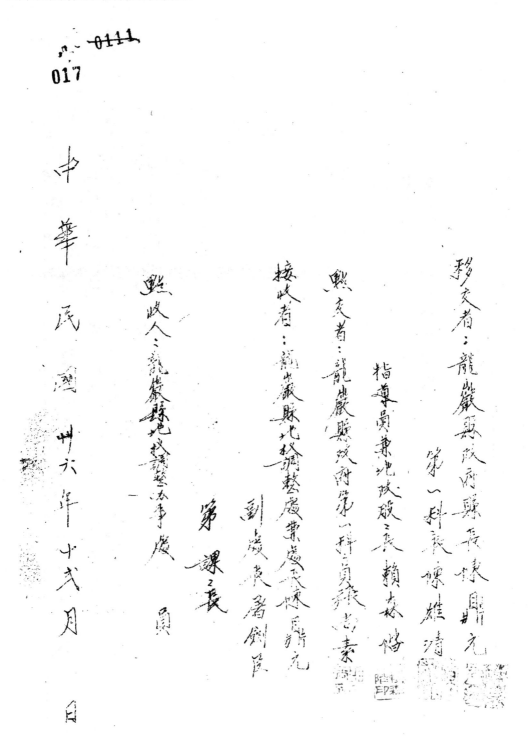

018 0112

龍巖縣政府
地權調整辦事處辦理第一—四期扶植自耕農業務成果（起數面積地價統計表部份）移交清冊

存卷

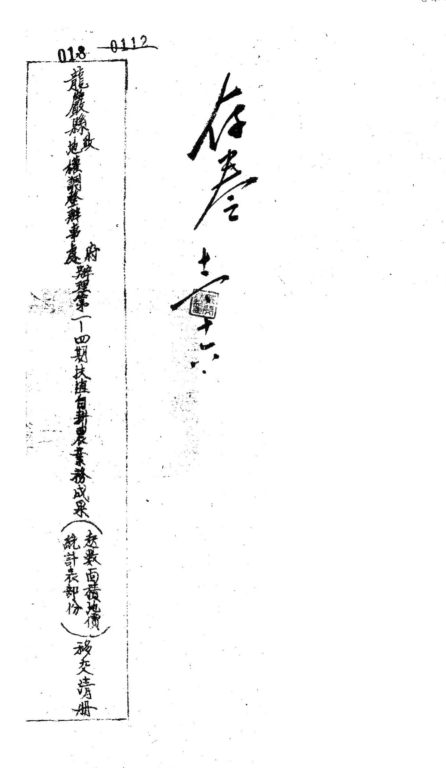

龙岩县政府、龙岩县地权调整办事处办理第一至四期扶植自耕农业务成果（起数、面积、地价统计表部分）移交清册（1947 年 12 月）

~~0113~~

019

龍巖縣政府地權調整辦事處辦理第一至四期扶植自耕農業務成果（起數面積地價統計表部分）移交清冊

期別	鄉鎮別	成果名稱	單位	數量	備考
第一期	曹一字	扶植自耕農發給土地證數 面積地價統計表	本	壹	
〃	白土鎮	〃 〃 〃	本	壹	
〃	紫岡鄉	〃 〃 〃	本	壹	
〃	龍一字	〃 〃 〃	本	壹	
第二期	大同鄉	〃 〃 〃	本	壹	
〃	西墩鄉	〃 〃 〃	本	壹	
〃	曹蓮鄉	〃 〃 〃	本	壹	
〃	合作鎮	〃 〃 〃	本		

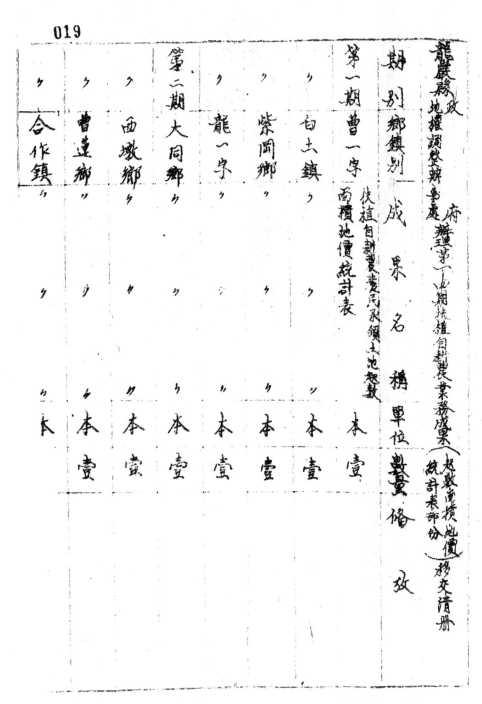

龙岩县政府、龙岩县地权调整办事处办理第一至四期扶植自耕农业务成果（起数、面积、地价统计表部分）移交清册（1947年12月）

020

第二期	外鄉二字	扶植自耕農農民承領土地起數面積地價統計表	本	壹
第三期	銅江鄉	〃 〃 〃	本	壹
〃	龍門鎮	〃 〃 〃	本	壹
〃	小池鄉	〃 〃 〃	本	壹
〃	大池鄉	〃 〃 〃	本	壹
〃	外鄉三字	〃 〃 〃	本	壹
〃	外鄉四字	〃 〃 〃	本	壹
第四期	內山鄉	〃 〃 〃	本	壹
〃	雁石鎮	〃 〃 〃	本	壹
〃	平鐵鄉	〃 〃 〃	本	壹

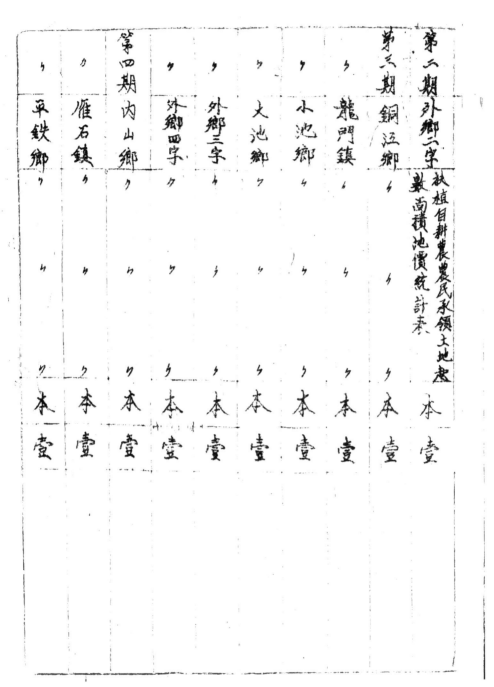

龙岩县政府、龙岩县地权调整办事处办理第一至四期扶植自耕农业务成果（起数、面积、地价统计表部分）移交清册（1947年12月）

~~0117~~
021

〃	合計
廈和鄉	
〃	
〃	
〃	
本	本
壹	壹拾叁

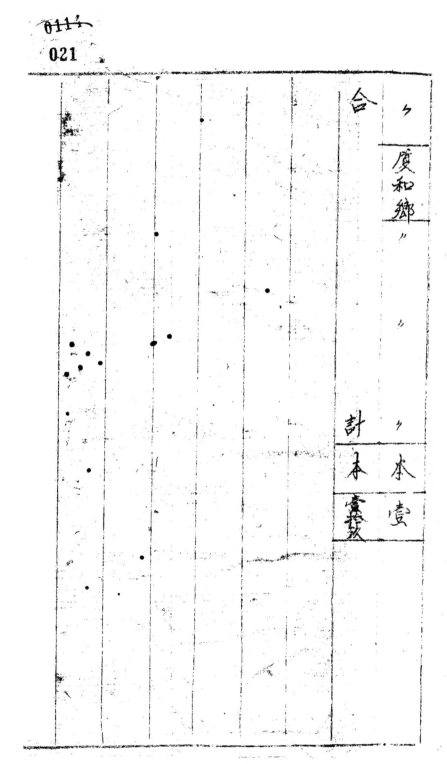

龙岩县政府、龙岩县地权调整办事处办理第一至四期扶植自耕农业务成果（起数、面积、地价统计表部分）移交清册（1947年12月）

0115

022

移交者：龍巖縣政府縣長陳鼎丸

第一科科長陳雄清

指導員兼地政股股長賴森階

點交者：龍巖縣政府第一科科員鄭斐然

接收者：龍巖縣地權調整辦事處處長陳鼎丸

副處長詹劍臣

第　課課長

點收者：龍巖縣地權調整辦事處　員

中華民國三十六年　月　日

龙岩县政府、龙岩县地权调整办事处办理第一至四期扶植自耕农业务成果（起数、面积、地价统计表部分）移交清册（1947 年 12 月）

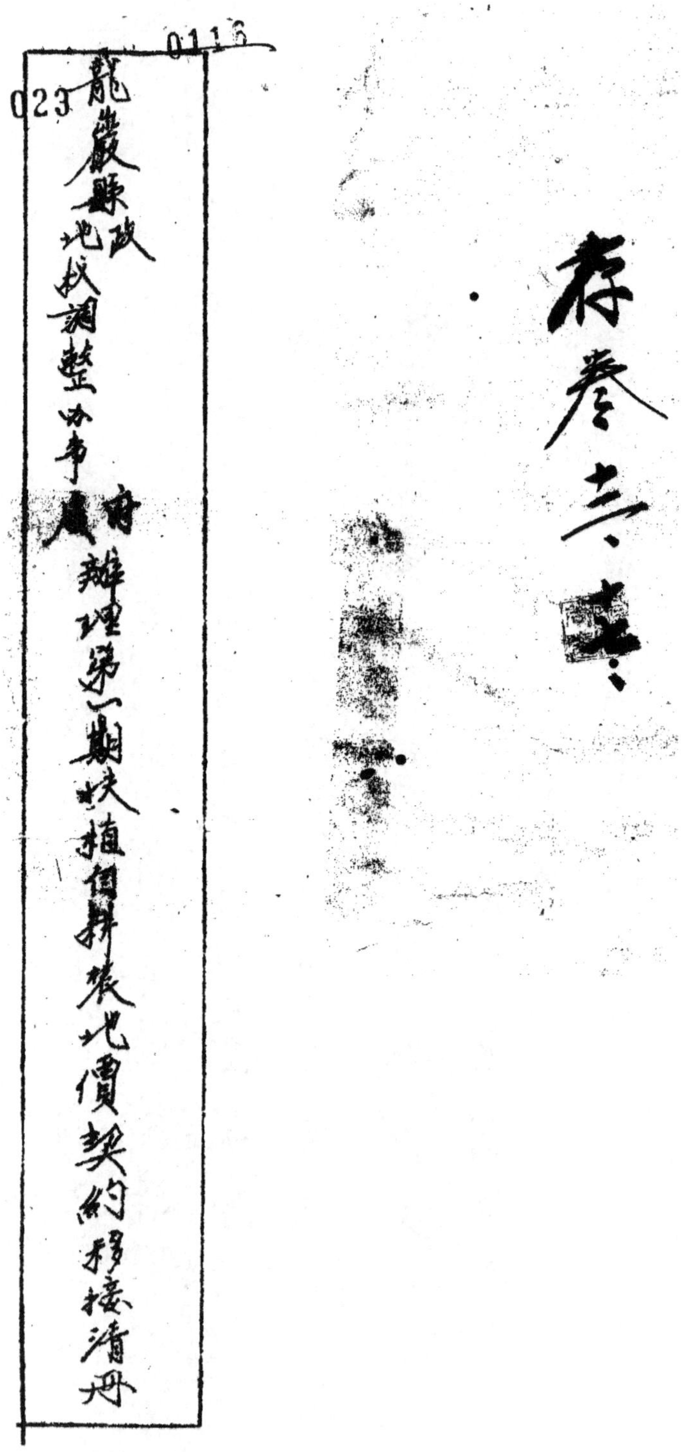
0116
023
龍巖縣政府
地權調整辦事處
辦理第一期扶植自耕農地價契約移接清冊
存卷三十六

龙岩县政府、龙岩县地权调整办事处办理第一期扶植自耕农地价契约移交清册(1947年12月)

龍巖縣政府第壹期扶植自耕農地價契約移交清冊

合作社名稱	扶農地價契約本數	備攷
黃坑村	3	附清理地價公文清單各壹份
北坑村	1	附清理地價公文清單各壹份
平洋村	1	附清理地價公文清單各壹份
白心村	1	附清理地價公文清單各壹份
上洋村	1	仝右
西洋村	1	仝右
坎下村	1	仝右
東埔村	1	仝右
建園村	1	仝右

龙岩县政府、龙岩县地权调整办事处办理第一期扶植自耕农地价契约移交清册(1947年12月)

025

南陽村	2	公(2) 右
萊陽村	1	附清理地價公文一份清冊壹份
倒流村	1	附清理地價公文清冊各壹份保公田杜賣契約副本一份
西坑村	1	附清理地價公文清冊各壹份
東洋村	2	公(2) 右
南中村	1	
安康村	2	附清理地價公文清冊各壹份。
[illegible]洋村	1	公(2) 右
鄉保國教會	1	
合計	25	

龙岩县政府、龙岩县地权调整办事处办理第一期扶植自耕农地价契约移交清册(1947 年 12 月)

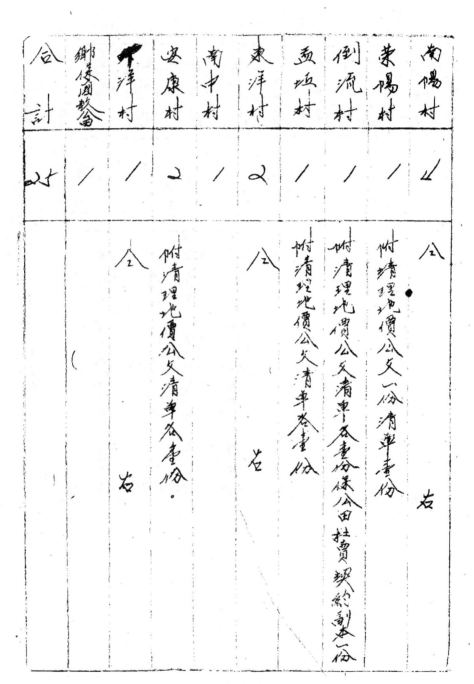

0118

026

移交者：龍巖縣政府縣長練鼎九

第二科科長陳雄清

指導員兼地政股股長賴森階

點交者：龍巖縣政府第一科科員張[illegible]素

接收者：龍巖縣地權調整處兼處長練鼎九

副處長詹劍臣

第　課課長

點收者：龍巖縣地權調整辦事處　員

中華民國卅六　十二月　日

龙岩县政府、龙岩县地权调整办事处办理第一期扶植自耕农地价契约移交清册(1947 年 12 月)

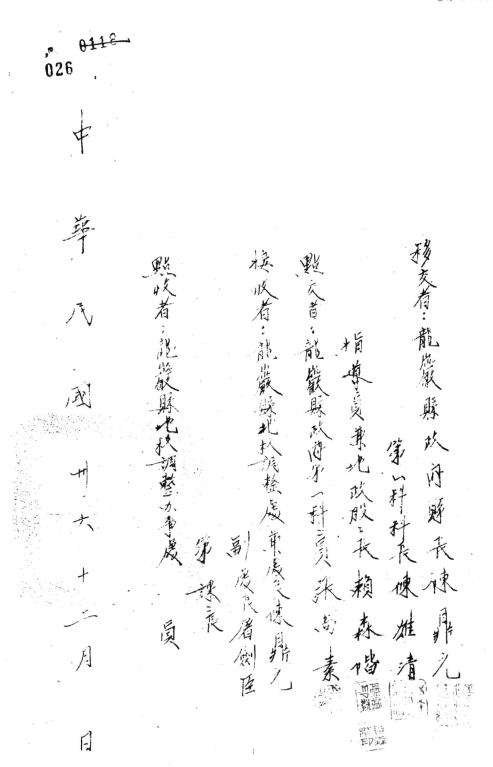

0113

027

龍巖縣政府
龍巖縣地權調整辦事處辦理第一至四期扶植自耕農業務成果(未放領土地部份)移交清册

龙岩县政府、龙岩县地权调整办事处办理第一至四期扶植自耕农业务成果(未放领土地部分)移交清册(1947 年 12 月)

028 ~~0123~~

龍巖縣政府 地權調整辦事處 辦理第一—四期扶植自耕農業務成果（未放領土地部份）移交清册

期別	鄉鎮別	成果名稱	單位	數量	備攷
第一期	紫岡 白土	未徵收放領土地清册	本	壹	
第二期	西陂 曹溪 新羅（舊合併鄉鎮）	未徵收放領土地清册	本	壹	
第三期	銅江	未徵收放領土地清册	本	壹	
〃	龍門	未徵收放領土地清册	本	壹	
〃	小池	未徵收放領土地清册	本	壹	
〃	大池	未徵收放領土地清册	本	壹	
第四期	新羅（舊甲數段）	未徵收放領土地清册	本	壹	
〃	內山	未徵收放領土地清册	本	壹	

龙岩县政府、龙岩县地权调整办事处办理第一至四期扶植自耕农业务成果（未放领土地部分）移交清册（1947 年 12 月）

029

〃 〃	厦和	未徵收放領土地清册	本	壹
〃 〃	雁石	未徵收放領土地清册	本	壹
合計			本	壹拾

龙岩县政府、龙岩县地权调整办事处办理第一至四期扶植自耕农业务成果(未放领土地部分)移交清册(1947年12月)

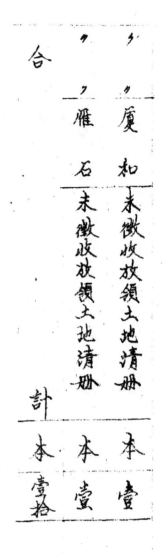

~~0121~~

030

移交者：龍巖縣政府縣長陳鼎九

第一科科長陳雄清

指導員兼地政股股長賴森階

監交者：龍巖縣政府第一科科員郭燮然

接收者：龍巖縣地權調整辦事處處長陳鼎九

副處長詹劍丘

第　課課長

監收者：龍巖縣地權調整辦事處　員

中華民國卅六年　月　日

龙岩县政府、龙岩县地权调整办事处办理第一至四期扶植自耕农业务成果(未放领土地部分)移交清册(1947年12月)

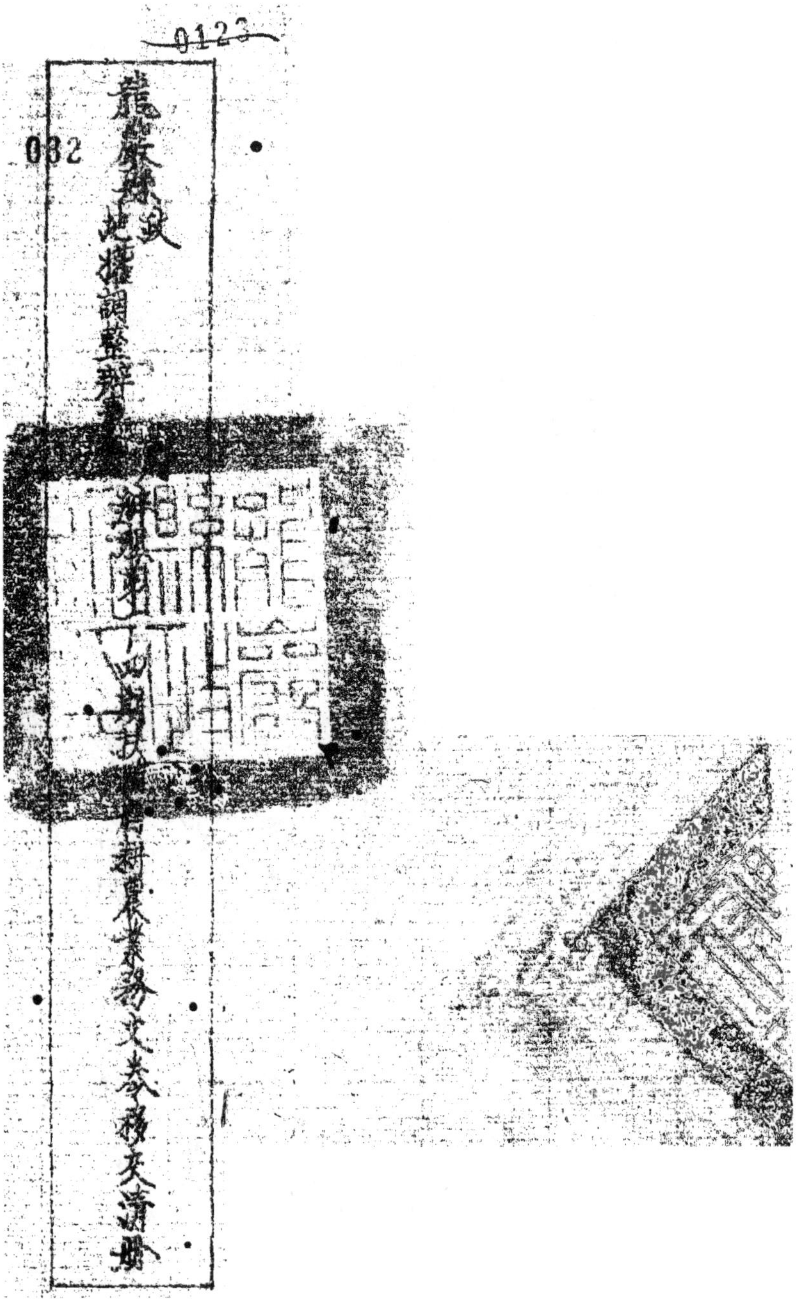

0123

082

龍巖縣政府地權調整辦事處辦理第一至四期扶植自耕農業務文卷移交清冊

龙岩县政府、龙岩县地权调整办事处办理第一至四期扶植自耕农业务文卷移交清册（1947年）

~~0124~~

033

龍巖縣政府/龍巖縣地權調整辦事處辦理第一~四期扶植自耕農業務文卷移接清冊

卷宗名稱	單位	數量	備攷
處理轉租轉賣土地卷	宗	壹	
補發更正證照卷	宗	弍	
催收地價繳清待領權利申報卷	宗	壹	
放領土地卷	宗	壹	
地政類雜卷	宗	壹	
複丈複核卷	宗	壹	
權利異議卷	宗	壹	
土地糾紛卷	宗	弍	

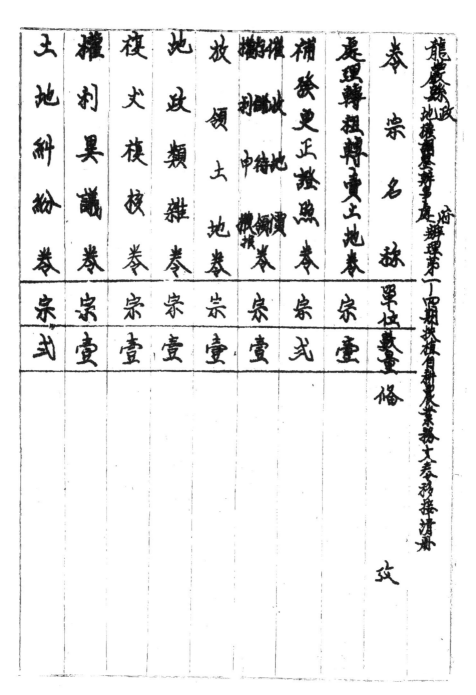

龙岩县政府、龙岩县地权调整办事处办理第一至四期扶植自耕农业务文卷移交清册(1947 年)

034

土地移轉卷	宗	壹	
公學田保留卷	宗	壹	
減免賦稅卷	宗	壹	
補發證照登記簿	本	壹	[illegible]
扶植自耕農承領土地辦理情形報告單	本	壹	地承字第一一五〇號止

龙岩县政府、龙岩县地权调整办事处办理第一至四期扶植自耕农业务文卷移交清册(1947年)

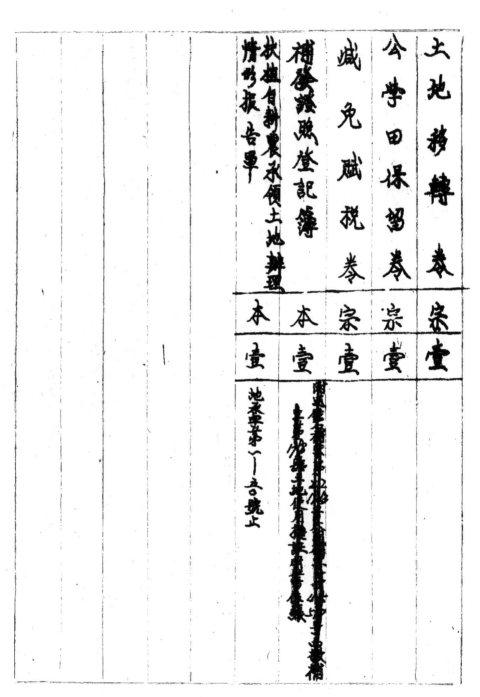

035

移交者：龍岩縣政府：縣長陳鼎元

第一科科長陳雄清

指導員兼地政股長 賴森階

監交者：龍岩縣政府 科 員郭斐然

會泰員林博濟

接收者：龍岩縣地權調整辦事處兼處長陳異乜

副處長詹劍臣

第 課課長

監收者：龍岩縣地權調整辦事處 員

中華民國卅六年 月 日

龙岩县政府、龙岩县地权调整办事处办理第一至四期扶植自耕农业务文卷移交清册(1947年)

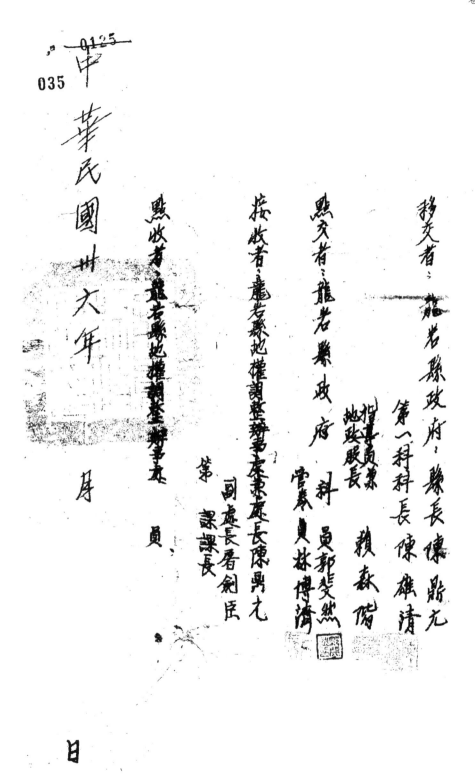

龙岩县政府办理第一至四期扶植自耕农业务成果(土地分配部分)移交清册(1947 年 12 月)

龍岩縣政府辦理第一至四期扶植自耕農業務成果(土地分配部分)移交清冊

期別	成果名稱	單位	數量	備考
一至四期	土地承領申請書	本	四拾捌	地號號碼見附表一
〃	土地異動清冊	本	捌	[illegible]字自第一頁至第三七八頁止共四本；自字自第一頁至第三八四頁止共四本
〃	承領土地收中證(據)[illegible]	張	伍	
〃	單位面積清冊	本		
〃	承領土地檢查表	本	柒	其中一張、厚、安、龍、復
〃	地號號碼[illegible]踏勘表	本	貳	
〃	換發執照申請書	本	壹	白土字自第一號起至第二八四號止
〃	龍岩縣執照存根	張	1-1968號	[illegible]

龙岩县政府办理第一至四期扶植自耕农业务成果(土地分配部分)移交清册(1947年12月)

038

〃	安字執照存根	張	1-5475	
〃	復字執照存根	〃	1-6316	
〃	聖字執照存根	〃	1-4655	
〃	崇字執照存根	〃	1-5640	
〃	貴字執照存根	〃	1-6573	
〃	溪字執照存根	〃	1-6254	
〃	紫崗字證明書存根	〃	95	自紫崗字第一號起至第95號止
〃	白字使用權證明書	〃	118	自白字第一號起至第118號止
第二期	土地承領申請書	本	贰拾伍	起訖號碼見附表
〃	土地異動清冊	本	捌	南月字第一頁起至三七二頁止共四本 西字月第一頁起至三頁止共三本 合作字月第一頁起至第二五頁止共一本

龙岩县政府办理第一至四期扶植自耕农业务成果(土地分配部分)移交清册(1947 年 12 月)

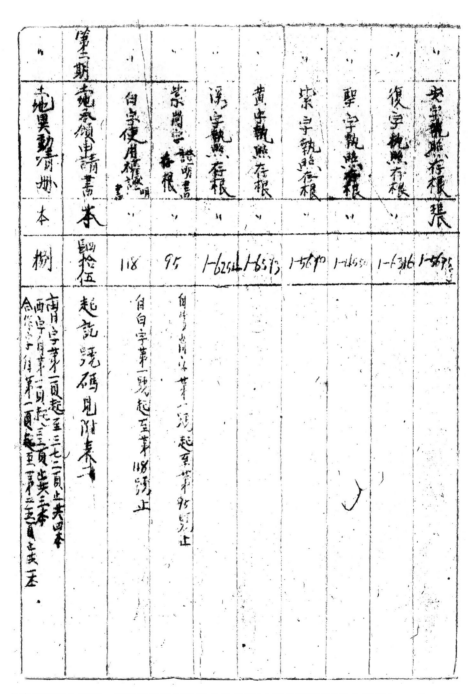

039 0123

	參領土地收件登記簿	本	陸	
〃	佃耕面積清冊	本	伍	
〃	承領土地檢查表 代耕申報	本	壹拾	曹天、同、浮、外、石、條、大同合作
〃	執照界碑與地號對照表	本	壹	
〃	合作段執照號清冊	本	壹	
〃	大同段執照號清冊	本	壹	共計除合作段執照號碼清冊外大同合計一本
〃	合作段地價冊	張	壹	訂于合作段簿號簿內
〃	外字證明書存根	張	[illegible]	
〃	錯誤更正登記表	本	壹	
〃	外字執照存根	張	7618	自外字第一號起至外字第7618號止

龙岩县政府办理第一至四期扶植自耕农业务成果(土地分配部分)移交清册(1947 年 12 月)

040

〃	西字執照存根	張	1804	自西字第一號起至西字第1804號止
〃	條字執照存根	張	4271	自條字第一號起至條字第4271號止
〃	石字執照存根	張	3703	自石字第一號起至石字第3703號止
〃	昔字執照存根	張	5999	自昔字第一號起至昔字第5999號止
〃	天字執照存根	張	1364	自天字第一號起至天字第1364號止
〃	厚字執照存根	張	2223	自厚字第一號起至厚字第2223號止
〃	明字執照存根	張	3926	自明字第一號起至明字第3926號止
〃	合作段執照存根	張	61	自合作字第一號起至合作字第61號
〃	大同段執照存根	張	8	自大同字第一號起至大同字第8號止
〃	合作字证明書存根	張	207	一至二〇七號（[illegible]）

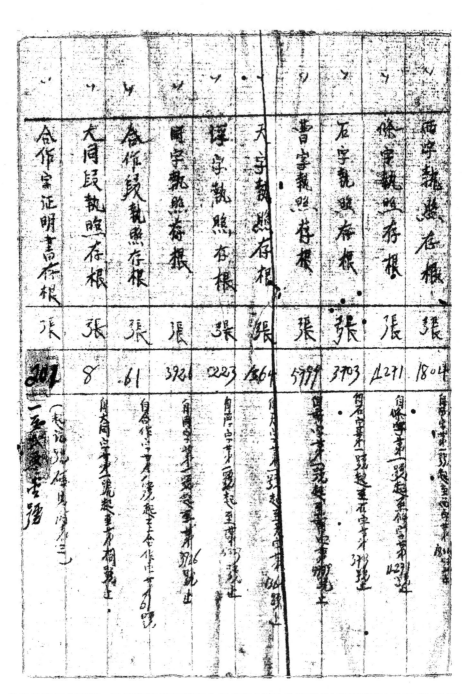

龙岩县政府办理第一至四期扶植自耕农业务成果（土地分配部分）移交清册（1947年12月）

041 0129

大同字証明書存根	張	585	見附表二
漕蓮字證明書存根	張	20880	一至弍萬零五零號
雨壇字證明書存根	張	5221	〃
第三期 承領土地申請書	本	51	起訖土稱見附表一
土地異動清冊	本	8	銅江[illegible]自第一頁起至一八六頁止計[illegible]本 龍門自第一頁起至[illegible]頁止計三本 小池自第一頁起至[illegible]頁止計[illegible]
承領土地登記簿	本	15	[illegible]自第[illegible]頁起至一三四頁止計[illegible]本 龍門自第一頁起至[illegible]頁止計[illegible]本 小池自第一頁起至一三[illegible]頁止計[illegible]本
單位面積清冊	本	7	銅江自第一頁起至[illegible]頁止計[illegible]本 龍門自第一頁起至[illegible]頁止計[illegible]本 小池自第一頁起至[illegible]頁止計[illegible]
承領土地機關申報檢查表	本	11	銅、扶、[illegible]、[illegible]、上、小、大、等八字
執照證明書對照表	本	1	
銅字執照存根	張	5613	

龙岩县政府办理第一至四期扶植自耕农业务成果(土地分配部分)移交清册(1947 年 12 月)

042

〃	聯字執照存根	張	5272	
〃	龍字執照存根	張	3622	
〃	復字執照存根	張	3401	
〃	上字執照存根	張	6178	
〃	湖字執照存根	張	6331	
〃	小字執照存根	張	21074	缺1774
〃	大字執照存根	張	11576	
〃	銅江字証明書存根	張	1283	一至一二八三號 缺1228
〃	龍門字証明書存根	張	2957	一至二九五七號
〃	小池字証明書存根	張	2674	一至二六七四號 缺2669

龙岩县政府办理第一至四期扶植自耕农业务成果(土地分配部分)移交清册(1947年12月)

0130

043

期別	名稱	單位	數量	備考
〃	大地字証明書存根	張	1719	一至一七一九號
〃	外三字証明書存根	張	38	[illegible]二〇號 武[illegible]號
第四期	土地承領申請書	本	45	起號[illegible]以附表[illegible]
〃	土地異動清冊	本	4	平鉄自第一頁起至[illegible]頁止計[illegible]本[illegible]
〃	承領土地登記簿	本	4	平鉄自第一頁起至二一八頁止計壹本[illegible]自第一頁起至一一二頁止計壹本[illegible]
〃	單位面積[illegible]	本	11	[illegible]
〃	承領土地耕作執照檢查表	本	15	平鉄、紫、內、白、石、三、江、蘇、河北
〃	執照証明書號碼對照表	本	1	吉[illegible]
〃	平鉄執照存根	張	510	第十[illegible]至[illegible]41
〃	鉄字執照存根	張	1118	鉄[illegible]至6719 扶7501至[illegible]

龙岩县政府办理第一至四期扶植自耕农业务成果(土地分配部分)移交清册(1947 年 12 月)

044

[illegible]字執照存根	張	81	
内字執照存根	張	66[illegible]	
白字執照存根	張	[illegible]	
[illegible]字執照存根	張	4051	
三字執照存根	張	6486	
蘇字執照存根	張	2029	
北字執照存根	張	1782	
河字執照存根	張	3187	
青字執照存根	張	2217	
[illegible]扶助[illegible]存根	張	3698	一至三六九八號

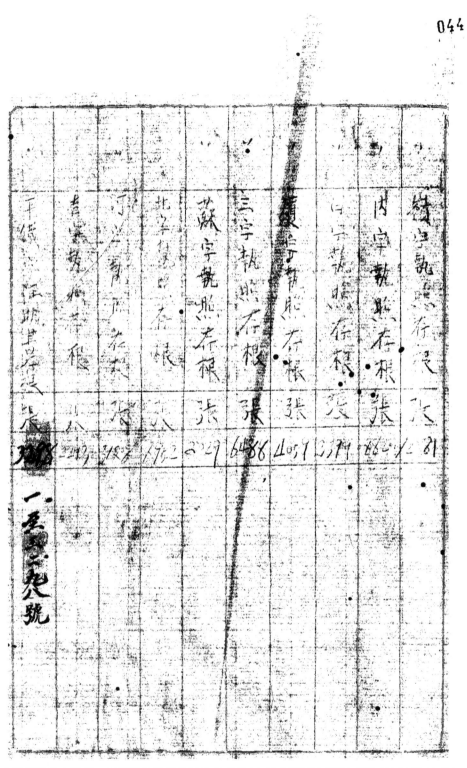

龙岩县政府办理第一至四期扶植自耕农业务成果(土地分配部分)移交清册(1947 年 12 月)

〃	內山字証明書存根	張	1386	一至一三八六號
〃	夏和字証明書存根	張	1806	一至一八〇六號
〃	雁石字証明書存根	[illegible]	[illegible]	一至[illegible]號
〃	外四字証明書存根	張	41	一至四九號
〃	平案段執照號碼備冊	本	1	

第一期土地承領申請書號碼起訖表（附表二）

字別	起訖號碼	備考
沛國	1-81	
坎洋	1-105	
南祥	1-132	
溪陽	1-61	
倒流	1-58	
西民	1-136	
平洋	1-177	
南民	1-123	
東民	1-177	
北洋	1-201	
南中	1-108	
安康	1-227	

龙岩县政府办理第一至四期扶植自耕农业务成果(土地分配部分)移交清册(1947年12月)

046

字別	西洋	進貝	下洋	䕃坑	逕興	内洋	黄邦	蔡李	連甲
起訖號碼	1-138	1-105	1-96	1-102	1-60	1-161	1-148	1-86	1-94
備考						内158-160已酸田			

字別	東浦	上洋	吉鎮	後田	鄉口	雷蒲	桂園	溪埧	溪兜
起訖號碼	1-137	1-79	1-97	1-252	1-56	1-214	1-110	1-97	1-59
備考									

字別	東陽	世興	東壢	羅星	蔡寮	泉井	復興	菜園	龍一
起訖號碼	1-133	1-78	1-137	1-112	1-39	1-138	1-18	1-106	1-6
備考	内缺132								

字別	東頁	羅心	孟蘭	龍聚	永昌	湖邦	榴村	曲潭	曹一
起訖號碼	1-39	1-97	1-159	1-220	1-159	1-117	1-233	1-156	1-205
備考		内缺96號	缺130-164號						

龙岩县政府办理第一至四期扶植自耕农业务成果(土地分配部分)移交清册(1947年12月)

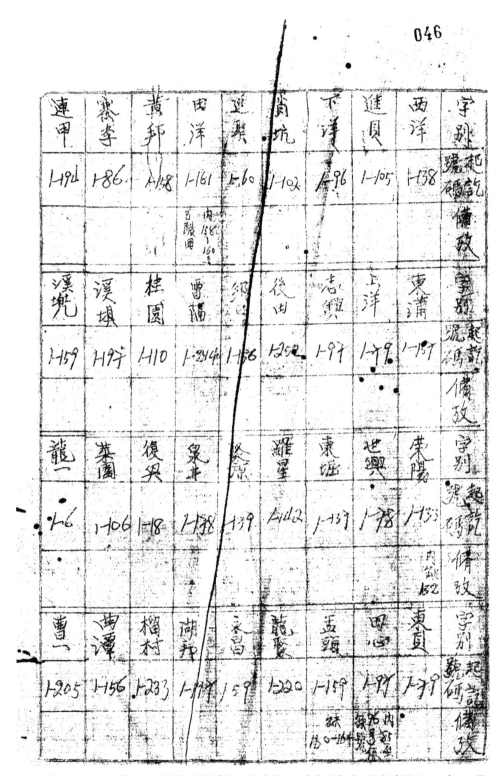

~~0132~~

047

第六期土地承領申請書號碼起訖表（附表式）

字別	號碼起訖	備攷
黄坑	1-358	[illegible]
謝洋	1-206	
羅橋	1-2?6	
條園	1-262 又 263-265	
公王	1-144	
豐川	1-196	
蒸坑	1-222	
下[illegible]	1-195	
内洋	1-251	
石橋	1-266	
蕌坂	1-?36	
西橋	[illegible]	
營洋	1-219	
馬[illegible]	1-200	
浮塘	1-175	
石巷	1-230	
外洋	1-164	
排頭	1-202	
松墩	1-268	
平嶺	1-146	
王坑	1-229	
曹坪	1-121	
石盂	1-176	
西中	150	
尚洋	1-285	
[illegible]洋	1-199	
新墩	1-238	
平陂	1-330	
月山	1-321	
豐[illegible]	1-201	
西源	1-189	
水德	1-144	

龙岩县政府办理第一至四期扶植自耕农业务成果（土地分配部分）移交清册（1947年12月）

048

字别	東山	隔後	白二	合作
起訖號碼	1-118	1-152	1-75	[illegible]
備攷				
字别	黄田	溪南	平二	
起訖號碼	1-119	1-105	1-38	
備攷			[illegible]	
字别	龍門	蔡高	銅弍	
起訖號碼	1-112	1-75	1-5	
備攷				
字别	新孟	大同	龍弍	
起訖號碼	1-157	1-167	1-26	
備攷				

第三期扶植自耕農申請書清冊（一）

字别	山頭	村北	東昇
起訖號碼	1-144	1-179	1-194
備攷			
字别	林坑	村東	中山
起訖號碼	1-111	1-200	1-176
備攷	[illegible]		缺69 109號
字别	興田	村美	南安
起訖號碼	1-143	1-195	1-205
備攷		98號缺	
字别	前村	赤坑	北平
起訖號碼	1-152	1-119	1-239
備攷			[illegible]

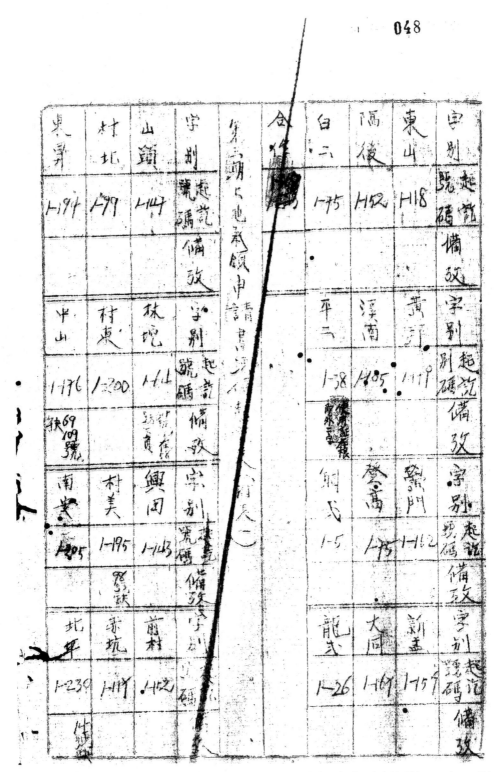

龙岩县政府办理第一至四期扶植自耕农业务成果(土地分配部分)移交清册(1947年12月)

049 ~~0133~~

黄坊	南埔	風斜	源石	山羊大	賴邦	黄德	石泉	龍沙	堪亭
1-271	1-381	1-242	1-379	1-71	1-255	1-391	1-349	1-26[illegible]	1-306
		缺 226				广	缺 104	缺 77	
金楓	秀東	大竹	貝倉	儒盧	卓然	麻排	塘山	延撤	山塘
1-235	1-328	1-172	1-210	1-93	1-379	1-297	1-412	1-333	1-224
127 223 235 缺 115 116 124	缺 129 327					缺 257	缺 117	缺 257	
嶺尾	大雅	指溪	興貴	南星	汪洋	龍埠	龍坑	湖内	埔尾
1-419	1-160	1-295	1-299	1-319	1-478	1-90	1-325	1-275	1-[illegible]
	缺 33		242 244 261 缺 159 160	缺 278			缺 321-325	缺 110	341 368 缺 159 323 328 161 163 166
	望山	大和	璫溪	南光	黄坡	石阜	五村	龍川	易進
	1-239	1-204	1-480	1-346	1-379	1-160	1-115	1-362	1-266
	89 缺 26 47	缺 172	缺 433	缺 211-215	210-229 缺 53 54	缺 33			缺 18

龙岩县政府办理第一至四期扶植自耕农业务成果(土地分配部分)移交清册(1947 年 12 月)

050

第四期扶植自耕農承領申請書號碼起訖表(附表三)

字別	社學	上洋	材興	玉固	北山	上前	雲村	中美
號碼起訖	1-216	1-289	1-456	1-324	1-361	1-457	1-333	1-320
備攷	缺 [illegible] 116 130 131 132 135 136 77 152 153 169 180 181 186 200 209	缺 278 276	缺 23 231	缺 321 322 323	缺 3	缺 30 106 160	缺 327	缺 30 33 35 37 43 44 48 77 78 320

字別	中興	下洋	龍山	增坪	芹園	南山	西仁	東華
號碼起訖	1-377	1-816	1-198	1-168	1-205	1-204	1-241	1-259
備攷	缺見附	缺 42 295 298 618 619 353	缺 20	缺 66 87 161 163	缺 23 31 180 181			缺 126 128

字別	東閣	平林	陳山	謝嶺	劉後	北樓	黃田	垣長
號碼起訖	1-304	1-268	1-120	1-263	1-172	1-316	1-222	1-342
備攷	缺 213 275 310	缺 24 25		缺 234		缺 290 299		缺 88 202

字別	溪當	林邦	佳山	葉山	陳康	東洋	新資	永興
號碼起訖	1-[illegible]	1-[illegible]	1-227	1-166	1-210	1-154	1-257	1-239
備攷	缺 ~~[illegible]~~	缺 280 697	缺 110 117 177	缺 165	缺 107	缺 152	缺 107 219 251 253	缺 239

龙岩县政府办理第一至四期扶植自耕农业务成果(土地分配部分)移交清册(1947 年 12 月)

051

蓝新	渡头	曹四	西四	
H-390	H-92	H-17		
岩溪	智仁	合三	平三	
H-186	H-346	H-2	H-3	
溪山	礼祥	合四	象式	
H-276	H-256	H-8	H-11	
雁街	罗仁	西三	象四	
H-31	H-83	H-23	H-28	

龙岩县政府办理第一至四期扶植自耕农业务成果(土地分配部分)移交清册(1947年12月)

移交者　龍巖縣縣長　陳鼎元
　　　　村長　陳鎮清
　　　　指導員兼股長　賴森階
點交者　幫辦員　黃震寰
接收者　龍巖縣地權處處長　陳鼎元
　　　　副處長　詹愈任
　　　　第一課課長　吳志昌

中華民國三十六年十二月　日

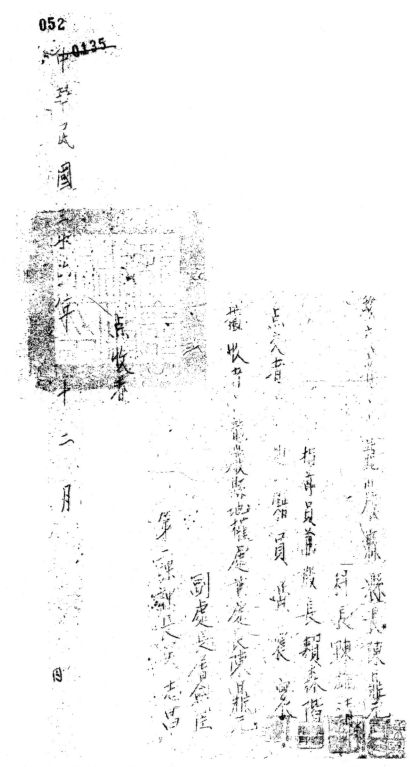

龙岩县政府办理第一至四期扶植自耕农业务成果(土地分配部分)移交清册(1947年12月)

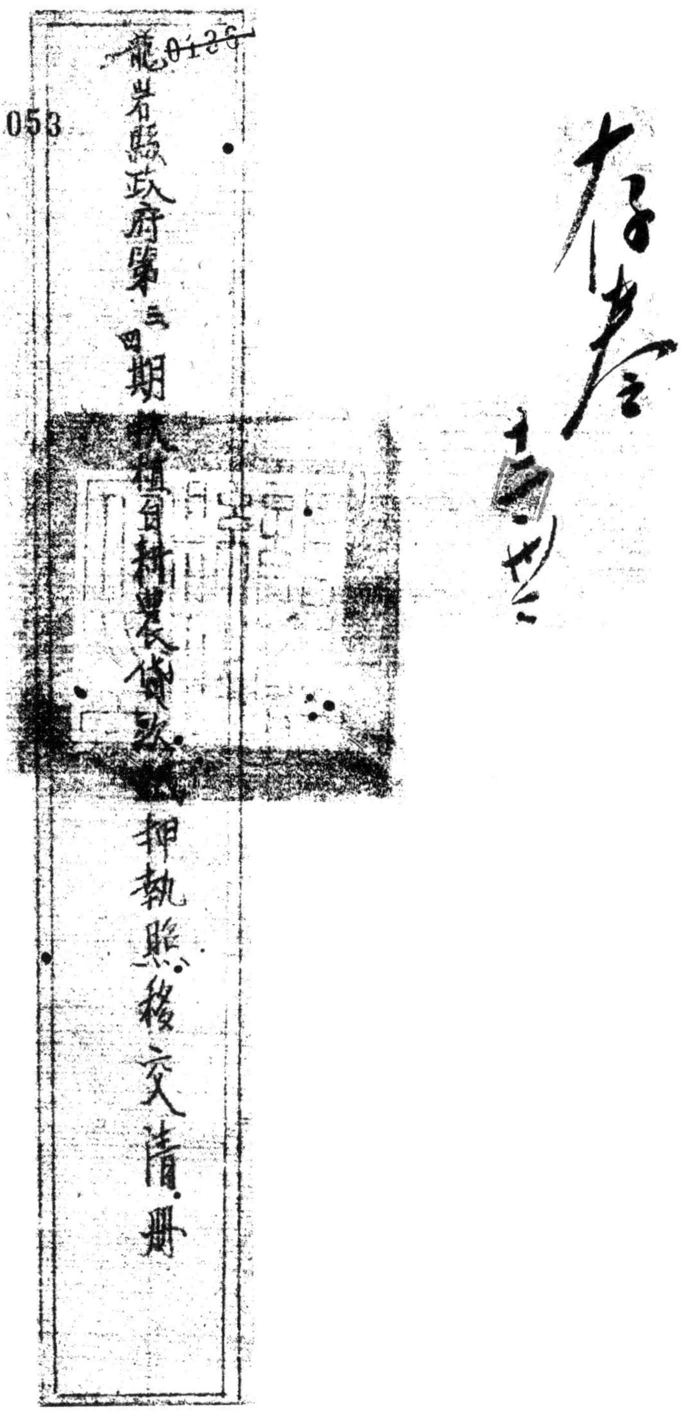

053

~~0126~~

龍岩縣政府第三四期扶植自耕農貸款抵押執照移交清冊

龙岩县政府第三、四期扶植自耕农贷款抵押执照移交清册(1947 年 12 月 31 日)

054 0137

龍岩縣政府第三、四期扶植自耕農貸款抵押執照移交清冊

文件名稱	歸檔字	歸檔起訖號	保別	執照張數
所有權執照	銅	〇〇一—〇四九	山頭	四九
〃	〃	〇五〇—〇五五	林坑	六
〃	〃	一〇一—一〇六	興田	九
〃	〃	一五一—一九九	前村	四九
〃	〃	二〇一—二四四	村北	一五二
〃	〃	二五一—三四九	村東	三三七
〃	〃	四〇一—四八九	村美	四二三
〃	〃	五〇一—五五六	赤坑	四五一
〃	〃	六〇一—六九〇	東升	五一六
〃	〃	七五一—八八六	中山	二五二
〃	〃	二〇一—二〇七	南安	六一七
〃	〃	二五一—二九九	北平	四〇八
〃	〃	一三一—一四四	建寧	七五五
〃	〃	一五一—一六三	山塘	五九三
合計		(銅江鄉)	十四保	四六一七

文件名稱	歸檔字	歸檔起訖號	保別	執照張數
所有權執照	龍	九〇一—一〇三二	洋內	七三一
〃	〃	一〇五一—一三二〇	龍川	一四一二
〃	〃	一三五一—一四四一	石泉	一二六三
〃	〃	一四五一—一六六〇	塘山	一三一二
〃	〃	一七〇一—一八七三	龍坑	一一四六
〃	〃	一九〇一—二〇四三	五村	一二一
〃	〃	一九五一—二二三五	益德	九〇九
〃	〃	二二五一—二二七〇	麻埭	五二四
〃	〃	二三〇一—二四〇三	石岸	六九一
〃	〃	二四五一—二五五五	龍阜	二六三
〃	〃	〇〇一—二〇六	埔圳	八七〇
〃	〃	二五一—四二二	易進	六一二
〃	〃	四五一—五三二	龍沙	八〇五
〃	〃	六五一—八五八	延墩	一一九一
合計		龍門鎮	十四保	一一八四一

龙岩县政府第三、四期扶植自耕农贷款抵押执照移交清册(1947 年 12 月 31 日)

所有權執照	小	〇〇一-〇六二	儒芳	一三二
〃	〃	一五一-一六一	源石	一三〇一
〃	〃	三〇一-四六七	璜溪	一四二〇
〃	〃	五〇一-六二二	賴耶	七九五
〃	〃	六五一-八〇〇	汪洋	一七〇九
〃	〃	九〇一-一〇二二	興貴	五六七
〃	〃	一〇五一-一二四〇	卓然	一〇五六
〃	〃	一二五一-一三四四	貝畲	四三五
〃	〃	一三五一-一五三三	南光	八三九
〃	〃	一五五一-一六六五	南星	一一〇七
〃	〃	一七〇一-一七八六	山美	六七〇
〃	〃	一〇〇一-一一五〇 一八〇一-一八六〇	黃坡	一五六四
合計		(小池鄉)	十六保	一一六三五
所有權執照	大	〇〇一-〇三八	北溪	八五二
〃	〃	一五一-二二八	大和	二一八
〃	〃	二五一-三四四	金楓	四七八
〃	〃	四〇一-四九八	梁山	六八〇
〃	〃	五五一-七三二	南埔	七七六
〃	〃	七五一-八〇〇	黃坊	五五〇
所有權執照	大	九〇一-九六八	大竹	三二五
〃	〃	一〇〇一-一一二一	鳳鉢	一〇六三
〃	〃	一二五一-一三二〇	嶺尾	三七九
〃	〃	一三五一-一三四四	大雅	六一六
〃	〃	一三五一-一五二一	霧邊	一〇七〇
合計		(大池鄉)	十六保	六九二七
所有權執照	平	〇〇一-〇三一	下洋	三〇二九
〃	〃	三五一-五六四	林邦	三五九三
〃	〃	六〇一-七七七	中興	五四七
〃	〃	八〇一-一〇四〇	上洋	一七六五
〃	〃	一〇〇一-一二三三	溪當	一三九七
〃	〃	一三五一-一四七一	平林	一四四一
〃	〃	一五〇一-一六三三	材光	一九五〇
〃	〃	一六五一-一七二三	社學	一四五
〃	〃	一七五一-一九四八	東關	八四七
合計		(平鉄鄉)	九保	一四七一四
所有權執照	内	〇〇一-一〇六八	菜山	三五八
〃	〃	〇八一-一七二	增坪	四〇一
〃	〃	二〇一-一三二三	玉國	五六四
〃	〃	二五一-一四九五	坑山	九四〇

龙岩县政府第三、四期扶植自耕农贷款抵押执照移交清册(1947年12月31日)

~~0133~~

056

文件名稱	歸檔起訖 字	號	保別	執照張數
所有權執照	內	五五一一—六〇九四	劉後	五八四
		三五二〇七—三五九二七	芹園	七二一
〃	〃	八〇一一—八九五	龍山	四五八
		九五一一—一〇四七	儒山	三七〇
〃	〃	一三〇一—一三五八	謝巷	七五五
		二〇一一—一六五	陳山	六七七
合計	〃	（內山鄉）	十保	五四三一
所有權執照	廈	〇〇一—一四六	雲村	六六七
		一五一—一二五二	東洋	四七四
〃	〃	三〇一—一四七一	陳康	一一九四
		五〇一—六三〇	南山	五七四
〃	〃	六五一—八三五	北樓	一〇三八
		八五一—一〇八八	西村	九二一
〃	〃	一〇五一—一三八九	上前	一六〇七
		三〇一—一四二八	黃田	一〇一七
合計	〃	（廈和鄉）	八保	七四九二

文件名稱	歸檔起訖 字	號	保別	執照張數
所有權執照	雁	〇〇一—一三七	禮洋	八三七
		一五一—二九〇	垣辰	三三〇
〃	〃	三〇一—四一〇	渡頭	八五九
		四五一—六二三	智仁	六二七
〃	〃	六五一—七四八	霞仁	四七一
		八〇一—八一六	雁街	七〇
〃	〃	八五一—九七三	岩溪	五一二
		一〇五一—一一九七	溪山	七六四
〃	〃	一三〇一—一四〇七	盂新	一四三七
		一四五一—一五四八	中美	七五五
〃	〃	一六〇一—一六三〇	東華	三九八
		一八五一—一九九七	新賀	五一八
〃	〃	二〇五一—二一五六	永興	五〇三
合計	〃	（雁石鎮）	十二保	八〇八一
所有權執照	銅	一—一〇八	南安	一
		四九〇	村美	二

龙岩县政府第三、四期扶植自耕农贷款抵押执照移交清册(1947年12月31日)

057

所有權執照	龍	四二三	易進	一
〃	外西	一—十八		二八
		一—十四		六七
	銅	六九〇—六九四	東昇	一五
〃		八一七—八三二	中山	二七
	〃	一一〇九—一一三八	南安	一四
〃		一二五〇—一二五五	北平	一九
	銅	一四六五—一四六七	建寧	六
〃	小	八八一—八八二	汪洋	五
		一二四二	卓然	一
〃	小	六八一—六八八	黃坡	二
		九六九—九七〇	大竹	二
〃	大	三一一—三二四	鳳翔	五
		五六五—五六七	林邦	九
〃	平	一〇四一—一〇五五	上岸	一九
〃	〃	一三三四	溪當	一
		一六三一—一六三五	才興	五
	平	一九四九—一九五三	東関	七
〃	内	四九六—四九八	北山	三

所有權執照	内	七五二	芹園	一
〃	厦	一〇四八	隹山	一
		一四九	雲村	一
		六三一—六三六	南山	七
〃	〃	八三六	北校	一
		一〇九—一〇二	西仁	三
		一二九一—一二九五	上前	三
〃	〃	四元—四三一	黄田	一六
		一三八	礼洋	一
〃	雁	四一一	渡頭	二
		八一七	雁街	一
〃	〃	九七四	岩溪	一
〃	〃	一六四九—一六五二	中美	六
			建國	
〃	外西	一五—㕛三	中甲	六五
合計		全部總計	〃	七一七二

附送保管雁石、内山、厦和、大池、小池地王鉄、

龍門、銅江、非自耕執照登記簿共捌本。

龙岩县政府第三、四期扶植自耕农贷款抵押执照移交清册(1947 年 12 月 31 日)

~~0139~~

058

移交者：龍岩縣縣長陳鼎元

科長陳雄清

指導員兼股長賴森階

點交者：地籍員黃震襄

接收者：龍岩縣地權調整處兼處長陳鼎元

副處長詹劍匡

第二課課長

點收者

中華民國三十六年十二月三十一日

龙岩县政府第三、四期扶植自耕农贷款抵押执照移交清册(1947年12月31日)

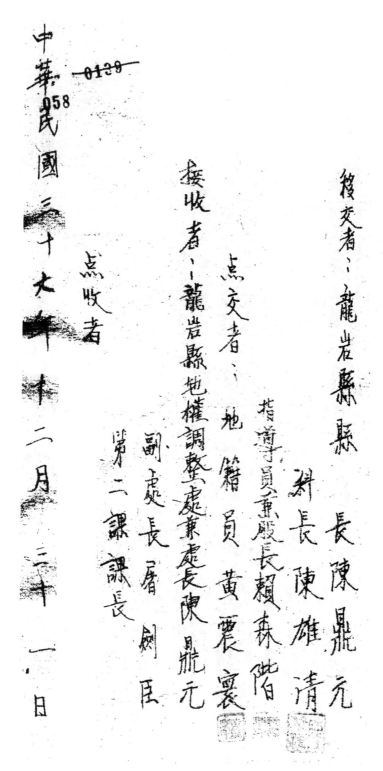

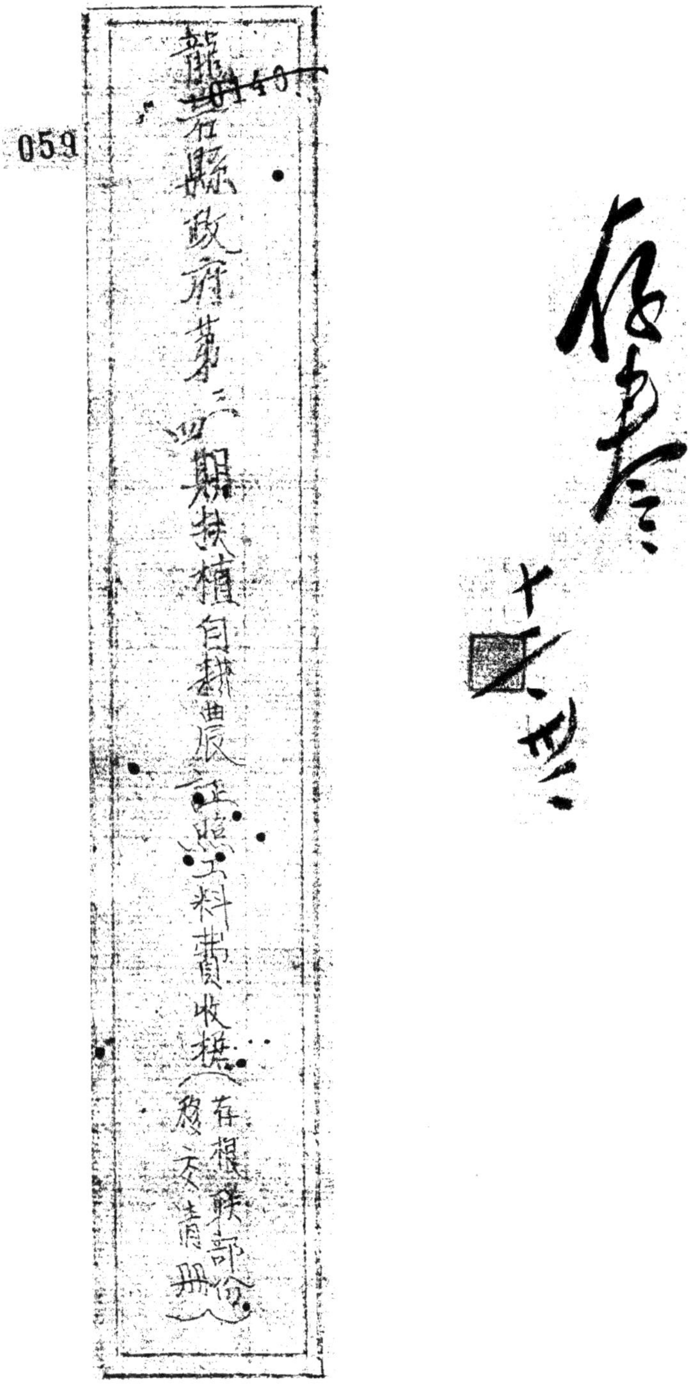

059

龍岩縣政府第三、四期扶植自耕農証照工料費收據(存根聯部分)移交清冊

龙岩县政府第三、四期扶植自耕农证照工料费收据(存根联部分)

移交清册(1947 年 12 月 31 日)

060 ~~0141~~

龍岩縣地權調整辦事处代編扶植自耕農第三四期証照工料費收据（存根联部份）移交清册

起訖字號		張数	已用張数	未用張数	總計收入証照費金額（元）		備攷
騰	0001—14800	一四八〇〇	一四六九六	一〇四	五三八六八〇五	〇〇	未用（空白）號碼見附表
雲	0001—8500	八五〇〇	八五〇〇	〇	五二二二五七	〇〇	
		二三三〇〇	二三一九六	一〇四	五九〇九〇六二	〇〇	

附表

空白未用收費收据存根联號碼起訖表

12344—18406，5044，11800，11799，6963—7000

以上計104張（繳縣府收據未用者均已列交財政科）

龙岩县政府第三、四期扶植自耕农证照工料费收据（存根联部分）移交清册（1947年12月31日）

061、~~0142~~

移交者：龍岩縣縣長 陳鼎元

科長 陳雄清

督導員兼股長 賴森階

點交者：地籍員 黃震寰

接收者：龍岩縣地權處處長 陳鼎元

副處長 眉劍匡

點收者：第二課課長

中華民國三十六年十二月三十一日

龙岩县政府第三、四期扶植自耕农证照工料费收据(存根联部分)移交清册(1947年12月31日)

062 ~~0143~~

龍巖縣政府
地权調整办事處
辦理扶植自耕農第一、弍期
权利申报部份移接清册

龍岩之土地

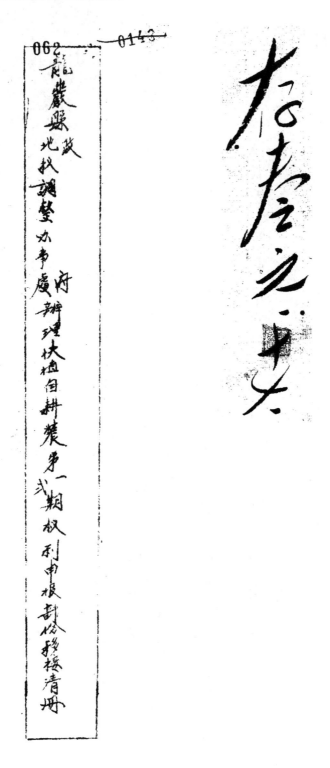

龙岩县政府、龙岩县地权调整办事处办理扶植自耕农第一、二期(权利申报部分)
移交清册(1947 年 12 月 31 日)

~~0144~~

063

龍巖縣政府地權調整辦事處辦理扶植自耕第一、二期權利申報部份移接清册

期別	鄉鎮別	收件數量	案號起訖	已办件数	駁回件數	未办件数	備攷
第一期	紫閣	17	紫1—17	15	0	2	
第二期	合作	31	合1—31	24	6	1	
〃	西墩	842	西1—842	650	191	1	
〃	曹蓮	542	曹1—542	474	68	0	
合計	/	1432	/	1163	265	4	

附送文件

名稱	區域	字號	用檔起訖	單位	數量	備攷
土地權利申報書	紫閣	壹	1—15	件	15	摘繳訂件附訂於權利申報書內。

龙岩县政府、龙岩县地权调整办事处办理扶植自耕农第一、二期(权利申报部分)移交清册(1947年12月31日)

064

〃	合作 西墩	曹蓮	式件收件登記簿	件	1175
土地权利申报收件登記簿	紫崗合作 西墩曹蓮			本	5
土地权利申报書案件存查簿			式字102	本	1
土地权利申报書	紫崗	紫字一号至　号		件	2
〃	合作	合字第廿一号		〃	1
〃	西墩	西字第842号		〃	1
合計				件	1200

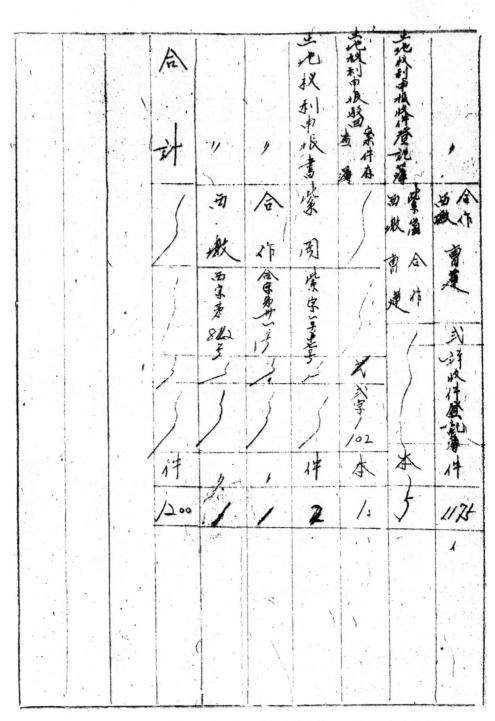

龙岩县政府、龙岩县地权调整办事处办理扶植自耕农第一、二期(权利申报部分)移交清册(1947年12月31日)

065
~~0145~~

移交者：龍巖縣縣長陳鼎元
科長陳雄青
指導員兼股長賴森鍇
點交者：科員張尚素
接收者：龍巖縣地權處兼處長陳鼎元
副處長屠劍良
第 課課長
點收者：

中華民國卅六年十二月 日

龙岩县政府、龙岩县地权调整办事处办理扶植自耕农第一、二期(权利申报部分)移交清册(1947 年 12 月 31 日)

066

龍岩縣政府
龍岩縣地權調整處辦理第一至四期扶植自耕農業務成果（未發證部份）移接清冊

龙岩县政府、龙岩县地权调整办事处办理第一至四期扶植自耕农业务成果(未发证部分)移接清册(1947 年 12 月 31 日)

~~0147~~

067

龍岩縣政府
龍岩縣地權調整辦事處 辦理第一至四期扶植自耕農業務成果(未發證照部份)移接清冊

期別	成果名稱	單位	數量 原有	補發領	發出	實存	備註
第一期	外一字土地使用权证明書	張	3	/	/	3	詳細起訖號碼見附表一
〃	龍一字土地所有权執照	張	5	/	/	5	〃 〃 二
第二期	外二字土地使用权证明書	張	23	12	3	32	〃 〃 三
〃	西寮鄉 〃 〃	張	4	/	/	4	〃 〃 四
〃	曹溪鄉 〃 〃 〃	張	14	1	1	14	〃 〃 五
〃	合作鎮 〃 〃 〃	張	2	6	6	2	〃 〃 六
〃	合作鎮土地所有权執照	張	15	1	1	15	〃 〃 七
〃	大同鄉 〃 〃 〃	張	46	/	9	37	〃 〃 八

龙岩县政府、龙岩县地权调整办事处办理第一至四期扶植自耕农业务成果(未发证部分)移接清册(1947 年 12 月 31 日)

068

號碼	期別	名稱	單位					備考
九	第二期	銅二字土地所有权執照	張	1	/	/	1	已未發及詳細地號號碼見附表(一)
〃十	〃	龍二字〃〃〃	張	56	/	/	56	〃 〃
〃十一	〃	平二字〃〃〃	張	73	3	64	12	〃 〃
〃十二	第三期	銅江鄉〃〃〃	張	161	/	24	136	〃 〃
〃十三	〃	銅江鄉土地使用权証明書	張	67	5	45	27	〃 〃
〃十四	〃	龍門鎮土地所有权執照	張	28	3	9	22	〃 〃
〃十五	〃	龍門鎮土地使用权証明書	張	16	/	7	9	〃 〃
〃十六	〃	小池鄉土地所有权執照	張	76	1	23	54	〃 〃
〃十七	〃	小池墟土地使用权証明書	張	86	/		86	〃 〃
十八	〃	大池鄉土地所有权執照	張	127	/	15	112	〃 〃

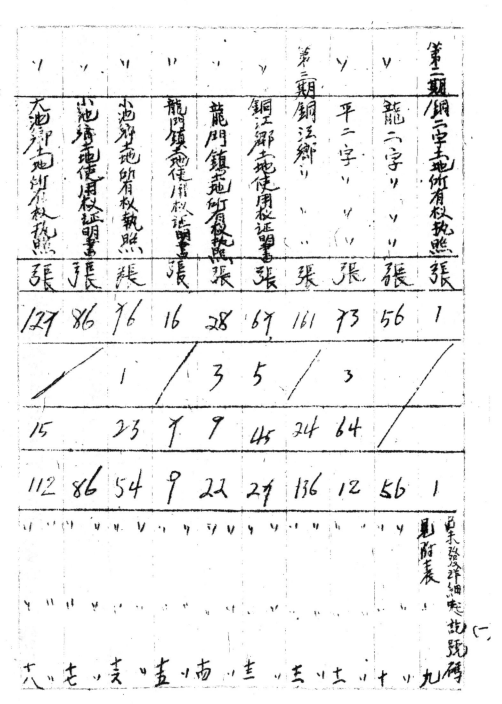

龙岩县政府、龙岩县地权调整办事处办理第一至四期扶植自耕农业务成果(未发证部分)移接清册(1947 年 12 月 31 日)

~~0143~~

069

第四期	單位					
丈池鄉土地使用权証明書	張	26	/	8	18	茏
西三鄉土地所有権執照	張	1	1	1	1	艹
外三鄉土地使用权証明書	張	3	/	1	2	廿
平三鄉土地所有权執照	張	1	/	/	1	芏
平鉄鄉土地所有权執照	張	128	10	10	128	苎
平鉄鄉土地使用权証明書	張	23	15	14	24	茜
內山鄉土地所有权執照	張	89	1	10	80	苦
內山鄉土地使用权証明書	張	55	/	2	53	芫
厦和鄉土地所有权執照	張	100	/	41	59	芒
厦和鄉土地使用权証明書	張	24	1	4	21	艽

龙岩县政府、龙岩县地权调整办事处办理第一至四期扶植自耕农业务成果(未发证部分)移接清册(1947年12月31日)

070

第四期	雁石鎮土地所有權執照	張	151	/	34	117	未發詳細起訖號碼	廿九
〃	雁石鎮土地使用權證明書	張	65	2	26	41	見附表 〃	卅 〃
〃	西四字土地所有權執照	張	2	/	/	2	〃 〃 〃	卅一 〃
〃	曹四字〃〃〃	張	16	/	/	16	〃 〃 〃	卅二 〃
〃	合四字〃〃〃	張	15	8	16	7	〃 〃 〃	卅三 〃
〃	仙字土地使用權證明書	張	45	/	30	15	〃 〃 〃	卅四 〃
第三四期	合鄉補發土地證照	張	8	5	2	11	〃 〃 〃	卅五 〃
合計		張	1555	75	1406	1223 1228		

計

未發部份：

（附表一）外一字土地使用權証明書

列外一字第1、2、3號

龙岩县政府、龙岩县地权调整办事处办理第一至四期扶植自耕农业务成果(未发证部分)移接清册(1947年12月31日)

~~0149~~

071

（附表二）龍一字土地所有權執照、

未發部份：列崇字第 112 110 108 125 151

（附表三）外二字土地使用權證明書

未發部份：列外二字第 40 47 53、54、55、56、66、67、68、69、70、71、72、73、74、75 76 78 79 80 83 84 85 86 87 88 89 90 91 92 93、94

已發部份：列外二字第 [illegible] 81 82

（附表四）西款鄉土地使用權証明書

未發部份：列西款字第 2671 [illegible] 3041 3042

（附表五）[illegible]蓮鄉土地使用權證明書

未發部份：列富蓮字第 166 [illegible] 6 4 [illegible] 75 10 163 5 8 42 44 76 9

已發部份：列富蓮字第 2050

（III）

龙岩县政府、龙岩县地权调整办事处办理第一至四期扶植自耕农业务成果（未发证部分）移接清册（1947年12月31日）

072

（附表六）合作字土地使用權證明書

未發部份：列合作字第 190 195

已發部份：列合作字第 186 197 198 199 200 201

（附表七）合作字土地所有權執照

未發部份：列浮字第 104 112 21. 外字第 1225 1388 1067, 1086 1088 1089 1066 1068 1067 1102
列同字第 870 西字第 1086

已發部份：列外字第 4001

（附表八）大同鄉土地所有權執照

未發部份：列同字第 3887 1881 1886 1877 1854 1893 1891 1892 3900 3909 3908 3620
3894 3920 3907 3899 2720 2719 3904 3917 3094 3185 2606 3902
2605 3919 3698 3914 3331 1056 1046 933 3918 3901 3905 2227
列西字第 1774

已發部份：列同字第 1657 1669, 1670 1671 1672 1715 3339 3341 3343

（附表九）銅二字土地所有權執照

龙岩县政府、龙岩县地权调整办事处办理第一至四期扶植自耕农业务成果（未发证部分）移接清册（1947 年 12 月 31 日）

~~0151~~

073

未發部份：

列外字第856

（附表十）龍二字土地所有權執照

未發部份：列外字第5551 5552 5553 5554 5555 5556 5558 5633 5542 5507 5544
5441 5481 5486 5512 5537 5541 5610 5612 5611 5619 5620
5586 5587 5588 5589 5592 5593 5594 5595 5437 5530 5485
5561 5581 5582 5583 5536 5577 5578 5579 5580 5614 5631
5506 5539 5513 5538 5540 5439 5626 5584 5531 5532 5438 5465

（附表十一）本二字土地所有權執照

未發部份，列同字第442 900 816 817 779 766
列外字第835 836 837 838 67 68

已發部份，列同字第1246 1247 1249 1252 1253 1254 1255 1256 1259 1250 367 368 369
477 493 525 361 725 792 1019 1088 1096 1097 1107 1140 397
401 402 403 411 414 417 420 421 422 490 491 737 737
782 767 781

列外字第850 849 1277 1283 1280 1291 1294 1275 1273 1287 1288 1289 1290
1811 1296 1297 1277 971 972 977 980 981

（附表十二）銅江鄉土地所有權執照

未發部份：列聯字第3725 3837 2577 3424 3286 2385 3099 2488 3282 3284 3368 3370 3398 3745
3746 2834 3902 3747 3748 3283 3828 4329 4334 4335 4337 4339 4345 4527 5118
5139 5141 5143 5148 517[illegible] 5184 5191 5209 4551 2144 1817 1833 1835 1837 2535

（完）

龙岩县政府、龙岩县地权调整办事处办理第一至四期扶植自耕农业务成果(未发证部分)移接清册(1947年12月31日)

074

3049 3056 2913 [illegible] 2281 1750 2918 3165 1858 2482 2572 2584 2940 2562 2755
2970 2800 2888 2876 1820 1998 2503 2786 2944 1818 2510 2886 2871 1962 2612 2632
2904 2913 2939 1845 五 2582 26 6 2705 2827 2984 3021 3030 3032 2952 2748 2970
1783 1790 1791 2997 2586 [illegible] 3129 3130 3131 2819 2422 2669 3003 2776 2965
2948 2778 2780 1976 3044 3085
列铜字第 1444 1448 1883 3382 3387 3588 3391 3392 3510 1641 2025 2451 2154 2614
2707 2708 2721 2722 2723 1644 254 4560 576

已發部份：列湖字第 3764 3882 3905 3913 3930 3938 3939 3937 3956 3958 3964 3985 3986 3984
列小字第 300 301 291 列銅字第 3078 3079 3505 3641 4361 5437

（附表十三）銅江鄉土地使用權證明書

未發部份 列銅江字第 332 333 1856 1246 46 43 42 126 124 476 415 1220 1217 415
778 1114 1149 460 465 464 998 999 1013 1014 1010 990 993

已發部份 列銅江字第 128 129 130 1221 1270 962 952 991 996 1193 1197 1198 1111
1272 981 979 980 734 715 749 1005 1006 1007 1004 1008 1009 1011
312 306 307 774 772 1278 265 266 662 663 661 1279 1281 1282 1283

（附表十四）龍門鎮土地所有權執照

未發部份 列兴字第 1549 1550 3191 3192 3194 3195 3268 1829 2402 湖字 5785 489 上字 1930 1935
門字 1157 銅字第 5515 5522 5543 5562 5544 5606 5510 5513
列湖字第 5361

已發部份：列門字第 3108 3109 3111 3113 3114

（附表十五）龍門鎮土地使用權證明書

龙岩县政府、龙岩县地权调整办事处办理第一至四期扶植自耕农业务成果（未发证部分）移接清册（1947年12月31日）

075 ~~0151~~

未發部份：列龍門字第 1380 1979 72 1390 1470 1471 1544 1823 1558

已發部份：列龍門字第 2154 2153 2106 1872 1839 1038 1664

（附表十六）小池鄉土地所有權執照

未發部份 列小字第 4760 4775 7586 7554 7499 7506 7595 7745 5734 7281 7283 7284 7378
5771 622 3254 3255 3256 4020 19920 412 428 2061 2062 10441 11169 11170
13611 16929 17095 15812 15818 4642 4790 18481 18362 18361 18360 14315 18832 16069
12522 13488 14426 13740 7731 3638 8220 2850 2879 3403 3905 3906 2713

已發部份 列小字第 16866 16869 16873 16883 16884 16888 16889 17042 16578 16579 16580 16816 16863
16865 17053 16895 16934 16839 16991 16997 16719 17008 18884

（附表十七）小池鄉土地使用權証明書

未發部份 列小池字第 1779 2425 2426 641 642 342 1379 2149 2150 2151 2152 2253 1026 2632
2633 2634 2635 2636 2637 2638 2639 2640 2641 2642 2643 2644 2645 2646
2647 2648 2649 2650 2651 2652 2653 2654 2655 2656 2657 2658 2659 2660
2661 2662 2663 2664 2665 2666 2667 2668 2669 1673 1674 1675 1676 1677 1678
1679 1680 1681 1682 1683 1684 1685 1686 2614 2616 2617 2621 2622 1846 1847
1913 1907 1892 1893 1894 1874 1875 1876 2084 2675 2673 2672 2671 2670

（附表十八）大池 所有權執照

未發部份 列大字第 13375 85 13678 13682 13683 13693 13697 13741 13745 13811
13814 13736 13 538 13552 13554 13558 13578 13575 13640 13699
13672 13686 13 12588 12797 12815 12816 13028 13030 13032 13107

龙岩县政府、龙岩县地权调整办事处办理第一至四期扶植自耕农业务成果（未发证部分）移接清册（1947 年 12 月 31 日）

076

~~12940 12622 12800 11130~~ 11397 12381 12591 12377 4100 3814 3849 3872
12801 6982 9423 11158 12705 13063 10794 11641 14489 3829 3870 3875
6789 8915 8912 11419 1175 12539 11411 11226 538 14515 3830 3871 3877
3879 3880 5195 4927 11486 11920 12608 1065 8379 12274 9651 5377
12692 2497 2846 5791 6703 8928 12289 7540 5450 12828 6751 5814
6330 5830 5687 295 4917 717 7705 7291

已發部份：列大池字第 13061 12814 12852 12873 1781 854 2256 12771 12813 12826 12835
12860 12864 12844 12845

（附表十九）大池鄉土地使用權證明書

未發部份：列大池字第 421 560 1595 1566 1569 1580 1581 1622 1623 1624 616 617 803
1404 1169 1410 1718 1719

已發部份：列大池字第 1067 1068 1069 1022 1023 1715 1716 1717

（附表廿）西三字土地所有權執照

未發部份：列銅字第 5661　已發部份：列龍字第 316

（附表廿一）外三字土地使用權證明書

未發部份：列外三字第 17 18　已發部份：列外三字第 16

（五）

龙岩县政府、龙岩县地权调整办事处办理第一至四期扶植自耕农业务成果（未发证部分）移接清册（1947年12月31日）

0152

077

（附表廿二）平三字土地所有權執照

未發部份：列联字2957

（附表廿三）平鉄鄉土地所有權执照

未發部份：列平字第 4771 4772 4778 4801 4807 3752 4783 4785 4761 4765 3020

4770 4775 4806 4769 4776 4790 4797 4798 2504 3073 2174

列鉄字第 9165 4131 10105 9522 9521 7087 10986 9669 9666 7855 10985 7391

4874 7003 8314 8337 9169 9172 9177 9293 359 7887 9831 6132 4632

4426 5798 8336 8947 9168 9294 7716 9164 9171 9290 5081 4615

4549 3784 3788 3785 3789 3790 3765 3766 3768 3767 3708 3793 4748

4652 3786 4749 7992 2698 4274 5688 408 409 410 427 428 429

3783 3787 430 508 1009 406 407 2500 8313 8328 9178 8329 9167

8330 9173 9176 9292 9670 9671 9672 9694 8338 9174 9288 10066 9170

坐字 12002 7697 11693 11695 11645 9024 8895 8896 8979 3931 4234 4419

5497 6803 719 1786

已發部份：列平字第 3880 3883 3870 3916 4148 4259 3884 4267 4149

列三字第 6248

（附表廿四）平鉄鄉土地使用權證明書

未發部份：列平鉄字第 271 3270 3269 3268 3267 3266 3265 3264 3298

58 3283 3282 3281 3280 3279 3278 3276 3275

3263 326

龙岩县政府、龙岩县地权调整办事处办理第一至四期扶植自耕农业务成果(未发证部分)移接清册(1947 年 12 月 31 日)

078

已發部份：列平鉄字第 3584 3585 … 3586 3587 3588 3589 3590 3591 3592 3593

（附表廿五）内山鄉土地所有權執照

未發部份：列内字第 7426 4610 4618 10 109 115 116 143 147 240 355 228 319 160 17 71 73 20 57 94 4035 4108 4185 2204 8723 8725 8731 8083 8134 8138 8140 8202 8534 2297 23444 2428 2532 2539 2565 2653 2671 2678 2760 2792 2800 2650 2504 2776 2256 2226 2624 2250 2569 2661 2935 2736 2159 2175 2177 2205 2225 2166 2453 2270 2179 2702 2651 2789 5166 4848 5593 5624 5616 3751 7354 7039 2254 2266 2267 平字 53

已發部份：列内字第 479 512 546 565 482 567 570 420 427 1627

（附表廿六）内山鄉土地使用權證明書

未發部份：列内山字第 579 102 993 994 1062 1102 1101 1103 1113 1114 1115 936 934 935 807 808 809 779 780 795 796 805 806 797 798 1267 1206 1207 1208 1364 1365 1366 1367 1368 1369 1370 1371 1372 1373 1374 1375 1376 1377 1378 1379 1380 1381 86 1386 1385 1384 1383 1382

已發部份：列内山字第 318 282

（附表廿七）厦和鄉土地所有權執照

龙岩县政府、龙岩县地权调整办事处办理第一至四期扶植自耕农业务成果（未发证部分）移接清册（1947年12月31日）

~~0153~~

079

未發部份：列三字第 4506 1688 3144 3145 3381 3751 3143.4949 528 591 703 753
1249 1291 1299 1386 1397 2140 1441 5166 5371 5400 1253 1287 1296
1362 1384 1393 1428 2152 2455 5170 5319 5413 5414 5416 5347 5449
5097 5361 4437 4459 4325 4235 4426 4302 4312 4562 4553 4054 4266
6120 6157 5994 （北字） 1557 （河字） 1631 1032 （厦字） 875

已發部份：列三字第 734 801 962 963 1356 775 776 892 898 993 998 6441 227 1392
1001 1007 1036 1039 1053 1240 1409 4598 4692 4637 150 6416 4137 4189
4192 4228 4691 4693 4651 4184 4190 6442 286 193 （溪字） 1592 2287

（附表廿八）厦和鄉土地使用權證明書

未發部份：列厦和字第 615 1799 1797 1801 1800 1802 1803 1806 1794 1796
557 1297 1798 72 1540 1582 1790 864 1700 1796

已發部份：列厦和字第 1804 998 1805 1807

（附表廿九）雁石鎮土地所有權執照

未發部份：列河字第 821 823 824 831 834 847 2093 2097 2424 2174 2175 2176 2423
2133 2306 1073 1074 1103 2312 2311 446 3919 3048 1226 36 188 2118
3128 3127 3126 北字 4535 1938 6690 6693 830 832 810 811 40 81 93 203 6760
6798 4016 4018 6882 5813 4954 749 750 751 752 753 吉字 1944 1137 1536 1548
378 837 1911 1906 1040 1057 51 54 543 1383 1899 2285 蘇字 536 1021 99 105 181
182 188 492 1552 1553 181 381 351 352 1022 1028 1073 696 705 801 1248 1533
280 167 168 178 180 434 583 527 529 530 1642 1644 1657 11 16
186 189 241 742 747

龙岩县政府、龙岩县地权调整办事处办理第一至四期扶植自耕农业务成果(未发证部分)
移接清册(1947 年 12 月 31 日)

080

（七）

已發部份 列蘇字第 437 1852 1863 1101 1866 63 64 300 337 2007 4.8 122 381 257 1932
933 224 1593 1940 1973 1182 1099 219 388 1197 1205 2027 366 368 372 1390
[illegible] 140 996

（附表卅）雁石鎮土地使用權證明書

未發部份 列雁石字第 995 996 997 1016 1527 1557 658 669 670 673 704 644 646
219 650 657 705 674 695 699 729 855 843 842 317 273 340 1073
17 35 958 734 172 1529 1574 1550 1536 164 165 251 243
已發部份 列雁石字第 40 19 64 956 871 1910 146 1659 145 44 20 696
957 1908 2203 147 830 32 63 860 870 1909 849 70 1384 2203

（附表卅一）西四字土地所有權執照

未發部份 列琴字 12013 12035

（附表卅二）曹四字土地所有權執照

未發部份 列平字第 3547 3556 3575 3583 11122 4540 4541 4554 4555 4834
4835 4837 4833 4818 4827 4536

（附表卅三）合田字土地所有權執照

未發部份 列平字 230 231 232 233 254 1797
琴字 12051

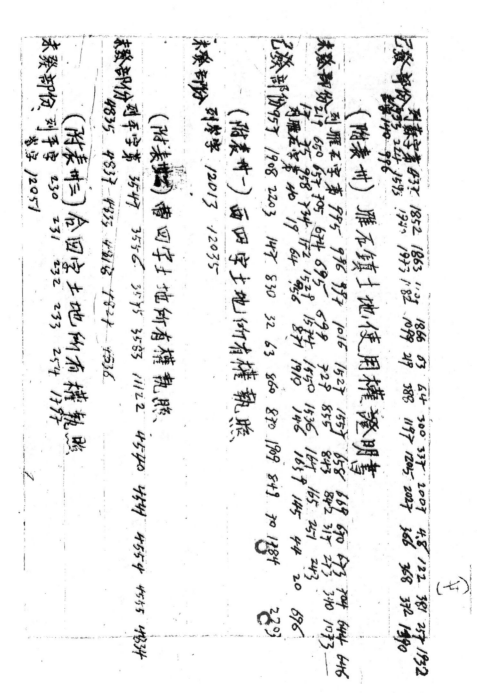

龙岩县政府、龙岩县地权调整办事处办理第一至四期扶植自耕农业务成果（未发证部分）移接清册（1947 年 12 月 31 日）

~~0151~~

081

已發部份：列 原字 1603 1610 1612 1609 1608 1604 1605 1607
平字 3649 3841 3851 3852 3853 4380 4383 4885

（附表卅四）外四字土地使用權證明書

未發部份：列外四字第 15 13 14 12 11 6.7.6 5 16 17 19 18 20 21

已發部份：列外四字第 9 10 32 49 48 47 45 46 44 43 42 41 22 23
24 40 39 38 37 36 35 34 33 25 26 27 28 29 31 30

（附表卅五）各鄉/鎮補發證照

未發部份：列吉補字 1479 北補字 830 222 1943
雁石補字 1615 1616 1657 龍門补字 1425 大同補字第 415 590 西款湖字 1798

已發部份：列龍門補字第 1623 1624

說明：1、已發證照之詳細起訖內有“○”標幟者係表示農戶具領證照時已在原證照存根內蓋章具領，其未經註明標幟者，係農戶具領證照時，倘具收據具領。

2、銅江鄉土地所有權執照及合計欄原有數目除發出數目外，不經原因內串有平三字執照壹張原移交時不在銅江鄉執照內移交，業已另列在平三字執照內移交。

龙岩县政府、龙岩县地权调整办事处办理第一至四期扶植自耕农业务成果（未发证部分）移接清册（1947 年 12 月 31 日）

移交者：龍巖縣縣長陳鼎元

科長陳雄清

指導員兼股長賴森階

監交者：地政員黃震寰

接收者：龍岩縣地權調整辦事處兼處長陳鼎元

副處長陳鼎元

課長

收者：

中華民國三十六年十二月三十一日

~~0155~~

082

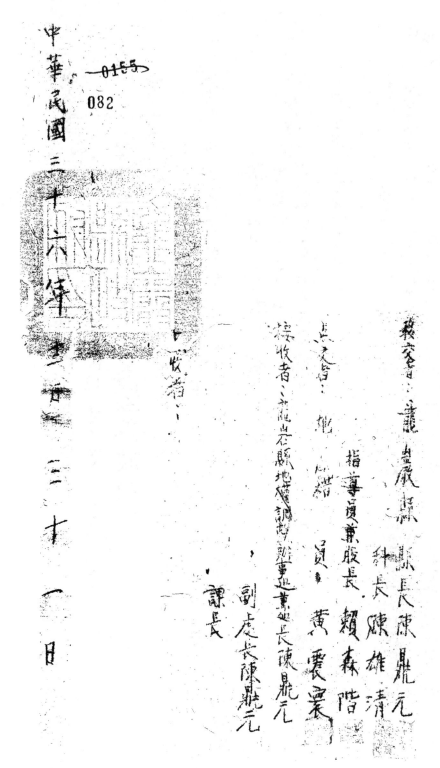

龙岩县政府、龙岩县地权调整办事处办理第一至四期扶植自耕农业务成果(未发证部分)移接清册(1947年12月31日)

龍巖縣政府、龍巖縣地權調整辦事處辦理第一期扶植自耕農業務成果（未發公學田證照部份）移交清册

存卷

龙岩县政府、龙岩县地权调整办事处办理第一期扶植自耕农业务成果

（未发公学田证照部分）移交清册（1947 年 12 月 31 日）

~~0157~~

084

龍巖縣政府 地權調整辦事處 辦理第一期扶植自耕農業務成果（未發公學田証照部份）移接清册

鄉鎮別	成果名稱	單位	數量	備攷
紫崗	土地所有權執照	張	1168	各保數量詳見附表
白土	〃	張	415	〃
紫崗	耕地使用權証明書	張	24	自紫崗字第九六號起至一一九號止

紫崗白土弍鄉鎮各保未發公學田証照數量表

鄉鎮別	保別	數量（張）	備攷
紫崗	上洋	10	保公田
〃	世興	11	〃
〃	下洋	59	〃

鄉鎮別	保別	數量（張）	備攷
紫崗	倒流	36	保公田
〃	坎洋	18	〃
〃	潭	6	〃

鄉鎮別	保別	數量（張）	備攷
紫山崗	紫陽	33	保公田
〃	北洋	18	〃
〃	緯國	90	〃

龙岩县政府、龙岩县地权调整办事处办理第一期扶植自耕农业务成果

（未发公学田证照部分）移交清册（1947 年 12 月 31 日）

085

紫岡	進賢	24	保公田
〃	東民	29	〃
〃	蘭中	42	〃
〃	各保补救领	151	
白土	田洋	5	保公田
〃	西陽	16	〃
〃	聚源	7	〃
紫山岡	東興	23	保公田
〃	南民	6	〃
〃	堂董会	333	學田
白土	溪南	50	保公田
〃	溪埧	14	〃
〃	羅屋	61	〃
〃	各保补救领	196	
紫山岡	孟民	47	保公田
〃	安康	32	〃
〃	鄉公田	200	鄉公田
白土	東堀	2	保公田
〃	連甲	2	〃
〃	孟頭	62	〃

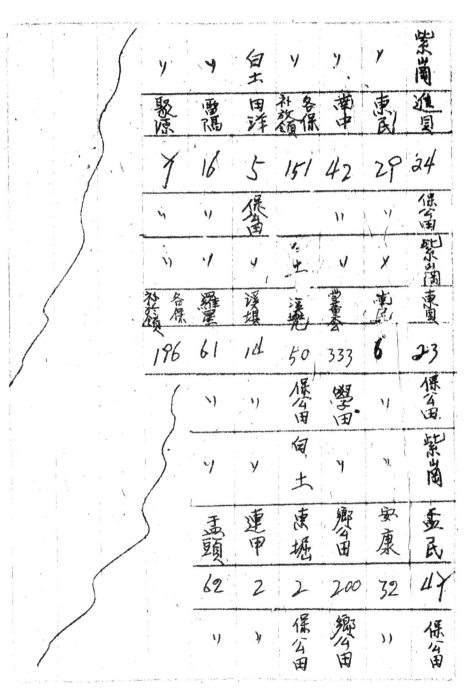

龙岩县政府、龙岩县地权调整办事处办理第一期扶植自耕农业务成果（未发公学田证照部分）移交清册（1947 年 12 月 31 日）

086

移交者：龍岩縣縣長陳鼎元
科長陳雄清
指導員兼股長賴森階
點交者：地籍員黃震襄
接收者：龍岩縣地權調整辦事處處長陳鼎元
副處長屠劍臣
第二課課長吳志昌
點收者：

中華民國三十六年十二月三十一日

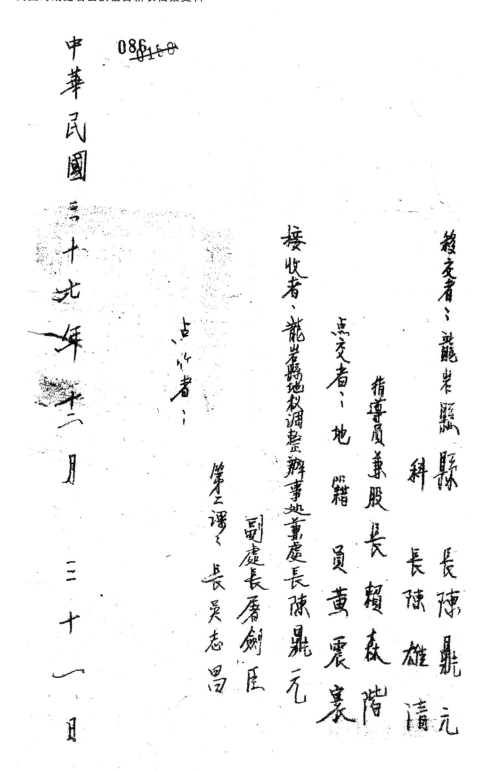

龙岩县政府、龙岩县地权调整办事处办理第一期扶植自耕农业务成果（未发公学田证照部分）移交清册（1947 年 12 月 31 日）

0159

087

龍巖縣政府辦理第一期扶植自耕農抵押執照移交清册

存卷之卌六

龙岩县政府、龙岩县地权调整办事处办理第一期扶植自耕农抵押执照移接清册(1947年12月31日)

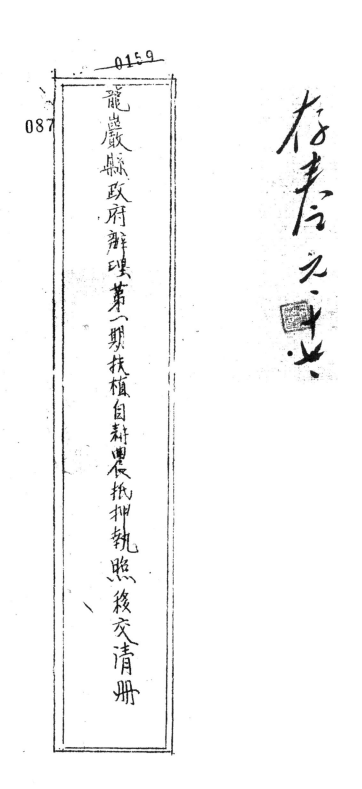

~~0160~~

088

龍巖縣政府辦理第一期扶植自耕農抵押執照移交清冊

期别	字别	成果名稱	起訖號碼	單位	數量 原有	數量 發出	數量 實存	備考
第一期	紫字	土地所有權執照	1-91又98-100	張	297	226	71	換發後隨發使用權證明書及批迴共92户
〃	龍字	〃	1-2	〃	8	/	8	
〃	白字	〃	1-35又36-106	〃	299	120	179	換發後隨發使用權證明書及批迴共50户

龙岩县政府、龙岩县地权调整办事处办理第一期扶植自耕农抵押执照移接清册(1947年12月31日)

089
~~0161~~

移交者：龍巖縣縣長陳鼎元
科長陳雄清
指導員兼股長賴森階

點交者：地籍員黃震寰

接收者：龍巖縣地權調整處兼處長陳鼎元
副處長盧劍民
第二課課長

點收者：

中華民國三十六年十二月三十一日

龙岩县政府、龙岩县地权调整办事处办理第一期扶植自耕农抵押执照移接清册(1947 年 12 月 31 日)

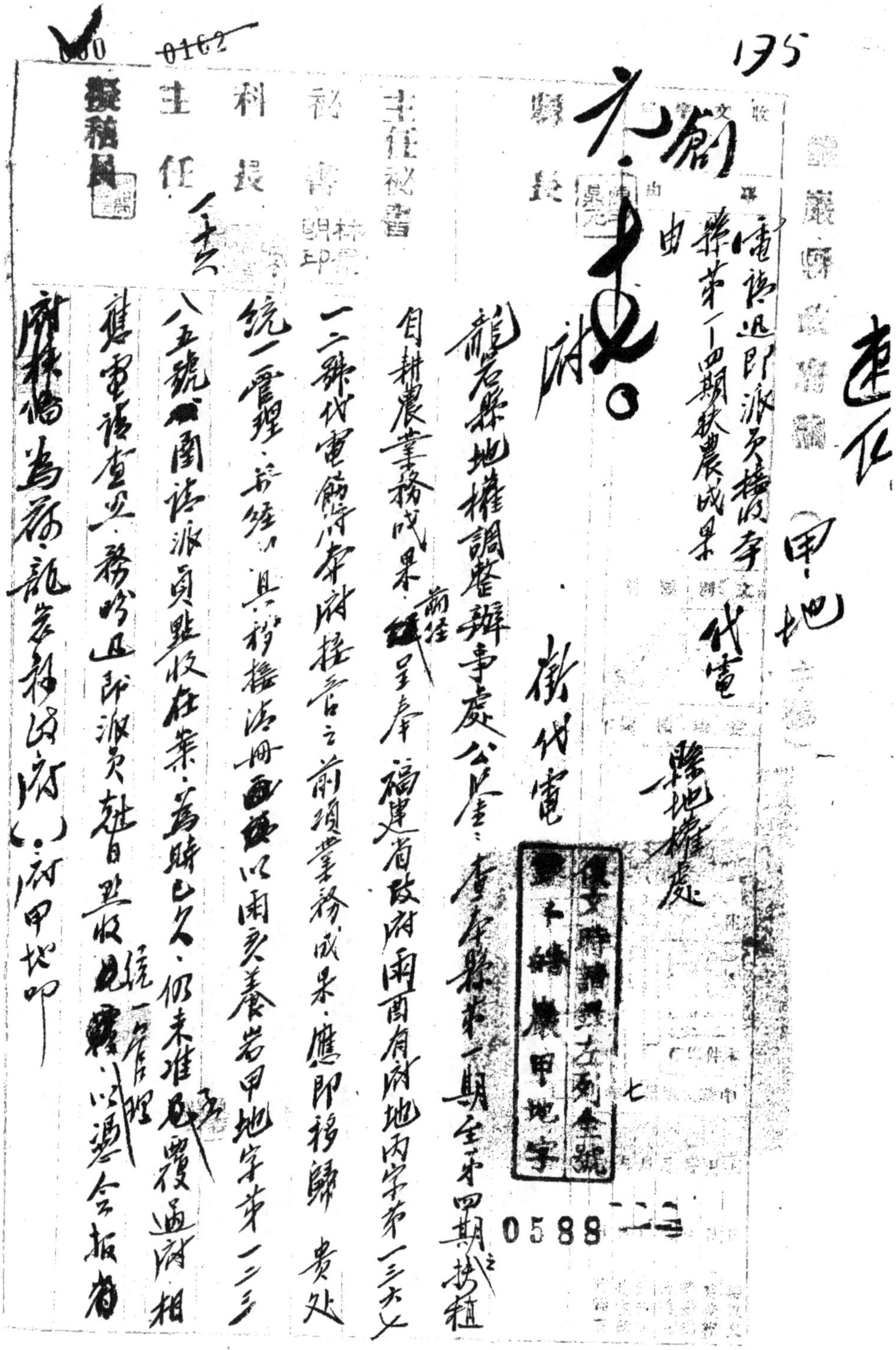
由：電請迅即派員接收本縣第一、四期扶農成果

文別：代電

縣長

龍岩縣地權調整辦事處公鑒：查本縣第一期至第四期之扶植自耕農業務成果，前經呈奉福建省政府兩酉有府地丙字第一三六九一二號代電飭將本府接管之前項業務成果，應即移歸貴處統一管理，並經具移接清冊函送，以甲地字第一二三八五號函請派員點收在案，為時已久，仍未准見覆，迭經府相繼電話查詢，務請迅即派員赴府點收統一管理，以憑會報省府為荷。龍岩縣政府（ ）府甲地印

0588

龙岩县政府地政科接收地权调整办事处移接清册函件(1948 年 1 月)

~~0163~~

091

签呈　元月十二日

於本府

查前地政科接管地权处第一一四期之扶
植成果自去年十一月地政科裁撤后人员减
少二人无法兼顾奉督令移并地权处
统一管理业经去年十月呈请查照并於
十一月造具移交册呈请地权处派员接
收在案迄未蒙指定人员接管拟请再行
地权处迅即指定人员接收拟自本年
一月起所有催收地价换发执照及新收
关於扶植事件一律停办统一移地权

龙岩县政府地政科接收地权调整办事处移接清册函件(1948年1月)

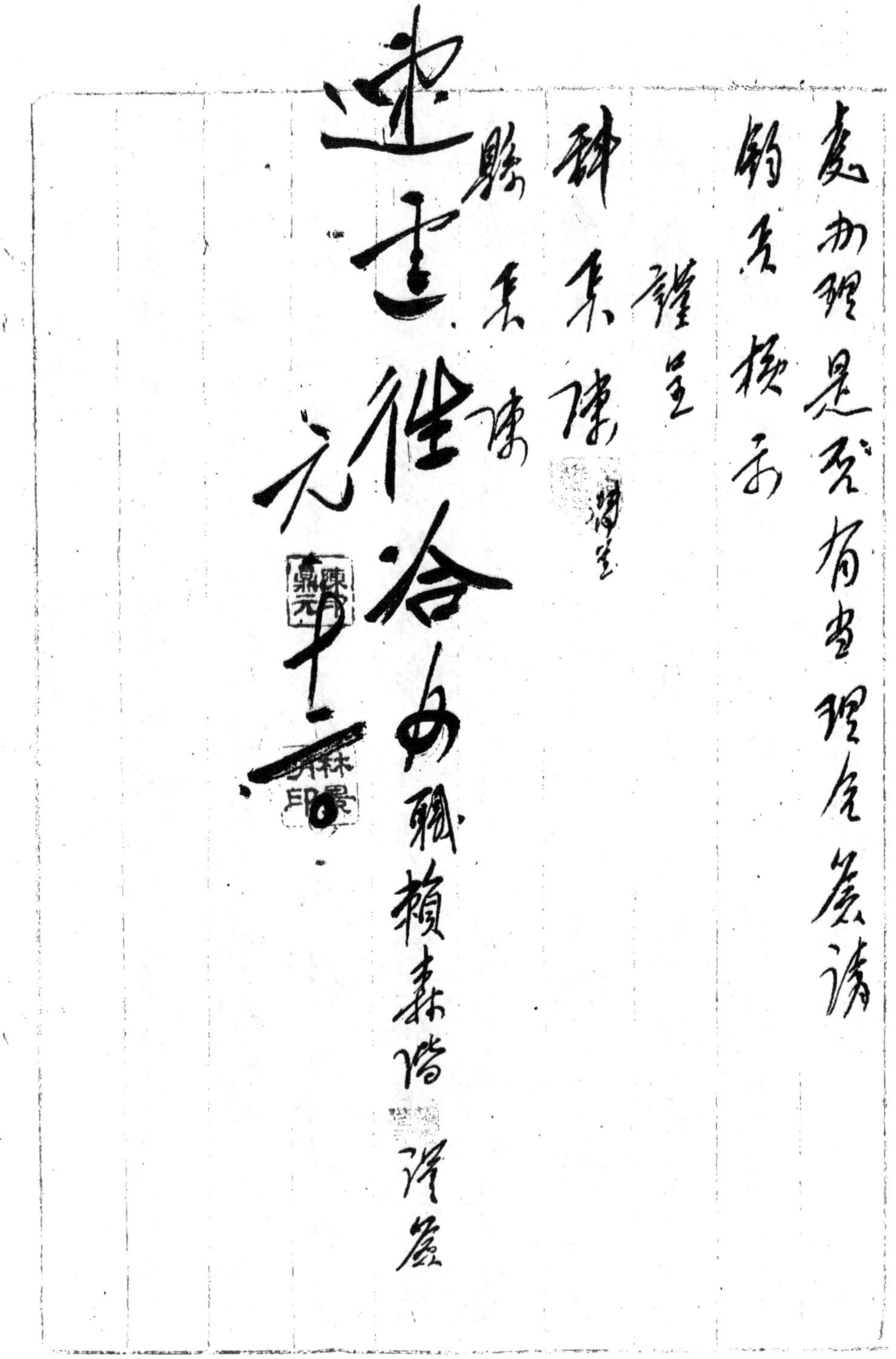

092

處辦理是否有當理合簽請
鈞長核示
謹呈
科長陳
縣長陳
職賴森[illegible]謹簽

速送往洽
元 十二

龙岩县政府地政科接收地权调整办事处移接清册函件(1948 年 1 月)

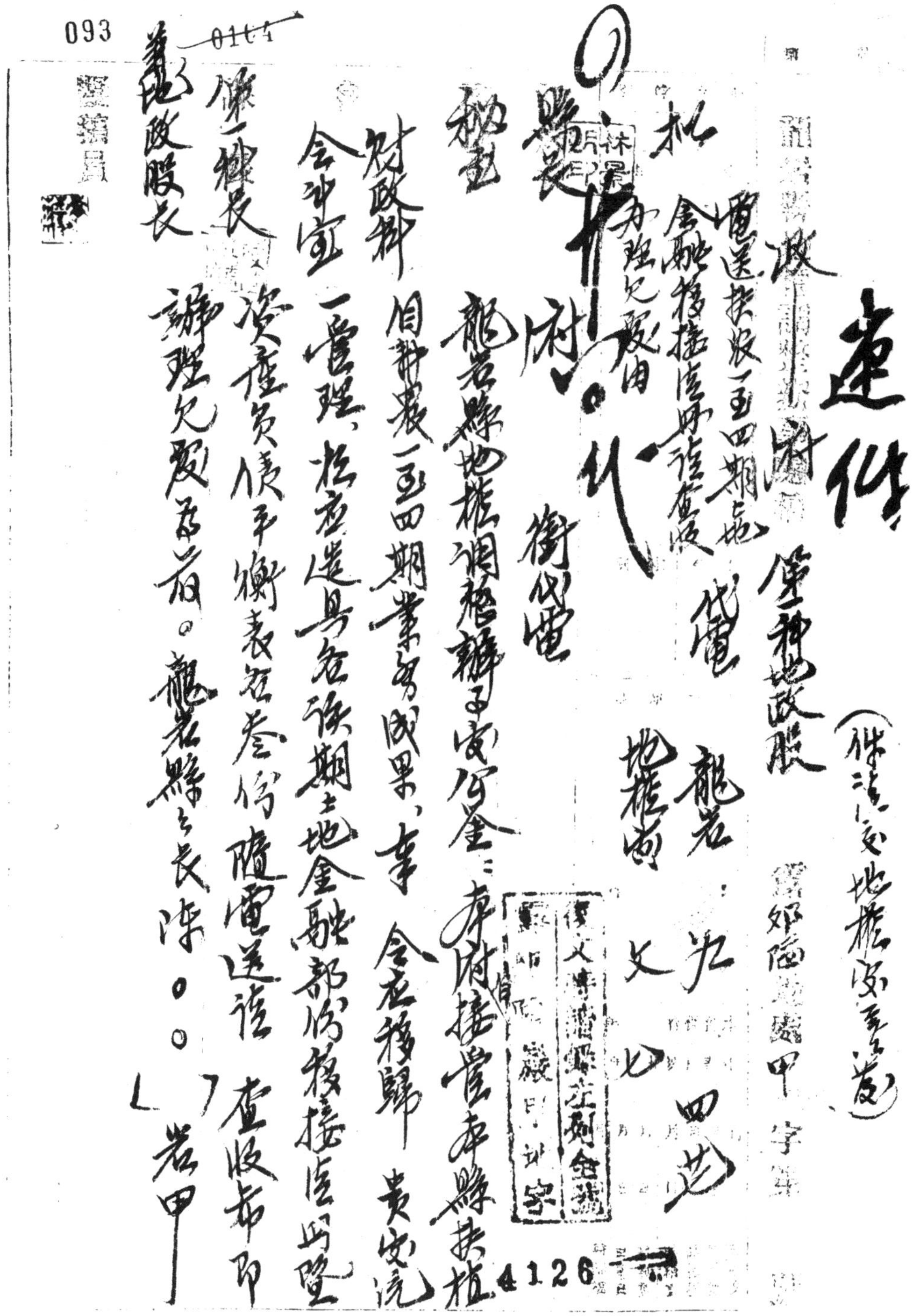
093 0164

速件（併清交地權案卷存）

建設局地政股

龍岩九四艺

地權處 文 七

電送按表一至四期應金融移接清冊請查收

代電

衡代電

縣長 秘書 財政科 會計室 保一科長 建設局地政股長

辦理見覆由

龍岩縣地權調整辦事處安金：本府接管本縣扶植自耕農一至四期業務成果，本會應移歸負責會計室一管理，茲應造具各該期土地金融部份移接清冊暨資產負債平衡表各叁份隨電送請查收存印辦理見覆為荷。龍岩縣縣長陳〇〇

〔 〕岩甲

4126

龙岩县地权调整办事处资产负债平衡表(1947 年 12 月 31 日)

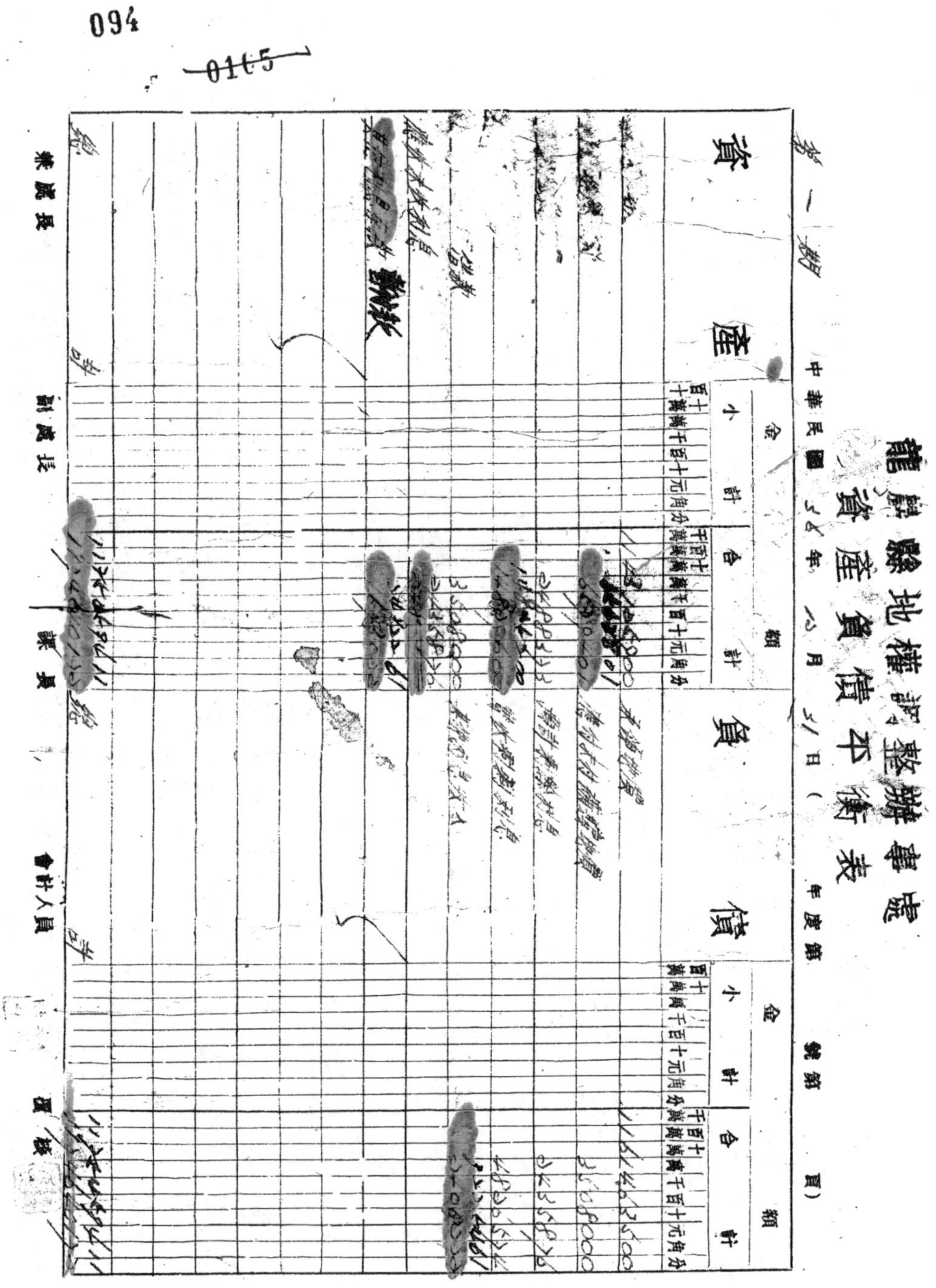

龍巖縣地權調整辦事處
資產負債平衡表
中華民國 36 年 12 月 31 日（ 年度第 號第 頁）

資產	金額 小計	金額 合計	負債	金額 小計	金額 合計

處長 副處長 課長 會計人員 覆核

龙岩县地权调整办事处资产负债平衡表（1947 年 12 月 31 日）

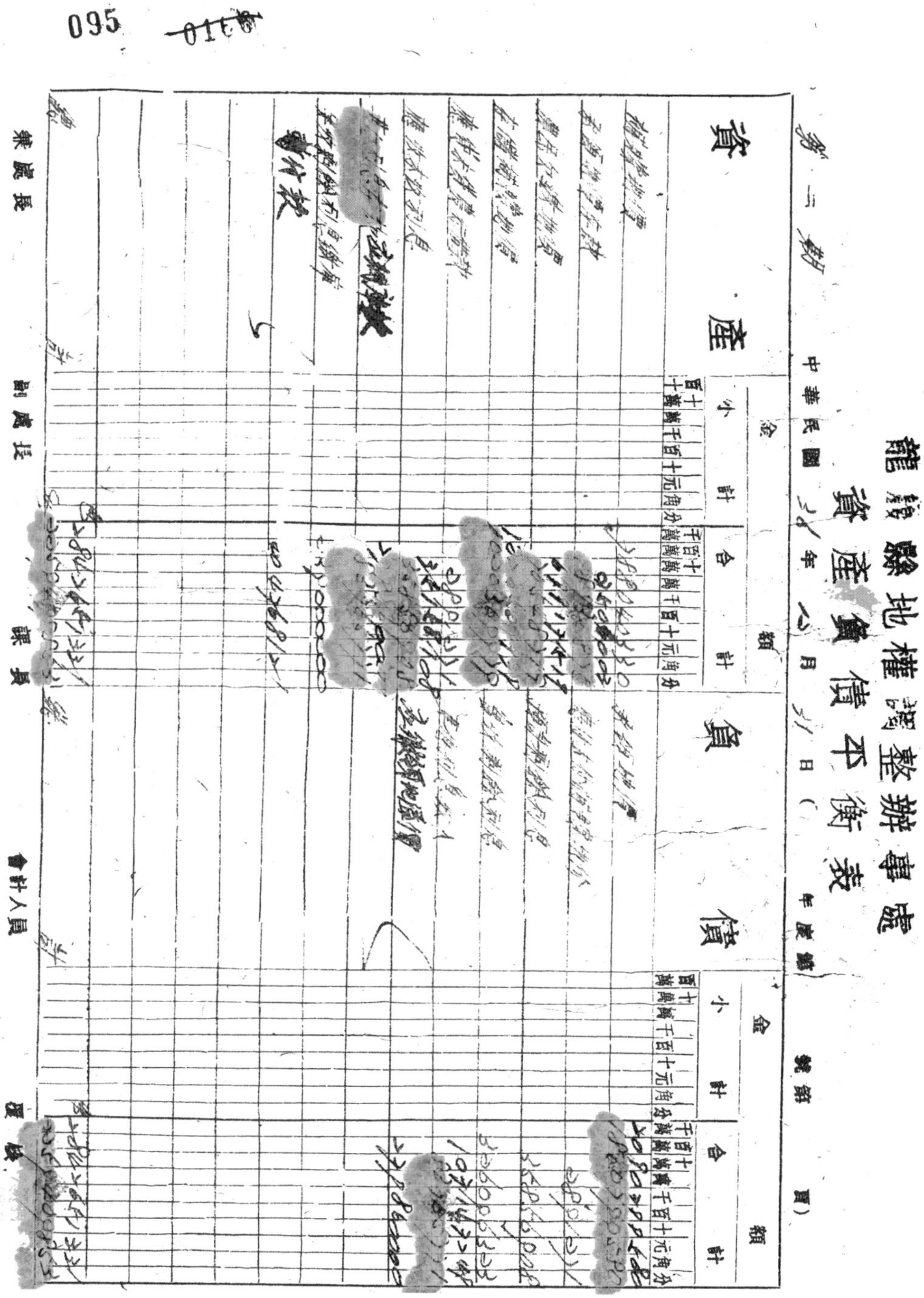

095

龍巖縣地權調整辦事處

資產負債平衡表

中華民國 36 年 12 月 31 日（ 年度編 號第 頁）

資產	金額 小計	金額 合計	負債	金額 小計	金額 合計

專處長　副處長　課員　會計人員　覆核

龙岩县地权调整办事处资产负债平衡表(1947 年 12 月 31 日)

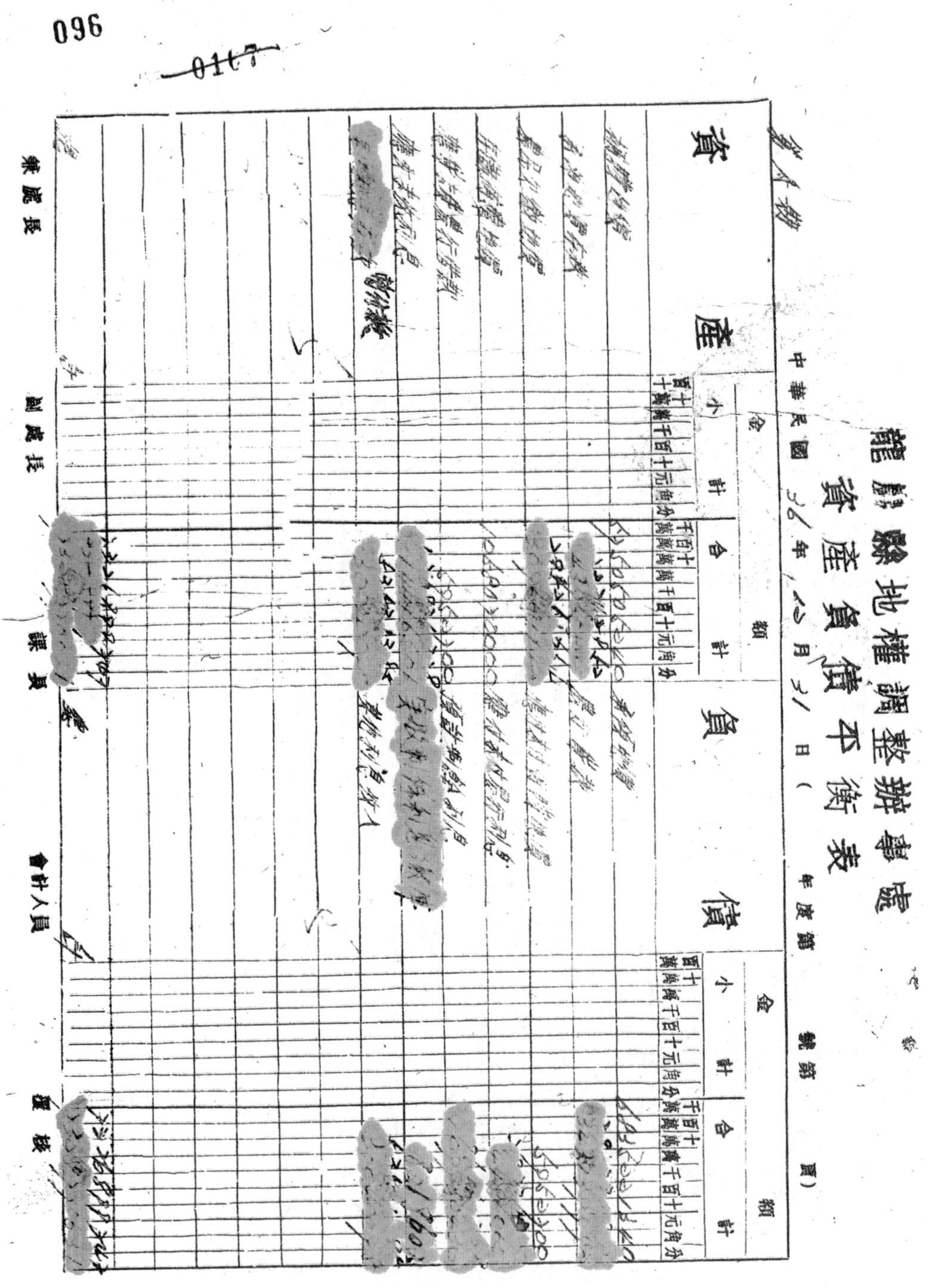

龙岩县地权调整办事处资产负债平衡表(1947 年 12 月 31 日)

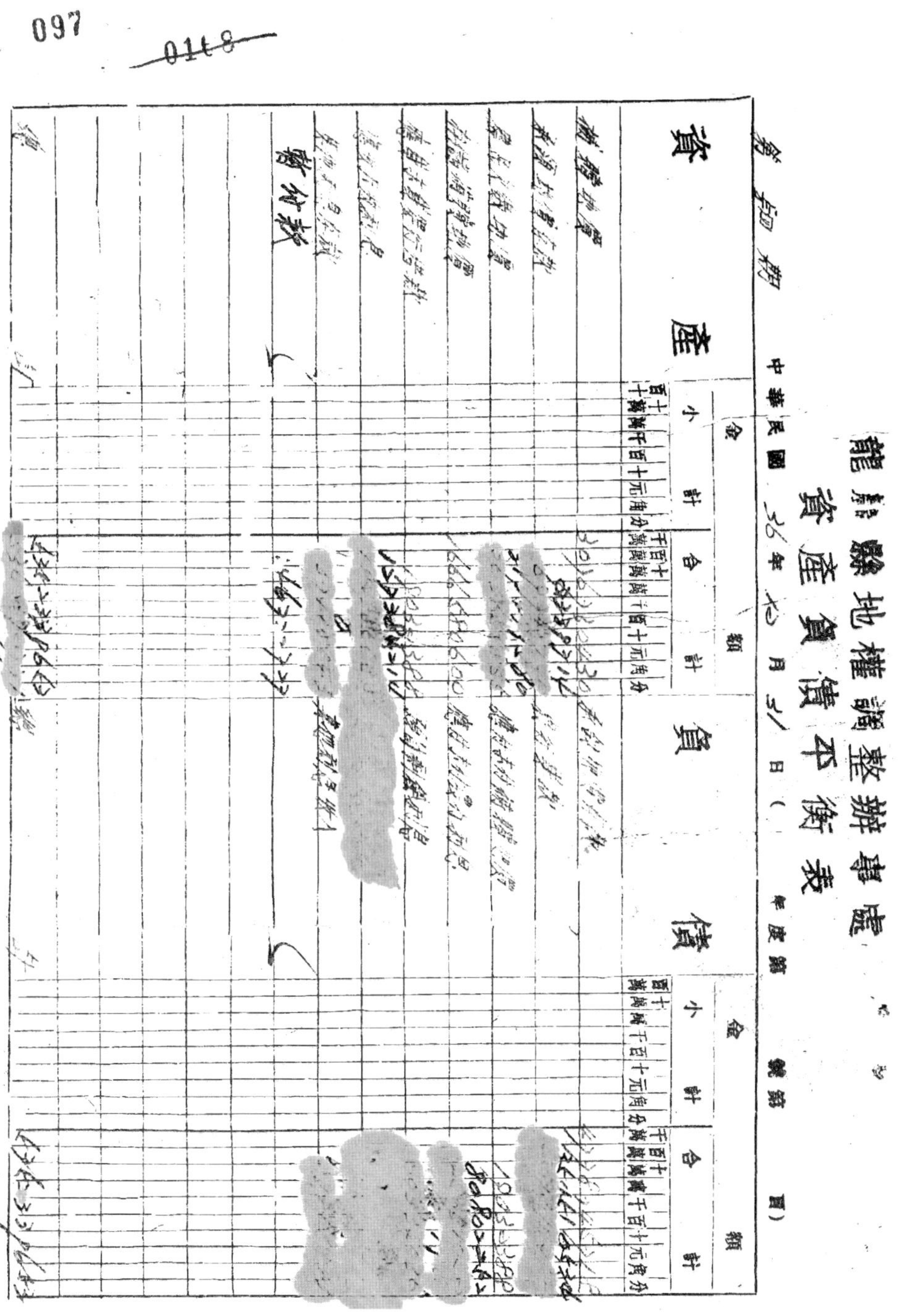

龙岩县地权调整办事处资产负债平衡表(1947 年 12 月 31 日)

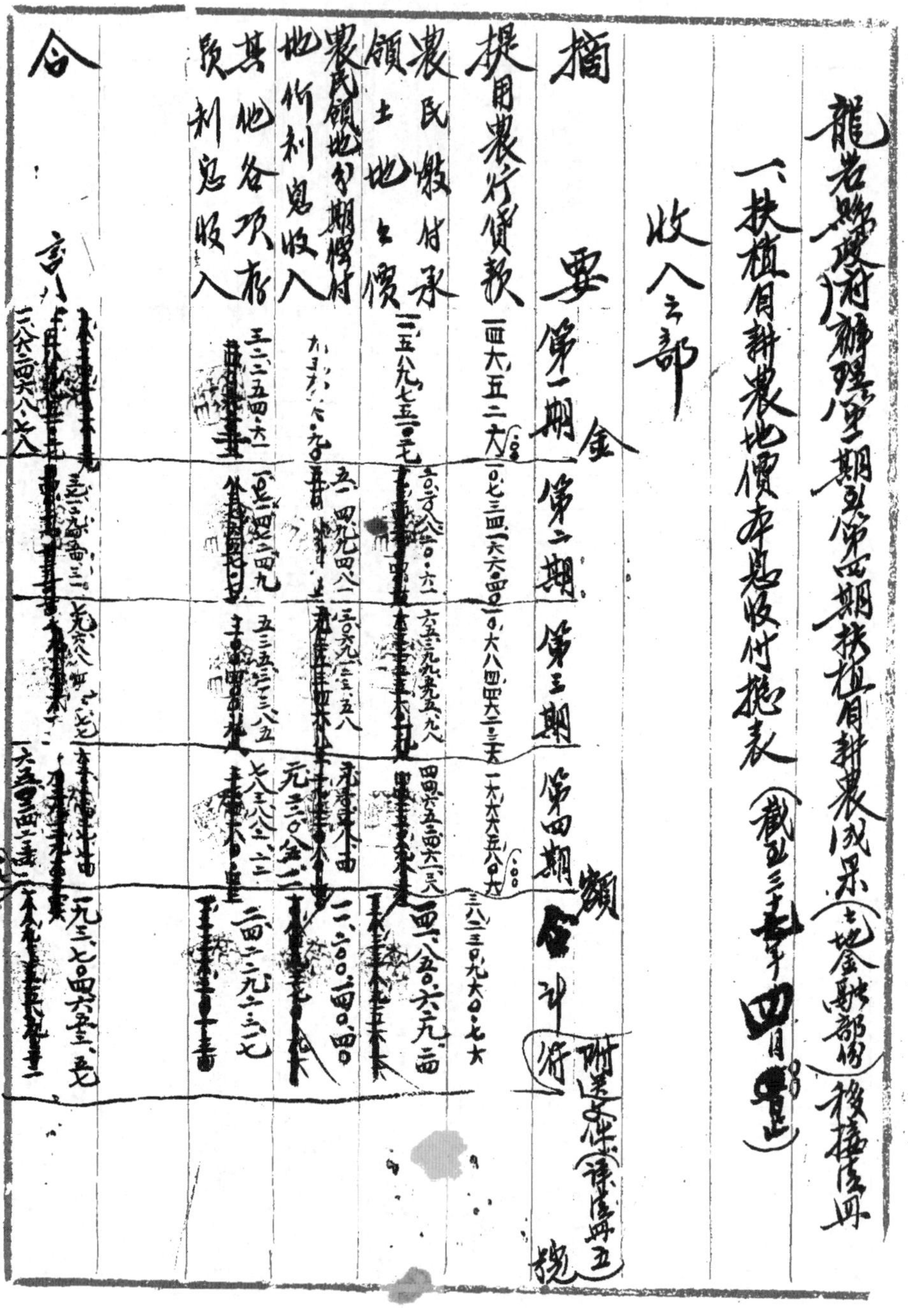

龍岩縣政府辦理第一期至第四期扶植自耕農成果（土地金融部份）移接清冊

（一）扶植自耕農地價本息收付總表（截至三十七年四月底止）

收入之部

摘要	第一期	第二期	第三期	第四期	合計	附件
提用農行貸款	一四六五二六〇·〇〇	[illegible]	[illegible]	[illegible]	[illegible]	
農民繳付承領土地地價	[illegible]	[illegible]	[illegible]	[illegible]	[illegible]	
農民領地分期償付地價利息收入	[illegible]	[illegible]	[illegible]	[illegible]	[illegible]	
其他各項存款利息收入	[illegible]	[illegible]	[illegible]	[illegible]	[illegible]	
合	一三八六四六八·六八	[illegible]	[illegible]	[illegible]	[illegible]	

龙岩县政府办理第一至四期扶植自耕农成果（土地金融部分）移接清册（1948 年 5 月）

099

支出之部

摘　要	金額 第一期	第二期	第三期	第四期	合　計	附　記
付收農行貸款本金	一四六五二六.〇八	一〇七三四六六.四〇	七七〇七六四四	一三一五〇七〇〇.六六	三六七三八四五五.五〇	隨文附詳細表
付還農行貸款利息	四五六七二六	一〇七〇四五六	三〇三九三七五六	二九四九二九九.三四	七八七四九六一.六四	
發給征收土地補償地價	三四三一二五九.〇八	七六八〇四〇二三〇	五七五〇五〇五二二四〇	三〇七七六七三〇四.三〇	一〇七五八四〇〇九.〇八	
繳庫剩餘利息		二三九〇〇〇			二三九〇〇〇.〇〇	
暫付款	一四九三一六一	四四七六八二二	五三五三三三八六五	一四六七七二七二七	六六七五六四九四	
合　計	二六四八三七八七	六六九九四四九	六六八七〇二六六五	四三三五三三二九	一五五六六三〇七二八	

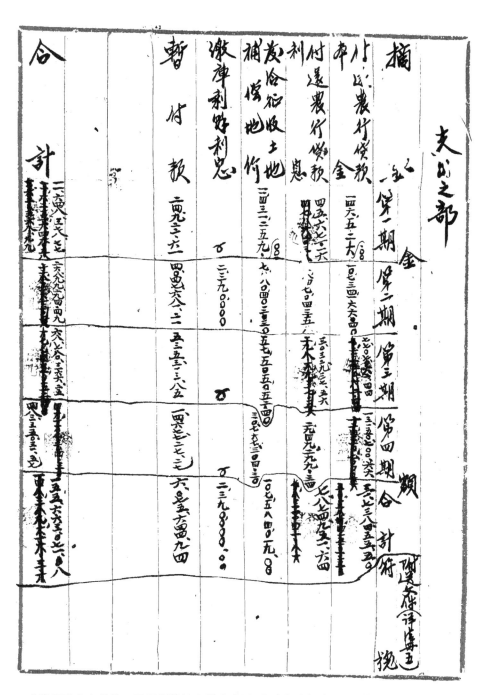

龙岩县政府办理第一至四期扶植自耕农成果(土地金融部分)移接清册(1948 年 5 月)

~~0170~~

100

結存之部

摘要	第一期	第二期	第三期	第四期	合計	附送文件
金額						
承領戶存息存款	六五六三八、〇三	二五〇六〇、〇三	二三七四三九、五三	二三三九七、一四	三四一五二四、七〇	（詳清冊五號）
存儲待領補償地價	一四八四五弍、〇〇	一〇二三五四九九、七九	一四一六八四七、〇〇	一六六六五八四六、〇〇	五七七〇〇〇五七七九	
其他利息存款	[illegible]	[illegible]	[illegible]	[illegible]	[illegible]	
合計	二四〇九〇、〇二	一〇三三〇五九、八二	一〇九〇〇八、八二	一六六八九〇三二、一四	三八〇五八二、四九	

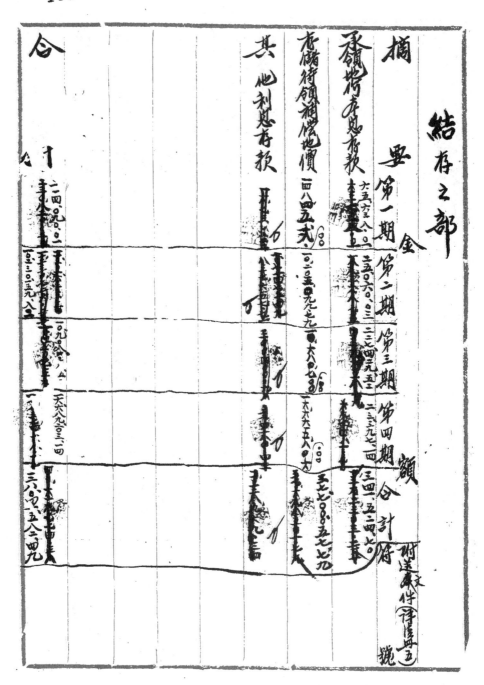

龙岩县政府办理第一至四期扶植自耕农成果（土地金融部分）移接清册（1948 年 5 月）

101

(二)放領土地農民實際繳付地價收入清單

摘要	金額 第一期	第二期	第三期	第四期	合計	備攷
已收放領土地地價	二五八九七五一.二七	二〇三〇八一〇.六二	六五三九五九五.九八	四六五二四六六.三八	一四二八〇八六九二	
未收放領土地地價	二四八八三.七二	六九七七五一	三九五二六七.四二	三二四九九五.八〇	六八一二六三二四	
合計(應收放領土地地價)	二六二四六三五.〇〇	三〇九〇九九五.八〇	六八三五三三三.四〇	四七七八七四五七.一八	一四八六六六三一三.三八	

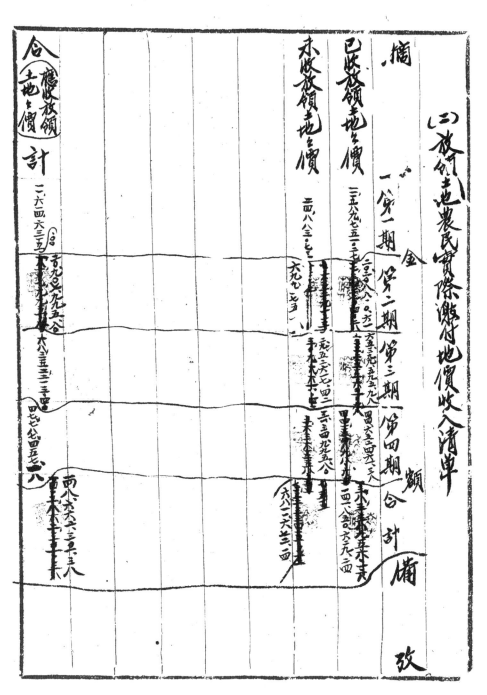

龙岩县政府办理第一至四期扶植自耕农成果(土地金融部分)移接清册(1948 年 5 月)

0171

102

(三) 征收土地補償地價存付清單

摘要	第一期	第二期	第三期	第四期	合計	備攷
已付補償地價	一四三二二五九.○○	七八八○四○三三二○	一七五○五○五○五三四	三○七六七三○四三二○	一○七五八四○九.8	
存儲待領補償地價	一四八四五七六.○○	一○二○五四九九七九	一○六八○七○○.○○	一六六六五八○九.○○	三七七○八五七九	
應付未付補償地價	三四九二四.8	二三八九二七三	一六六四六一.○○	三五四三四六.八八	五九六四五九	
應納庫款	〃	二七九八六○○.8	〃	〃	二七九八六○○.○○	
合(應付補償地價)計	十二六一四六三五.○○	三九○九五三八○	六三五三三三	[illegible] 八	四八六六三三八	

四七八七四五七.八

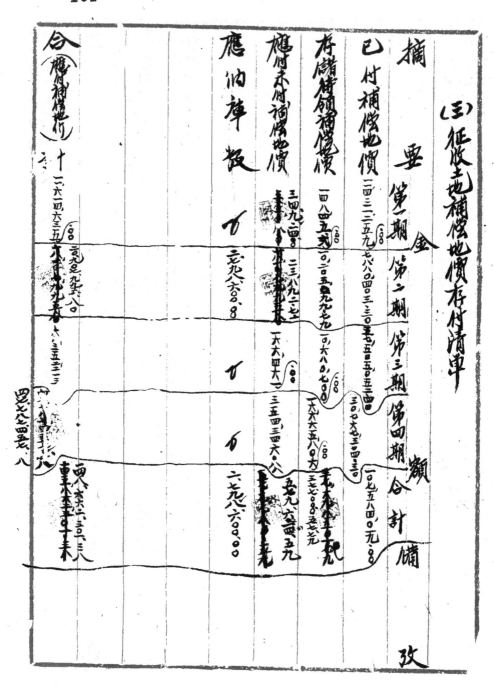

龙岩县政府办理第一至四期扶植自耕农成果(土地金融部分)移接清册(1948 年 5 月)

103

（四）貸收：存備待領補償地價明細表

鄉鎮別	金額			備攷
	現金	債券	合計	
第一期 崇岡	四〇三三八.〇〇	二七七〇〇.〇〇	六八〇三八.〇〇	
白土	五〇四一四.〇〇	二九三〇〇.〇〇	七九七一四.〇〇	
合計二鄉	九一四五二.〇〇	五七〇〇〇.〇〇	一四八四五二.〇〇	
第二期 曹遠	一一一五三三六.〇〇	一七〇一〇〇〇.〇〇	二八一六三三六.〇〇	
大同	四六八九八三.九	七〇六四〇〇.〇〇	一一七五三八三.九	
合作	九八五六四.〇〇	二五六五〇〇.〇〇	三五五〇六四.〇〇	
西墩	二一〇四二六.五〇	三七五三九〇〇.〇〇	三九六四三二六.五〇	
合計四鄉	三七八八一九九.七九	六四一七八〇〇.〇〇	一〇二〇五九九九.七九	

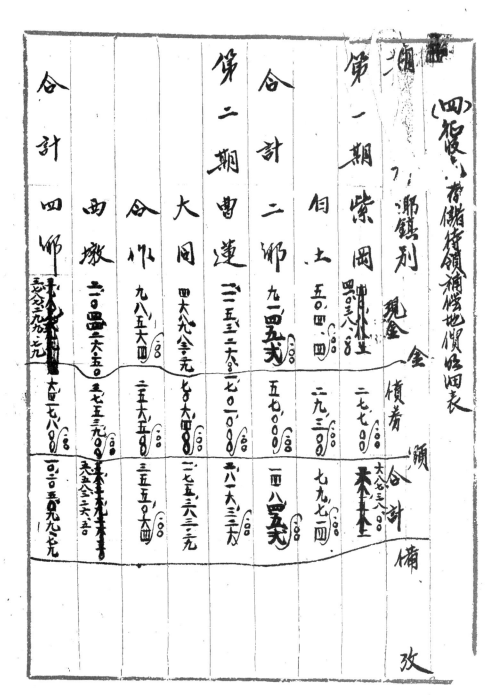

龙岩县政府办理第一至四期扶植自耕农成果（土地金融部分）移接清册（1948 年 5 月）

~~0172~~

4-2

104

第三期	龍門	一二七四三〇一·五〇	二四一三一〇〇.〇〇	三六八七四〇一·五〇
	銅江	一一三六一五三·五〇	二二一〇六〇〇.〇〇	三三四二二五三·五〇
	大池	三五〇〇五八·五〇	六四九九〇〇.〇〇	九九九五八·五〇
	小池	九六六九八六·五〇	一七八八二〇〇.〇〇	二七五二一八六·五〇
合計	四鄉	三七二三五〇〇	六九五七二〇〇.〇〇	一〇六八〇七〇〇.〇〇
第四期	平鉄	一二〇〇八〇〇·五〇	一三八七三〇〇.〇〇	二四八八一〇〇·五〇
	内山	五二二一三.〇〇	一二五三〇〇.〇〇	一七六七九一三.〇〇
	廣和	一〇三六九八六·三五	一二八〇三〇〇.〇〇	二三一七二八六·三五
	雁石	三六五八三〇六·五	六四二〇〇.〇〇	一〇九二五〇六·五
合計	四鄉	六五四八〇[illegible].〇〇	一〇一[illegible].〇〇	一六六六五八〇[illegible].〇〇
	一、二鄉	一四五三〇[illegible]七九	二三五四九〇〇〇.〇〇	二七〇〇〇五七.七九

四 仁 湖 送文件 [illegible]

龙岩县政府办理第一至四期扶植自耕农成果(土地金融部分)移接清册(1948 年 5 月)

~~0173~~

105

附送文件清單

件號	名稱	第一期 單位數量	第一期 字號	第二期 單位數量	第二期 字號	第三期 單位數量	第三期 字號	第四期 單位數量	第四期 字號	備考
承 1	農民領地分期還款籌示單	本 二		本 五		本 五		本 五		
〃 2	農民領地分期置還款契約	本 四		本 四二		本 四二		本 四二		
〃 3	農民領地貸款收據									已另列冊移交可耕各期抵押品存款簿
〃 4	農民欠繳地價本息通知單	本 一	[illegible]	本 五	[illegible]	本 五	[illegible]	本 五	[illegible]	
〃 5	農民銀行代收承領地價本息清冊	本 一	農銀行 1—14	本 十七	農銀行 1—1650	本 三	農銀行 1—461	本 四	農銀行 1—464	
〃 6	承領地價本息存款支票簿	本 一	(308戶) [illegible]	本 二	(308戶) [illegible]	本 一	(261戶) [illegible]	本 一	(303戶) [illegible]	
貸 1	扶植自耕農貸款合約	本 一		七十一		本 一		本 二		均存龍岩縣銀行公庫
〃 2	扶植自耕農存摺簿冊									共一本

龙岩县政府办理第一至四期扶植自耕农成果（土地金融部分）移接清册（1948 年 5 月）

106

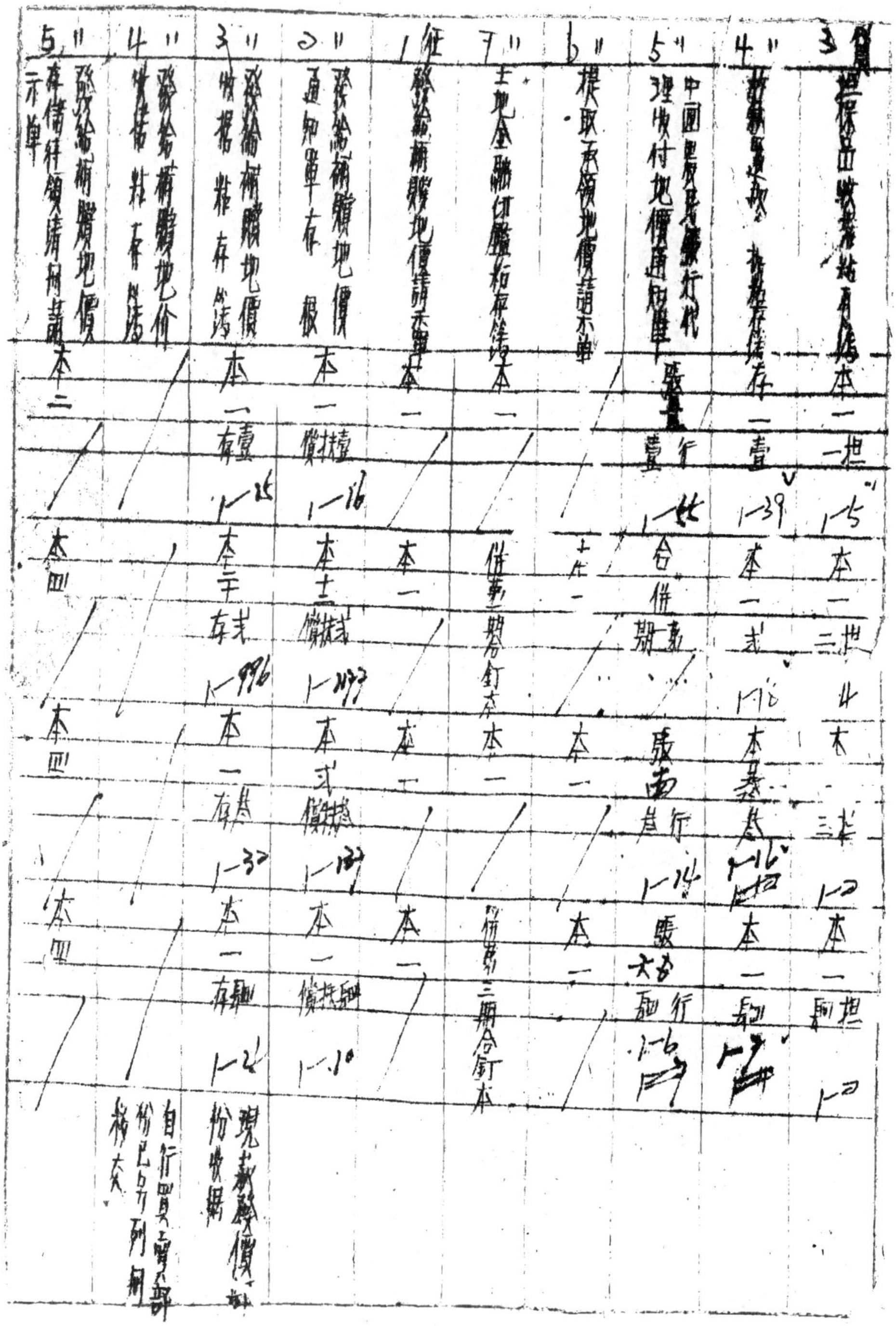

龙岩县政府办理第一至四期扶植自耕农成果(土地金融部分)移接清册(1948年5月)

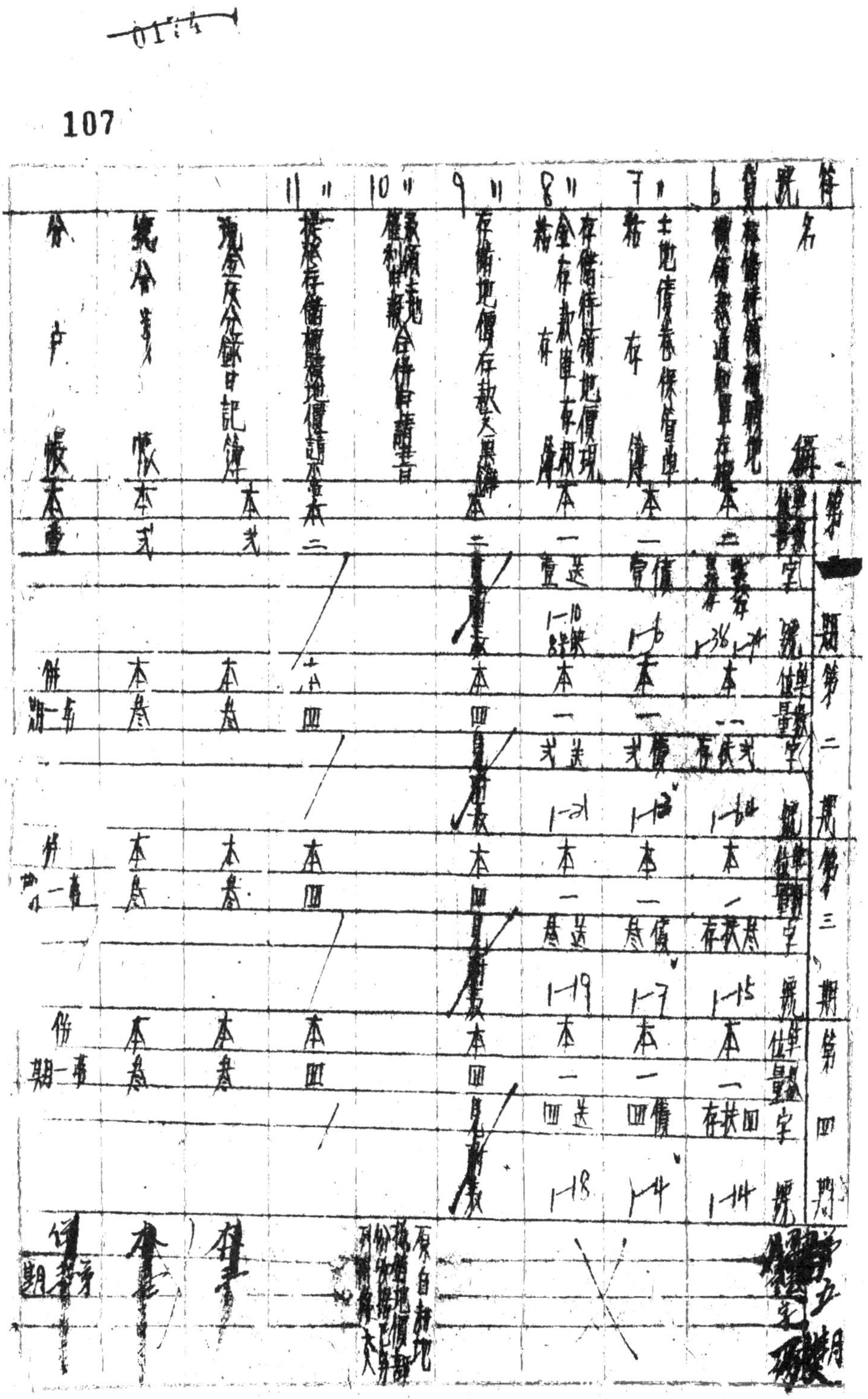

龙岩县政府办理第一至四期扶植自耕农成果(土地金融部分)移接清册(1948年5月)

108

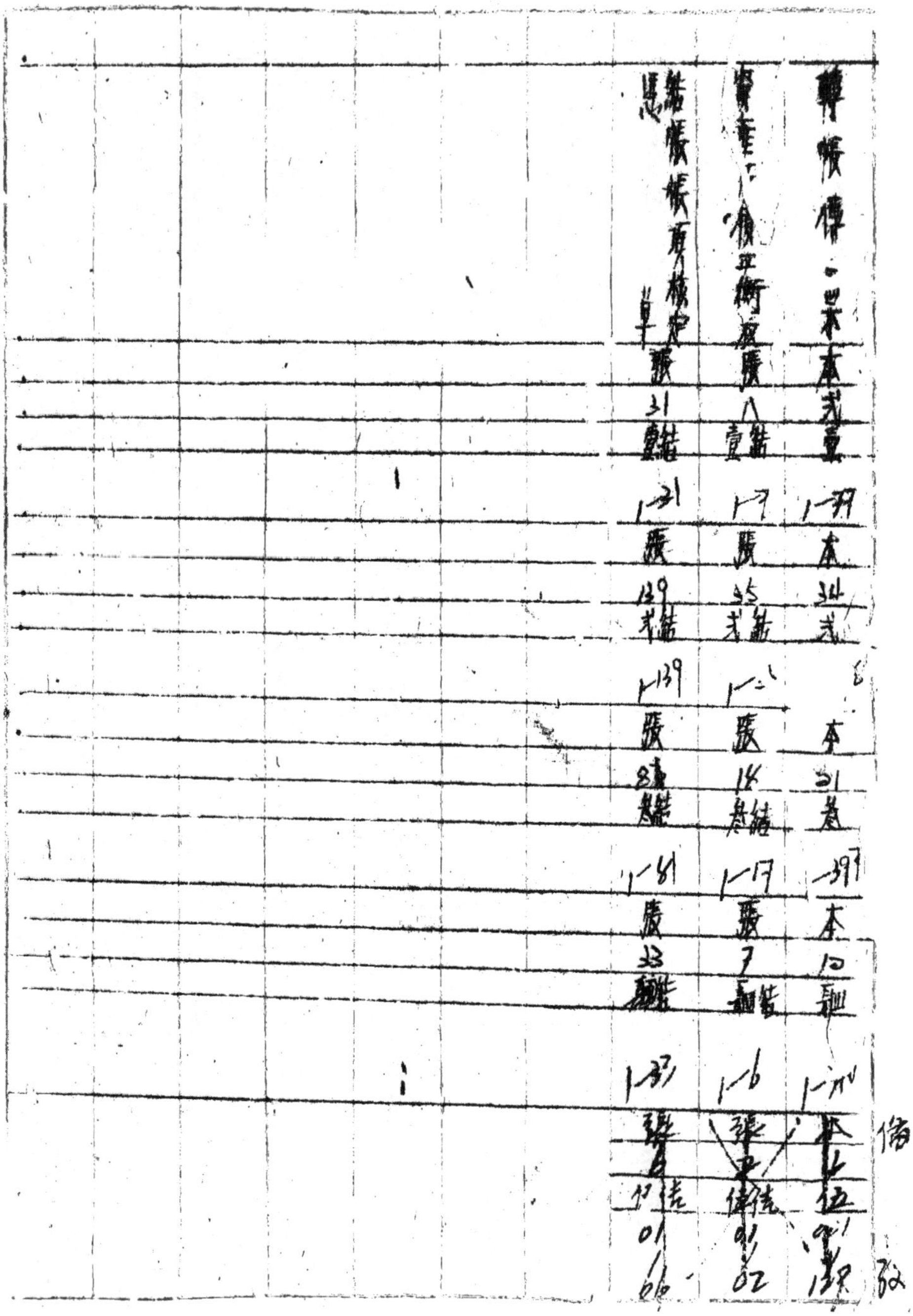

龙岩县政府办理第一至四期扶植自耕农成果(土地金融部分)移接清册(1948 年 5 月)

109

~~0175~~

移交者：龍巖縣政府 縣長 陳鼎元
第一課長 陳雄清
指導員兼地政股長 賴杰階

監交者 代辦人 袁若庠
李大旺
連欽元

接收者：龍巖地權處處長 練平
副處長 潘劍辰
第一課長

監收者

中華民國三十七年五月 日

龙岩县政府办理第一至四期扶植自耕农成果(土地金融部分)移接清册(1948 年 5 月)

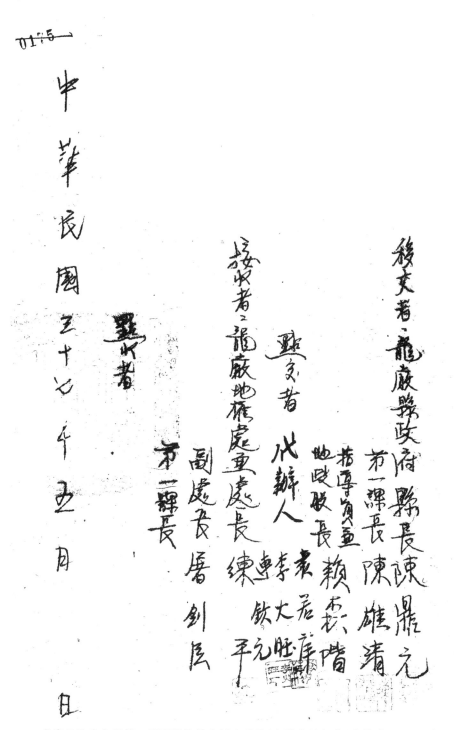

卷宗 1-5-544

壹　0001

147
32 4 17 上
收文

附件存課

福建省地政局　訓令

陽卯江局地

中華民國三十二年四月三日

令龍岩縣地籍整理辦事處

查土地登記關於收件審查登簿等項辦理手續茲經依照現行法令訂定土地登記收件審查登簿須知各一份除呈送地政署察核並分令外合行令仰遵照。

此令。

附發土地登記收件審查登簿須知各一份

局長林欽辰

存

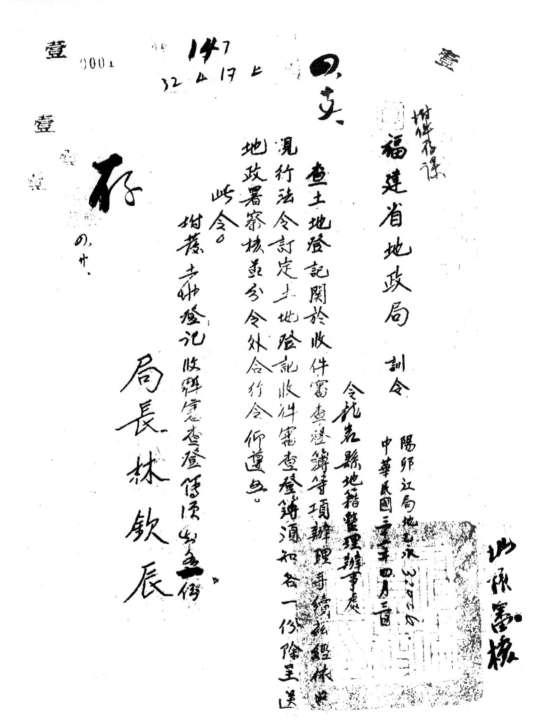

福建省地政局训令（1943年4月3日）暨土地权利审查须知、土地登记收件须知、登记簿编造须知（1948年4月）

0002

土地權利審查須知

土地登記收件須知

登記簿編造須知

第 147 號
32 4 17

福建省地政局训令(1943 年 4 月 3 日)暨土地权利审查须知、土地登记收件须知、
登记簿编造须知(1948 年 4 月)

003

土地登記收件須知

一、凡對土地及其定着物以下列權利声請登記者應分別予以受理：

1、所有權：所有人於法令限制之範圍內得自由使用收益處分其所有物並排除他人干涉之權。（民法第七六五條）

2、地上權：在他人土地上有建築物或其他工作物或竹木為目的而使用其土地之權。（民法第八三二條）

3、永佃權：支付佃租永久在他人土地上為耕作或畜牧之權。（民法第八四二條）

4、地役權：以他人土地供自己土地便宜使用之權。（民法第八五一條）

5、典　權：支付典價占有他人之不動產而為使用收益之權。（民法第九一一條）

6、抵押權：對於債務人或第三人不移轉占有而供擔保之不動產得就其賣得價金受清償之權。（民法第八六〇條）

土地權利名稱與前項各種不符但其性質與前項一種相同或相類者得以其相同或相類之權利名稱声請登記並附註其原有名義。

一

福建省地政局训令(1943 年 4 月 3 日)暨土地权利审查须知、土地登记收件须知、登记簿编造须知(1948 年 4 月)

004

二、声請登記應提出下列文件：

1、声請書

2、証明登記原因文件（契據官租執照最近三年田賦收據判決書遺囑或贈字鬮分書其他）

3、土地所有權狀或他項權利證書（第一次所有權登記時可不用）

4、依法應提出之書據圖式。

三、声請人所提出之登記声請案件應依下列各項予以初步審核後交付收件員辦理收件：

1、声請書記載内容是否符合規定；

2、土地坐落四至面積界址權利人姓名與地籍圖表所載是否符合

3、附繳契據是否齊全聯貫契載户名坐落畝分等與声請書是否符合如有不符已否註明其不符原因並取具保証；

4、某宗土地合立一契声請書其備考事項欄注明為某號土地係契載某項等字樣；

5、申報地價是否與該地價區之標準地價相符如有增減是否在百分廿之限度内；

福建省地政局训令(1943年4月3日)暨土地权利审查须知、土地登记收件须知、登记簿编造须知(1948年4月)

6、共有權利以及他項權利關係已否記載詳明；

7、声請人或其代理人及証明人已否簽名蓋章；

前項手續如有不符得立時補正者應飭其即行補正。

四、收件人員接收声請案件應將收件年月日時收件號數声請人姓名住所登記標的記載於收件簿並於声請書上標明收件年月日時及收件號數一面掣給收件收據交声請人收執。

五、收件號數應按接收声請書之先後順次編列其就同一土地同時有二個以上声請者應編為同一號數記明收件第幾號之幾。

六、業主因故不能親自声請登記者得託人代理但須備具授權書声請辦理。

七、声請人如係未成年人應加具監護人姓名声請辦理。

八、声請人所繳契証如欠齊全致貿者應注意其有無他項權利關係及移轉等情事。

九、業主契據如確因不可抗力致一部或全部失滅者應准其取具保甲長地鄰或

福建省地政局训令(1943年4月3日)暨土地权利审查须知、土地登记收件须知、登记簿编造须知(1948年4月)

006

殷實店鋪之保証書声請登記。

十、業主契據如不願留存審查者應飭抄錄副本附卷備核。前項副本應與原契証詳細核對並註明「與原契証核對無誤」等字樣。

十一、契載户名如非声請人之直系血親應詢明其有無共有權利關係。

十二、契載户名為係某堂某記或僅有姓氏而無名號者應飭具保証書声請登記。

十三、声請登記人為權利人或義務人之繼承人或受贈人時除提出証明身份之文件外並應飭具殷實保証書。

十四、行商公司學校教堂之主持人或董事或創立人如非本國國籍不得声請為所有權之登記。前項行商公司如係合資而其股東有非本國國籍者應分別註明。

十五、未經為第一次所有權登記之土地其所有權以外權利不得声請登記但所有權人係因死亡或行蹤不明抑係遠出或因故規避者得准由他項權利人取具保証書先行代理所有權人為所有權之登記再申請為他項權利登記。

二

福建省地政局训令（1943 年 4 月 3 日）暨土地权利审查须知、土地登记收件须知、登记簿编造须知（1948 年 4 月）

~~0005~~

007

十六、声請為地上權設定或移轉之登記時声請書內應記明地上權設定之目的及範圍其登記原因定有存續期間或地租並付租時期者亦同。

十七、声請為永佃權設定或移轉之登記時声請書內應記明佃租數額其登記原因定有存續期間付租時期或有其他特約者亦同。

十八、声請為地役權設定之登記時声請書內應記明需役地及供役地之標示並地役權設定之目的及範圍其登記原因有特別訂定者亦同。

十九、声請為抵押權設定之登記時應注意下列事項：

1. 抵押權之內容（甲）債權數額、（乙）存續期間、（丙）利息及起息期並付息期、（丁）其他特約；
2. 抵押權之標的物係一宗土地或數宗土地或一宗土地之一部抑所有權以外之權利應將其土地權利之標示詳細記載之；
3. 地上權、永佃權典權均得為抵押權之標的物；
4. 抵押權所擔保之債權不以一定金額為標的時声請書內應記明其債

二

福建省地政局训令（1943年4月3日）暨土地权利审查须知、土地登记收件须知、登记簿编造须知（1948年4月）

008

權之估定價額；

5、声請為抵押權設定之登記應由債務人債權人双方為主声請書上並應經債務人簽名或蓋章；

6、債權一部之讓與或代位清償，僅其擔保部份之抵押權因而為移轉登記時声請書內應記明其所讓與或代位清償之債權額；

7、輾轉抵押每轉抵一次即須登記一次，惟轉抵時所擔保之債權金額超出原金額者所超出部份應另立契約，不得轉入此項抵押權中；

8、抵押權不因担保期間屆滿而取得所有權。

壬、声請為典權設定之登記時應注意下列事項：

1、回贖或絕賣之期限是否符合規定；

2、典權金額；

3、轉典時所定期限有否超過原典限，轉典價格有否超過原典價；

4、典權未定有期限者轉典時不得定有期限

三

福建省地政局训令(1943 年 4 月 3 日)暨土地权利审查须知、土地登记收件须知、登记簿编造须知(1948 年 4 月)

0008

009

土地權利審查須知

一、土地登記声請案件經接收後應於一定期間內交付審查。

二、辦理審查應依照土地法九十六條各款逐一詳核（一）土地之標示是否確當與地籍圖表所載是否符合；（二）声請人對於声請登記之土地權利是否全無疑義；（三）声請者所提出之契據証件是否可以使異議者無爭辯之餘地（四）声請者於公平原則上是否確為應享其所声請登記土地權利之人並登註審查意見於声請書上呈送長官核批。

三、審查人員如認声請人所繳契証尚欠齊全應通知補繳如有疑義得傳集權利關係人面詢記取筆錄以備查核。

四、審查契據應與地籍圖表詳細核對如對四至面積發生疑義應開列疑義事項簽請派員調查。

調查事項應於一星期內辦理完竣並製具調查報告以憑審核。

五、声請人所繳契據如欠齊全聯貫應注意有無他項權利關係及其權利

福建省地政局训令(1943年4月3日)暨土地权利审查须知、土地登记收件须知、登记簿编造须知(1948年4月)

010

已否移轉以免發生重複抵押、典當等情事。

六、業主契據如確因不可抗力致一部或全部失滅經備具保甲長地鄰或殷實商舖之保證書聲請登記者應詳查其是否具有民法第七六九條或七七〇條之合法占有年限然後予以公告登記。

七、他項權利人如因契據遺失聲請登記除具保證書外並須取得原業主之同意。

八、審查契據應注意立契時間及其當時契約習慣考察契據上所用印信印色墨跡紙色格式詞句等以判明其真偽如係偽造假冒登記者應駁回其聲請。

九、審查契據應注意契載戶名係「個人戶名」「多數人戶名」「社團戶名」「財團戶名」「機關戶名」以憑審定其權利係屬獨有共有或公有。

十、契載戶名如係某堂某記或僅有姓而無名號者應飭取具保証。

十一、契載戶名如非聲請人之直系血親者應注意其有無共有權利關係以免糾葛。

福建省地政局训令(1943年4月3日)暨土地权利审查须知、土地登记收件须知、登记簿编造须知(1948年4月)

~~0507~~

011

十二、契载坐落土名与现实不符者应查明该地名之沿革并与相邻各号地契以
据详细核对可否符合以防混用。
十三、契载四至若与地籍图不符应验明其有无移用蒙混侵占等情事又如邻
界址尤应注意其有无滴水陈地及侧门后门等如有墙位应查明系本
墙傍墙共墙公墙以免纠葛。
十四、契载面积与实测面积不符时如系契多地少应以业户实地指界及地邻
认证所测之亩分为准如契少地多且契载四至明确经与实地核对亦能符合
者应认为所有权人土地之增减惟实测面积较契载面积超出十分之一以上者
其超出部份应依照城市公有土地清理规则第四条规定加收土地整理费用。
十五、四至契载不明或与实地界址不符且实测面积超过契载面积而超出部
份应照城市公有土地清理规则第三条规定缴价登记。
十六、土地如因测量器不同之故致实测亩分与契载不符者不能谓之溢出应
依其原来亩分比照现在实测面积登记。

五

福建省地政局训令（1943年4月3日）暨土地权利审查须知、土地登记收件须知、登记簿编造须知（1948年4月）

012

十七、土地權利人無論其為自然人或法人其籍貫均應加以注意倘非本國人民 五
不能享有土地所有權。

十八、聲請登記案件如有土地法七十八條各款情形者應附理由駁回聲請或責令補正。

十九、聲請為抵押權登記審查時應注意下列事項：

1、抵押權不因擔保期間屆滿而取得所有權；

2、地上權永佃權及典權均得為抵押權之標的物；

3、土地及地上之建築物同屬於一人所有而僅以土地或僅以建築物為抵押者於抵押物拍賣時視為有地上權之設定；

4、輾轉抵押每轉抵一次即須登記一次惟轉抵時所擔保之債權總額超出原債權總額者所超出部份應另立契約不得轉入此項抵押權中。

二十、聲請為典權登記審查時應注意下列事項：

1、約定回贖或絕賣期限是否符合規定；

2、依法取得典物所有權之期限

福建省地政局训令(1943 年 4 月 3 日)暨土地权利审查须知、土地登记收件须知、
登记簿编造须知(1948 年 4 月)

013

3、轉典登記如係定有期限者不得逾原典權之期限未定期限者轉典時不得定有期限又轉典時之典價不得超過原典價。

六、凡外國教會在內地設立教會醫院學校而為該國與中國條約所許可者依內地外國教會租用土地房屋暫行章程之規定得以教會名義租用土地建造或租賣房屋

七、在內地外國教會租用土地房屋暫行章程公布施行前（民國十七年十二月十二日以前）外國教會在內地已占用之土地倘其土地係絕買者以永租權論

八、外國教會在內地所租用或永租之土地應一律依照土地法施行法第三十一條規定由主管地政機關為公有土地所有權之登記再由外國教會為租賃之登記。

福建省地政局训令(1943年4月3日)暨土地权利审查须知、土地登记收件须知、登记簿编造须知(1948年4月)

登記簿編造須知

（一）声請登記之土地經公告期滿產權確定後應即登入土地登記簿

（二）登記簿之記載依下列規定：

甲、土地標示部

1. 標示先後欄：填載土地標示之先後次序如第一次所有權登記時填為第一欄至第一次土地登記後之分合變更登記時則填第二欄。
2. 收件日期及號數欄：填收件之年月日及其前編之收件號數。
3. 區段地號地類面積坐落四至等欄：應依声請書所載及其審查結果填列之
4. 定着物現況及現值欄：建築物則填其式樣用途及其現值農作物則填其種類及現值
5. 地價欄：填載該起地之標準地價及声請人所申報地價。
6. 附記欄：僅有變更登記時填寫

乙、所有權部

福建省地政局训令（1943 年 4 月 3 日）暨土地权利审查须知、土地登记收件须知、登记簿编造须知（1948 年 4 月）

015

1. 權利先後欄：填載所有權人声請登記時取得權利之次序，如第一次所有權登記填為第一欄，第一次登記後之移轉登記則填為第二欄，餘類推。
2. 權利人、權利來源、使用狀況等欄：照声請書所載填列
3. 登記年月日欄：填登簿時之年月日
4. 所有權狀號數欄：填載該土地所有權狀所列之字號（於填發權狀時填入）
5. 共有權人欄：填為共有人之姓名住址，各人應有股份及其所發共有證字號，如無共有權利關係則免填
6. 附記權利註銷兩欄：俟有變更更名登記及移轉登記時填載之。

丙、他項權利部

1. 他項權利先後欄：填他項權利之先後次序，如第一押權則填第一欄，第二押權則填第二欄。
2. 收件日期及號數欄：填他項權利人声請登記時之年月日及其所列收件號數

福建省地政局训令（1943年4月3日）暨土地权利审查须知、土地登记收件须知、登记簿编造须知（1948年4月）

016

3. 權利人及申請代理人欄：照土地登記聲請書所載填列。

4. 權利種類欄：依審查結果認定之何種權利填載之。

5. 設定目的及範圍欄：目的指設定之目的係營業收租收租抵息或租地起蓋；範圍指設定他項權利之全部或一部，分依其實際的設定填列之。

6. 設定時間欄：填設定他項權利之年月日，如某年某月某日（典）（押）（租）受〇〇〇業等。

7. 取得代價欄：填他項權利之價值及其他設定之價值。

8. 存續時間欄：填設定他項權利之年限，如無期限者即填「無」字。

9. 其他事項欄：填他項權利之特約。

10. 登記年月日欄：填登記時之年月日。

11. 證明書號數欄：填所發他項權利證明書之字號（填發他項證明書時填入）。

12. 附記及權利塗銷兩欄：俟有變更登記及他項權利塗銷時填載之。

（三）登記簿之編製以地為經，依原號順序編列。

（四）登記簿於一宗土地應備一頁，用紙每一百頁裝訂一冊。

福建省地政局训令（1943 年 4 月 3 日）暨土地权利审查须知、土地登记收件须知、登记簿编造须知（1948 年 4 月）

017

五、登记簿得就地方情形分区登记之但应于簿面标明某区登记簿字样。

六、每册登记簿之前应附以土地登记检查表以便检查各号地之登记情形。

七、登记簿之页次每册自为起讫依次编列之

八、登记号数之编列每一登记区域作一起讫依区段地号之先后编列之。

九、登记簿采用活页装订为地权有移转土地有变更时可在该号地登记用纸后附加新页分别记载。

十、登记簿因土地移转分合变更登记时所附加新页其登记号数及页数均照原登记用纸之号数页次填列惟须加（ ）符号内填1、2、3……表示移转变更次序。

十一、填写登记簿字体须端正凡以面积价值等栏数字必须用大写填载以杜流弊。

十二、登记簿经登记完毕校对无误后承办人员应于登记簿盖章栏加盖名章

福建省地政局训令（1943年4月3日）暨土地权利审查须知、土地登记收件须知、登记簿编造须知（1948年4月）

025 ~~2310~~

土地權利審查須知

一、土地登記申請案件經接收後應於一定期間內交付審查。

二、辦理審查應依照土地法九十六條各款逐一詳核(一)土地之標示是否確當與地籍圖表所載是否符合;(二)申請人對於申請登記之土地權利是否完全無疑義;(三)申請者所提出之契據證件是否可以使異議者無爭執之餘地;(四)申請者於公平原則上是否確為應享其所申請登記土地權利之人並簽註審查意見於申請書上呈送長官核批。

三、審查人員如認申請人所繳證(契)尚欠齊全應通知補繳如有疑義得傳集權利人來處面詢記取筆錄以備查核。

四、審查案據應與地籍圖表詳細核對如對四至面積發生疑義應開列疑義事項簽請派員(調)查。

調查事項應於一星期內辦理完竣並製具調查報告以憑審核。

五、申請人所繳契據如欠齊全者應注意有無他項權利關係及其權利已否移轉以免發生重複典當等情事。

六、業主契據如確因不可抗力致一部或全部失滅然須具保甲長地鄰或殷實店鋪之保證書

福建省地政局训令(1943 年 4 月 3 日)暨土地权利审查须知、土地登记收件须知、登记簿编造须知(1948 年 4 月)

026

未請登記者應俟其[illegible]民法第七六九條七七〇條之合法占有年限然後予以公告登記。

七、他項權利人(如典權人)遺失書狀聲請登記除具保證書外並須取得原業主之同意。

八、審查契據應注意其契據時間及其當時契約所貼[illegible]及契據上所用印信印色等蹟紙色格式詞句等以判明其真偽如係偽造假冒登記者應駁回其聲請。

九、審查契據應注意契載户名係「個人户名」「多數人户名」「社團户名」「機關户名」「財團户名」以憑審定其權利係屬獨有共有或公有。

十、契載户名如係某堂某記或僅有姓而無名號者應飭取具保證。

十一、契載户名如非聲請人之直系血親者應注意其有無共有權利關係以免糾葛。

十二、契載坐落土名與現實不符者應查明該地名之沿革並與相鄰各號地契據詳細核對可否符合以防混冒。

十三、契載四至若與地籍圖不符應驗明其有無移用蒙混侵占等情事又四鄰界址尤應注意其有無滴水簷地及側門後門[illegible]如有牆位應查明係屬本牆附牆共牆公牆以免糾葛。

十四、契載面積與實測面積不符時如係契多地少應[illegible]指界及地鄰認證[illegible]

福建省地政局训令(1943 年 4 月 3 日)暨土地权利审查须知、土地登记收件须知、
登记簿编造须知(1948 年 4 月)

027

如契以地多且契載四至明確經其實地檢對亦能符合者應認為所有權人土地之增減惟實測面積較契載面積超出十分之一以上者其超出部份應照城市公有土地清理規則第四條規定加收土地整理費用。

十五、四至契載不明或其實地界址不符且實測面積超過契載面積所超出部份應照城市公有土地清理規則第三條規定繳價登記。

十六、土地如因測量器不同之故致實測面積與契載不符者不能謂之溢出應依其原來方尺比照現在實測面積登記。

十七、土地權利人無論其為自然人或法人其籍貫均應加以注意倘非本國人民不能享有土地所有權。

十八、申請登記案件如有土地法七十六條各款情形者應附具理由駁回申請或責令補正。

十九、聲請為抵押權登記審查時應注意下列事項：

1、抵押權不因擔保期間屆滿而取得所有權；

2、地上權永佃權及典權均得為抵押權之標的物；

3、土地及地上之建築物同屬於一人所有而僅以土地或僅以建築物為抵押者於抵押物拍賣時

福建省地政局训令(1943年4月3日)暨土地权利审查须知、土地登记收件须知、登记簿编造须知(1948年4月)

028

視為有地上權之設定；

4、轉抵押與轉抵押一次聲請登記，又轉抵押所擔保之債權數額超出原債權數額者，所超出部份應以另立契約，不得併入此項抵押權中。

二十、聲請為典權登記審查時應注意下列事項：

1、約定回贖期限是否符合規定；

2、依法取得典物所有權之期限；

3、轉典登記，如係定有期限者不得逾原典權之期限，未定期限者轉典時不得定有期限，又轉典時之典價不得超過原典價。

二十一、凡外國教會在內地設立教會、醫院或學校而為該國與中國條約所許可者，依內地外國教會租用土地房屋暫行章程之規定，得以教會名義租用土地建造或租賃房屋。

二十二、在內地外國教會租用土地房屋暫行章程公布施行前（民國十七年七月十六日以前）外國教會在內地已占用之土地，倘其土地係屬絕賣者，以永租權論。

二十三、外國教會在內地所租用或永租之土地，應一律依照土地法施行法第三十一條規定由主管地政機關為公有土地所有權之登記，另由外國教會為租賃權之登記。

福建省地政局训令（1943年4月3日）暨土地权利审查须知、土地登记收件须知、登记簿编造须知（1948年4月）

~~0318~~

023

登記簿編造須知

一、声請登記之土地經公告期滿產權確定後應即登入土地登記簿。

二、登記簿之記載依下列規定：

甲、土地標示部

1、標示先後欄：填載土地標示之先後次序如第一次所有權登記時填為第一欄至第一次土地登記後之分合變更登記時則填第二欄。

2、收件日期及號數欄：填收件之年月日及其所編之收件號數。

3、區段地號地類面積坐落四至等欄：各依声請書所載及其審查結果填列之。

4、定着物現況及現值欄：建築物則填其式樣間數及其現值其它作物則填其種類及現值

5、地價欄：填載該地之標準地價及声請人所申報地價。

6、附記欄：係有變更登記時填寫。

乙、所有權部

1、權利先後欄：填載所有權人声請登記時取得權利之次序如第一次所有權登記為第一欄第一次登記後之移轉登記則填為第二欄餘類推。

2、權利人權利來歷使用狀況等欄：照声請書所載填列。

3、登記年月日欄：填登簿時之年月日

4、所有權狀號數欄：填載該地所有權狀所列之字號（于填寫書狀時填入）

福建省地政局训令(1943年4月3日)暨土地权利审查须知、土地登记收件须知、登记簿编造须知(1948年4月)

030

5、共有權人欄：填各共有人之姓名住址各人應有股份及其所發共有証字號如無共有權利[illegible]

6、附記欄利註銷兩欄：係有變更更名登記及移轉登記時填載之。

丙、他項權利部

1、他項權利先後欄：填他項權利之先後次序如第一抵押權則填第一欄第二抵押權則填第二（欄）

2、收件日期及號數欄：填他權利人聲請登記時之年月日及其所列收件號數。

3、權利人及申請代理人欄：照聲請書所載填列。

4、權利種類欄：依審查結果所確定之何種權利填載之。

5、設定目的及範圍欄：目的指他項權利設定目的係賣業收租收租抵息或租地起[illegible]

範圍指設定他項權利係該地段之全部或一部各依其實際的設定填列之。

6、設定時間欄：填設定他項權利之年月日如某年某月某日典（押）（租）受○○業產。

7、取得代價欄：填他項權利之價值及其估定價值。

8、存續時間欄：填設定他項權利之年限如無期限者即填無字。

9、其他事項欄：填他項權利之特約。

10、登記年月日欄：填登簿時之年月日。

11、證明書號數欄：填所發他項權利證明書之字號（填發他項證明書時填入）

12、附記及權利塗銷兩欄：係有變更登記及他項權利塗銷時填載之。

福建省地政局训令（1943 年 4 月 3 日）暨土地权利审查须知、土地登记收件须知、登记簿编造须知（1948 年 4 月）

三、登記簿之編製以地為經依區段地號順序編列。

四、登記簿於一宗土地應備一頁用紙每一百頁裝訂一冊。

五、登記簿得就地方情形分區登記之但應於簿面標明某區登記簿字樣。

六、每冊登記簿之首應附以土地登記檢查表以便檢查各號地之登記情形。

七、登記簿之頁次應按冊自為起訖依次編列之。

八、登記號數之編列每一登記區域作一起訖依區段地號之先後編列之。

九、登記簿中如有不用之頁次應劃銷如地權有移轉或土地有變更時可在該登記用紙後附加新頁分別記載。

十、登記簿因土地移轉分合變更登記時所附加新頁其登記號數及頁數均照原登記用紙之號數頁次填列但旁加( )符號內填1、2、3……表示移轉變更次序。

十一、填寫登記簿字體須端正尤以面積地價等欄數字須用大寫填載以杜流弊。

十二、登記簿登記完畢經核對無誤後承辦人員應於登記用紙蓋章欄加蓋名章。

福建省地政局训令(1943年4月3日)暨土地权利审查须知、土地登记收件须知、登记簿编造须知(1948年4月)

卷宗 1-5-1147

001

3815
1705

收文字號數	9984
事由	准送三十六年七月份（临时员役生补费）印鉴冊請予備查由
文別	代電
來文機關	地權處
附件	存

縣長　秘書　會計人員　主任　擬稿員

簽：地權調整辦事處三十六年七月十日西字代電附件費安

三十六年七月份臨時員役生补費四二二三五六·八〇元

擬予備查　御　存　縣長林　列

7825

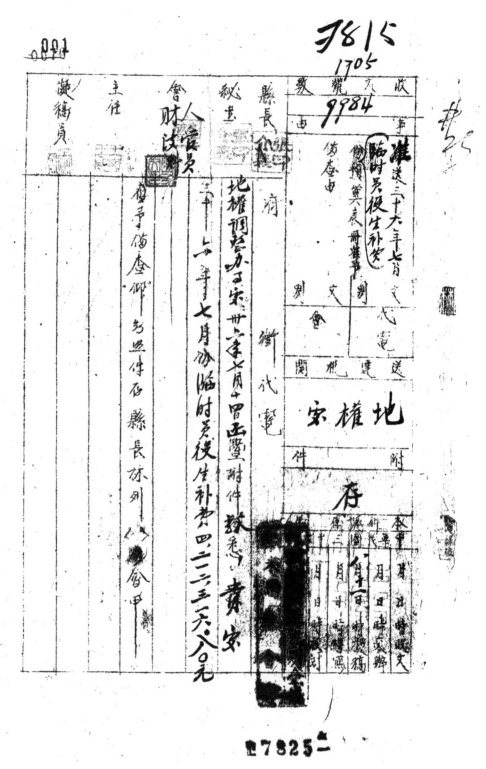

龙岩县地权调整办事处三十六年七月份临时员役生补助费印鉴册(1947年8月)

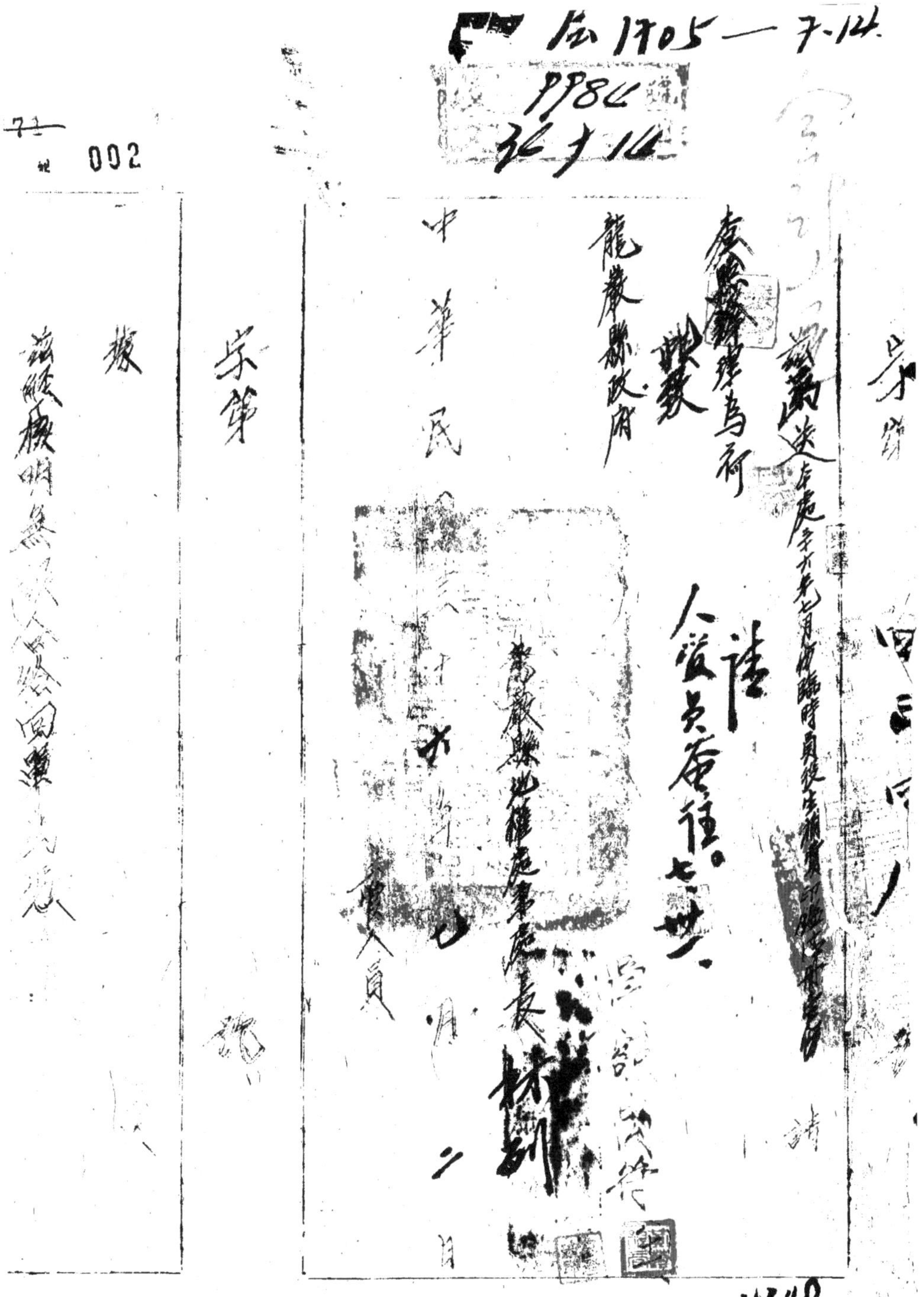

龙岩县地权调整办事处三十六年七月份临时员役生补助费印鉴册(1947 年 8 月)

0030072

龍岩縣地權處卅六年七月份臨時員役生活補助費印鑑冊

職別	姓名	到差年月日	薪額		生活補助費 基本數	加成數	合計數	蓋章	備考
調查員	盧懷謝	35.12.5	三〇	七〇	一四〇〇〇〇〇	五六〇〇〇〇	一九六〇〇〇〇		
〃	邱雲鴻	36.6.7	三〇	七〇	一二〇,〇〇〇〇		一二〇,〇〇〇〇	[seal]	試用僱員 內業工作
〃	陳建猷	36.6.3	三〇	七〇	一二〇,〇〇〇〇		一二〇,〇〇〇〇	[seal]	仝右
〃	吳瑞昆	36.5.21	三〇	七〇	一二〇,〇〇〇〇		一二〇,〇〇〇〇	[seal]	仝右
〃	邱偉民	36.5.27	三〇	七〇	一二〇,〇〇〇〇		一二〇,〇〇〇〇	[seal]	仝右
〃	吳禮梅	36.5.16	三〇	七〇	一二〇,〇〇〇〇		一二〇,〇〇〇〇	[seal]	仝右
〃	林玉輝	36.5.27	三〇	七〇	一二〇,〇〇〇〇		一二〇,〇〇〇〇	[seal]	仝右
〃	曾學禮	36.5.28	三〇	七〇	一二〇,〇〇〇〇		一二〇,〇〇〇〇	[seal]	仝右
〃	鄭來江	36.5.26	三〇	七〇	一二〇,〇〇〇〇		一二〇,〇〇〇〇	[seal]	該員出差 仝右
內業員	陳仰澄	36.12.8	三〇	五〇	一二〇,〇〇〇〇		一二〇,〇〇〇〇	[seal]	[illegible]
〃	邱琦德	35.12.2	三〇	五〇	一二〇,〇〇〇〇		一二〇,〇〇〇〇	[seal]	
〃	楊琦璩	35.11.23	三〇	五〇	一二〇,〇〇〇〇		一二〇,〇〇〇〇	[seal]	

龙岩县地权调整办事处三十六年七月份临时员役生补助费印鉴册(1947 年 8 月)

004

〃	亚茂[illegible]	35.11.2[illegible]	三二	五〇	一三〇,〇〇〇.〇〇	一三〇,〇〇〇.〇〇
〃	刘光	36.7.1	三二	五〇	一三〇,〇〇〇.〇〇	一三〇,〇〇〇.〇〇
〃	罗道孚	36.6.1	三二	五〇	一三〇,〇〇〇.〇〇	一三〇,〇〇〇.〇〇
〃	唐炳顺	35.11.25	三二	五〇	一三〇,〇〇〇.〇〇	一三〇,〇〇〇.〇〇
〃	谢剑尘	36.1.1	三二	五〇	一三〇,〇〇〇.〇〇	一三〇,〇〇〇.〇〇
〃	张纪锋	36.12.5	三二	五〇	一三〇,〇〇〇.〇〇	一三〇,〇〇〇.〇〇
〃	李力奋	36.1.1	三二	五〇	一三〇,〇〇〇.〇〇	一三〇,〇〇〇.〇〇
〃	张景周	36.1.28	三二	五〇	一三〇,〇〇〇.〇〇	一三〇,〇〇〇.〇〇
〃	陈[illegible]华	36.[illegible].28	三二	五〇	一三〇,〇〇〇.〇〇	一三〇,〇〇〇.〇〇
〃	林礼安	36.1.18	三二	五〇	一三〇,〇〇〇.〇〇	一三〇,〇〇〇.〇〇
〃	邓茂梅	35.11.22	三二	五〇	一三〇,〇〇〇.〇〇	一三〇,〇〇〇.〇〇
〃	林宪谟	36.4.2	三二	五〇	一三〇,〇〇〇.〇〇	一三〇,〇〇〇.〇〇
〃	荆事观	36.3.24	三二	五〇	一三〇,〇〇〇.〇〇	一三〇,〇〇〇.〇〇

龙岩县地权调整办事处三十六年七月份临时员役生补助费印鉴册(1947年8月)

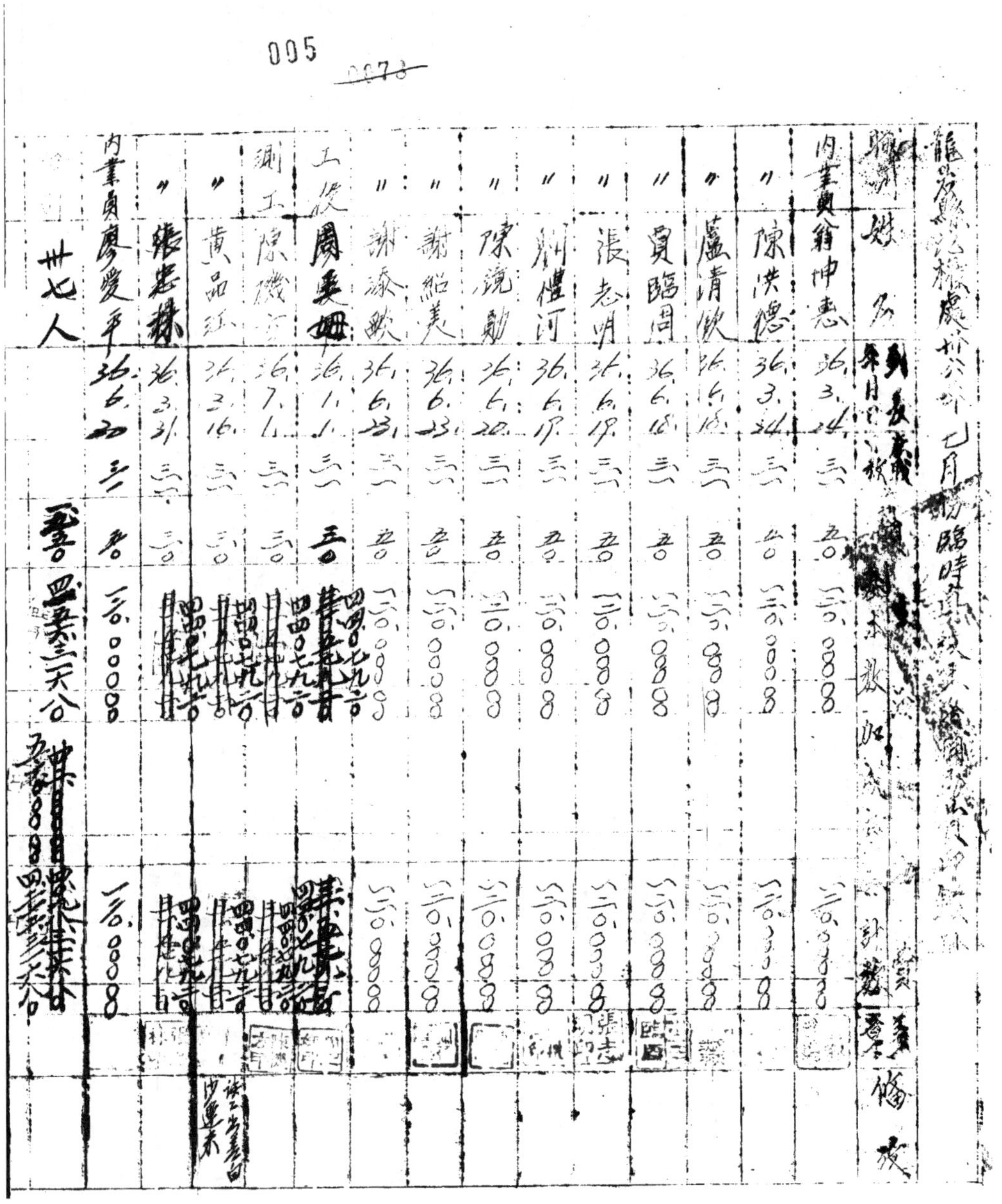

005

龍巖縣地權調整辦事處卅六年七月份臨時員役生活補助費印鑑冊

職別	姓名	到差年月日	[illegible]	基本數	加成數	[illegible]	計	蓋章	備考
內業員	翁坤惠	36.3.24	三〇	五〇	一三〇,〇〇〇		一三〇,〇〇〇		
〃	陳洪德	36.3.24	三〇	四〇	一三〇,〇〇〇		一三〇,〇〇〇		
〃	盧清欽	36.6.18	三〇	五〇	一三〇,〇〇〇		一三〇,〇〇〇		
〃	賈臨周	36.6.18	三〇	五〇	一三〇,〇〇〇		一三〇,〇〇〇		
〃	張志明	36.6.17	三〇	五〇	一三〇,〇〇〇		一三〇,〇〇〇		
〃	胡禮河	36.6.17	三〇	五〇	一三〇,〇〇〇		一三〇,〇〇〇		
〃	陳鏡勳	36.6.20	三〇	五〇	一三〇,〇〇〇		一三〇,〇〇〇		
〃	謝紹美	36.6.23	三〇	五〇	一三〇,〇〇〇		一三〇,〇〇〇		
〃	謝添歡	36.6.23	三〇	五〇	一三〇,〇〇〇		一三〇,〇〇〇		
工役	周[illegible]	36.1.1	三〇	五〇	[illegible]		[illegible]		
測工	陳機[illegible]	36.7.1	三〇	三〇	[illegible]		[illegible]		
〃	黃品[illegible]	36.3.16	三〇	三〇	[illegible]		[illegible]		
〃	張[illegible]	36.3.31	三〇	三〇	[illegible]		[illegible]		
內業員	廖愛平	36.6.20	三〇	四〇	一三〇,〇〇〇		一三〇,〇〇〇		
[illegible]	廿七人			[illegible]	[illegible]	[illegible]	[illegible]		

龙岩县地权调整办事处三十六年七月份临时员役生补助费印鉴册(1947 年 8 月)

006 ~~0071~~

7813
1704
1985

收文	字號 1985
事由	據送三十六年七月份經常員役生補費預算六表冊祈准予備查由
文別	代電
送達機關	地權處
附件	存

縣長
秘書
會計主任
財政人員
主任
擬稿員

擬：

地權調整辦事處、卅六年八月十三日附件敬悉。三十六年七月份經常員役生補費四八四〇、三九六元准予備查，仰即知照件存。縣長林列（八府會甲）

衛代電

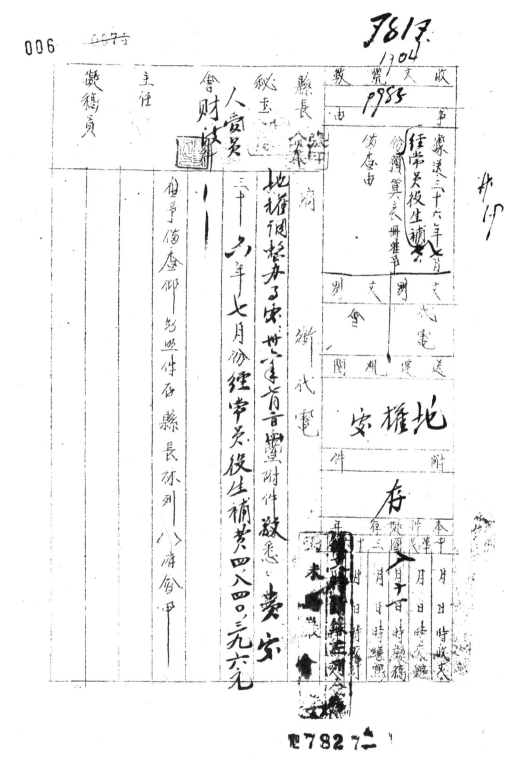

龙岩县地权调整办事处三十六年七月份经常员役生补助费印鉴册(1947 年 8 月)

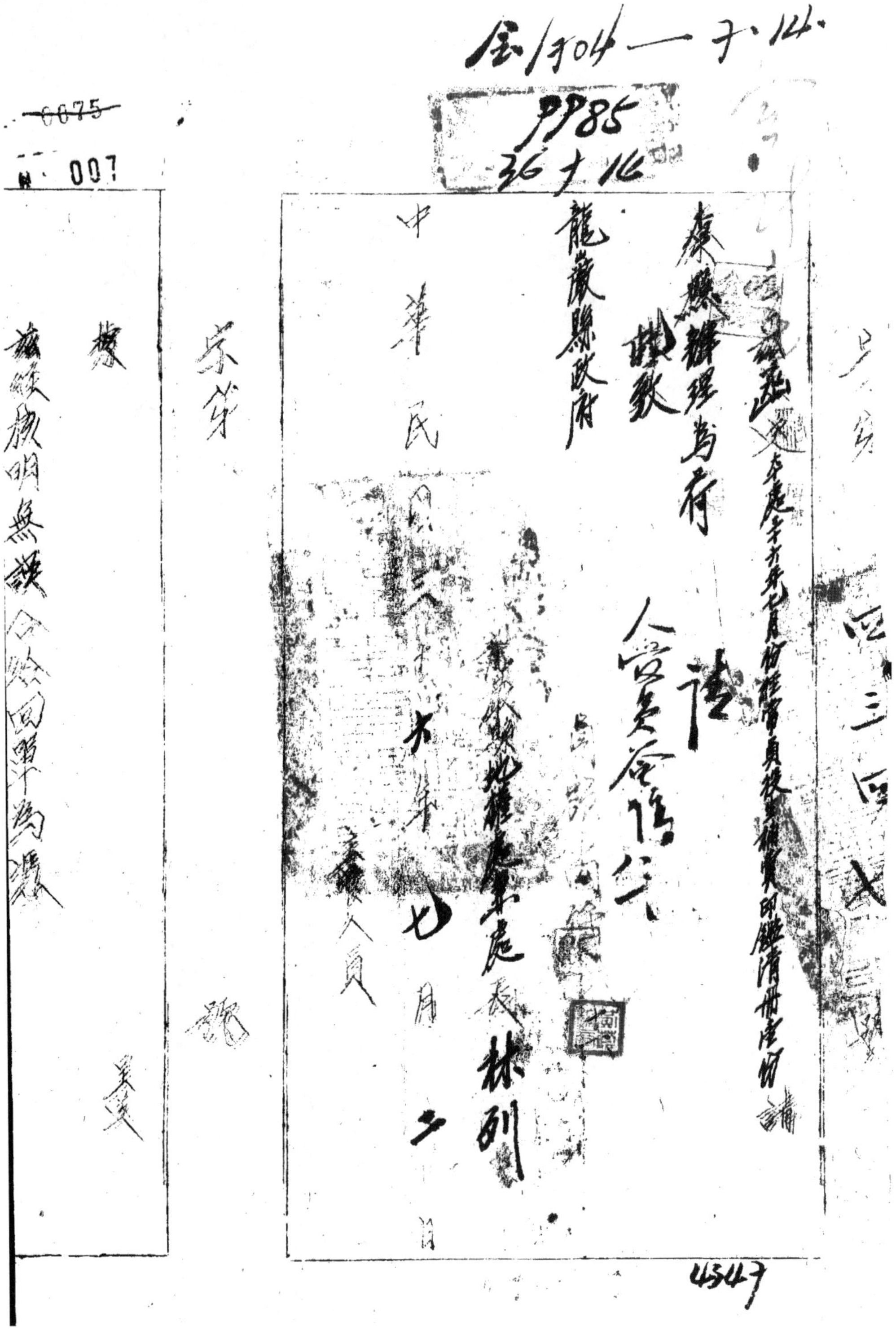

0075

007

7785

36 十 16

龍巖縣政府

中華民國三十六年七月 日

林列

4547

龙岩县地权调整办事处三十六年七月份经常员役生补助费印鉴册(1947 年 8 月)

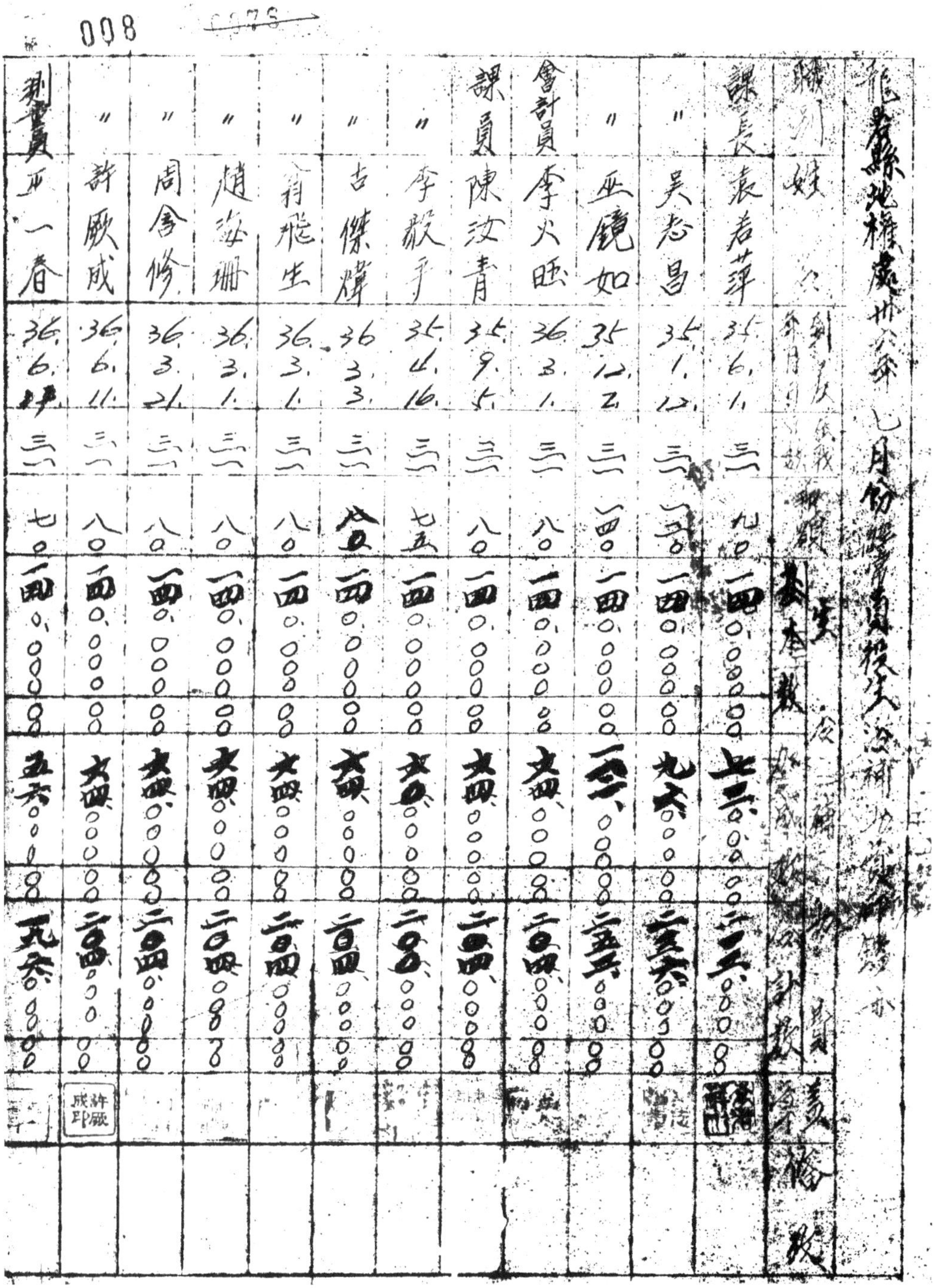

008

龍岩縣地權處卅六年七月份經常員役生活補助費印鑑冊

職別	姓名	到差年月日	俸級	薪額	基本數	加成數	合計數	蓋章
課長	袁春萍	35.6.1.	三二	九○	一四○,○○○	[illegible]	[illegible]	[illegible]
〃	吳志昌	35.1.12.	三二	一二○	一四○,○○○	九六○,○○○	[illegible]	[illegible]
〃	巫鏡如	35.12.2.	三二	一四○	一四○,○○○	[illegible]	[illegible]	
會計員	李火旺	36.3.1.	三二	八○	一四○,○○○	[illegible]	[illegible]	
課員	陳汝青	35.9.5.	三二	八○	一四○,○○○	[illegible]	[illegible]	
〃	李毅予	35.4.16.	三二	七五	一四○,○○○	[illegible]	[illegible]	
〃	古傑煒	36.3.3.	三二	六○	一四○,○○○	[illegible]	[illegible]	
〃	翁飛生	36.3.1.	三二	八○	一四○,○○○	[illegible]	[illegible]	
〃	趙海珊	36.3.1.	三二	八○	一四○,○○○	[illegible]	[illegible]	
〃	周含修	36.3.21.	三二	八○	一四○,○○○	[illegible]	[illegible]	
〃	許歐成	36.6.11.	三二	八○	一四○,○○○	[illegible]	[illegible]	許歐成印
[illegible]	丘一春	36.6.[illegible]	三二	七○	一四○,○○○	[illegible]	[illegible]	

龙岩县地权调整办事处三十六年七月份经常员役生补助费印鉴册(**1947 年 8 月**)

009

1	〃	盧肆玉	36.6.1.	三二	七〇	一四〇、〇〇〇〇	五六〇、〇〇〇〇	一九六〇、〇〇〇〇	[印]
2	〃	黃成益	35.12.[illegible]	三二	七〇	一四〇、〇〇〇〇	五六〇、〇〇〇〇	一九六〇、〇〇〇〇	[印]
3	〃	余声清	36.6.1.	三二	七〇	一四〇、〇〇〇〇	五六〇、〇〇〇〇	一九六〇、〇〇〇〇	余声清印
4	[illegible]	馮雲騰	35.3.1.	三二	六〇	一四〇、〇〇〇〇	四八〇、〇〇〇〇	一八八〇、〇〇〇〇	[印]
5	〃	連欽元	35.5.1.	三二	六〇	一四〇、〇〇〇〇	四八〇、〇〇〇〇	一八八〇、〇〇〇〇	[印]
6	〃	梁啓河	33.5.16.	三二	七〇	一四〇、〇〇〇〇	五六〇、〇〇〇〇	一九六〇、〇〇〇〇	[印]
7	〃	袁瓊珊	35.7.6.	三二	六〇	一四〇、〇〇〇〇	四八〇、〇〇〇〇	一八八〇、〇〇〇〇	[印]
8		石玉振	36.3.1.	三二	六〇	一四〇、〇〇〇〇	四八〇、〇〇〇〇	一八八〇、〇〇〇〇	[印]
9	雇員	[illegible]佛火	33.11.15.	三二	六五	一四〇、〇〇〇〇	五二〇、〇〇〇〇	一五[illegible]、〇〇〇〇	
10		周子駿	36.2.27.	三二	五〇	一四〇、〇〇〇〇	四〇〇、〇〇〇〇	[illegible]	[印]
11	辦事員	翁愛魂	36.6.1.	三二	六〇	一四〇、〇〇〇〇	四八〇、〇〇〇〇	一八八〇、〇〇〇〇	[印]
12	公役	吴春財	36.5.1.	三一	三五	四四七九二〇		四四七九二〇	
13	〃	黃泉利	36.2.1.	三一	三五	四四七九二〇		四四七九二〇	

龙岩县地权调整办事处三十六年七月份经常员役生补助费印鉴册(1947 年 8 月)

010

龍岩縣地權處卅六年七月份經常員役生活補助費印鑑册

職別	姓名	到差年月日	發薪日數	薪餉	生活補助費 基本數	生活補助費 加成數	生活補助費 合計數	蓋章	備考
公役	倪法江	36.3.13.	三十	三五	四四〇七九二〇		四四〇七九二〇	（印）	代出差美和鄉遂木
	邱漢章	36.3.1	三一	三五	四四〇七九二〇		四四〇七九二〇	（印）	
	郭炳江	36.3.21	三一	三五	四四〇七九二〇		四四〇七九二〇	（印）	
合計	卅八人			九二五	三四四〇三九六〇〇	一〇四〇〇〇〇〇〇	四四八〇三九六〇〇		

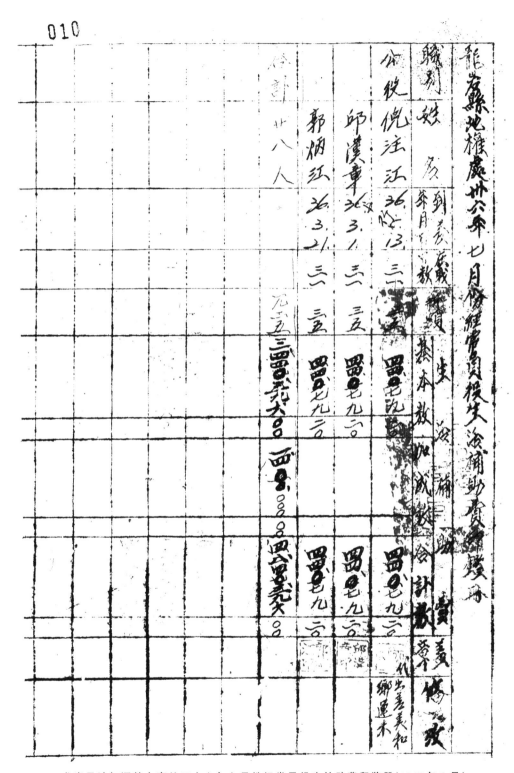

011

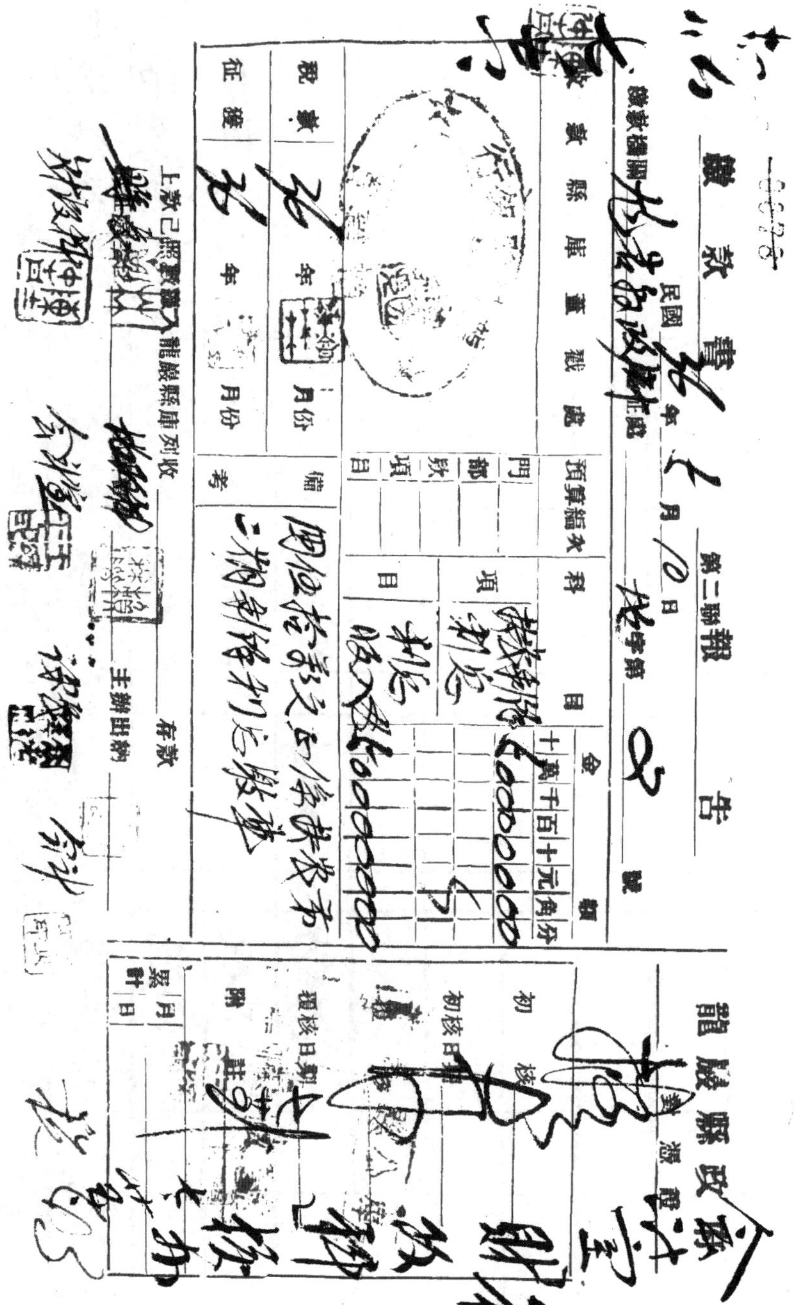

龙岩县政府第二期扶植自耕农剩余利息交款单(1947 年 5 月 10 日)

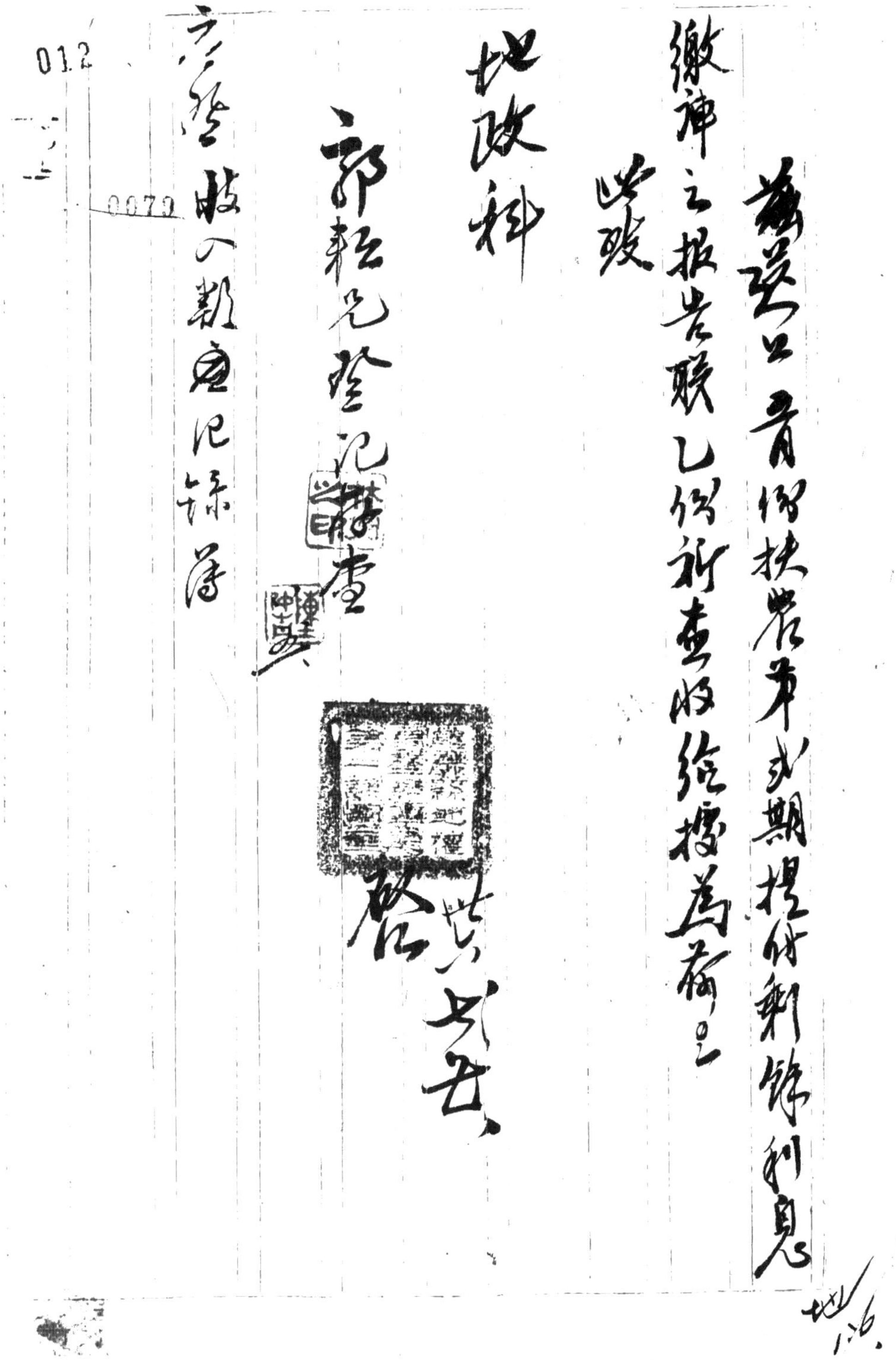

兹送上贵储扶岩第二期提付剩余利息
缴库之报告联乙份祈查收缮据为荷此
致
地政科
郭耘兄登记
会计收入数目记录簿
启 廿六 七月廿五

龙岩县政府第二期扶植自耕农剩余利息交款单(1947年5月10日)

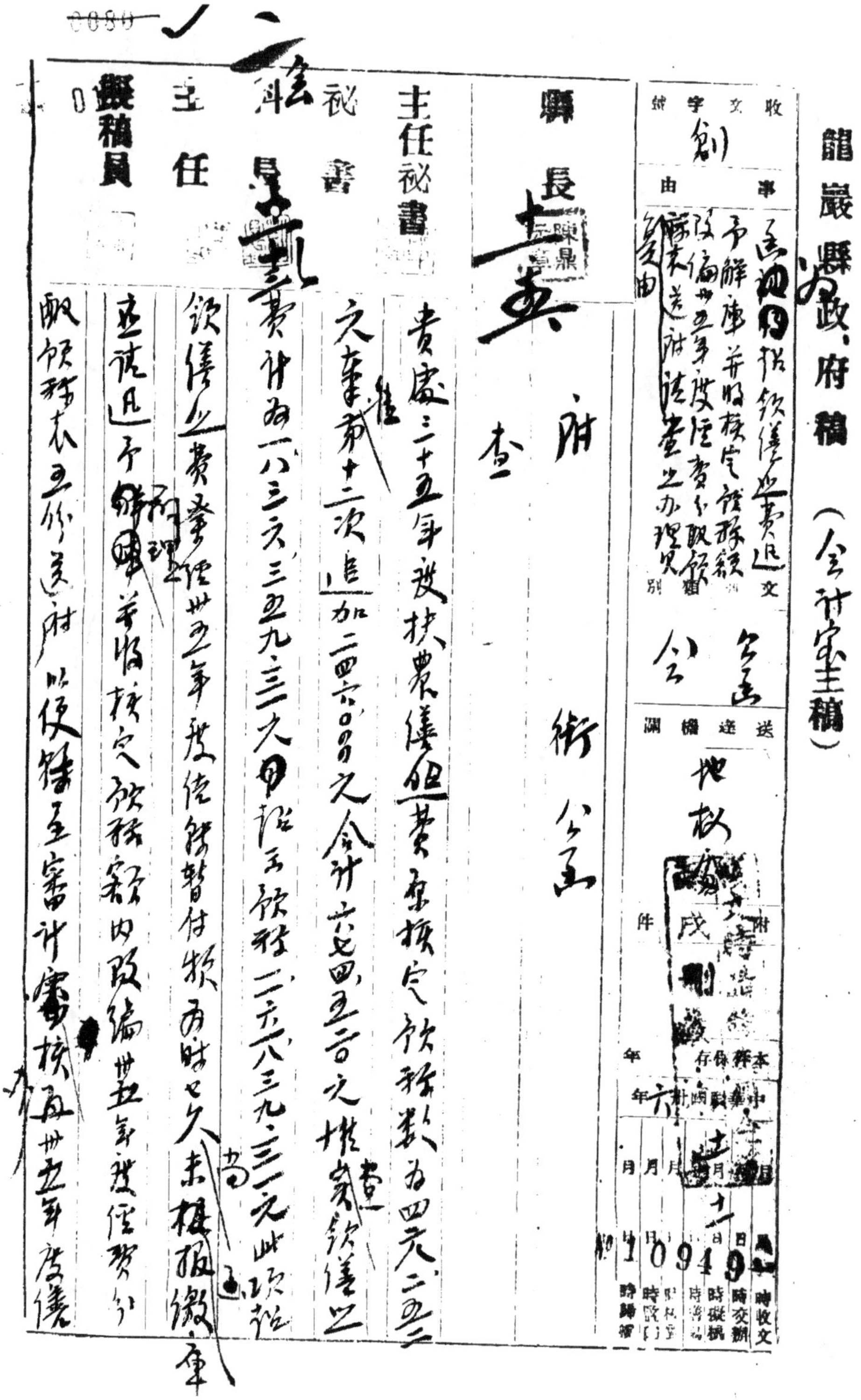

龙岩县政府致函地权调整办事处办理缮照费公文（1947 年 11 月）

014

此費如有不敷由本府即詳叙緣由專案送府辦理匡外相應函

請

查照辦理并希見復為荷

此致

地權調整辦事處

縣長 陳○○

龙岩县政府致函地权调整办事处办理缮照费公文(1947 年 11 月)

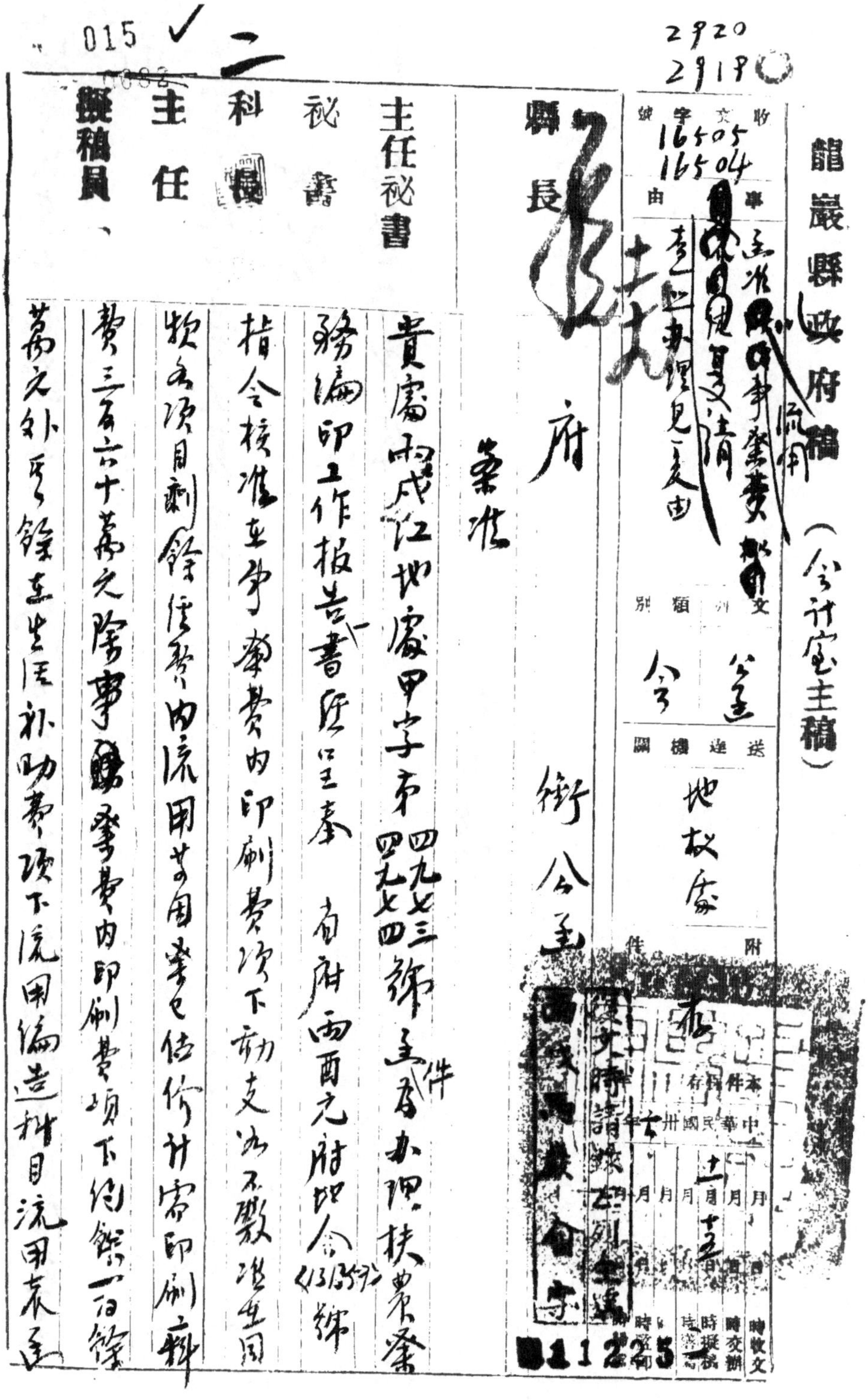

龙岩县政府、龙岩县地权调整办事处编印工作报告书印刷费往来函件(1947 年 11 月)

016 083

請查照即希迳予簽處當由本府查核該流用尚無不合即希將
預算科目流用表照填六份送府以便轉呈審計處核辦准函
前由相應函請查照辦理並希見復為荷

此致

龍岩縣地權調整辦事處

縣長 陳○○

龙岩县政府、龙岩县地权调整办事处编印工作报告书印刷费往来函件(1947年11月)

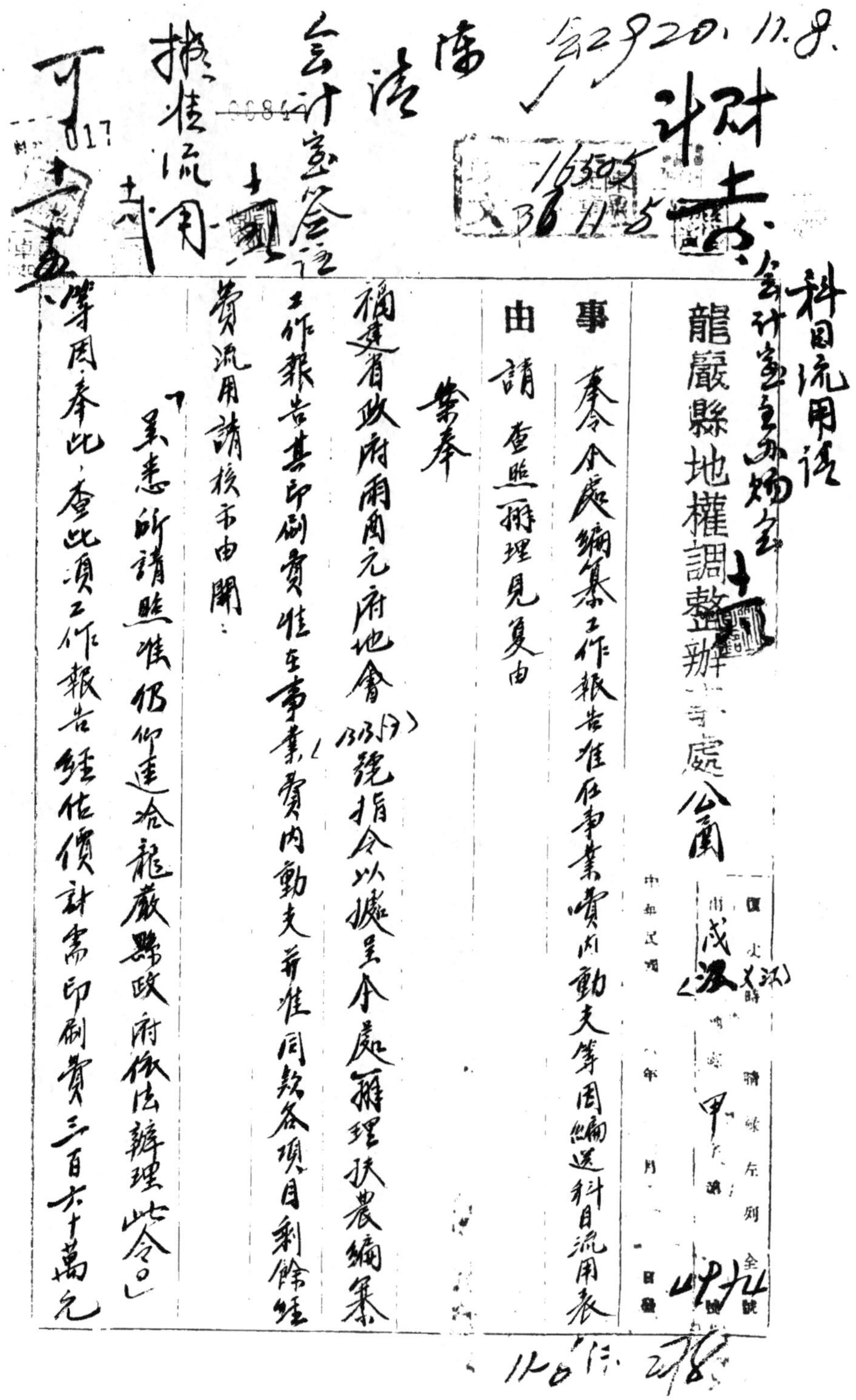
龍巖縣地權調整辦事處公函

事由：奉令本處編纂工作報告准在事業費內動支等因編送科目流用表請查照辦理見復由

案奉

福建省政府雨肉元府地會（333）號指令以據呈本處辦理扶農編纂工作報告書印刷費准在事業費內動支并准同款各項目剩餘經費流用請核示由開：

「呈悉，所請照准，仍仰逕洽龍巖縣政府依法辦理，此令。」

等因，奉此，查此項工作報告經估價計需印刷費三百六十萬元

龙岩县政府、龙岩县地权调整办事处编印工作报告书印刷费往来函件(1947年11月)

018

因印刷费项下仅馀约一百万元无法全部容纳拟在同款生活补助费内流用相应编送科目流用表一份随函送请

查照即希办理见覆为荷！

此致

龍巖縣政府

附送：科目流用表一份

主任 處長 陳□□

龙岩县政府、龙岩县地权调整办事处编印工作报告书印刷费往来函件(1947 年 11 月)

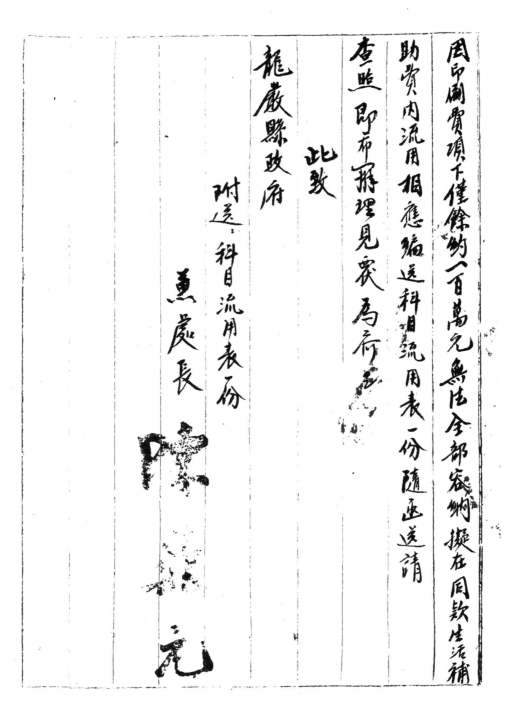

0083

019

龍巖縣地權調整辦事處
預算科目流用表

經費 中華民國36年1月1日起至36年12月31日止（36年度第1號第全頁）

科			目	預算分配數	撥出流用數	撥入流用數	預算分配數	備攷
款	項	目	名稱	金額	金額	金額	金額	
1			扶植自耕農自業費	88341706.00	2600000.00	2600000.00	88341706.00	編印本縣扶植自耕農工作報告一書需用印刷費3600.000.00元因辦公費內印刷費項下僅餘約一百萬元無法全部容納經呈奉省府田西府地會丙13357號指令核准留用.
	1		俸給費	2622000.00			2622000.00	
	2		辦公費	5774114.00		2600000.00	8374114.00	
	3		生活補助費	80141372.00	2600000.00		77541372	

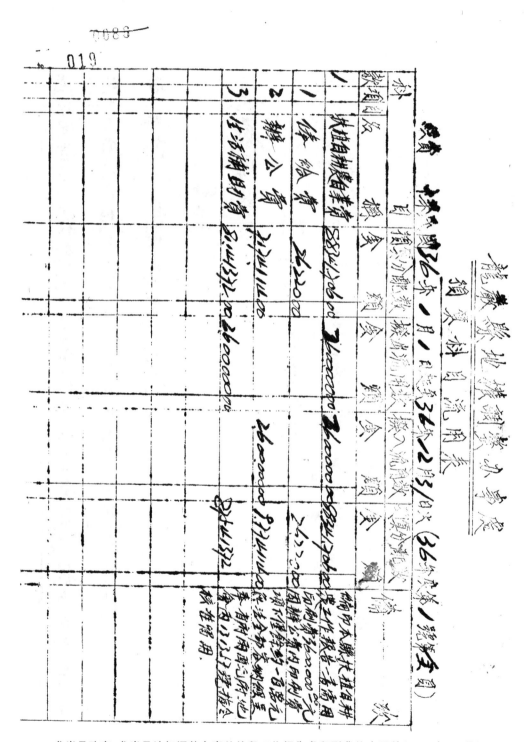

龙岩县政府、龙岩县地权调整办事处编印工作报告书印刷费往来函件（1947年11月）

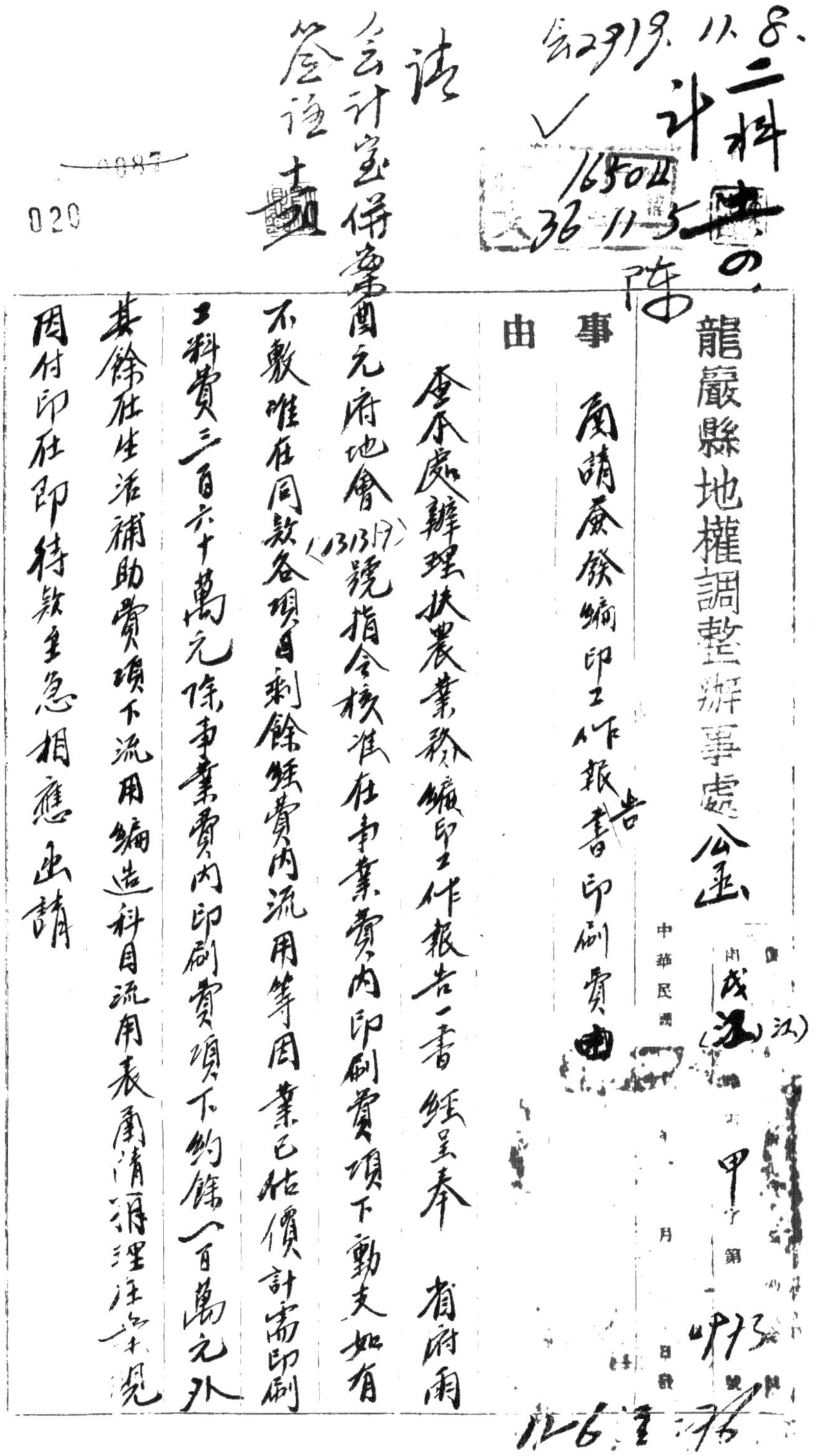

020

請會計室併案簽註 十一.五

會2919. 11. 8.

二科

16502
36 11 5

陳

龍巖縣地權調整辦事處公函

事由：函請核發編印工作報告書印刷費由

查本處辦理扶農業務，編印工作報告一書，經呈奉 省府酉元府地會（131317）號指令核准在事業費內印刷費項下動支。如有不敷，准在同款各項目剩餘經費內流用等因。業已估價計需印刷工料費三百六十萬元，除事業費內印刷費項下約餘一百萬元外，其餘在生活補助費項下流用編造科目流用表函請撥理在案。現因付印在即，待款孔急，相應函請

中華民國 卅六年 十一月 日發
地甲字第 4713 號

11.6

龙岩县政府、龙岩县地权调整办事处编印工作报告书印刷费往来函件（1947年11月）

021

查照即希迅予簽發以便付印為荷

此致

龍巖縣政府

兼處長 陳[illegible]元

龙岩县政府、龙岩县地权调整办事处编印工作报告书印刷费往来函件(1947 年 11 月)

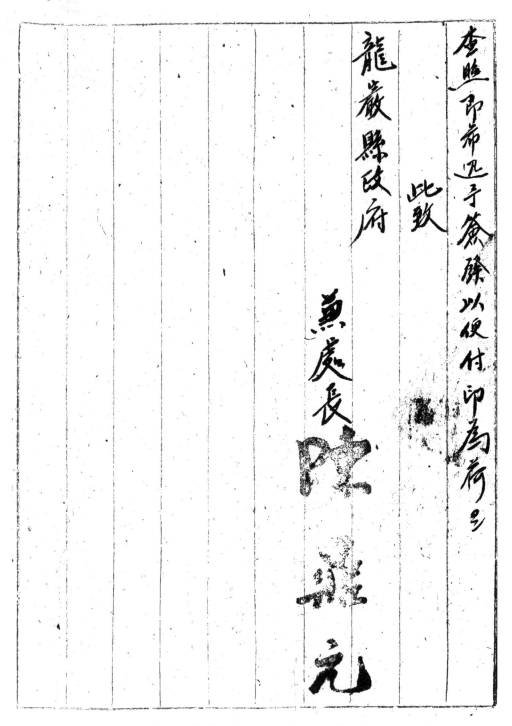

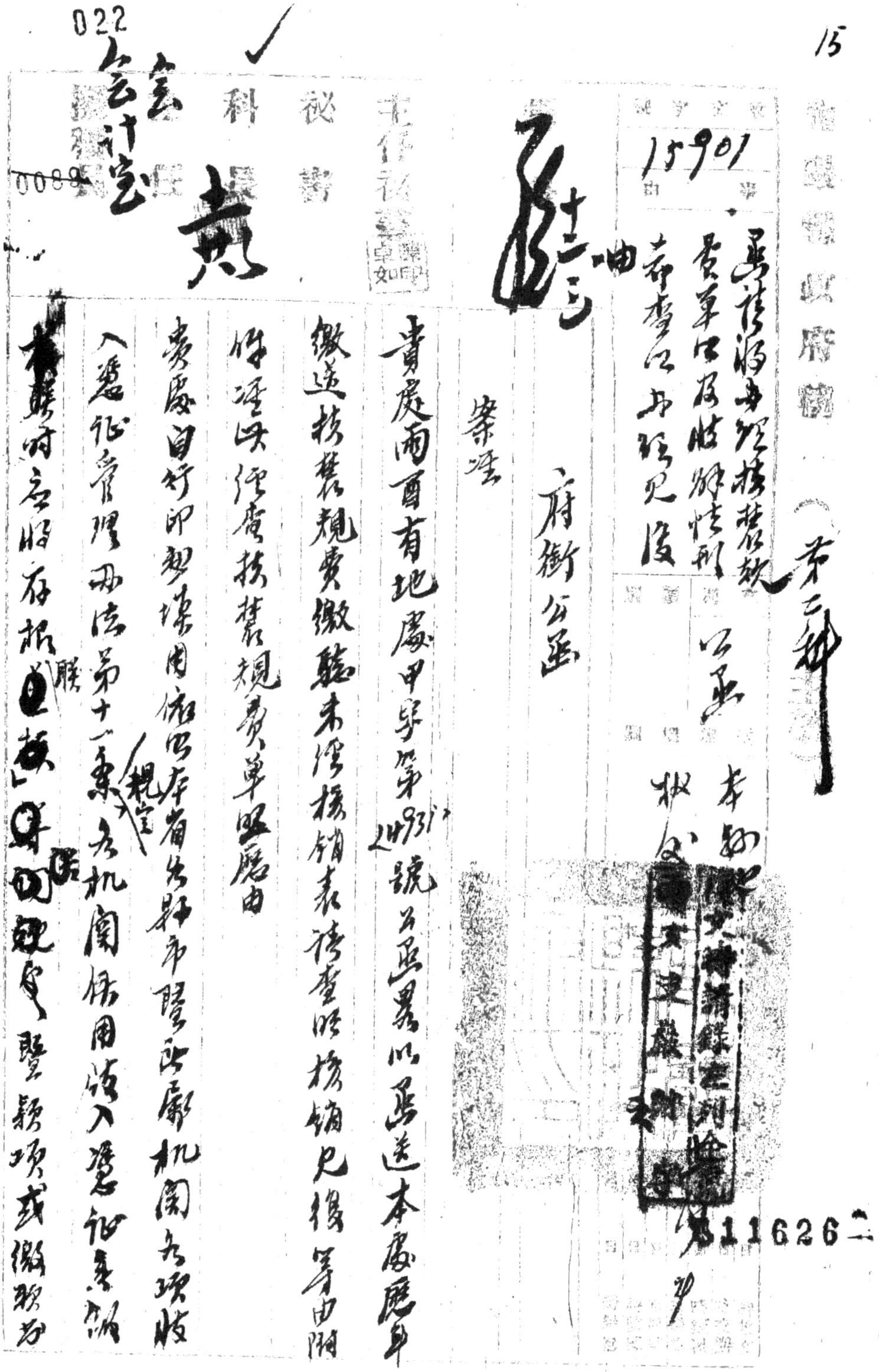

15

15901

事由
為請將每期核發款
貴单口及股鄉情形
希查照見復

府衙公函

案准
貴處兩五月有地處甲字第2493號公函略以函送本處歷年
繳送核發規費繳驗未經核銷表請查照核銷見復等由附
件准此經查核發規費单據應由
貴處自行印製據用依照本省各縣市縣政府機關各項收
入憑證管理辦法第十一條規定各機關使用該入憑證係編
本縣府應將存根聯連同報查暨該項戳繳報為

11626

龙岩县地权调整办事处历年缴送扶植自耕农规费缴验未经核销表(1947 年 11 月)

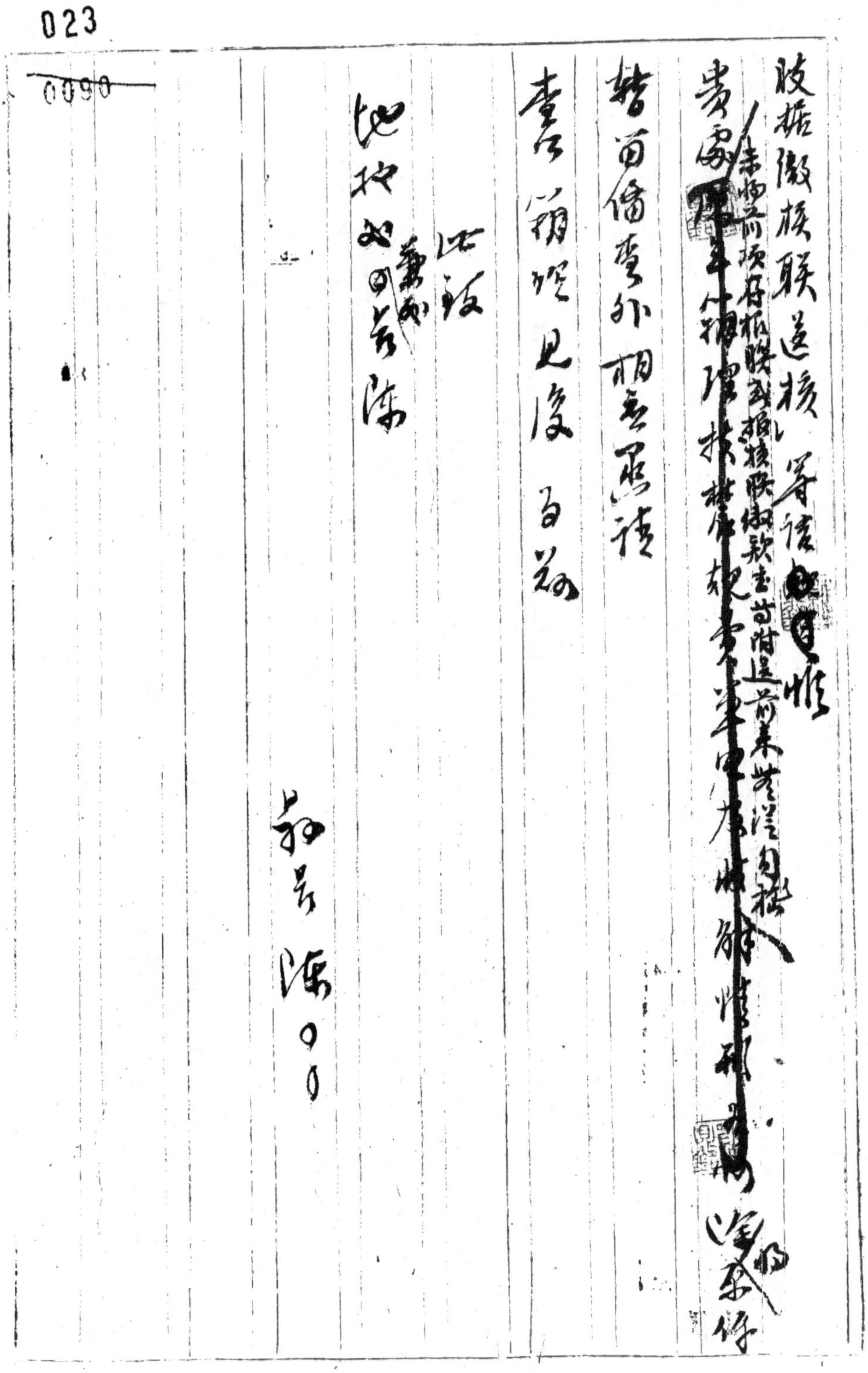

023

0090

及据缴核联送核，等情。自应照准。

贵处[illegible]

暂留备查外，相应函请

查照见复为荷。

此致

地政处 兼处长 陈

县长 陈〇〇

龙岩县地权调整办事处历年缴送扶植自耕农规费缴验未经核销表(1947年11月)

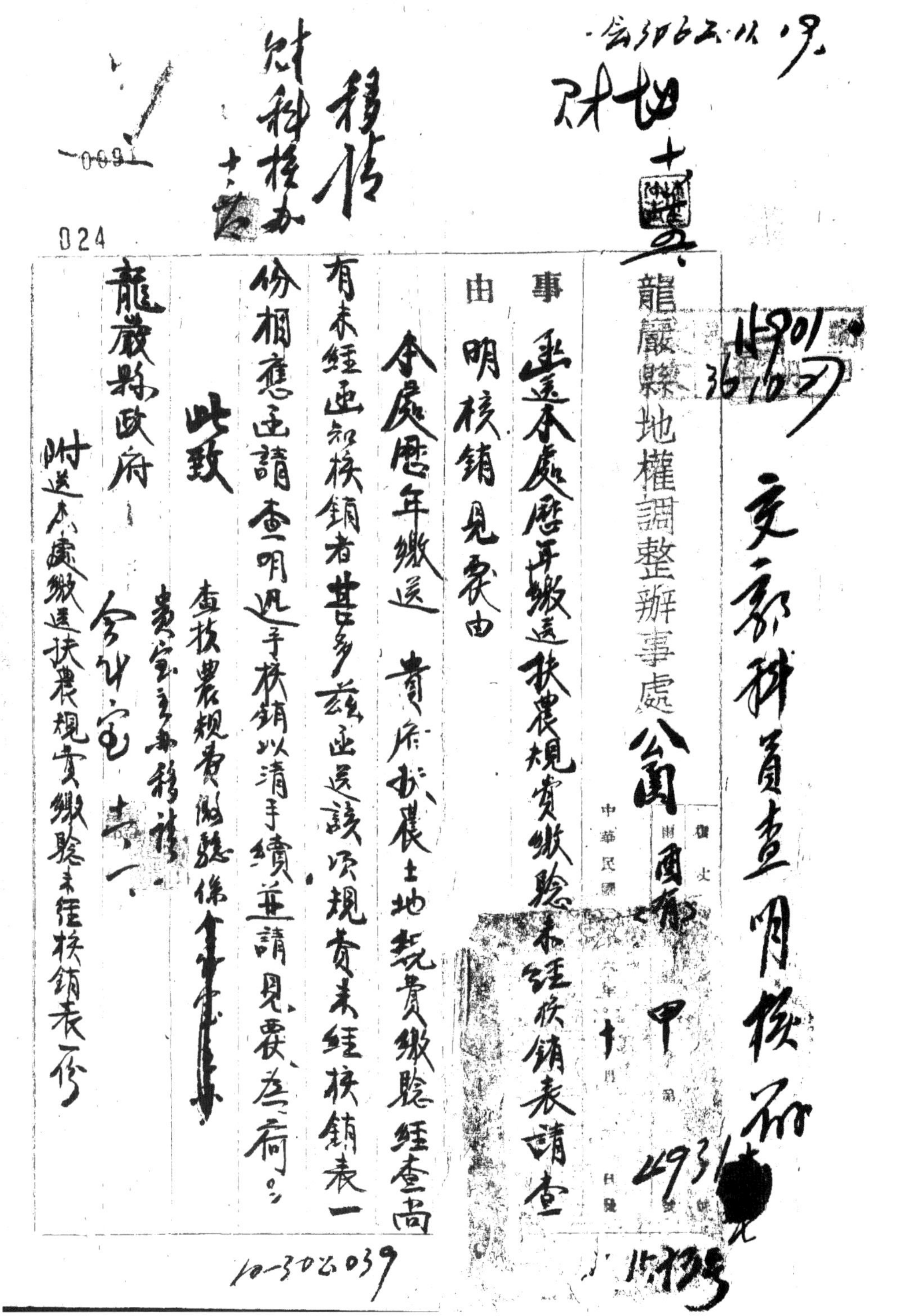

龙岩县地权调整办事处历年缴送扶植自耕农规费缴验未经核销表(1947 年 11 月)

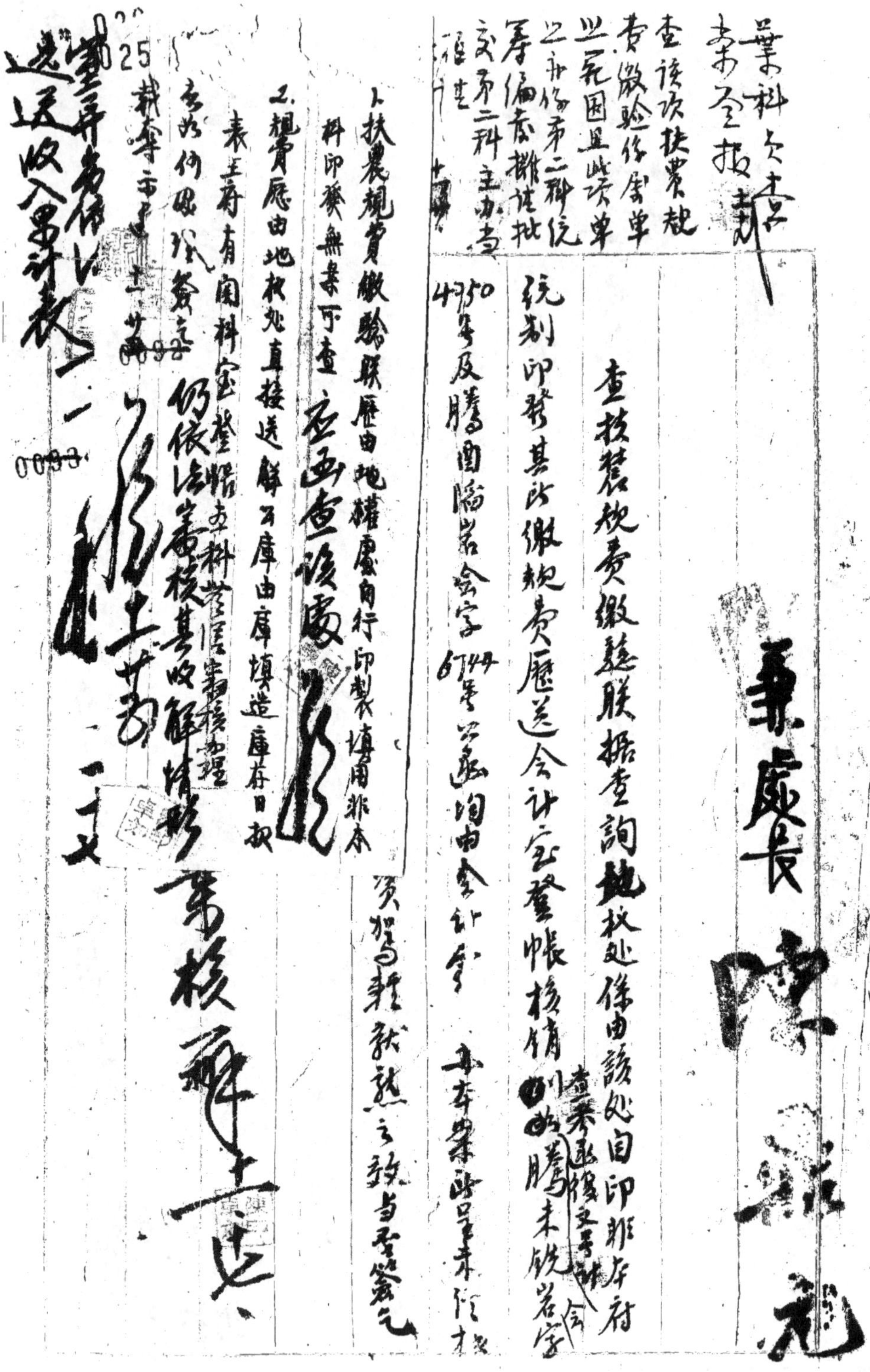

龙岩县地权调整办事处历年缴送扶植自耕农规费缴验未经核销表(1947 年 11 月)

027

~~0094~~

龍巖縣地權處歷年繳送縣府扶農土地規費繳驗未經核銷表

本處發文號數	繳驗規費名稱	繳驗聯數	備攷
雲字通地處甲字第六三三號	天字土地放領證照費	二五二二張	縣府卅三年七月廿六日收文號數八八六〇號
雲字世地處甲字第六三六號	仝上	七八三張	縣府卅三年八月十日收文列九一四四號
雲戌禪地處甲字第九一三號	仝上	一九四三張	縣府卅三年十一月廿七日收文列一四〇八九號
騰巳有地處甲字第一五一九號	仝上	四五四張	縣府卅四年六月廿四日收文列六七八三號
騰巳有地處甲字第一五二〇號	調字補正地糧手續費	二六三張	仝上 收文列六七八二號
雨午真地處甲字第三六六號	雲字土地放領證照費 騰字仝上	七六八張 一三四三張	縣府卅六年九月十五日收文列九七六號
雨午支地處甲字第四三〇號	仝上	一一五七張	縣府卅六年七月七日收文列九七四〇號
合計		[illegible]張	

龙岩县地权调整办事处历年缴送县府扶植自耕农土地规费缴验未经核销表(1947 年 11 月)

0095

028

龍巖縣政府稿

縣長 主任秘書 秘書 科長 主任 擬稿員

3293

19361

事由：1.准函送卅五年度缮照费月份分配表并代电复查照由；2.电送本县地权处卅五年度缮照经费月份分配表请核办由

代电 1.地权处 2.审计处

衔代电

地权调整办事处：丙亥鱼处甲字第1217号代电及附件敬悉。兹分别电复如下：（一）贵处卅五年度缮照费二〇，五六〇，〇〇〇元，应准备查（原附件经转送审计处核办）。（二）原发缮照费经转暂付款部份计卅五年八月卅一日一，三六四，五三九，三三一元，九月卅日四三，三〇四元，合计一，四〇七，八三九，三三一元，除十月卅一日由府转账二四六，〇〇〇元暨本年九月十日缴回经费剩余二五二，二二二元外，尚欠一一六，五八七，〇九元，应候追加预算核准后。

12271

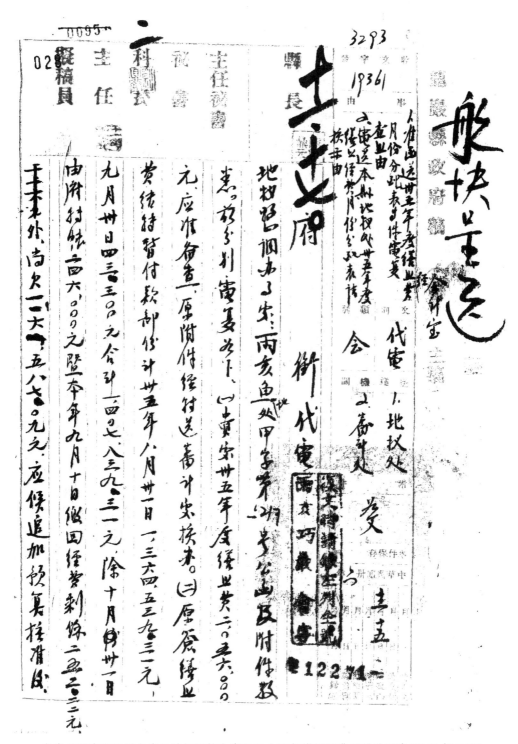

龙岩县政府准函送龙岩县地权调整办事处三十五年缮照经费月份分配表(1947年9月)

原件抄发，以上二点，相应電复查照為荷，龍岩縣政府（ ）

府会甲（

又 代電

審計部福建省審計處公鑒：案准本縣地權安辦事

處甲字第（5213）號函送卅五年度繕照經費月份分配表

并請查照并由准此，除電復外，理合檢同原繕照經費月

份分配表乙份隨電送請鑒核示遵。龍岩縣縣長陳〇〇

（ ）府会甲附地權安卅五年度繕照經費月份分配表一份。

龙岩县政府准函送龙岩县地权调整办事处三十五年缮照经费月份分配表(1947年9月)

会3283 12.11.

會計室

收文 第19361號 36.12.8

龍巖縣地權調整辦事處公函

事由：函送三十五年繕照經費月份分配表等請查照由

案准

貴府函戌删岩會字第（10919）號函以本處三十五年度繕照經費囑改編月份分配表等由，准此，茲編送月份分配表六份暨辦理情形表一份，隨文送請

查照為荷

此致

附件

5217

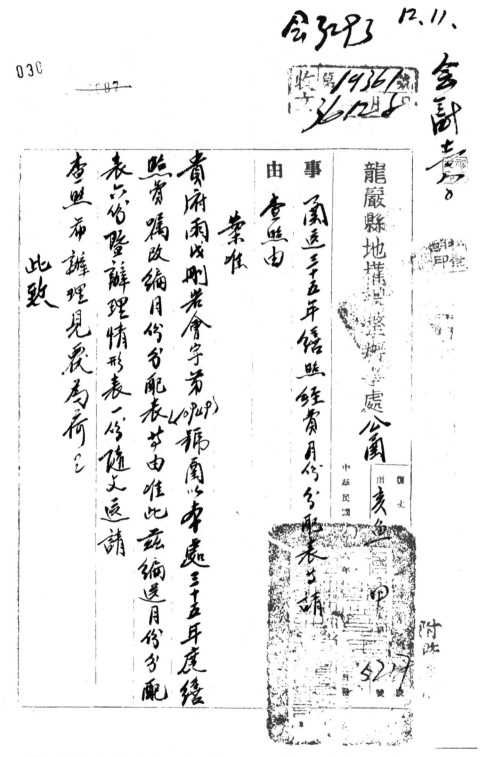

龙岩县地权调整办事处函送三十五年缮照经费月份分配表请查照(1947 年 9 月)

031

~~0093~~

龍巖縣政府

附件如文

兼處長 陳蘇元

龙岩县地权调整办事处函送三十五年缮照经费月份分配表请查照(1947年9月)

032

~~0093~~

龍巖縣地權調整辦事處卅五年度繕照經費辦理情形表

(二)預算部份

核定或追加	數次	金額	經辦情形
核定	核定次	四八五〇〇元	(一)奉省府權亥敬府會甲榕一〇八六〇號代電核定本核准。
追加	又	〈三六八、四八〇〉	(二)據縣府致卯篠縣財字第四六六號呈送 省府核辦 (三)奉省府致巳卯府會甲八九六五號代電核飭 (四)據縣府致申微會字第六三三號呈請申覆。 (五)奉省府致酉晧府會甲第三二四八號代電再行核飭 (六)據縣府致戌晧岩財字第二五五號代電再行申覆。
追加	13	〈四六八、〇〇〇〉	奉省府致酉有府會甲120098號代電第十二次核准。

倫玫

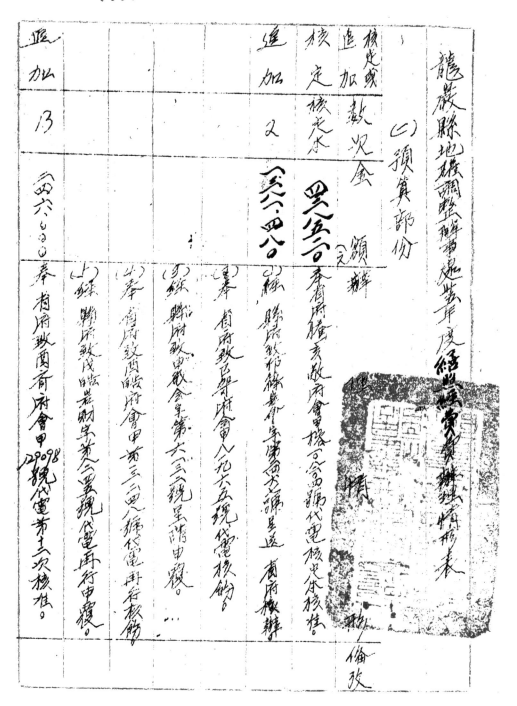

龙岩县地权调整办事处三十五年缮照经费办理情形表(1947年9月)

033

会计

审核

(二)拟办意见

本处仍照贵省第二次办理追加一三八八四〇元经省府再次核饬请

贵府统筹财源重新办理追加

(三)发领支付书部份

支令字	支令字	金额
拨	130 134	200000
〃	131 135	135000
〃	189 190	200000
直	449	61500
〃	449	72500
〃	539.540.541	311200
拨	360	213200
〃	381	132700
拨	495	46600
〃	476	43300
合计		[illegible]

(四)支出部份

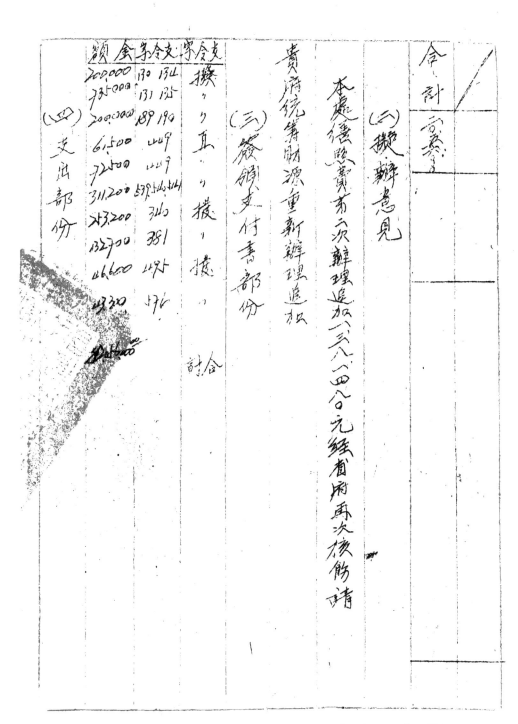

龙岩县地权调整办事处三十五年缮照经费办理情形表(1947年9月)

034

~~0109~~

61,461.20
161,830.31
~~153,630.31~~

差 210,640.61
差 210,640.61

請註明銀行收款日期（盖在繳款書上）
再

（一）全年度計付繕照費（包括推補費在內）一〇五[illegible]元

（二）卅六年九月十日繳縣庫剩餘經費[illegible]元

計二〇五六,一〇〇元

（以前月付款科目收回退還帳）

銀行收款日期即是卅六年九月十日

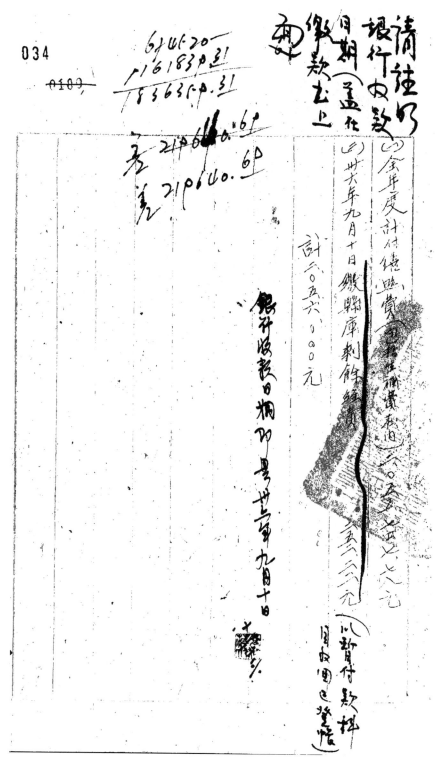

龙岩县地权调整办事处三十五年缮照经费办理情形表(1947 年 9 月)

035

~~0101~~

龍岩縣地權調整辦事處三十六年辦理平鐵鄉等四鄉鎮扶植自耕農繕造證照事業費分配預算表

龙岩县地权调整办事处三十六年办理平铁乡等四乡镇扶植自耕农缮造证照事业费分配预算表(1947 年 12 月 10 日)

036

~~0102~~

龍岩縣地权調整办事处卅六年办理平鉄等四鄉鎮扶植自耕農繕造證照事業費分配預算表

款	項	目	名称	全期分配預算數	一月	二月	三月	四月	五月	六月	七月	八月	備攷
1			扶植自耕農事業費	[illegible]	[illegible]	[illegible]	[illegible]	[illegible]	[illegible]	[illegible]	[illegible]	[illegible]	
	1		俸給費	[illegible]	[illegible]	[illegible]	[illegible]	[illegible]	[illegible]	[illegible]	[illegible]	[illegible]	
		1	薪俸	[illegible]	[illegible]	[illegible]	[illegible]	[illegible]	[illegible]	[illegible]	[illegible]	[illegible]	附注(八)
		2	工餉	[illegible]	四〇〇	四〇〇	四〇〇	四〇〇	四〇〇	四〇〇	四〇〇	四〇〇	附注(六)
	2		办公費	[illegible]	[illegible]	[illegible]	[illegible]	[illegible]	[illegible]	[illegible]	[illegible]	[illegible]	
		1	文具	[illegible]	[illegible]	[illegible]	[illegible]	[illegible]	[illegible]	[illegible]	[illegible]	[illegible]	附注(三)
		2	印刷	[illegible]	[illegible]	[illegible]	[illegible]	[illegible]	[illegible]	[illegible]	[illegible]	[illegible]	附注(四)
		3	旅運	[illegible]	[illegible]	[illegible]	[illegible]	[illegible]	[illegible]	[illegible]	[illegible]	[illegible]	附注(五)

龙岩县地权调整办事处三十六年办理平铁乡等四乡镇扶植自耕农缮造证照事业费分配预算表（1947年12月10日）

037

4 什支	3 生活補助費	1 職員生活補助費	2 工役生活補助費
[illegible]	[illegible]	[illegible]	五三〇〇〇
[illegible]	[illegible]	[illegible]	六〇〇〇
[illegible]	[illegible]	[illegible]	六〇〇〇
[illegible]	[illegible]	[illegible]	六〇〇〇
[illegible]	[illegible]	[illegible]	七〇〇〇
[illegible]	[illegible]	[illegible]	七〇〇〇
[illegible]	[illegible]	[illegible]	七〇〇〇
[illegible]	[illegible]	[illegible]	七〇〇〇
[illegible]	[illegible]	[illegible]	七〇〇〇
		附註(六)	附註(七)

註(六)雇用內業員七九個月每月薪俸[illegible]元,管理員人月支薪[illegible]元,以八個月計,共如上數。

註(七)公役人支餉四百元,以八個月計如上數。

註(三)筆墨及其他文具每人每月需一〇〇元。

註(四)印使用權證明書一萬張,所有權執照六萬張,[illegible]地價契約及批迴答八千張,權利申報書二千張,及其他印刷品等。

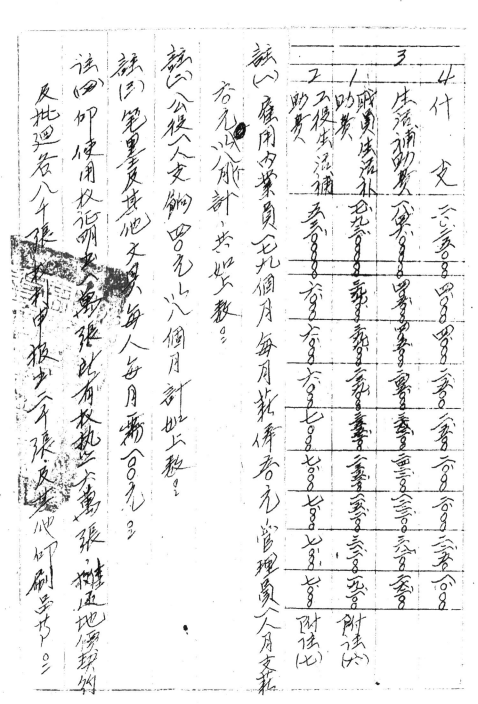

龙岩县地权调整办事处三十六年办理平铁乡等四乡镇扶植自耕农缮造证照事业费分配预算表(1947 年 12 月 10 日)

038　~~0103~~

註(五)　挑運執照費(人伕物品運費)計如上數。

註(六)　油墨印泥木戳藥水[illegible]如上數。

註(七)生津按照績依以省府核定標準支給(至三月份由業員(二四個人每人每月按照生津(包括生津基本數及加成數)八〇〇〇元又管理員二個月比照縣級人員待遇按級給生津基本數(六〇〇元加成數五〇〇成又公役三個月給膳食及主食費計六千元四月以後雇用由業員五個人每人每月支給生津(六〇〇〇元)管理員五個月按給基本數(五〇〇元加成數七〇成(公役每月按給膳食費及主食費計七〇〇〇元。

龙岩县地权调整办事处三十六年办理平铁乡等四乡镇扶植自耕农缮造证照事业费分配预算表(1947年12月10日)

中華民國三十六年十二月十日

會計 課長 副处長 兼处長

龙岩县地权调整办事处三十六年办理平铁乡等四乡镇扶植自耕农缮造证照事业费分配预算表(1947 年 12 月 10 日)

040 0103

龍岩縣地权調整办事处卅五年办理平鉄等四鄉鎮扶植自耕农繕造証照事業費分配預算表

龙岩县地权调整办事处三十五年办理平铁乡等四乡镇扶植自耕农缮造证照事业费分配预算表(1947年12月10日)

041 ~~0110~~

龍岩縣地權調整辦事處卅五年辦理平鐵等四鄉鎮扶農繕造證照事業費分配預算表

款	項	目	名稱	全期分配預算數	一月份	二月份	三月份	四月份	五月份	六月份	七月份	八月份	備考
1			扶植自耕農事業費	[illegible]	[illegible]	[illegible]	[illegible]	[illegible]	[illegible]	[illegible]	[illegible]	[illegible]	
	1		俸給費	[illegible]	[illegible]	[illegible]	[illegible]	[illegible]	[illegible]	[illegible]	[illegible]	[illegible]	
		1	薪俸	[illegible]	[illegible]	[illegible]	[illegible]	[illegible]	[illegible]	[illegible]	[illegible]	[illegible]	附註(一)
		2	工餉	[illegible]	[illegible]	[illegible]	[illegible]	[illegible]	[illegible]	[illegible]	[illegible]	[illegible]	附註(二)
	2		辦公費	[illegible]	[illegible]	[illegible]	[illegible]	[illegible]	[illegible]	[illegible]	[illegible]	[illegible]	
		1	文具	[illegible]	[illegible]	[illegible]	[illegible]	[illegible]	[illegible]	[illegible]	[illegible]	[illegible]	附註(三)
		2	印刷	[illegible]	[illegible]	[illegible]	[illegible]	[illegible]	[illegible]	[illegible]	[illegible]	—	附註(四)
		3	旅運	[illegible]	[illegible]	[illegible]	[illegible]	[illegible]	[illegible]	[illegible]	[illegible]	—	附註(五)

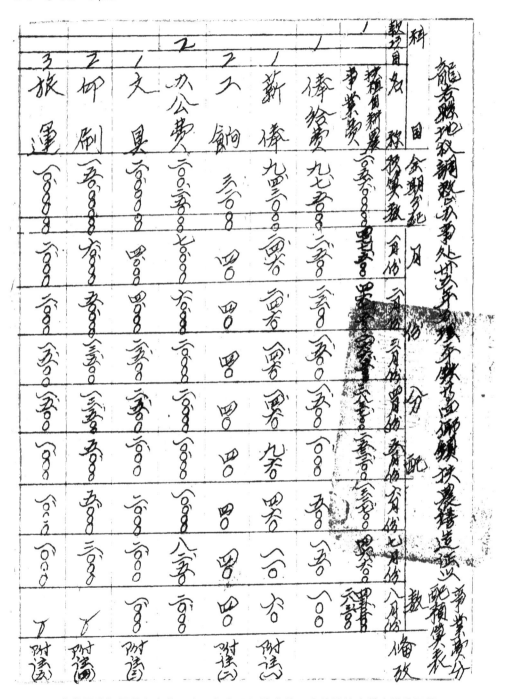

龙岩县地权调整办事处三十五年办理平铁乡等四乡镇扶植自耕农缮造证照事业费分配预算表(1947 年 12 月 10 日)

042

4 什支	3 生活補助費	1 職員生活補助費	2 工役生活補助費
二〇五四〇〇	一〇〇六〇〇〇〇〇	三九一〇〇〇〇	五三〇〇〇〇
四〇〇〇〇	四五〇〇〇〇	三九〇〇〇〇	六〇〇〇
四〇〇〇〇	四五〇〇〇	三九〇〇〇	六〇〇〇
二五〇〇〇	四五〇〇〇	三九〇〇〇	六〇〇〇
二五〇〇〇	二五〇〇〇	三〇五〇〇〇	七〇〇〇
一〇〇〇〇	四五〇〇〇	二一五〇〇〇	七〇〇〇
一〇〇〇	一五〇〇〇	一五〇〇〇	七〇〇〇
三二五〇〇	三六〇〇〇	三〇〇〇〇	七〇〇〇
一〇〇〇	一六〇〇〇	九二〇〇〇	七〇〇〇
附註(六)		附註(七)	附註(八)

註(八)雇用書業員三元九個月每月薪俸一〇〇元，管理員一人月支薪一〇〇元，以九個月計如上數。

註(六)公役一人支餉四〇元，以八個月計如上數。

註(三)筆墨及其他文具每人每月需一〇元。

註(四)印使用權證明書一萬張，所有權執照六萬張，撥還地價契約及批廻各一千張，權利回報書二千張及其他印刷品若干。

龙岩县地权调整办事处三十五年办理平铁乡等四乡镇扶植自耕农缮造证照事业费分配预算表(1947 年 12 月 10 日)

~~0111~~

043

该(五)挑运执照公物运费计如上数。

该(六)油墨印泥木戳等项办公费计需如上数。

该(七)生津按成绩依照省府核定标准支给(五三月份内业员(四个)每人每月按给生津(包括生津基本数及加成数)六〇〇〇元又管理员三个月比照县级人员待遇拨给生津基本数六〇〇〇元加成数五〇〇成又公役三个月给膳食及夫食费计谷〇〇元四月份以后雇用内业员叁个月每人每月支给生津六〇〇〇元管理员五个月拨给基本数五〇〇〇元加成数七〇〇成、公役五个月每月拨给膳食费及夫食费计七六〇〇〇元。

龙岩县地权调整办事处三十五年办理平铁乡等四乡镇扶植自耕农缮造证照事业费分配预算表(1947年12月10日)

~~0112~~

044

中華民國三十六年十二月十日

熊处長

劉处長

課長

會計

龙岩县地权调整办事处三十五年办理平铁乡等四乡镇扶植自耕农缮造证照事业费分配预算表(1947 年 12 月 10 日)

045 ~~0117~~ 3.

龍巖縣政府稿（會計室主稿）

縣長 主任秘書 秘書 二科科長 主任 擬稿員

事由：准送卅六年度經費預算科目流用表請查照辦理並由處定查照辦理見覆由

文別：代電　類別：公

送達機關：地權調整辦事處

府　衔代電

龍岩縣地權調整辦事處亥灰地甲字第〈628〉號

呈件敘悉。查新龍岩案不合，并希將經常經費

預算科目流用表填造五份送府以便轉呈審

計處核辦。准予[illegible]前由，相應電復查照辦理并希

見覆為荷。龍岩縣縣長陳○〈〉府會甲印

21261

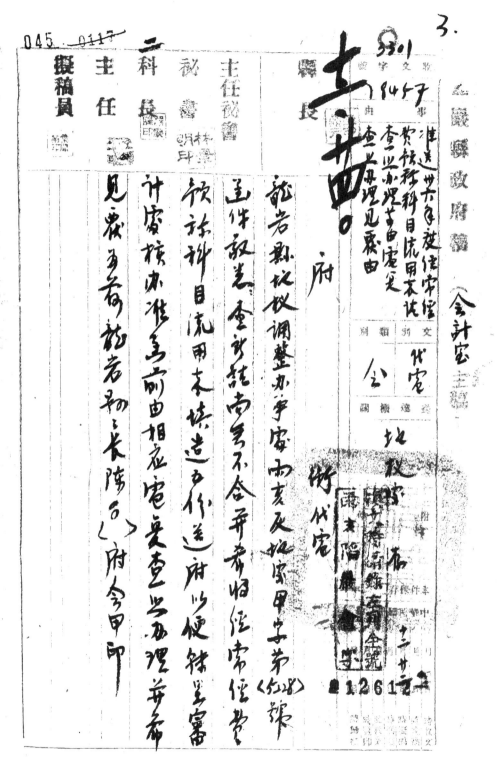

龙岩县地权调整办事处三十六年经常经费预算科目流用表(1947 年 12 月)

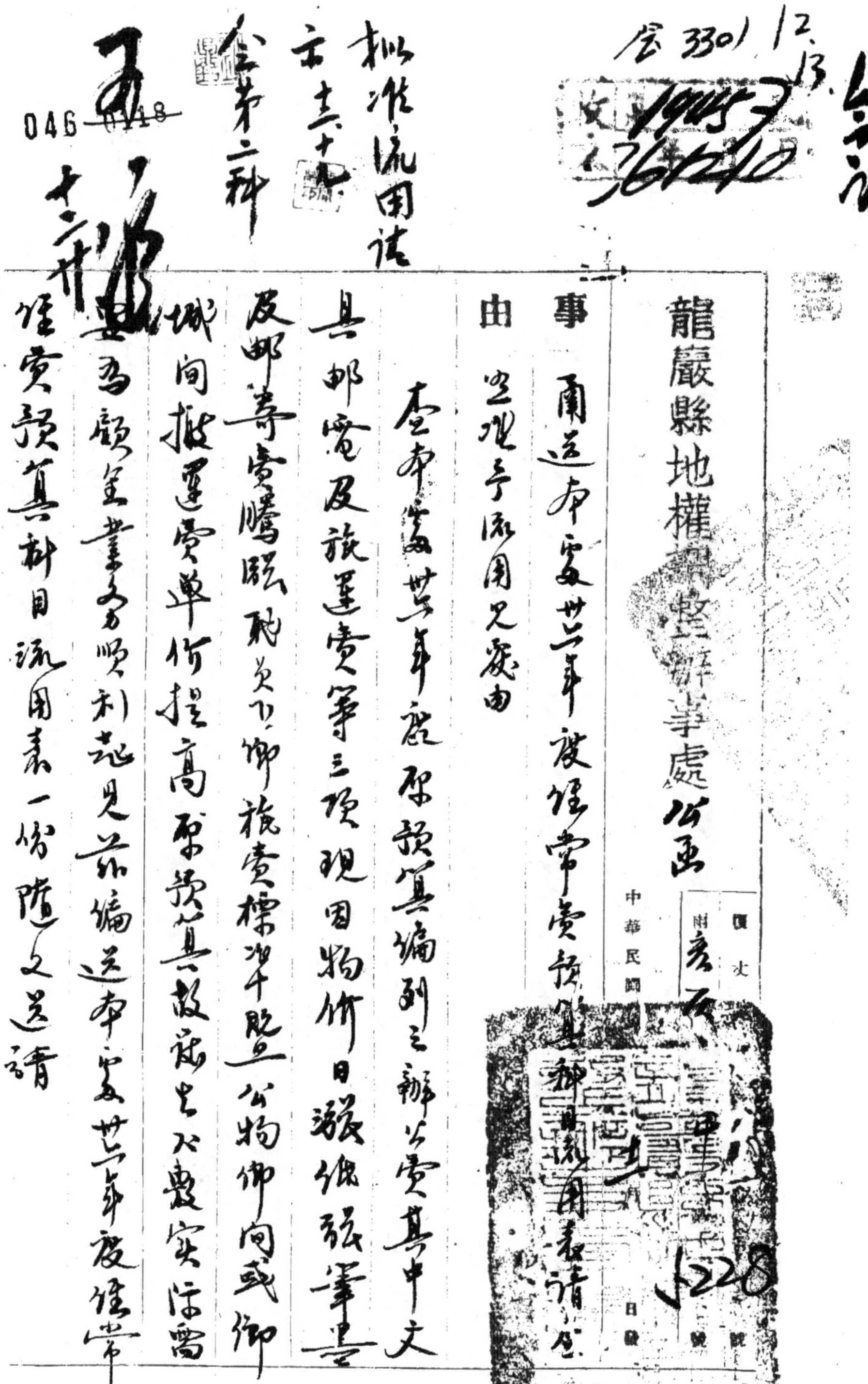

拟准流用请示
十二、十七
公第二科

046

龍巖縣地權調整辦事處公函

事：为送本处卅六年度经常费预算科目流用表请予

由：送请予流用见复由

查本处卅六年度原预算编列之办公费，其中文具、邮电及旅运费等三项，现因物价日涨，纸张笔墨及邮寄费腾涨，致员工旅费标准与公物运价向职向揽运费单价提高，原预算数实不敷支应，为顾全业务顺利起见，兹编送本处卅六年度经常费预算科目流用表一份，随文送请

龙岩县地权调整办事处三十六年经常经费预算科目流用表(1947年12月)

查本處經常費事務費項下流用並已擬函附呈

鑒核

龍岩縣政府

附科目流用表一份

兼主任 陳□元

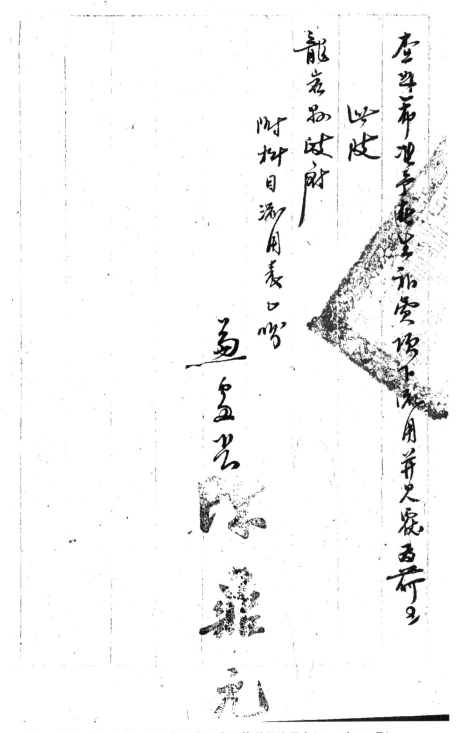

龙岩县地权调整办事处三十六年经常经费预算科目流用表(1947 年 12 月)

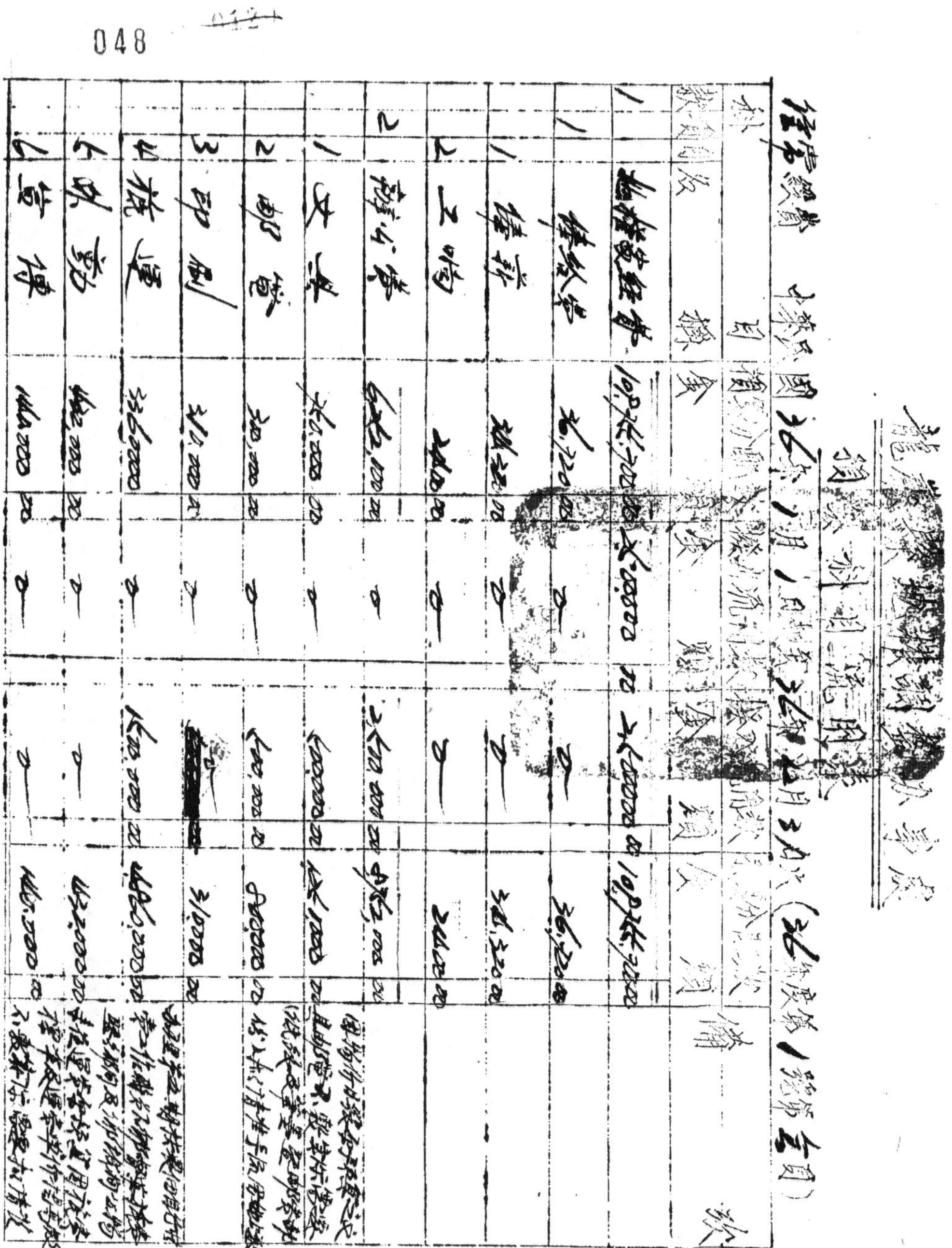

龍岩縣地權調整辦事處
預算科目流用表
經常經費 中華民國36年1月1日起至36年12月31日止（36年度第1號第 頁）

款	項	目	名稱	預算分配數	核准流用數 流入	核准流用數 流出	流用後分配數	備考
1			地權費經費	109,[illegible]00	2,500,000.00	2,500,000.00	109,[illegible]00	
	1		俸給費	36,720.00	—	—	36,720.00	
		1	俸薪	34,320.00	—	—	34,320.00	
		2	工餉	2,400.00	—	—	2,400.00	
	2		辦公費	[illegible],100.00	—	2,500,000.00	[illegible],100.00	
		1	文具	750,000.00	—	600,000.00	1,350,000.00	[illegible]
		2	郵電	300,000.00	—	500,000.00	800,000.00	[illegible]
		3	印刷	310,000.00	—	[illegible]	310,000.00	
		4	旅運	3,360,000	—	1,500,000.00	4,860,000.00	[illegible]
		5	外勤	1,632,000.00	—	—	1,632,000.00	[illegible]
		6	宣傳	1,440,000.00	—	—	1,440,000.00	[illegible]

龙岩县地权调整办事处三十六年经常经费预算科目流用表(1947年12月)

049

7	消耗	480,000.00	0	0	480,000.00	予流用如上数。
8	什支	240,000.00	0	0	240,000.00	
9	购置	240,000.00	0	0	240,000.00	
3	特别费	700,000.00	0	0	700,000.00	
1	特别费	700,000.00	0	0	700,000.00	
40	生活补助费	102,266,880.00	4,000,000.00	0	103,266,880.00	
1	职员生活补助费	99,040,000.00	4,000,000.00	0	[illegible]540,000.00	
2	工役生活补助费	3,226,880.00	0	0	3,226,880.00	

编制日期：中华民国36年12月6日 兼处长[印] 副处长 课长[印] 会计[印] 制表[印]

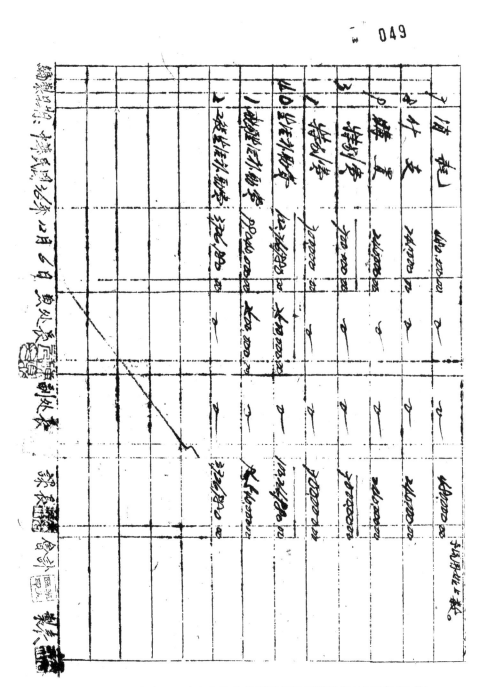

龙岩县地权调整办事处三十六年经常经费预算科目流用表(1947年12月)

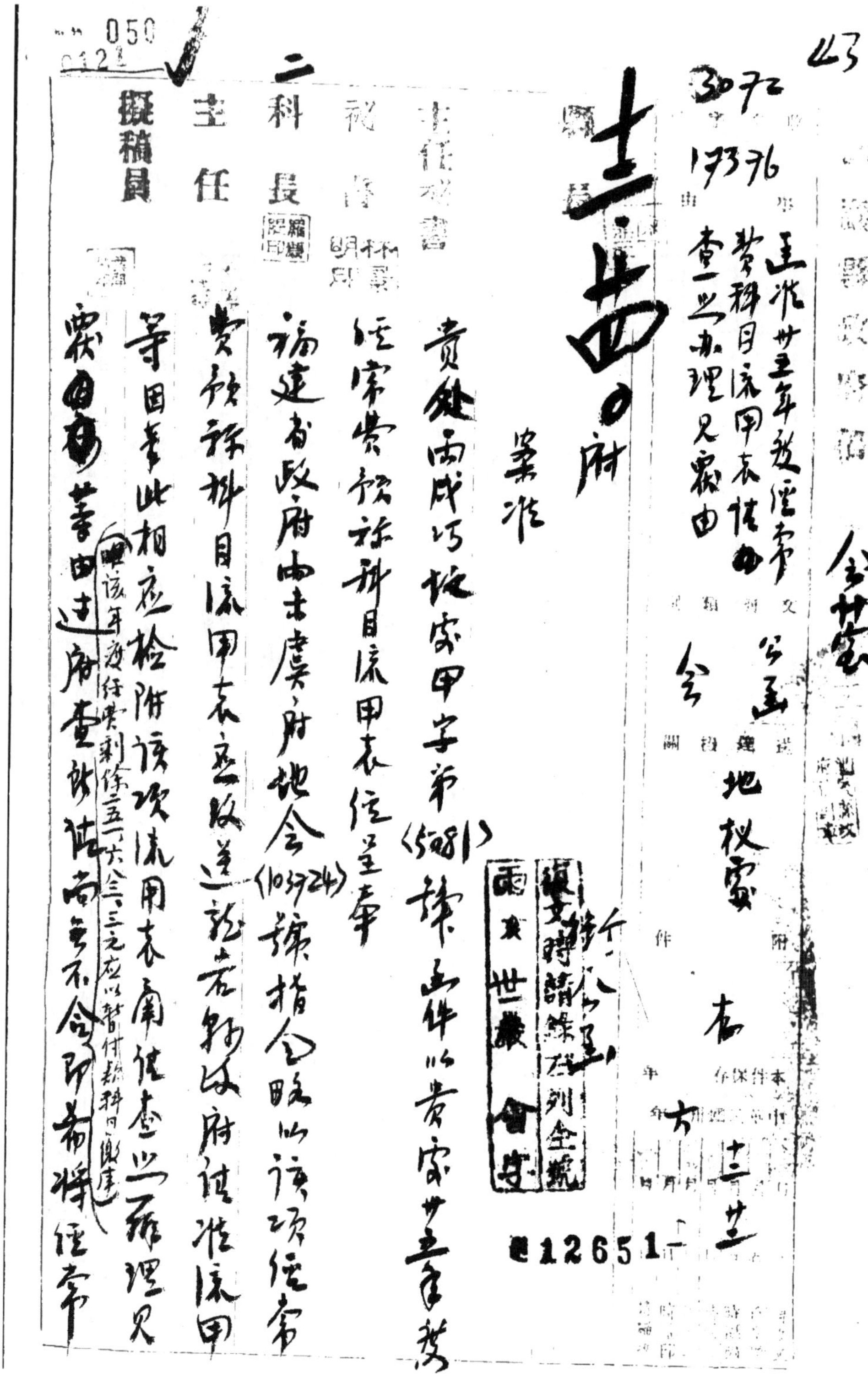
龙岩县政府公函

事由：呈准卅五年度经常费科目流用表请查照办理见复由

文别：公函

机关：地权处

附件：表

十二月廿日

案准

贵处丙戌巧地字第〈5081〉号代电以贵处卅五年度经常费预算科目流用表请呈奉

福建省政府由未虞府地会〈10524〉号指令略以该项经常费预算科目流用表应改送该府核准流用等因；准此相应检附该项流用表函请查照办理见复

（该年度经费剩余五一六六〇二三元应以暂付款科目处理）

案由等由过府，查核所请尚无不合，即备将经常

龙岩县地权调整办事处三十五年经常经费预算科目流用表(1947 年 12 月)

051 ~~122~~

費預算科目流用表請造具送府彙轉核文，奉府四兩聯馬岩會字〈11225〉号公函通飭逕請限用一份辦理并附以便轉呈審計處核辦。件存销。准送前由相應復請

查照辦理并希見覆為荷

此致

龍岩縣政府地權調整辦事處

銜名

龙岩县地权调整办事处三十五年经常经费预算科目流用表（1947 年 12 月）

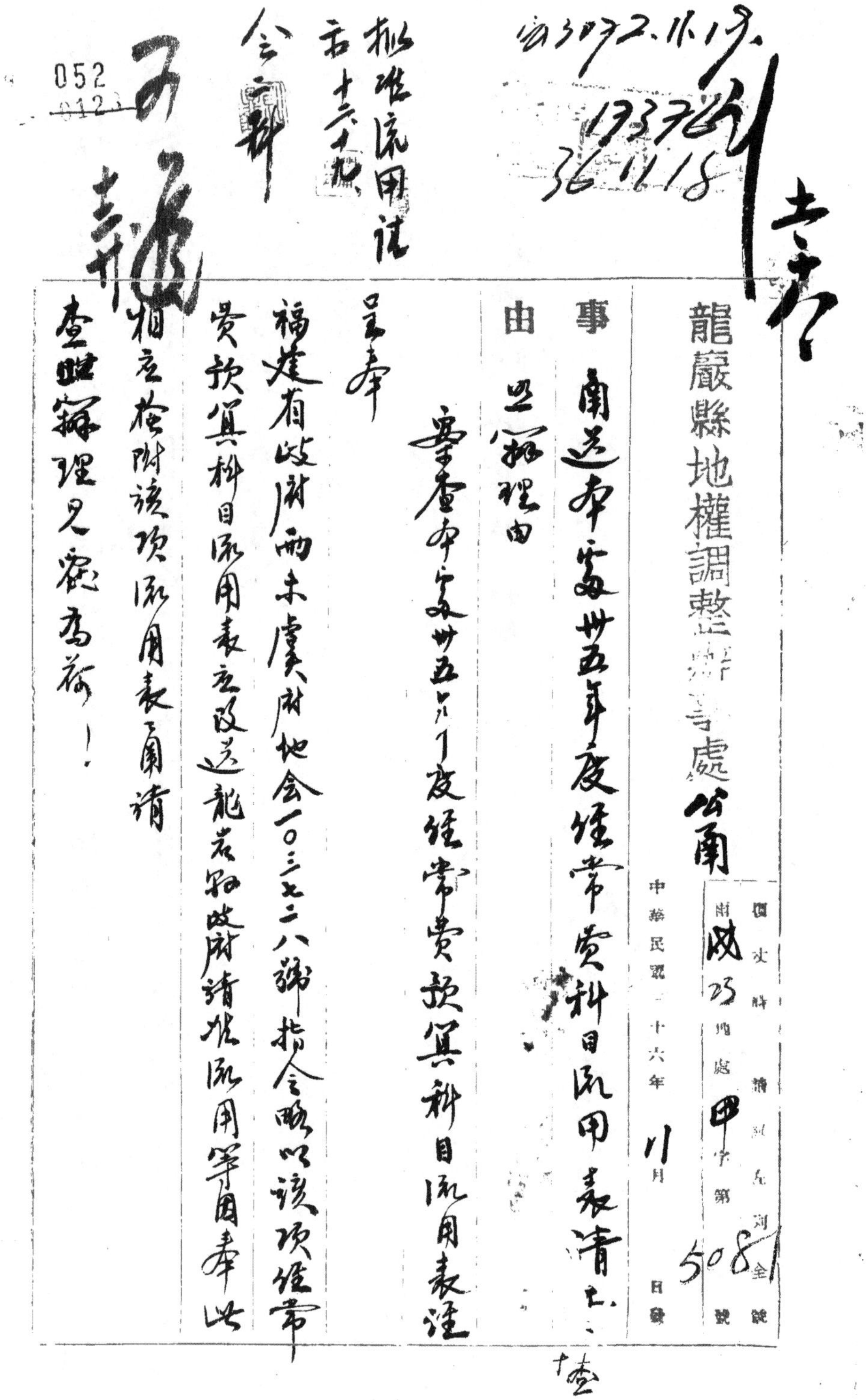

龍巖縣地權調整辦事處公函

中華民國三十六年十一月　日發

南政地處甲字第508號

事由：爲送本處卅五年度經常費科目流用表請查照辦理由

案查本處卅五年度經常費預算科目流用表經呈奉

福建省政府未虞財地會一〇三七二八號指令略以該項經常費預算科目流用表應改送龍岩縣政府請准流用等因奉此相應檢附該項流用表一份請

查照辦理見覆爲荷！

擬准流用請示　十六、十九

照辦

龙岩县地权调整办事处三十五年经常经费预算科目流用表(1947 年 12 月)

053

~~0124~~

此致

龍岩地政科

附科目流用表

兼處長

陳[illegible]光

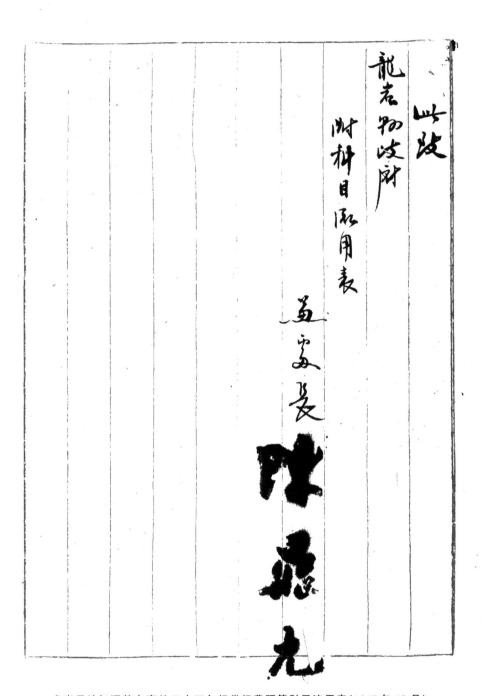

龙岩县地权调整办事处三十五年经常经费预算科目流用表(1947 年 12 月)

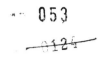

054 ~~125~~

龍岩縣地權調整辦事處

預算科目流用表

經常經費　中華民國三十五年1月1日起至三十五年12月31日止（三十五年度第1號第全頁）

款	項	目	名稱	預算分配數 金額	撥出流用數 金額	撥入流用數 金額	分配數 金額	備考
1			地權調整辦事處經費	11,041,000.00	805,086.00	805,086.00	11,041,000.00	
	1		俸給費	24,360.00	—0—	—0—	24,360.00	
		1	俸薪	21,960.00	—0—	—0—	21,960.00	
		2	工餉	2,400.00	—0—	—0—	2,400.00	
	2		辦公費	356,640.00	—0—	805,086.00	1,161,726.00	註（一）
		1	文具	50,000.00	—0—	107,182.00	157,182.00	
		2	印刷	100,000.00	—0—	58,550.00	158,550.00	
		3	旅勤費	160,000.00	—0—	161,144.00	321,144.00	
		4	購置費	20,000.00	—0—	194,590.00	214,590.00	
		5	郵電	10,000.00	—0—	24,150.00	34,150.00	
		6	什支	16,640.00	—0—	260,460.00	277,100.00	

龙岩县地权调整办事处三十五年经常经费预算科目流用表(1947 年 12 月)

055

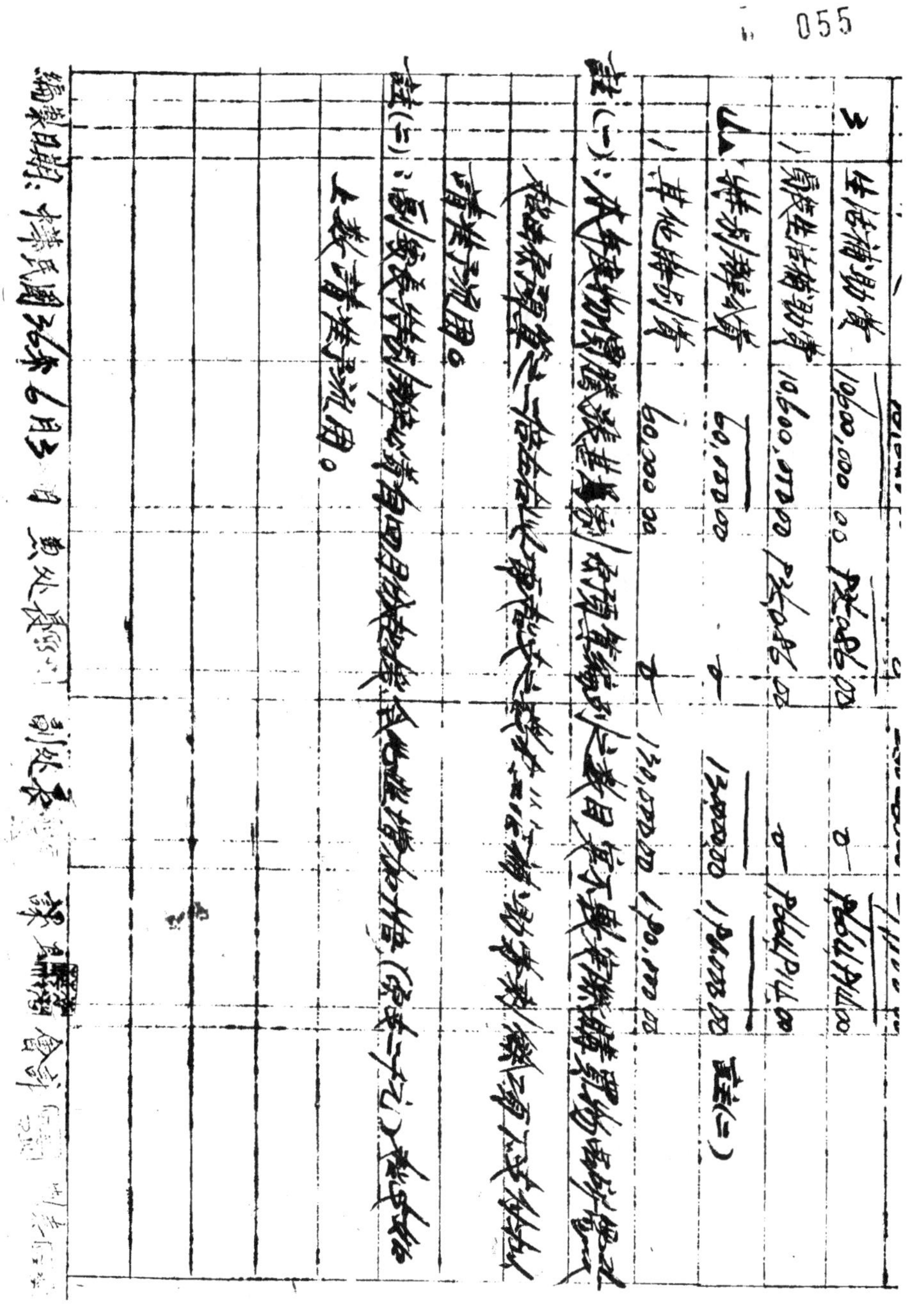

3	生活補助費	10,600,000.00	[illegible]	0	[illegible]	
1	員役生活補助費	10,600,000.00	[illegible]	0	[illegible]	
4	特別辦公費	60,000.00	0	130,000.00	190,000.00	註(二)
1	其他特別費	60,000.00	0	130,000.00	190,000.00	

註(一)：本年度物價騰漲甚鉅，原預算編列之數目實不敷實際購置物品所需，故超出原預算之二倍左右，以事務費之款由生活補助費剩餘項下支付，擬請准予流用。

註(二)：副處長特別辦公費自四月份起按照合比例增加十倍（原支二千元），超出如上數，請准予流用。

編製日期：中華民國36年6月3日　處長　副處長　課員　會計

龙岩县地权调整办事处三十五年经常经费预算科目流用表(1947年12月)

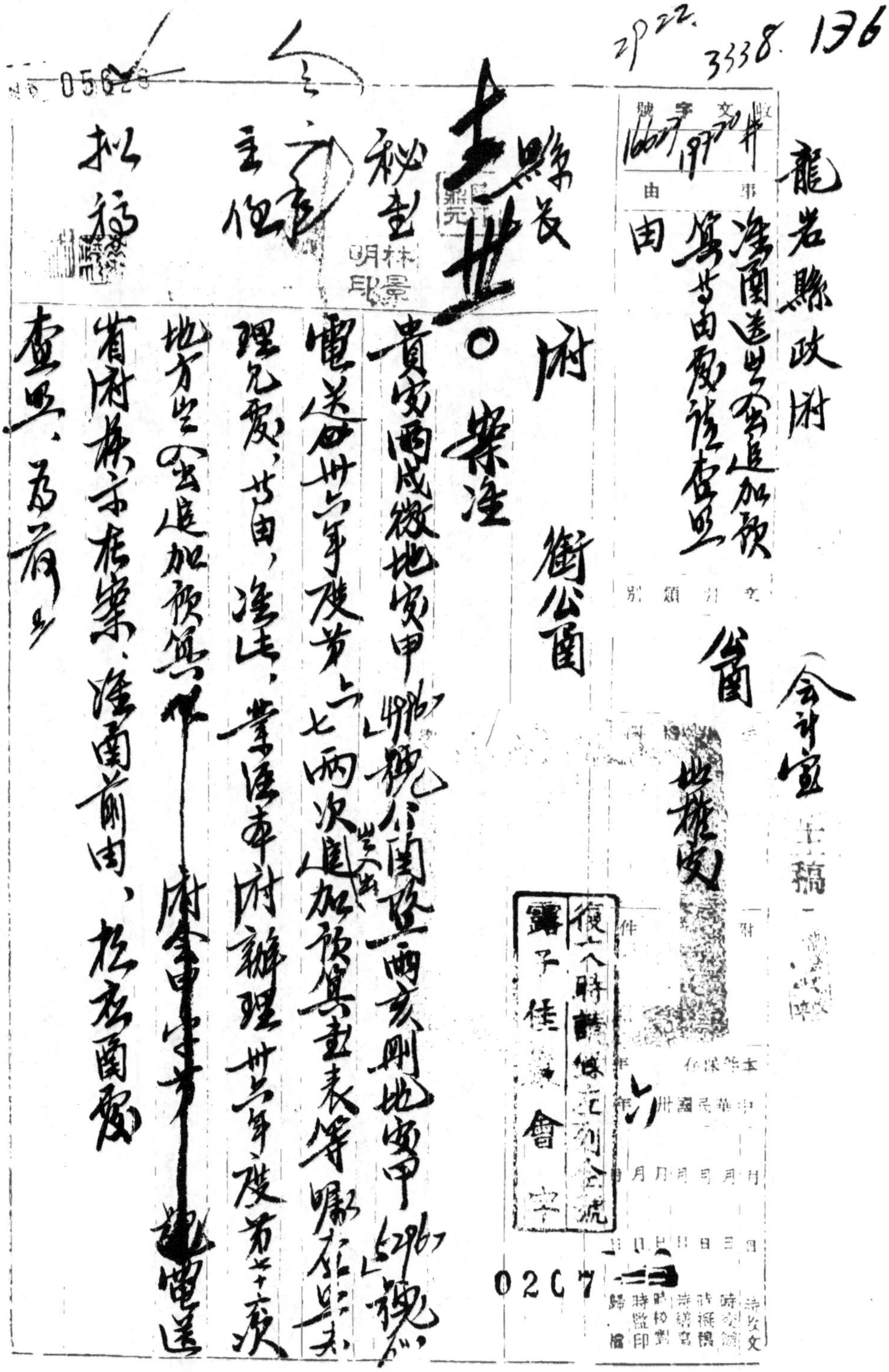

龍岩縣政府（會計室）稿

由：准函送卅六年度第六七次追加預算書由覆請查照

文別：公函

縣長

秘書

主任

擬稿

府　衔公函

案准

貴處酉成微地字第4967號公函暨酉亥刪地字第5967號代電送卅六年度第六七兩次追加預算書表等囑在卅六年度[illegible]理見復，等由，准此，業經本府辦理卅六年度第七十次地方歲入歲出追加預算[illegible]電送

省府核示在案，准函前由，相應函復

查照，為荷。

龙岩县地权调整办事处三十六年第六、七次追加县地方款岁入岁出预算书（1947 年 12 月）

~~0127~~
057

此致

地權調整辦事處

縣長 陳○○

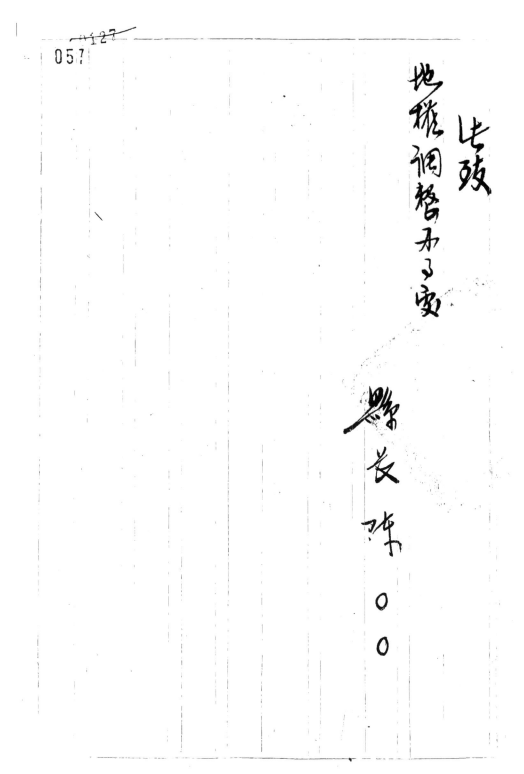

龙岩县地权调整办事处三十六年第六、七次追加县地方款岁入岁出预算书(1947 年 12 月)

058

電代郵快處 地 縣

地處 甲字第5296號

事由：函送第七次歲入出追加預算及分配表請查照

龍巖縣政府公鑒：查本處員役生活補助費奉令比照縣級人員待遇標準發給，現縣級人員待遇九月份生活補助費基本數改為三十萬元，另按薪水加給（1200）倍，十月份起按第六次辦理追加送請核辦中，十一月起生活補助費基本數改為（50）萬元，另按薪水加給（2000）倍，公役比照職員生補費基本數四分之一加給（10000）元改發為（135000）元。又本處遣散職員約以八名計，各發遣散費三個月，每人每月支薪約平均（80）元，生補費基本數（50）萬元，加給（2000）

中華民國 36 年 12 月 8 日發

甲字第四號（210×27公分）工業標準

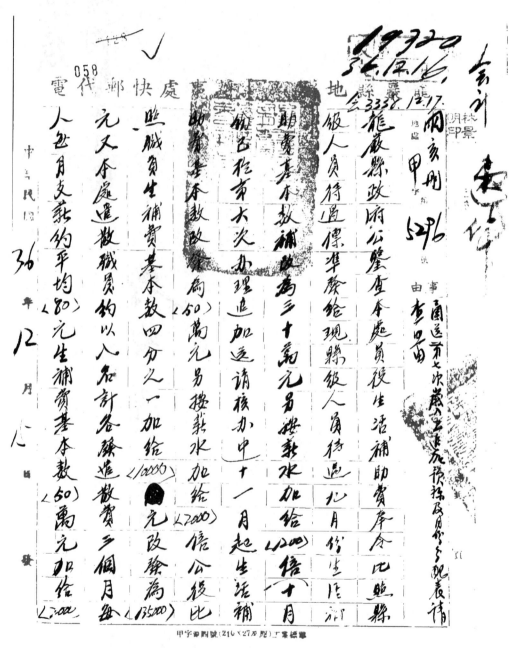

龙岩县地权调整办事处三十六年第六、七次追加县地方款岁入岁出预算书（1947 年 12 月）

059

龍巖縣地權調整辦事處快郵代電

地處 字第 號

倍所需生活計(1884)萬元係本處經常費內生補費項下剩餘約有六佰萬元尚應追加(984)萬元該經常費不敷(2370.920)元事業費不敷(2382)萬元此項不敷經費就本處本准在本縣賦米項下撥售員役食米(800)石每市石以(4700)元九五折繳庫該項食米由縣府統籌收入為縣公粮再按前定辦法分月陸續配售先後平均售價每石以(2223986)元計算計可售(179516800)元係辦米價款(3571)萬元及第二次至第六次經办理裁入追加預算計(92574352)元外其盈餘之數備供本處員役待……

中華民國 年 月 日 發

甲字四號(210×27公分)工業標準

龍岩县地权调整办事处三十六年第六、七次追加县地方款岁入岁出预算书(1947 年 12 月)

060

~~0139~~

龍巖縣地權調整辦事處快郵代電

地處 字第 號

調整提高所需捐應編具歲入出追加預算書計一份又經常經費及月份事業經費月份分配表各五份電送查照辦理見復爲荷。龍巖縣地權調整辦事處處長陳鼎元（ ）地處甲附件如文

中華民國 年 月 日發

甲字第四號(210×27公厘)工售標準

龙岩县地权调整办事处三十六年第六、七次追加县地方款岁入岁出预算书(1947年12月)

龍巖縣地權調整辦事處三十六年度第七次追加縣地方款歲入預算書

普通歲入臨時門

款	項	目	名稱	追加預算數	備攷
1			其他收入	五一、二二一、九二〇	
	1		其他收入	五一、二二一、九二〇	
		1	省撥地權處公糧售價收入	五一、二二一、九二〇	附註(一)
			臨時門合計	五一、二二一、九二〇	

龙岩县地权调整办事处三十六年第六、七次追加县地方款岁入岁出预算书(1947年12月)

062

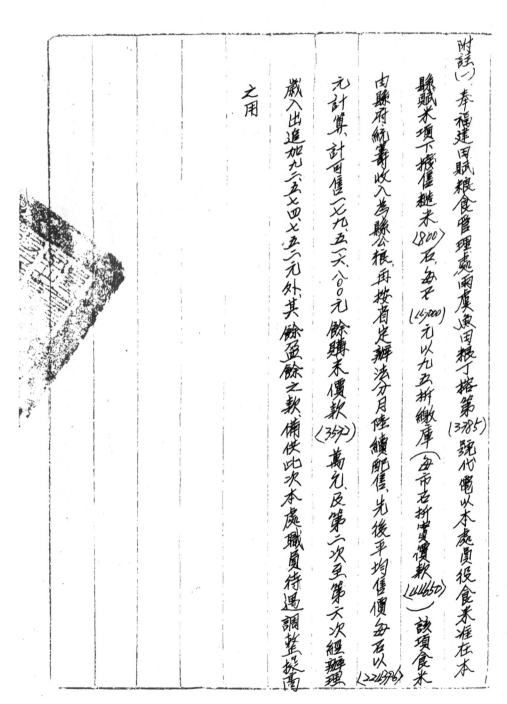

附註(一)奉福建田賦糧食管理處兩虞魚田粮丁掊第(13785)號代電以本處員役食米准在本縣賦米項下撥售糙米(800)石，每石(45000)元以九五折繳庫(每市石折實價款(44650))該項食米由縣府統籌收入為縣公粮，再按省定辦法分月陸續配售，先後平均售價每石以(224376)元計算，計回價一七九、五〇〇、八〇〇元，餘購米價款(3572)萬元，及第二次至第六次經辦理歲入出追加九二、五七四、七五二元外，其餘盈餘之款，備供此次本處職員待遇調整提高之用

龙岩县地权调整办事处三十六年第六、七次追加县地方款岁入岁出预算书(1947年12月)

063

~~0132~~

龍巖縣地權調整辦事處三十六年度第六次追加縣地方款歲出預算書

普通歲出經常門

款	項	目	科目名稱	追加預算數	備攷
1			行政支出	二六、七〇〇、九二〇	
	1		地政經費	二六、七〇〇、九二〇	
		1	地權調整辦事處經費	二六、七〇〇、九二〇	附註(一)
			經常門合計	二六、七〇〇、九二〇	

龙岩县地权调整办事处三十六年第六、七次追加县地方款岁入岁出预算书(1947 年 12 月)

064

註(一)：本處職員廿五人，每月薪水總額六,七〇〇元：

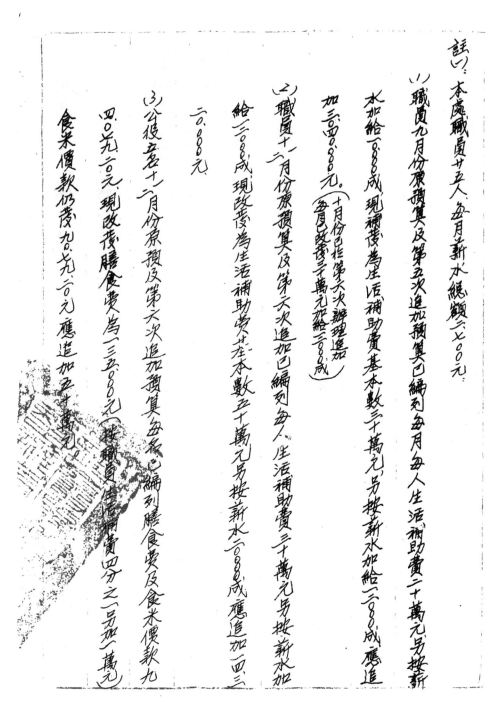

(1)職員九月份原預算及第五次追加預算已編列每月每人生活補助費二十萬元，另按薪水加給一〇,〇〇〇成，現補發為生活補助費基本數三十萬元，另按薪水加給一二,〇〇〇成，應追加三,三四〇,〇〇〇元。（十月份已在第六次辦理追加，每月已改發三十萬元加給一二,〇〇〇成）

(2)職員十一、二月份原預算及第六次追加已編列每人生活補助費三十萬元，另按薪水加給一二,〇〇〇成，現改發為生活補助費，基本數五十萬元，另按薪水二〇,〇〇〇成，應追加一四,三二〇,〇〇〇元。

(3)公役五名十一、二月份原預算及第六次追加預算每名已編列膳食費及食米價款九四〇,五九二〇元，現改發膳食費為一三五,〇〇〇元（按職員生活補助費四分之一另加一萬元），食米價款仍發九〇,七九二〇元，應追加五十萬元。

龙岩县地权调整办事处三十六年第六、七次追加县地方款岁入岁出预算书(1947年12月)

065 ~~0133~~

（4）本處遣散職員八名各發遣散費三個月，每人每月支薪約平均八十元，以生活補助費基本數二萬元，另按薪水加給二八〇〇成計，應追加俸薪一九二〇元，生活津一五八四〇〇〇〇元，除本處經費內生活費項下剩餘約有六百萬元外，尚應追加九八四一九二〇元，合計應追加如上數。

龙岩县地权调整办事处三十六年第六、七次追加县地方款岁入岁出预算书（1947 年 12 月）

066 ~~0136~~

龍巖縣地權調整辦事處卅六年度第六次追加縣地方款歲出預算書

普通歲出經常門

款	項	目	科目名稱	追加預算數	備攷
1			行政支出	二三、五二〇、〇〇〇	
	1		地政經費	二三、五二〇、〇〇〇	
		1	扶植自耕農第五期事業費	二三、五二〇、〇〇〇	附註(一)
			臨時門合計	二三、五二〇、〇〇〇	

龙岩县地权调整办事处三十六年第六、七次追加县地方款岁入岁出预算书(1947年12月)

067

註(一)：九月份事業費內設內業員十個月，原預算及第五次追加預算每月已編列生活補助費基本數二十萬元，另按薪水加給一〇〇〇成，現補發為生活補助費基本數三十萬元，另按薪水加給一三〇〇成，應追加一一二〇、〇〇〇元，（十月份已於第六次辦理追加每月已改發三十萬元加給一三〇〇成）

(二)事業員十一月份設內業員四十個月，十二月份設內業員四七、五個月，原預算及第六次追加預算每月已編列生活補助費基本數三十萬元，另按薪水加給一三〇〇成，現改發為生活補助費基本數五十萬元，另按薪水加給一八〇〇成，應追加二一、七〇〇、〇〇〇元。

(三)公役七名十一、二月份原預算及第六次追加預算每名已編列膳食費及食米價款九四、〇六九、二〇元，現改發膳食費為一三五〇〇元（按職員生活補助費四分之一另加給一萬元）食米價款仍發九、〇六九、二〇元，應追加七十萬元，合計應追加如上數。

龙岩县地权调整办事处三十六年第六、七次追加县地方款岁入岁出预算书（1947年12月）

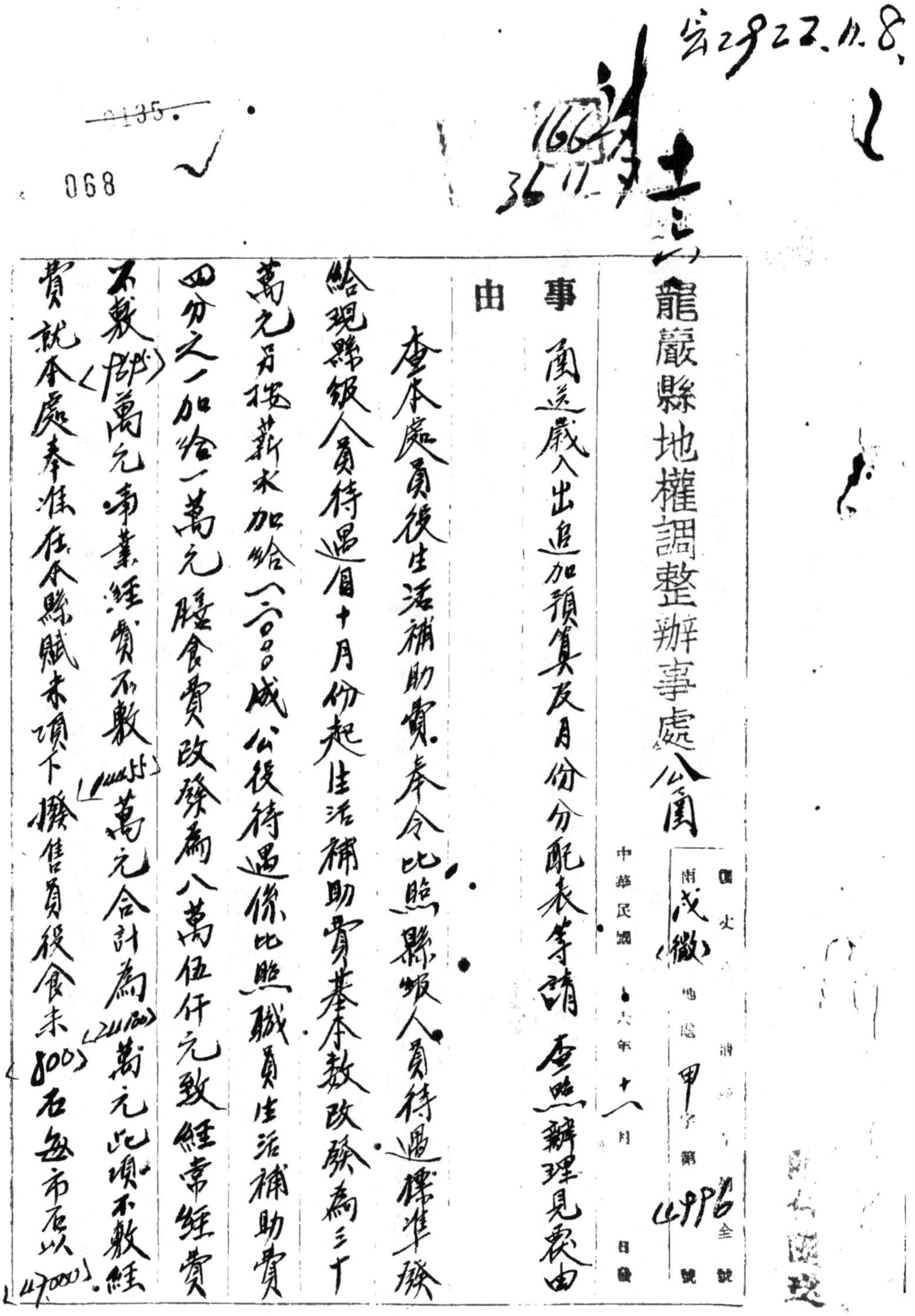

龍巖縣地權調整辦事處公函

府戊徵 甲字第4996號

中華民國三十六年十二月 日

事由 函送歲入出追加預算及月份分配表等請查照辦理見覆由

查本處員役生活補助費，奉令比照縣級人員待遇標準發給，現縣級人員待遇自十月份起生活補助費基本數改發為三十萬元，月俸薪水加給（一〇〇〇）成，公役待遇係比照職員生活補助費四分之一加給一萬元，膳食費改發為八萬伍仟元，致經常經費不敷（[illegible]）萬元，事業經費不敷（[illegible]）萬元，合計為（[illegible]）萬元，此項不敷經費就本處奉准在本縣賦米項下撥售員役食米（800）石，每市石以（47000）

龙岩县地权调整办事处三十六年第六、七次追加县地方款岁入岁出预算书(1947年12月)

~~0136~~

069

元九五折繳庫（每市石折實價款為（44650）元）該項食米由縣府統籌收入為縣公粮再按省定辦法分月陸續配售先後平均售價每石以（160375）元計算計可售（2830）萬元除購米價款（3572）萬元及第二至第五次經辦理歲入追加預算六八四七四七五二元外其餘盈餘之款備供此次本處員役待遇調整提高所需相應編具歲入出追加預算書計一份又經常經費及事業經費月份分配表各五份函請查照希即辦理見覆為荷

此致

龍巖縣政府

附件：本處歲入出追加預算書一份
經常經費事業經費月份分配表各五分

龙岩县地权调整办事处三十六年第六、七次追加县地方款岁入岁出预算书（1947年12月）

0137

070

兼處長

龙岩县地权调整办事处三十六年第六、七次追加县地方款岁入岁出预算书(1947 年 12 月)

0133

071

龍巖縣地權調整辦事處卅六年度第七次追加縣地方款歲入預算書

普通歲入臨時門

科目 款	項	目	名稱	追加預算數	備註
1			其他收入	二四、一〇〇、〇〇〇	
	1		其他收入	二四、一〇〇、〇〇〇	
		1	省撥地權處公粮售價收入	二四、一〇〇、〇〇〇	附註（八）
			臨時門合計	二四、一〇〇、〇〇〇	

張

龙岩县地权调整办事处三十六年第六、七次追加县地方款岁入岁出预算书(1947年12月)

072

附註（一）：奉福建省田賦糧食管理處兩廣急電田糧丁稅第〈3789〉號代電以本處員役食米准在本縣賦米項下撥售穀米〈800〉石每石〈47000〉元以九五繳庫（每市石折算價數爲〈44650〉元）該項食米由縣府統籌收入爲縣公糧再按省定辦法配售先後平均糧價每石以〈160311〉元計算計可售〈2830〉萬元除購米價款〈3792〉萬元及第二次至五次經辦理歲入追加預算六八四七四之五三元外其餘盈餘之款備供此次本處職員待遇提高之用。

龙岩县地权调整办事处三十六年第六、七次追加县地方款岁入岁出预算书(1947年12月)

073 ~~0139~~

龍巖縣地權調整辦事處第六次追加縣地方款歲出預算書

普通歲出經常門

款	項	目	名稱	追加預算數	備考
1			行政支出	九,六四五,〇〇〇	
	1		地政支出	九,六四五,〇〇〇	
		1	地權調整辦事處經費	九,六四五,〇〇〇	附註(一)
			經常門合計	九,六四五,〇〇〇	

孜

龙岩县地权调整办事处三十六年第六、七次追加县地方款岁入岁出预算书(1947年12月)

074

附註(一)(1)本處職員五人原預算及追加預算後每人每月發給生活補助費基本數二十萬元另按薪水加給一〇〇〇成自十月份起生活補助費基本數改發爲三十萬元另按薪水(每月薪水總額計八千五百元)加給一二〇〇〇倍(2)公役五名原預算及追加預算每名每月發給膳食費五萬元又三食部份食米津貼九〇七九二〇元自十月份起膳食費按照職員生活補助費基本數四分之一(再每名每月加給壹萬元(奉 省府雨未齊財乙([illegible])號)改發爲八萬五千元仍給食米津貼九八七九二〇元合計應追加如上數。

龙岩县地权调整办事处三十六年第六、七次追加县地方款岁入岁出预算书(1947年12月)

~~0140~~

075

龍巖縣地權調整辦事處第六次追加縣地方款預算書

普通歲出臨時門

款	項	目	名称	追加預算數	備考
1			行政支出	(四,四五五〇〇)	
	1		地政經費	(四,四五五〇〇)	
		1	扶植自耕農第五期事業費	(四,四五五〇〇)	附註(一)
			臨時門合計	(四,四五五〇〇)	

改

龙岩县地权调整办事处三十六年第六、七次追加县地方款岁入岁出预算书(1947年12月)

附註（一）(1) 卅六年度辦理第五期扶農業務事業費內雇用調查員內業員計工作時間三八個月除一至九月份已列二五八，五個月外尚餘十至十二月份一二三，五個月原預算及追加預算每人每月發給生活補助費基本數二十萬元另按薪水加給（一〇〇〇成自十月份起生活補助費改發為三十萬元另按薪水（十月份至十二月份計薪水總額七三五〇〇元）加給（一二〇〇倍（2）公役測夫計原預算及追加預算每名每月發給膳食費五萬元又主食部份食米津貼九〇七九二〇元自十月份起膳食費按照職員生活補助費基本數四分之一再每名每月加給壹萬元（奉　省府兩未齊府財乙字第（10446）號）改發為八萬五千元仍給食米津貼九〇七九二〇元合計應追加如上數。

龙岩县地权调整办事处三十六年第六、七次追加县地方款岁入岁出预算书(1947年12月)

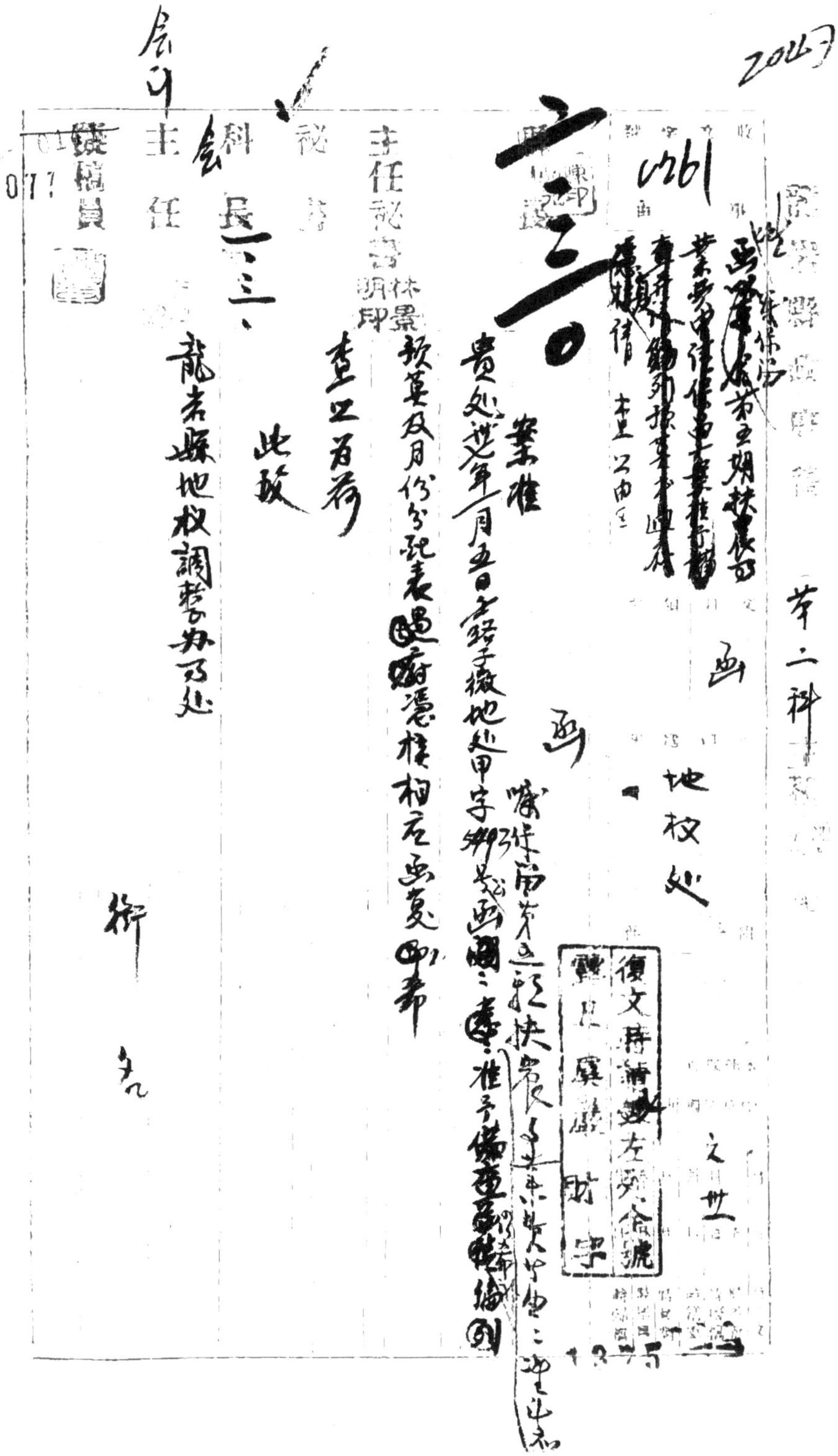
2047

1261

第二科

函 地权处

案准

贵处卅七年一月五日岩撤地处甲字第473号公函……

查照为荷

此致

龙岩县地权调整办事处

龙岩县地权调整办事处留用第五期扶植自耕农事业费申请(1948 年 1 月)

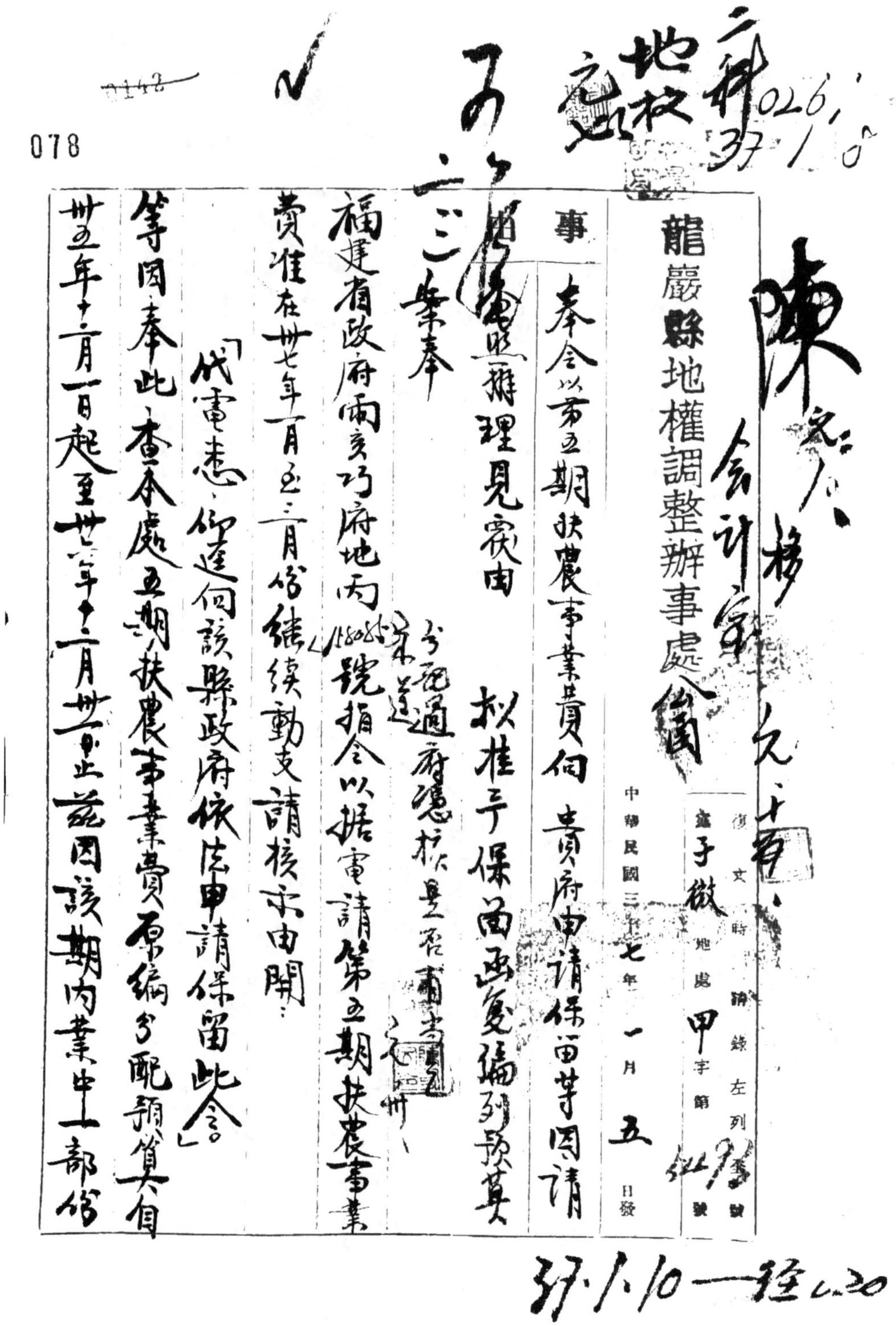

龍巖縣地權調整辦事處公函

復文時請錄左列號數 巖子徵 地處 甲字第 號

中華民國三十七年一月五日發

事由：奉令以第五期扶農事業費仰向貴府申請保留等因請核准予保留函复備列預算由

案奉

福建省政府雨亥巧府地丙(4)1808號指令以據電請第五期扶農事業費准在卅七年一月至三月份繼續動支請核示由開：

「代電悉，仰逕向該縣政府依法申請保留此令」

等因奉此，查本處五期扶農事業費原編分配預算自卅五年十二月一日起至卅六年十二月卅一日止，茲因該期內業中一部份

龙岩县地权调整办事处留用第五期扶植自耕农事业费申请(1948 年 1 月)

079

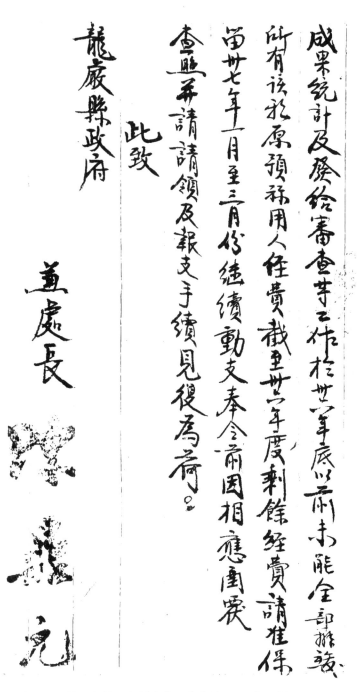

成果統計及發給審查等工作於卅六年底以前未能全部辦竣，所有該於原領薪用人經費截至卅六年度剩餘經費請准保留卅七年一月至三月份繼續動支奉令前因相應函展查照并請請領及報支手續見復為荷。

此致

龍巖縣政府

兼處長 [illegible]

龙岩县地权调整办事处留用第五期扶植自耕农事业费申请(1948年1月)

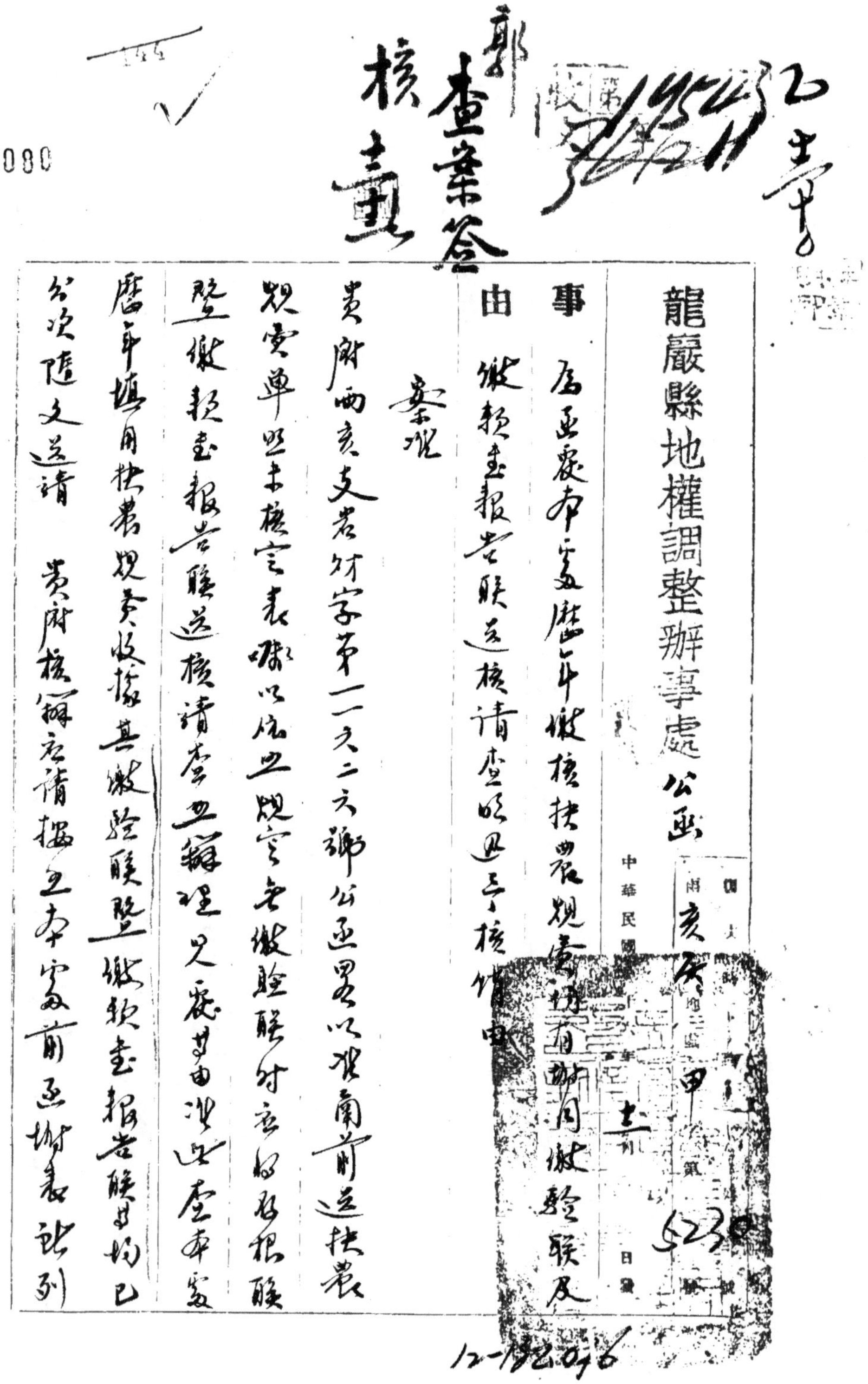
080

龍巖縣地權調整辦事處公函

中華民國卅六年十二月 日 亥岩甲字第523號

事由：為函覆本年度歷年缴核扶農規費請查明缴驗联及缴款報告联送核請查照迅予核備由

案准
貴府西亥支岩財字第一一六二六號公函略以准前送扶農規費單照未核定表缴以何為規定之缴驗联付應將根联暨缴款報告联送核請查照辦理足感其由准此查本處歷年填用扶農規費收據其缴驗联暨缴款報告联業均已分次隨文送請 貴府核銷應請檢查本處前函附表諒列

12-132.046

龙岩县地权调整办事处缴核扶植自耕农规费报告(1947 年 12 月)

之

貴府收文號數查照辦理。准函前由，相應函覆，

查照即希惠復為荷！

此致

龍岩縣政府

兼處長 陳[illegible]

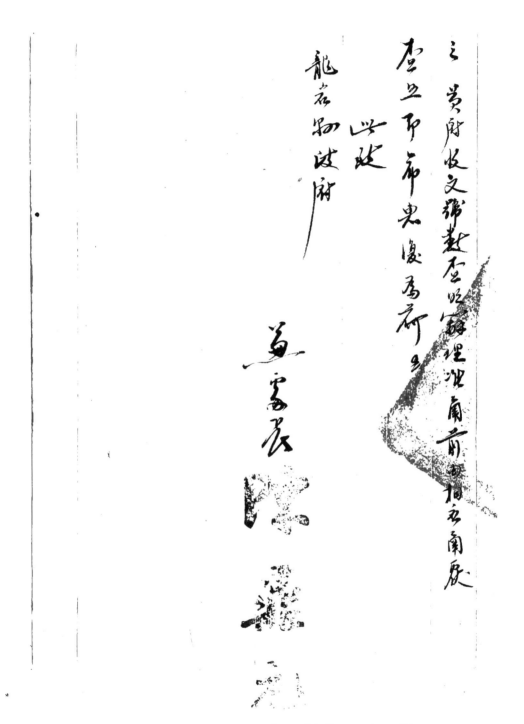

龙岩县地权调整办事处缴核扶植自耕农规费报告(1947 年 12 月)

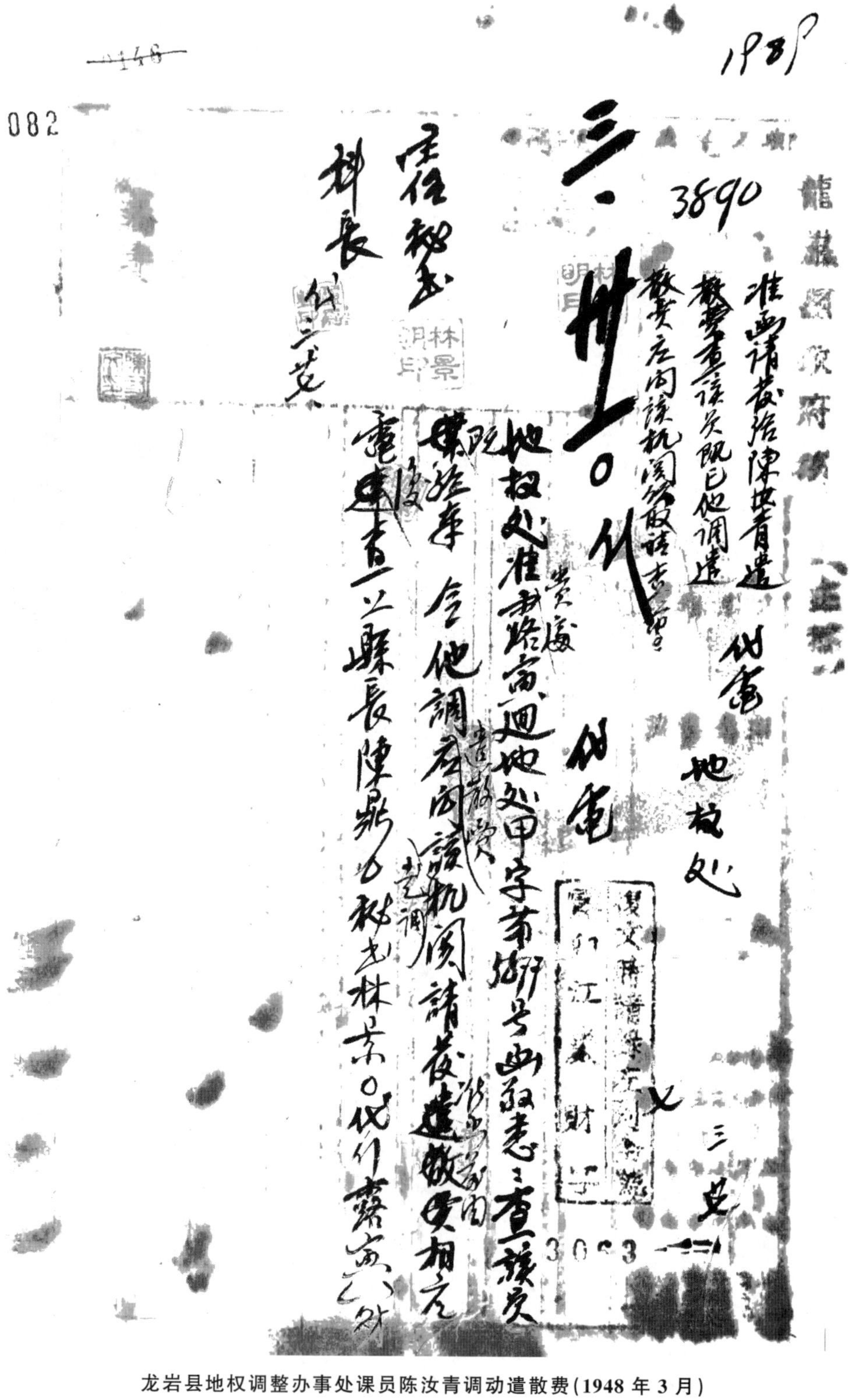
准函請發給陳汝青遣散費查該員既已他調遣散費應向該機關發給等由

地權處

代電

地權處准貴處迴地處甲字第號函敘悉查該員既經奉令他調應向該機關請發遣散費相應電復查照

縣長陳 秘書林景明代行

龙岩县地权调整办事处课员陈汝青调动遣散费(1948 年 3 月)

3880
373 26

083

龍巖縣地權調整辦事處 公函

事由

函請發給陳汝青遣散費由。

中華民國三十七年三月廿四日發

案查本處前任課員陳汝青奉省令派往廈門市地籍整理處服務，惟据該員三月十日簽呈称：「經先以書面前往報到，頃奉露丑儉處地甲字第184號指令：『呈悉。查本處市區土地登記業務經告一段落，登記人員自應裁減，以撙節開支，該員擬於三日來處報到一節，可行暫緩，一俟禾山區户地測量完竣，賡續舉辦土地登記時再行函名征用，仰即知照。』等因。查職自離處後，尚賦閒在家，爲

龙岩县地权调整办事处课员陈汝青调动遣散费(1948 年 3 月)

084

生活困迫計，懇請准予發給遣散費理合簽請察核」等情據此，查該員所稱尚屬實情希准予照例發給遣散費核款仍由本處卅六年度節餘經費項下開支相應造具請領清冊壹份隨文送

請

查照希辦理見覆為荷

此致

龍巖縣政府

附請領冊壹份

兼處長 [illegible][illegible]元

龙岩县地权调整办事处课员陈汝青调动遣散费(1948 年 3 月)

085
~~0143~~

龍岩縣地权处遣散人员請領遣散费（法津部份）印領冊

職别	姓名	薪額	生活補助費 基本数	生活補助費 加成数	生活補助費 合計	蓋章	備攷
課員	陳汝青	二四〇	八〇〇〇〇〇〇	一五七六〇〇〇〇	二三七六〇〇〇〇		
合計			八〇〇〇〇〇〇	一五七六〇〇〇〇	二三七六〇〇〇〇		

龙岩县地权调整办事处课员陈汝青调动遣散费(1948 年 3 月)

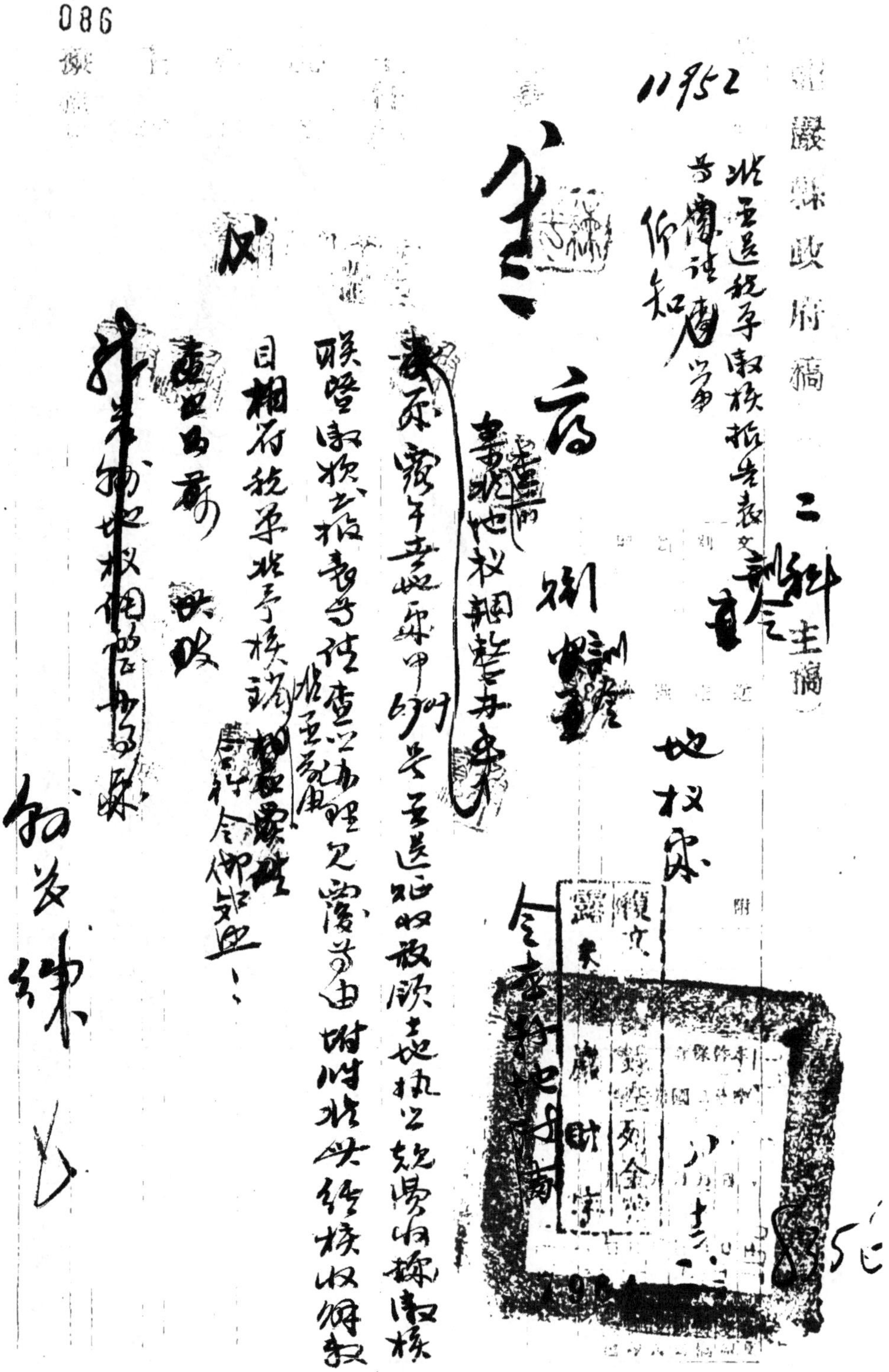
086

11952

龍巖縣政府稿

二科主稿

龙岩县地权调整办事处扶植自耕农征收放领土地执照工料费凭证(1948年8月)

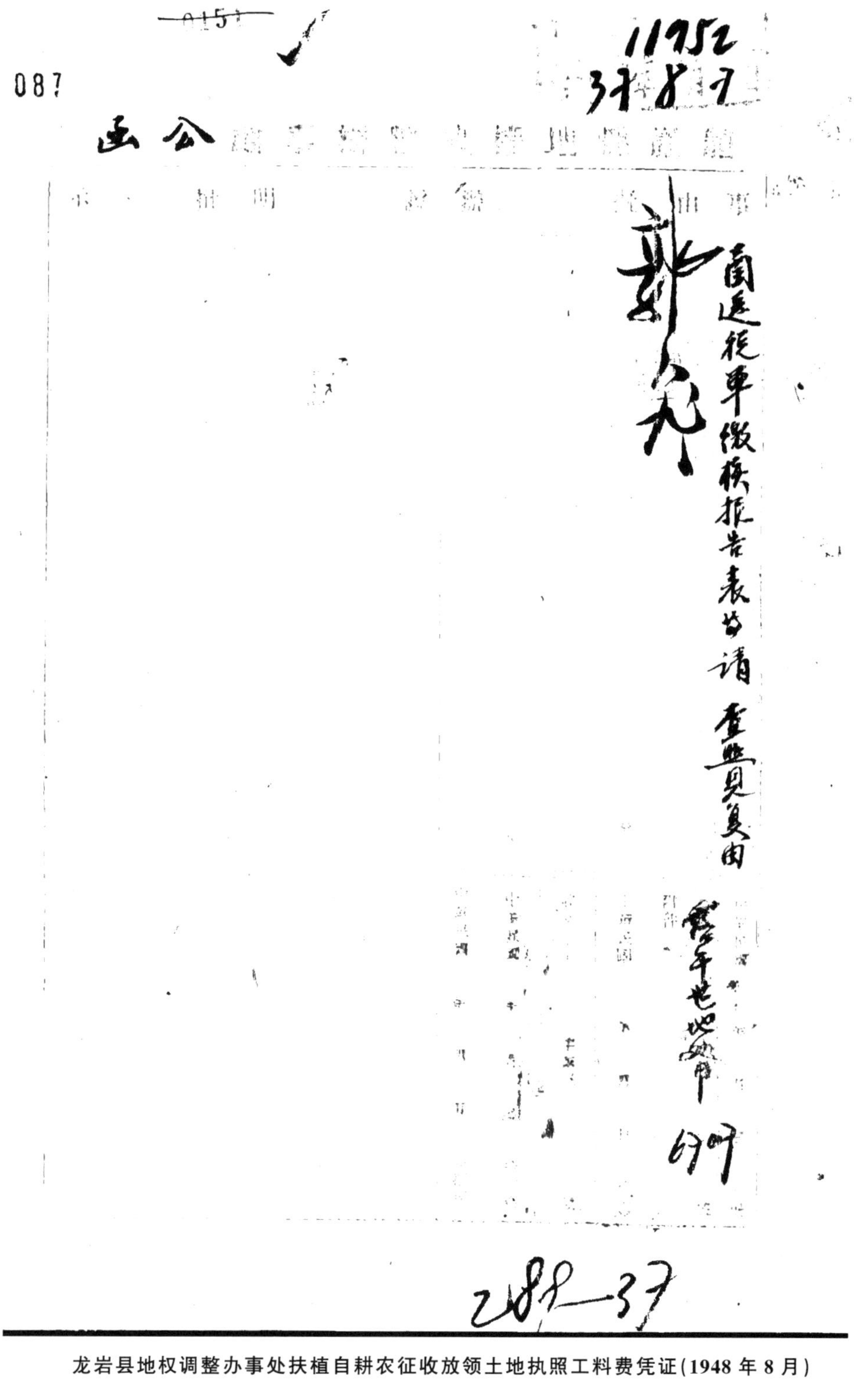

龙岩县地权调整办事处扶植自耕农征收放领土地执照工料费凭证(1948 年 8 月)

088

查本縣辦理扶植自耕農征收放領土地執照工料費自三十七年一月份至七月份計收工料費國幣壹佰捌拾捌萬肆仟叁佰元業經先後解繳縣庫相應造具稅單繳核報告表一份連同收費收据繳驗聯計柒佰柒拾壹張（分訂壹拾柒本）縣庫繳款書報告聯三張隨文送請

查照辦理見復為荷！

此致

龍巖縣政府

附送：稅單繳核報告表一份、繳款書報告聯三張、收費收据繳驗聯柒佰柒拾壹張（分訂壹拾柒本）

兼處長 練　平

龙岩县地权调整办事处扶植自耕农征收放领土地执照工料费凭证(1948 年 8 月)

089

~~0152~~

龍岩縣地权处

繳付执照工料費

憑證簿

第全册

自第壹號起

至第叁號止

計叁件

外附件叁件

三十七年一至七月份

龙岩县地权调整办事处扶植自耕农征收放领土地执照工料费凭证(1948年8月)

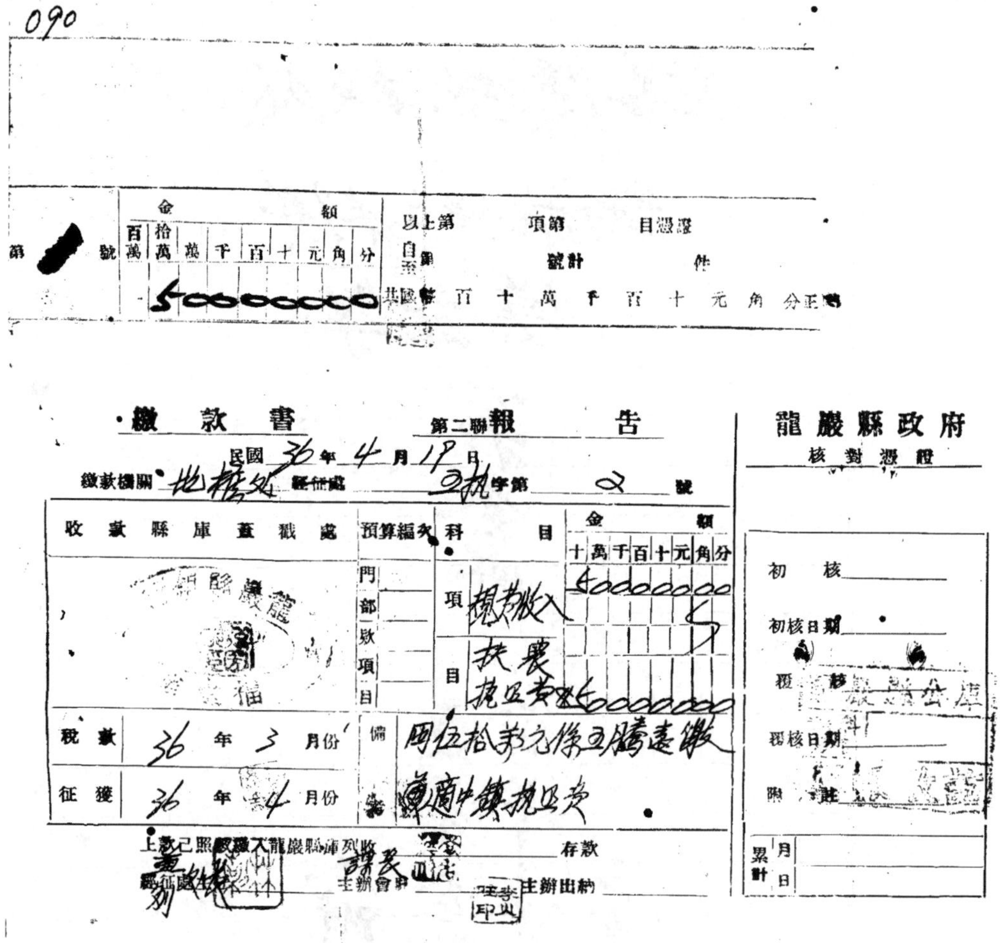
090

第[redacted]號

金額								
百萬	拾萬	萬	千	百	十	元	角	分
	5	0	0	0	0	0	0	0

以上第　項第　目憑證　自　至　號計　件

共計國幣　百　十　萬　千　百　十　元　角　分正

繳款書　第二聯 報告

民國36年4月17日

繳款機關 地権処　經征處 ☐执字第 2 號

收款縣庫蓋戳處	預算編次	科目	金額
	門 部 款 項 目	項 規费收入 目 扶農 执照费	5000000
稅款 36年3月份	備註	國伍拾萬元係王勝遠繳	
征獲 36年4月份		東廣中鎮執照费	

上款已照數繳入龍巖縣庫列收　存款

經征處主辦　主辦會計　主辦出納

龍巖縣政府 核對憑證

初核　初核日期　覆核　覆核日期　附註

累計 月 日

龙岩县地权调整办事处扶植自耕农征收放领土地执照工料费凭证(1948年8月)

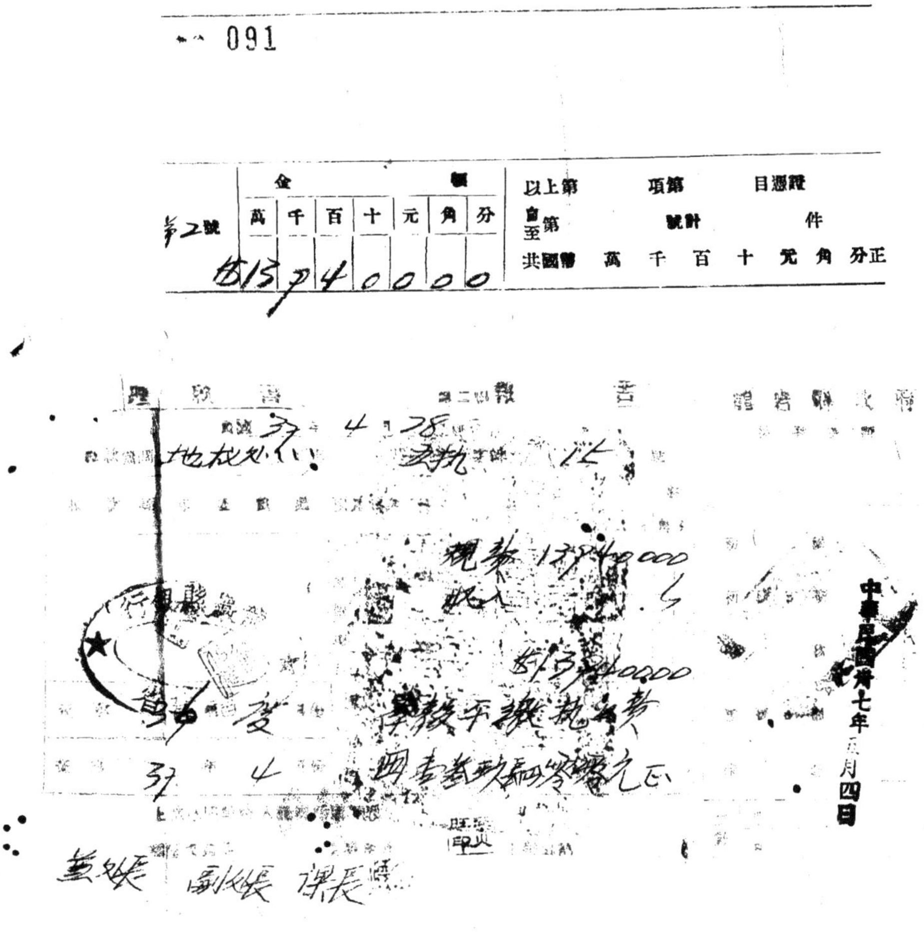
091

第二號	金					額		以上第　　項第　　目憑證
	萬	千	百	十	元	角	分	自至第　　號計　　件
								共國幣　萬　千　百　十　元　角　分正

中華民國卅七年八月四日

龙岩县地权调整办事处扶植自耕农征收放领土地执照工料费凭证(1948 年 8 月)

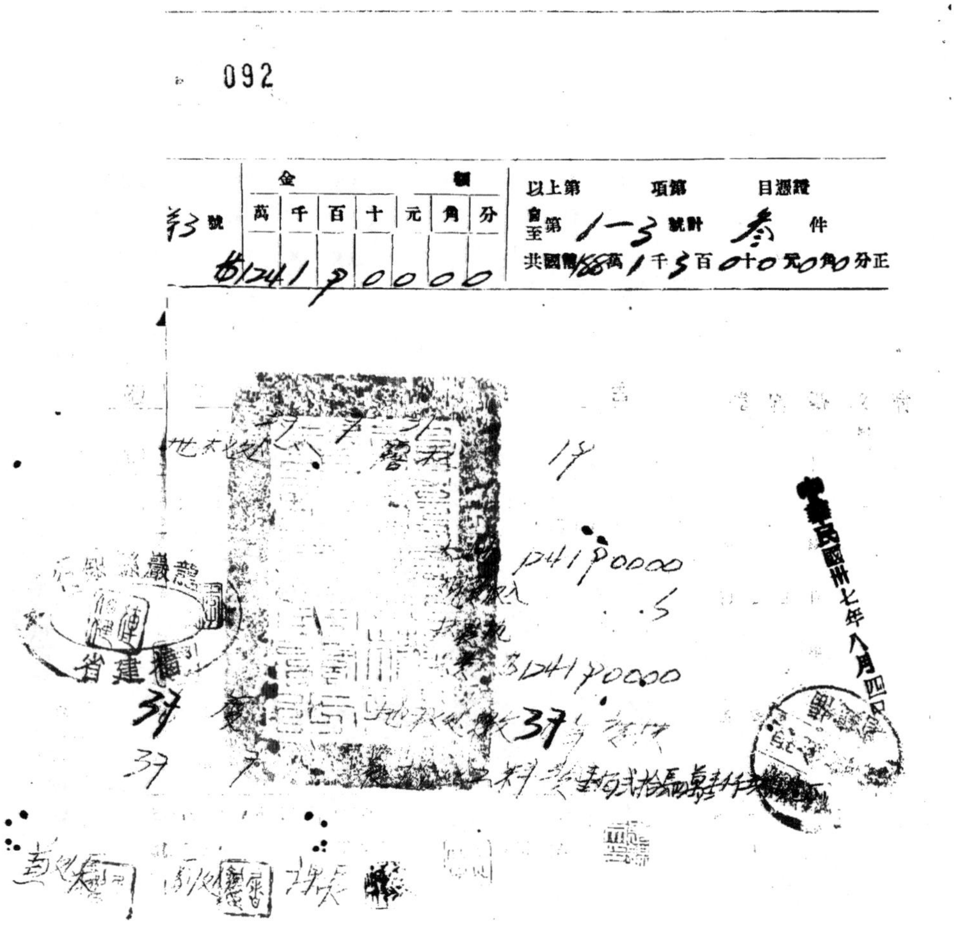
092

號	金						額
	萬	千	百	十	元	角	分

以上第 項第 目憑證

自至第 1—3 號計 叁 件

共國幣 萬 1 千 5 百 〇十〇元〇角〇分正

中華民國卅七年八月四日

龙岩县地权调整办事处扶植自耕农征收放领土地执照工料费凭证(1948 年 8 月)

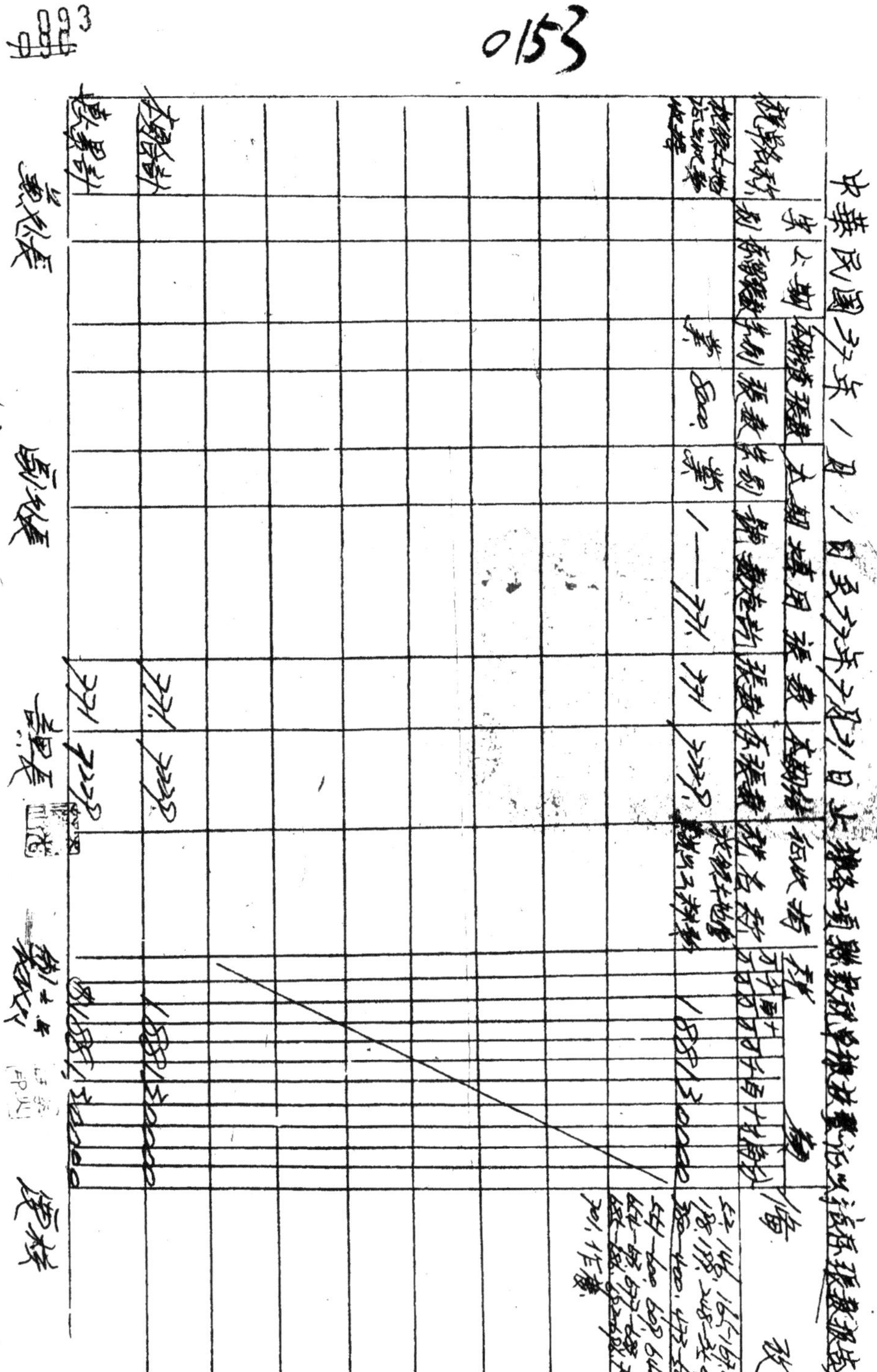

中華民國37年1月1日至37年7月31日止[illegible]各項[illegible]稅單據[illegible]征收[illegible]張數報告表

稅單名稱	字別	上期結存張數	本期領發張數 字別	張數	本期填用張數 字別	號數起訖	張數	本期結存張數	征收稅名稱	稅額	備考
扶植土地征收費收據			業	8000	業	1—771	771	7229	扶植土地執照工料費	1881300000	52, 146, 165-167, 173, 198, 199, 248-250, 380-400, 473-500, 541-600, 609, 647, 661-673, 677-683, 685-686, 692-694, 700, 701 作廢
本月合計							771	7229		1881300000	
總累計							771	7229		1881300000	

兼處長　副處長　課長　製表　會核

龙岩县地权调整办事处扶植自耕农征收放领土地执照工料费凭证(1948 年 8 月)

卷宗 1-5-1149

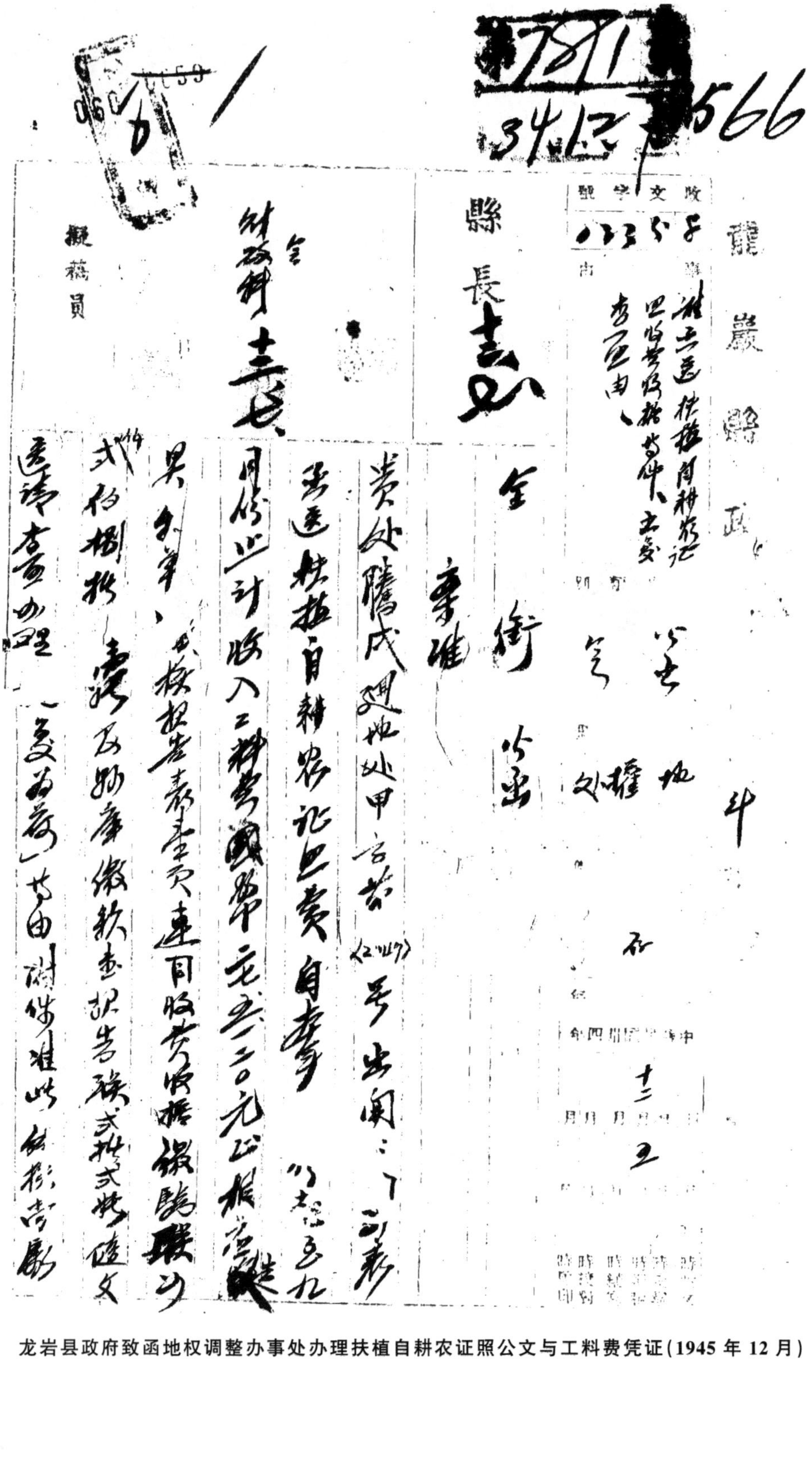

龙岩县政府致函地权调整办事处办理扶植自耕农证照公文与工料费凭证(1945 年 12 月)

0059
061

相府

査照辦理，相應函送，

查照爲荷！此致

龍岩縣地權調整辦事處

縣長 馬怡

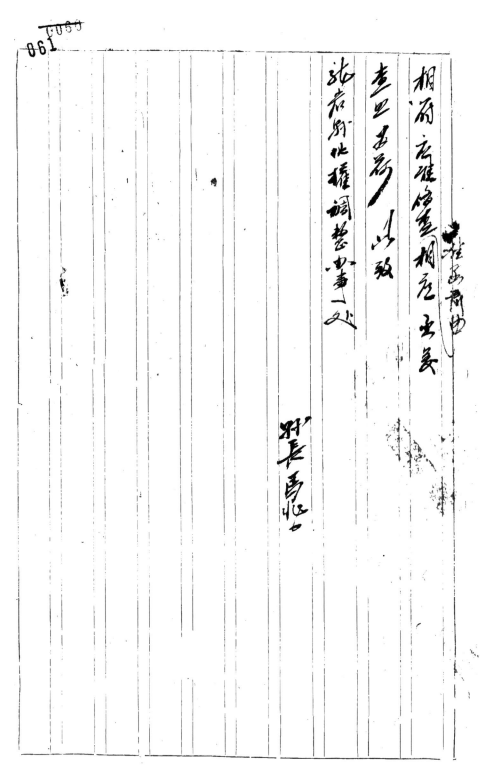

龙岩县政府致函地权调整办事处办理扶植自耕农证照公文与工料费凭证(1945 年 12 月)

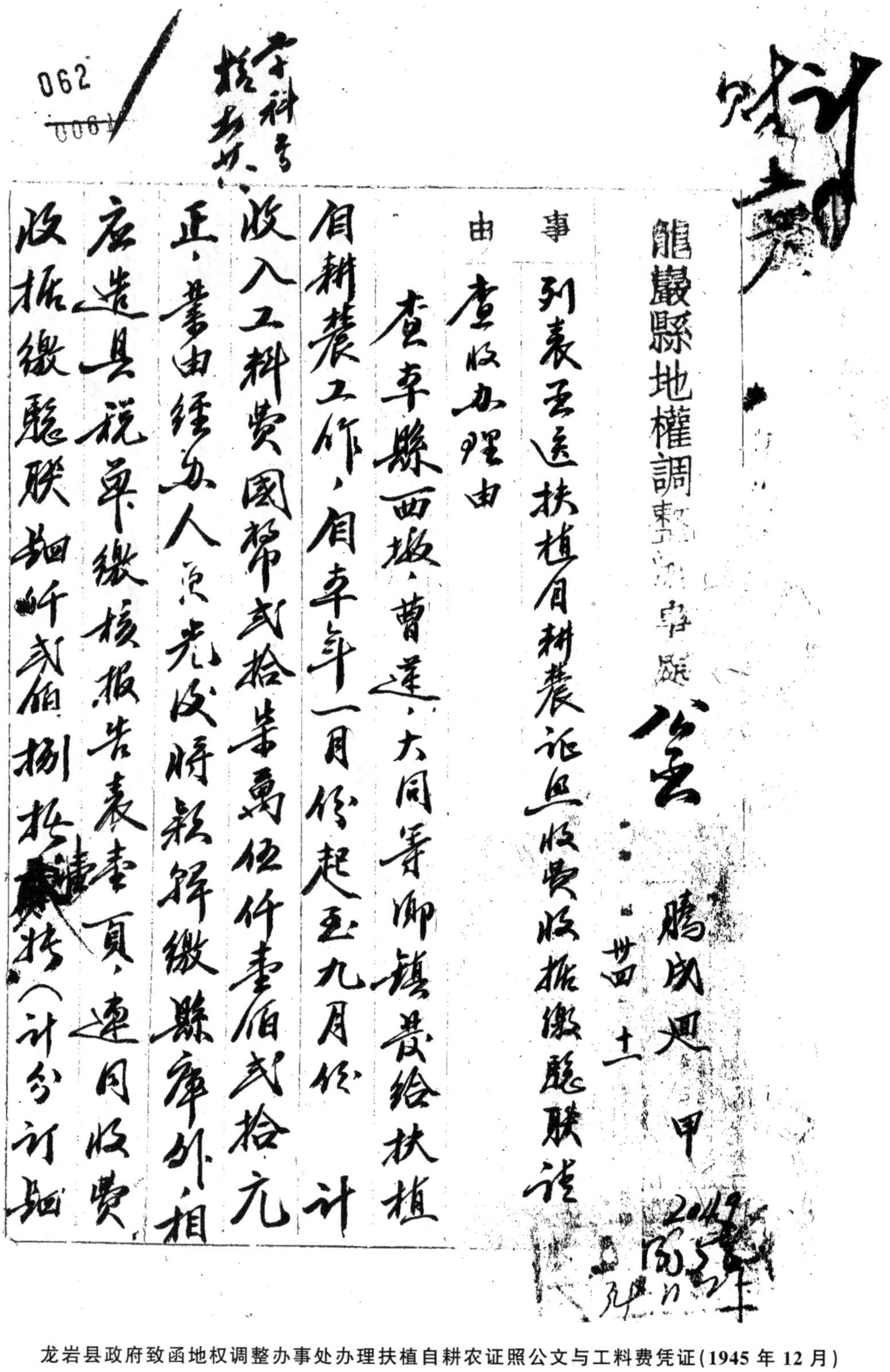

龍巖縣地權調整辦事處公函

卅四 十一 騰戌四甲

事由：列表函送扶植自耕農證照收費收据繳驗聯請查收办理由

查本縣西城、曹溪、大同等鄉鎮發給扶植自耕農工作，自本年一月份起至九月份計收入工料費國幣貳拾叁萬伍仟叁佰貳拾元正，業由經办人員先後將款解繳縣庫外，相應造具稅单繳核报告表壹頁，連同收費收据繳驗聯捌仟貳佰捌拾肆張（計分計捌

龙岩县政府致函地权调整办事处办理扶植自耕农证照公文与工料费凭证(1945 年 12 月)

063

~~0062~~

拾玖本，内作廢之繳驗聯隨附收據合計捌拾壹張）縣庫繳款書報告聯貳拾貳張，隨文送請查照辦理見復為荷！

此致

龍岩縣政府

附送税單繳核報告表一頁，收費收據繳　　聯捌仟貳佰捌拾壹張（合計捌拾玖本）縣庫繳款書報告聯貳拾貳張（内載金額二七五一二〇九）元

兼處長

龙岩县政府致函地权调整办事处办理扶植自耕农证照公文与工料费凭证(1945 年 12 月)

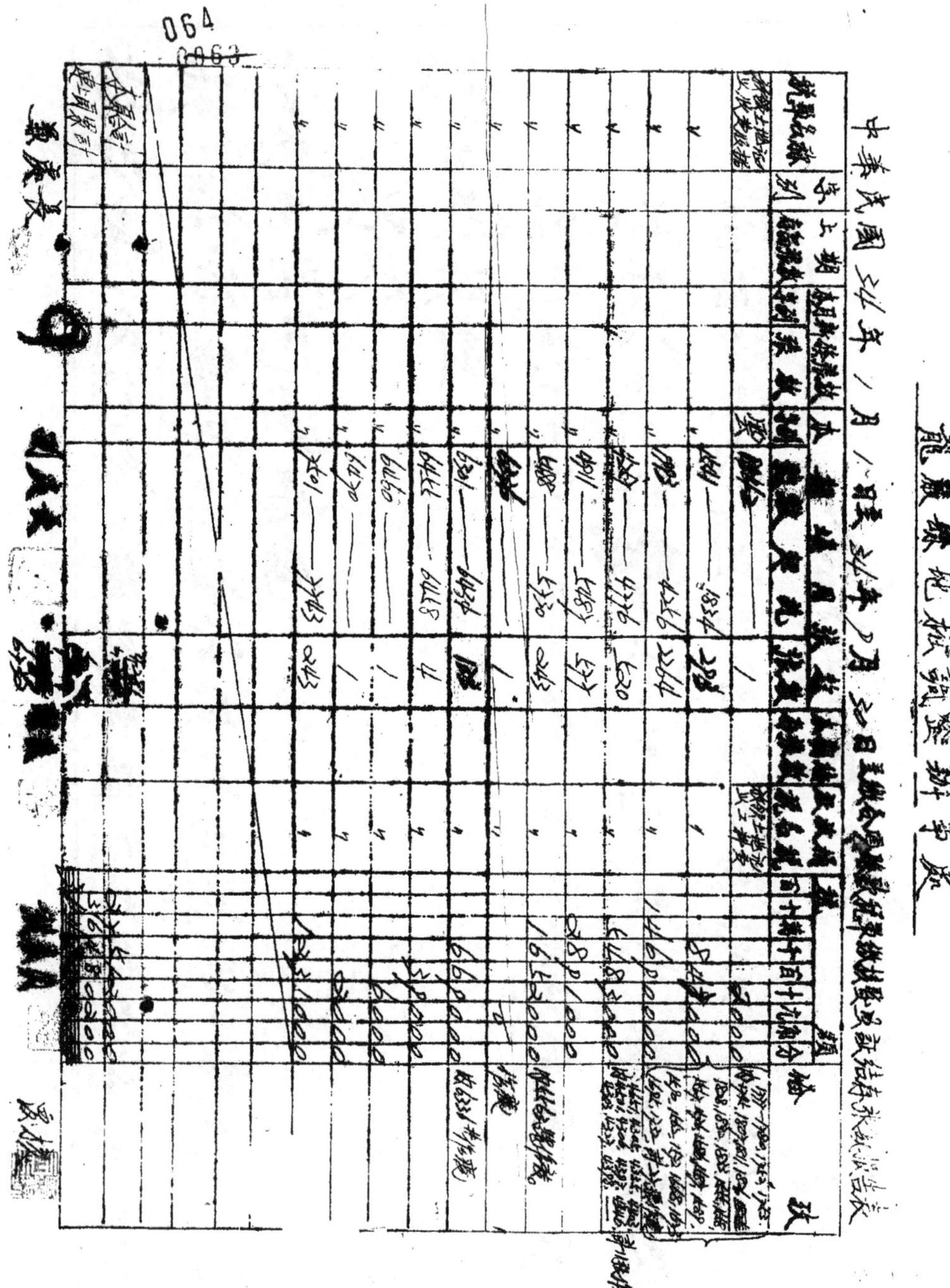
龍巖縣地權調整辦事處

中華民國34年1月1日起至34年12月

龙岩县政府致函地权调整办事处办理扶植自耕农证照公文与工料费凭证(1945 年 12 月)

065

22張

繳款書　　第二聯 報告

民國34年6月26日

繳款機關 地政处　　字第55號

收款縣庫簽發處

預算編號	科目	金額 萬千百十元角分
項	扶植自耕农	6440000
部款項目	扶植自耕农 工料费	6440000
備考	代收第〔区〕扶植自耕农工料费	

稅款 33年 月份

征額 年 月份

上款已照數繳入龍岩縣庫列收

兼处长　科长

副处长

經徵處主任　主辦會計　主辦出納

龍岩縣政府 核對憑證

初核

初核日期

覆核

覆核日期

會計

累計 月 日

繳款書　　報告

民國34年6月20日

繳款機關 地权处　　字第66號

收款縣庫簽發處

預算編號	科目	金額 萬千百十元角分
項	扶植自耕农	8625360
部款項目	扶植自耕农 工料费	8625360
備考	〔代收第〕〔区〕西坊乡扶植自耕农工料费	

稅款 33年 月份

征額 年 月份

上款已照數繳入龍岩縣庫列收

經徵處主任　主辦會計　主辦出納

龍岩縣政府 核對憑證

初核

初核日期

覆核

覆核日期

會計

累計 月 日

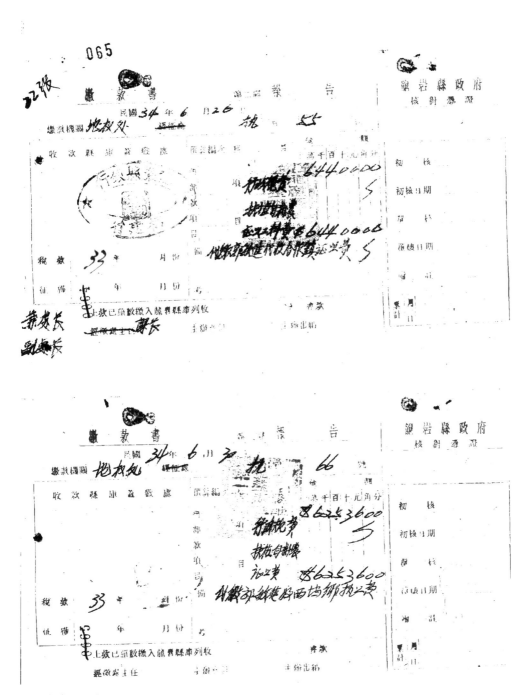

龙岩县政府致函地权调整办事处办理扶植自耕农证照公文与工料费凭证(1945年12月)

066

繳款書　　　　　　　　　　　　告

民國 34 年 6 月 30 日　　　　第 67 號

繳款機關 地权处 經征處

收款縣庫蓋戳處	預算科目		金額 千百十元角分
	部 款 項 目	項 行政规费 目 扶植自耕农证之工料费	290400 $290400
税款 33 年　月份	摘要	代办邓敏建收西坊乡执照之费	
征獲　年　月份			

上款已照數繳入龍岩縣庫列收　　　　存款

經徵處主任　　主辦會計　　主辦出納

龍岩縣政府 核對登記

初核

初核日期

覆核

覆核日期

附註

累計 月 日

繳款書　　　　　　　　　　　　告

民國 34 年 6 月 30 日　　　　第 69 號

繳款機關 地权处 經征處

收款縣庫蓋戳處	預算科目		金額 千百十元角分
	部 款 項 目	項 行政规费 目 扶植自耕农证之工料费	709000 $709000
税款 33 年　月份	摘要	代办邓敏建收西坊乡执照之费	
征獲　年　月份			

上款已照數繳入龍岩縣庫列收　　　　存款

經徵處主任　　主辦會計　　主辦出納

龍岩縣政府 核對登記

初核

初核日期

覆核

覆核日期

附註

累計 月 日

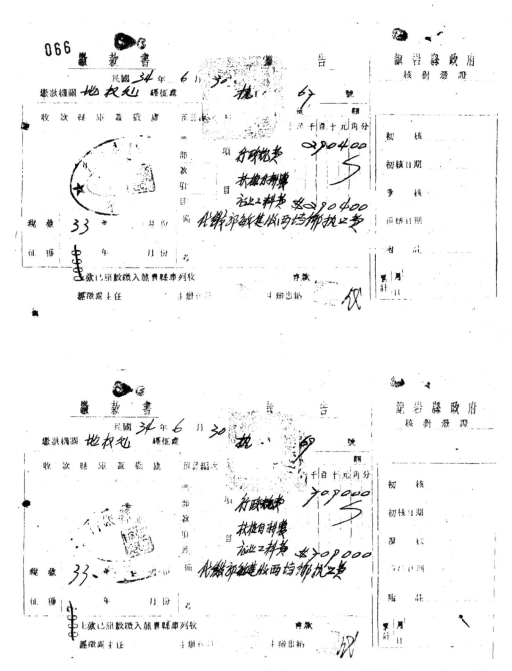

龙岩县政府致函地权调整办事处办理扶植自耕农证照公文与工料费凭证(1945 年 12 月)

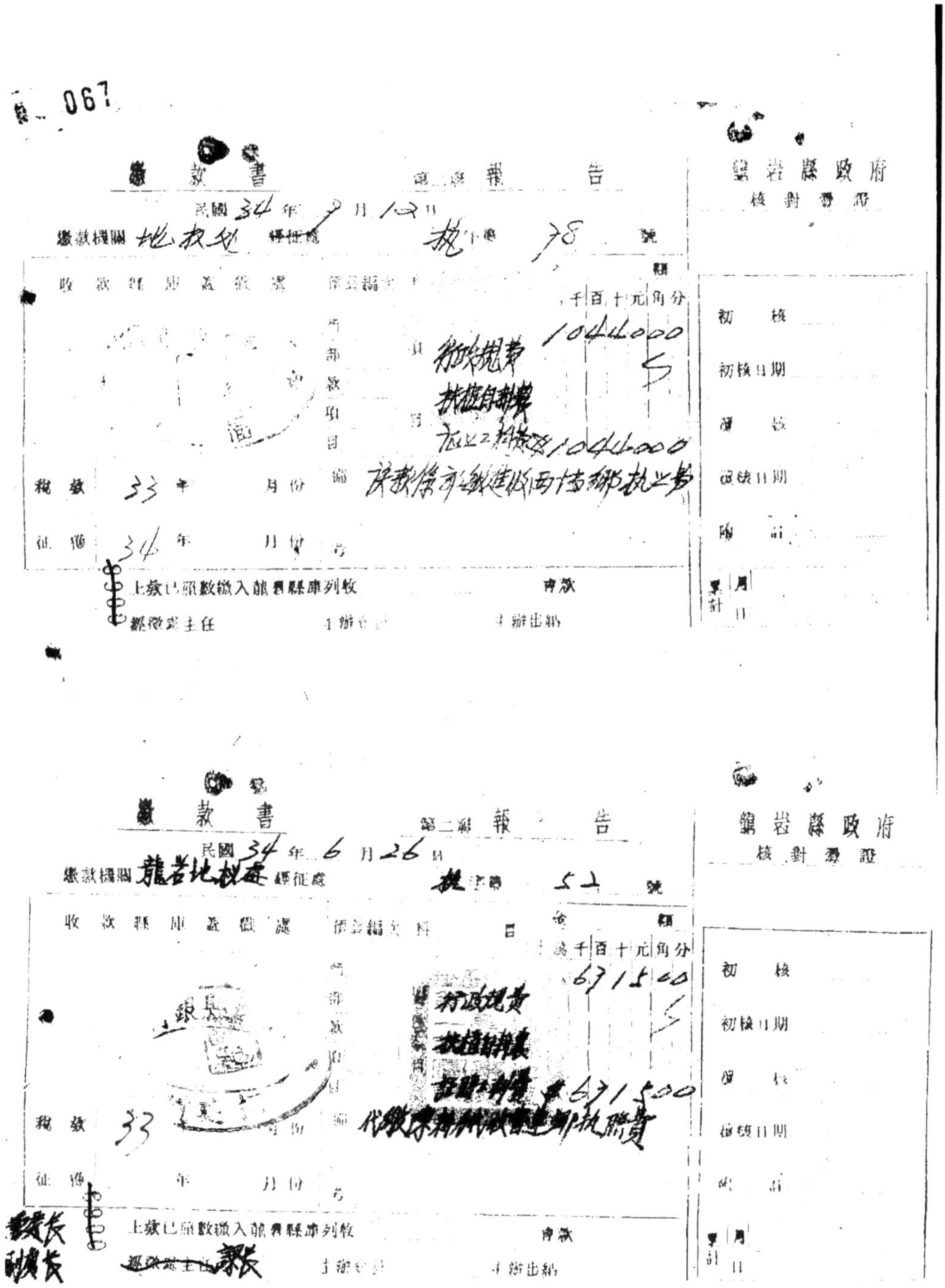

龙岩县政府致函地权调整办事处办理扶植自耕农证照公文与工料费凭证(1945 年 12 月)

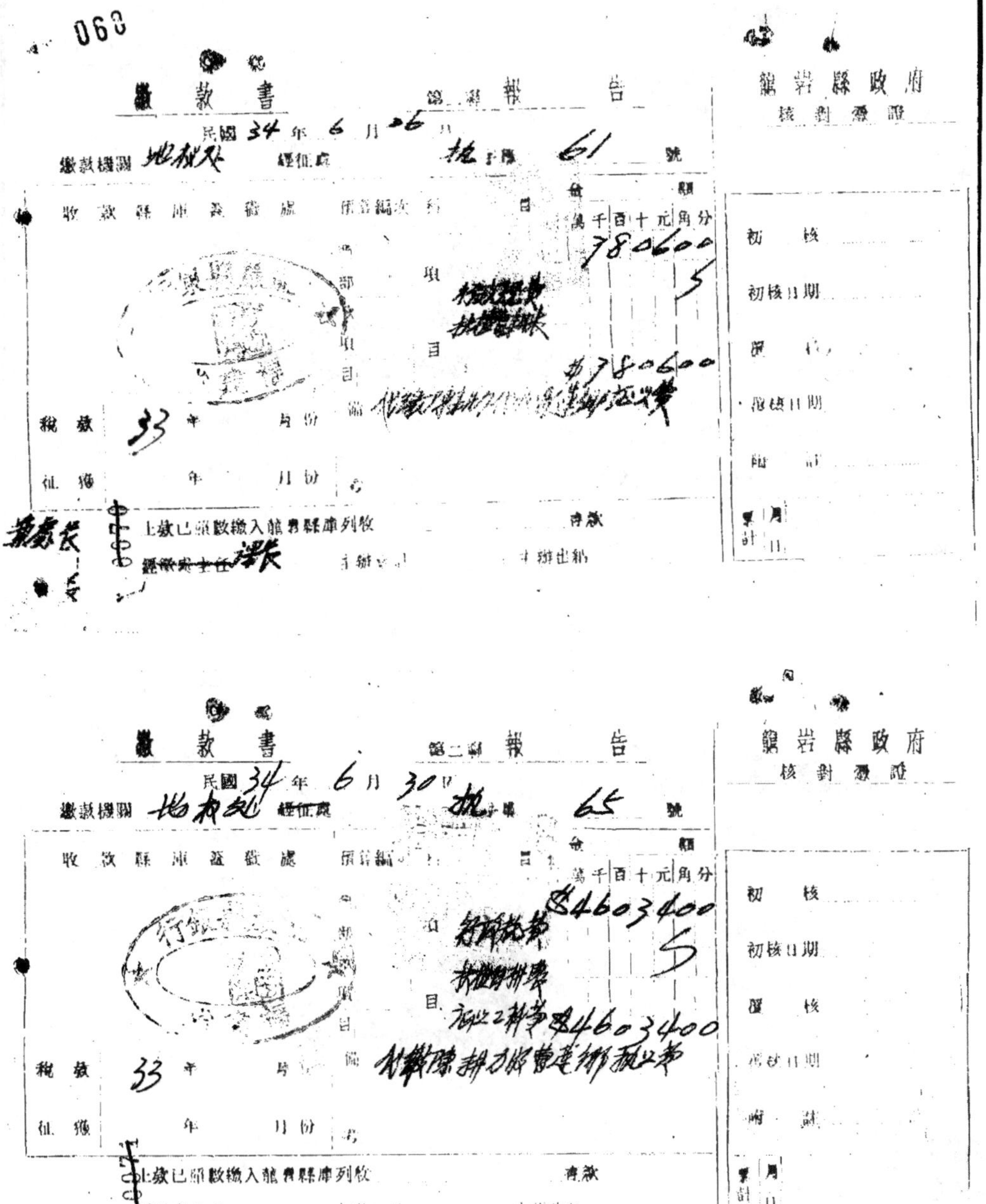

060

繳款書 第一聯 報告

民國34年6月26日

繳款機關 地权处 經征處 抗字第61號

收款縣庫名稱 預算編次 科目 金額 萬千百十元角分 780600

款 項 目

稅款 33年 月份

征獲 年 月份

上款已照數繳入龍岩縣庫列收

經徵處主任 經手辦收款 經手辦出納

龍岩縣政府 核對憑證

初核 初核日期 覆核 覆核日期 會計

繳款書 第二聯 報告

民國34年6月30日

繳款機關 地权处 抗字第65號

收款縣庫名稱 預算編次 科目 金額 萬千百十元角分 $4603400

款 項 目 $4603400

稅款 33年 月份

征獲 年 月份

上款已照數繳入龍岩縣庫列收

經徵處主任 經手辦收款 經手辦出納

龍岩縣政府 核對憑證

初核 初核日期 覆核 覆核日期 會計

龙岩县政府致函地权调整办事处办理扶植自耕农证照公文与工料费凭证(1945 年 12 月)

069

繳款書

民國34年6月30日

繳款機關 地权处 經征處 执字68號

收款縣庫 | 科目：行政规费 扶植自耕農 加工料费 $1614000 | 額 百十元角分 1614000

備註：此款除耕方收带莲乡执照费

稅款 33年 月份

征獲 年 月份

上款已照數繳入龍巖縣庫列收

經徵處主任

龍巖縣政府 核對憑證

初核　初核日期　覆核　覆核日期　附註　累計　月日

繳款書

民國34年7月6日

繳款機關 地權處 执字70號

收款縣庫 | 科目：行政規費 扶植自耕農證照工料费 $1266000 | 額 千百十元角分 $1266000

備註：此款係收蓮鄉執照费國幣壹萬式仟陆百陆十元

稅款 33年 月份

征獲 年 月份

上款已照數繳入龍巖縣庫列收

經徵處主任

龍巖縣政府 核對憑證

初核　初核日期　覆核　覆核日期　附註　累計　月日

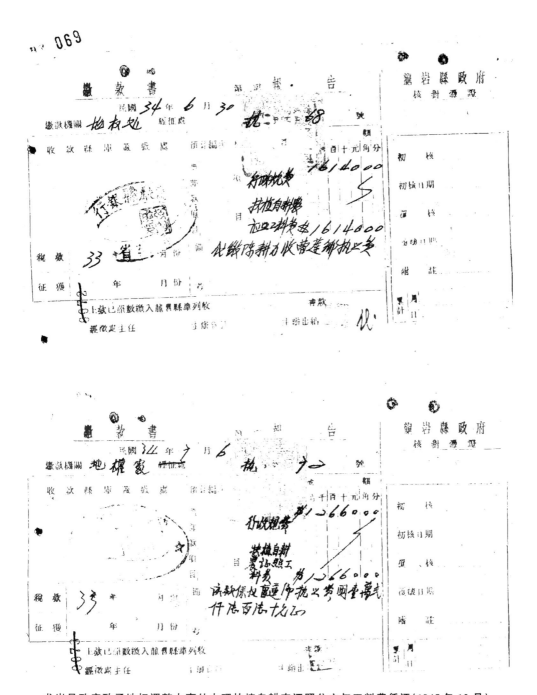

龙岩县政府致函地权调整办事处办理扶植自耕农证照公文与工料费凭证(1945年12月)

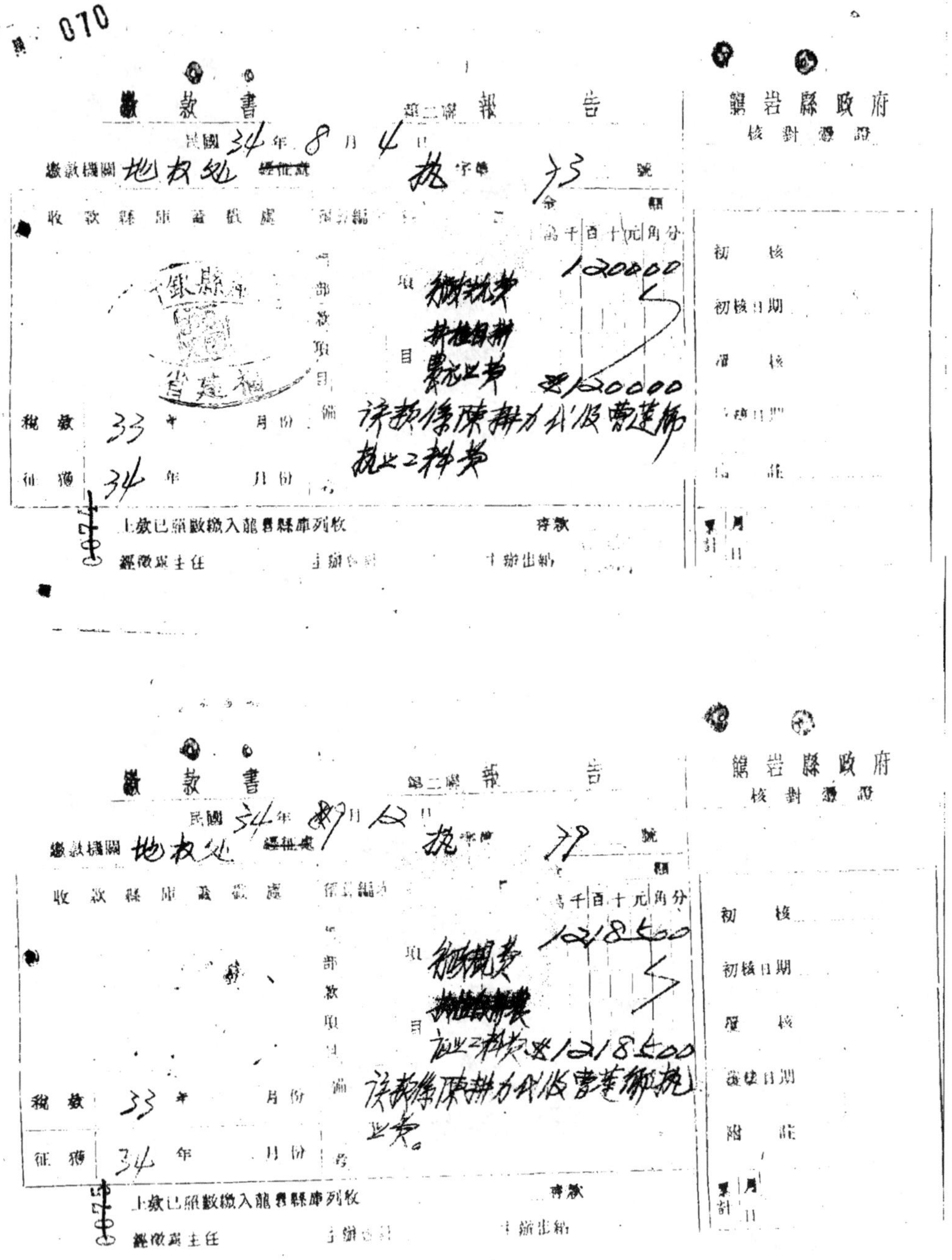
070

繳款書　第二聯　報告　　龍岩縣政府 核對聯

民國34年8月4日

繳款機關 地权处　　扶字第75號

收款縣庫簽收處　　金額 萬千百十元角分 120000

預算科目 部 款 項 目

項 目 扶植自耕农工料费 120000

備 该款係陈耕力代收曾莲扶植工料费

稅款 33年 月份

征獲 34年 月份

上款已照數繳入龍岩縣庫列收　存款

經徵處主任　主辦會計　主辦出納

初核　初核日期　覆核　覆核日期　附註　會計 月日

繳款書　第二聯　報告　　龍岩縣政府 核對聯

民國34年8月12日

繳款機關 地权处　　扶字第77號

收款縣庫簽收處　　金額 萬千百十元角分 1218500

預算科目 部 款 項 目

項 目 扶植自耕农工料费 1218500

備 该款係陈耕力代收曾莲卿扶植工料费。

稅款 33年 月份

征獲 34年 月份

上款已照數繳入龍岩縣庫列收　存款

經徵處主任　主辦會計　主辦出納

初核　初核日期　覆核　覆核日期　附註　會計 月日

龙岩县政府致函地权调整办事处办理扶植自耕农证照公文与工料费凭证(1945年12月)

071

缴款书　　报告

龙岩县政府
核对簿

民国34年1月23日

缴款机关　龙岩县地权调整办事处　字第1号

收款县库盖戳处	预算科目	金额
	款 项 目　卅三年度扶植自耕农证照费	1,500.00
		$1,500.00
	备注　该款係由大同保乡长邱[illegible]缴交	
税款　年　月份		
征缴　年　月份		

上款已领数缴龙岩县库列收　存款

主任　主办会计　主办出纳

初核
初核日期
复核
复核日期
附注
累计　月　日

缴款书　　报告

龙岩县政府
核对簿

民国34年4月19日

缴款机关　龙岩县地权处　字第35号

收款县库盖戳处	预算科目	金额
	项　扶植自耕农证照工料费	1,500.00
		$1,500.00
	代缴[illegible]　大同保执照费	
税款　年　月份		
征缴　年　月份		

上款已照数缴入龙岩县库

征缴机关主任　课长

初核
初核日期
复核
复核日期
附注
累计　月　日

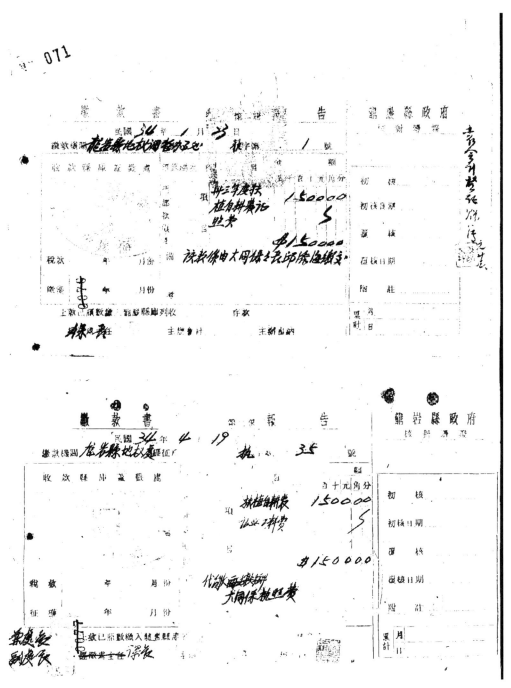

龙岩县政府致函地权调整办事处办理扶植自耕农证照公文与工料费凭证(1945年12月)

072

缴款书　报告　　龙岩县政府 校对联

民国34年4月19日　　号 36

缴款机关 龙岩县地政处 经征处

收款县库名称

扶植自耕农 160000

证照工料费 5

$160000

代缴……证照工料费

税款　年　月份

征缴　年　月份

上款已照数缴入龙岩县县库列收

主任 课长　主办会计　主办出纳

科长

副处长

初核

初核日期

复核

复核日期

附注

累计 月 日

缴款书　报告　　龙岩县政府 校对联

民国34年6月26日　　号 58

缴款机关 地政处 经征处

收款县库名称

扶植自耕农

证照工料费 $285000

285000

5

代缴大同保……证照费

税款 33 年　月份

征缴　年　月份

上款已照数缴入龙岩县县库列收

主任 课长　主办会计　主办出纳

科长

副处长

初核

初核日期

复核

复核日期

附注

累计 月 日

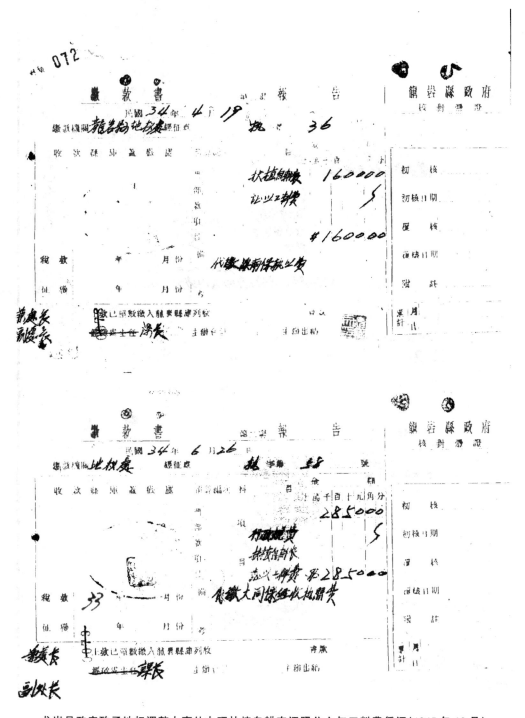

龙岩县政府致函地权调整办事处办理扶植自耕农证照公文与工料费凭证(1945年12月)

073

繳款書　　第二聯　報告

民國34年6月26日

繳款機關 地权处 經征處　　地字第49號

收款縣市金庫	預算編號　科目	金額 萬千百十元角分
	款 項 目 節	59000 5
	以上工料费	¥59000
稅款　33　年　月份	扶植自耕农证照工料费	
征獲　年　月份	号	

上款已照數繳入龍岩縣庫列收　　存款

主辦　　主辦出納

處長

副處長

龍岩縣政府 核對憑證

初核

初核日期

覆核

覆核日期

附註

累計 月 日

繳款書　　第二聯　報告

民國34年6月26日

繳款機關 地权处 經征處　　地字第60號

收款縣市金庫	預算編號　科目	金額 萬千百十元角分
	款 項 目 節	370000 5
	以上工料费	¥370000
稅款　33　年　月份	扶植自耕农证照工料费	
征獲　年　月份	号	

上款已照數繳入龍岩縣庫列收　　存款

主辦　　主辦出納

處長

副處長

龍岩縣政府 核對憑證

初核

初核日期

覆核

覆核日期

附註

累計 月 日

龙岩县政府致函地权调整办事处办理扶植自耕农证照公文与工料费凭证(1945年12月)

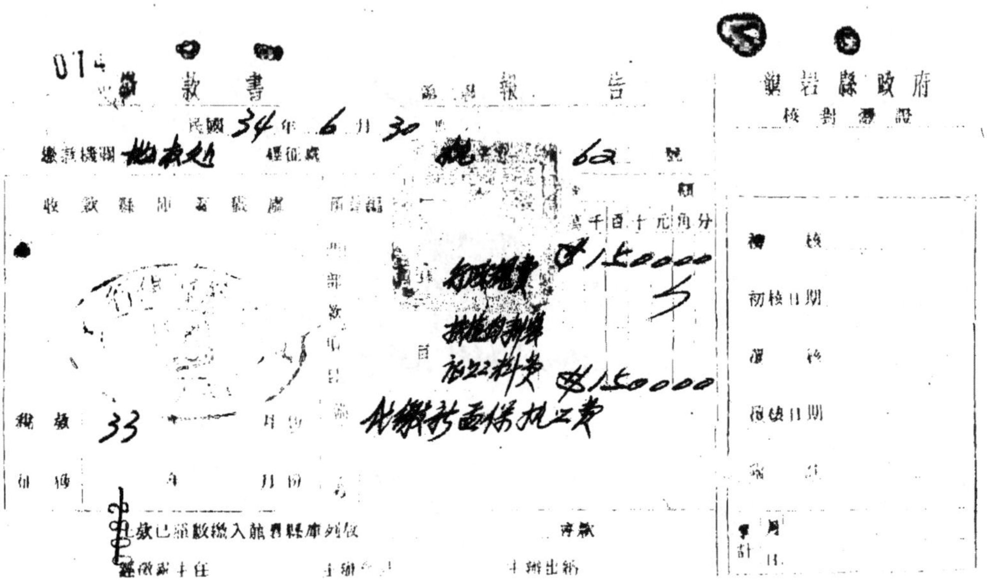

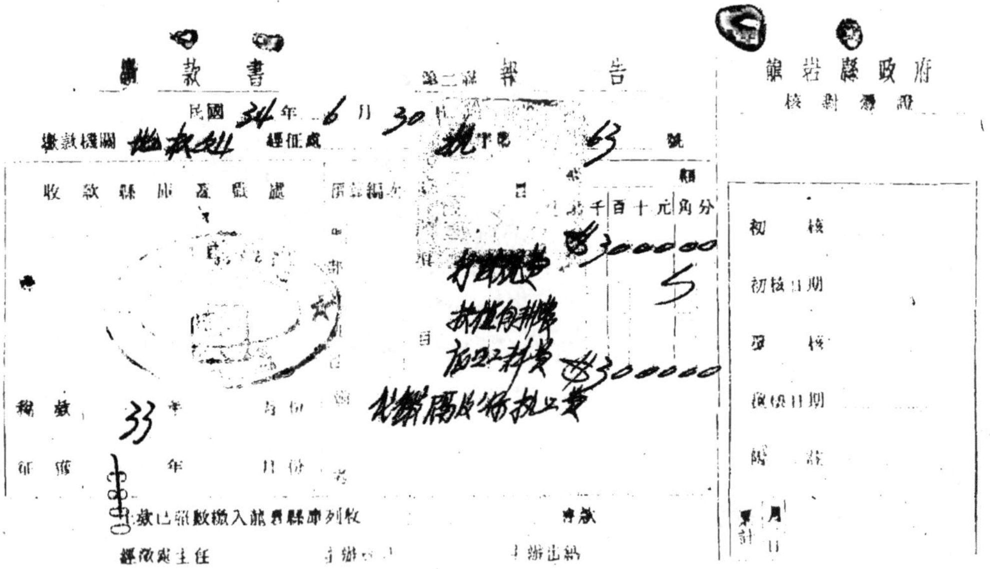

龙岩县政府致函地权调整办事处办理扶植自耕农证照公文与工料费凭证(1945 年 12 月)

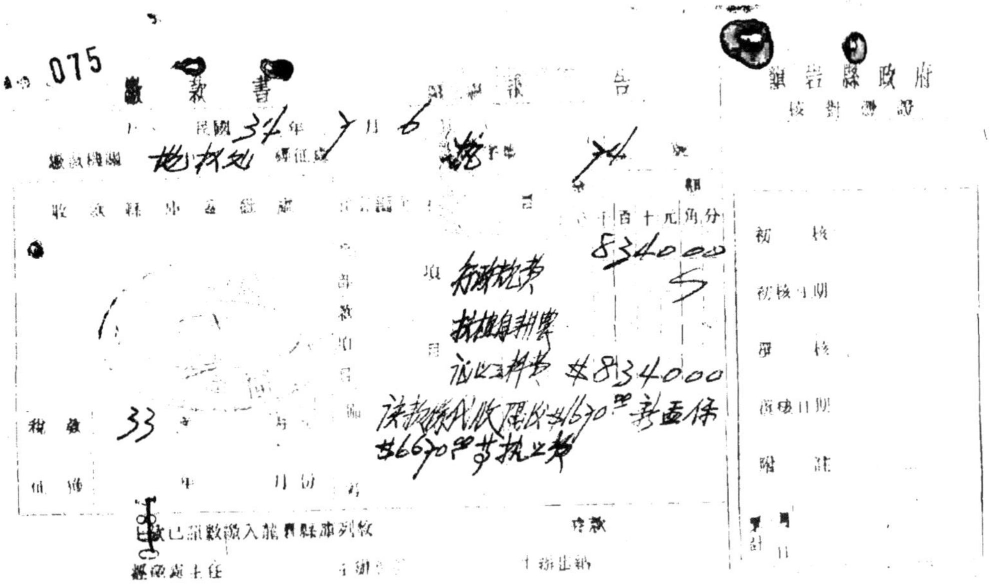
075

缴款书 报告

龙岩县政府 核对证

民国34年7月6日

缴款机关 地权处

字第74号

初核

初核日期

复核

复核日期

附注

$834000

税额 33 年

征额 年 月份

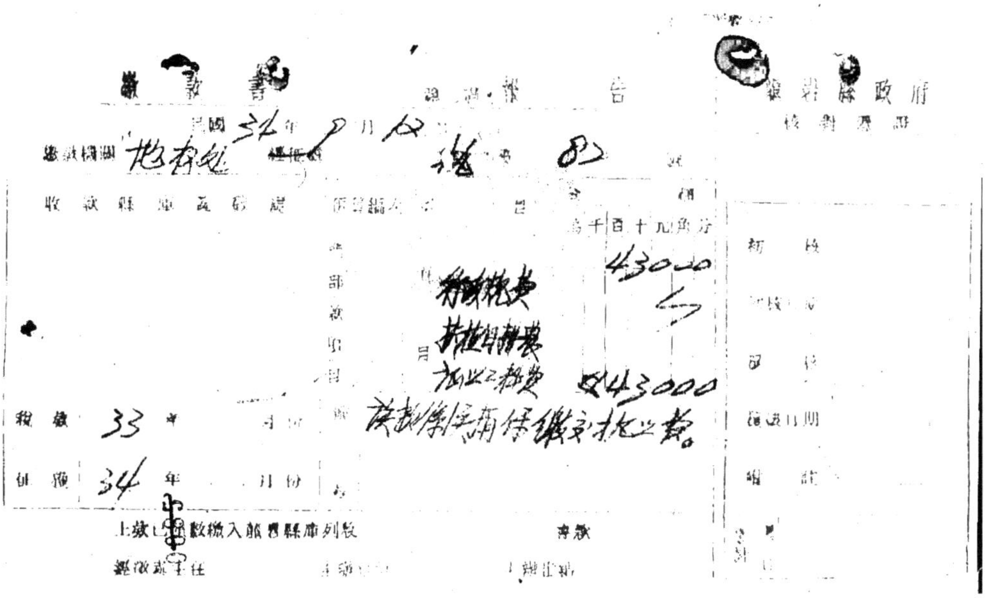
缴款书 报告

龙岩县政府 核对证

民国34年

缴款机关 地权处

字第82号

初核

复核

复核日期

附注

$43000

税额 33 年

征额 34 年 月份

龙岩县政府致函地权调整办事处办理扶植自耕农证照公文与工料费凭证(1945 年 12 月)

卷宗 1-5-1150

001

0088

李科長 明區員 核 建議簽 審計處備查 八·十五

龍巖縣地權調整辦事處公函

事由：改編本處繕照扶植自耕農証照經費月份分配預算表函請查照辦理見覆由

騰未真甲

查本處卅四年度繕造扶植自耕農証照經費二〇六六八一元係列入縣地方預算內唯因原列預算不敷實際需要經編造歲出入追加預算書表呈奉　福建省政府騰卯真府會甲永字第(26451)號代電核准追加扶植自耕農繕照經費一五〇〇〇〇元曾已編具月份分配預算以騰辰齊地處甲字第一三八三號呈請　省府察核各在案現因本處繕照工作人員原支薪津標準極低(每人每月約支薪津代金一六五〇元)所得實不

龙岩县地权调整办事处改编本处缮照扶植自耕农证照费月份分配预算表请查照办理见覆由(1945年8月)

002

足以維持個人最低之生活亦將生活補助費酌予提高致經費不敷二九七六〇元

該項經費經由

貴府編造本縣卅四年度第一次地方歲出入追加預算表呈 省核示中

相應將該項經費計共六五四二八一元改編月份分配預算表二份隨文送請

查照辦理並希見覆為荷！！

此致

龍巖縣政府

附送：繕造扶植自耕農証照經費月份分配預算表二份

處長

龙岩县地权调整办事处改编本处缮照扶植自耕农证照费月份分配预算表请查照办理见覆由(1945 年 8 月)

龍岩縣地權調整辦事處辦理銅江龍門大池小池等四鄉鎮扶植自耕農發給証照經費分配預算書

龙岩县地权调整办事处办理铜江、龙门、大池、小池等四乡镇扶植自耕农发给证照经费分配预算书(1945 年 8 月)

004

龍岩縣地權調整辦事處辦理銅江龍門大池小池等四鄉鎮扶植自耕農發給証照經費分配預算書

歲出臨時門臨時部份卅四年三月份起至卅五年八月份止

款	項	目	名稱	卅四年三月份起至卅五年八月份止預算數	三月份	四月份	五月份	六月份	七月份	八月份	九月份	十月份	十一月份	十二月份	一月份	備考
1			龍岩縣扶植自耕農發給証照事業費	六五四六八〇.〇〇	63010.00	80110.00	128110.00	92485.00	87185.00	62635.00	45085.00	38465.00	27335.00	26435.00	3426.00	
	1		俸給費	九二〇〇.〇〇	1100.00	1600.00	1600.00	1100.00	1100.00	850.00	600.00	500.00	350.00	350.00	50.00	
		1	俸薪	八八三〇.〇〇	1025.00	1565.00	1565.00	1065.00	1065.00	815.00	565.00	465.00	315.00	315.00	50.00	說一
		2	工餉	三五〇.〇〇	35.00	35.00	35.00	35.00	35.00	35.00	35.00	35.00	35.00	35.00	/	說二
	2		辦公費	一三〇四五六.〇〇	24760.00	25360.00	25360.00	19760.00	14460.00	6160.00	4860.00	2740.00	3360.00	2260.00	176.00	
		1	印刷費	八九九〇〇.〇〇	20000.00	20000.00	20000.00	15000.00	10000.00	2000.00	1000.00	1000.00	900.00	/	/	說三
		2	文具	一〇四四〇.〇〇	1260.00	1860.00	1860.00	1260.00	1260.00	960.00	660.00	840.00	360.00	360.00	60.00	說四

龙岩县地权调整办事处办理铜江、龙门、大池、小池等四乡镇扶植自耕农发给证照经费分配预算书(1945 年 8 月)

				005
		3	-	
2	1		4	3
食米代金	生活補助費	戰時生活補助費	雜支	搬運費
〡〤〥〢〇〇〇〇	〣〦〡〤〢〥〇〇	〥〡〣〦〢〥〇〇	〢〨〡〡〦〇〇	〣〇〇〇〇〇
17400.00	17750.00	37150.00	3000.00	500.00
25400.00	27750.00	53150.00	3000.00	500.00
25400.00	75750.00	101150.00	3000.00	500.00
17400.00	34225.00	71625.00	3000.00	500.00
17400.00	34225.00	71625.00	3000.00	200.00
13400.00	24225.00	55625.00	3000.00	200.00
9400.00	30225.00	39625.00	3000.00	200.00
7800.00	23425.00	33225.00	3000.00	200.00
5400.00	18225.00	23625.00	2000.00	100.00
5400.00	18225.00	23625.00	2000.00	100.00
800.00	2400.00	3200.00	116.00	/
		註七	註六	註五

註八：繕校所有權執照六七〇〇〇張每人每月繕三六〇〇張每人每月校對六〇〇〇張繕使用權、証明書一四〇〇〇張（每張以四起計）約五六〇〇〇起每人每月繕四〇〇〇起每人每月校對六〇〇〇起合計約需五六個月
繕撥還地價契約批迴八〇〇〇張每人每月繕一五〇〇張每人每月校對三〇〇〇張約需八個半月
計算撥還地價本息八〇〇〇戶每人每月計算二五〇〇戶每人每月複算二五〇〇戶約需六個半月
繕農民承領土地之價本息通知單八〇〇〇戶每人每月繕二五〇〇戶約需三個半月
繕造權利申報公告冊四四〇〇〇起每人每月繕六〇〇〇起每人每月校對一二〇〇〇起約需十一個月

龙岩县地权调整办事处办理铜江、龙门、大池、小池等四乡镇扶植自耕农发给证照经费分配预算书(1945 年 8 月)

006 ~~198~~

辦理業佃登記冊紙領户冊粮户底冊移轉登記各二五〇〇〇起（粮户底冊包括收付兩方起數增加一倍）每人每月移轉三〇〇〇起約需三四個月

校繪紙地聯絡圖六七〇〇〇起更正複丈圖五八〇〇起每人每月繪八〇〇〇〇起每人每月校對二〇〇〇〇起每人每月更正三六〇〇起合計約需十八個月

計算複算地價各六七〇〇〇起每人每月計算三〇〇〇〇起每人每月複算四五〇〇〇起約需四個月

填發所有權執照使用權證明書計六七〇〇〇張每人每月填發五〇〇〇張約需十三個月

办理不屬上列各項事务（什务）約需十九個半月

以上統計約需八六四個月每人每月平均支薪俸五〇元（按成績數量照呈省核准之單位支給）另設管理員一人月支薪俸六五元以拾個月計（自四月份起至三十五年一月份止應需如上數

說二：公役一人月支工餉三五元以拾個月計約需如上數

說三：所有權執照除原存外增印五七〇〇〇張每百張約八〇元使用權證明書除原存外增印九〇〇〇張（附批迴）每百張約三二〇元計需七四四〇〇元

龙岩县地权调整办事处办理铜江、龙门、大池、小池等四乡镇扶植自耕农发给证照经费分配预算书(1945 年 8 月)

007

排還地價契約八〇〇〇張每百張約一〇〇元權利申報書五〇〇〇張每百張約五〇元
計需一〇五〇〇元其他印刷費五〇〇〇元合需如上數
說四：筆墨及其他應需文具每人每月約支六〇元以一七四個月計其應需如上數
說五：搬運証照等件至各鄉鎮公所之挑力應需如上數
說六：印泥油墨木戳打印水及茶水薪炭等約需如上數
說七：生活補助費按成績數量照獎有核准之案依支給自三月份起至四月份止
每人每月平均約支國幣八〇〇元以五〇個月計五月份起至卅五年一月份止
每人每月約支二四〇〇元以一一四個月計另設管理員一人按照縣級人員待遇
(自三月份起至五月份止月支基本數一五〇〇元加成數一〇成六月份起至十二
月份止月支基本數三〇〇〇元加成數二五〇成工役一人按縣級公役規定待遇
發給月約支一六〇〇元以拾個月計合需如上數
伙食代金每人每月按成績數量照規定單位支給平均每人約支國幣一
〇〇元連管理員在內以一七四個月計另工役一人按縣級公役待遇發給月約
支六〇〇元以拾個月計合需如上數

龙岩县地权调整办事处办理铜江、龙门、大池、小池等四乡镇扶植自耕农发给证照经费分配预算书(1945年8月)

中華民國三十四年八月　日

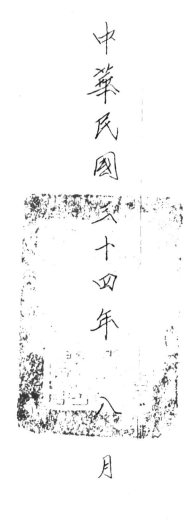

龍岩縣縣長兼地權調整辦事處處長　馬兆豐
龍岩縣地權調整辦事處副處長　易劍民

龙岩县地权调整办事处办理铜江、龙门、大池、小池等四乡镇扶植自耕农发给证照经费分配预算书(1945年8月)

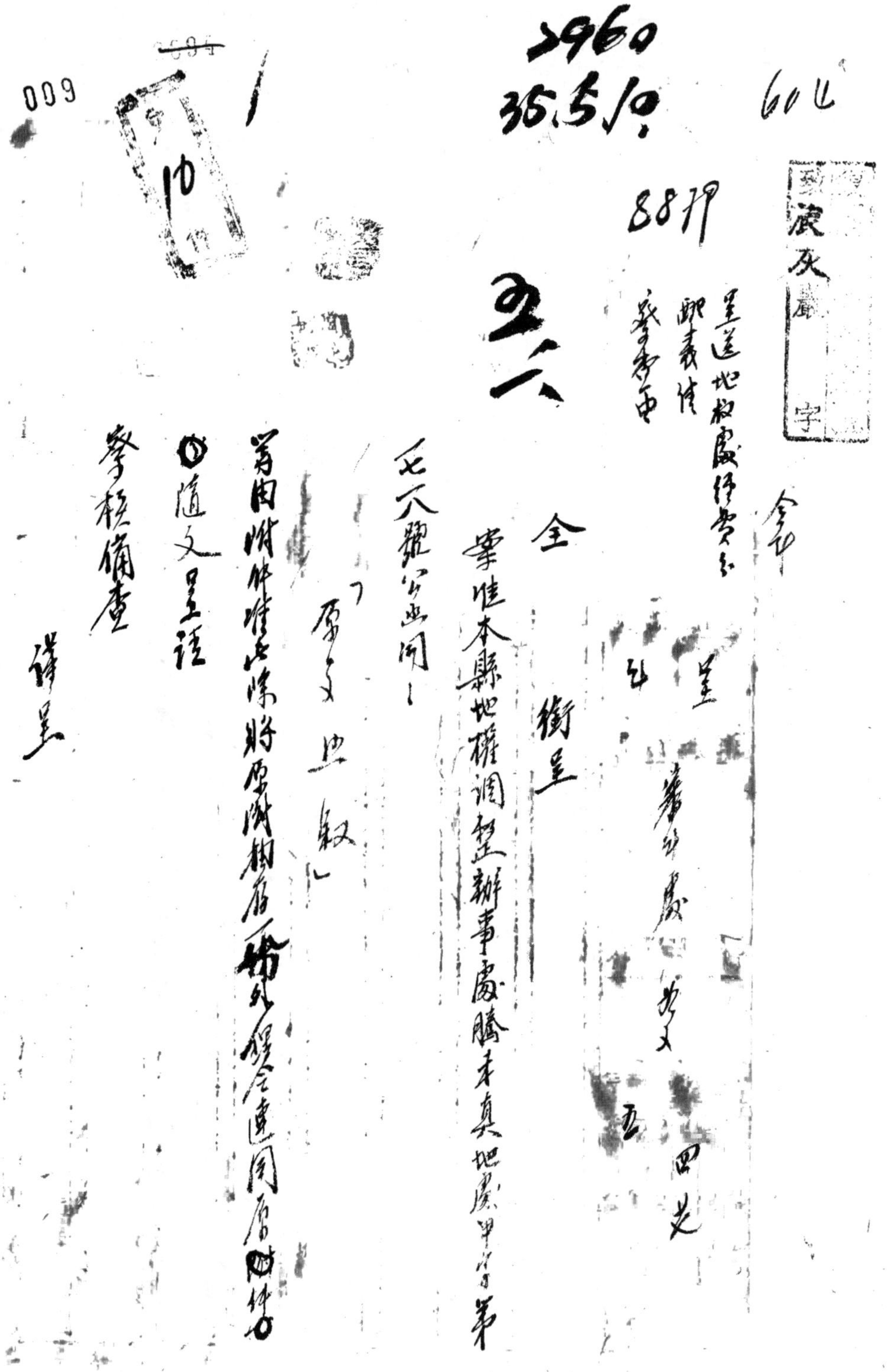
呈送地权處经费分配表請
察核由

令

呈 審計處 四是

全銜呈

案准本縣地權調整辦事處騰本真地處甲字第

七八號公函開

原文照敘

等由附件准此除將原附表另行呈報外理合檢同原附件

○隨文呈請

鑒核備查

謹呈

龙岩县政府呈送审计部福建省审计处地权处经费分配表请察核由(1946 年 5 月)

010

審計部福建省審計處處長劉

附呈地權處經費分配表一份

全銜 名

龙岩县政府呈送审计部福建省审计处地权处经费分配表请察核由(1946 年 5 月)

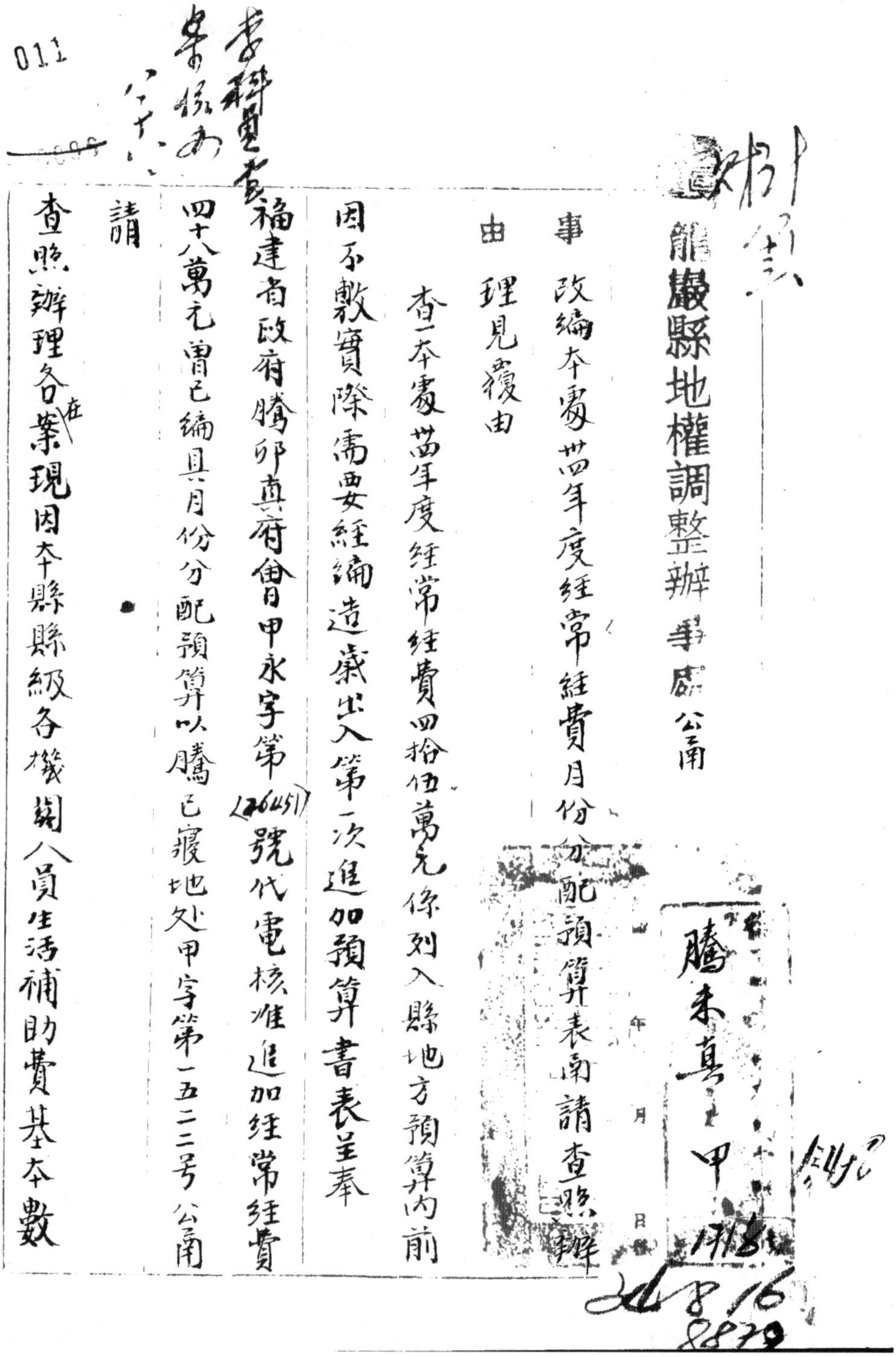
龍巖縣地權調整辦事處公函

事由：改編本處卅四年度經常經費月份分配預算表函請查照辦理見覆由

查本處卅四年度經常經費四拾伍萬元係列入縣地方預算內，前因不敷實際需要，經編造歲出入第一次追加預算書表呈奉
福建省政府騰卯真府會甲永字第(26451)號代電核准追加經常經費四十八萬元，當已編具月份分配預算，以騰巳寢地处甲字第一五二二号公函
請
查照辦理各在案。現因本縣縣級各機關人員生活補助費基本數

騰未真 甲 1318

龙岩县地权调整办事处改编三十四年度经费分配预算表函请照查办理见覆由(1945 年 8 月)

012

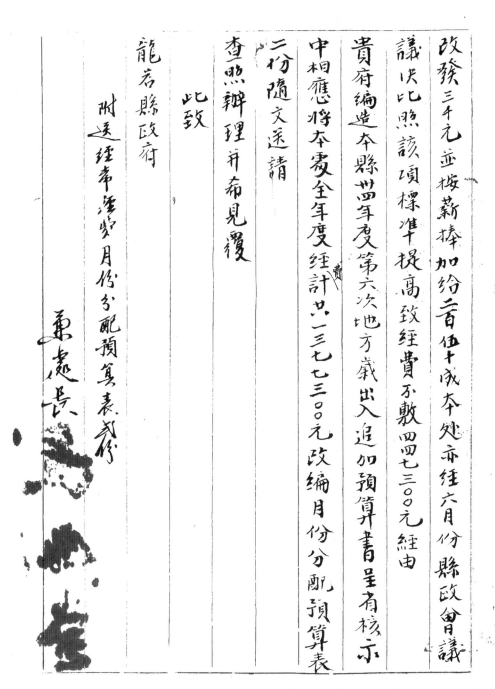

改發三千元並按薪俸加给二百伍十成本处亦经六月份縣政會議
議決比照該項標準提高致經費不敷四四七三〇〇元經由
貴府編造本縣卅四年度第六次地方歲出入追加預算書呈省核示
中相應將本處全年度經費計共一三七七三〇〇元改編月份分配預算表
二份隨文送請
查照辦理并希見覆

此致

龍岩縣政府

附送經常經費月份分配預算表貳份

兼處長

龙岩县地权调整办事处改编三十四年度经费分配预算表函请照查办理见覆由(1945 年 8 月)

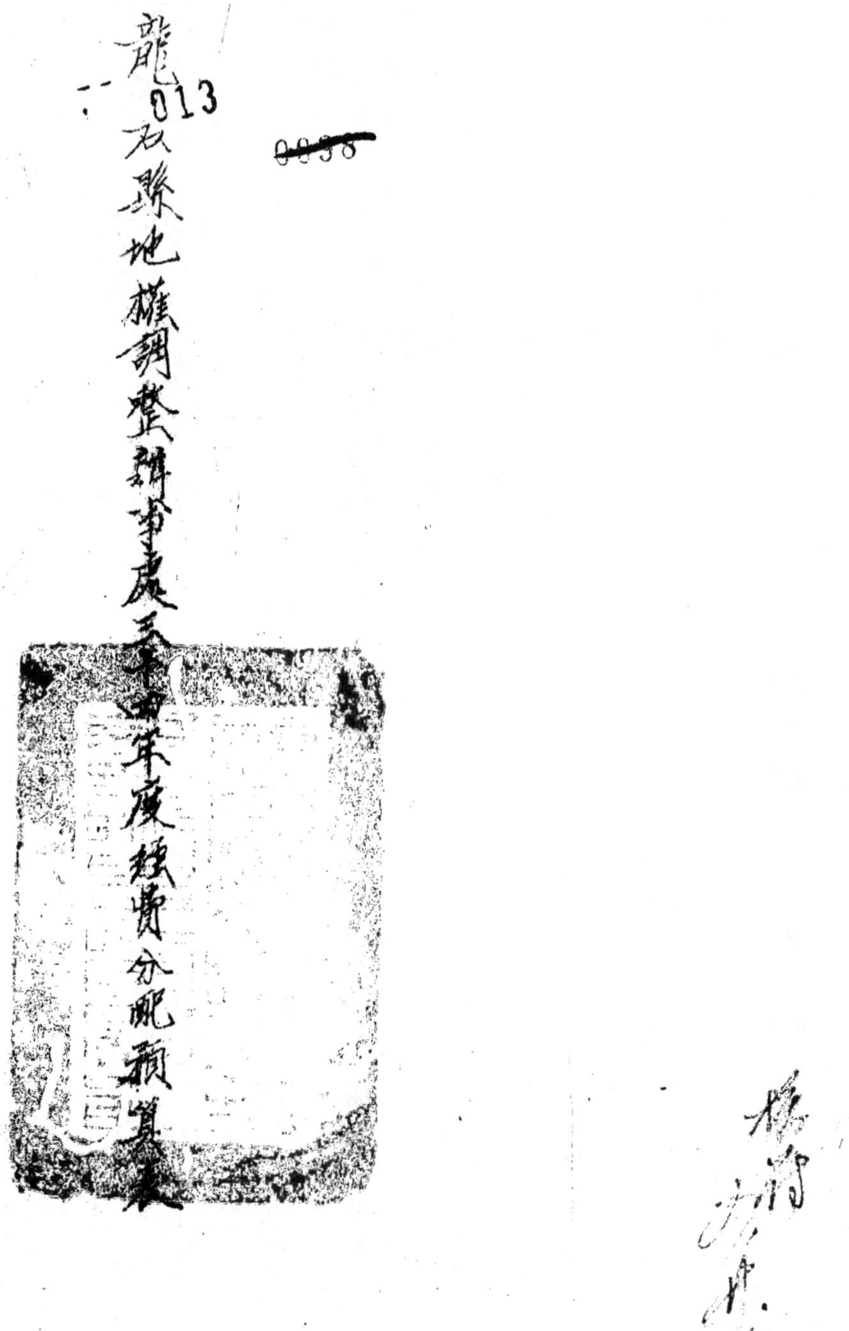
013
~~0038~~
龍岩縣地權調整辦事處三十四年度經費分配預算表

龙岩县地权调整办事处三十四年度经费分配预算表(1945 年 8 月)

011 0092

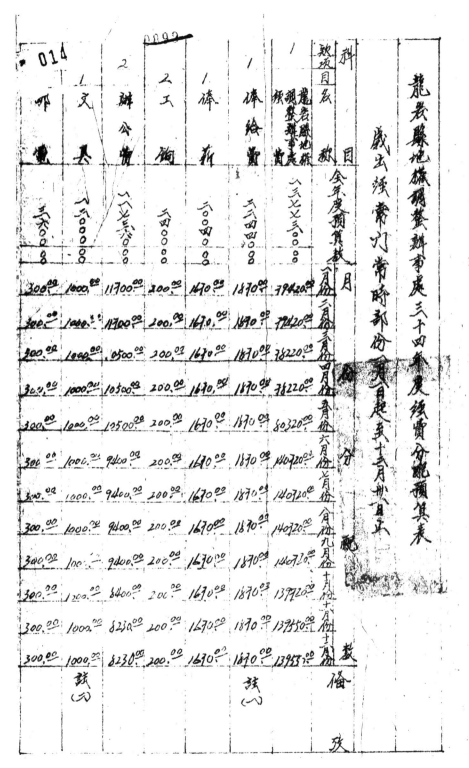

龍岩縣地權調整辦事處三十四年度經費分配預算表

歲出經常門常時部份八月起至十二月卅一日止

科目（款項目名称）	1 龍岩縣地權調整辦事處經費	1 俸給費	1 俸薪	2 工餉	2 辦公費	1 文具	郵電
全年度預算數	一三七七三〇〇.00	二二四四〇.00	二〇〇四〇.00	二四〇〇.00	一一七三六〇.00	一二〇〇〇.00	三六〇〇.00
一月份	79420.00	1870.00	1670.00	200.00	11700.00	1000.00	300.00
二月份	79420.00	1870.00	1670.00	200.00	11700.00	1000.00	300.00
三月份	78220.00	1870.00	1670.00	200.00	10500.00	1000.00	300.00
四月份	78220.00	1870.00	1670.00	200.00	10500.00	1000.00	300.00
五月份	80320.00	1870.00	1670.00	200.00	12500.00	1000.00	300.00
六月份	140720.00	1870.00	1670.00	200.00	9400.00	1000.00	300.00
七月份	140720.00	1870.00	1670.00	200.00	9400.00	1000.00	300.00
八月份	140720.00	1870.00	1670.00	200.00	9400.00	1000.00	300.00
九月份	140720.00	1870.00	1670.00	200.00	9400.00	[illegible]	300.00
十月份	139720.00	1870.00	1670.00	[illegible]	8400.00	[illegible]	300.00
十一月份	139550.00	1870.00	1670.00	200.00	8230.00	1000.00	300.00
十二月份	139550.00	1870.00	1670.00	200.00	8230.00	1000.00	300.00
備考		說(八)				說(六)	

龙岩县地权调整办事处三十四年度经费分配预算表(1945 年 8 月)

015

	4			3						
1		2	1		8	7	6	5	4	
特别办公费	特别费	食米代金	生活补助费	战时生活补助费	什支	外勤费	旅运费	宣传费	购置费	印刷
二四〇〇.00	八四四〇〇.00	二二〇五〇〇.00	一〇〇二九〇〇.00	一二二二八〇〇.00	八四〇〇.00	二五二〇〇.00	二四〇〇〇.00	八九六〇.00	六七〇〇.00	二八〇〇〇.00
200.00	1800.00	16950.00	47700.00	64650.00	700.00	2100.00	2000.00	1000.00	600.00	4000.00
200.00	1200.00	16950.00	47700.00	64650.00	700.00	2100.00	2000.00	1000.00	600.00	4000.00
200.00	1200.00	16950.00	47700.00	64650.00	700.00	2100.00	2000.00	800.00	600.00	3000.00
200.00	1200.00	16950.00	47700.00	64650.00	700.00	2100.00	2000.00	800.00	600.00	3000.00
200.00	1200.00	19050.00	47700.00	66750.00	700.00	2100.00	2000.00	800.00	600.00	3000.00
200.00	1200.00	19050.00	109200.00	128250.00	700.00	2100.00	2000.00	700.00	600.00	[illegible]
200.00	1200.00	19050.00	109200.00	128250.00	700.00	2100.00	2000.00	700.00	600.00	[illegible]
200.00	1200.00	19050.00	109200.00	128250.00	700.00	2100.00	2000.00	700.00	600.00	2000.00
200.00	1200.00	19050.00	109200.00	128250.00	700.00	2100.00	2000.00	700.00	600.00	2000.00
200.00	1200.00	19050.00	109200.00	128250.00	700.00	2100.00	2000.00	700.00	600.00	1000.00
200.00	1200.00	19050.00	109200.00	128250.00	700.00	2100.00	2000.00	530.00	100.00	1000.00
200.00	1200.00	19050.00	109200.00	128250.00	700.00	2100.00	2000.00	530.00	600.00	1000.00
	註(八)	註(七)	註(六)			註(五)	註(四)			註(三)

龙岩县地权调整办事处三十四年度经费分配预算表(1945 年 8 月)

2
其他特別費
一二〇〇〇
1000.00
1000.00
1000.00
1000.00
1000.00
1000.00
1000.00
1000.00
1000.00
1000.00
1000.00
1000.00

註(一)：副處長一員月支俸薪二〇〇元課長二員各月支薪一〇〇元課員五員各月支薪九〇元測量員四員各月支薪八〇元辦事員[illegible]二員各月支薪六〇元公役五人各月支餉四〇元合計支如上數

註(二)：本處職員十九人每人月需筆墨四〇元再加其他紙張文具等件月約需二四〇元合計支如上數

註(三)：收件登記簿承領土地申請書補償地價清冊付款通知書油墨臘紙及其他應用表格印刷費約需如上數

註(四)：督導人員出差旅費及公物搬運費約需如上數

註(五)：課員三員辦事員三員測量員四員每日約支外勤費七元計需如上數

註(六)：生活補助費照縣級人員同等待遇支給計職員十九人自一至五月份止每月各支生津一五〇〇元又薪俸加一〇〇成公役五人月給副食費五〇〇元自六月份起生津提高每人發給三〇〇〇元又薪津加一五〇成公役副食費支給一五〇〇元全年計支如上數

七)：職員十九人照年歷發給食米每人約領十斗公役五人每人月給食米二斗自一至四月份止每斗以限價(每斤五三八元)發給代金八〇七〇元五月份起每斗以限價(每斤六九元)折發代金九〇九〇元全年計需如上數

註(八)：副處長月支特別辦公費六〇〇元及其他特別費每月約需一〇〇〇元合計如上數

016

~~015~~

龙岩县地权调整办事处三十四年度经费分配预算表(1945 年 8 月)

017

~~0101~~

龍岩縣地權調整辦事處處長馬兆奎

龍岩縣地權調整辦事處副處長詹劍臣

中華民國三十四年八月　日

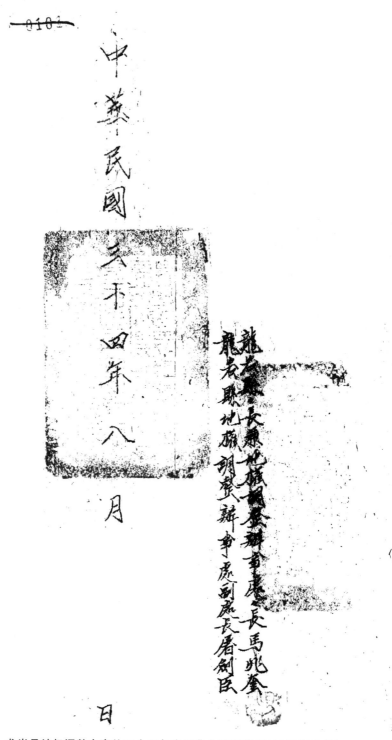

龙岩县地权调整办事处三十四年度经费分配预算表(1945年8月)

018

3503

35.5.29

1089

613

五函

准函送抵押权收据及缴款书照收复请查照由

府 衔公函

案准

贵处致卯哿地处甲字第二五二九号公函略以[illegible]村抵押权公证费及剩余款解库检送收据及缴款书报告联各一份请查照办理见复等由，该项收据及缴款书业已照收，相应复请查照为荷。此致

龙岩县地政科[illegible]

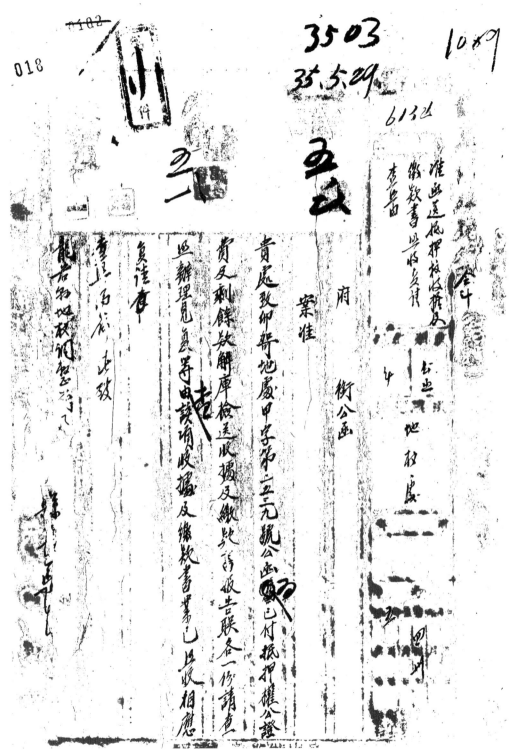

龙岩县政府准函送抵押权收据及缴款书照收复请查照由(1946 年 5 月)

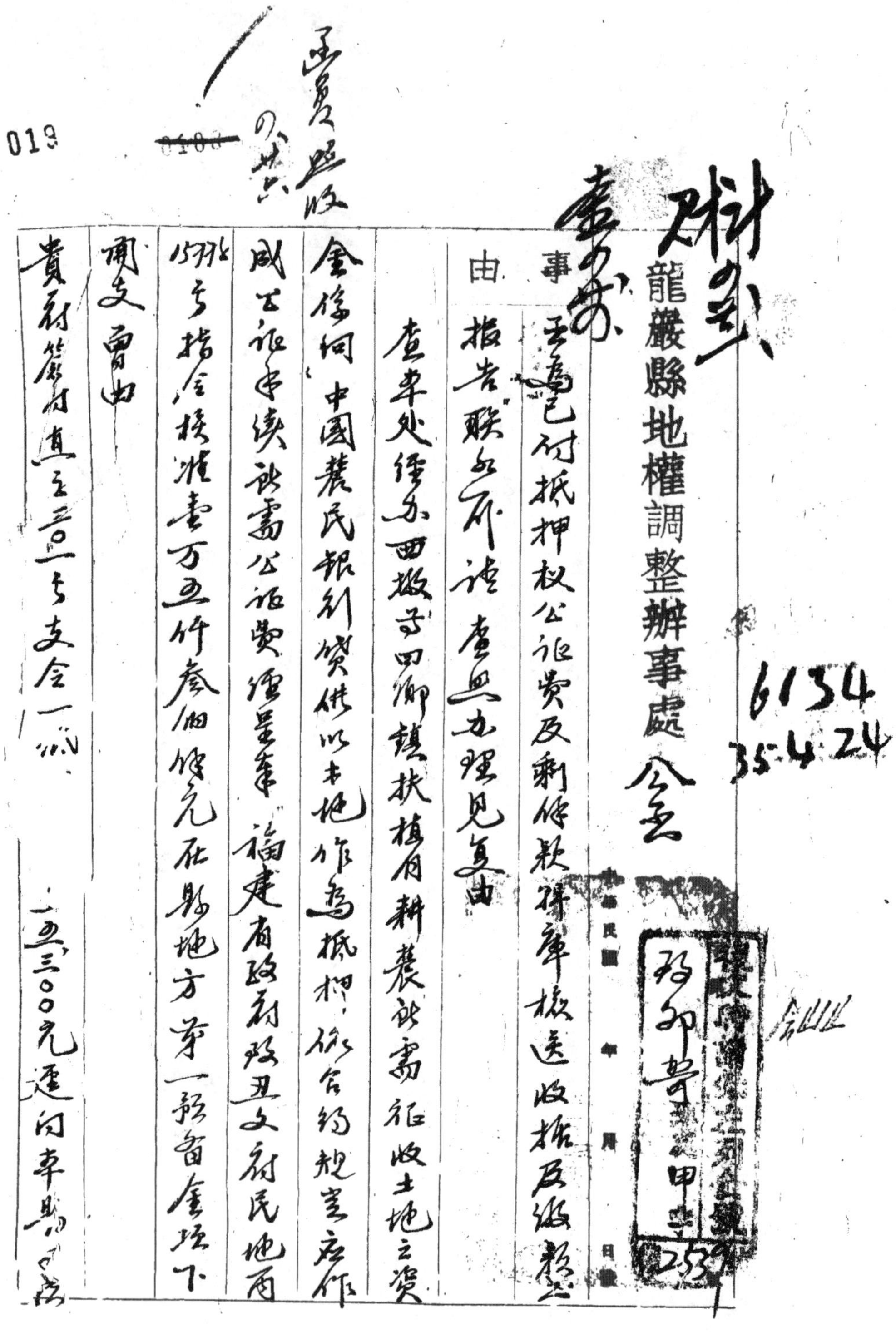

龍巖縣地權調整辦事處公函

事由：為已付抵押权公证费及剩余款解库检送收据及缴款书报告联合各一份请查照办理见复由

查本处经办西陂苏坂乡镇扶植自耕农所需征收土地之资金系向中国农民银行贷借以土地作为抵押，依合约规定应作成公证手续，所需公证费经呈奉福建省政府财丑文府民地甬15336号指令核准壹万五仟叁佰[illegible]元在县地方第一预备金项下
贵府签付直五三〇一号支令一纸一五三〇〇元连同本县……

龙岩县地权调整办事处函为已付抵押权公证费及剩余款解库检送收据及缴款书报告联合各一份请查收办理见覆由(1946 年 4 月)

023

0104

处办理前项公证手续缴付公证费国币一五〇〇元计剩余二九〇〇元业已解缴县库，相应检同司法处公证费收据及县库缴款书报告联各一份送请

查照办理见复为荷！

此致

龙岩县政府

附送司法处公证费收据、县库缴款书报告联各一纸

兼处长 [illegible]

龙岩县地权调整办事处函为已付抵押权公证费及剩余款解库检送收据及缴款书报告联合各一份请查收办理见覆由(1946年4月)

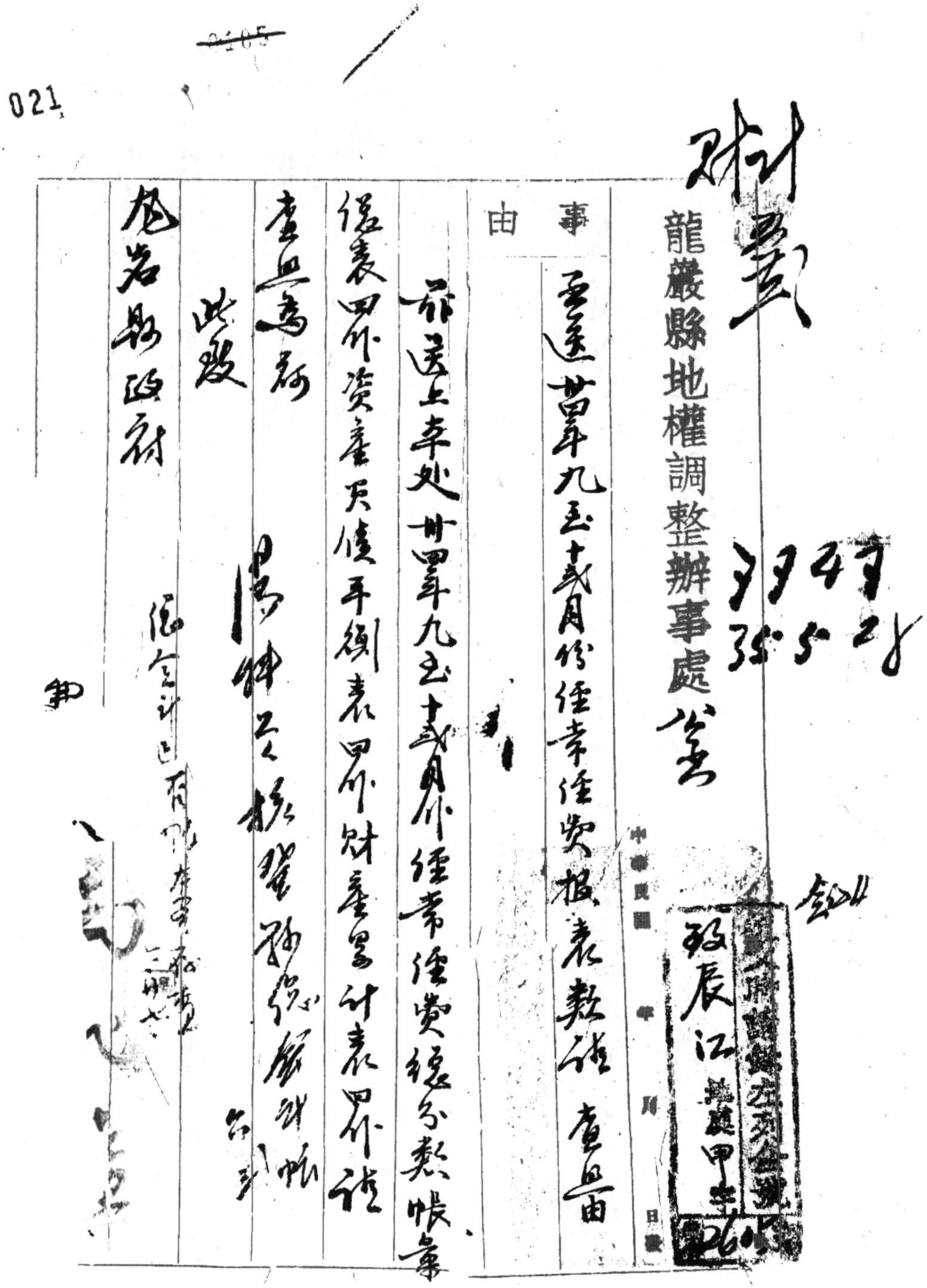

龍巖縣地權調整辦事處箋

事由　函送卅四年九至十二月份經常費報表類請查照由

茲送上本处卅四年九至十二月份經常經費總分類帳彙總表四份資產負債平衡表四份財產目錄計表四份請查照為荷

此致

龍岩縣政府

處長 江

中華民國　年　月　日發

龙岩县地权调整办事处函送三十四年九月至十二月份经常费报表类请查照由(1946 年 5 月)

022

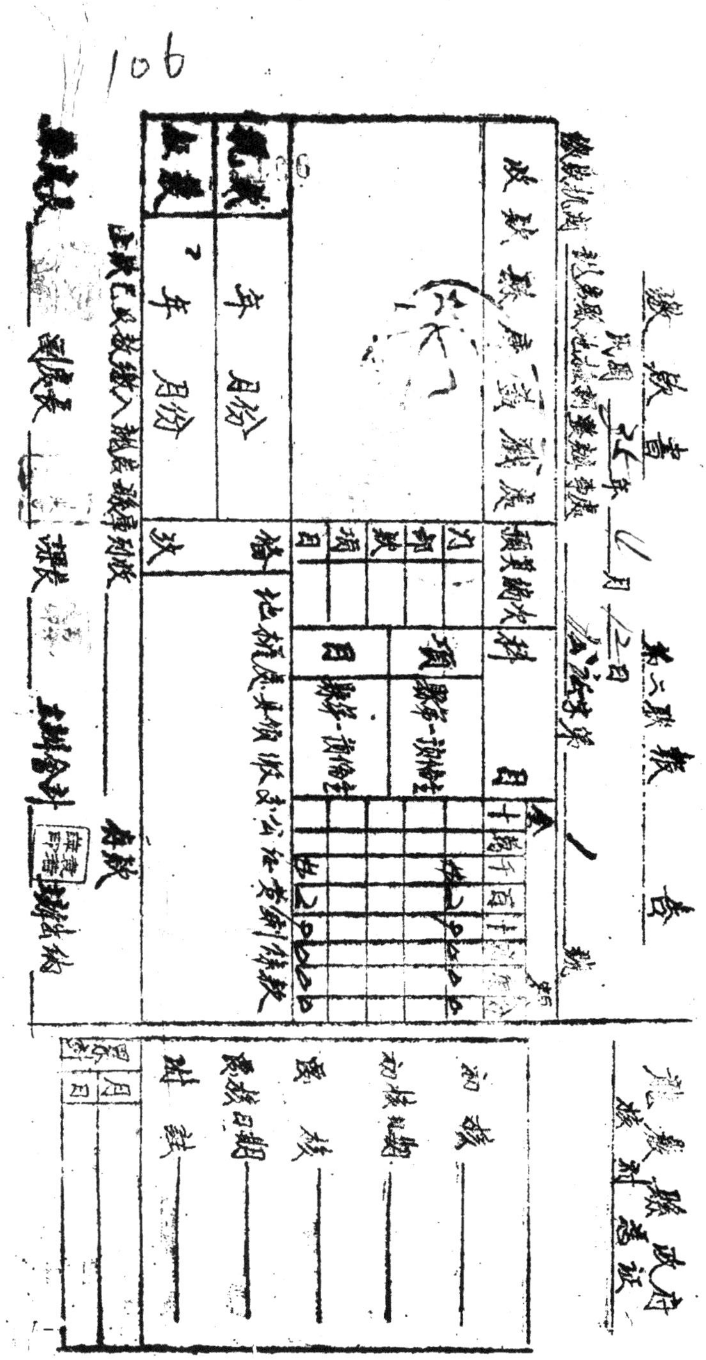
缴款书　第二联　报告
民国35年6月12日
缴款机关　龙岩县地权调整办事处　公诉字第　1　号

收款县库	预算编次	科目		金额
	内部款项目	项	县第一预备金	[illegible]
		目	县第一预备金	[illegible]

		备考	地权处具领收支公征费剩余款
税款	年　月份		
收入	年　月份		

上款已如数缴入龙岩县库列收　存款
县长　副处长　课长　主办会计　主办出纳

龙岩县政府　核对凭证
初核
初核日期
覆核
覆核日期
附注
月　日

龙岩县地权调整办事处缴款书(1946年5月)

023

代用司法印紙聯單

(收　　據)

征費機關

繳款人　龍岩縣政府

案號　年度　字第　號

案由

標的　五〇〇,〇〇〇元

費別　公証費

征費數目　國幣[illegible]圓

備註

中華民國卅五年四月十一日收費員

014951

代用司法印纸联单(收据)(1946 年 4 月)

024

~~0108~~

龍巖縣地權調整辦事處
資產負債平衡表

经常经费

中華民國 34 年 11 月 30 日（34 年度第 11 號第 全 頁）

資產	金額 小計	金額 合計	負債	金額 小計	金額 合計
普通经费存款		12562.14	[illegible]放款		216.50
另用金		2500.00	[illegible]收款		10465.90
应领经费		27727.00	[illegible]费剩余		[illegible]768.78
暂付款		34731.04			
合計		[illegible]	合計		[illegible]

處長　　副處長　　課員　　會計人員 [stamp: 陈汉印若]　　覆核

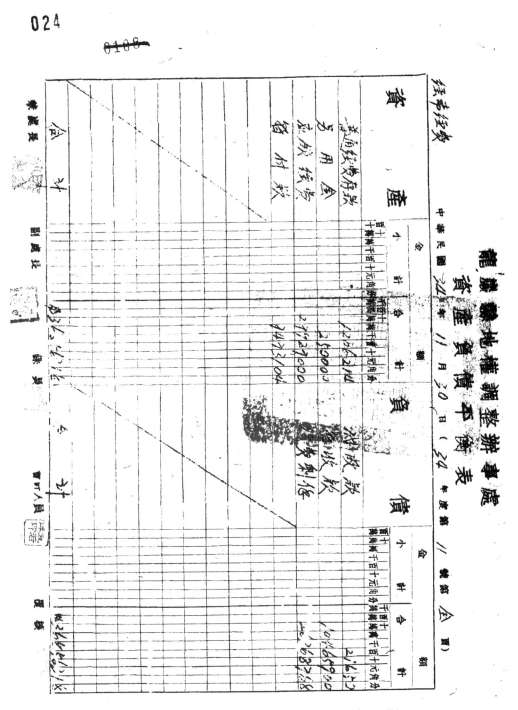

龙岩县地权调整办事处资产负债平衡表(1945 年 11 月)

龍巖縣地權

總分類

[illegible]經費　　中華民國 34 年 11 月 1 日起至 34 年

借：上月底餘額	本月總數	本月底餘額	方：截至本月止經費分配數剩餘	會計科目
45104	41432100	1206214		現
250000		250000		
28044000		12972000		
910904	13698300	14731014		
	4881100			
	166500	166500	375775	付
	1177100	1177100	2526076	
	40000	40000	600006	
	12576000	12576000	3782659.3	生活
合 [illegible]	[illegible]	[illegible]	[illegible]	合

兼處長　　副處長　　課長

龙岩县地权调整办事处总分类账汇总表(1945年11月)

…墾周整辦事處 ——

…賬彙總表

11 月 31 日止（ 34 年度第 11 號第 全 頁）

會計科目	截至本月止歲入分配數餘剩	本月底餘額	本月總數	上月底餘額
資產				
金				
經費存款			40270990	
周用金				
領經費			14072000	
財 …			7136100	
負債				
收 … 款		21650	910	20740
收 … 款		10465900	12511100	2835900
剩 餘		26393368		26373368
支出				
經 … 費				
公 … 費				
劃 …				
補助 …				
計		[illegible]	73991100	29250008

覆核　　　　　　會計人員

龙岩县地权调整办事处总分类账汇总表(1945 年 11 月)

027

~~0110~~

龍巖縣地權調整辦事處

資產負債平衡表

經常經費　　中華民國 34 年 10 月 30 日（34 年度第 10 號第 壹 頁）

資產	金額 小計	金額 合計	負債	金額 小計	金額 合計
普通經費存款		451.04	代收款		203.40
零用金		2500.00	暫收款		28359.00
應收經費		280440.00	經費剩餘		26[illegible]933.68
暫付款		9109.04			
合計		292400.08	合計		292500.08

兼處長　　副處長　　課員　　會計人員　　覆核

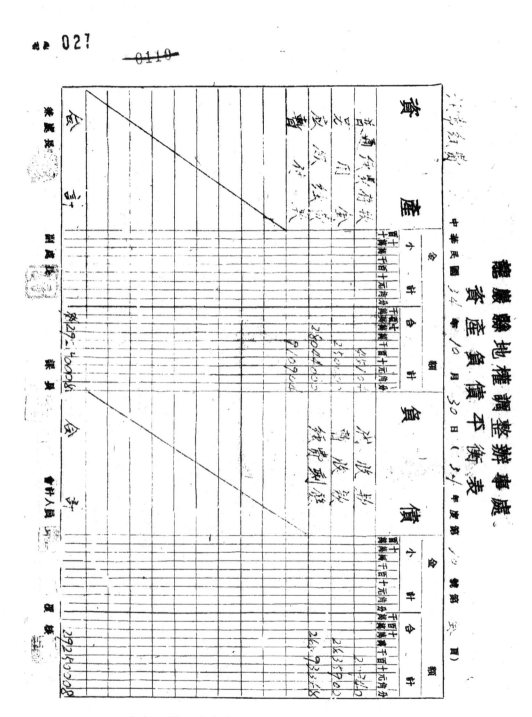

龙岩县地权调整办事处资产负债平衡表(1945年10月)

龍巖縣地權……

總分類……

經常經費

中華民國 34 年 月 1 日起至 34 年 ……

借方：上月底餘額	本月總數	本月底餘額	截至本月止經費分配數餘額	會計
6441194	31726500	45104		現…
250000	0	250000		
28114000	0	14072000		
13641904	13190500	910104		
	0			代…
	3536800			
	0			
	166500	166500	[illegible]	
	795000	795000	20900	
	11291000	11291000	5631[illegible]	
	840000	840000	12[illegible]	
48477098	28537[illegible]600	28370508	39485566	

兼處長　　副處長　　課長

龙岩县地权调整办事处总分类账汇总表(1945 年 10 月)

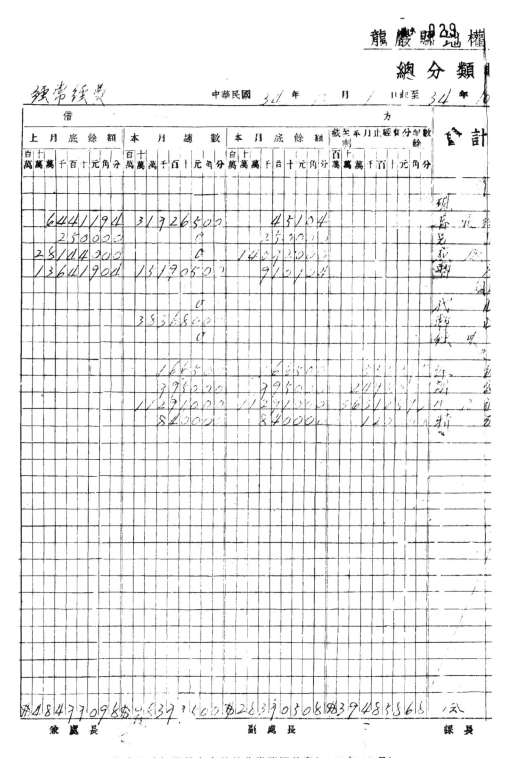

028 ~~0111~~

□調整辦事處

□賬彙總表

□0月30日止（34年度第10號第全頁）

會計科目	貸方：截至本月止歲入分配數餘剩	本月底餘額	本月總數	上月底餘額
庫				
佃				
經費			38122590	
用 金			0	
經費			14072000	
付欵			27921500	
債				
收 欵		20740	910	19830
收		28359000	182605400	22913400
剩餘		25513868	0	25513868
出				
給				
公				
補助				
列				
計		$283705·	$98:77500	$48477098

覆核 會計人員

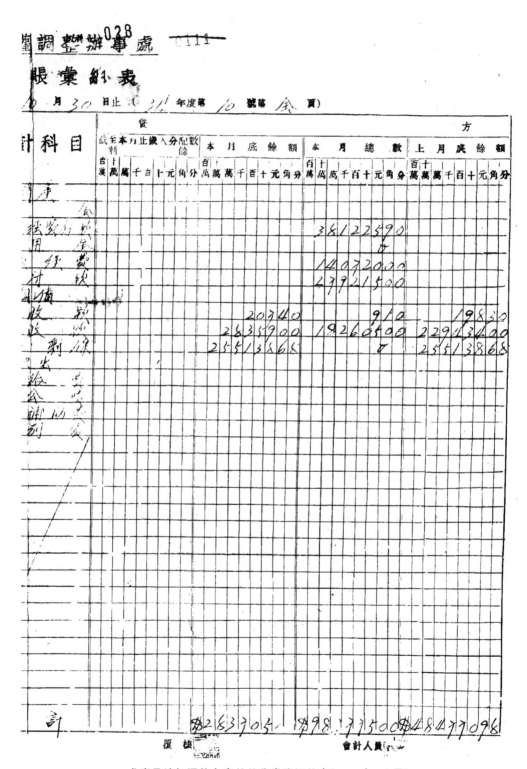

龙岩县地权调整办事处总分类账汇总表(1945年10月)

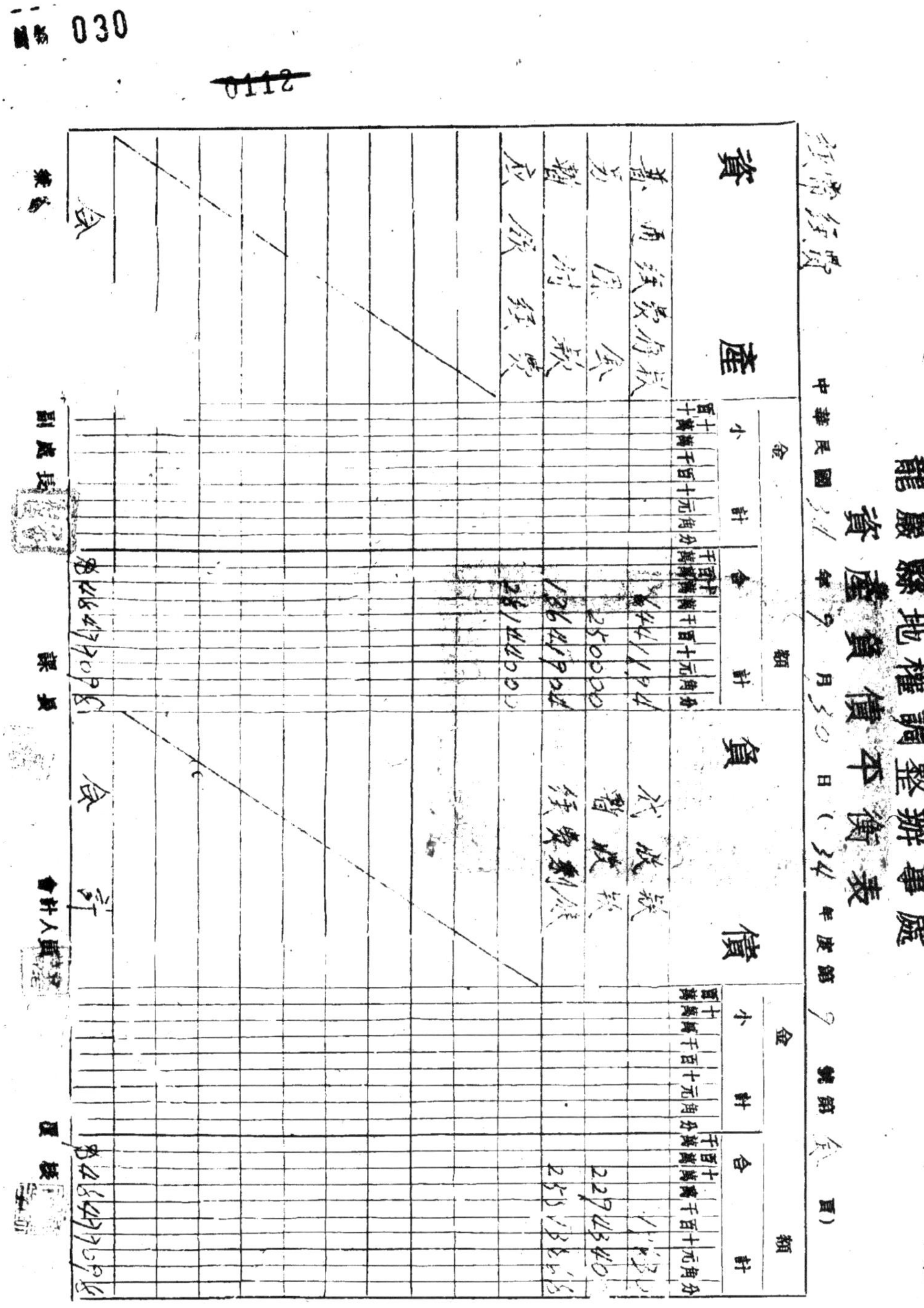

龍巖縣地權調整辦事處
資產負債平衡表

經常經費　中華民國 34 年 9 月 30 日（34 年度第 9 號第 1 頁）

資產	金額 小計	金額 合計	負債	金額 小計	金額 合計
普通經費存款		6441194	代收款		11732
另用金		250000	暫收款		2274340
暫付款		13641904	經費剩餘		250138[illegible]
應領經費		28144000			
合		$48477098	合計		$48477098

業務　副處長　課長　會計人員　覆核

龙岩县地权调整办事处资产负债平衡表(1945年9月)

龍巖縣地權調（整辦事處）
No 032
總分類帳（彙總表）

經常經費　　中華民國 34 年 9 月 1 日起至 30（日止）

上月底餘額	本月總數	本月底餘額	截至本月止經費分配數餘額	會計科目
9500406	24841900	6441194		
277100	0	250000		
27002000	0	14072000		
10449404	11821900	13641904		
	0			
	20424712			
	8100000			
	0			
	0	0	268935	
	870000	870000	2528000	
			23487573	
	0	0	0	
47228910	[illegible]5512	35275096	26383568	合（計）

兼處長　　副處長　　課長

龙岩县地权调整办事处总分类账汇总表(1945 年 9 月)

调整办事处 ~~0113~~

[illegible]表

[illegible]（34 年度第 9 號第 全 頁）

科目	截至本月止餘額分配數	本月底餘額	本月總數	上月底餘額
[illegible]				
[illegible]金				
[illegible]存款			27901112	
[illegible]			27100	
[illegible]往[illegible]款			12930000	
[illegible]款			8629400	
[illegible]				
[illegible]款		19830	0	19830
[illegible]收		22942400	[illegible]6570900	26197212
[illegible]收		0	0	8100000
[illegible]剩[illegible]		12311868	0	12311868
[illegible]出				
[illegible]费				
[illegible]费				
[illegible]补助费				
[illegible]费				
合计		[illegible]35275098	[illegible]66[illegible]8512[illegible]	[illegible]47228916

覆核 [stamp] 會計人員 [stamp]

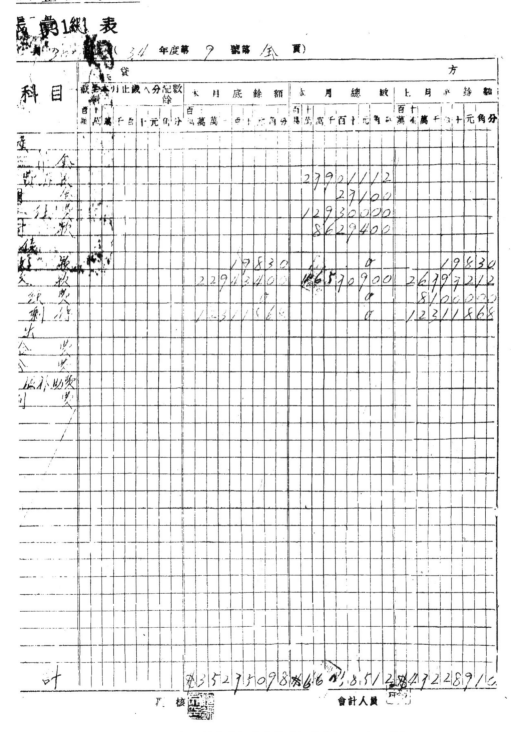

龙岩县地权调整办事处总分类账汇总表(1945 年 9 月)

档号 033

~~0111~~

龍巖縣地權調整辦事處
資產負債平衡表

經常經費　　中華民國 34 年 12 月 31 日（34 年度第 12 號第 全 頁）

資產	金額 小計	金額 合計	負債	金額 小計	金額 合計
普通經費存款		12140664	代收款		23[illegible]
零用金		300000	暫收款		67943302
應收經費		0	經費剩餘		771408
暫付款		56297574			
合計		$68738238	合計		$68738238

處長　　副處長　　課員　　會計人員　　覆核

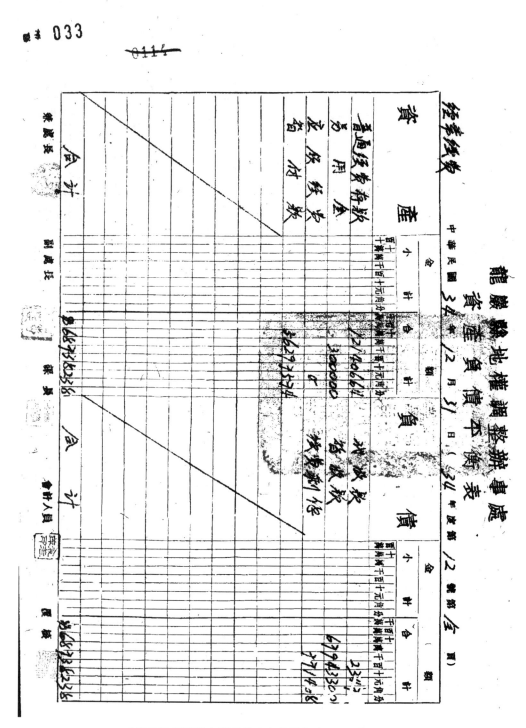

龙岩县地权调整办事处资产负债平衡表(1945 年 12 月)

龍巖縣地權……

總分類賬……

经常经费

中華民國 34 年 12 月 1 日起至 34 年 12 ……

借 上月底餘額	本月總數	本月底餘額	截至本月止總分類數剩餘	會計科目
1206214	15170811	12140664		[illegible]
250000	800000	300000		[illegible]
27927000	0	0		[illegible]
7473104	95796070	56297574		[illegible]
				[illegible]
	0			[illegible]
	638763[illegible]			[illegible]
	0			[illegible]
				[illegible]
	338400	338400	596275	[illegible]
	10768300	10768300	2171900	[illegible]
	2400000	2400000	520000	[illegible]
	26045600	26045600	3807593	[illegible]
36856318	35173[illegible]921	0829053[illegible]	840323768	合計

兼處長　　副處長　　課長

龙岩县地权调整办事处总分类账汇总表(1945 年 12 月)

□整辦事處

□□總表

□月31日止（34年度第12號第全頁）

科目		貸方：截至本月止歲入分配數餘額	貸方：本月底餘額	貸方：本月總數	貸方：上月底餘額
產					
費存	款			140773661	
用	金			750000	
經	費			27927000	
付	款			46971600	
積					
	款		23470	1820	21650
	款		63943300	121353711	10465900
剩	餘		40323768	13955000	26368768
出					
	費				
	費				
	費				
助	費				
計			10829053835	[illegible]	2836856318

覆核　　　　會計人員（印）

龍岩縣地權調整辦事處總分類賬匯總表(1945年12月)

6902
35 5 11

龍巖縣地權調整辦事處公函

事由：函送本處卅四年度七八月份扶植自耕農繕造証照經費報表類請查照由

查本處卅四年度扶植自耕農繕造証照經費因不敷實際需要經辦理第六次追加預算二九七六〇〇元呈奉福建省政府致丑儉府會甲榕第二六四六四號核准總計經費六五四二八一元月份分配預算表送由貴府轉呈審計處核備相應送上卅四年度七八月份總分類帳彙總表二份資產負債平衡表二份隨文送請

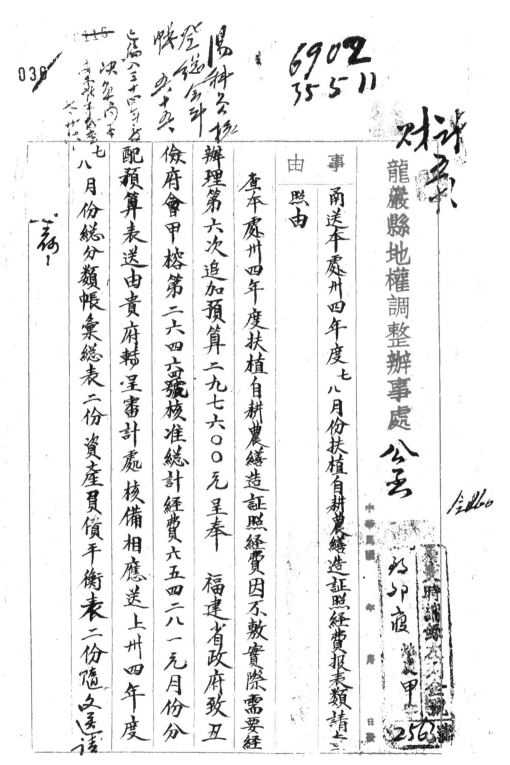

龙岩县地权调整办事处函送三十四年度七、八月份扶植自耕农缮造证照经费报表类请查照由(1946年5月)

~~0117~~

037

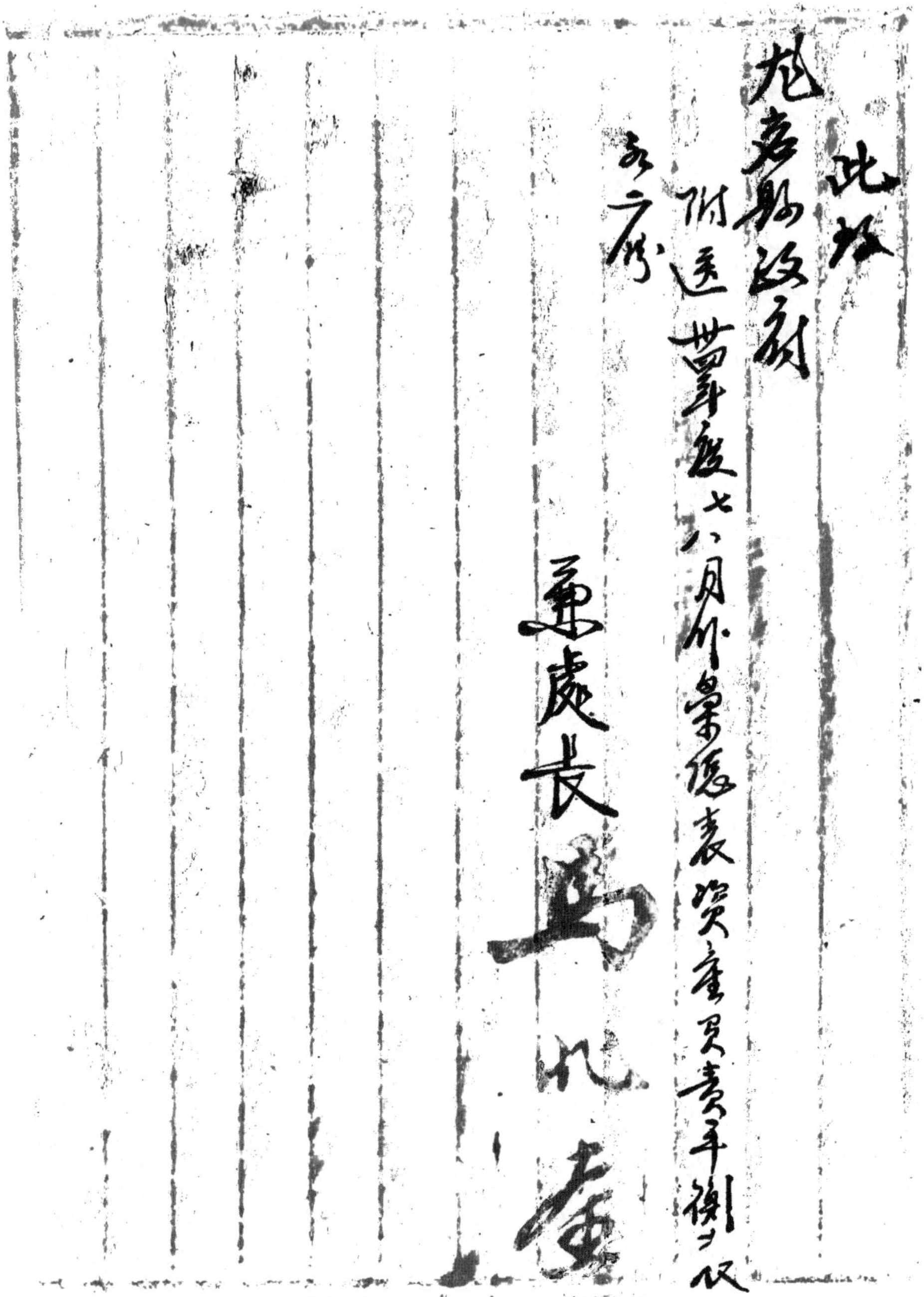
此致
龙岩县政府
附送卅四年度七八月份彙總表[illegible]
兼處長 馬[illegible]

龙岩县地权调整办事处函送三十四年度七、八月份扶植自耕农缮造证照经费报表类请查照由(1946 年 5 月)

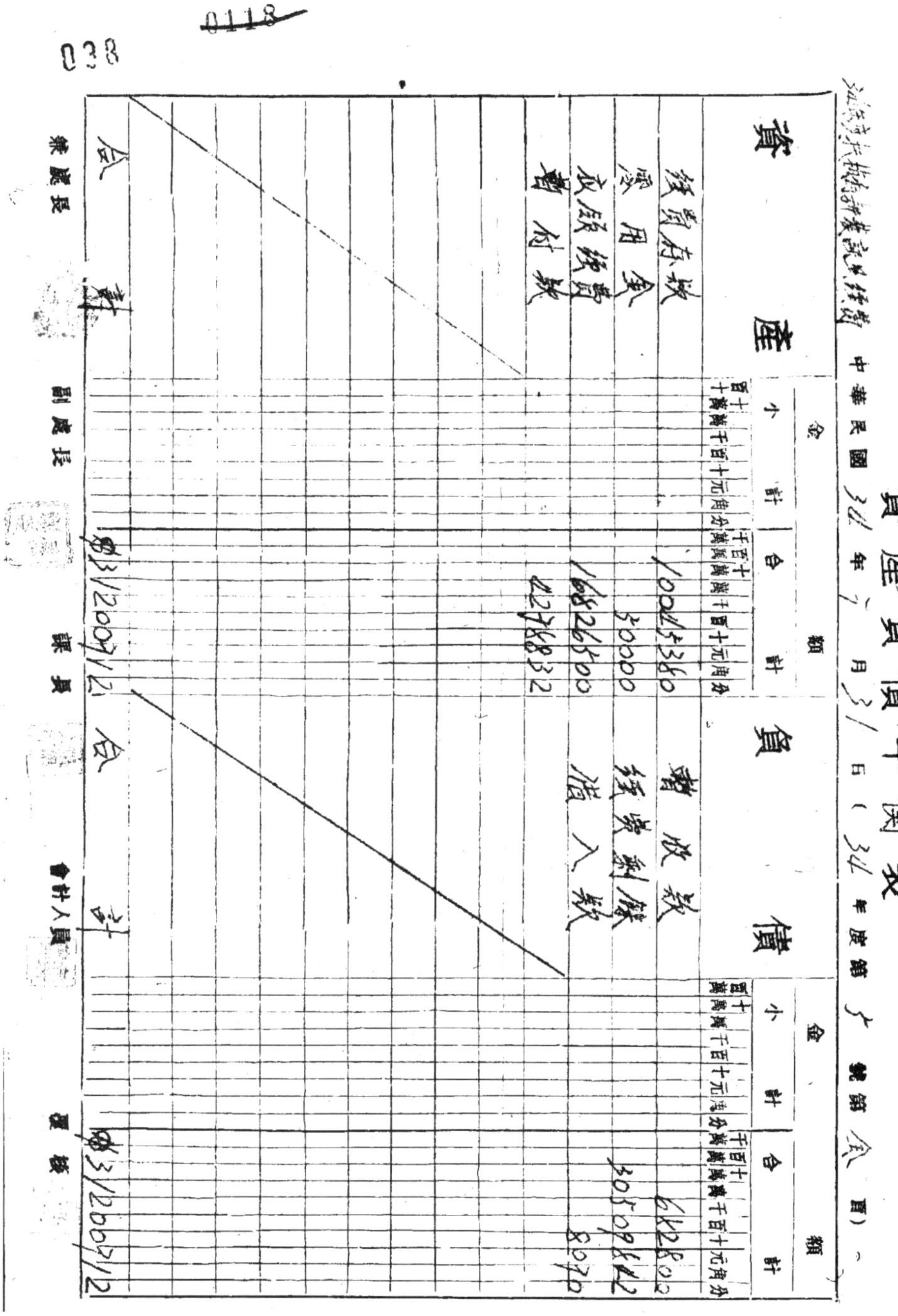

0118

038

龍巖縣地權調整辦事處

資產負債平衡表

34年度[illegible]經費　中華民國 34 年 7 月 31 日（34 年度第 5 號第 全 頁）

資產	金額 小計	金額 合計	負債	金額 小計	金額 合計
經費存款		10045380	暫收款		682800
零用金		50000	經費剩餘		30509842
应領經費		16826500	借入款		8070
暫付款		4278832			
合計		$31200712	合計		$31200712

兼處長　副處長　課員　會計人員　覆核

龙岩县地权调整办事处资产负债平衡表(1945 年 7 月)

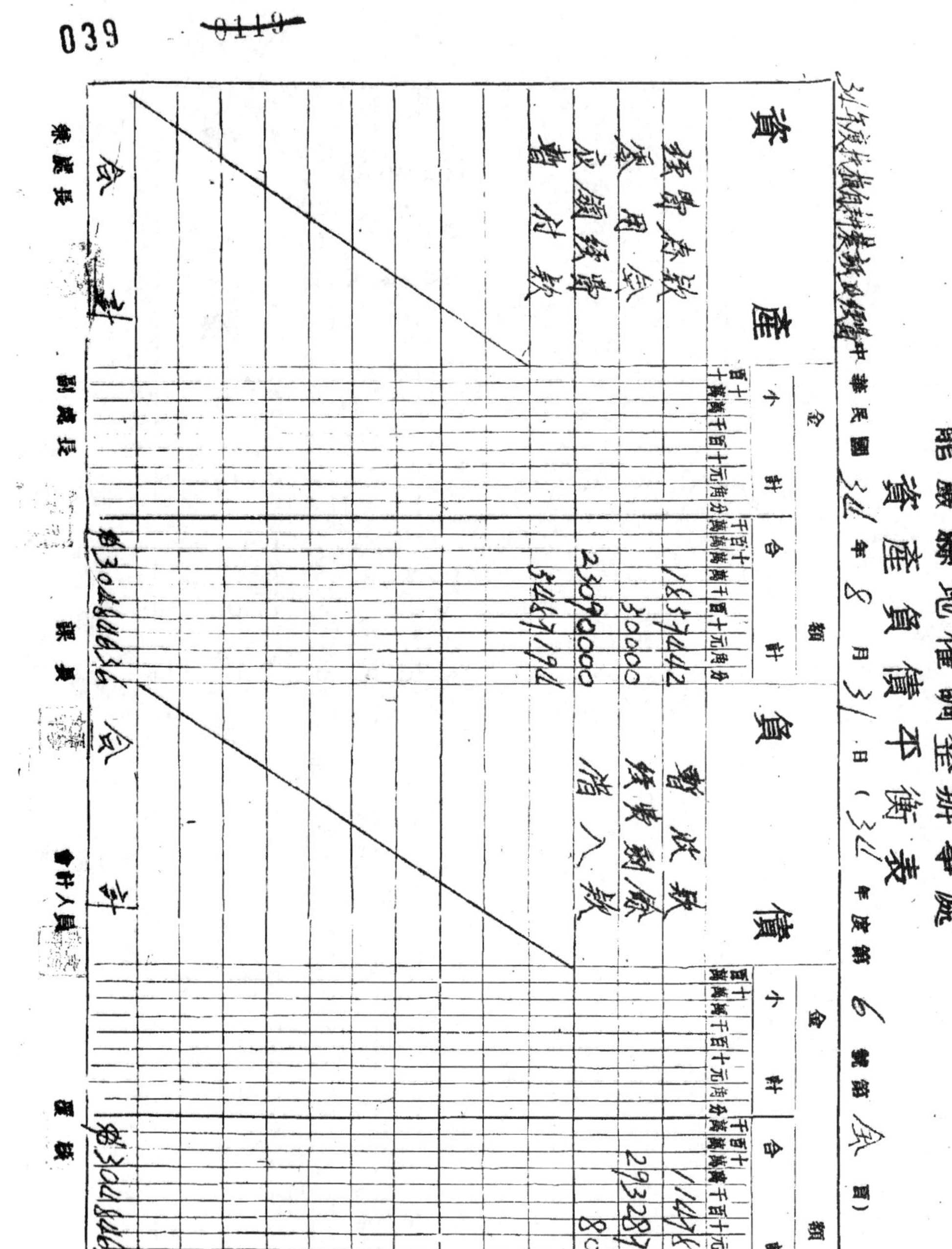

039　0119

龍巖縣地權調整辦事處
資產負債平衡表

34年度扶植自耕農該項經費　中華民國 34 年 8 月 31 日（34 年度第 6 號第 全 頁）

資產	小計	合計	負債	小計	合計
經費存款		1857442	暫收款		1147800
零用金		30000	經費剩餘		29328766
應領經費		23090000	借入款		8070
暫付款		5487194			
合計		$30484636	合計		$30484636

兼處長　副處長　課員　會計人員　覆核

龙岩县地权调整办事处资产负债平衡表(1945 年 8 月)

龍巖縣地權[調整辦事處]
總分類[賬彙總表]

041

34年度扶植自耕農試區經費　　中華民國 34 年 7 月 1 日起至 34 年 7 [月……]

借方 上月底餘額	本月總數	本月底餘額	截至本月止留存分類數餘額	會計[科目]
0	14470980	10045380		現 / 晉領經[費]
50000	0	50000		另[……]
10453500	0	0		應[付]……
3517289	9598878	4278832		暫[……]
				預[付]
				暫[收]
				經費
	2935			借支
	94652	94652	546037	[……]
	415600	415600	3759400	办[……]
	3316190	3316190	30030847	[……]特生
1402078[illegible]	[illegible]2358	182006548	34336284	合[計]

兼處長　　　　副處長　　　　課長

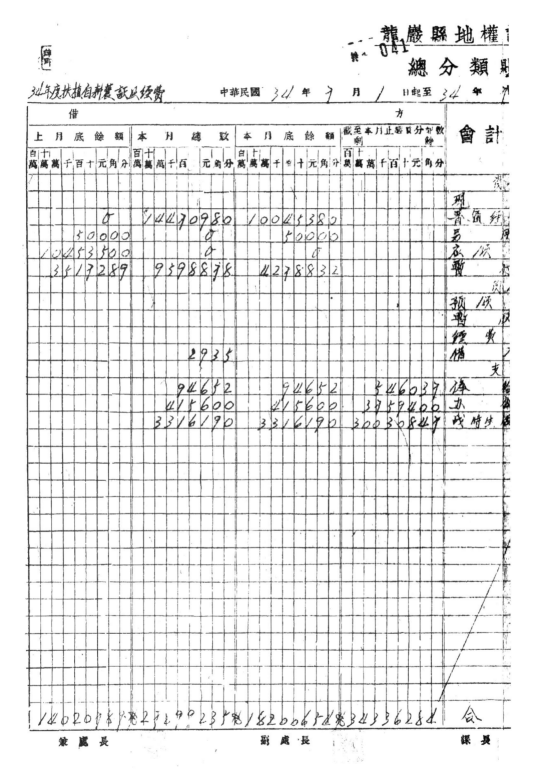

龙岩县地权调整办事处总分类账汇总表(1945 年 7 月)

調整辦事處 ~~0120~~

賬彙總表

7 月 31 日止（34 年度第 5 號第 全 頁） 040

科目	貸 截至本月止積入分配數餘剩	本月底餘額	本月總數	上月底餘額 方
金				
室				
存 款			4425600	
用 金			0	
要 費			10453500	
付 款			8837335	
債				
款 費		3500000	3500000	0
收 款		682800	682800	
剩 餘		14009784	0	14009784
入 款		8070	0	11005
出				
驗 費				
會 費				
補助費				
計		18200654	27877235	14020789

覆核　　　　會計人員

龙岩县地权调整办事处总分类账汇总表(1945 年 7 月)

34年度扶植自耕農試行經費

龍巖縣地權調[整辦事處]

總分類賬[匯總表]

中華民國 34 年 8 月 1 日起至 34 年 8 [月 … 日止]

借方：上月底餘額	借方：本月總數	借方：本月底餘額	截至本月止經費分配數賸餘	會計科目
				資[產]
				現[金]
100453.80	11927.62	18574.40		普通經[費]
500.00	0	500.00		零用[金]
168265.00	0	168265.00		預領[經費]
42788.32	52633.24	54871.94		暫付[款]
				負[債]
	14124.00			暫收[款]
	0			經費[收入]
	0			借入[款]
				支[出]
	1219.72	1219.72	5363.85	俸給[費]
	31235.00	31235.00	39598.00	辦公[費]
	41791.04	41991.04	322771.57	戰時米價[補貼]
3112007.12	152730.12	316657.12	367733.42	合

兼處長　　　　副處長　　　　課長

龙岩县地权调整办事处总分类账汇总表(1945 年 8 月)

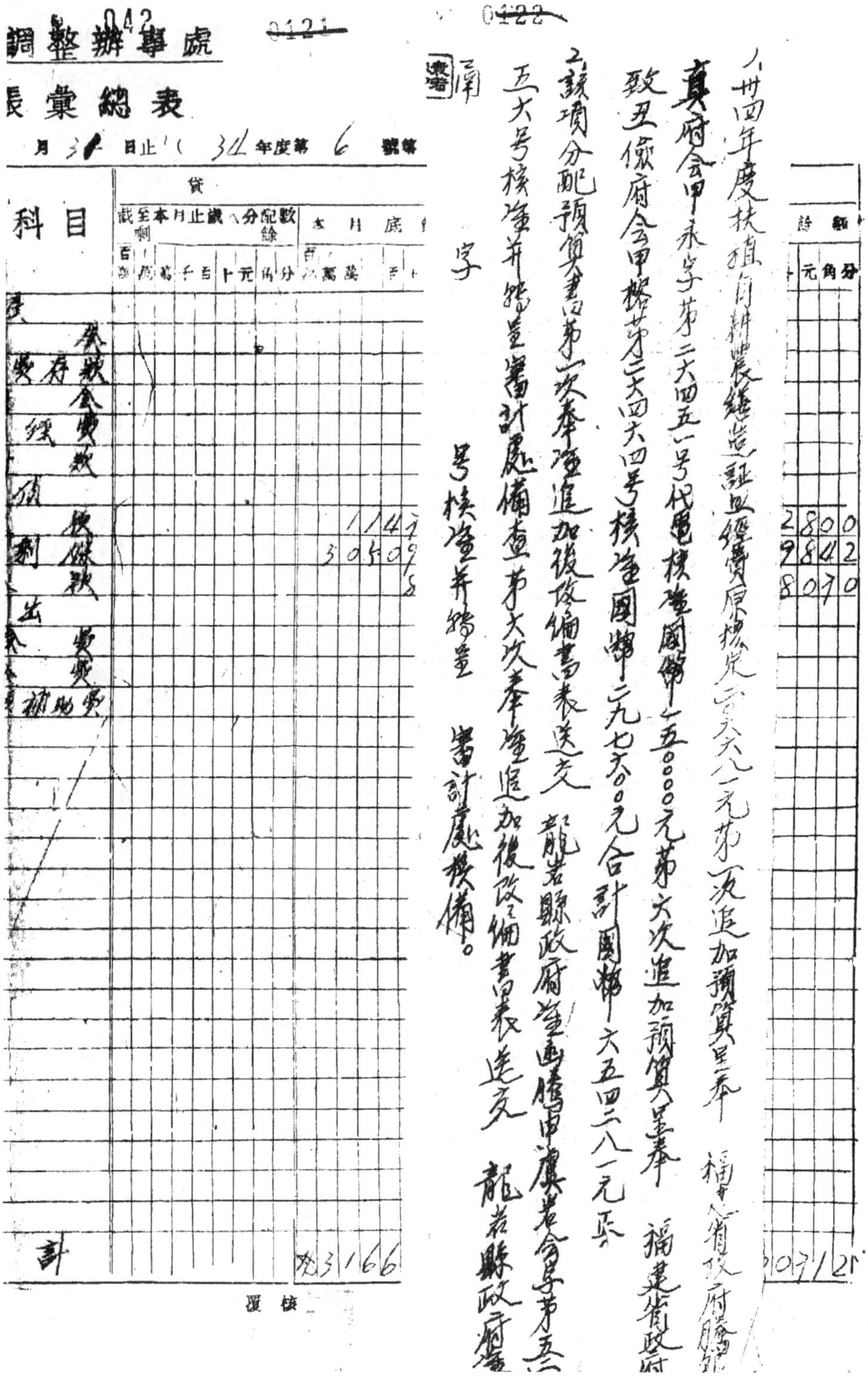
0121 0122

调整办事处

账汇总表

月31日止 34年度第6号

1.卅四年度扶植自耕农经费追加预算原核定一六六八一元第一次追加预算呈奉 福建省政府腾真府会甲永字第二六四五一号代电核准国币一五〇〇〇〇元第六次追加预算呈奉 福建省政府致丑俭府会甲楼字第二六四六四号核准国币二九七六〇〇元合计国币六五四二八一元正

2.该项分配预算书第一次奉准追加后改编书表送交 龙岩县政府呈函腾中农发会字第五三五六号核准并转呈审计处备查第六次奉准追加后改编书表送交 龙岩县政府 字 号核准并转呈 审计处备备。

龙岩县地权调整办事处总分类账汇总表(1945 年 8 月)

042 ~~0121~~

調整辦事處

帳彙總表

月 31 日止（ 34 年度第 6 號第 全 頁）

科目	貸方：截至本月止歲入分配數餘剩	貸方：本月底餘額	貸方：本月總數	貸方：上月底餘額
歲				
屬				
暫存款			9380700	
金			0	
經費			0	
款			4054962	
預				
款		1147800	1937400	682800
剩 款		30509842	0	30509842
款		8070	0	8070
出				
費				
費				
補助費				
計		¥31665712	¥1537 062	¥31200712

覆核　　　　會計人員

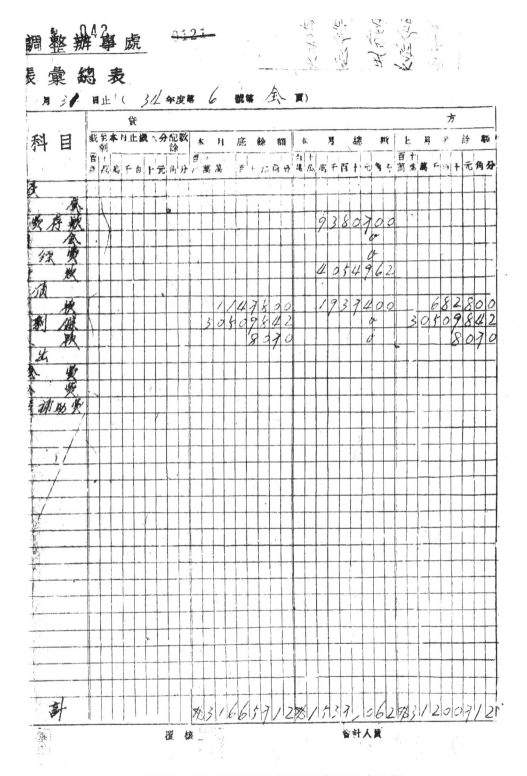

龙岩县地权调整办事处总分类账汇总表(1945 年 8 月)

龍巖縣地權調整辦事處公函

事由：函送本处卅四年度六月份至八月份经常经费报表类请查照由

查本处卅四年度经常经费因不敷实际需要，经
贵府办理卅四年第六次岁入出追加预算呈奉 福建
省政府致丑俭府会甲揞方第26464号核准并经编具月份
分配预算送交 贵府转呈审计处备查并送上六月
份起至八月份止经费款帐三份、资产负债平衡表三份
随文送请

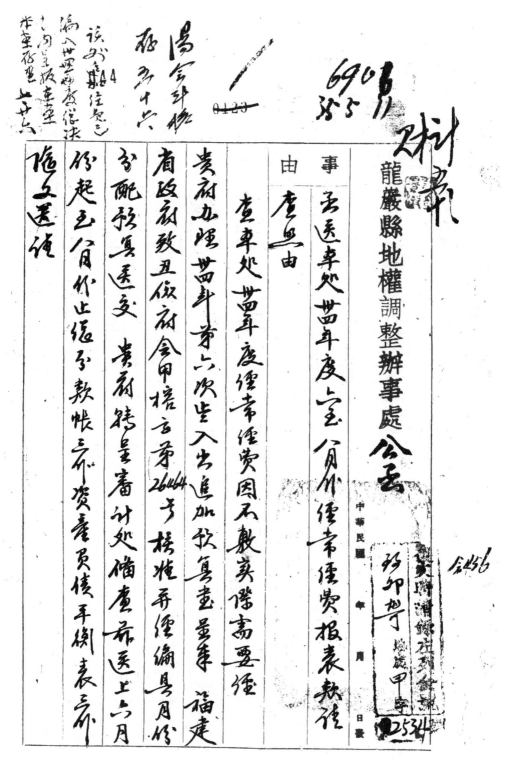

龙岩县地权调整办事处函送三十四年六月至八月份经常费报表类请查照由(1946年5月)

查收为荷！

此致

龙岩县政府

附送六月份起至八月份止经分数报叁份资产负债

平衡表三份财产增减表三份

兼处长马兆庆

龙岩县地权调整办事处函送三十四年六月至八月份经常费报表类请查照由(1946 年 5 月)

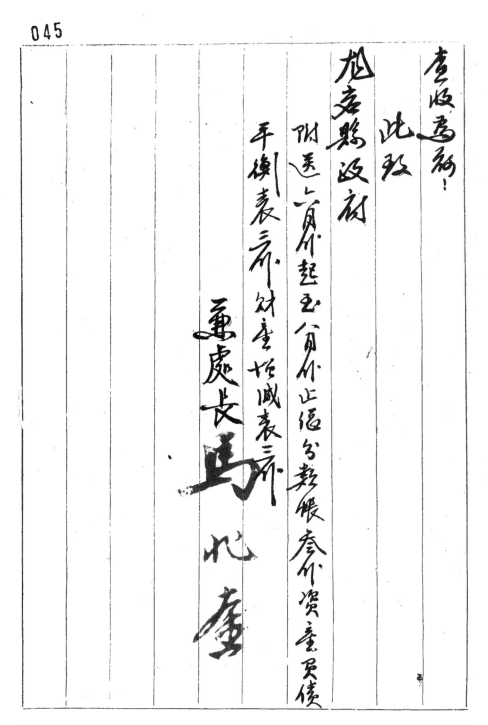

0125

046

龍巖縣地權調整辦事處
資產負債平衡表

（經常經費） 中華民國34年8月31日（34年度第8號第1頁）

資產	金額 小計	金額 合計	負債	金額 小計	金額 合計
普通經費存款		9500000	代收款		19800
零用金		277100	暫收款		2677212
應領經費		2700200	預領經費		810000
暫付款		13442000	經費剩餘		1231180
合計		47228910	合計		47228910

處長 副處長 課長 會計人員 覆核

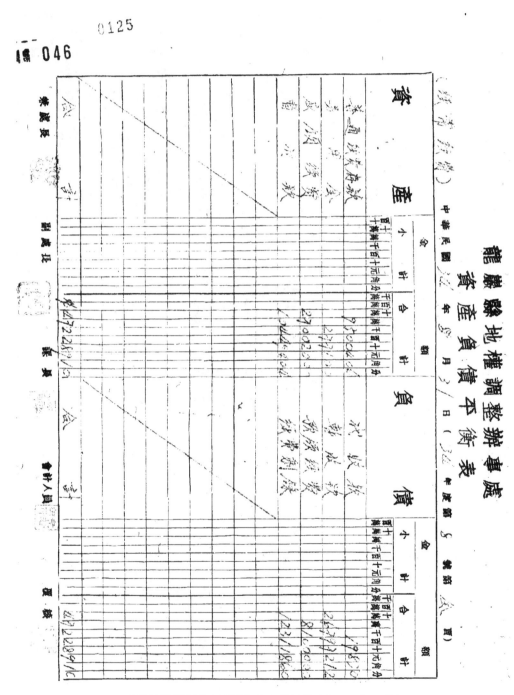

龙岩县地权调整办事处资产负债平衡表（1945 年 8 月）

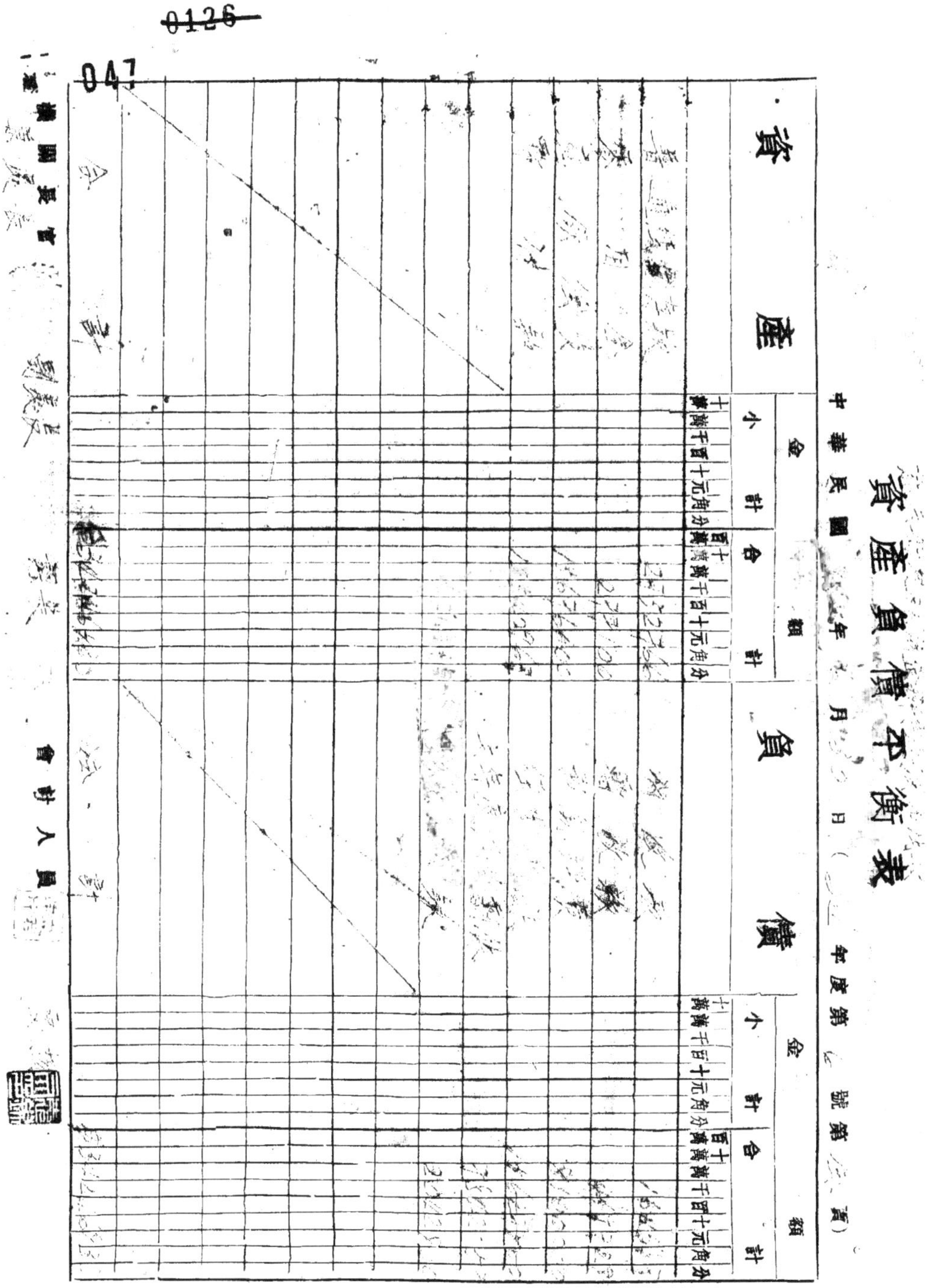

資產負債平衡表

中華民國　年　月　日（　年度第　號第　頁）

資產	金額 小計	金額 合計	負債	金額 小計	金額 合計
合計			合計		

機關長官　　　　會計人員

龙岩县地权调整办事处资产负债平衡表(1945 年 8 月)

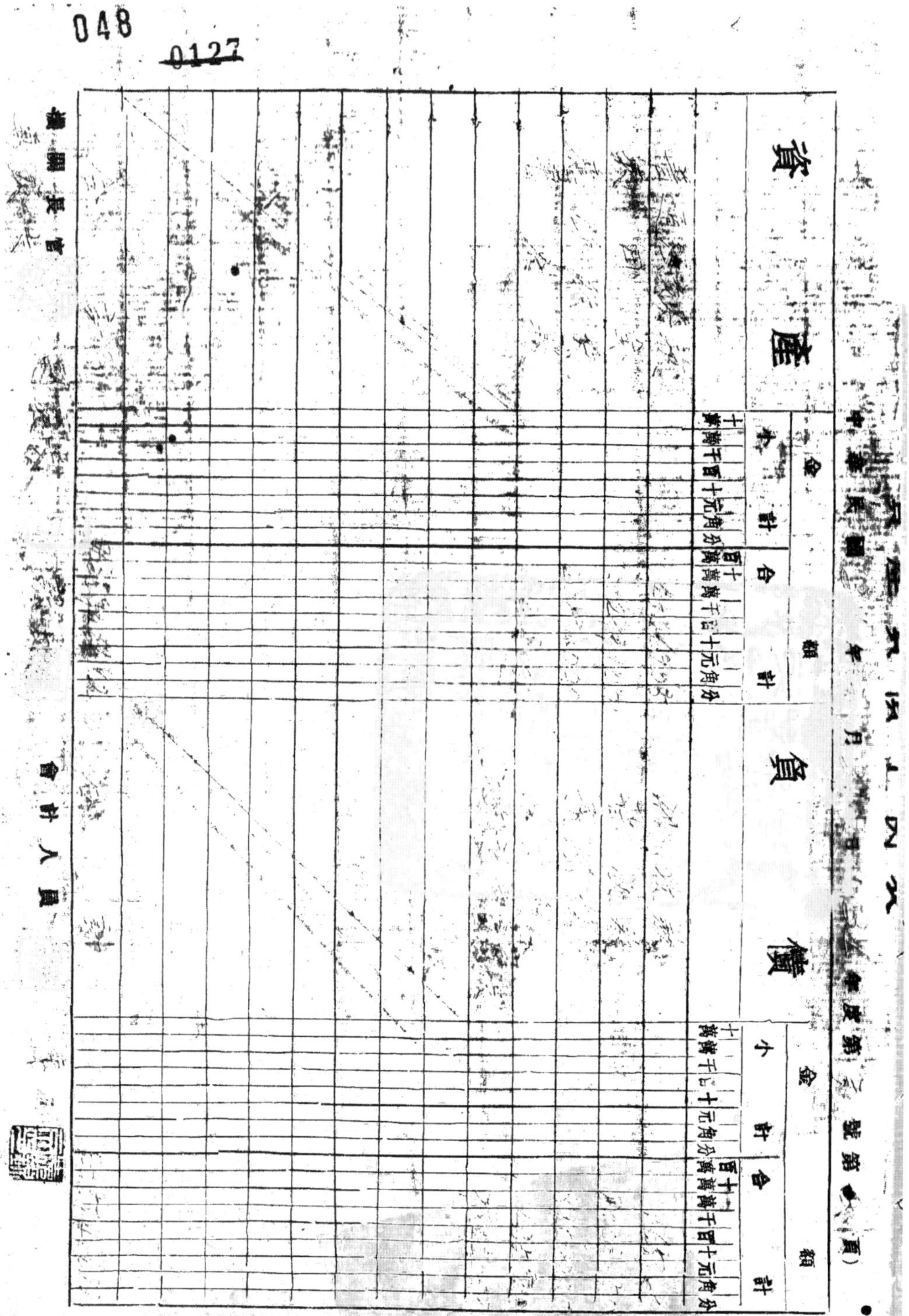
048
0127
中華民國 年 月 會計年度第 號第 頁
資產
金額 小計 合計
負債
金額 小計 合計
機關長官
會計人員

龙岩县地权调整办事处资产负债平衡表(1945 年 8 月)

龍巖縣地權……

總分類賬……

經常經費　　中華民國 34 年 8 月 1 日起至 34 年 8……

借：上月底餘額	借：本月總數	方：本月底餘額	方：截至本月止歷年分配數剩餘	會計科目
				近……
				現
4546903	17534873	9300406		普通……
277100	9?	277100		石……
20894000	6?	12930000		應……
10228677	7091272	10449404		暫……
				……
	142011			代……
	122000			暫……
	0	0		預……
				繳……
	7986534	144717		上……
				……
				收回……
				支……
	189530	189530	370803	俸……
	1152300	1142300	2740300	辦……
	11813811	11813810	22476403	生活……
	46000	40000	80000	特……
1359746692?	4607716363?	4649327?	2507303?	合

兼處長　　副處長　　課長

龙岩县地权调整办事处总分类账汇总表(1945 年 8 月)

049

調整辦事處

賬彙總表 ~~0128~~

月31日止（34年度第8號第 頁）

科目	貸　試至本月止應入分配數餘	本月底餘額	本月總數	上月底餘額
[illegible]				
金				
[illegible]存款			125813.72	
[illegible]金			0	
經費			79640.00	
[illegible]付款			68705.45	
[illegible]借				
[illegible]欠款		198.30	8.80	1659.67
[illegible]支款		267972.12	185160.62	84031.50
經費		81000.00	0	81000.00
剩餘		114355.08	0	114355.08
[illegible]經費剩餘		5	0	78420.57
入				
[illegible]一[illegible]月份		1447.77	1447.77	
出				
[illegible]費				
[illegible]費				
[illegible]費				
[illegible]款				
計		[illegible]464973.27	[illegible]460776.36	[illegible]359466.82

覆核　　　　　　　　會計人員

龙岩县地权调整办事处总分类账汇总表(1945年8月)

龍岩縣地權調[整辦事處經常費]
總分類賬[彙總表]

中華民國 34 年 7 月 1 日起至 34[年 7 月 31 日止]

上月底餘額	本月總數	本月底餘額	截至本月止經費分配餘款	會計科目
2752766	23325068	4546906		現
217100	0	277100		
15676000	0	5764000		
15540767	6081880	10228677		
	660			代
	5772829			暫
	0			領
	0			經
	0			上
	1656300			級
	344014	344097	52790	
	1238300	1238300	3038600	辦
	2271955	2271955	32223358	戰時
	48000	48000	828000	特
$342246833	$66769089	$427850[illegible]4	$36269860	合

機關長官 黃處長 副處長 課長 [illegible]

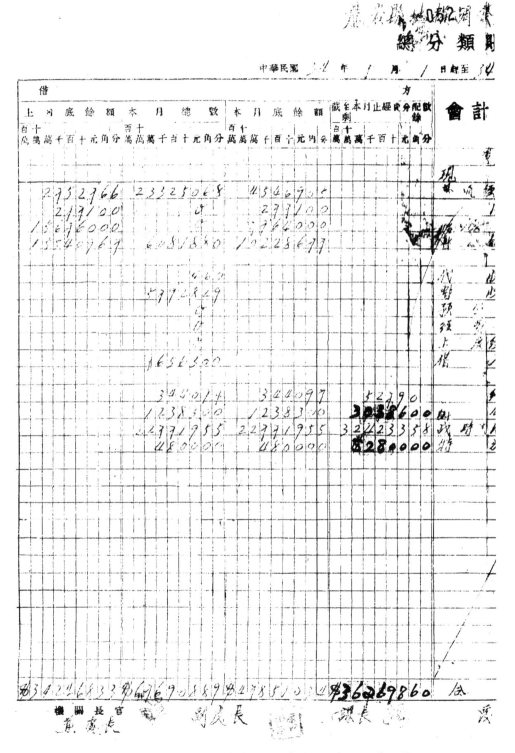

龙岩县地权调整办事处经常费用总分类账汇总表(1945 年 7 月)

[illegible]0051[illegible]

賬彙總表

[illegible]年 7 月 31 日止（[illegible]年度第[illegible]號第[illegible]頁）

科目	截至本月止歲入分配數餘	本月底餘額	本月總數	上月底餘額
	貸			方
[illegible]				
[illegible]				
經費存款			21530729	
[illegible]用			0	
[illegible]			7712000	
[illegible]			11394140	
[illegible]				
[illegible]收		165967	2040	164387
[illegible]收		8403950	13726250	469729
[illegible]		8100000	0	[illegible]100000
[illegible]		23339860	7712000	15627860
經費剩[illegible]		7842057	0	7842057
入[illegible]		0	5613500	2042800
[illegible]				
[illegible]				
[illegible]				
[illegible]				
[illegible]				
計		8447[illegible]5113	246769088978	32246833

[illegible]核　　　　會計人員

龙岩县地权调整办事处经常费用总分类账汇总表(1945 年 7 月)

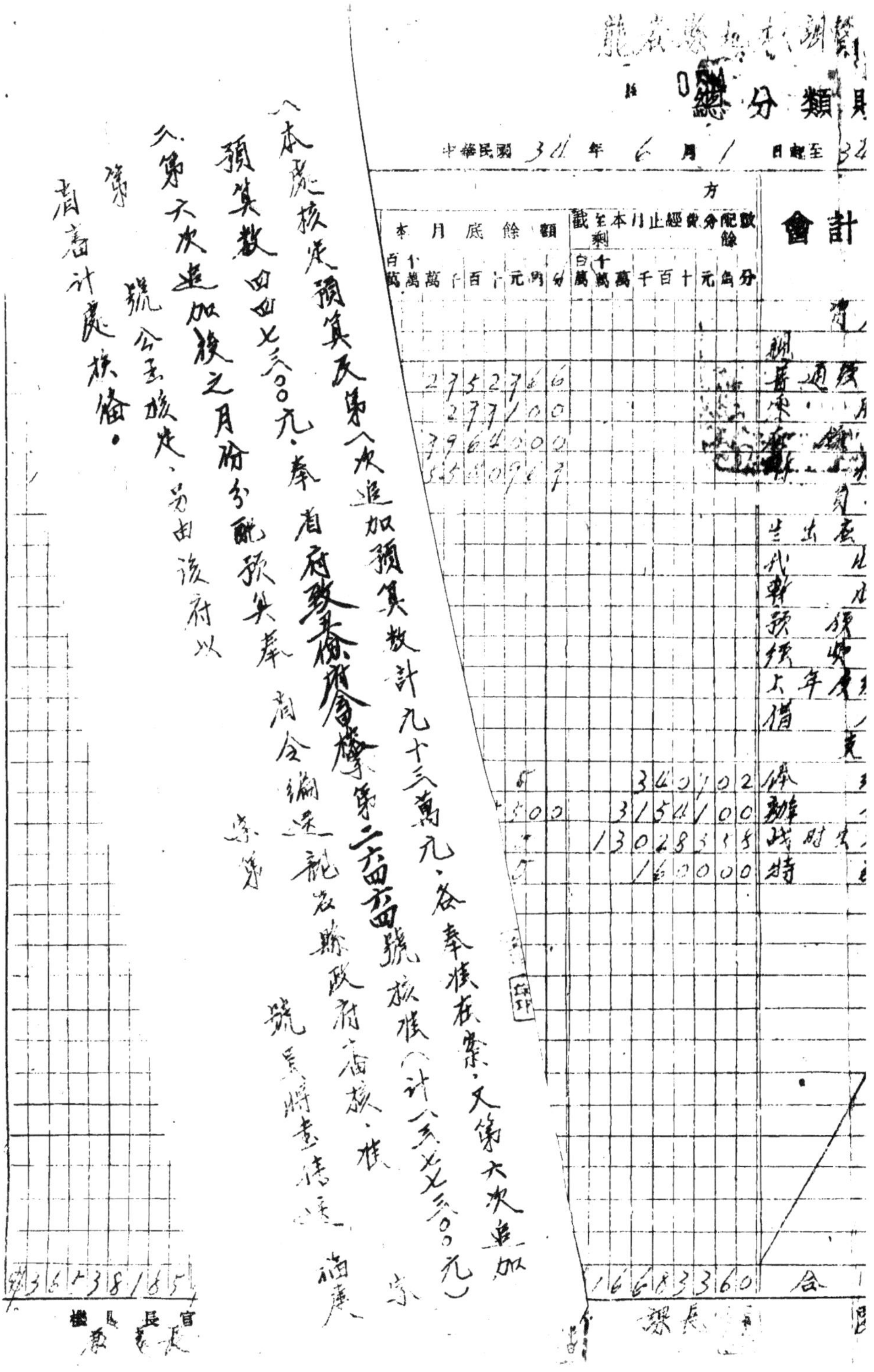

龙岩县地权调整办事处经常费用总分类账汇总表(1945 年 6 月)

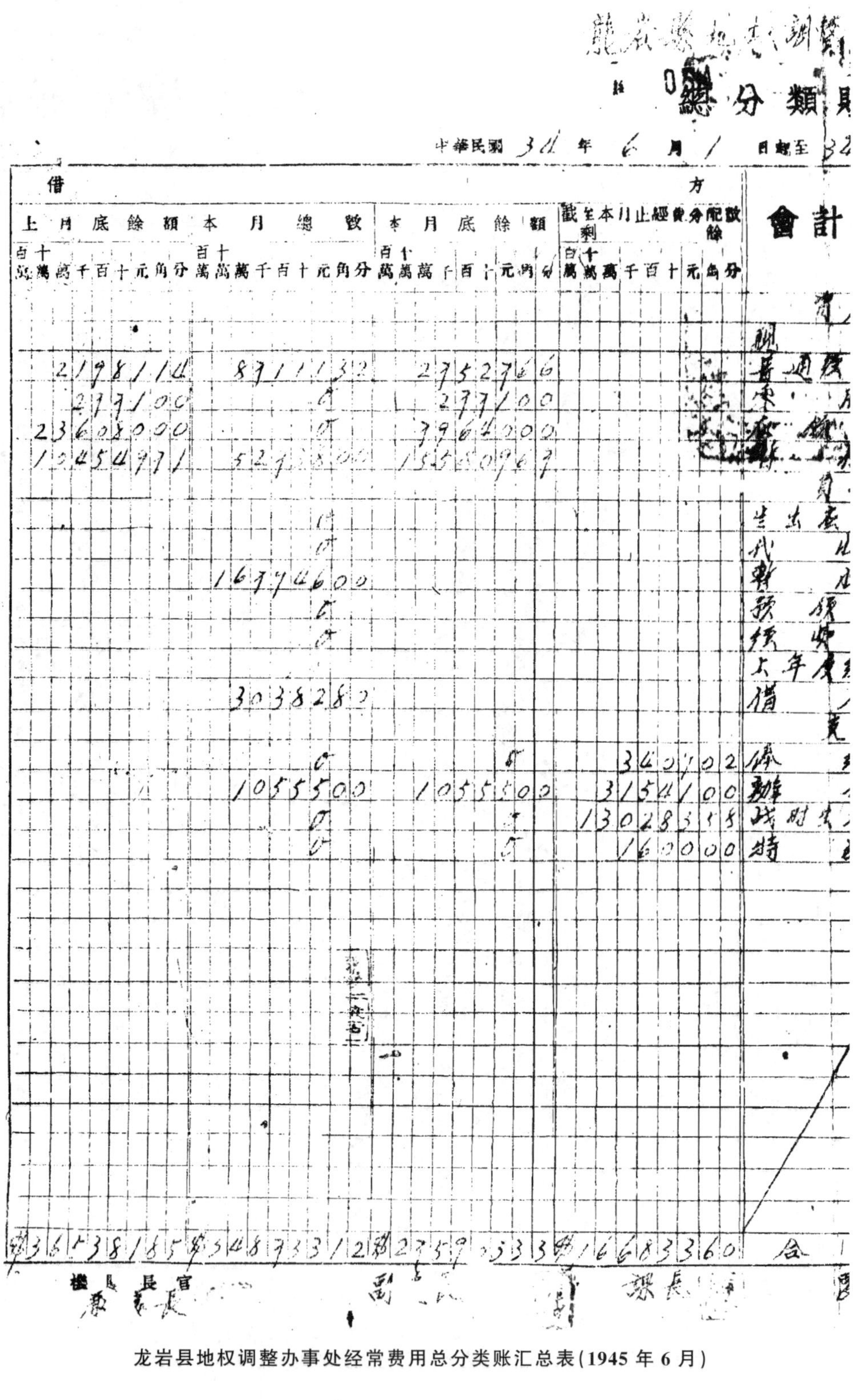

龙岩县地权调整办事处经常费用总分类账汇总表(1945 年 6 月)

1.0532 经常费 0139

賬彙總表

34 年 6 月 30 日止（34 年度第 6 號第 6 頁）

科目	貸方：截至本月止歲入分配數剩餘	本月底餘額	本月總數	上月底餘額
庫				
金				
費存款			8156480	
用金			0	
[illegible]款			15644000	
[illegible]款			187804	
儀				
付款				
收款		164387	0	164387
收款		469729	8689[illegible]28	5574[illegible]01
經費		8100000	0	5100000
剩餘		8971360	0	8971360
經費剩餘		7842057	0	7842057
入款		2042800	2195600	2885480
出				
給費				
公費				
活動費				
到費				
計		12[illegible]23334	3487331 2	83653 8185

覆核　　　　會計人員

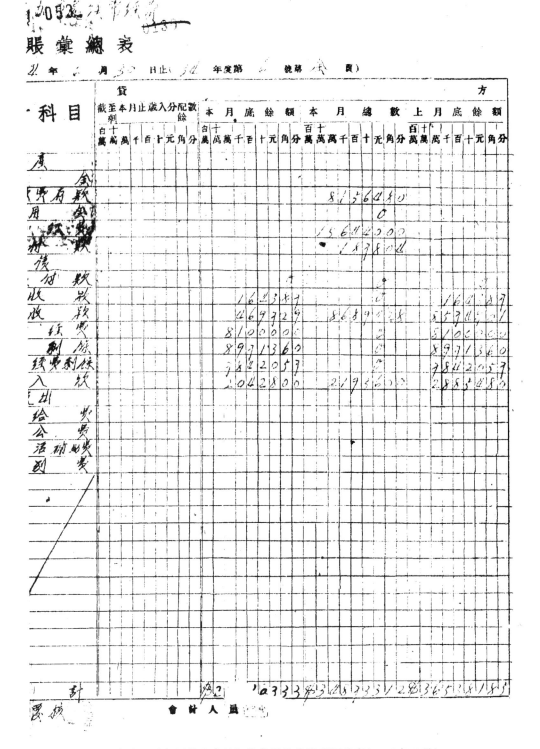

龙岩县地权调整办事处经常费用总分类账汇总表(1945 年 6 月)

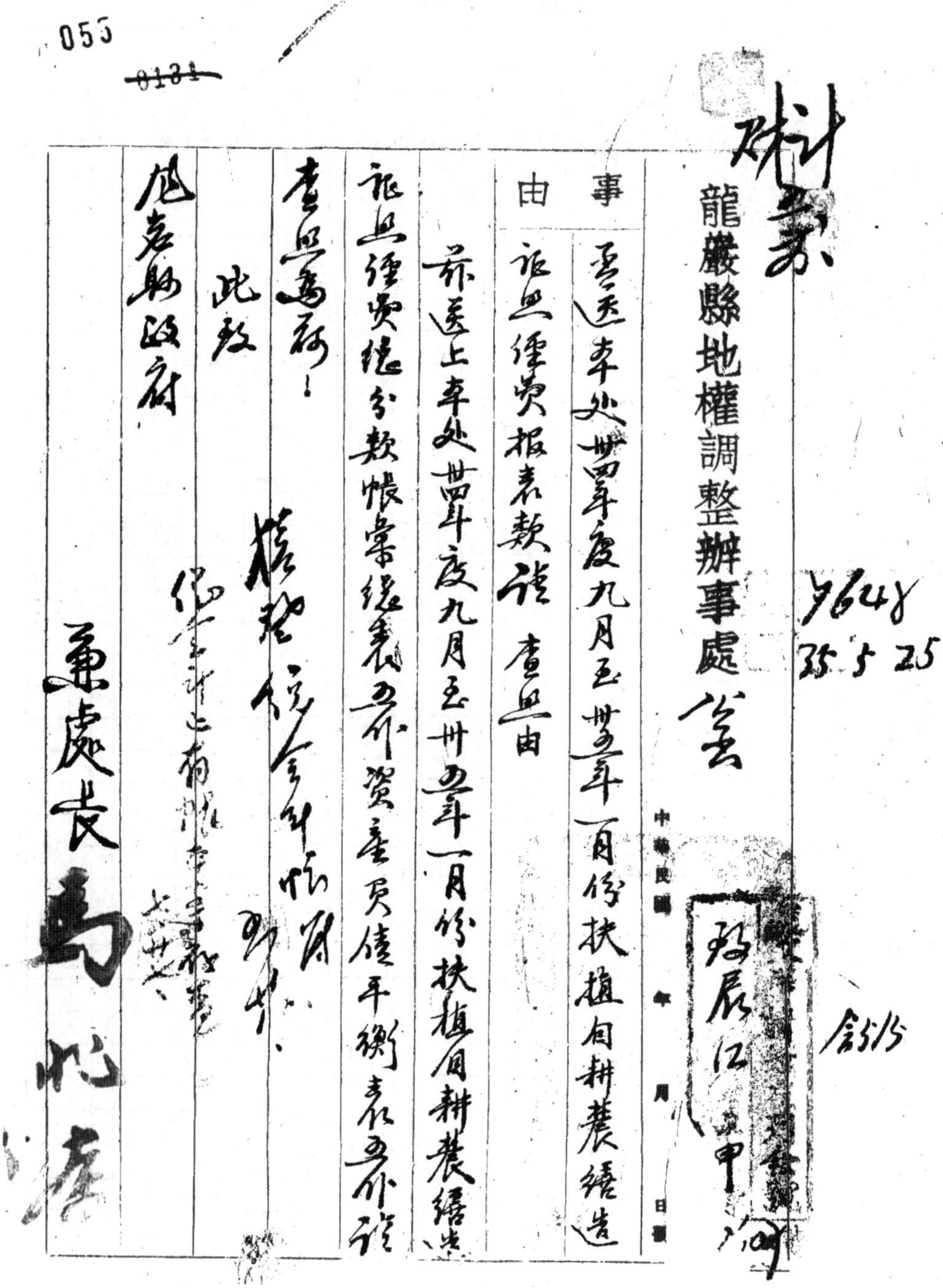
龍巖縣地權調整辦事處箋

事由：函送本處卅四年度九月至卅五年一月份扶植自耕農繕造證照經費報表類請查照由

茲送上本處卅四年度九月至卅五年一月份扶植自耕農繕造證照經費總分類帳暨總表五份、資產負債平衡表五份，請查照為荷！

此致

龍巖縣政府

兼處長

龙岩县地权调整办事处函送三十四年度九月至三十五年一月份扶植自耕农缮造证照经费报表类请查照由(1946 年 5 月)

056

~~0132~~

龍巖縣地權調整辦事處
資產負債平衡表

卅四年度[illegible] 經費類

中華民國 34 年 12 月 31 日（34 年度第 10 號第 頁）

資產	金額 小計	金額 合計	負債	金額 小計	金額 合計
經費存款		26620	經費剩餘		7170230
應領經費		2643500	借入款		25656995
暂付款		32173105			
合計		34843225	合計		34843225

兼處長　副處長　課長　會計人員　覆核

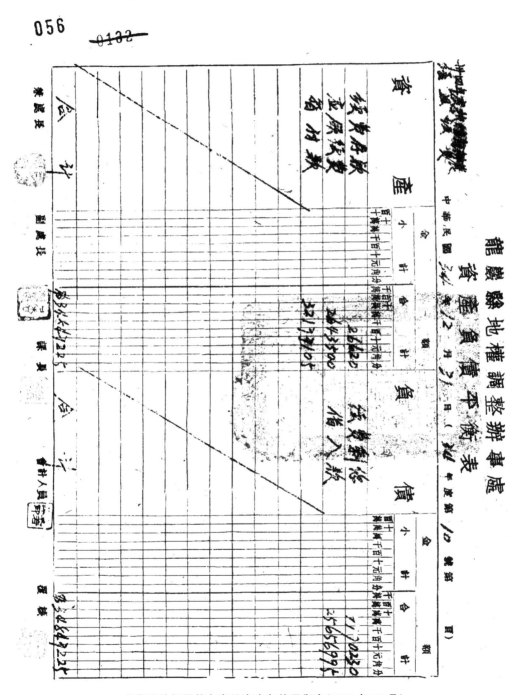

龙岩县地权调整办事处资产负债平衡表(1945 年 12 月)

龍巖縣地權調整辦事處

編號 050

總分類帳

卅四年度扶植自耕農經費收支總帳 中華民國 34 年 12 月 1 日起至 34 年 12

上月底餘額（借）	本月總數	本月底餘額	截至本月止經費分部數剩餘	會計科目
47520	7099317	26620		[illegible]
50000	0	0		[illegible]
6150000	0	0		[illegible]
2074580	30427125	32177105		[illegible]
	194717			[illegible]
	0			[illegible]
	6584500			[illegible]
	0	0	166579	[illegible]
	490500	490500	520100	[illegible]
	0	0	8769551	[illegible]
8875100	44796159	32694225	9676230	合

兼處長　　　　副處長　　　　課長

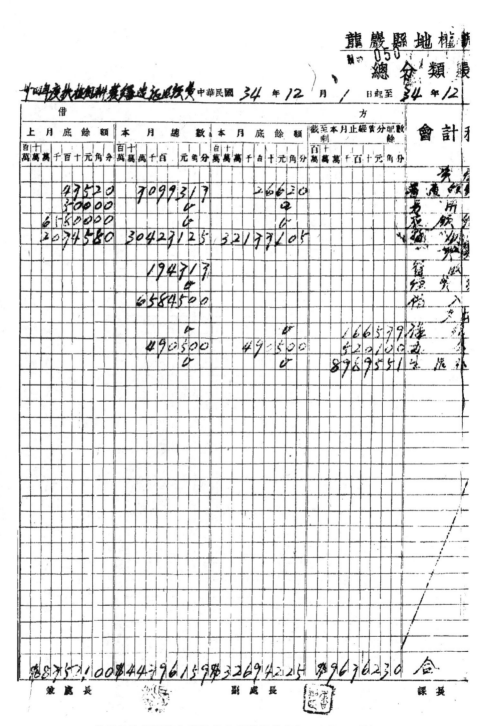

龙岩县地权调整办事处总分类账汇总表(1945 年 12 月)

…調整辦事處

…賬彙總表

…月31日止（34 年度第 10 號第 全 頁）

科目	貸 試至本月止歲入分配數餘剩	方 本月底餘額	本月總數	上月底餘額
[illegible]保証金			7120213	
			50000	
[illegible]			6580000	
[illegible]			324600	
			194713	
剩餘[illegible]		2032730		2032730
		25661495	32522125	1719370
[illegible]費				
[illegible]			4500	
計		832694225	944796159	88752100

10月 [illegible]442 384651 11月443 27335

覆核　　　　會計人員 [stamp]

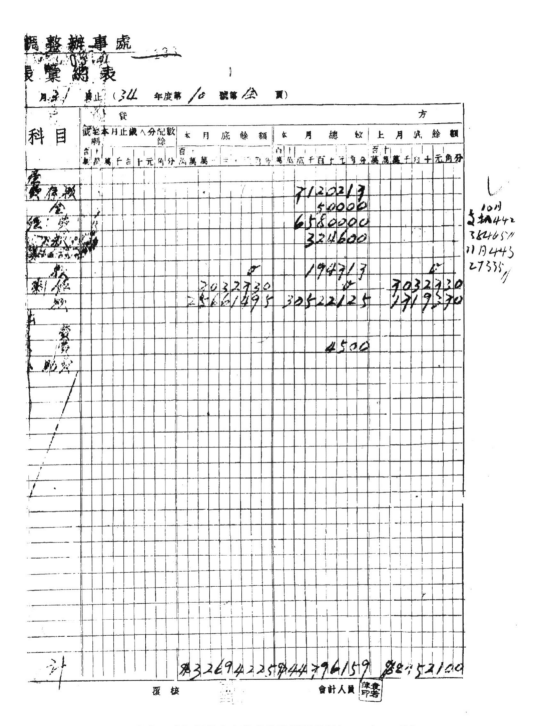

龙岩县地权调整办事处总分类账汇总表(1945 年 12 月)

059

~~0134~~

龍巖縣地權調整辦事處
資產負債平衡表

三十四年度經臨經費　中華民國 34 年 9 月 30 日（34 年度第 7 號第 全 頁）

資產	金額 小計	金額 合計	負債	金額 小計	金額 合計
暫付款		3261.65	經費剩餘		283131.85
零用金		500.00	借入款		65680.70
應領經費		275985.00			
暫付款		67265.90			
合計		¥348812.55	合計		¥348812.55

兼處長　　副處長　　課員　　會計人員　　覆核

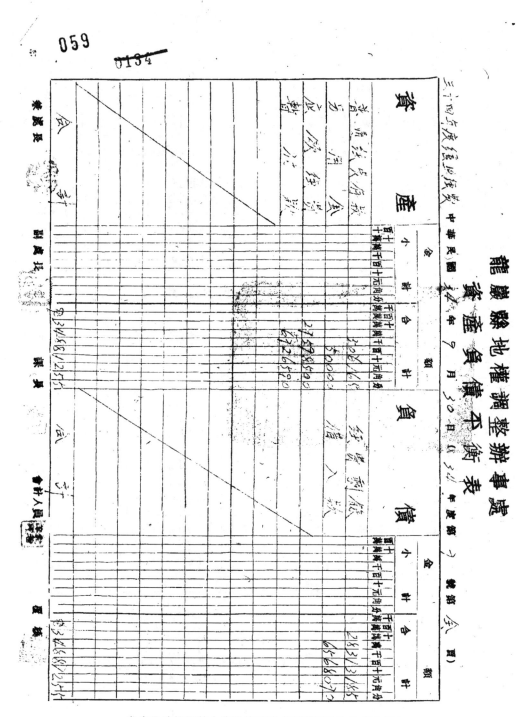

龙岩县地权调整办事处资产负债平衡表(1945 年 9 月)

龍巖縣地權調……

061

總分類賬……

三十四年度鎮……經費　　中華民國 34 年 9 月 1 日起至 34 年 9……

上月底餘額	本月總數	本月底餘額	截至本月止經費分配數剩餘	會計……
				現……
1857442	5199797	506165		暫……
50000	0	50000		兑……
23090000	0	23090000		应……
5487194	4844377	6726590		暫……
	1939200			暫……
	0			經……
	0			借……
	124723	124723	477413	原……
	1035000	1035000	1322300	办……
	4364358	4364358	32040553	生……
$30484436	$17507475	$35896836	$33837266	合

兼處長　　副處長　　課長

龙岩县地权调整办事处总分类账汇总表(1945 年 9 月)

調整辦事處 ~~0135~~ 060

[illegible]帳彙總表

月 3[illegible] 日止（34 年度第 7 號第 [illegible] 頁）

科目	貸方：截至本月止歲入分配數剩餘	本月底餘額	本月總數	上月底餘額
產				
金				
[illegible] 存款			6551074	
[illegible]			0	
[illegible] 款			0	
[illegible] 款			3605001	
負債				
[illegible] 款		0	791400	1147800
剩餘 [illegible]		29328766	0	29328766
[illegible]		6568070	6560000	8070
出				
[illegible] 費				
補助費				
計		835896836	817507475	830484636

覆核　　　　會計人員 [stamp]

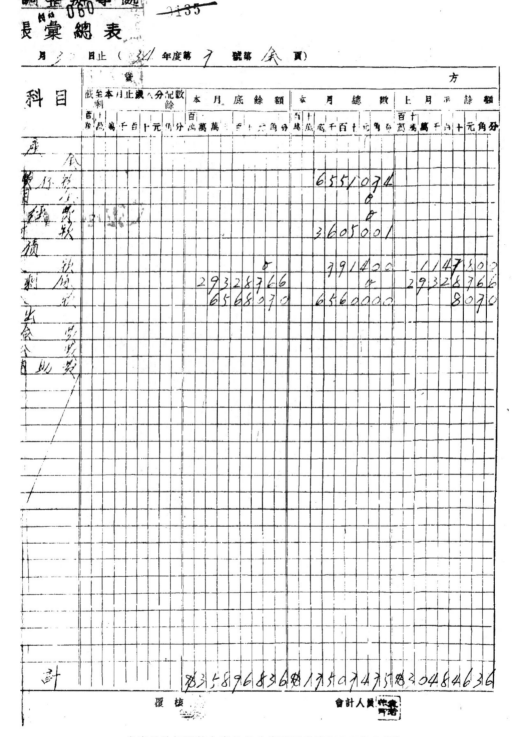

龙岩县地权调整办事处总分类账汇总表(1945 年 9 月)

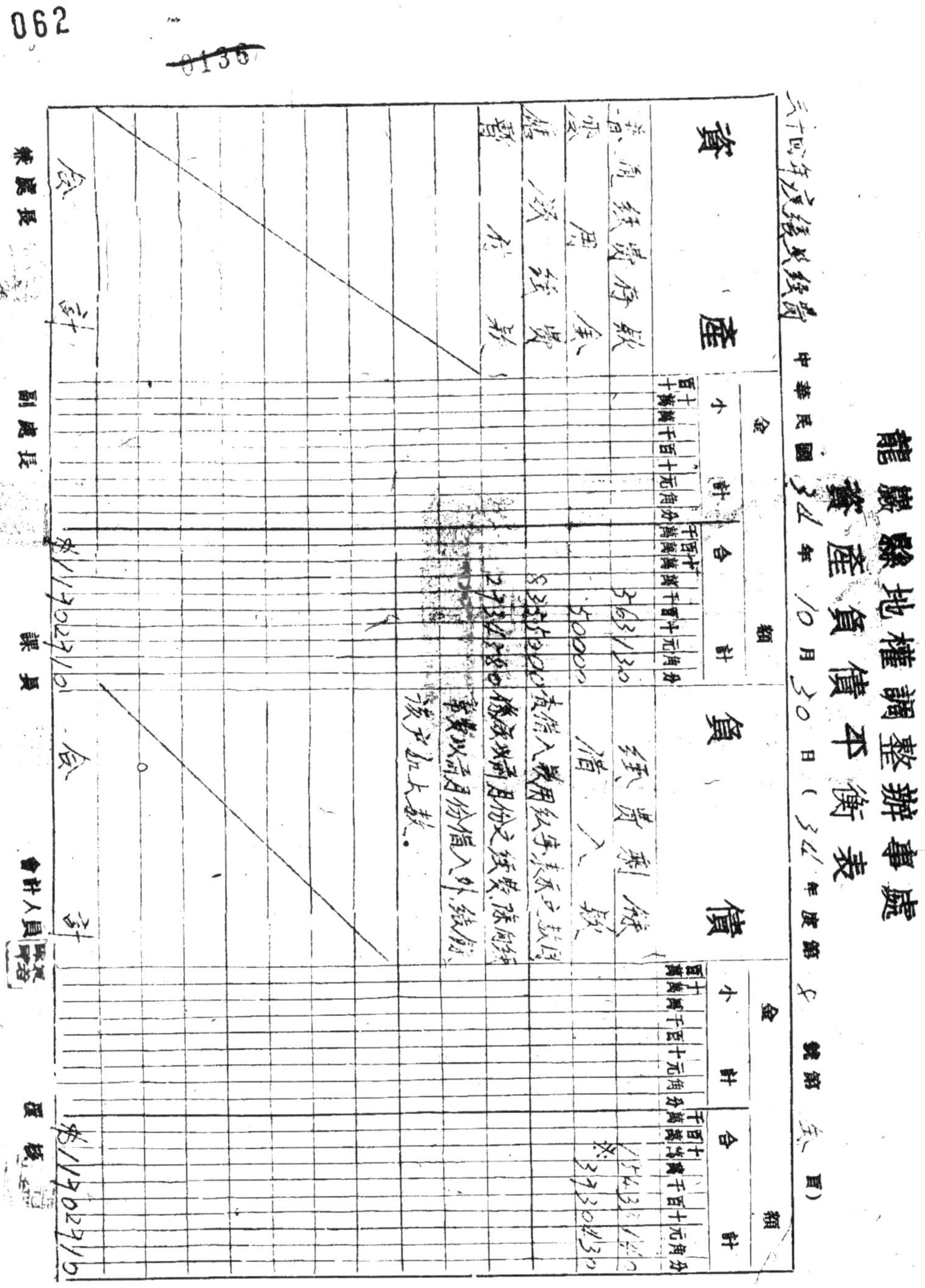

062

~~0135~~

龍巖縣地權調整辦事處
資產負債平衡表

三十四年度經費 中華民國 34 年 10 月 30 日（34 年度第 8 號第 全 頁）

資產	金額 小計	金額 合計	負債	金額 小計	金額 合計
普通經費存款		563130	經費剩餘		15433140
零用金		50000	借入款		※3730430
應領經費		8355000	查借入款用紅字表示之款因		
暫付款		2734380	係承以前月份之經費，除開辦		
			費費以前月份借入外，結餘		
			該户加上数。		
合計		$11702710	合計		$11702710

兼處長　　副處長　　課長　　會計人員　　覆核

龙岩县地权调整办事处资产负债平衡表(1945 年 10 月)

龍巖縣地權調[整辦事處]

054

總分類賬[彙總表]

三十四年度經常費收支明細分類賬　中華民國 34 年 10 月 1 日起至 34 年 10 [月…]

借 上月底餘額	借 本月總數	方 本月底餘額	截至本月止經費分配數剩餘	會計科目
				資產
				現
506165	26353905	563120		存 商 行 [illegible]
50000	0	50000		零 用 [illegible]
2759850	0	4508500		應 收 欠 [illegible]
672659	2160000	2734580		暫 付 [illegible]
				負 債
	522000			應 收 [illegible]
	0			經 費 [illegible]
	23090000	3730430		借 入
				支 出
	140917	140917	397690	薪 給
	288900	288900	361300	辦 公
	1629678	1629678	3099869	生 活 補 [illegible]
¥3548812.55	¥68852450	¥2831318.5	¥3215966.55	合

會處長　副處長　課長

龙岩县地权调整办事处总分类账汇总表(1945 年 10 月)

063

…調整辦事處 ~~0137~~

…彙總表

…月 31 日止（ 34 年度第 8 號第 全 頁）

科目	貸：截至本月止歲入分配數餘	本月底餘額	本月總數	上月底餘額
…金				
…存款			26296940	
…金			0	
…經費			23090000	
…款			6152010	
…款		0	522000	0
…剩餘		28313185	0	28313185
…款		0	12791500	6568070
…出				
…費				
…助費				
計		28313185	68852450	34881255

3-6月 183号 81080—
7月份 184号 87185—
八月份 185号 62635

覆核 會計人員

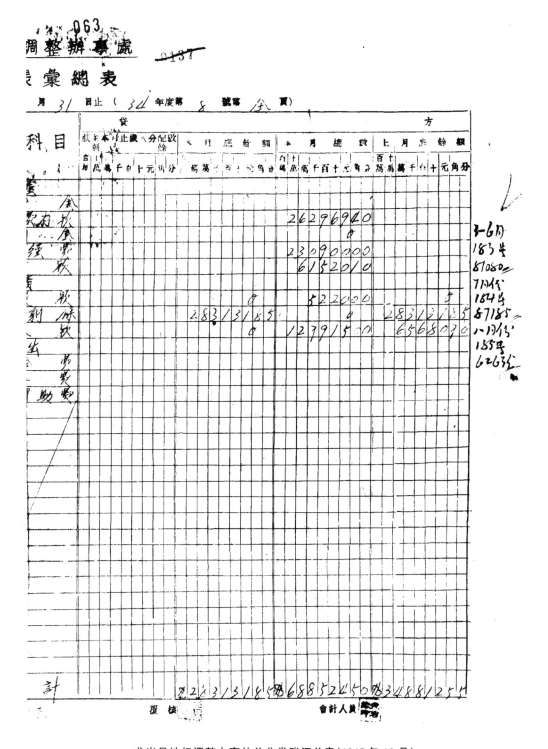

龙岩县地权调整办事处总分类账汇总表(1945 年 10 月)

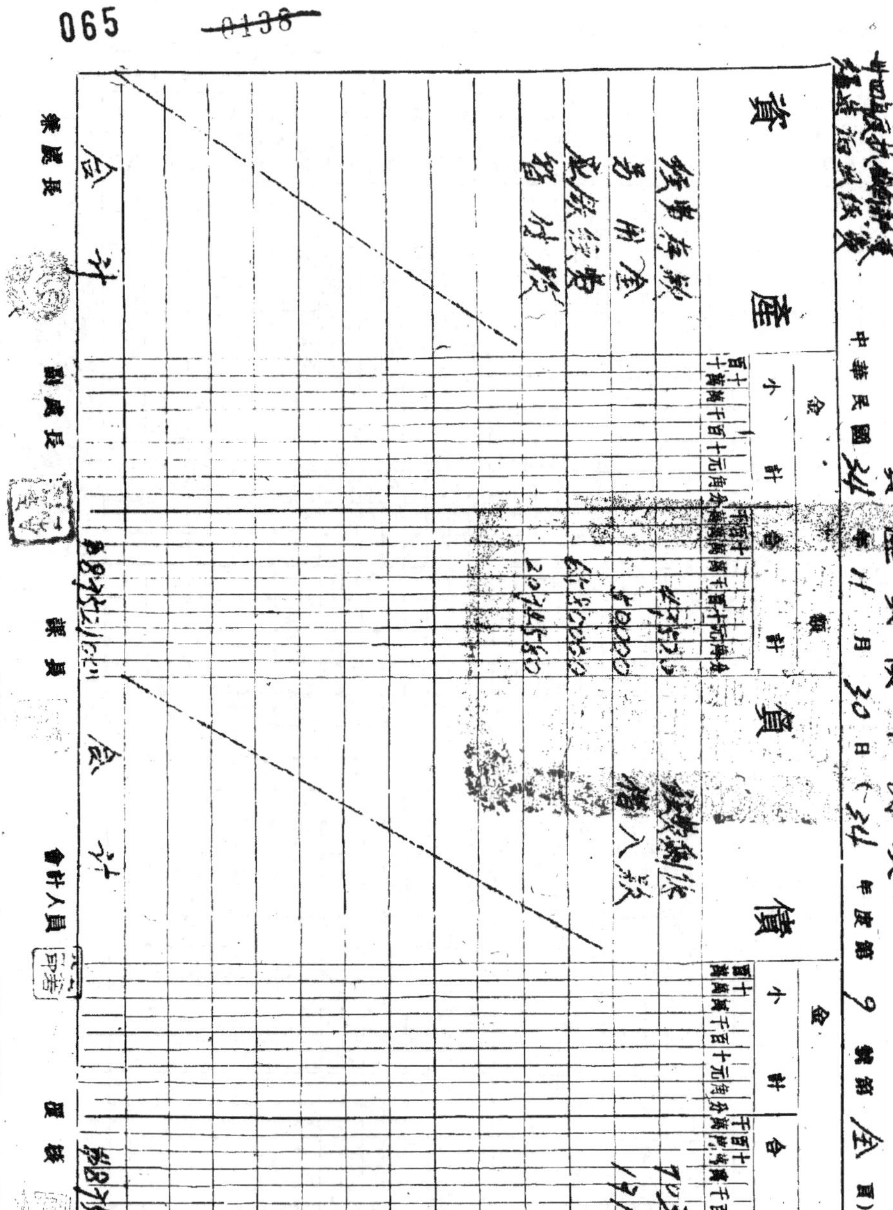
065 ~~0138~~

卅四年度扶植自耕農[illegible]經費

龍巖縣地權調整辦事處
資產負債平衡表

中華民國34年11月30日（34年度第9號第全頁）

資產	金額 小計	金額 合計	負債	金額 小計	金額 合計
經費存款		47520	經費剩餘		7032730
另用金		50000	借入款		1719370
應領經費		6580000			
暫付款		2074580			
合計		$8752100	合計		$8752100

兼處長　副處長　課員　會計人員　覆核

龙岩县地权调整办事处资产负债平衡表(1945年11月)

龍巖縣地權調

061

總分類賬

卅四年度扶植自耕農經費應收經費　中華民國 34 年 11 月 1 日起至 34 年 11

借方：上月底餘額（百萬 十萬 萬 千 百 十 元 角 分）	本月總數（百萬 十萬 萬 千 百 元 角 分）	本月底餘額（百萬 十萬 萬 千 百 十 元 角 分）	截至本月止經費分配數餘剩（百萬 十萬 萬 千 百 十 元 角 分）	會計
563130	5909100	47520		[illegible]
50000	0	50000		[illegible]
8355000	0	3846500		[illegible]
2734580	6900000	2074580		[illegible]
	800600			[illegible]
	0			[illegible]
3730430	4508500			[illegible]
	162194	162194	293773	[illegible]
	534300	534300	808400	[illegible]
	10437416	10437416	17064467	[illegible]
15433140	29252110.	17152510	18166640	合

稽處長　　副處長　　課長

龍岩县地权调整办事处总分类账汇总表(1945 年 11 月)

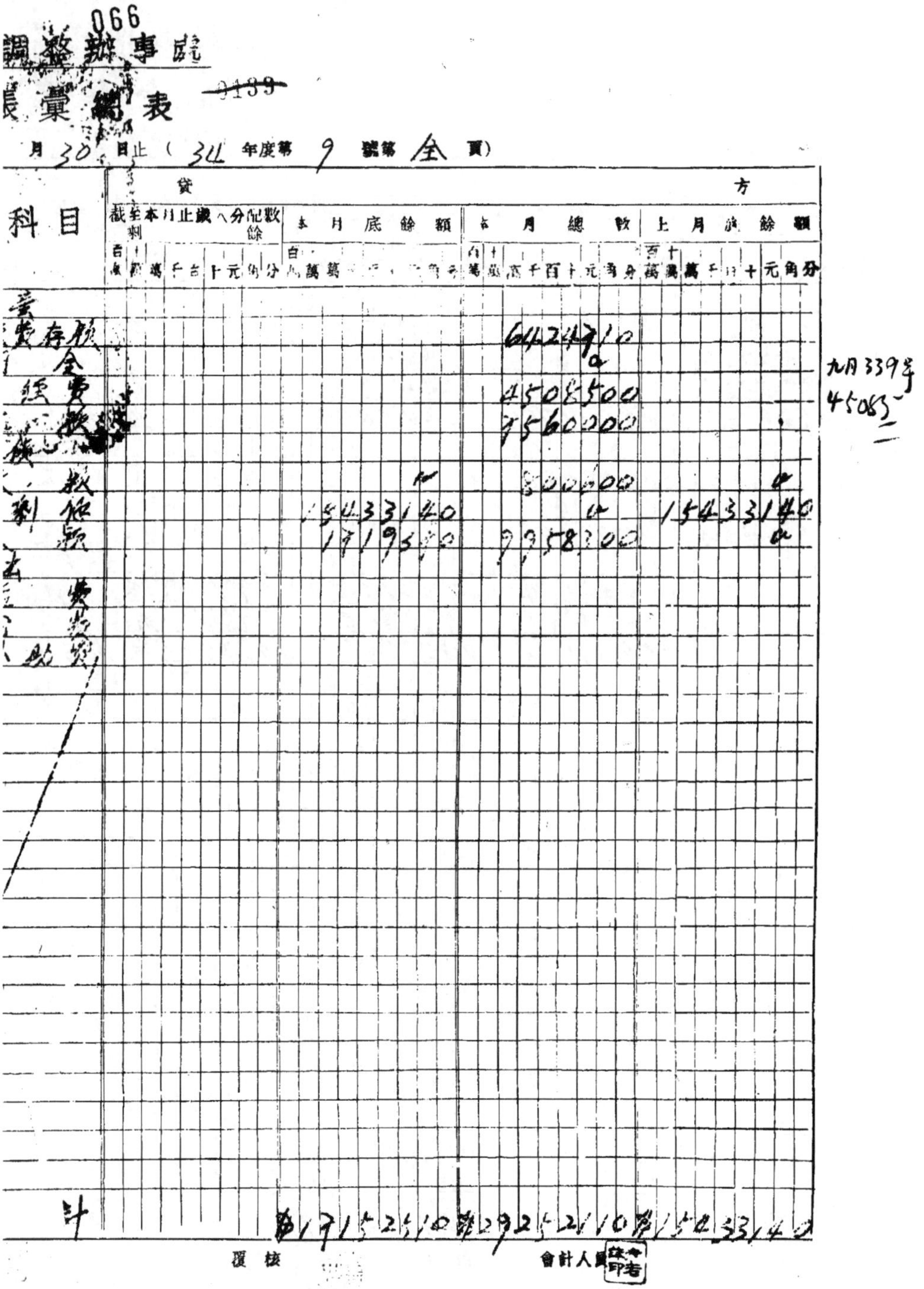
066

調整辦事處

帳彙總表 ~~9139~~

月 30 日止（34 年度第 9 號第 全 頁）

科目	貸方：截至本月止歲入分配數餘剩	本月底餘額	本月總數	上月底餘額
存款			64224710	
經費			4508500	
[illegible]			7560000	
[illegible]款			800000	
剩餘款		15433140		15433140
[illegible]		17195[illegible]	9358300	
計		17152110	29252110	15433140

九月 339[illegible] 45085

覆核 　　　　會計人員

龙岩县地权调整办事处总分类账汇总表(1945 年 11 月)

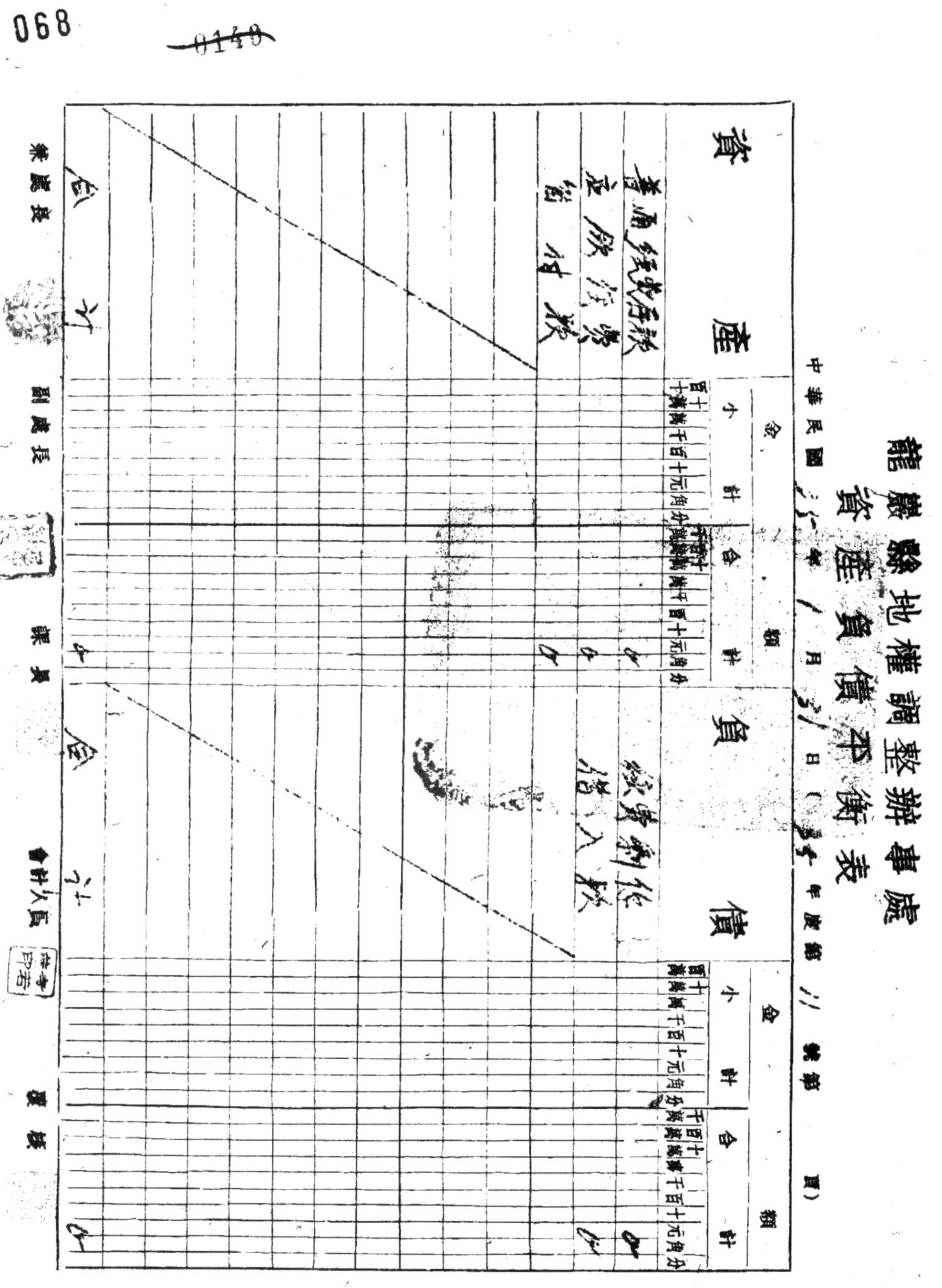

068

~~0140~~

龍巖縣地權調整辦事處
資產負債平衡表

中華民國 35 年 1 月 31 日（35 年度第 11 號第 頁）

資產	金額 小計	金額 合計	負債	金額 小計	金額 合計
普通經費存款		0	經費剩餘		0
應收經費		0	借入款		0
暫付款		0			
合計		0	合計		0

兼處長　　副處長　　課長　　會計人員　　復核

龙岩县地权调整办事处资产负债平衡表(1946 年 1 月)

龍巖縣地權調[illegible]

總分類賬[illegible]

卅四年度扶植自耕農經辦事處經費 中華民國 35 年 1 月 1 日起至 35 年 1[illegible]

借方：上月底餘額	本月總數	本月底餘額	截至本月止經費分配數剩餘	會計[illegible]
				[illegible]
26620	264[illegible]500	0		[illegible]
2643500	0	0		[illegible]
32137105	11913265	0		[illegible]
				[illegible]
	2185			[illegible]
	32473760			[illegible]
				[illegible]
	143333	143333	171579	[illegible]
	0	0	51705	[illegible]
	938312	938312	9309551	[illegible]
3144772	56583375	9530645	9532830	合[illegible]

兼處長　　　副處長　　　課長

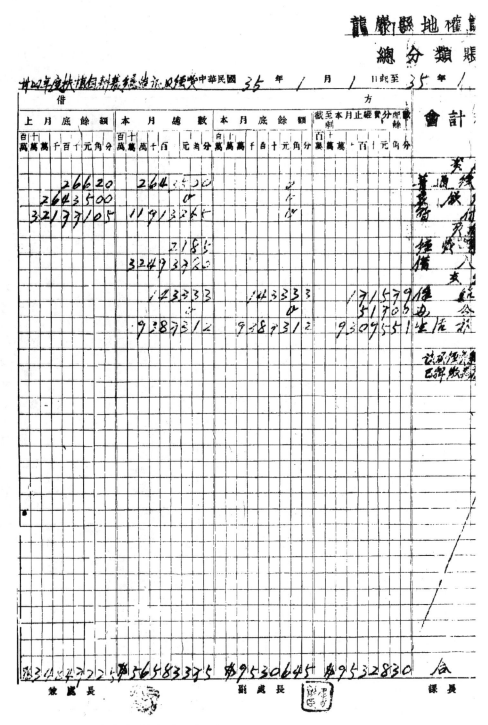

龙岩县地权调整办事处总分类账汇总表(1946 年 1 月)

4285
4.29 3426

調整辦事處

帳彙總表

月 21 日止（35 年度第 11 號第 1 頁）

科目	貸方：本月止歲入分配數餘	本月底餘額	本月總額	上月底餘額
[illegible]			2670120	
[illegible]			2642500	
[illegible]			44090370	
[illegible]		9530645	342600	9190230
[illegible]		0	6836785	25656975
計		95306445	16583375	34847225

扣 4409 除十二月 26435

支 4285 3426.00

覆核　　　　會計人員

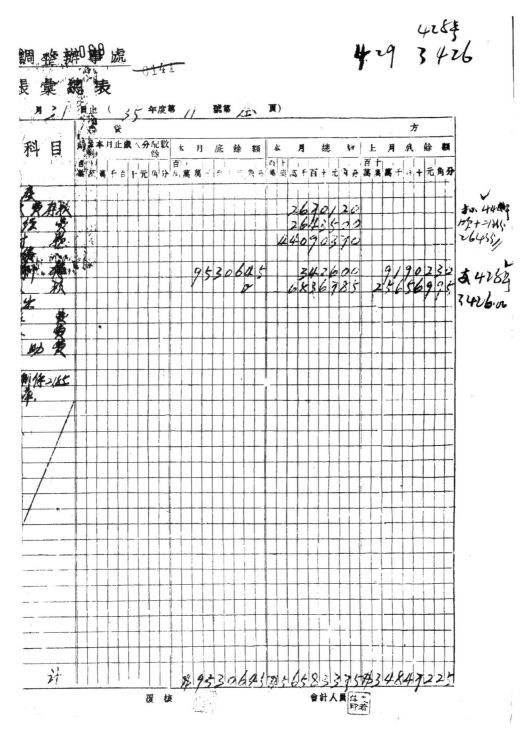

龍巖縣地權調整辦事處總分類賬匯總表（1946 年 1 月）

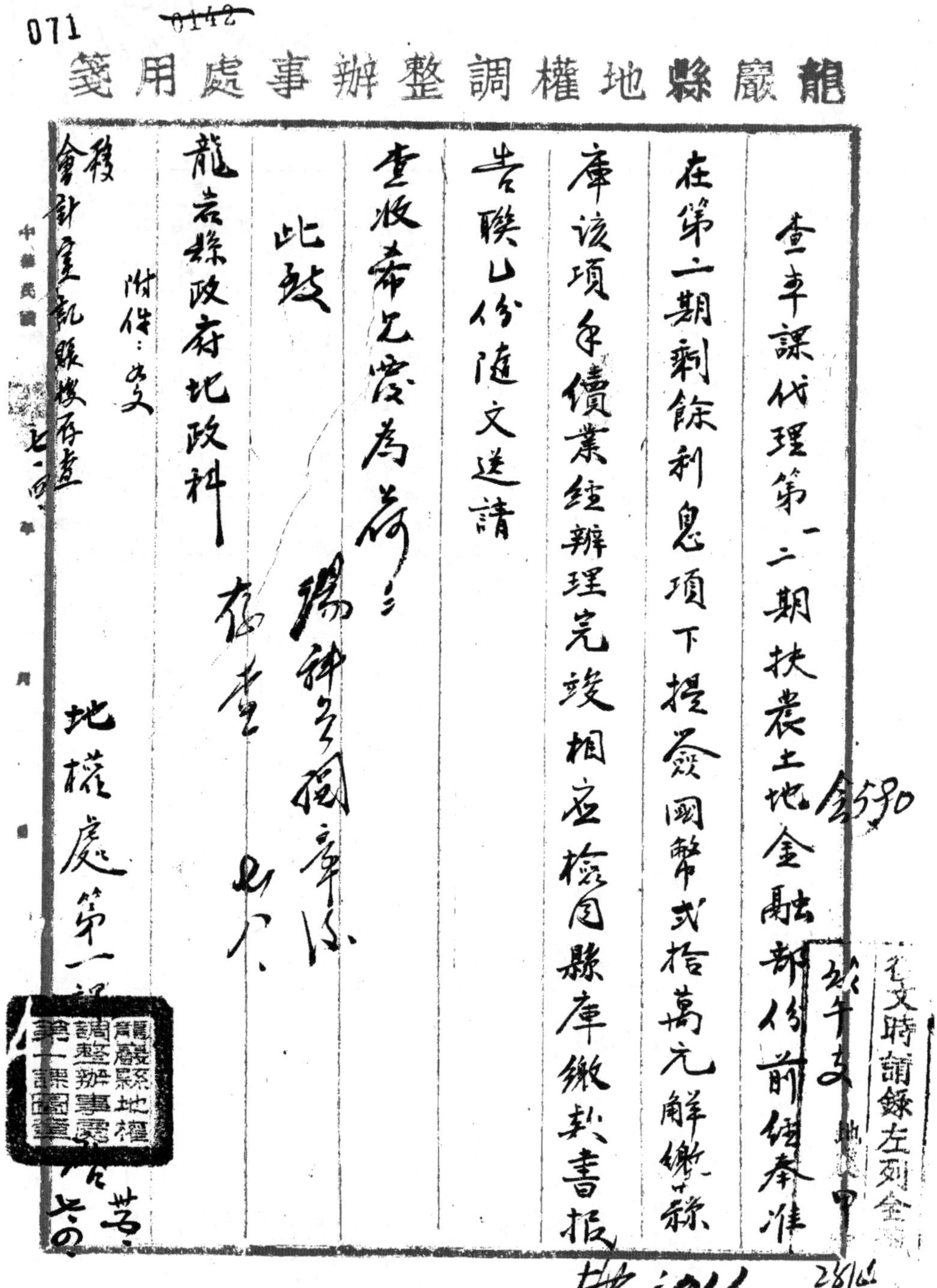
071 ~~0142~~

龍巖縣地權調整辦事處用箋

查本課代理第一二期扶農土地金融部份前經奉准在第二期剩餘利息項下提發國幣弍拾萬元解繳縣庫該項手續業經辦理完竣相應檢同縣庫繳款書報告聯乙份隨文送請

查收希先發為荷

此致

龍岩縣政府地政科

附件：如文

地權處第一課

龍巖縣地權調整辦事處第一課圖章

稜 會計室記賬後存查

收文時請錄左列全

6590

1011

2816

龙岩县地权调整办事处第一课代理第一、二期扶农土地金融利息缴县库报告(1946 年 7 月)

072

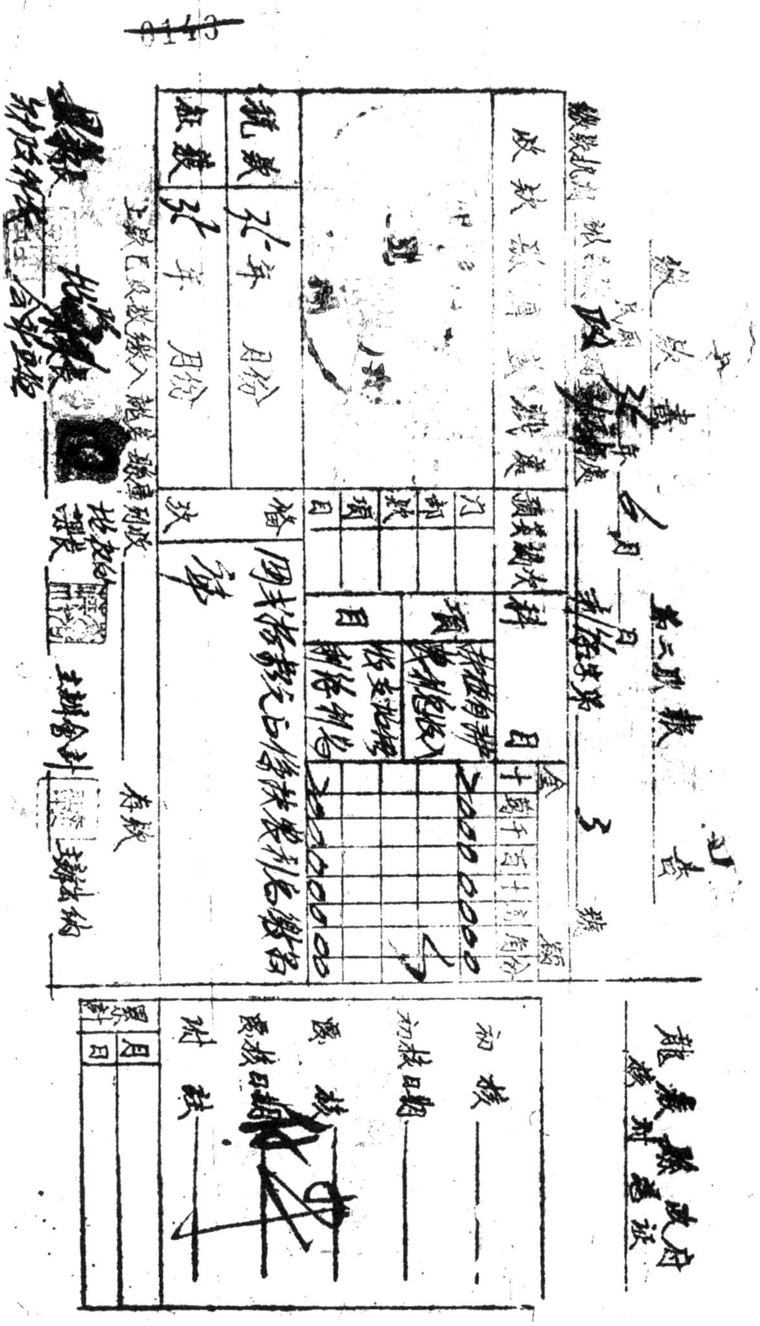

龙岩县地权调整办事处第一课缴款书(1946 年 7 月)

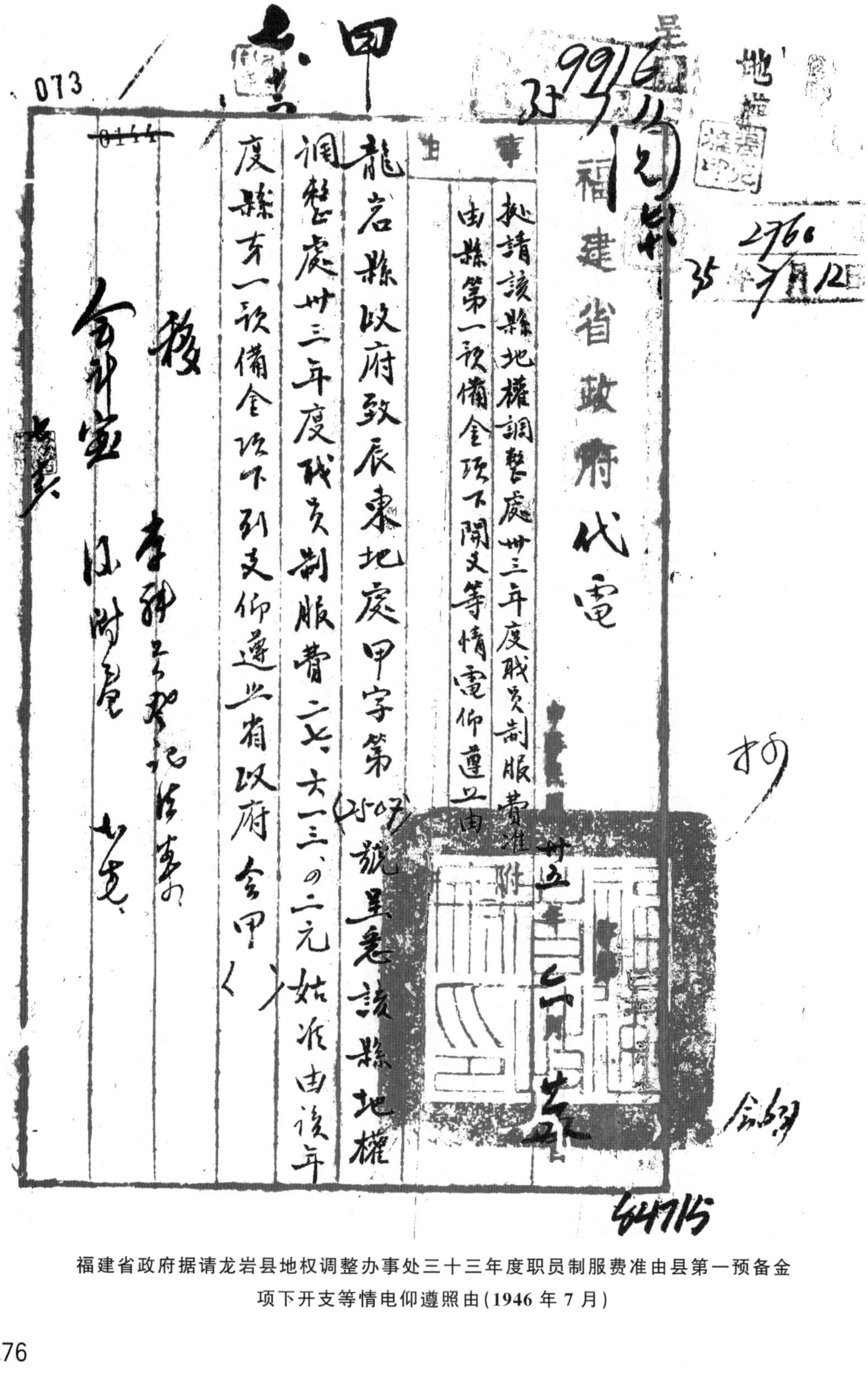

福建省政府据请龙岩县地权调整办事处三十三年度职员制服费准由县第一预备金项下开支等情电仰遵照由(1946 年 7 月)

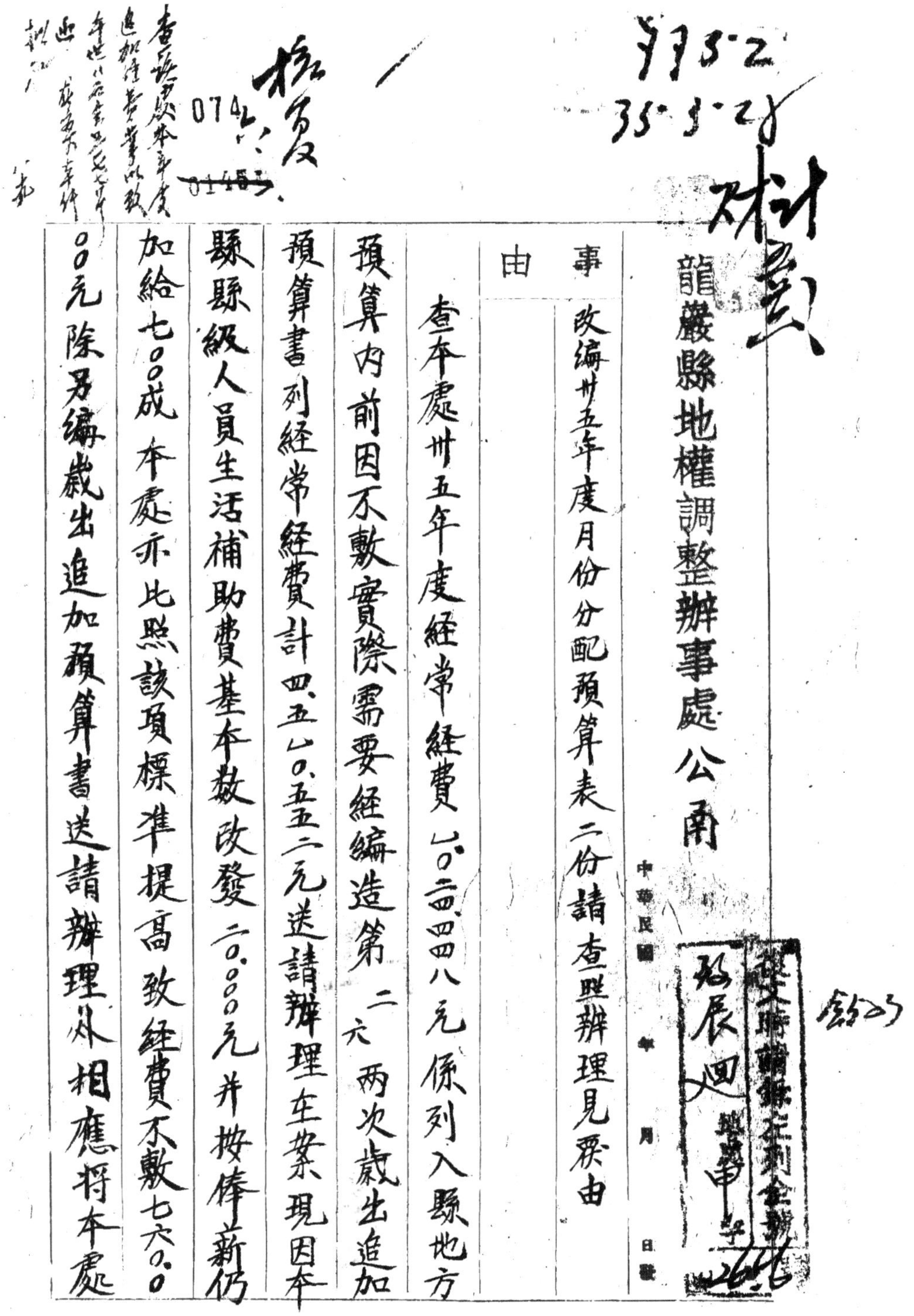

龍巖縣地權調整辦事處公函

事由：改編卅五年度月份分配預算表二份請查照辦理見覆由

中華民國　年　月　日發

查本處卅五年度經常經費六〇四四四八元係列入縣地方預算內前因不敷實際需要經編造第二六兩次歲出追加預算書列經常經費計四五六〇五五二元送請辦理在案現因本縣縣級人員生活補助費基本數改發二〇〇〇〇元并按俸薪仍加給七〇〇成本處亦比照該項標準提高致經費不敷七六〇〇〇〇元除另編歲出追加預算書送請辦理外相應將本處

龙岩县地权调整办事处改编三十五年度月份分配预算表二份请查照办理见覆由(1946 年 5 月)

075 ~~0146~~

本年度经常费計六，二九五，○○○元改編月份分配預算表二份

送請

查照希辦理見覆 為荷 此致

龍岩縣政府

附送月份分配預算表二份

財科收

兼處長 馬凡臺

龙岩县地权调整办事处改编三十五年度月份分配预算表二份请查照办理见覆由(1946年5月)

076

~~47~~

龍岩縣地权調整辦事處卅五年度經常經費歲出經常門常時部份月份分配預算表

科目 款	項	名称	全年度預算数	月份分配数 一至三月份各月份分配数	四月份分配数	五至十一月份各月份分配数	十二月份分配数	備次
1		龍岩縣地权調整辦事處經費	六、二九五、〇〇〇.〇〇	三八六、三三〇.〇〇	四八六、三三〇.〇〇	五八一、三三〇.〇〇	五八〇、三七〇.〇〇	
	1	俸給費	二四、三六〇.〇〇	二、〇三〇.〇〇	二、〇三〇.〇〇	二、〇三〇.〇〇	二、〇三〇.〇〇	說(一)
	2	辦公費	三五六、六四〇.〇〇	二九、八〇〇.〇〇	二九、八〇〇.〇〇	二九、八〇〇.〇〇	二八、八四〇	〃(二)
	3	生活補助費	五、八五四、〇〇〇.〇〇	三四九、五〇〇.〇〇	四四九、五〇〇.〇〇	五四四、五〇〇.〇〇	五四四、五〇〇.〇〇	〃(三)
	4	特別办公費	六〇、〇〇〇.〇〇	五、〇〇〇.〇〇	五、〇〇〇.〇〇	五、〇〇〇.〇〇	五、〇〇〇.〇〇	〃(四)

說(一)：設副處長一人月支薪二五〇元，課長三人各月支一三〇元，課員五人各月支九〇元，測量員四人各月支八五元，助理員四人各月支七〇元，雇員二人各月支六〇元，公役五人各月支四〇元，計需如上數。

說(二)：1. 文具紙張：職員十九人，每人每月需筆墨一五〇元，并毛邊紙、稿紙、十行紙、呈文紙各五〇〇〇元

2. 印刷費：印收件清冊及土地申請書、補償地價清冊、付款通知書、油墨、腊紙及其他消耗

龙岩县地权调整办事处三十五年度经常经费岁出经常门常时部分月份分配预算表(1946 年 5 月)

077

表格需一〇〇〇〇元 三 旅运费以督导员每月平均一人每日费一六〇元并公物搬运费八〇〇〇元 评定测量员每月平均十八人出勤每日费一五元需八〇〇〇〇元 4 邮电费及其他各项什支需四六、六四〇元 计如上数。

款三 生活补助费按照县级人员同等待遇支给计职员十九人自一至三月份照每月应支生活基本数一六〇〇〇元再按薪水加给五〇〇成 公役五人每月给膳食费及主食部份食米津贴约六〇〇〇元 四月份职员生活基本数每人提高发给一五〇〇〇元又按薪俸提高为加给七〇〇成 公役五人膳食费及主食部份提高约支七八〇〇元 自五月份起生活基本数每人提高发给二〇〇〇〇元薪俸仍加给七〇〇成 公役膳食费亦照按七〇〇〇元发给 全年计支如上数。

款四 副处长每月约支特别费四〇〇〇元 其他约需一〇〇〇元 计需如上数。

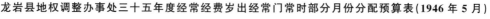

龙岩县地权调整办事处三十五年度经常经费岁出经常门常时部分月份分配预算表(1946年5月)

078

~~0148~~

工饷标准及人数表

工级	饷别		人数
工役	40	00	5
合计	200	00	5

特别办公费标准及人数表

职别	俸给标准		人数	特别费共计	
副处长	250	00	1	400	00
合计	250	00	1	400	00

龙岩县地权调整办事处三十五年度经常经费岁出经常门常时部分月份分配预算表(**1946** 年 **5** 月)

079

俸给标准及人数表

职别	俸别	人数
副处长	250.00	1
课长	130.00	3
课员	90.00	5
测量员	85.00	4
办事员	70.00	4
雇员	60.00	2
合计	1830.00	19

龙岩县地权调整办事处三十五年度经常经费岁出经常门常时部分月份分配预算表(1946年5月)

卷宗 1-5-1319

0001

龍岩縣政府扶植自耕農證照存根部份移交清冊

龙岩县政府扶植自耕农证照存根部分移交清册(1949 年 9 月)

0002

龍岩縣政府扶植自耕農証照存根部份移交清冊

期別	証照名稱及字別	單位	數量	備攷
第一期	龍字執照存根	張	5988	
	安國字執照存根	〃	5672	
	復字執照存根	〃	6316	
	聖字執照存根	〃	4440	
	嶺字執照存根	〃	5670	
	黃字執照存根	〃	6593	
	溪字執照存根	〃	6254	
	嶺周字証照書存根	〃	95	

龙岩县政府扶植自耕农证照存根部分移交清册(1949 年 9 月)

003

第一期	自大字証明書存根	〃	118
第二期	外二字証明書存根	〃	94
	外字执照存根	〃	768
	西字执照存根	〃	1804
	修字执照存根	〃	4231
	石字执照存根	〃	3303
	曹字执照存根	〃	1997
	天字执照存根	〃	1364
	除字执照存根	〃	1503
	同字执照存根	〃	3226

龙岩县政府扶植自耕农证照存根部分移交清册(1949年9月)

004

0004

第四期	嶺宗执照存根	〃	4081
〃	内〃〃	〃	120
〃	白〃〃	〃	5309
〃	厦〃〃	〃	4019
〃	三〃〃	〃	6488
〃	苏〃〃	〃	2029
〃	北〃〃	〃	6912
〃	河〃〃	〃	3128
〃	吉〃〃	〃	2293
〃	平铁宗証照存根	〃	3298

龙岩县政府扶植自耕农证照存根部分移交清册(1949年9月)

006

~~0005~~

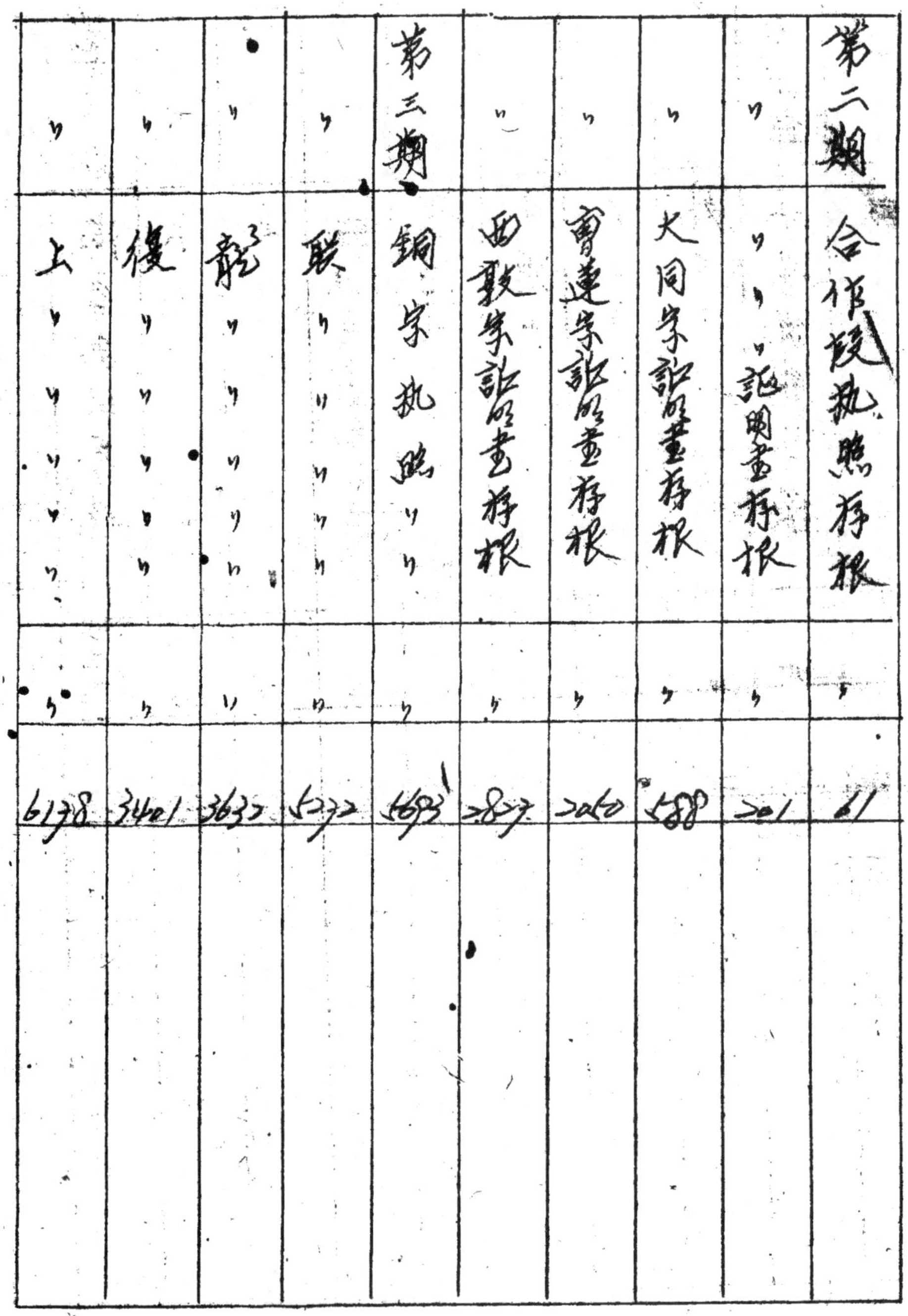

期别	名称		数量
第二期	合作錢執照存根	〃	61
〃	〃〃証明書存根	〃	201
〃	大同宗証明書存根	〃	588
〃	曾蓮宗証明書存根	〃	2060
〃	西聯宗証明書存根	〃	2827
第三期	銅宗執照〃〃	〃	1693
〃	聯〃〃〃〃〃	〃	5232
〃	龍〃〃〃〃〃	〃	3632
〃	復〃〃〃〃〃	〃	3401
〃	上〃〃〃〃〃	〃	6178

龙岩县政府扶植自耕农证照存根部分移交清册(1949年9月)

007

第三期	湖字执照存根	張	6331
〃	小〃 〃	〃	21090
〃	大〃 〃	〃	14476
〃	铜江字証照存根	〃	1283
〃	龍门〃 〃	〃	2863
〃	小池〃 〃	〃	2694
〃	大池〃 〃	〃	1319
〃	外三〃 〃	〃	20
第四期	平字执照存根	〃	6010
〃	铁〃 〃	〃	11080

龙岩县政府扶植自耕农证照存根部分移交清册(1949年9月)

008

~~00~~

第五期扶植自耕农土地所有权执照存根号码起讫表

保别	字号	起讫号码	张数	缺号
郭畲	五	1—844	842	592 142 632
莒邦	〃	901—1816	915	1225
营岐	〃	1801—2669	868	2083
苏坂	〃	2701—3632	931	3570
梧和	〃	3701—4530	830	
易纹	〃	4601—5869	1269	
雲中	〃	5901—6839	939	
雲南	〃	6901—8500	1603	8468 8486 8487 8488
吉厚	五	8001—10030	2030	
美山	〃	10601—11729	1127	10936 11004
東肖	〃	11801—13340	1536	12483 13269 13274 13275
雲北	〃	13401—14549	1145	1318
溪东	〃	15001—15970	970	
南大	〃	16801—16895	1074	16658
渡水	〃	16901—17662	759	17196 17040 17026
中兴	〃	17701—17899	199	

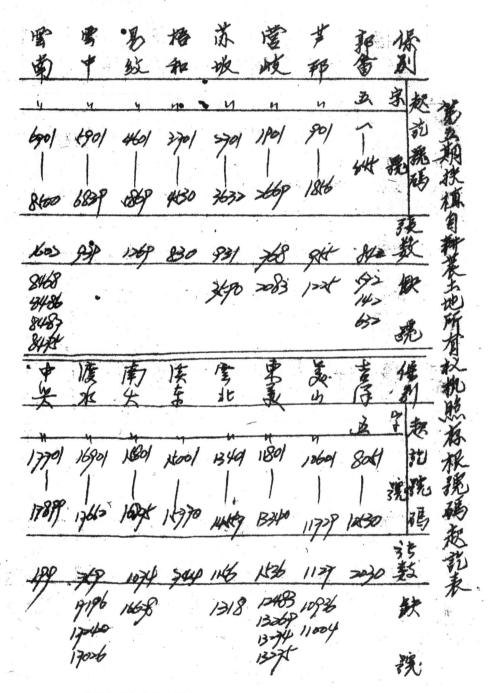

龙岩县政府扶植自耕农证照存根部分移交清册(1949 年 9 月)

003

松洋	培竹	三高	培寨	好坑	林洋	溪炭	官洋	营边	黄坑
〃	〃	〃	〃	〃	〃	〃	〃	〃	五
29401	30701	28101	27001	26301	25101	24001	21001	19001	18001
|	|	|	|	|	|	|	|	|	
30666	32869	27329	28046	26953	26219	24034	22266	20973	18777
30666	32869	27329	1043	653	1116	1034	1261	1709	773
30483	32889 32880 31882 31458 32006		27313 27482 27742		25937		21421 21731 21789 22264	20224 20372 19821	18008

竹贵	培宅	梅鸣	背斜	新地	高桥	福贝	东宫	堂潭	西贵
〃	〃	〃	〃	〃	〃	〃	〃	〃	五
51201	49901	47801	45401	43201	41901	40601	39001	38001	32901
|	|	|	|	|	|	|	|	|	|
54013	50698	49001	47289	45048	43148	44853	40445	38751	34181
2804	897	1100	2107	1837	1246	1352	1445	751	1280
53935 50003 51207 51279 52194 53370 53591	50363	48867	46741 46900	44403 43431 43788 44531 44609 44353 43517 44423 43739	42266 42286 40309	40941			33748

龙岩县政府扶植自耕农证照存根部分移交清册(1949 年 9 月)

010
~~0016~~

中甲	合溪	岩田	苦竹	象山	霞村	藍田	東家	新祠	璟坑
〃	〃	〃	〃	〃	〃	〃	〃	〃	五
70501	68301	66701	65301	64501	60201	58601	57801	56001	54014 54684 54701
|	|	|	|	|	|	|	|	|	|
72409	[illegible]	67794	66104	64490	61083	59748	58263	57464	56000
1909	860	1094	802	[illegible]	881	1144	463	1460	1969
附註(2)	附註(1)		65740 65485	61840 62224 61833 63445	61063	59371 59372 59498 [illegible]		56422 56877 56717 57288	54017 56740

溫霞	中坪	保亭	保泰	大中	椰營	龍埔	南威	東甲	文吉
〃	〃	〃	〃	〃	〃	〃	〃	〃	五
90001	88001	86501	85061	83801	80801	79001	77801	76001	73401
|	|	|	|	|	|	|	|	|	|
91710	89460	87791	85884	84013	82332	80148	78427	77128	74893
1704	1632	387	850	1334	1520	1142	627	1123	1870 2393
附註(7)	附註(6)	86766 86830 87000	85132	83706 83014 83867 83237 83805	附註(5)	78216 78259 79200 78614 78686 78843	附註(4)	76898 77002 76749 76343 76686 76398	附註(3)

龙岩县政府扶植自耕农证照存根部分移交清册(1949 年 9 月)

011

長山五	安業	王崎	永豐	降郡	上黎	雁五	連五	南五	西五
	〃	〃	〃	〃	〃	〃	〃	〃	〃
93001	96001	98(?)01	100001	102001	112001	112001	112301	112701	112801
94861	97798	99460	101461	101461	103617	112131	112678	112704	112943
1827	1987	966	1427	1612	1637	130	377	4	141
附註(8)	附註(9)	附註(10)	附註(11)	附註(12)	附註(13)	112006	112484		112813 – 112849

寧五	康五	村五
五	〃	〃
113001	113101	113201
113040	113144	113280
39	43	79
113028	113121 – 113123	113279

附註

(一) 68244 68200 68762 68766 68794 68828 69001 68872
(二) 70698 71332 71726 70731 71333 71727 71745 71777

71746 71782 71187 71176
(3) 74802 74831 73779 73780 73781 73782 73783 73784 73785 72191 74304 74348 73582 73776 73777 73778

76390 76390 76416 76462 76465 76464 76468 76716
(4) 78440 78834 78836 78446 78109 78379 78110 78380 78334
(5) 80812 80813 81119

81178 81467 81430 81768 81928 81778 82166 82197 81671
(6) 88841 88183 88222 88378 88477 88609 88877
(7) 90570 90314 90967

91278 91427 91366 91405 91403 91774 91398
(8) 長山 93013 93357 93031 93406 93466 93686 93801 94031 93866 93988 94136 94412

(9) 96101 96071 96403 97586 97806 97426 97570 97247 96774 96978 96678 97148
(10) 98930 99738 99363 99164 99146 98996

(11) 101372 100889 101002 101164 101107 100078 100091 100171 100174 100236 100265 100292 100341 100061 100781 100445 100397 100331 100466 101328 100981

龙岩县政府扶植自耕农证照存根部分移交清册(1949 年 9 月)

012

第五期扶植自耕农土地使用权证明书存根号码起讫表。

保别	起讫字号（字）	起讫字号（号）	张数	缺号
郭畲	姜和	1—91	91	
卢邦	〃	101—220	120	
营岐	〃	241—360	110	
苏坂	〃	401—541	141	
格和	〃	601—694	94	
易纹	〃	701—825	125	
雲中	〃	851—878	28	808
雲南	〃	891—943	51	933、936
美山	〃	1001—1181	181	

保别	起讫字号（字）	起讫字号（号）	张数	缺号
杏淨	姜和	1201—1468	268	1367
東美	〃	1501—1771	264	1590、1605、1710、1741—1744
雲北	〃	1801—1862	60	1833、1859
合計	〃		1533	
溪東	家	1—120	120	
南大	〃	201—358	156	207、212
渡水	〃	401—505	105	
中奥	〃	551—589	36	569、584、586
黄岑	〃	601—702	100	688、689

(12)
102441
103401
103410
102942
103391

(13)
111409
111367
111458
111366
111189
111466
111343
111282
111379
111538
110690
110900
110788
110742

龙岩县政府扶植自耕农证照存根部分移交清册(1949年9月)

013

梧寨	梧竹	西贵	松浮	溪长	狮坑	林浮	三高	合計	官浮	营边
〃	〃	〃	〃	〃	〃	〃	溪口	〃	〃	岩
3401—3403 3306—3307	2901—3023 4197—4236	2401—2560 2803—2863	1901—2099 2388—2389	1701—1837	2001—1094 1241—1286	501—643 881—979	1—175 401—461		1001—1165	741—941
163	363	211	211	137	130	242	236	883	165	201
										744

合計	璟坑	東宫	指科	竹贵	梅鸣	梧宅	高乔	堡潭	福贝	新地	合計
				〃	〃	〃	〃	〃	〃	梧粘	溪口
	3801—3985	2701—2912 3301—3346	1801—2099 2601—2668	1401—1777	1341—1440	1201—1310	1001—1140	801—940	201—422 741—860	1—163	
1930	185	227	369	371	98	110	140	149	271	162	1687
				1744	1396 1416			840	216	62	

龙岩县政府扶植自耕农证照存根部分移交清册(1949 年 9 月)

014

東家	象和	一—57	58	43
象山	〃	101—573	4440	
新祠	〃	601—785	155	310 339 378 444 566
后田	〃	801—988	186	831 886
藍田	〃	1001—1108	106	1019 1068
莒州	〃	1151—1203	53	
台溪	〃	1251—1307	57	
霞村	〃	1351—1466	115	
中甲	〃	1501—1659	158	1541
合計	〃		1328	
蕭成	通中	一—51	49	36 38

敦古	通中	101—237	137	
梯泰	〃	251—347	97	
梯寧	〃	401—492	92	
龍埔	〃	551—675	124	
大中	〃	701—886	185	701
王乾	〃	1101—1208	106	1111 1142
東甲	〃	951—1096	146	1096
厚邦	〃	1251—1431	181	
椰營	〃	1501—1679	179	
溫霞	〃	1701—1892	192	
中圩	〃	1901—2078	178	
長山	〃	2081—2096 2101—2340	256	

龙岩县政府扶植自耕农证照存根部分移交清册(1949年9月)

015

永五	寧五	內五	南五	連五	雁五	上親	永豐	安業
〃	〃	〃	〃	〃	外五	〃	〃	專
401—403	301—305	251—266	201—203	101—120	1—43	2801—3283	2601—2783	2317—2599
3	5	15	3	19	42	138	183	247
				105	32			2441 2448

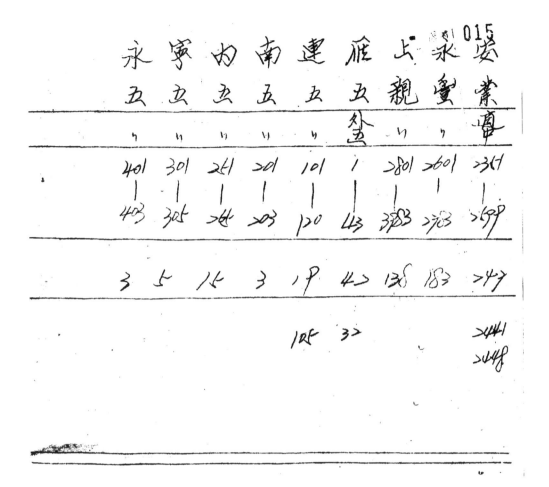

龙岩县政府扶植自耕农证照存根部分移交清册(1949 年 9 月)

019

~~0010~~

移交者：龍岩縣縣長 林寄鵬

林寄鵬章

地政處主任 詹劍臣

第一課長 袁若萍

點交者：地籍員 張紀鋒

接收者：

監收者：[illegible]

保管者：

本冊絕不虛偽如有非法願受嚴重處分

一九四九年九月 日

龙岩县政府扶植自耕农证照存根部分移交清册(1949 年 9 月)

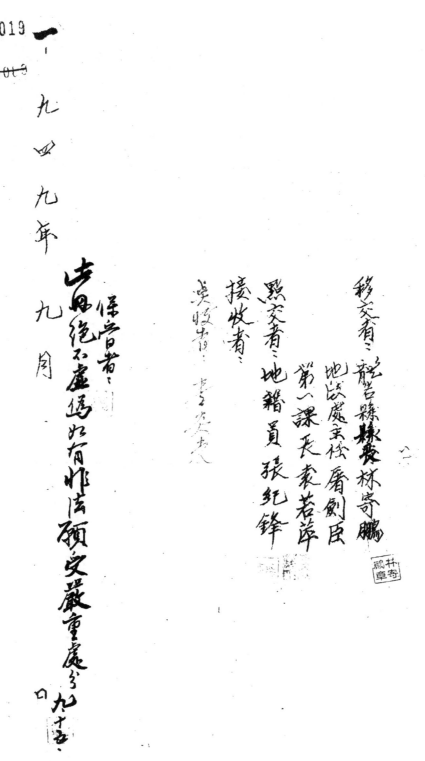

后　记

中国革命的根本问题是农民问题，而农民问题的核心是土地问题。新民主主义革命时期，闽西党组织和人民群众积极探索土地分配制度，创造了对于中国土地革命有着重要意义的经验，做出了突出的历史贡献。新罗区档案馆保存着龙岩县最丰富的扶植自耕农的原始档案，许多卷宗保留了反映当时扶植自耕农运动实态的第一手史料。内容涉及条例规章、人员调动、经费收支、公文移交、登记文书、地权证照、簿册收据等等。

为更好地重新评估龙岩县扶植自耕农运动，中共新罗区委、区政府高度重视，新罗区档案馆特委托龙岩学院中央苏区研究院和厦门大学历史系，对新罗区档案馆馆藏的龙岩县扶植自耕农的原始档案进行选取、扫描、整理、编目。馆长詹兴东对资料的收集、整理等具体问题进行了全面的指导。课题立项以来，负责人张雪英、张侃组织精干团队，对档案馆所藏相关资料进行筛选、梳理、复制、收编，目前已基本整理完成。

真实、准确、完整、系统的历史资料，是历史研究的基础，编纂出版《民国时期龙岩县扶植自耕农档案史料》是一项重大而又艰巨的系统工程，得到了社会各界的大力支持。龙岩学院中央苏区研究院、厦门大学历史系等单位提供了大量的人力、物力；中共龙岩市委党史和地方志研究室主任苏俊才为本书的编纂进行了全面的指导；新罗区档案馆馆长詹兴东、副馆长黄斌娜、钱莲青及相关工作人员丘岩平、连惠钗、俞建中、赖春华等为我们提供了大力的支持和帮助；龙岩学院中央苏区研究院副教授、博士陈启钟积极参与了资料的收集、整理，在此一并表示感谢。

由于时间仓促，加之水平有限，错误之处在所难免，敬请专家和读者批评指正！

编委会

2020 年 9 月 12 日